环渤海集约用海区海洋环境现状

（上册）

宋文鹏　霍素霞　编著

海洋出版社

2015年·北京

图书在版编目（CIP）数据

环渤海集约用海区海洋环境现状/宋文鹏，霍素霞编著. —北京：海洋出版社，2015.1
ISBN 978－7－5027－8871－1

Ⅰ.①环… Ⅱ.①宋… ②霍… Ⅲ.①渤海－海域－海洋环境－概况 Ⅳ.①X145

中国版本图书馆 CIP 数据核字（2014）第 097899 号

责任编辑：杨传霞
责任印制：赵麟苏
海洋出版社 出版发行
http：//www.oceanpress.com.cn
北京市海淀区大慧寺路 8 号 邮编：100081
北京旺都印务有限公司印刷 新华书店发行所经销
2015 年 1 月第 1 版 2015 年 1 月北京第 1 次印刷
开本：787mm×1092mm 1/16 印张：27
字数：655 千字 总定价：168.00 元（上、下册）
发行部：62132549 邮购部：68038093 总编室：62114335

《环渤海集约用海区海洋环境现状》编委会

主　　编： 宋文鹏　霍素霞

副 主 编： 马　芳　刘　莹　屠剑波　曾昭春　龚艳君　宋爱环

编写人员（按姓氏笔画排序）：

马玉艳　王　兴　牛福新　毕远博　刘　霜　吕则和

安鑫龙　孙砚峰　杜　明　李志伟　李紫薇　杨晓峰

邹　琰　辛美丽　张天文　周艳荣　单春芝　姜欢欢

姜独祎　徐进勇　高　磊　郭　冉　席小慧　梁永国

前 言

当前，环渤海区域性、行业性重大发展战略是我国环渤海沿岸经济发展的重要形式。“十一五”期间，天津滨海新区基本已建成为石化、化工类项目集中区域；河北省依托曹妃甸打造世界级临港重化工业基地；辽宁省制定了沿海经济带发展战略，将大力发展以石化、钢铁、大型装备和造船为重点的临海、临港工业；山东半岛蓝色经济区将采取“一区三带”的发展格局，通过集中集约用海，打造出九大新的海洋优势产业聚集区。随着环渤海新一轮沿岸开发的快速开展，能源重化工等一系列“两高一资”的“大项目”的启动，不但加剧了环渤海地区重化工业发展趋同、布局分散的态势，也将进一步加大该地区的海洋环境压力，并可能引发环境灾害频发，减弱环渤海地区经济发展与海洋资源环境保护的协调性，最终导致该区域发展的不可持续性。

在对整个渤海资料调研和现场调查的基础上，本书选择①辽西锦州湾沿海经济区；②辽宁（营口）沿海产业基地；③辽宁长兴岛临港工业区；④曹妃甸循环经济区；⑤天津滨海新区；⑥沧州渤海新区；⑦山东半岛蓝色经济区——潍坊滨海生态旅游度假区；⑧山东半岛蓝色经济区——龙口湾临港高端制造业聚集区 8 个有代表性的集约用海区域为研究对象，通过海洋环境现状和趋势分析，对环渤海集约用海区域的海洋环境质量、水动力环境、冲淤环境及典型滨海湿地环境状况进行了初步探讨，总结归纳了集约用海开发对生态环境的影响。通过分析渤海及其各集约用海区域不同历史时期的生态环境特征，研究了环渤海生态环境的演变历史，并分析归纳出了环渤海区域存在的主要问题，为进一步探讨渤海集约用海活动的海洋生态环境适宜性，形成基于生态系统的环渤海区域开发集约用海的关键技术体系和管理模式提供了研究基础，是环渤海经济及生态文明建设又好又快发展的环境保障和科学依据。

作者

2014 年 10 月

目　录

上　册

1　环渤海集约用海区域选取及其环境概况 …………………………………………… (1)

1.1　渤海概况 …………………………………………………………………… (1)

1.2　集约用海区选择 ……………………………………………………………… (3)

1.3　集约用海区环境概况 …………………………………………………………… (5)

2　环渤海集约用海区域海水环境质量现状及历史演变 …………………………… (38)

2.1　渤海海水环境质量状况及历史演变 ……………………………………………… (38)

2.2　辽东湾“规划建设”集约用海区海水环境质量现状 ………………………………… (44)

2.3　渤海湾“大规模开发”集约用海区海水环境质量现状 ……………………………… (66)

2.4　莱州湾“规划中”集约用海区海水环境质量 ……………………………………… (99)

2.5　结论 ……………………………………………………………………… (118)

3　环渤海集约用海区域沉积物环境质量现状及历史演变 ………………………… (119)

3.1　渤海沉积物环境质量状况及历史演变 …………………………………………… (119)

3.2　辽东湾“正在建设”集约用海区沉积物环境质量现状 ……………………………… (122)

3.3　渤海湾“大规模开发”集约用海区沉积物环境质量现状 …………………………… (131)

3.4　莱州湾“规划中”集约用海区沉积物环境质量 …………………………………… (141)

3.5　结论 ……………………………………………………………………… (149)

4　环渤海集约用海区域生物现状及历史演变 …………………………………… (151)

4.1　海洋生物现状 ……………………………………………………………… (151)

4.2　海洋生物状况历年变化 ……………………………………………………… (164)

4.3　海洋生物变化趋势分析 ……………………………………………………… (227)

4.4　结论 ……………………………………………………………………… (233)

下　册

5　环渤海集约用海区域湿地景观现状及历史演变 ………………………………… (237)

5.1　滨海湿地遥感监测分类系统 …………………………………………………… (237)

5.2　辽宁省湿地遥感监测分析 ……………………………………………………… (237)

5.3　河北省湿地遥感监测分析 ……………………………………………………… (246)

5.4　天津市湿地遥感监测分析 ……………………………………………………… (252)

5.5 山东省湿地遥感监测分析 …… (257)
5.6 重点海域滨海湿地现状及历史变化遥感监测分析 …… (263)
5.7 结论 …… (273)
6 环渤海集约用海区域水文和冲淤环境现状及历史演变 …… (278)
6.1 渤海海域 …… (278)
6.2 辽西锦州湾沿海经济区 …… (288)
6.3 曹妃甸循环经济区 …… (307)
6.4 天津滨海新区 …… (331)
6.5 山东半岛蓝色经济区——潍坊滨海新城 …… (342)
6.6 结论 …… (356)
7 环渤海集约用海区域敏感区分布 …… (359)
7.1 敏感区定义及其类型 …… (359)
7.2 自然保护区 …… (360)
7.3 海洋特别保护区 …… (365)
8 环渤海集约用海区域海洋灾害 …… (373)
8.1 海洋灾害概述 …… (373)
8.2 海洋地质灾害 …… (374)
8.3 海洋气象灾害 …… (378)
8.4 海洋生物灾害 …… (382)
8.5 海洋溢油 …… (385)
8.6 结论 …… (388)
9 环渤海集约用海区域渔业资源现状 …… (389)
9.1 莱州湾渔业资源现状 …… (389)
9.2 渤海湾渔业资源现状 …… (399)
9.3 辽东湾渔业资源现状 …… (412)
10 环渤海集约用海区主要环境问题 …… (419)
10.1 水环境质量逐年下降 …… (419)
10.2 海洋生物资源持续衰退,渔业资源濒临枯竭,经济贝类质量不容乐观 …… (419)
10.3 生境持续退化,海洋生态服务功能下降 …… (420)
10.4 海洋开发不合理,敏感区遭受破坏 …… (420)
10.5 海洋灾害频发,环境保护迫在眉睫 …… (420)
参考文献 …… (422)

1　环渤海集约用海区域选取及其环境概况

1.1　渤海概况

渤海是中国唯一的内海，三面环陆，被辽宁省、河北省、天津市、山东省陆地环抱，通过渤海海峡与黄海相通。渤海具体位置为37°07′—41°00′N，117°35′—121°10′E。海域面积约$7.7\times10^4\ km^2$，平均水深约18 m，最大水深83 m。渤海大陆海岸线长约3 170 km（包括烟台市的黄海部分），其中，辽宁省的大陆海岸线（渤海部分）约1 235 km，河北省约288 km，天津市约153 km，山东省约1 494 km。渤海地理概况见图1.1。

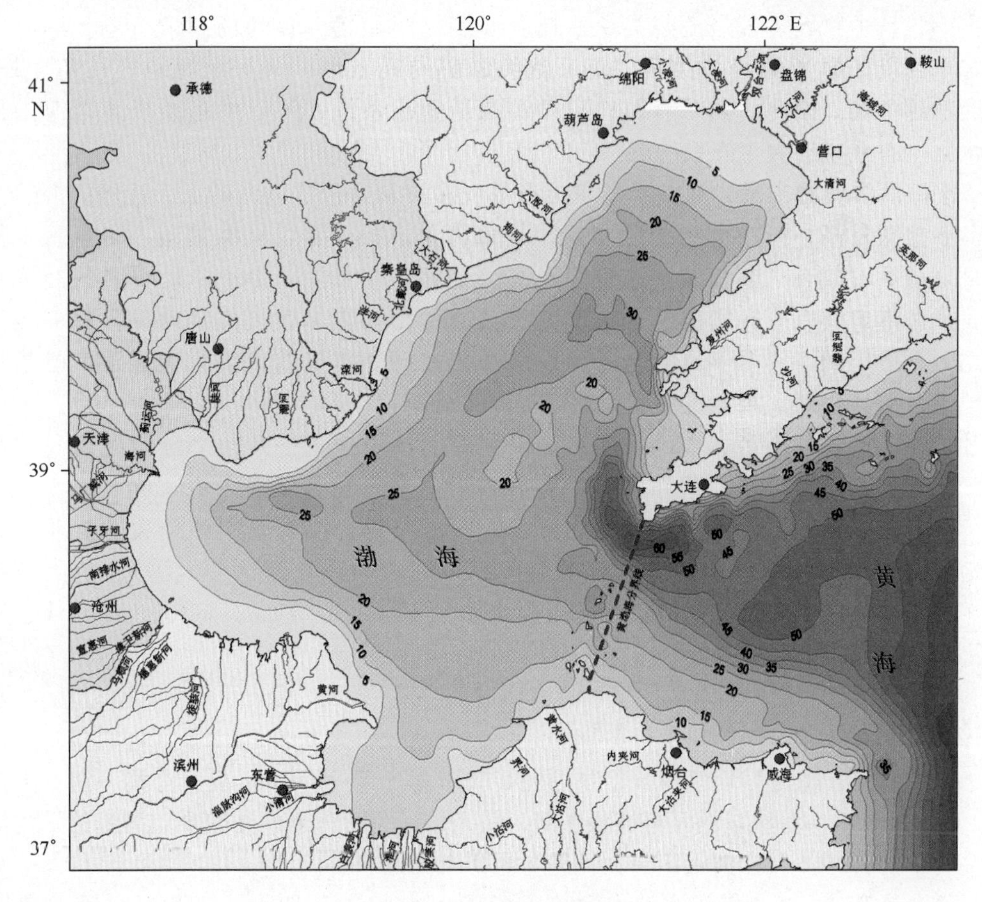

图1.1　渤海地理概况

渤海由北部辽东湾、西部渤海湾、南部莱州湾、中央浅海盆地和渤海海峡五部分组成。渤海是半封闭的内海，与外海水交换较弱，通过渤海海峡与黄海相通，海峡口宽 59 n mile，海峡有 30 多个岛屿，其中较大的有南长山岛、砣矶岛、钦岛和隍城岛等，总称庙岛群岛或庙岛列岛。

渤海沿岸主要入海河流约 45 条，分为海河、黄河、辽河三大流域七个水系，其中，辽东半岛诸河水系、辽西沿海诸河水系、滦河水系和山东半岛诸河水系为省内或者基本上是省内水系，辽河水系、海河水系、黄河水系为跨省水系。

渤海地属中纬度，属东亚大陆季风气候区。冬季主要受东亚冷高压边缘的控制，大量的冷空气频繁南下入侵该海区，使该海区冬季盛行偏北风，而夏季该海区受西南季风的影响，盛行偏南风。每年的 4—5 月和 8—9 月是季风的转换季节，其风向多变。除受季风气候影响外，该海区还受温带气旋的影响。温带气旋主要是以黄河气旋、蒙古气旋和东北低压为主，多发生在每年的 10 月至翌年的 4 月。

渤海沿岸江河纵横，入海河流每年挟带大量泥沙堆积于三个海湾，在湾顶处形成宽广的辽河口三角洲湿地、黄河口三角洲湿地、海河口三角洲湿地，湿地生物种类繁多，植物有芦苇、水葱、碱蓬、三棱藨草和藻类等。渤海沿岸河口浅水区营养盐丰富，饵料生物繁多，是经济类鱼、虾、蟹类的产卵场、育幼场和索饵场。渤海中部深水区既是黄渤海经济类鱼、虾、蟹类洄游的集散地，又是渤海地方性鱼、虾、蟹类的越冬场。因此，渤海有河口三角洲湿地生态系统、河口生态系统和渤海中部深水区生态系统三大生态系统。

渤海海洋资源丰富，渔业、港口、石油、旅游和海盐是渤海的五大优势资源。渤海营养盐含量高，饵料生物十分丰富，是多种鱼、虾、蟹、贝类繁殖、栖息、生长的良好场所，故有“聚宝盆”之称。对虾、毛虾、小黄鱼、带鱼是最重要的经济种类。渤海港口具有分布密度高，大型港口及能源出口港多，自然地理条件好，经济发达，腹地广阔，资源丰富等优势，是中国北方对外贸易的重要海上通道，已建和宜建港口 100 多处。渤海石油和天然气资源十分丰富，整个渤海地区就是一个巨大的含油构造，滨海的胜利、大港、辽河油田和海上油田连成一片，渤海已成为我国第二个大庆。渤海沿岸自然风景优美，名胜古迹众多，充分具备了以阳光、海水、沙滩、绿色、动物为主题的温带海滨旅游度假资源条件。渤海是中国最大的盐业生产基地，底质和气候条件非常适宜盐业生产。中国四大海盐产区中，渤海就有长芦、辽东湾、莱州湾 3 个。莱州湾沿岸地下卤水储量丰富，是罕见的储量大、埋藏浅、浓度高的“液体盐场”。

渤海以风浪为主，随季风的交替具有明显的季节性。10 月至翌年 4 月盛行偏北浪，6—9 月盛行偏南浪。渤海风浪以冬季为最盛，波高通常为 0.8 ~ 0.9 m，周期多半小于 5 s。1 月平均波高为 1.1 ~ 1.7 m，寒潮侵袭时可达 3.5 ~ 6.0 m。夏秋之间，偶有大于 6.0 m 的台风浪。海浪以渤海海峡和中部为最大，辽东湾和渤海湾较小。渤海的平均波高多为 0.1 ~ 0.7 m，以海峡区最大，平均为 0.8 ~ 1.9 m。

渤海具有独立的旋转潮波系统，其中半日潮波（M）有两个，全日潮波（K）有一个旋转系统。半日分潮占绝对优势。渤海海峡因处于全日分潮波“节点”的周围而成为规则半日潮区；秦皇岛外和黄河口外两个半日分潮波“节点”附近，各有一范围很小的不规则全日潮区。除此以外，其余区域均为不规则半日潮区。潮差为 1 ~ 3 m。沿岸平均潮差，以辽东湾顶为最大（2.7 m），渤海湾顶次之（2.5 m），秦皇岛附近最小（0.8 m）。海峡区的平均潮差为 2 m 左右。潮流以半日潮流为主，流速一般为 50 ~ 100 cm/s，最强潮流见于老铁山水道附近，达 150 ~ 200 cm/s；辽东湾次之，为 100 cm/s 左右；最弱潮流区是莱州湾，流速为 50 cm/s 左右。

1.2 集约用海区选择

环渤海地区是中国北部沿海的黄金海岸，在中国对外开放的沿海发展战略中占有重要地位。环渤海三省一市以占全国 5.9% 的陆域面积和 2.6% 的海域面积，承载着占全国近 1/5 的人口和超过 1/5 的国内生产总值，创造了全国近 1/3 的海洋经济产值。作为半封闭型内海，渤海生态系统是环渤海经济圈的重要支撑，其服务功能对该地区经济社会的发展起着决定性的保障作用。当前，环渤海区域性、行业性重大发展战略是我国环渤海沿岸经济发展的重要形式，“十一五”期间，天津滨海新区基本已建成为石化、化工类项目集中区域；河北省依托曹妃甸打造世界级临港重化工业基地，将大港口、大钢铁、大化工、大电能四大产业作为其发展重点；辽宁省制定了沿海经济带发展战略，将大力发展以石化、钢铁、大型装备和造船为重点的临海、临港工业。山东半岛蓝色经济区将采取“一区三带”的发展格局，通过集中集约用海，打造出九大新的海洋优势产业聚集区（九大海洋经济高地）。随着环渤海新一轮沿岸开发的快速发展，能源重化工等一系列“两高一资”的大项目的启动，不但加剧了环渤海地区重化工业发展趋同、布局分散的态势，也将进一步加大该地区的海洋环境压力，并可能引发海洋资源竞争加剧、环境风险失控，降低环渤海地区产业发展与海洋资源环境的协调性，最终导致该区域发展的不可持续性。

因此，迫切需要突破地方行政框架，从渤海的整体出发，从更长的时间尺度和更大的空间尺度，开展基于生态系统的集约用海研究。集约用海内涵可以解释为：“在统一规划和部署下，一个区域内多个围填海项目集中成片开发的用海方式。”集约用海不是“大填海”，而是要科学适度用海，是在布局上改变传统的分散用海方式，在适宜海域实行集中连片适度规模开发；更是在结构上改变传统的粗放用海方式，提高单位岸线和用海面积的投资强度，从而占用最少的岸线和海域，实现最大的经济效益。相对于单个围填海项目或工程，集约用海是一种更为高效、生态和科学的用海方式。

根据上述对集约用海定义的理解，结合各集约用海区域规划期限、开发时间长短、开发规模大小、海洋环境特点及对海洋环境的影响程度，在渤海范围内选取 8 个有代表性的区域进行研究探讨。8 个集约用海区列举如下，详见表 1.1 和图 1.2。

表 1.1　环渤海沿海经济带集约用海区统计

序号	名称	所在地域
1	辽西锦州湾沿海经济区	辽东湾
2	辽宁（营口）沿海产业基地	辽东湾
3	长兴岛临港工业区	辽东湾
4	曹妃甸循环经济区	渤海湾
5	天津滨海新区	渤海湾
6	沧州渤海新区	渤海湾
7	山东半岛蓝色经济区——潍坊滨海生态旅游度假区	莱州湾
8	龙口湾临港高端制造业聚集区	莱州湾

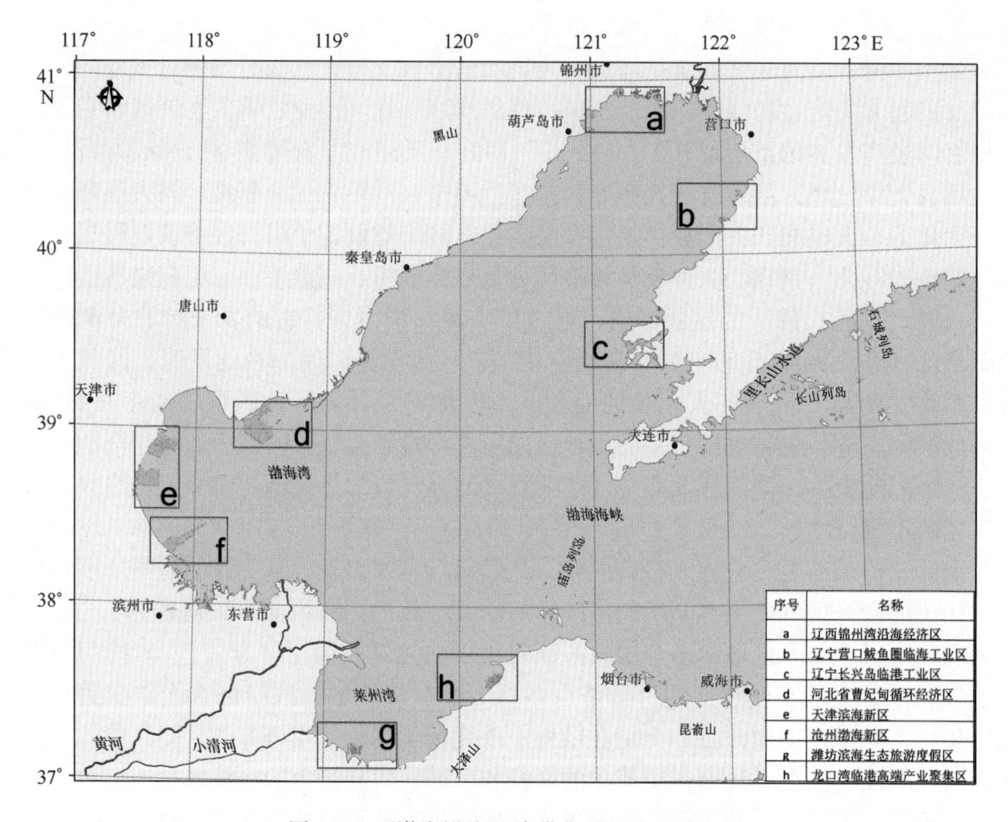

图 1.2　环渤海沿海经济带集约用海区分布

（1）辽东湾（3 个）：辽西锦州湾沿海经济区；辽宁（营口）沿海产业基地；辽宁长兴岛临港工业区。

（2）渤海湾（3 个）：曹妃甸循环经济区；天津滨海新区；沧州渤海新区。

（3）莱州湾（2 个）：山东半岛蓝色经济区——潍坊滨海生态旅游度假区；龙口湾临港高端制造业聚集区。

选择上述 8 个集约用海区的原因如下：

（1）上述用海区用海规模大，产业结构各具特色。

（2）将莱州湾、辽东湾、渤海湾作为“规划建设”、“正在建设”、“已经建设”研究区域的代表，其中：辽西锦州湾沿海经济区、辽宁（营口）沿海产业基地、辽宁长兴岛临港工业区符合规划“建设中”的特点；曹妃甸循环经济区、天津滨海新区和沧州渤海新区基本已完成围填海，符合“已经建设”的特点；莱州湾内唯一批复的两个用海规划：山东半岛蓝色经济区——潍坊滨海生态旅游度假区、龙口湾临港高端制造业聚集区于2010年批复，尚处于开发初期阶段，符合“规划建设”的特点。

（3）各集约用海区有着各自独特的环境特点：辽东湾三个区域中，辽西锦州湾沿海经济区所处的海域，重金属超标严重，生态风险较高；辽宁（营口）沿海产业基地北部湿地资源丰富；辽宁长兴岛临港工业区四周被斑海豹自然保护区环绕；渤海湾三个区域中，曹妃甸有外部深槽，天津滨海新区的高速城市化进程等特点；潍坊、龙口的多个人工岛建设都带有明显的环境特点，这也是选择上述用海区的主要原因之一。

1.3 集约用海区环境概况

1.3.1 辽西锦州湾沿海经济区

1.3.1.1 地质地貌

锦州湾地区位于阴山东西向复杂构造带中段与大兴安岭—太行山脉北北东向构造带东缘的复合部位，所处大地构造单元为中朝准地带、燕山台褶带、山海关台拱绥中凸起区，基底由太古代混合花岗岩及建平群大营组组成，主要出露地层有上元古界长城系、蓟县系、青白口系，中生界侏罗系，新生界第四系地层。元古代中期该区持续沉降，堆积数千米厚海相碳酸盐和碎屑岩地层，在隆起的周围有中—上元古代地层分布。古生代该区隆起，遭受剥蚀，至中生代初期又有部分地区下沉接受碎屑岩堆积，中生代中期发生基底断裂并伴随有火山喷发，区内岩浆活动较为强烈。在下元古代时，山海关隆起上有房胜沟花岗岩体及花岗闪长岩体呈岩株侵入，中生代燕山期为区内岩浆活动极盛时期，沿要路沟—锦西壳断裂，有碱厂、圣宗庙等岩体侵入，呈近东西向或北东向串珠状分布。

（1）陆地地貌：该地区属辽西滨海平原，地势西北高东南低。陆地地貌类型剥蚀型地貌和堆积型地貌均有出现，剥蚀型地貌分布于望海寺、葛砬子附近，表现为剥蚀高丘，丘顶高程可大于200 m，最高点望海寺为226.8 m，相对高差一般为100～150 m。丘脊走向明显受构造控制，呈东西向分布，组成岩性多为石英砂岩及白云岩；堆积型地貌多表现为冲海积平原，分布于五里河、高桥河两侧，地貌结构由高漫滩、漫滩、河床及阶地构成，宽度大于4 km，平坦开阔，微向海方向倾斜，高程小于10 m，坡降介于$0.5\times10^{-3}\sim1.4\times10^{-3}$，地表岩性为黄色亚砂土或业黏土，下伏砂砾石及砾石层；剥蚀堆积型地貌表现为坡洪积扇裙，绕丘陵或剥蚀台地呈扇状或裙状分布，规模大小不一，高程20～50 m，向谷地方向倾斜，倾角0.2°～2°，表层岩性为黄色含砾亚黏土，下部为含砂砾石透镜体或砾石混土。

（2）海岸地貌：分为海蚀型和堆积型。海蚀型海岸地貌多表现为海蚀崖，主要集中在葫芦岛、笊笠头、大笔架山及王家窝铺等岬角处，高度一般为 8 ~ 10 m 和 15 ~ 20 m，坡度分别为 30° ~ 50° 和 70° ~ 80°，基本由石英砂岩、石英砂岩夹板岩或泥灰岩和花岗岩组成；堆积型海岸分布于渔民村、新地号、锌厂东、笊笠头西、笊笠头、牛营子、大东山、下朱家口、真武山、王家窝铺等处的高海滩，一般由砂砾石组成，少数为碎石和砾石，且多数磨圆一般，分选不好，滩宽多为 20 ~ 25 m，个别地段滩宽仅有 3 m 左右。

（3）海底地貌：属于水下浅滩，水深很浅，只有 0 ~ 5 m。海底地形平缓，坡度为 0.6×10^{-3}，总趋势由西北渐向东南倾斜。底质以淤泥质粉砂和粉砂质泥为主，多含贝壳，在大笔架山和湾内岬角附近分布有角砾，磨圆度较差。水下地形简单，仅在葫芦岛大酒篓附近，水深较大，地形坡度较陡，坡度大约为 5.0×10^{-3}。

1.3.1.2 气象

根据《锦州港项目海域使用论证报告》中资料，锦州湾沿海经济区属温带季风型大陆性气候，四季分明，冬寒夏热，雨热同季。春季风大雨少，回暖迅速，气候干燥；夏季高温，雨水集中，阴雨天多；秋季温和，气温下降，雨量骤减；冬季干冷，多晴朗天气，雨雪稀少。

（1）气温

年平均气温：10.0℃

平均最高气温：14.1℃

平均最低气温：6.0℃

极端最高气温：34.4℃（1974 年 7 月）

极端最低气温：-21.3℃（1994 年 1 月）

（2）风

年平均风速为 2.7 m/s，以 SW 向和 N 向为主。

常风向：SW 向，出现频率为 16.29%

次常风向：N 向，出现频率为 16.23%

强风向：SW 向，≥7 级风的出现频率为 0.34%

次强风向：SSW 向，≥7 级风的出现频率为 0.26%

（3）降水

降水多集中在 6—9 月，降水量占全年降水总量的 78%。

年平均降水量：498.7 mm

年最大降水量：694.0 mm

年最小降水量：242.8 mm

日最大降水量：126.0 mm（出现于 1991 年）

（4）雾

累年平均雾日为 13.7 天，夏季雾日多，以平流雾为主，平均为 5 天；秋季少，平均为 1.9 天；冬季以辐射雾为主。

（5）相对湿度

累年平均相对湿度为 60%，季节性变化明显，春季较小，平均为 48% ~53%；夏季相对较大，平均为 70% ~82%。

1.3.1.3　海洋水文

根据锦州市人民政府地方志办公室编制的锦州市志（综合卷 1986—2002），分析如下。

（1）潮汐

锦州湾海域属规则半日潮，秋分前白天潮大于夜间潮，秋分后夜间潮大于白天潮。潮汐特征值如下。

最高高潮位：4.26 m

最低低潮位：－1.11 m

最大潮差：　4.65 m

最小潮差：　0.12 m

平均高潮位：2.68 m

平均潮位：　1.65 m

平均低潮位：0.60 m

（2）海流

锦州湾的海流以潮流为主，多为往复流，涨潮主流流向东北，落潮主流流向西南，一般流速为 20 ~30 cm/s。

（3）波浪

《中国海湾志》（第二分册）中指出：锦州湾属半封闭型的浅水海湾。湾口开阔，面向东南。多年各向波浪要素统计结果表明：各向平均波高为 0.2 ~0.7 m，以 SSW、SW 向两方位的较大，为 0.7 m；各向最大波高之间相差悬殊，为 1.2 ~4.6 m，最大波高极值见于 SSE 向，高达 4.6 m；SSW 向次之，为 4.4 m；平均周期为 2.2 ~3.3 s，较大值出现在 S、SSW 向；波浪出现频率以 SSW 向最多，占 29%，S—SW 向为常浪向，波浪频率高达 55%，SE 和 SSW 两方位属强浪向。

1.3.1.4　海洋资源概况

1）渔业资源

（1）水产资源和渔业捕捞

本区近海海域（1 ~10 m 水深）为近海渔场，是多种鱼虾产卵、索饵、洄游和贝类栖息、繁衍的优良场所，水产资源较为丰富，种类繁多，约 360 余种，其中毛虾、毛蚶、蓝蛤、海蜇、青鳞鱼、四角蛤蜊等为优势种群，资源量可观。2007 年，开发区拥有捕捞渔船 853 艘（总吨位 5 676 t、总功率 26 387 kW），渔业捕捞产量为 79 000 t，其中鱼类 40 449 t、虾 19 017 t、蟹 287 t、贝类 10 435 t、头足类 450 t、海蜇 8 362 t。

（2）海水增养殖资源

本区海水增养殖生产较发达，2007 年，开发区海水养殖面积约 15 700 hm^2，其中鱼类 27 hm^2，甲壳类 36 hm^2（日本对虾 20 hm^2、梭子蟹 16 hm^2），贝类 15 563 hm^2（文蛤 35 hm^2、杂色蛤 8 897 hm^2、其他 6 631 hm^2），其他类（海参）74 hm^2，海水养殖产量为 64 080 t。

2）港口资源

（1）锦州港

锦州港始建于1986年，1990年10月正式开港，同年12月经国务院批准为国家一类对外开放港口，具有杂货装卸、成品油输出和原油上岸以及承运国际集装箱业务等功能，进出口货物主要有油品、煤炭、粮食、化工产品、钢铁、水泥和木材等数十种。

已建有生产性泊位16个，其中万吨级以上泊位（含万吨级）14个，最大泊位可以靠泊12万吨级船，码头岸线总长度为4 262 m，年通过能力为 3.175×10^4 t 和集装箱 60×10^4 TEU。

现有主航道全长21.5 km，底宽210 m，航道水深13.5 m，可供5万吨级的船舶乘潮航行；目前，航道扩建正在实施，2007年底完成扩建后的航道水深将达到15.0 m，航道宽度198 m，为10万吨级航道。现有锚地3处。

（2）锦州渔港

锦州渔港位于锦州经济技术开发区王家窝棚沿海，1995年10月投入使用，是一个条件良好的避风港，可容纳渔船1 800艘，年卸货能力4万多吨。港内有2座码头，分别为锦州市渔业公司的专用码头、集体和个体渔业的群众码头，渔港配套设施较为齐全。

3）滩涂浅海资源

辽宁环渤海区域滩涂集中分布在辽东湾沿岸，共127 333 hm^2，占全省滩涂面积的2/3，按海湾部位分成辽东湾东岸、辽东湾顶沿岸和辽东湾西岸三个部分。滩涂利用率锦州最高，达47.8%；葫芦岛、盘锦和营口地区滩涂平均利用率为33%左右。

4）保护区和湿地资源

2010年国家海洋局批准建立大笔架山国家级海洋特别保护区，集特殊地理条件、生态与景观保护、特殊开发利用条件三种类型兼而有之。重点保护区为大笔架山岛、砾石堤及周围100 m海域，面积0.9 km^2；生态与资源恢复区为西北侧重点保护区外边界至锦州港大堤，西南侧至锦州港五港池顶端，南侧重点保护区外边界向海1.5 km，东侧重点保护区外边界向东1 km范围内海域，面积为7.1 km^2；适度利用区为自生态与资源恢复区外边界向海1~1.5 km以内区域，面积为24.4 km^2。

大笔架山是近海的一个海岛，位于锦州经济技术开发区上朱家口村南侧，在大笔架山和北岸之间有一条潮汐冲击而成的卵石小路，由大小不等的砾石、粗砂组成，长1 620 m，宽9 m，俗称“天桥”，随着潮水的涨落时隐时现，其形成主要由于大笔架山岛前方迎波区受到侵蚀，物质被带至岛屿的波影区时形成了砾石堤，是自然塑造而成。大笔架山岛及“天桥”砾石堤在亚洲沿岸独具特色，是极为奇特的地质珍迹，具有重要的资源价值。

1.3.2 辽宁（营口）沿海产业基地

1.3.2.1 地质地貌

（1）地质

辽宁营口位于新华夏系第二巨型隆起带、第二巨型沉降带、第三巨型隆起带的复合部位，主要构造轮廓受华夏系构造体系控制。新华夏构造、东西向构造和南北向构造均很发育。东西向构造体系主要由东西向褶皱、冲断面、挤压破碎及伴生的扭裂等构成。沿岸属第二巨型隆起带，分布 NNE、NE、EW 向断裂带。

（2）陆地地貌

根据成因类型和次一级的成因形态类型分类原则，营口沿岸地区的地貌类型主要有：构造剥蚀型（高丘、低丘）、剥蚀型［剥蚀平原（台地）］、剥蚀堆积型（坡洪积扇裙）、堆积型（冲积平原、冲洪积平原、冲海积平原、海积平原和风成沙地）。

1.3.2.2 气象

根据《营口市水资源承载力研究》结果，营口属暖温带大陆季风气候，又有一定的海洋性气候特色。主要特征为四季分明，气候温和，暖湿同季，降雨集中，日照丰富，季风盛行。

（1）气温

区域年平均气温 7.5 ~9.4℃，极端最高气温 36.6℃，极端最低气温 -30.8℃。

（2）降水量

营口多年平均降水量为 724 mm，降水量东部大于西部，北部大于南部。降水量年际变化较大，年内以 7 月、8 月最多，2 月最少。夏季为一年中降水量最多的季节，占全年总降水量的 60% ~70%；冬季最少，仅为 20 ~30 mm，占全年的 5% 左右。

（3）风

区域风向及风速主要受季风影响，同时也受小范围渤海和周围大陆的影响。秋冬季节盛行 NNE 风，春夏季节盛行 SSW 风。

1.3.2.3 水文

（1）潮汐

根据《营口港锚地规划的研究》，营口沿海产业基地的水文相关资料主要参考鲅鱼圈港区的相关资料。根据鲅鱼圈海洋站观测资料统计，潮汐属不规则半日潮，潮位特征值如下。

最高潮位：5.08 m

最低潮位：1.06 m

平均海面：1.96 m

平均高潮位：3.19 m

平均低潮位：0.73 m

最大潮差：4.37 m

平均潮差：2.46 m

（2）海流

本区潮流具有往复性，涨潮时，流的方向为 NNE 向，落潮时，流的方向为 SSW 向，一般小潮流速小于大潮流速，落潮流速小于涨潮流速。

（3）海冰

根据观测资料统计，鲅鱼圈港区海冰冰期从每年 11 月中旬至翌年 3 月中旬，平均冰期 120 天；浮冰的冰厚一般在 5～30 cm 之间，流冰的主要漂流方向是 WSW 和 W 向。

1.3.2.4 海洋资源概况

1）渔业资源

（1）捕捞业

辽东湾的渔业资源基本都在沿岸 20 km 以外的海域，初级生产力较高。历史上为多种海洋经济生物栖息繁殖和生长的场所，传统捕获的渔业品种为中国毛虾、鲈鱼、小黄鱼、青鳞鱼、梭鱼和鲅鱼等；此外，海蜇、文蛤、四角蛤蜊、沙蚬子等资源也比较丰富。近年来，捕获量很少，需要到远海才能捕捞到，鲅鱼圈海域近岸主要捕获品种为杂色蛤和毛蚶，经济鱼类如黄花鱼等已形不成渔汛。

（2）增养殖业

2003 年，鲅鱼圈全区有养殖场 9 个，养殖面积 10 883 hm^2，主要品种有杂色蛤、毛蚶、海湾扇贝、牡蛎和贻贝等，水产品总量为 118 407 t，渔业经济总产值为 58 200 万元。

（3）渔业基础设施

望海寨渔港：位于盖州市望海村（40°21′13″N，122°10′31″E），岸线长 0.8 km，2 m 等深线距岸 1.0～1.5 km，5 m 等深线距岸 5～10 km。

仙人岛渔港：位于仙人岛角南部，岸线长 4.6 km，其中西侧和北侧水深较好。西侧 5 m 水深距岸仅 200～300 m，北侧 2 m 水深距岸仅 5 m。近岸水域底质为砂和泥，停泊渔船 150 条。

归州渔港：位于盖州市归州镇西海村，岸线长 0.8 km，2 m 等深线距岸 1.7 km，5 m 等深线距岸 4.5 km，停泊渔船 200 条。

2）港口资源

鲅鱼圈港是国家主要枢纽港之一，目前拥有生产性泊位 28 个，17 个万吨级泊位，所运输的主要货种包括非金属和金属矿石、粮食、煤炭、成品油、集装箱、钢铁、化肥等。

港区内有两条航道：一条是进港航道，长 8.3 km，底宽 110 m，水深 9.7 m，乘潮可通航 5 万吨级船舶；另一条是外海航道，长 45.3 m，宽 1 km，水深 10.0～20.0 m，底质为泥沙。锚地面积为 18.4 km^2，水深 11.5～14.5 m，底质为泥沙，锚泊 2 万至 3 万吨级船舶 25 艘。

3）保护区资源

辽宁团山海蚀地貌自然保护区的海蚀地貌是经过 18 亿年海洋应力的作用形成的不可再生的地质自然遗产，是国内少见的海洋地质遗迹。保护对象主要包括海蚀地貌、海岸和海洋生态系统。其中海蚀地貌集中分布于盖州市团山镇盖平角潮间带区，呈南北走向，向海方向可延至300 m，长2.2 km。保护海岸北部自大清河口，南至田家崴子，岸线长10 km。此外，本区为河海交汇处，附近海域是太平洋斑海豹洄游区，辽东湾对虾、海蜇产卵场、鱼类索饵场及洄游通道，也是喜沙性生物和喜泥性生物交互的地带，毗邻海域的海洋生态环境和海域环境质量的保护对海蚀景观保护起着重要作用。该保护区的建立有着重要价值，有助于比较完整地为人类保存一部分海洋自然生态系统的“本底”，减少或消除人类对海洋资源与环境的不利影响，提高海洋资源再生能力；有助于保护海蚀地貌和恢复生物多样性，有助于科学使用海域、提供海洋多种用途的利用方式。

1.3.3 长兴岛临港工业区

1.3.3.1 地质地貌

（1）地质

长兴岛位于稳定的中朝准地台辽东台隆瓦房店—新金坳陷区内，基底构造骨架是由古地槽洋壳经历多旋回褶皱作用形成的近东西向隆起与坳陷相间分布所组成。坳陷区内以金州断裂为界，东部为新金凸起，西部为复州凹陷区。北东向、北西向构造形迹均有表现，并控制着岛屿的分布方向。

长兴岛内出露的地层主要为元古界细河群、五行山群和古生界寒武系，零星分布奥陶系和新生界第四系地层。元古界地层分布在岛屿的东西两侧，岩性为灰黄色、灰白色石英砂岩与页岩互层，底部为泥灰岩，古生代寒武系地层分布在岛屿中央主体部位，岩性为灰黄色、黄绿色页岩与粉砂岩、石英砂岩互层，元古界和寒武系地层中的粉砂岩和石英砂岩是形成岛内沙滩的主要物质来源。奥陶系地层零星分布在岛屿中央地带，岩性为灰色、灰黑色厚层灰岩夹燧石结核。第四系地层主要为褐灰色砾岩、亚砂土、亚黏土、风成砂、海积砂和淤泥组成，厚度一般在10 m以下，较大河流中游厚度15 ~ 30 m，河口处可达40 m，主要分布在岛屿中央主体部位的靠海处和岛屿东部边缘的靠河流部位。

区内构造较为发育，可分为华夏系构造体系、新华夏系构造体系、北西向构造体系、东西向构造体系和弧形构造体系。

（2）海岸带地形地貌

长兴岛海岸按基本形态和物质组成属岛礁型基岩海岸、岬角海蚀地貌，海湾堆积体和水下浅滩发育，山后村和王家窝铺东有细砂和粉砂组成的沙滩（海滩）地貌，岛屿南部葫芦山湾和北部复州湾见有堆积型的潮滩沉积地貌，其岩性依次为粉砂质砂、粉砂、黏土质粉砂和粉砂质黏土。岛屿东侧与陆域之间为狭窄水道，长年淤积，大部分辟为盐田和虾池，使之和大陆紧密相连。西侧和南侧为海侵型海岸，海蚀崖、海蚀穴、礁石、海蚀残丘和潟湖发育，西海岸水下岸坡较陡，10 m等深线直逼岸边。岛屿呈北东向排列，因受西南风影响，沿岸泥沙流携带的物质，极易被带入岛间海湾之中，而在岛屿背风的东侧沉积。沿岸风成地貌普遍发育，是该类海岸的显著特征。

(3) 海底地形地貌

长兴岛周围海底地貌可分为水下浅滩和浅海堆积平原两种。水下浅滩分布在复州湾和葫芦山湾海底地形相对比较平缓的港湾内，岛屿西侧的坡陡带则缺乏水下浅滩地貌单元，只有浅海堆积平原和冲刷槽。

1.3.3.2 气象

长兴岛位于欧亚大陆和太平洋之间的中纬度地带季风区，地处渤海东岸，属暖温带半湿润季风气候，四季分明，气候受海洋调节非常显著。

(1) 气温

多年平均气温10.0℃，最热月为8月，平均23.9℃；极端最高气温32.8℃（1968年8月2日），最冷月为1月，平均-5.5℃；极端最低气温-19.2℃（1966年1月20日）。

(2) 降水量

年平均降水量578.3 mm，年最大降水量877.9 mm（1966年），日最大降水量142.2 mm（1966年7月27日）。降水量主要集中在6—9月，约占全年的75%。降雪期为11月至翌年3月，冬季降水少，仅占全年降水的8%。

(3) 风

本海区受季风影响较大，冬季多偏北风，夏季多偏南风。全年常风向为NNE，频率为18.25%；次常风向为WSW，频率为13.68%；年平均风速为5.1 m/s，强风向以偏N向大风为主，最大风速40.0 m/s，风向N，发生在1964年4月5日14时；次强风向为NNE，最大风速34.0 m/s，风向NNE，发生在1969年1月28日8时。六级以上大风的频率为7.4%。

(4) 雾

每年的7—10月多雾，尤以8月为最多。能见度1 km的雾同年平均18.3天。年最多雾日34天，年最少雾日9天。

1.3.3.3 水文

(1) 潮汐

长兴岛海域基本属于不规则半日潮。根据长兴岛马家嘴验潮站（地理坐标：39°32.5′N, 121°13.6′E）2004年12月至2005年11月观测资料，各特征潮位如下。

最高潮位：2.71 m（2005年9月16日）

平均高潮位：1.74 m

平均低潮位：0.70 m

最低潮位：-0.59 m（2005年2月1日、3月11日）

平均潮位：1.24 m

平均潮差：1.04 m

(2) 波浪

长兴岛海域位于辽东湾中部，无长期波浪观测资料。根据长兴岛马家嘴南部（地理坐标39°32′N, 121°14′E）1983年5—11月进行的7个月短期观测资料，以及2004

年12月至2007年11月在该临时波浪观测站进行的三年的波浪观测资料，长兴岛全年常浪向为SW向，冬、春偏北及NE向；夏、秋多为西及SW向；年平均波高0.8 m。根据2004年12月至2007年11月三年的波浪实测资料得出，本海域的常浪向为NE—NNE向（其中NE向频率14.9%，NNE向频率11.1%），次常浪向SW，频率10%。1983年实测最大波高N和NNE向都超过4.0 m；2004年12月19日17时出现实测最大波高4.7 m，对应$H_{1/10}$波高3.5 m，平均波周期5.4 s，波向N向，该过程实测最大风速23 m/s；2005年10月21日出现实测最大波高5.2 m，对应$H_{1/10}$波高4.5 m，平均波周期7.3 s，波向NE向，该过程9~10级风持续近30 h，其中10级风持续6 h，风向NE—NNE，在此大风过程中实测最大风速10 min平均为29.3 m/s，极大风速为32.0 m/s。

（3）海流

根据2004年11月17日大潮、11月22日小潮实测资料统计分析，长兴岛海域潮流性质属于规则半日潮流，多数测站基本为往复流，个别测站具有旋转特性。各站涨、落潮憩流一般发生在高、低潮前后，最大流速一般发生在半潮位，大潮差相对小潮差相位关系明显，表明实测海区潮波基本属于驻波性质。

受复州湾、普兰店湾和葫芦山湾的湾、岬的影响，不同海域涨、落潮流历时有所差异。位于长兴岛北侧的复州湾和长兴岛南侧的普兰店湾以及葫芦山湾湾顶是落潮流历时大于涨潮流历时；葫芦山湾湾内和湾外是涨潮流历时大于落潮流历时。复州湾各站涨、落潮平均流向为56°和237°，呈NE—SW向，基本沿海岸流动；葫芦山湾湾顶涨、落潮流向为51°和242°，也呈NE—SW向；葫芦山湾湾内和湾外涨、落潮平均流向为355°和175°，呈N—S向；普兰店湾涨、落潮流向为298°和116°，呈NW—SE向。流速的垂线分布是从表层到底层逐渐减小，实测最大流速出现在表层或次表层，底层流速约为表层的65%。

1.3.3.4 海洋资源概况

（1）渔业资源

本区域的渔业资源经济价值较高的品种有：半滑舌鳎、对虾、三疣梭子蟹、银鲳、小黄鱼、口虾蛄和鹰爪虾等，其中，对虾、小黄鱼和鹰爪虾属于洄游性鱼虾类，春季游来近岸产卵繁殖，新生幼体在近岸摄食生长，冬季游回黄海中部越冬；其余鱼虾类常年在近岸繁殖、生长、生活。

该区沿岸海底底质大部分为泥、粉砂，潮间带和潮下带部分非常适合贝类的生长，现有贝类品种文蛤、缢蛏、脉红螺和菲律宾蛤仔等。小部分为岩礁底质，适合海参等生长，养殖方式主要为圈养。同时区域内建有海参苗、虾苗及贝苗等海珍品育苗场。

（2）岸线和港口资源

长兴岛、西中岛、凤鸣岛和交流岛岸线总计147.79 km，以人工岸线和基岩岸线为主，分别为121.78 km和22.64 km，淤泥质岸线和砂质岸线较少。其中，长兴岛岸线长91.6 km，其中可用于临港产业发展的岸线约38.9 km，大多数深水岸线资源处于自然状态。长兴岛与西中岛多处基岩港海岸，岸线曲折、水深、浪小，终年不冻，西部和东北部海面广阔，海湾自然条件适合建设大、中型的内海港口的港址。目前，葫芦山湾岸线正在建设长兴岛临港工业区。

（3）保护区资源

大连斑海豹自然保护区为国家级保护区，保护对象为国家二级保护野生动物斑海豹，长兴岛附近海域为其主要栖息地。每年1月、2月，斑海豹穿越渤海海峡进入辽东湾进行繁殖。3月冰融化后，斑海豹分散在沿岸觅食，5月中旬以后斑海豹基本离开此地。辽东湾东部沿岸是斑海豹十分重要的栖息地，大连斑海豹自然保护区1997年12月8日被国务院批准升级为国家级自然保护区，当时斑海豹国家级自然保护区位于38°45′—40°05′N，120°50′—121°57′E，面积90.9×10^4 hm^2，其中：核心区面积279 000 hm^2，缓冲区面积320 000 hm^2，实验区面积310 000 hm^2。主要保护对象为斑海豹及其生态环境，对于保护斑海豹种群及其繁殖栖息地具有非常重要的作用。

为了开发长兴岛，加快临港工业区建设，国务院办公厅于2007年5月18日批准了大连斑海豹国家级自然保护区范围调整（国办函〔2007〕57号）。调整后斑海豹自然保护区位于38°55′—40°05′N，120°50′—121°57′E。南界以（39°03′12″N，121°33′12″E）为起点，沿海岸线至38°55′N，120°05′36″E，出海至38°55′N，121°03′E；西界以120°50′N为界；北界以40°05′N为界，总面积为672 275 hm^2，其中，核心区278 490 hm^2，缓冲区271 600 hm^2，实验区122 185 hm^2，距离大连市区20 km，由5～40 m深的海底岩基和70多个大小岛屿组成，有基岩海岸和海底岩礁。

1.3.4 曹妃甸循环经济区

1.3.4.1 地质地貌

（1）地质

地质构造单元属于燕山沉降带与华北坳陷两个Ⅱ级构造单元，自北向南可再分属山海关隆起、渤海中隆起和黄骅坳陷三个Ⅲ级构造单元。新生代以来，在古老的基底岩石上部堆积了巨厚的松散层，主要是晚更新世（Q_3）及全新世（Q_4）海相、陆相及海陆交互层，多为粉、细砂及部分的黏性土层。其下是基底岩石，有震旦系以来至侏罗系地层。滦河对本地区地层的形成有较大的影响。

（2）海岸地貌

唐山市海岸位于渤海湾北岸，冀东平原的沿海。主要受滦河入海泥沙影响，形成宽广的冲积、海积—冲积平原，构成了低平的三角洲平原海岸。平原陆域地貌单调，地势低平，海拔1～3 m，沿岸多荒滩地和盐场；平原外围沙坝环绕，老河口的潮汐通道与沙坝相伴是其主要特征。

滦河下游自古就属于游荡性河道，河口外围分布着一系列NE—SW向的海岸沙坝，使滦河三角洲及冲积平原具有双重海岸：外侧为沙坝构成的砂质海岸；内侧为浅海、潟湖以及三角洲平原的原始陆地海岸。根据地貌类型，大清河口以东为沙坝环绕冲积—海积平原海岸，近岸海域多离岸沙坝岛；大清河口至南堡为残余沙岛环绕的海积平原海岸，附近海域为开放性潟湖；南堡至涧河陆域为海积平原，属粉砂淤泥质海岸。

滦河口—大清河之间，为沙坝—潟湖海岸，是滦河三角洲的前沿部分。其中，滦河口—湖林河口之间分布有蛇岗等离岸沙坝岛，原有灯笼铺沙岛现与陆地相连，为砂质海岸，打网岗是滦河三角洲外围最大的堆积体。京唐港区岸线位于湖林河口至小港之间，南北两端沙坝潟湖均在此消失，海岸直接与海相接。海岸走向近 NE—SW，岸线较为平直，沿岸地势低平，以沙滩为主，水下岸坡较陡，堆积地貌不发育；自然水深较好，5 m、10 m 等深线分别离岸 1.5 km 和 6.5 km。

大清河—南堡岸段为滦河三角洲平原海岸，具有双重岸线特征，其中内侧大陆岸线为沿滦河古三角洲前沿发育的冲积海积平原；外侧为岛屿岸线，与大陆岸线走向基本一致，由蛤坨、腰坨和曹妃甸等沙岛群构成，其南段的曹妃甸沙岛由 12 个小沙岛组成，位居渤海湾北岸岸线转折处，犹如矶头和岬角，紧贴渤海湾 20 ~ 30 m 深槽。

南堡至涧河口岸段为粉砂淤泥质平原海岸，或称湿地海岸，地势低平，多芦苇湿地，盐田开辟较多。陆域沿岸有古贝壳堤一条，堤外发育了现代粉砂淤泥质浅滩，宽度达 3.5 km 左右。本岸段历史上受到黄河和滦河细颗粒泥沙的影响，海积作用较强，目前，海滩仍在增长，每年淤进速率达数十米。

1.3.4.2　气象

本区属北半球暖温带半湿润大陆性季风气候。由于濒临渤海，受季风环流的影响很大，冬、夏季风更替明显。气候温和湿润，四季分明，雨热同季。冬季漫长，冬长于夏，春秋短暂。4 月 16 日开始进入春季，6 月 21 日进入夏季，9 月 1 日入秋，10 月 22 日进入冬季。11 月 23 日进入严冬，终止于 3 月 8 日。冬季长达 170 天，夏季为 72 天，春季 66 天，秋季 51 天。

（1）气温

10 ~ 22℃ 为春秋季节，22℃ 以上为夏季，10℃ 以下为冬季标准。年平均气温 10.7℃。极端最高气温 37.9℃（1972 年 6 月 9 日），极端最低气温 -20.3℃（1973 年 1 月 26 日）。1 月平均气温最低，为 -5.4℃。7 月平均气温最高，为 28.5℃。

（2）降水

年平均降水量 613.2 mm，年降水总量为 7.94×10^8 m^3（1966—2005 年间）。全年降水量分布一般情况是：内地大于沿海。历年降水以 1969 年为最多，年降水量为 931.7 mm。月降水量多集中在夏季和秋季，冬春干旱少雨。从多年平均值来看，降水主要集中在 6—9 月，平均降水 495.7 mm，占全年总降水量的 80.8%。其余各月降水量为 117.5 mm，仅占全年的 19.2%。月最大降水量为 386.1 mm（1975 年 7 月）。日降水量≥50 mm 的日数为 2.1 天，日降水量≥25 mm 的日数为 6.7 天，日最大降水量为 234.7 mm（1975 年 7 月 30 日）。

（3）日照

地处中纬度，晴天多于阴天，全年晴天 244 ~ 283 天，年平均日照 2 618.9 小时。日照百分率平均 60%，1987 年最高（66%），1976 年最低（57%）。年日照时数最大 2 945.7 小时（1987 年），最小 2 525.2 小时（1976 年）。月日照时数以 4 月、5 月、6 月最长，11 月至翌年 2 月日照时数最短。总辐射量 5 月和 6 月最大，11 月和 12 月最小。

（4）湿度

多年平均相对湿度为66%。5—9月相对湿度较大，最大月平均相对湿度86%，发生在7月。10月至翌年4月相对湿度较小，最小月平均相对湿度为44%，发生在2月。

（5）风

本海区受季风影响较大，冬季盛行偏西北风，春、夏季盛行偏南和SE向风。根据京唐港区1993年6月至1995年5月观测资料统计：常风向SSW，频率9.87%；次常风向WSW，频率8.25%；强风向NE，大于等于7级风的出现频率0.11%；次强风向ENE，大于等于7级风的出现频率0.05%。台风（热带气旋）对本海区影响不大。

（6）雾

年平均雾日数32天，最多51天（1984年），最少17天（2005年）。雾多发生在每年的11月至翌年2月，此期间雾日约占全年的77%。最长连续雾日数为3天。

（7）雷暴

多年平均雷暴日为12天，多数雷暴日出现在6—8月。

1.3.4.3 水文

（1）潮汐和潮流

本海区的潮汐性质属不规则半日潮，潮汐强度中等。

本海区潮流性质为不规则半日潮流，运动形式基本呈往复流。根据附近水域的实测资料分析：大潮实测最大流速为0.86 m/s，流向252°，小潮实测最大流速为0.66 m/s，流向64°；大潮期间涨潮最大流速大于落潮最大流速，小潮期间落潮最大流速大于涨潮最大流速；表层流速大于底层流速。最大潮差可达278 cm，平均潮差为88 cm。

（2）波浪

根据1993年6月至1995年5月实测波浪资料统计：常浪向SE向，频率11.57%；次常浪向ESE向，频率9.2%。强浪向ENE向，实测最大波高5.5 m，$H_{1/10}\geqslant 2.0$ m的出现频率1.46%；次强浪向NE向，实测最大波高4.1 m，$H_{1/10}\geqslant 2.0$ m的出现频率为0.78%。

1.3.4.4 海洋资源概况

（1）港口资源

唐山港是我国沿海地区性重要港口，是我国能源、原材料等大宗物资专业化运输系统的重要组成部分，是津冀沿海的集装箱支线港，是区域综合运输体系的重要枢纽，也是津冀沿海港口群的重要港口。京唐港区是唐山港发展的重要组成部分，将发展为乐亭新区、唐山市及其他腹地各类物资中转运输服务的大型综合性港区，成为重要的区域综合运输枢纽；主要为临港冶金、煤化工、装备制造等大型重化工业服务；在唐山港煤炭、铁矿石运输中发挥重要辅助作用。

（2）滩涂浅海资源

土地资源丰富。曹妃甸区域滩涂面积819 km^2，浅海2 114 km^2，耕地、林地、草地面积1.3 km^2，仅分布在石臼坨、月坨等沙岛上，在沙岛上也有些村镇、交通道路等用地，区内主要是滩涂及水面。国家海洋局已批准了曹妃甸工业区1号路以西、总面积

129.67 km^2 的曹妃甸循环经济示范区近期工程用海规划，其中填海面积 102.97 km^2，港池、纳潮河和排洪渠等水域面积 26.7 km^2，涵盖了钢铁产业区、港口码头区、综合服务区和加工工业区 4 个功能区域。2009 年 6 月国家海洋局批准了曹妃甸循环经济示范区中期工程建设用海总体规划。曹妃甸循环经济示范区中期用海规划范围位于曹妃甸近期工程规划用海的东西两侧，规划用海总面积 162.33 km^2，其中填海面积不得超过 100.22 km^2。统一曹妃甸循环经济示范区中期工程规划区域内的填海造地平面设计，规划为煤盐化工区、化工仓储预留区及冀东油田区、综合服务区、装备制造临港工业区、钢铁产业区、仓储区和石油化工产业起步区 7 个功能区。截至 2010 年 9 月，已累计完成投资 2 500 多亿元人民币，填海造地面积达到约 170 km^2，港口吞吐能力突破 1.2×10^8 t，水、电、路、通讯等基础设施基本配套。其中，装备制造基地二期、装备制造基地三期，公共港区冀东油田基地、港池岛护岸、滨海休闲区、加工工业区、综合服务区四期、西护岸路等工程已基本完工。钢铁产业区北部造地工程，吹填主体工程已完工。东南海堤二期工程、综合服务区五期吹填工程、装备制造基地造地五期工程、加工工业区西部造地一期工程、东南区建设基地造地工程、冀东油田北侧造地工程、仓储区造地工程、港池岛北部围海造地工程和曹妃甸滨海新城围海造地起步工程，已完成抛石堤 16.5 km，完成吹填砂 $5\ 850\times10^4$ m^3。

（3）油气资源

南堡油田位于河北省唐山市境内（曹妃甸港区），为渤海湾盆地黄骅坳陷北部的南堡坳陷，处于滩海区域，是一个整装、优质、高效的油田，三级油气地质储量 10.2×10^8 t，其中探明储量 $40\ 507\times10^4$ t，控制储量 $29\ 834\times10^4$ t，预测储量 $20\ 217\times10^4$ t，天然气地质储量 $1\ 401\times10^8$ m^3，探明地质储量相当于近几年中国年度新增探明石油储量的 1/2 左右，为新中国成立以来中国石油勘探又一个重大发现，将会带来中国历史上第五次石油储量增长高峰。

目前，曹妃甸地区油气资源开发已逐步展开，曹妃甸－11 油田、南堡 35－2 油田相继建成投产，年产超过 200 万吨。同时为充分利用国际资源，按设计，2010 年曹妃甸港区建成 1 个 30 万吨级原油码头，兼顾更大吨级油轮靠泊的需要，设计年接卸能力为 $2\ 000\times10^4$ t，泊位长度为 520 m，在码头引桥根部建设输油首站、油库，总罐容 80×10^4 m^3，1 个 10 万吨级 LNG（液化天然气）码头，配合原油码头，曹妃甸配套建设的 520×10^4 m^3 原油储备基地工程已开工，1 000 万吨级炼油项目正在积极推进前期工作。

（4）海洋生物资源

曹妃甸区域滩涂、浅水面积广，周围海域属富营养型，初级生产力高，海洋生物种类多，共有 660 种。浮游植物以浮游硅藻为主，优势种为圆筛藻等 8 种。浮游动物为渤海的高值区，目前已查明的浮游动物共 60 种，优势种为中华哲水蚤，在浮游动物分布密度中占 8.92%。浮性鱼卵和上层稚鱼共 48 种，隶属 10 个目、27 个科、40 个属。主要经济种类还有蓝点马鲛、银鲳、带鱼、小黄鱼等，但数量较少，仅占全年全部卵量的 0.26%，其余为小型低值鱼类。多数种类产卵场分布在曹妃甸附近深水区。底栖生物共 227 种，隶属 11 个门类，其中脊椎动物（鱼类）11 种，脊索动物 5 种，软体动物 79

种，甲壳类动物50种，棘皮动物15种，多毛类31种，腔肠动物8种。平均生物量为29.16 g/m³，以喜软泥底质生活的毛蚶、青蛤、文蛤、小刀蛏等为主；曹妃甸外海域平均生物量仅为7.52 g/m³。游泳动物种类约70种，其中鱼类占绝对优势。与河北全省的情况类似，从20世纪70年代中期海洋生物资源开始过度捕捞，加上水域污染造成生态环境恶化方面的影响，造成海洋生物资源数量与质量的下降，导致海洋生物资源衰退或枯竭，直接影响到海洋渔业的持续发展。

1.3.5 沧州渤海新区

1.3.5.1 地质地貌

黄骅市位于河北省平原东部、渤海湾西岸，地势低平，自西向海岸微倾斜。厂址所在区域地处滨海平原东端，渤海西岸，处于大陆与海洋的交接处，地貌特征主要为平原地貌和海岸地貌。内陆平原地貌由于受河流冲击，造成河湖相沉积不均及海相沉积不均，有微型起伏不平的小地貌，即一些相对高地和相对洼地，其中洼地近海，海拔高程为1~5 m，相对高地海拔高程为7 m左右。

本区在大地构造单元上处于新华夏系华北沉降带上的埕（口）宁（津）隆起带的北部边缘，西北侧为黄骅港断陷区，东南侧为济阳断陷区。埕宁隆起带走向为向北西凸出的弧形。大量研究资料证明，本区地震活动微弱，属于相对稳定地区。

海岸地貌为海侵又转化为海退以后形成。本区域海岸为典型的粉砂淤泥质海岸，由淤泥质粉砂和粉砂质黏土组成的海积平原，地势十分平坦，标高小于4 m，平均坡降0.4×10^{-3}左右，位于岸线上的贝壳堤是其最醒目的地表形态。潮流是本区地貌发育的最主要动力，波浪对岸线的侵蚀与堆积作用亦十分明显。特大风暴引起的增水可波及10 km以外的陆地，因而本区陆上部分属潮间带范围，贝壳堤以下有宽达5 km以上的潮间带，0~15 m等深浅海域是浅显、广阔的海湾潮流三角洲形成的浅海陆架平原。

1959—1983年24年中，黄骅港海区滩面基本处于相对平衡状态：-5.0 m等深线以内有少量淤积，-5.0 m等深线以外有少量冲刷，冲刷深度0.2 m（华东师范大学1987年报告）。近18年，航道以北-2.0 m等深线以内处于冲刷状态，-5.0 m等深线以外处于淤积状态；航道以南-5.0 m等深线以内处于冲刷状态，-5.0 m等深线以外处于淤积状态；在开挖前外航道大部分位置处于淤积状态，规划港区附近处于冲刷状态。

1.3.5.2 气象

本区域属暖温带湿润季风气候区，因为靠近渤海而略具海洋气候特征，季风显著，四季分明，春季干燥，易发生春旱，夏季潮湿多雨，秋季秋高气爽，常有秋旱，冬季干燥寒冷，雨雪稀少。

气象资料取自黄骅新村气象站（位于大口河河口3 000吨级码头，38°16′N，117°51′E）2004—2007年资料。

（1）气温

多年平均气温：12.2℃

多年最高平均气温：17.3℃

多年最低平均气温：7.8℃

历年极端最高气温：37.7℃（1981 年 6 月 7 日）

历年极端最低气温：－19.5℃（1983 年 12 月 30 日）

年日平均气温最高一般为 25～26℃，出现在 7、8 月份；年日平均最低气温为 -4.7℃，出现在 1 月份；年日平均气温低于－5℃的天数为 71 d，低于－10℃的天数为 23.8 d。

（2）风向

根据统计分析，该区常风向为 E 向，次常风向为 SW 向，其出现频率为 10.5% 和 9.8%。强风向为 E 向和 ENE 向，大于等于 6 级风的频率为 1.2%。各向 6 级以上大风发生频次：2003 年发生 36 d，历时 234 h；2004 年发生 62 d，历时 258 h。2005 年热带风暴（麦莎）过境，该地区风力达到 8 级，最大风速达到 18.3 m/s。

（3）降水

年平均降水量：501 mm

历年最大年降水量：719.40 mm（1984 年）

历年最小年降水量：336.8 mm（1982 年）

历年最大日降水量：136.8 mm（1981 年 7 月 4 日）

降水量主要集中在 6 月、7 月、8 月三个月，占全年降水量的 70% 以上。年内日降水量大于 25 mm（大雨）的天数平均 7 d。年最多降水日数 66 d，年最少降水日数 49 d。

（4）雾况

雾日多发生在秋、冬两季。年平均雾日数为 12.2 d，最多 20 d。

（5）湿度

多年平均相对湿度为 64%。7 月相对湿度大，月平均相对湿度达 76%；5 月干燥，相对湿度仅为 50%。

1.3.5.3 水文

（1）潮汐

水文资料采用交通部天津水运工程科学研究所 2006 年 3 月 28 日至 29 日测量的潮流资料，黄骅港海域潮汐类型属于不规则半日潮，最高潮位 5.71 m（1992 年 9 月 1 日），最低潮位－0.07 m，平均高潮位 3.58 m，平均低潮位 1.26 m，最大潮差 4.14 m，平均潮差 2.30 m，平均涨潮历时 5 h 51 min，平均落潮历时 6 h 41 min。

黄骅港海域潮流性质属规则半日潮流，浅水海域对潮流的影响较大，潮流运动形式一般分为旋转流与往复流两种方式，本区是以旋转流为主的混合运动形式。

（2）海流

海流除了潮流以外，还包括风海流（风吹流）与余流（沿岸流）。风海流对表层泥沙的输移方向有明显的影响，当风力增加到 6 级以上时，表层余流显示出风吹流性质，余流流向与风向一致。本区的余流相对于潮流来说是十分微弱的，但它指示出该区域泥沙输送的方向。海流在本海区的综合作用所造成的水质点运移距离，根据资料计算，在0～9.5 m等深线范围内，各垂线点处的水质点最大运移距离约10～13 km，其移动路径是典型的，在垂直于等深线的方向上，最大运移距离为7～10 km。

（3）波浪

该海域的波浪以风浪为主，涌浪为辅，其风浪频率为66.8%，以涌浪为主的混合浪频率为27.1%。波流小于1.0 m的波浪占72%。大口河流域实测 $H_{1/10}$ 最大波高为3.78 m（1984年10月25日），其对应的 $H_{1/10}$ 最大波高为4.5 m，周期为7.4s。全年常浪向为E向，频率为10.6%；次常浪向为ENE向，频率为9.38%；强浪向为NE向，频率为6.98%。

1.3.5.4 海洋资源概况

1）海岛资源

《河北省海岛资源》记述，1989年“大口河口外诸岛有海岛37个，海岛陆域面积2.479 1 km²，岸线总长42.222 km”。20世纪90年代以来的海域开发利用，对近岸岛屿产生极大影响，2005年，根据遥感影像解译分析，大口河口外诸岛已不复存在。

2）渔业资源

沧州海域拥有较为丰富的海洋渔业资源。主要鱼类资源有青鳞鱼、斑鰶、赤鼻棱鳀、黄鲫、小黄鱼、小带鱼、蓝点鲅、银鲳、梭鱼、鰕虎鱼、白姑鱼、鱵等19种，资源密度214.93 kg/km²；主要潮间带生物资源包括以虾、蟹、贝类为主体的多毛类、双壳动物、单壳动物、甲壳动物。其中，经济价值较高的种类有光滑蓝蛤、彩虹明樱蛤等41种，平均生物量（为5月、8月平均值）37.26 g/m²，生物密度1 858.84个/m²。

3）海水养殖资源

（1）滩涂养殖资源

分布于0 m等深线以上海域。海水较清洁、底质黏重、饵料丰富，适宜发展缢蛏、泥蚶、毛蚶、魁蚶、杂色蛤、文蛤、青蛤、四角蛤蜊等底栖贝类养殖。潮汐类型属不规则半日潮，潮流流速31～116 cm/s，海水温度在-1.9～29℃之间，平均14.9℃；海水盐度在26.6～33.4之间，透明度在1～3 m之间。海域水质较清洁，符合二类海水水质标准。潮间带底质属黏重性，多黏土质粉砂和粉砂质黏土。

（2）池塘养殖资源

底质黏重、海域水质较清洁、饵料丰富、汲取海水方便，适宜发展多种鱼、虾、蟹类养殖。底质多为黏土质粉砂和粉砂质黏土。海域水质较清洁，符合二类海水水质标准。

4）盐业资源

宜盐滩涂总面积97 667 hm²，另有4 566.34 hm²滨海未利用土地和4 531 hm²的养殖池塘，可作为盐业生产的后备资源。

据《河北省海洋环境公报》（2000—2007年），沧州海域海水质量多属较清洁类型，符合盐业生产对海水质量的要求。近岸海水盐度为29～33.2，生产季节4—6月达到 32 ~ 33.2，为提高原盐产量提供了极为有利的条件。地势低平，原料海水汲取方便。

5）油气资源

沧州海域所处的渤海海区是我国重要的油气构造盆地，具有油气资源储量丰富、勘探潜力大、开发利用前景广阔的总体特征。

渤海盆地的海上部分，是陆地上下辽河、黄骅、济阳三个含油坳陷向渤海海域的延伸。具有多凸多凹的构造特征，在凹陷及相邻凸起带上形成油气富集区，组成复式油气聚集带；储集层时间跨度大，成因类型复杂，物性变化大，储集条件良好。盖层为渐新世晚期至中新世早期发育的湖相和浅海相泥岩，其中，东营组泥岩分布广，厚度大，对油气具有很好的封闭作用。

目前沧州海域油气资源由天津大港油田（大港油田集团有限责任公司）和渤海油田（中国海洋石油总公司渤海公司）开发。通过对歧口坳陷等含油气构造的勘探，截至 2004 年，大港油田已探明石油地质储量 1.43×10^{8} t，天然气地质储量达 41×10^{8} m^3；渤西油田探明石油地质储量 $6\,440\times10^{4}$ t，天然气地质储量达 11.6×10^{8} m^3。

1.3.6 天津滨海新区

1.3.6.1 地质地貌

1）工程地质

（1）地基土层

滨海新区属典型的软土地区，地基土层为第四纪海陆交互沉积的松散沉积物，特点是表层陆相沉积硬壳层厚度较薄，一般为 2 ~ 4 m，其下即为软弱的第一海相层，由厚约 6 ~ 16 m 的淤泥和淤泥质土组成，厚度大、压缩性高、强度低，工程性质差。埋深 100 m 以浅的土层自上而下依次为全新统—上更新统—中更新统，结构清楚，尤其是三次海侵形成的地层，是本地区的标志性地层。

（2）浅层地下水特征及腐蚀性

滨海新区浅层地下水以上层滞水、潜水为主，静止水位埋深 0.5 ~ 1.5 m，水位埋深整体呈现自西北向东南变浅的趋势。浅层地下水主要补给方式为大气降水入渗、灌溉入渗、渠系入渗补给，水平方向径流微弱，排泄方式主要为潜水蒸发及向下越流，开采量极小。浅层地下水水位动态相对稳定，随季节有小幅度的变化，年水位变幅一般小于 1 m。水化学类型以 Cl - Na 型水为主。浅层地下水环境可按无干湿交替作用考虑，环境类别按Ⅲ类考虑；地下水腐蚀性随场地位置不同，腐蚀程度不等。

（3）天然地基条件及复合地基方案

滨海新区软土厚度大，压缩性高，采用天然地基浅基础时沉降量大，易造成建筑物倾斜过大影响使用等问题。因此除局部天然地基适宜区可利用外，大部分区域在建设多层建筑、轻型厂房、车间地面及道路时，都要进行地基浅层处理或深层处理。浅层处理方法有表层压实法、碎石或灰土垫层法、灰土桩法、短桩处理等；深层处理可采用水泥搅拌桩、高压旋喷桩、刚性桩复合地基等。

(4) 桩基条件及桩基础方案

在滨海新区，一般地基处理难以满足中/高层建筑、桥梁、重型设备等承载力与变形要求，此时需要采用桩基础。桩型多采用预制桩、灌注桩、后压浆灌注桩、挤扩灌注桩等。

滨海新区埋深30 m以浅可选第Ⅴ层（第Ⅰ桩基持力层）作为中、低层建筑的桩基持力层，持力层土性为粉土、粉砂和黏性土三类。其顶板埋深：葛沽以西地区一般为18～20 m，大港地区为17～20 m，葛沽以东地区一般为20～23 m，新港和蓟运河口地区为23～25 m。

埋深40 m以浅可选第Ⅶ层（即第Ⅱ桩基持力层）作为中高层建筑的桩基持力层。持力层土性为粉土、粉砂和黏性土三类。持力层顶板埋深：东丽湖—东泥沽—王稳庄—大港沙井子以西地区持力层顶板埋深一般为26～32 m，唐家河—邓岑子—黄港水库一线以东为28～35 m，滨海新区核心区和汉沽地区一般为30～39 m，其中蓟运河口、新港地区、独流减河河口局部地区大于40 m。

埋深40 m以下的土层，土质均较好，可根据拟建物的荷载情况，分别选用不同深度的土层作为高层建筑/超高层建筑的桩基持力层。

(5) 基坑支护及降排水方案

滨海新区基坑支护常用方式有：放坡、水泥土重力式挡墙、悬臂式排桩、双排桩、内支撑桩墙体系以及各种组合式、复合式支护结构，可根据基坑深度、周边荷载、环境条件，经过充分计算确定。放坡开挖在周围场地允许，邻近基坑边无重要建筑物或地下管线时可考虑采用，基坑开挖深度一般不超过4 m。水泥土重力式挡墙、悬臂式排桩支护结构一般适合于深度不超过6 m的基坑支护工程；双排悬臂式支护结构支护深度可达7 m；支撑（锚）加上排桩结构适用于大于5 m的深基坑支护。滨海新区的基坑降、排水一般采用井点降水和明沟排水组合的方式。井点降水一般采用管井、基坑坑内降水，其目的是疏干坑内储水，并降低坑底承压含水层水头防止突涌，同时控制地面沉降。

2) 地貌

天津海岸带及沿海低地地区地貌类型按自然地貌类型可以分为：①以堆积为主的中低平原区；②沿海低地平原区；③潮间带；④潮下带浅海区。

按海洋成因可以分为：①贝壳堤；②牡蛎礁；③岭地；④水下岸坡；⑤河口沙坝（“拦门沙”）。

按河流成因可以分为：①古河道；②岗地。

按人为作用可以分为：①养殖池；②盐池；③海防大堤；④港口及围海造陆区；⑤旅游区。

1.3.6.2 气象

天津市属北温带季风气候区，具有明显的暖温带半湿润季风气候特点，属于海洋型海陆过渡性气候。

（1）气温

年平均气温：12.5℃

平均最高气温：16.1℃

平均最低气温：8.70℃

极端最高气温：39.9℃（1995年7月24日）

极端最低气温：－18.3℃（1953年1月17日）

（2）风

根据1998—2000年每日24次风速、风向观测资料作统计：1—3月西北风最多，东南风次之，4—6月南风居多，7—9月东风最多，南风、东南风次之，10—12月西北风、西南风最多，偏北风次之。

（3）降水

本区降水有显著的季节变化，降水多集中在每年的7月、8月两个月，降水量约为年降水量的60%，而每年的1月、2月、3月降水极少，3个月降水量的总和仅为年降水量的2%。

年平均降水量：602.9 mm

年最大降水量：1 083.5 mm（出现于1964年）

年最小降水量：278.4 mm（出现于1968年）

日最大降水量：191.5 mm（出现于1975年）

（4）雾

多年平均年大雾（能见度小于1 km的大雾）日数为5 d，大雾多出现于每年的11月至翌年1月，出现最少的月份为5—7月。

（5）湿度

多年平均湿度变化在59%～79%之间，历年平均最小湿度为48%，出现在1月。6月、7月、8月的湿度最大。

1.3.6.3　水文

（1）潮汐与潮流

渤海潮流受黄海潮汐影响，该潮流进入渤海湾后受地形、地球偏转力、摩擦效应影响，产生反射波、干涉波，在渤海湾内产生两个驻波点 M_2、K_1。其中驻波点 M_2 位于渤海湾南部，天津海岸带受其影响较大。天津海岸带潮汐为不规则半日潮，其特点是：①半日潮波周期12.42 h；②同潮时间是反时针方向绕节点（无潮点）旋转，也就是说驻波点起潮后3～4 h到达天津岸段，潮流先到涧河口，后到塘沽，最后才到歧口；③平均潮差为2.31～2.51 m，是渤海湾内潮差最大的岸段，最大潮差往往出现在8月，平均大潮潮差可达2.64 m，最小潮差出现在1月，平均最小潮差2.31 m。

由于 M_2 驻波点位于老黄河口东北海域，所以天津海域涨潮流是东南→西北方向，落潮流受同潮时线控制为西南→东北方向。

（2）海流

我国东部海域，受大洋系统影响，产生黄海暖流和东海寒流。夏季，黄海暖流受东南季风推动迅速北上，经黄海流入渤海，沿辽东湾东岸到达湾顶处，折向西南，按逆时针方向绕过辽东湾西岸、渤海湾、莱州湾，从渤海海峡回归黄海。冬季，西伯利亚干冷季风从西北方向压黄海暖流退出渤海，与此同时，北黄海低温海水形成寒冷的海流流入东海，形成我国主要“东海寒流”的沿岸流。“东海寒流”北上进入渤海，分为两支，北支沿辽东湾西岸按顺时针方向流至辽东半岛南端；南支进入渤海湾后，按逆时针方向经滦河口、塘沽、歧口、莱州湾，在渤海海峡与北支沿岸流汇合流出渤海。

综上所述，天津海岸带无论是“黄海暖流”还是“东海寒流”，在此岸段均形成逆时针的沿岸流。值得关注的是在渤海湾西岸入海的河流夏季带来大量泥沙，入海后又被逆时针运动的沿岸流反向搬运到湾顶的西侧，形成宽平的淤泥质海岸。

近年来，由于渤海石油的开采，在渤海湾内修建了十几个石油平台，积累了大量海流资料。赵保仁等通过分析这些资料后认为，在黄河三角洲外存在一支N—NE向海流与黄海暖流相接。同时在渤海湾北部海域还存在另一支海流，伸入渤海后在辽东湾海域呈逆时针运动，在渤海湾、莱州湾呈顺时针运动。这股余流与主沿岸流呈反向运动，它对天津海岸带的影响，有待进一步研究。

（3）波浪

渤海湾海浪以风浪为主，涌浪、混合浪次之。风浪的波向、波高等要素均受季风影响。

（4）海浪

海浪是由风等动力引起的海面波动，分为风浪、涌浪、混合浪。渤海以风浪为主，混合浪次之，涌浪较少。波浪的形成、发展、衰减过程与风的大小、风向有关。

渤海湾以风浪为主，具有季节性，天津海域以偏南风浪为主，占30%，SE向风浪占11%。一般浪高0.3~0.7 m，最大波高大于2 m的大浪平均每月2~3 d，冬季较多，每月达3~5 d，大于4 m的大浪每月最多2 d。4—8月为多浪期，浪高3~4 m。全年风浪方向多为偏东、SE向，大浪多为NE方向。

波浪是塑造海岸带地貌、泥沙运移的动力。有研究表明，波浪在渤海湾中水深10 m以内，对底质具有较强的侵蚀力。波浪对海上活动、滨岸水工建筑也有很大的危害。

根据渤海海域波浪高度分级，渤海湾西岸为中等级别，属于低能海岸，波浪年输沙量约15×10^4 m^3。

1.3.6.4 海洋资源概况

1）水资源

水是滨海新区经济和社会可持续发展的基本条件，天津市从20世纪60年代开始地表水资源就开始比较匮乏，比较有保障的淡水资源只有“引滦入津”引水工程和北大港水源，地下水资源也相对贫乏，由于70年代后大规模无规划开采地下水，使得潮间带水位下降，地面沉降严重；而“引滦入津”及“引黄入津”都远不能满足城市发展的用水需要。因此，在积极建设南水北调外调水工程的同时，拓宽水资源渠道，依靠天津市自身临海的优势，结合滨海新区的综合开发，将海水这一丰富的水资源有效、合理、经济地加以利用，方能从根本上解决城市的缺水问题。规划建立国家级海水利用示范区、产业化基地和技术中心，通过先进实用技术的优化组合，利用电厂的低位余热或核反应堆等清洁能源，实施海水淡化利用，主要用于锅炉补水、生产工艺用水和高品质生活饮用水；结合滨海新区规划工业布局调整，在电力、石化、化工、冶金等行业，推广应用海水循环冷却技术，实现以海水替代原有淡水作为工业循环冷却水的应用；结合规划生活区的建设，应用大生活用海水技术，建立海水冲厕示范小区，实现海水替代淡水作为冲厕用水的应用；同时，利用海水淡化、海水循环冷却所排放的浓缩海水，提供盐场制盐，在海盐产量规模不变的情况下，减少盐场占地约 60 ~ 70 km^2，为滨海新区布局提供空间。制盐后的卤水采用海水化学资源提取技术，生产高技术含量、高附加值的海洋精细化工产品，诸如钾、溴、镁等化学元素，形成海水综合利用的产业链，使其装置的规模逐步扩大，从而降低成本，提高综合效益，减少污染。总之海水淡化水作为一种新的水源，正在显示出独特的优势和良好的前景。除去将海水转化为淡水资源可以缓解淡水资源日益紧缺所带来的供水压力这一资源优势之外，海水淡化还具有其他水资源无法比拟的产业优势。根据天津市海水淡化发展规划，规划将滨海新区建成我国海水淡化关键技术研发中心、海水淡化设备制造基地和国家级海水淡化与综合利用示范城市，海水淡化与综合利用处于全国领先水平。依托滨海新区国家级海水利用示范区、产业化基地和技术中心，实施海水资源综合开发利用专利、专用技术及产品设备的设计、制造、销售、安装、服务一体化的战略，保护知识产权，实现有序竞争，促进持续发展。伴随着技术和装备的出口，将迎来更加广阔的国际市场。远期，随着天津城市的发展，海水淡化水将作为市区用水的一部分。

2）海水养殖资源

天津市海水养殖主要分成两类：池塘化海水养殖和工厂化海水养殖。大港区、塘沽区和汉沽区三个区域2010年两种类型的海水养殖情况具体如下。

大港区

（1）池塘海水养殖区

大港渔苇所：大港渔苇所位于大港电厂西侧，养殖面积900亩[①]，该养殖区主要为海水池塘粗放养殖，即放养密度低，不投饵或只在养殖后期投喂少量饵料，无日常管理，不喂药。养殖品种为南美白对虾，年产量16 100 kg，平均放养密度为7 000尾/亩。

大港区古林街：大港区古林街养殖区主要为马棚口一村、马棚口二村和古林村。三个养殖区都是海水池塘粗放养殖，养殖品种为南美白对虾。①马一村位于津歧公路旁，连片养殖池总面积19 394亩，年产量870 t，平均放养密度为7 000尾/亩；②马二村位于津歧公路旁（坐标38°39′39.75″N，117°31′17.78″E），连片养殖池总面积8 060亩，年产量368 t，平均放养密度为7 000尾/亩；③古林村位于大港区东城，连片养殖池总面积1 000亩，年产量50 t，平均放养密度为10 000尾/亩。

大港海水养殖基地：大港海水养殖基地位于东千米桥南侧，养殖面积3 000亩，海水池塘粗放养殖，主要养殖品种为南美白对虾，年产量65 t，平均放养密度为

① 1亩=0.066 7 hm^2。

16 000 尾/亩。

大港港西街：大港港西街养殖区主要为总后虾池和远一虾池两个养殖区。两个养殖区都为池塘粗放养殖，主要养殖品种为南美白对虾。①总后虾池位于东大桥，养殖面积 2 300 亩，年产量 50 t，平均放养密度 10 000 尾/亩；②远一虾池位于青静黄河南侧，养殖面积 347 亩，年产量 9 t，平均放养密度 10 000 尾/亩。

天津立达海水资源开发有限公司海水养殖池塘：公司位于天津滨海新区南侧，海滨大道与十二井路交界处，池塘养殖面积 1 010 亩，平均放养密度 20 000 尾/亩，实际养殖时间为 4 个月（6—10 月）。

（2）工厂化海水养殖区

天津立达海水资源开发有限公司：该公司同时具有进行工厂化生产车间、温室暖棚、养殖池塘等不同养殖方式、不同季节开展科学研究、开发和生产的所有条件。场区占地面积近 3 000 亩，美国加尔韦斯顿模式及常规模式工厂化温室繁育养殖车间 3 个，共计 3 100 m^2，主要进行南美白对虾苗种的繁育，产量 6 亿尾，育苗密度 466 万尾/m^2。

大港玉清科技发展有限公司：公司位于港东新城，场区养殖水体 7 700 m^3，主要养殖品种为半滑舌鳎，全年养殖。

塘沽区

（1）池塘海水养殖区

塘沽区池塘海水养殖区主要为盐田汪子养虾池，位于塘沽盐场，总面积为 85 000 亩，单个汪子面积为 1 000 ~ 4 000 亩，为海水池塘粗放养殖，不投饵，不投药，主要养殖品种为南美白对虾，年产量在 2 125 t 以上，年经济效益在 4 000 万元以上，平均放养密度为 5 000 尾/亩。

（2）工厂化海水养殖区

①天津市诺恩水产发展有限公司：公司位于滨海大道 17017 号，现有工厂化育苗车间 5 390 m^2，有效水体 5 000 m^3；种鱼车间 1 000 m^2，有效水体 400 m^3；大规格车间 5 000 m^2，有效水体 3 000 m^3。养殖车间集保种、育苗、养殖、销售为一体，目前养殖鱼种有金头鲷、漠斑牙鲆、大西洋牙鲆、美洲黑石斑、美国红鱼、花鲈、条斑星鲽。②天津市金豚实业发展有限公司：公司现有 4 座共 3 200 m^3 水体的工厂化保种育苗车间（3 400 m^2），有 13 座共 34 亩永固型越冬大棚，有 1 000 亩养殖示范池。每年可培育红鳍东方鲀苗种 100 万尾，南美白对虾苗 4 亿尾，年越冬能力 36 万尾，在养殖河豚鱼的过程中兼养、套养车虾、中国明对虾、南美白对虾以及其他鱼类，年总产量 300 t，产值 3 200 万元。③天津市海发珍品实业发展有限公司：天津市海发珍品实业发展有限公司成立于 2000 年 5 月，是以石斑鱼、舌鳎等高档海水鱼育苗、养成为主，公司占地 19.3×10^4 m^2。

汉沽区

（1）池塘海水养殖区

汉沽区海水养殖区主要集中在杨家泊镇和营城镇两个乡镇，2010 年，汉沽海水育苗全区合计投产水体 270 050 m^3，总出苗量 1 150 514 万尾，其中南美白对虾 253 700 m^3，出苗量 1 079 000 万尾；大菱鲆 5 650 m^3，出苗量 537 万尾；牙鲆 1 650 m^3，出苗量260万尾；东方虾1 200 m^3，出苗量70 000万尾；梭子蟹5 000 m^3，出苗量330万尾；半滑舌鳎2 850 m^3，出苗量387万尾。杨家泊镇海水育苗总水体184 450 m^3。

（2）工厂化海水养殖区

①天津盛亿养殖有限公司：为农业部大菱鲆、牙鲆无公害农产品养殖基地和产地；市级半滑舌鳎、漠斑牙鲆良种场；目前占地280亩，建筑面积达到42 000 m^3，育苗及养成水体达到40 000 m^3，养成能力达到70×10^4 kg。②天津市舜泰海珍品养殖场：建于2005年9月，位于汉沽区营城镇大神堂村村北，占地56亩。养成车间面积8 000 m^2，主养品种为青石斑、大菱鲆、半滑舌鳎（2009年9月后大菱鲆便调整为星突江鲽），年产量102 t。③天津市民峰水产有限公司：位于汉沽区杨家泊镇付庄村村南，建筑总面积31 000 m^2，其中育苗车间5 000 m^2，养成车间22 000 m^2，钢混高位水处理池6 100 m^3。主要经营品种为对虾育苗和牙鲆、大菱鲆、舌鳎等海水鱼养成，2009年至目前实际产量为牙鲆、大菱鲆成鱼225 t。④天津欣亿达水产养殖有限公司：坐落在天津市汉沽区杨家泊镇付庄村北侧。占地面积180亩，总建筑面积61 300 m^2，养殖车间面积54 000 m^2，育苗能力达到10亿尾，养成能力达到760 t。养殖、孵化品种主要有中国对虾、南美白对虾、半滑舌鳎、牙鲆鱼、大菱鲆鱼、星突江鲽、海参、梭子蟹等。2008年，幼体培育近5亿尾，鱼类养成产量570 t。⑤天津鑫永丰水产养殖有限公司：公司位于天津市汉沽区杨家泊镇付庄村南，占地68亩，建筑面积达到3 200 m^2，育苗及养成水体达到30 000 m^3，养成能力达到190 t。⑥天津市天海源水产养殖场：位于汉沽区杨家泊镇付庄村村南，占地82亩，总建筑面积25 694 m^2，其中育苗和养成车间面积为22 000 m^2，水处理车间计15 566 m^2，主要经营品种为对虾育苗和牙鲆、大菱鲆育苗及养成。

3）海洋渔业资源

天津市沿海区域已鉴明的渔业资源有80多种，主要渔获种类有30多种，其中底栖鱼类有鲈鱼、梅童鱼等；中上层鱼类有斑鰶、青鳞鱼、黄鲫等；无脊椎动物有对虾、毛虾、脊尾由虾等，底栖贝类有毛蚶、牡蛎、经螺等。

根据渔业资源分布和移动的范围可分为以下三个生态群。

（1）天津浅海地方群

它们终生不离开天津浅海范围，主要种类有：梭鱼、毛虾、斑尾复鰕虎鱼、毛蚶、牡蛎、扇贝、红螺、四角蛤蜊等。

天津浅海地方群中有些种类如梭鱼、毛虾等种类，每年它们有部分资源游出浅海范围之外，因此，这些种类在分布属性上具有二重性。

（2）渤海地区群

终生不离开渤海，只做季节性短距离的移动，主要种类有：口虾蛄、三疣梭子蟹、鲈鱼、梅童鱼、梭鱼、毛虾等。

（3）黄、东海群

它们属于长距离跨海区洄游的种类，如鲅鱼、对虾、银鲳、黄鲫、鳓鱼等。

天津浅海地方群的种类并不太多，主要是渤海群和黄、东海群。近年来随着城市开发和经济建设的发展以及各种入海污染物的增多，养殖水域、滩涂被占用现象非常普遍，不可避免地减少了宜渔水域，同时鱼类资源衰减，远洋渔业生产成本加大，组织化程度低，渔业设施老化，都对渔业生产和产业升级造成影响。同时渔业资源利用率不高、渔业环境污染加重，科技投入不足，科技创新能力弱，可转化为生产力并形成产业化的成熟科技成果少，产业结构调整缺乏有力的保障措施，渔业抗御各种风险的能力还不强等问题的存在也在很大程度上制约了海洋渔业的可持续发展。

4）港口资源

天津市港口资源丰富，拥有全国最大的人工港——天津港。通过围海造陆，使港区陆域面积由2005年的47 km^2 扩大到2010年底的107 km^2。已建设成为商业港与工业港、渔业港相结合的具有中转运输、储存、临海工业等多功能的综合性现代化的国际贸易港口。截至2007年，天津港拥有各类泊位142个，其中生产性泊位129个，内含万吨级以上深水泊位71个，货物吞吐量达到 3.1×10^8 t，集装箱吞吐量达到 710×10^4 TEU，天津港已成为我国北方第一大港并跻身世界港口20强。

5）海洋油气资源

天津市海岸带拥有丰富的石油、天然气资源。探明石油地质储量为 $21\ 789 \times 10^4$ t，探明天然气地质储量为 623.56×10^8 m^3。此外，由于拥有天津港的交通运输便利条件，国外石油的海上运输十分便利，为充分利用国外石油资源发展炼油、石油化学工业和建设国家级石化产业基地创造了很好的条件。

6）海洋旅游资源

天津市滨海旅游资源潜力较大，有辽阔的海域和河湖水面，可开展水上体育活动；海岸带地势低下，洼地众多，河流纵横，有的洼地和河曲地段，形成了独特的自然生态系统，成为较好的风景旅游区；有沧海桑田的遗迹——古海岸贝壳堤等天然的旅游资源；有大沽炮台群等人文旅游资源，这些旅游资源为旅游业开发提供了较好的资源条件。

天津古海岸与湿地自然保护区面积达21 180 hm^2，有世界著名的天津贝壳堤和牡蛎滩，本规划工程区以南12 km远处就有青坨子贝壳堤自然保护区，这不但是重要的科学研究资源，亦是有开发价值的旅游资源，天津经济技术开发区拟以贝壳堤保护区为依托建设贝壳堤海洋知识博物馆。

“十一五”期间，为适应海洋经济的发展，努力营造滨海旅游氛围，形成旅游产业巨大优势。滨海新区重点开发建设4个旅游集聚区，打造8个旅游品牌。4个旅游集聚区是：建设国际游乐港、主题公园、天津中心渔港、北塘渔人码头、海滨旅游度假区及游艇项目，打造滨海休闲旅游度假集聚区；建设响螺湾公园、大沽炮台遗址公园，打造海河下游休闲旅游教育集聚区；保护和开发古海岸与湿地、北大港湿地、官港森林公园等生态旅游资源，打造生态旅游集聚区；开发建设东丽湖、黄港水库景区，打造水上旅游度假集聚区。8个旅游品牌是：以大型海港旅游项目群为依托的亲海休闲游，“大沽烟云”为主的爱国主义教育游，天津港和游艇基地为主的游轮游艇游，开发区为主的工业游，综合服务设施为依托的商务会展游，解放路商业街、洋货市场为依托的滨海美食购物游，湿地、湖泊、森林为依托的生态游，滨海特色养殖区和种植区为依托的渔业、农业观光游。

1.3.7 山东半岛蓝色经济区——潍坊滨海生态旅游度假区

1.3.7.1 地质地貌和泥沙运动

1）地质地貌

莱州湾虎头崖以西是华北台地上的沉降区，第四纪以来其上发育了巨厚的沉积层，形成了广阔的鲁北沉降平原。目前的海岸轮廓是全新世最后一次海侵形成的淤积型平原海岸，加上黄河及其他河流带来的大量泥沙，海岸淤积迅速，从而发育成了粉砂质平原海岸。其形态为低平的岸滩、广阔的潮间带、河口外有宽广的拦门沙发育，是典型的低平粉砂质海岸。通过多次测图对比发现，本区地形基本稳定，略有淤积。

2）泥沙运动

潍坊港邻近海域无海向来沙；从天津港及黄骅港等类似港口的研究经验及本港区北部的淤积情况来看，本海区沿岸输沙很小，对港区的淤积影响不大；经分析，位于本港NW向的黄河口泥沙的扩散对本港区有一定影响，但目前还不是港口淤积的主要原因；本港位于粉砂质海岸，泥沙运移的方式为“波浪掀沙，潮流输沙”，显然滩面泥沙的局部搬运是造成港区泥沙淤积的主要原因。

粉砂质海岸的研究，是继砂质海岸及淤泥质海岸之后所开展的新课题，至今仍处于探索和基础研究阶段。近几年来，围绕黄骅港的建设，广泛地开展了原型观测、室内试验及相应的理论研究和部分总结工作。迄今，对粉砂质海岸特征和淤积机理的认识为：

（1）滩面泥沙粒径大体介于0.031～0.125 mm之间；

（2）泥沙运动活跃，易起动、沉降快；

（3）当动力达到一定程度时，悬移质、推移质和底部高浓度含沙水体运移共存；

（4）滩面坡度平缓，破波带宽阔；

（5）泥沙运移、沉积与波能存在良好的相关性；

（6）港口淤积，从时间上看主要集中于一年内几次大风后，强淤区集中于破波带（计算值）以内及其以外一定范围的无掩护航道段。

1.3.7.2 气象

气温、降水、雾采用羊口盐场气象站的长期实测资料进行统计分析，羊口盐场气象站位于潍坊港中港区以西约20 km处，地理坐标为：37°07′N，118°57′E。观测场海拔高度5.7 m，风速感应器距地高度12.0 m，观测平台距地高度1.0 m。

（1）气温

年平均气温：12.8℃

极端最高气温：40.8℃（1982年5月25日）

极端最低气温：－17.4℃（1985年12月9日）

（2）降水

年平均降水量：486.5 mm

年最大降水量：684.9 mm（1980年）

日最大降水量：145.4 mm（1989年7月20日）

年平均降水日数：68.6 d

年平均大雨、暴雨降水日数：4.9 d

降水多集中在6—8月，约占年降水量的66%，而12月至翌年2月降水最少，仅为年降水量的2.8%。

（3）雾

能见度小于1 km的大雾平均每年实际出现9.8 d，大雾天多出现于冬季的11月至翌年1月。

（4）风

根据羊口盐场气象站1994—2005年（缺失1995年11月）12年观测的逐时风速风向资料统计结果，该区常风向为NE向，频率为11.4%，次常风向为SE向，频率为9.5%；强风向为NE向，最大均为风速25 m/s，次强风向为N向，最大风速21 m/s；全年大于等于6级风出现日数为20.2 d，大于等于7级风出现日数为8.6 d。

1.3.7.3 海洋水文

1）潮汐

潍坊港潮汐引用潍北港码头南侧1990年4月16日至1991年4月15日一年的潮位观测资料分析得出，建港区为不规则半日潮区，其（$H_{k1}+H_{01}$）/H_{M2}=0.63。

（1）高程关系

黄海基面在平均海平面以下0.11 m，当地理论最低潮面在黄海基面以下1.12 m。

（2）潮位特征值：一年资料统计

最高潮位：　3.47 m　　最低潮位：-0.63 m

平均高潮位：　1.96 m　　平均低潮位：0.36 m

平均潮差：　1.60 m　　平均海面：1.23 m

（3）设计水位：

设计高水位：2.64 m　　设计低水位：-0.03 m

极端高水位：4.82 m　　极端低水位：-0.80 m

（4）工程海域的设计水位（根据羊口港和潍北港潮汐资料进行相关分析得出）

设计高水位：2.569 m　　设计低水位：-0.07 m

极端高水位：4.77 m　　极端低水位：-0.85 m

2）潮流

（1）潮流性质

潮流通常分为规则半日潮流、不规则半日潮流、不规则日潮流及规则日潮流。其判别标准分别为：

$$K=\frac{W_{O1}+W_{K1}}{W_{M2}}\leqslant 0.5 \quad \text{规则半日潮流}$$

$$0.5<\frac{W_{O1}+W_{K1}}{W_{M2}}\leqslant 2.0 \quad \text{不规则半日潮流}$$

$$2.0<\frac{W_{O1}+W_{K1}}{W_{M2}}\leqslant 4.0 \quad \text{不规则日潮流}$$

$$\frac{W_{O1}+W_{K1}}{W_{M2}}\leqslant 4.0\quad \text{规则日潮流}$$

其中，W_{O1}、W_{K1}、W_{M2}分别为 O_1、K_1、M_2 分潮流的最大流速。

由表1.2中可以看出：W04和W11站为不规则日潮流，而W18和W20站则为不规则半日潮流。

表1.2　潮流性质判据

站号	W04	W11	W18	W20
表层	2.614	3.052	1.509	1.714
底层	3.473	2.867	1.369	1.407

（2）潮流的运动形式

潮流的运动形式取决于该海区主要分潮流的椭圆要素，该海区W18和W20站的潮流为不规则半日潮流，因此主要半日分潮流（M_2 和 S_2）的运动形式即代表了该两个站所在区域潮流的运动形式。

W18站潮流略有顺时针旋转，而W20站则略有逆时针旋转，两站均以往复流为主。而W04和W11两站为不规则的日潮流，则以 O_1、K_1 潮流的运动形式来代表该两个站潮流的运动形式，此处的旋转率K′均为负值，所以该两站的潮流为顺时针旋转，并伴有往复形式。W04和W11站潮流运动的主流向大致为NNW向；W18和W20站大致为SSW和ESE向。

1.3.7.4　海洋资源概况

（1）潍坊港

潍坊港包括羊口内河港区和中港区（森达美港），潍坊港是建设胶东半岛制造业基地和黄河三角洲高效生态经济区的重要战略资源，是潍坊市社会经济发展、调整产业结构的重要保障，是潍坊市北部经济产业带、滨海新城临港工业区开发的重要依托。

潍坊港将逐步发展成以散杂货运输为主和临港工业产成品运输为辅的综合性港口。随着腹地经济的发展和综合交通运输体系的完善，潍坊港将逐步成为山东省中部、西北部地区的重要出海口和地区性重要港口。

（2）潍坊沿海防护堤

目前防护堤一期工程部分已经建成，一期工程建设范围为从寿光市道口镇原有防护堤至潍坊港引堤，堤长15.18 km，堤顶宽45 m。

二期工程位于莱州湾南部、潍坊港东侧，潍坊市寒亭区段，西起潍坊港进港引堤3+600 m（3.6 km）处，东至寒亭区央子镇鑫环盐化公司所建防潮坝的东北角，堤长19.499 km，防护堤的基底宽度30 m。

工程的主导功能是防御风暴潮和海浪对潍坊市北部沿海海岸线以及区域内的盐田和养殖区的侵袭，保障潍坊市北部沿海居民、盐田和养殖场正常生产生活，是潍坊市政府为从根本上消除风暴潮对沿海地区国家和人民生命财产安全的威胁，加快沿海经济开发而建设的海岸工程。

（3）海洋化工

开发区已初步构筑起以海洋化工为主体的产业框架，建成了以山东海化集团为龙头的海洋化工及相关产业，形成了以盐及苦卤化工系列、纯碱系列、溴系列、农药化工、精细化工、石油化工系列为主，上下游产品配套发展的产业链。

综上所述，集约用海区周边已经已经形成了集港口运输、化工生产、港口物流、综合配套服务以及高新技术产业的大集群。内部彼此之间竞争与合作并存，但由于各自所偏重的产业不尽相同，因此合作关系大于竞争。滨海新城作为这一集群中的重要一员，将发挥独特的作用。

1.3.8 龙口湾临港高端制造业聚集区

1.3.8.1 地质地貌和沉积物

（1）地质地貌

燕山运动时，由于近 EW 向的黄县断裂和 NE 向的北林院断裂的活动，形成了黄县断陷盆地，从而奠定了本区的地貌格局。进入新生代以来，大量河湖相物质沉积在黄县断陷盆地之中，逐渐形成黄县冲洪积平原，晚更新世末到全新世的海侵，使黄县平原部分淹没成海。随之本区便出现了海陆对照明显的地貌形态，逐渐演化而形成今日的地貌（图 1.3）。

（2）沉积物

龙口湾沉积物有 15 个类型：沙砾、粗砂、中粗砂、粗中砂、细中砂、细砂、粉砂质砂、砂质粉砂、粉砂、黏土粉砂质砂、黏土砂质粉砂、砂质黏土质粉砂、粉砂质黏土等。其分布如图 1.4 所示。

1.3.8.2 气象

气象资料分别源于龙口气象站和龙口海洋站。龙口气象站位于龙口东南郊，地理坐标为 37°37′N，120°19′E，观测站高程 3.5 m。龙口海洋站位于屺峄岛高角，地理坐标为 37°41′N，120°13′E。观测站高程 24.1 m，两站相距 11 km。

（1）气温

据资料统计如下：

年平均气温：11.6℃

年最高平均气温：15.4℃

年最低平均气温：9.1℃

极端最高气温：38.3℃（1972 年）

极端最低气温：−21.3℃（1977 年）

（2）降水

据统计特征值如下：

年平均降水量：633.3 mm

日最大降水量：163.3 mm（1982 年）

年最大降水量：944.9 mm（1964 年）

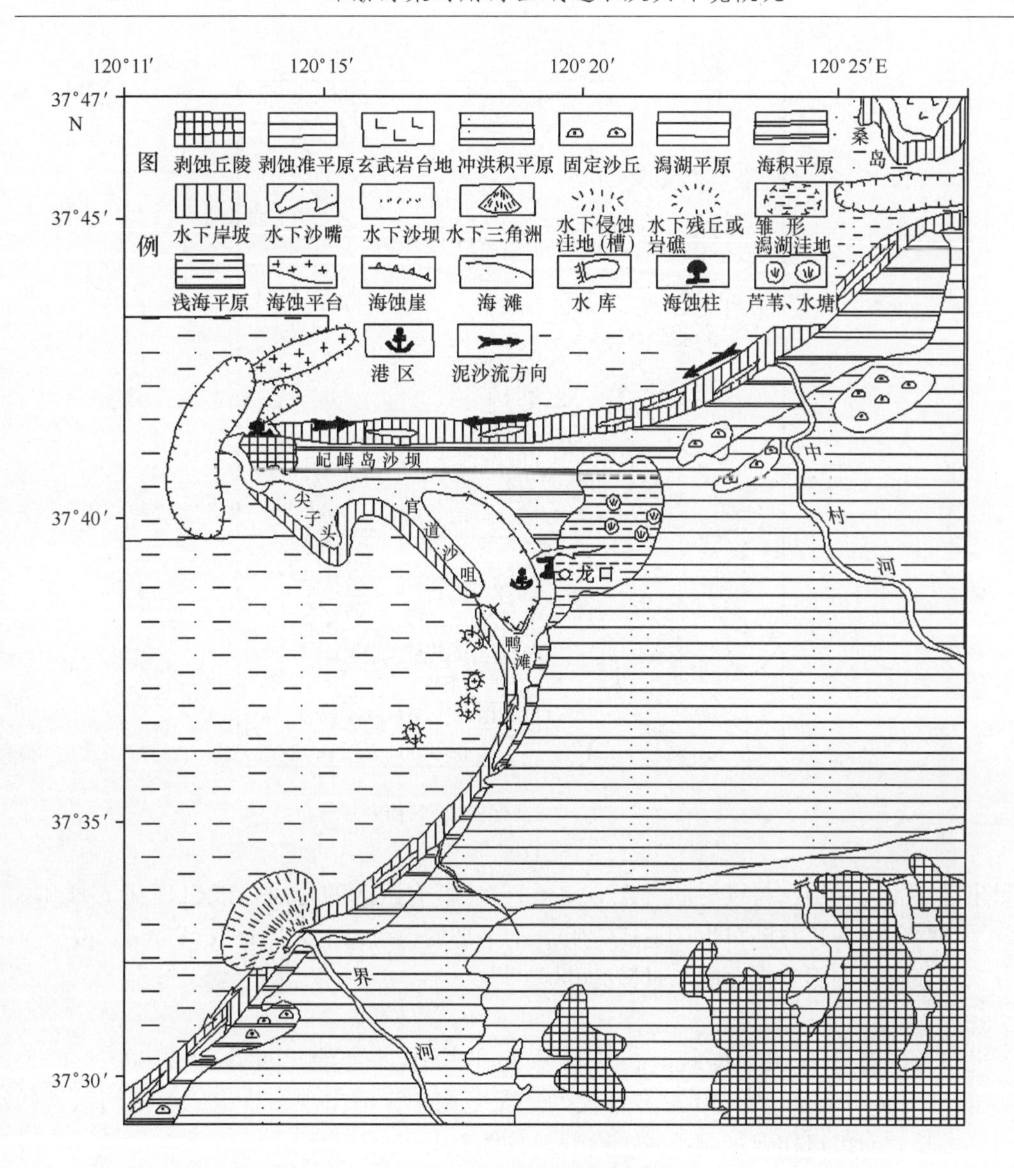

图 1.3　龙口湾附近海域地貌

年最小降水量：353.9 mm（1969 年）

年平均降水日数（日降水量大于 0.1 mm）：82 d

年平均降水日数（日降水量大于 10 mm）：17.8 d

年平均大雨日数（日降水量 25.1 ~ 50 mm）：6.5 d

年平均暴雨日数（日降水量大于 50 mm）：2 d

年降水量超过作业要求的天数：17.8 d

（3）风况

根据龙口气象站的观测资料统计，该区常风向为 S 向，频率为 20%；强风向 NNE 向，最大风速达 34 m/s（1964 年 4 月 6 日）。每年 11 月至翌年 4 月，寒潮性偏北大风

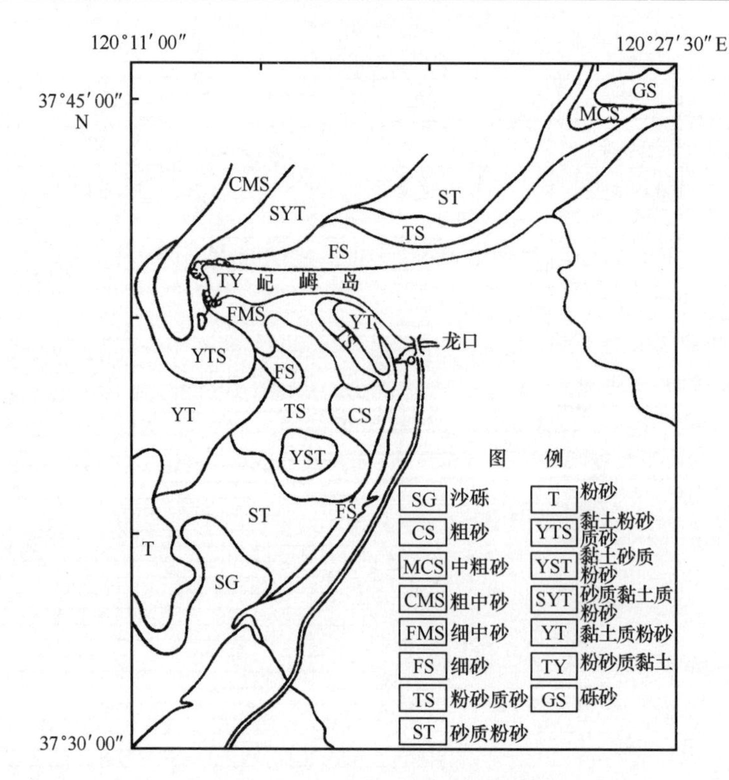

图 1.4　龙口湾沉积物类型分布

频繁出现，风力强劲，持续时间一般在 3～4 d。影响该区的台风一般出现在 7 月和 8 月，平均每年一次，对港口生产造成影响。全年平均 6 级以上大风日数 68.3 d。根据风况分析，该区年内影响作业的风日数为 68.3 d。

（4）雾况

龙口地区雾不多见。据统计，该区累年平均雾日（能见度小于 1 000 m）为 10.6 d，4 月雾日较多，9—10 月雾日较少。雾多在午夜前出现，日出后逐渐消散，持续时间不长，对港口作业影响不大，影响天数计 2 d。

（5）湿度

龙口地区累年平均湿度为 70%，年际变化不大，月平均湿度以 8 月较大，达 84%；3 月最小，湿度为 63%。

（6）冰况

据冰况统计资料，工程区域冰情较轻，固定冰出现机会较少。每年初冰日最早出现于 12 月上旬，1 月前多为初生冰，至 2 月中旬冰层加厚，冰终日最晚在 3 月中旬。多年平均冰期为 62.8 d，最多 97 d。本港正常年份无冰冻影响，只在 1968 年出现一次冰封现象。港口作业受冰凌影响天数每年计 2 d。

1.3.8.3　海洋水文

1）潮汐

潮汐资料源于龙口验潮站的实测统计数据。验潮站位于龙口港 1 号泊位（客杂码头）西端，地理坐标为37°39′N，120°19′E。

（1）基准面换算关系

高程基准面为当地理论最低潮面，在1985年国家高程基准面下0.677 m。

（2）潮型

本港潮汐型态数为0.92，属不规则半日潮型。

（3）潮位特征值

平均海平面	0.69 m	最高高潮位	3.18 m
最低低潮位	-1.45 m	平均高潮位	1.14 m
平均低潮位	0.23 m	平均潮差	0.91 m
最大潮差	2.87 m		

2）设计水位

设计高水位	1.68 m	设计低水位	-0.14 m
极端高水位	3.18 m	极端低水位	-1.72 m

3）波浪

龙口海洋站位于龙口湾外，具有多年的观测资料；该站测波浮鼓设在屺崃岛高角NNW方向（距岸528 m、水深15.7 m处），从1961年1月开始观测至今。

根据观测资料统计分析，龙口湾外海域常波向为NE向，频率为14%；次常波向为NNE，频率为9%；强波向为NE向，最大波高7.2 m（出现于1979年的寒潮大风过程）。本海域常波向及强波向四季变化不大，常波向为NE向。波浪以风浪为主，频率占88%。

本海区波高出现频率最多的是0.4～1.0 m，占50.92%；出现最多的周期为3～5s，频率为64.24%。波高大于3 m、周期大于7 s的波浪仅占3%左右。年平均波高1.23 m，平均周期4.3 s。可见龙口港区外海域波高较大，周期较小。

龙口湾由于有一长约10 km的连岛沙坝伸入海中，形成了天然的防波堤，所以湾内外波浪有很大不同。湾内常波向为SW向，出现频率为15%；次常波向为SSW向、NE向，频率为12%。强浪向为WSW向，最大波高为2.9 m；次强浪向为S、SSW和SW向，最大波高均为2.3 m。全年平均波高为0.4 m，仅为湾外1/3左右，最大波高为湾外的40%。可见湾内外波浪不论是常浪向、强浪向以及波高都有很大差别。

4）海流

海流观测资料分析结果表明，本海区属不规则半日潮流。潮流以旋转流为主，湾内附近呈往复流形态。

本区域最大涨潮流速84 cm/s，方向172°；最大落潮流速91 cm/s，方向13°。湾口流速大于湾内流速，湾内龙口商港航道附近表层最大流速35 cm/s，而港内表层最大流速仅21 cm/s。故海流对建筑物及作业影响很小。

本海区余流较强，这主要是受龙口湾内地形及风海流的影响，表层最大余流流速42 cm/s，方向336°。

1.3.8.4 海洋资源概况

(1) 港口资源

龙口湾优越的地理位置、良好的自然条件和社会条件，是建设和发展港口的有利区域。龙口港是国内最大的地方港口，腹地广阔，水陆交通发达，大莱龙铁路直达港区，进出、储运和集散货物的能力较强。龙口港隶属山东省交通厅管辖，是大、中、小泊位兼备，内、外贸易货物兼营，功能比较齐全的地方港口。龙口港始建于1914年，1985年对外开放，1997年荣获“山东省管理示范企业”称号，2002年通过了ISO9001系列质量认证。

龙口港是山东省北部对外物资交流的重要集散地。2006年4月，龙口港集团有限公司与烟台港集团有限公司实施重组整合，成为全国沿海主要港口——烟台港的三大核心港区之一，国家规划建设的烟台市两个亿吨港区之一。

港口拥有码头岸线5 000多米，生产泊位28个。目前主航道水深14.5 m，底宽140 m，8万吨级船舶可正常进出港。进港铁路、5万吨级航道工程已经建成，10万吨级航道工程已经开工，为港口快速发展打造了更高的平台。

龙口港区总占地面积$320\times10^4\ m^2$，库场面积$140\times10^4\ m^2$，其中仓库面积$5\times10^4\ m^2$，公用型保税仓库面积$3.4\times10^4\ m^2$。石油化工仓储能力$70\times10^4\ m^2$，散粮罐一期存储能力10×10^4 t。港口拥有可变螺距式全回转拖轮、高架吊、桥吊等现代化机械设备800余台（套），最大荷重80 t。

2003年以来，龙口港坚持将发展作为第一要务，大力实施投资主体多元化战略。目前已与10多个中外公司开展合作，合同金额达53亿元，已完成和正在实施的项目金额达30亿元。2004年，港口吞吐量首次突破千万吨大关，2007年完成吞吐量$2\ 678.7\times10^4$ t，2008年突破$3\ 000\times10^4$ t。

(2) 渔业资源

龙口湾主要渔业资源包括：日本枪乌贼、无针乌贼、双喙耳乌贼、金乌贼、中国对虾、鹰爪虾、脊尾白虾、日本蟳、口虾蛄、日本鼓虾、红线黎明蟹、皱皮鲨、槌头双髻鲨、孔鳐、赤魟、鳓、青鳞鱼、斑鰶、鳀、长颌棱鳀、棱鳀、黄鲫、长蛇鲻、鳗鲡、星鳗、海鲳、颚针鱼、鱵、燕鳐、鳕、海龙、冠海马、油魣、鲈、细条天竺鲷、鳝、黄条鰤、沟鲹、棘头梅童鱼、黑鳃梅童鱼、小黄鱼、鮸鱼、白姑鱼、黄姑鱼、叫姑鱼、真鲷、黑鲷、云鰤、玉筋鱼、鰤、带鱼、小带鱼、鲐、蓝点鲅、银鲳、白鳍鰕虎鱼、矛尾刺鰕虎鱼、黑鲪、短鳍红娘鱼、绿鳍鱼、六线鱼、鲬、牙鲆、高眼鲽、木叶鲽、长鲽、尖吻黄盖鲽、油鲽、石鲽、条鳎、半滑舌鳎、莱氏舌鳎、短吻舌鳎、三刺鲀、绿鳍马面鲀、假睛东方鲀、星点东方鲀和黄鮟鱇等。

主要经济种类的生产情况：青鳞鱼是龙口湾优势种，1974年年产量达450 t，斑鰶年产量一般在200 t以上；颚针鱼为地方性鱼，年产量400 t左右。鲐鱼1971年年产量500 t，1980年年产量350 t；梭鱼、鲽类年产量分别为50 t；鲈鱼年产量15 t；中国对虾年产量200 t；三疣梭子蟹年产量250 t；真鲷俗称“加吉鱼”，1950年前为延绳钓和大拉网主要捕捞对象，现产量极少；黄姑鱼1957年年产量100 t，1982年年产量15 t；鳀

1976 年年产量 125 t，1982 年年产量 10 t；带鱼每年途经龙口湾近海入渤海湾产卵，20 世纪 50 年代前大拉网日产高者可达 100 t，延绳钓产量亦可观，50 年代后资源日益衰竭；鳓俗称“鲞”，50 年代前大拉网日产量也可达 10 t，现在资源枯竭；小黄鱼 60 年代前资源丰富，现小黄鱼资源严重破坏；鲀类鱼 50 年代前 3 人帆船钓钩作业，日产量 0.2 ~0.5 t，现在几乎绝产。

（3）旅游资源

龙口市历史悠久，五千年沧桑变幻，为这块物阜民丰的土地留下了诸多历史古迹和人类文明，增添了她的神秘和魅力。先后涌出了春秋战国时期以滑稽擅辩著称，讽谏齐威王建立霸业的淳于髡；秦代率领数千童男童女和五谷百工扬帆东渡，开创中国、日本、韩国友好先河的著名方士徐福；三国时代英勇善战的东吴名将太史慈；明朝开国元勋越国公胡大海，为官清正的尚书王时中，内阁首辅范复粹，著名国画家姜隐；清代掌管文衡多年的礼部尚书贾桢，参加国史编修的翰林院士王守训；民国初期的书法家、金石篆刻和古文学家丁佛言等一批历史名人，可谓人杰地灵。

改革开放以来，龙口市经济和社会各项事业迅猛发展，经济实力日益增强。1991 年即跻身全国农村综合实力百强县行列，1994 年居全国百强县第 35 位，在山东省居第 2 位。以雄厚的经济实力为后盾，近年来，龙口市对丰富的旅游资源进行了综合开发。现已形成了以新石器到夏朝时期的唐家遗址、乾山遗址、邵家遗址、鲁家沟遗址为主线的远古文化旅游景点；以古代文明发展为主线的归城故城址、徐福故里徐乡遗址、徐公祠、黄县故城址、丁氏故宅等旅游景点。在挖掘历史文化遗产的同时，以自然风光为依托的屺㟂岛旅游度假区和充满时代气息的南山旅游风景区也已形成了规模。屺㟂岛素以人间仙岛著称，时有海市蜃楼奇观出现，现在区内已建成了娱乐区、疗养度假区等多功能区，完备的设施、美丽的自然景观伴着动人的传说，让游客流连忘返；南山旅游风景区是一处现代化的大型旅游游乐场所，区内的国际高尔夫俱乐部、南山康乐宫、南山古刹等组合景点，为游客提供了休闲娱乐的绝好去处。

2 环渤海集约用海区域海水环境质量现状及历史演变

2.1 渤海海水环境质量状况及历史演变

2.1.1 渤海海水环境质量状况

2011 年，除近岸局部海域污染严重外，渤海海水环境质量总体较好。5 月（图 2.1）、8 月（图 2.2）、10 月（图 2.3）渤海符合一类海水水质标准的海域面积分别为 47 090 km^2、45 600 km^2、46 840 km^2，约占渤海总面积的 61%、59%、61%。8 月超四类海水水质标准的海域面积约为 4 210 km^2，较 2010 年有所增加；污染较重海域主要集中在辽东湾、渤海湾、莱州湾三大湾底部（图 2.4）。

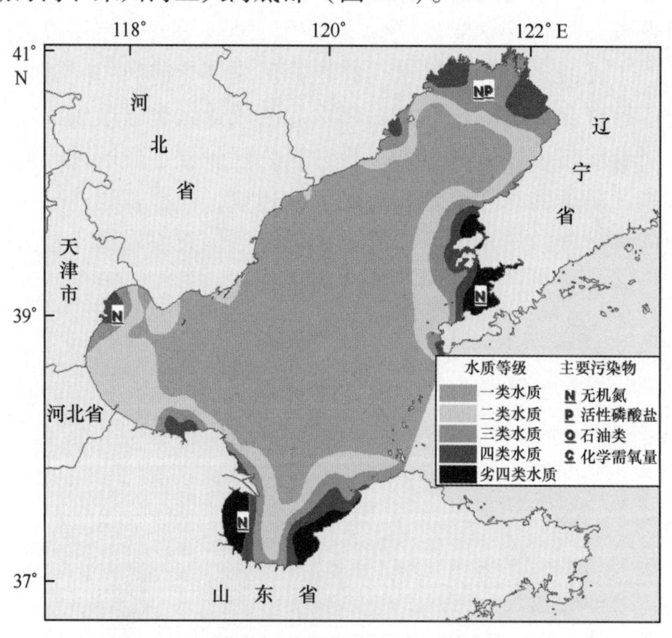

图 2.1 2011 年 5 月渤海水质等级分布示意图

渤海海水主要超标物质为无机氮、活性磷酸盐和石油类，均出现四类或劣四类海水水质站位；个别站位化学需氧量、溶解氧和 pH 出现超一类、二类海水水质标准的现象。

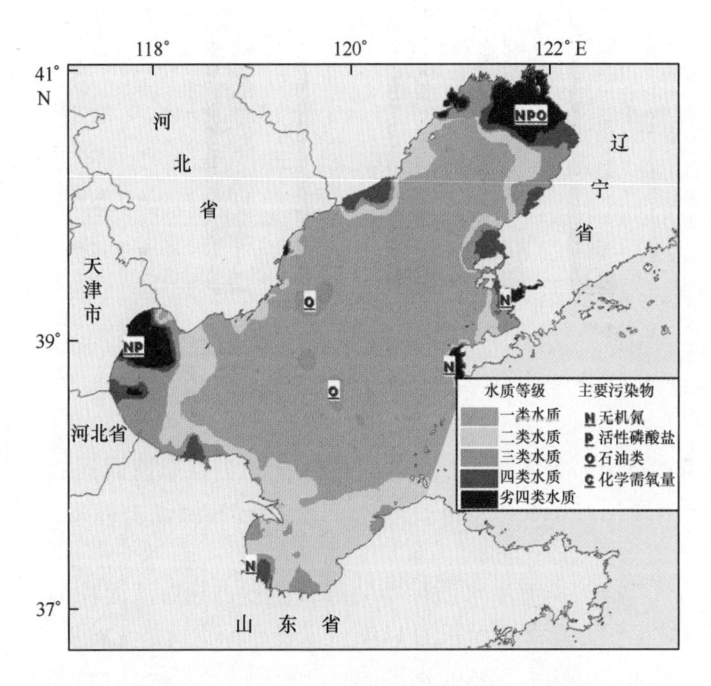

图 2.2 2011 年 8 月渤海水质等级分布示意图

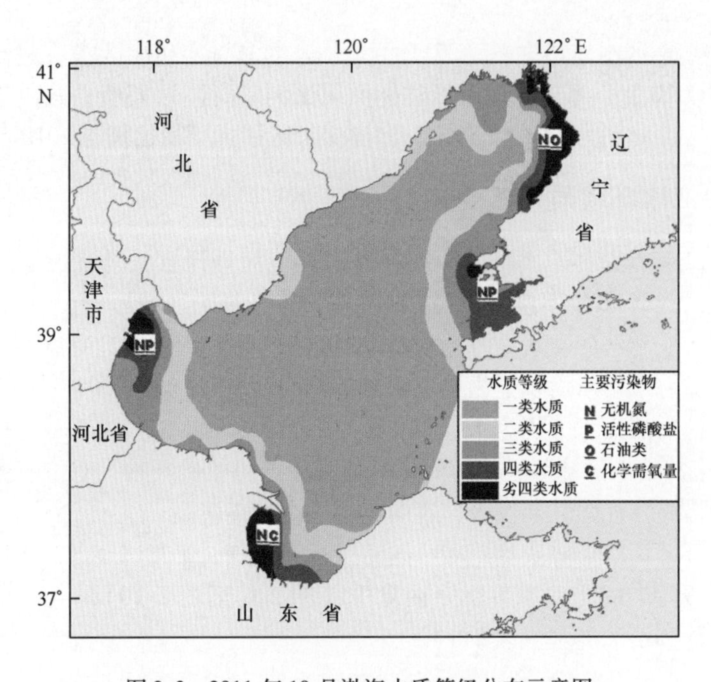

图 2.3 2011 年 10 月渤海水质等级分布示意图

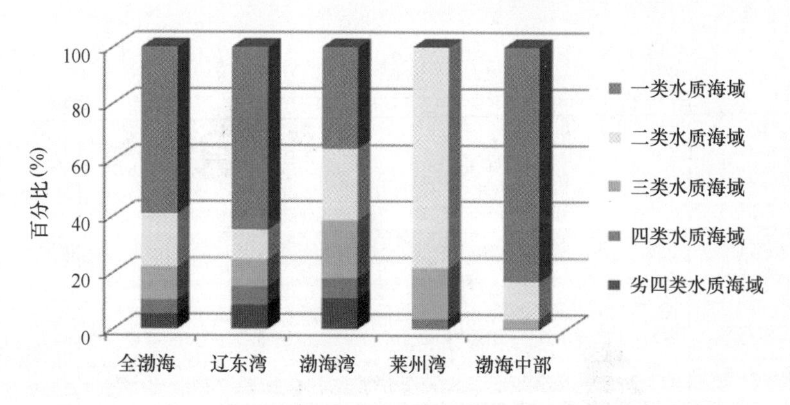

图2.4　2011年8月渤海三大湾及中部海域各类水质等级面积百分比

（1）辽东湾：符合一类海水水质标准的海域面积占辽东湾面积的65%，超四类海水水质标准的海域面积占辽东湾面积的9%，主要超标物质是无机氮、活性磷酸盐和石油类。

（2）渤海湾：符合一类海水水质标准的海域面积占渤海湾面积的36%，超四类海水水质标准的海域面积占渤海湾面积的11%，主要超标物质是无机氮和活性磷酸盐。

（3）莱州湾：符合一类海水水质标准的海域面积小于莱州湾面积的1%，主要超标物质是无机氮和化学需氧量。

（4）渤海中部：符合一类海水水质标准的海域面积占渤海中部面积的85%，主要超标物质是石油类。

（5）海洋功能区水质达标率：2011年8月，渤海海洋功能区水质达标面积比例为70%，略高于2010年。其中，捕捞区达标面积比例最高，为73%；其次为旅游度假区和海水增养殖区，分别为72%和54%；海洋保护区达标面积比例与2010年持平。

2.1.2　渤海海水环境质量演变趋势

2001—2012年，总体上渤海近岸海域海水环境污染严重，渤海中部海域海水环境状况良好（其中，2011年不包括蓬莱19-3油田溢油影响区域）。近几年，除部分时段外，四类海水水质和劣四类水质海域基本维持在9 000 km^2左右，受溢油事故及强降雨影响，符合一类海水水质面积呈逐年下降的趋势（见图2.5）。2008—2012年，未达到一类海水水质标准的面积分别为13 810 km^2、21 850 km^2、32 730 km^2、31 700 km^2和41 140 km^2，呈持续增加趋势，渤海海水环境污染态势依然严峻，有待于各相关部门采取切实有效的措施，加强环保投入，逐步改善渤海水环境。

渤海海水环境污染形势依然严峻，渤海湾、辽东湾、莱州湾底部海水污染现象尤为突出，上述区域污染最严重季节集中在夏季（图2.6至图2.10），主要污染物为无机氮、活性磷酸盐和石油类（见表2.1）。

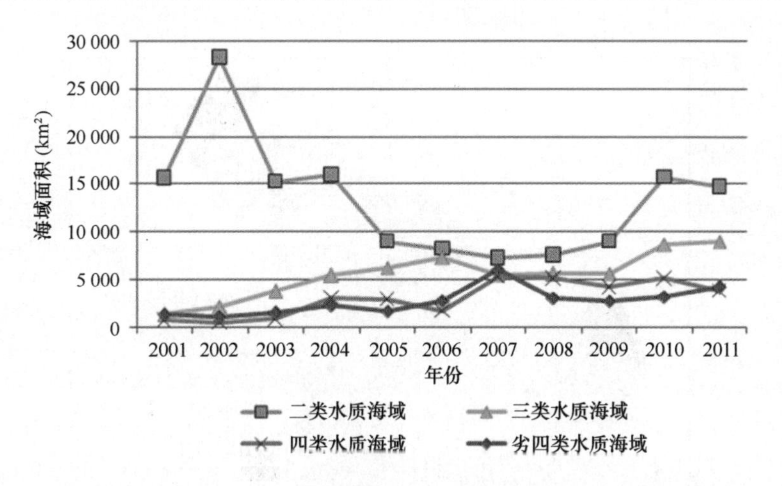

图 2.5　2001—2012 年渤海各类水质海域面积变化示意图

表 2.1　2008—2012 年渤海主要海湾劣四类海域面积（平均值）及主要超标污染物

污染较重海湾	主要超标污染物	污染面积（km^2）
辽东湾	磷酸盐、无机氮和石油类	2 500
渤海湾	无机氮、磷酸盐和化学需氧量	1 500
莱州湾	无机氮、磷酸盐和石油类	800

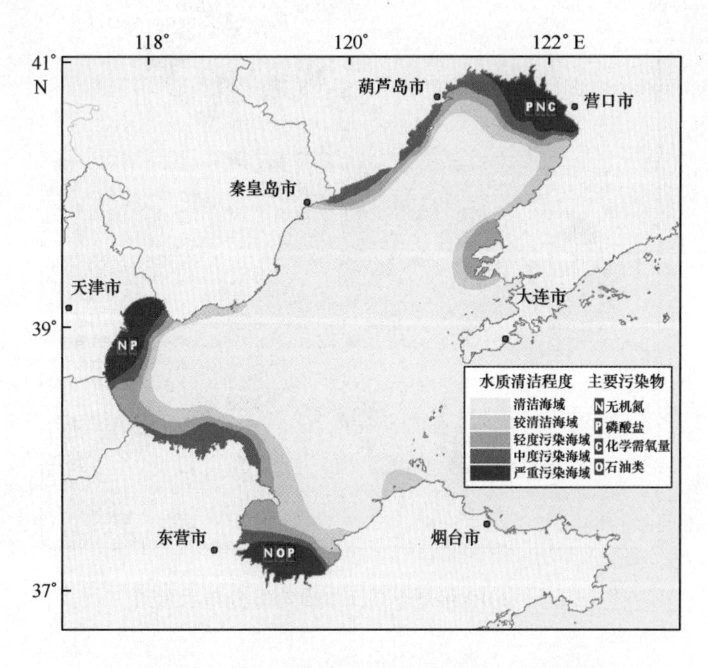

图 2.6　2008 年夏季渤海污染海域分布示意图

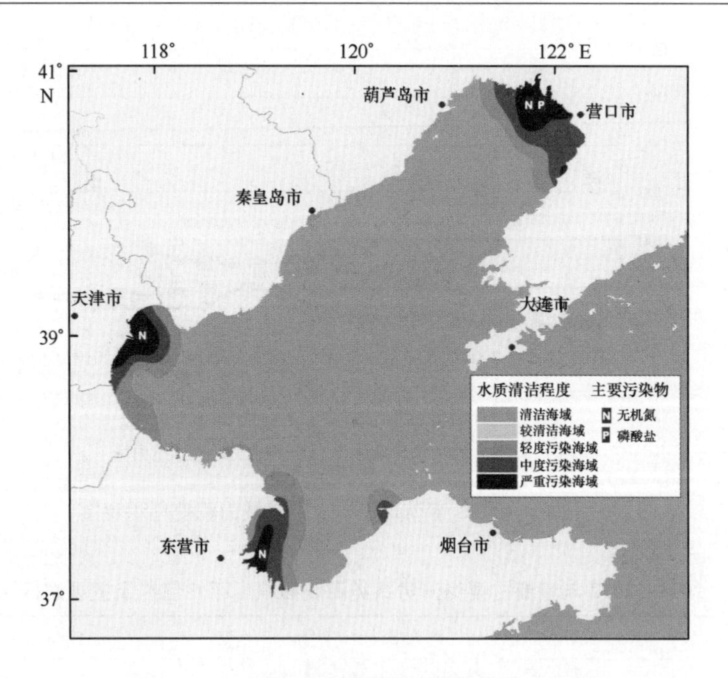

图 2.7　2009 年夏季渤海水质等级分布示意图

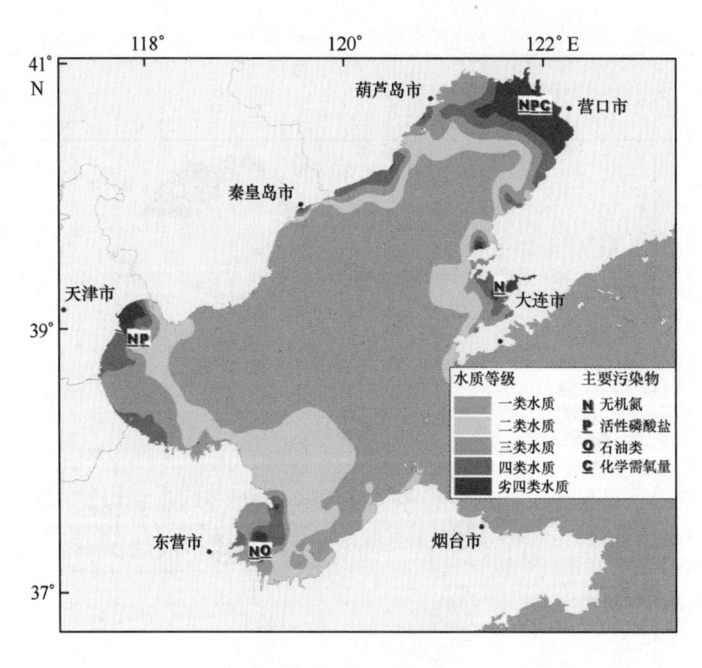

图 2.8　2010 年夏季渤海水质等级分布示意图

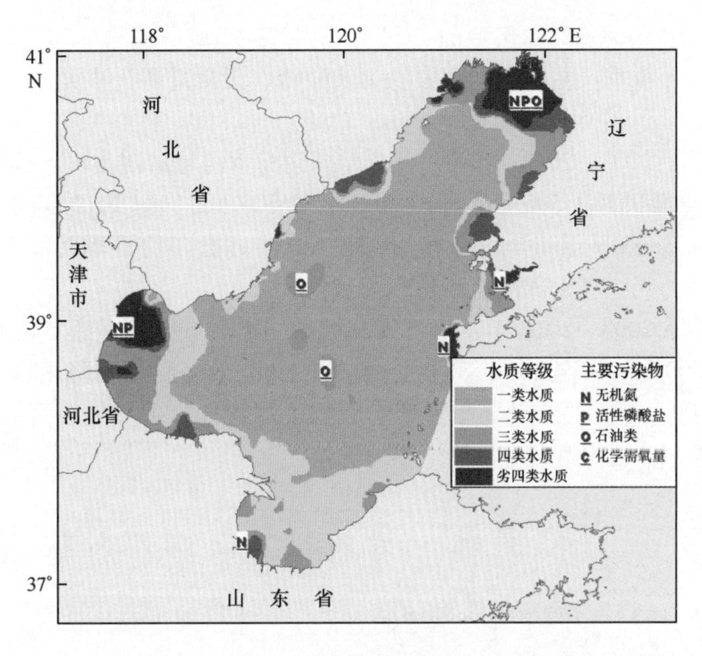

图2.9 2011年8月渤海水质等级分布示意图

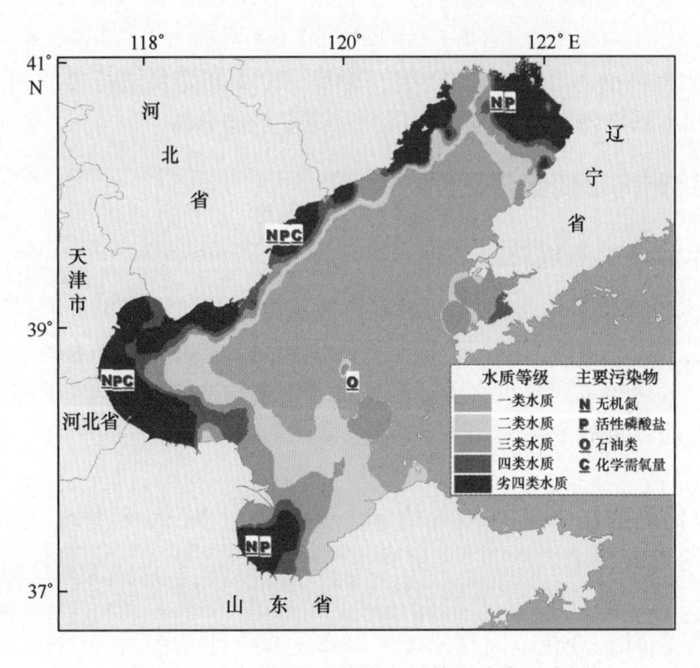

图2.10 2012年8月渤海水质等级分布示意图

（1）辽东湾：2008—2012 年，辽东湾海域劣四类海域面积约 2 500 km^2，多数年份夏季污染重于春、秋季。主要超标污染物为磷酸盐、无机氮和石油类，近几年无机氮超标呈增高趋势。

（2）渤海湾：2008—2012 年，除 2012 年外渤海湾海域劣四类海域面积呈逐年降低的趋势，由 2008 年的约 1 500 km^2 降至 2011 年的 700 km^2，但 2012 年受京津冀强降水影响，劣四类海水面积局部时段达到近 6 000 km^2。多数年份夏季污染重于春、秋季。主要超标污染物为无机氮、磷酸盐和化学需氧量。

（3）莱州湾：2008—2012 年，莱州湾海域劣四类海域面积呈逐年降低的趋势，由 2008 年的约 1 000 km^2 降至 2011 年的约 300 km^2，但 2012 年受强降雨影响局部时段劣四类面积达 1 700 km^2。污染呈夏季重于春、秋季的特征。主要超标污染物为无机氮、磷酸盐和化学需氧量。

2.2 辽东湾“规划建设”集约用海区海水环境质量现状

作为“正在建设”集约用海区典型代表，辽西锦州湾沿海经济区、辽宁（营口）沿海产业基地和长兴岛临港工业区分别于 2009 年、2010 年和 2009 年获国家海洋局批复，三区域均处在正在开发阶段。在此，利用长兴岛临港工业区 2002 年、2004 年、2006—2011 年，辽宁（营口）沿海产业基地 2000 年前、2006 年、2009 年、2010 年、2011 年，辽西锦州湾沿海经济区 2002 年、2007—2011 年资料进行集约用海区海水环境质量现状分析和不同年份海水环境质量状况及演变趋势分析。

2.2.1 辽西锦州湾沿海经济区

2.2.1.1 海水环境质量现状

根据“2011 年锦州湾生态系统生物多样性监测与评价”，2011 年辽西锦州湾近岸海域水质主要受到无机氮的污染，全部监测站位均超二类海水水质标准，16.7% 监测站位的活性磷酸盐含量超二类海水水质标准，58.3% 监测站位的石油类含量超二类海水水质标准。具体监测结果如下。

（1）盐度

5 月盐度变化范围在 29.6 ~ 30.3 之间，平均值为 29.9；8 月变化范围在 24.6 ~ 27.9 之间，平均为 26.9。

（2）pH 值

5 月调查海域 pH 值变化范围在 8.02 ~ 8.18 之间，平均值为 8.08；8 月调查海域的表层 pH 值略低于 5 月，其变化范围在 7.80 ~ 8.08 之间，平均值为 7.94。

（3）溶解氧（DO）

5 月调查海域溶解氧含量变化范围在 6.75 ~ 8.88 mg/L 之间，平均值为 7.82 mg/L；8 月变化范围在 5.17 ~ 7.03 mg/L 之间，平均值为 6.17 mg/L。

（4）化学需氧量（COD）

5 月调查海域 COD 含量变化范围在 0. 73 ~ 3. 59 mg/L 之间，平均值为 1. 32 mg/L；8 月 COD 含量变化范围在 0. 67 ~ 1. 71 mg/L 之间，平均为 1. 19 mg/L，符合一类海水水质标准。

（5）活性磷酸盐

5 月调查海域活性磷酸盐含量变化范围在 0. 000 6 ~ 0. 006 7 mg/L 之间，平均值为 0. 002 5 mg/L；8 月活性磷酸盐变化范围在 0. 004 7 ~ 0. 042 3 mg/L 之间，平均值为 0. 017 1 mg/L。

（6）石油类

5 月石油类含量变化范围在 0. 017 ~ 0. 050 mg/L 之间，平均值为 0. 032 mg/L；8 月变化范围在 0. 032 ~ 0. 124 mg/L 之间，平均值为 0. 071 mg/L，部分站位超二类海水水质标准。

（7）重金属

5 月重金属铜含量变化范围在 0. 92 ~ 2. 26 μg/L 之间，平均值为 1. 43 μg/L；8 月变化范围在 1. 28 ~ 4. 45 μg/L 之间，平均值为 2. 73 μg/L，符合一类海水水质标准。

5 月重金属铅含量变化范围在 0. 052 ~ 1. 80 μg/L 之间，平均值为 1. 20 μg/L；8 月变化范围在 0. 366 ~ 2. 34 μg/L 之间，平均值为 0. 787 μg/L，大部分海域水质符合一类海水水质标准。

5 月重金属锌含量变化范围在 14. 5 ~ 21. 4 μg/L 之间，平均值为 16. 6 μg/L；8 月变化范围在 11. 7 ~ 27. 1 μg/L 之间，平均值为 18. 0 μg/L。

5 月重金属镉含量变化范围在 0. 264 ~ 0. 954 μg/L 之间，平均值为 0. 642 μg/L；8 月变化范围在 0. 593 ~ 1. 393 μg/L 之间，平均值为 0. 882 μg/L。

5 月重金属汞含量变化范围在 0. 038 ~ 0. 078 μg/L 之间，平均值为 0. 052 μg/L；8 月变化范围在 0. 041 ~ 0. 082 μg/L 之间，平均值为 0. 058 μg/L。

5 月重金属砷含量变化范围在 3. 86 ~ 5. 34 μg/L 之间，平均值为 4. 70 μg/L；8 月变化范围在 4. 04 ~ 5. 57 μg/L 之间，平均值为 4. 81 μg/L。

2. 2. 1. 2　2002—2010 年海水环境质量演变状况

收集到的 2002 年辽宁省海洋环境质量公报及 2004 年、2006—2010 年锦州湾近岸海域水环境参数值，见表 2. 2 和表 2. 3。

表 2. 2　2004 年和 2006 年锦州湾近岸海域水质监测结果

年份	COD（mg/L）			活性磷酸盐（mg/L）			无机氮（mg/L）			石油类（mg/L）			汞（μg/L）	镉（μg/L）	铅（μg/L）	砷（μg/L）
	最大值	最小值	平均值	最大值	最小值	平均值	最大值	最小值	平均值	最大值	最小值	平均值				
2004	1. 57	0. 6	1. 13	0. 006 0	0. 000 6	0. 003 0	0. 181 5	0. 140 6	0. 157 9	0. 428 0	0. 330	0. 390 5	0. 020	0. 25	9. 4	1. 1
2006	2. 25	1. 85	2. 04	0. 047 7	0. 023 7	0. 038 9	0. 387 8	0. 343 3	0. 364 6	0. 083 2	0. 026 8	0. 050	0. 098	0. 47	14. 3	27. 0

* 来源：王伟伟，殷学博等．海岸带开发活动对锦州湾环境影响分析．海洋科学，2010，34（9）：94 - 96.

表 2.3 锦州湾近岸海域不同时期水环境监测参数特征值统计（2007—2010 年）

监测时间	项目	pH 值	盐度	COD (mg/L)	亚硝酸盐 (mg/L)	硝酸盐 (mg/L)	铵盐 (mg/L)	无机氮 (mg/L)	硅酸盐 (μmol/L)	磷酸盐 (mg/L)	石油类 (mg/L)	铜 (μg/L)	铅 (μg/L)	锌 (μg/L)	镉 (μg/L)	叶绿素 a (mg/L)
2007 年 6 月	最小值	7.85	28.5	1.48	0.044	0.133	0.200	0.377	10.965	0.005	0.125	6.04	2.16	92.42	4.08	7.68
	最大值	8.17	28.0	1.27	0.009	0.179	0.027	0.215	8.683	0.001	0.121	3.00	9.22	34.92	2.30	5.2
	平均值	8.08	28.76	1.06	0.01	0.05	0.06	0.12	4.76	0.00	0.08	5.08	2.73	51.41	2.50	4.45
2007 年 8 月	最小值	7.86	31.5	1.07	0.020	0.093	0.097	0.210	9.24	0.0006	0.063	3.87	2.50	39.92	2.56	2.08
	最大值	8.12	30.2	0.67	0.074	0.250	0.034	0.357	16.15	0.0159	0.065	3.43	2.84	32.42	1.05	2.94
	平均值	8.03	31.51	0.79	0.03	0.13	0.07	0.23	10.31	0.00	0.06	4.52	2.33	48.76	2.04	3.10
2008 年 5 月	最小值	7.9	31.71	1.38	0.001	0.014	0.012	–	–	0.002	0.053	1.53	3.59	33.5	0.519	3.8
	最大值	8.01	27.09	1.11	0.001	0.006	0.018	–	–	0.005	0.028	0.924	0.843	35.3	1.19	4.4
	平均值	7.95	30.89	1.05	0.00	0.02	0.02	–	–	0.02	0.04	2.27	3.83	37.59	1.13	3.08
2008 年 8 月	最小值	7.95	30.87	0.93	0.036	0.302	0.06	–	–	0.011	0.032	0.849	1.09	22.3	0.686	3.4
	最大值	8.4	29.12	1.64	0.041	0.172	0.038	–	–	0.002	0.072	0.986	0.967	29.8	0.871	9.84
	平均值	8.22	29.11	1.32	0.04	0.30	0.04	–	–	0.00	0.05	1.22	1.28	33.78	1.22	6.55
2009 年 8 月	最小值	7.54	31.66	1.25	0.019	0.229	0.045	0.292	0.75	0.001	0.014	1.22	1.02	17.3	1.52	5.39
	最大值	7.92	31.45	0.97	0.013	0.036	0.089	0.138	0.25	–	0.019	1.04	1.27	6.60	0.534	3.41
	平均值	7.74	31.40	1.06	0.02	0.17	0.06	0.25	0.43	0.00	0.02	1.23	1.05	18.90	1.12	3.91
2010 年 8 月	最小值	7.42	22.72	2.00	0.116	0.909	0.045	–	1.38	0.007	0.062	1.98	0.711	36.6	2.34	9.26
	最大值	7.70	25.86	1.70	0.120	0.637	0.014	–	0.84	0.003	0.08	3.27	2.25	8.26	0.820	15.23
	平均值	7.048	21.479	2.012	0.182	0.933	0.107	–	1.341	0.086	0.141	2.638	1.077	21.540	1.706	5.352

*数据来源：辽宁省海洋环境监测站锦州湾生态监控区监测资料。

1）2002 年海水环境质量状况

通过对 2002 年辽宁省海洋环境质量公报进行分析，2002 年锦州湾近岸海域水环境污染较为严重，主要污染物为无机氮、铅和磷酸盐，石油类和镉、总汞等重金属也有不同程度的超标现象。尤其是镉含量超出了三类海水水质标准。但整体上无机营养盐的排放得到了有效控制，排放量较往年有大幅减少，石油类污染程度也有明显减轻。

2）2004—2006 年海水环境质量

辽宁锦州湾生态监控区近岸海域 2004 年和 2006 年海水环境质量相关数据见表 2.2。

（1）活性磷酸盐

2004 年活性磷酸盐含量变化范围为 0.000 6 ~ 0.006 0 mg/L，平均值为 0.003 0 mg/L；2006 年活性磷酸盐含量变化范围为 0.023 7 ~ 0.047 7 mg/L，平均值为 0.038 9 mg/L。

（2）COD

2004 年 COD 含量变化范围为 0.6 ~ 1.57 mg/L，平均值为 1.13 mg/L；2006 年 COD 含量变化范围为 1.85 ~ 2.25 mg/L，平均值为 2.04 mg/L。

（3）无机氮

2004 年无机氮含量变化范围为 0.140 6 ~ 0.181 5 mg/L，平均值为 0.157 9 mg/L；2006 年无机氮含量变化范围为 0.343 3 ~ 0.387 8 mg/L，平均值为 0.364 6 mg/L。

（4）石油类

2004 年石油类含量变化范围为 0.330 ~ 0.428 0 mg/L，平均值为 0.390 5 mg/L；2006 年石油类含量变化范围为 0.026 8 ~ 0.083 2 mg/L，平均值为 0.050 mg/L。

（5）重金属

2004 年四种重金属中，铅含量最高，为 9.4 μg/L，汞含量最低，为 0.020 μg/L；2006 年砷含量最高，为 27.0 μg/L，汞含量最低，为 0.098 μg/L，与 2004 年相比含量有明显升高。

3）2007—2010 年海水环境质量

从辽宁省历年海洋水环境质量数据分析来看，2007 年锦州湾生态监控区近岸 50% 海域无机氮含量超二类海水水质标准，最高值达 0.377 mg/L，最小值为 0.215 mg/L；2008 年水体氮磷比严重失衡，夏季近 20% 海域无机氮含量劣于四类海水水质标准；2009 年海水水质较上年有所好转，但仍处于中级富营养化水平，35% 的监测站位无机氮含量超二类海水水质标准，无机氮含量的高值区分布在湾口和湾顶部，最高值达 0.292 mg/L，最低值为 0.138 mg/L；2010 年锦州湾近岸海域春、夏季为轻度污染区域，主要污染物分别为重金属锌和石油类；秋季为中度污染海域，主要污染物为活性磷酸盐、石油类和锌。

2.2.1.3 海水环境质量演变趋势

分析 2000—2010 年锦州湾海域和生态监控区水环境参数特征统计值以及 2011 年海水环境质量现状可知，锦州湾近岸海域本世纪初为污染严重海域，主要污染物为无机氮、石油类和磷酸盐，镉、总汞和铅等重金属也有不同程度的超标现象，尤其是镉含量超出了三类海水水质标准。2006 年之后工业废水的排放导致污染程度加剧，锌、铅、镉等污染物均超出一类海水水质标准，为重金属严重污染海域。整体来说呈现如下几个特点。

（1）2007—2011 年，海水水环境 pH 逐年下降，整体呈现逐步酸化的过程，2010 年 8 月 pH 值平均值仅为 7.048，水体酸碱度平衡的改变也直接影响了区域海洋生物尤其是鱼类等经济生物的栖息环境，导致近岸海域渔获量越来越少。

（2）2004 年至 2008 年 5 月，锦州湾近岸海域无机氮含量基本呈下降趋势，仅 2005 年较 2004 年有较大幅度上升，2006—2008 年无机氮均存在持续下降的趋势（图 2.11），2005 年和 2006 年 5 月的无机氮含量超出了二类海水水质标准（0.300 mg/L）；2008 年 8 月至 2010 年 8 月锦州湾近岸海域无机氮含量呈上升趋势，2008 年 8 月无机氮含量超出了二类海水水质标准，2009 年 8 月无机氮含量有所降低，2010 年 8 月含量有明显的增加，这可能与采样时间有关，2010 年 8 月锦州湾海域周边部分城市出现了较大洪水，带来了大量的无机氮输入。

（3）2004 年至 2008 年 5 月锦州湾近岸海域活性磷酸盐含量的变化趋势起伏较大，

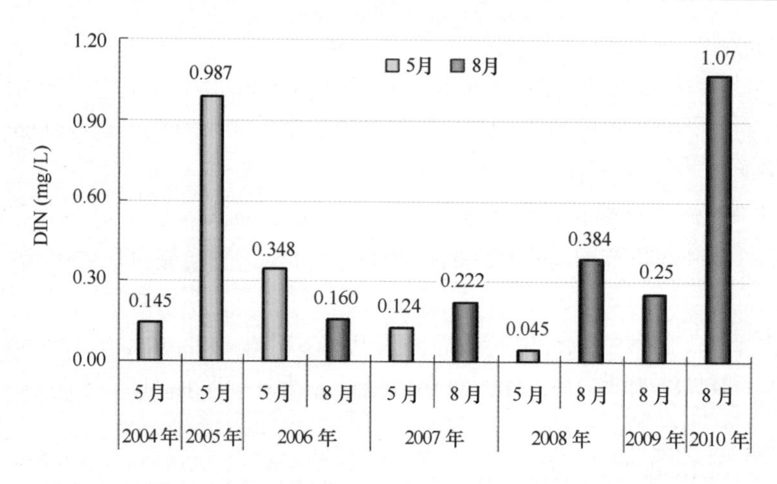

图2.11 2004—2010年锦州湾近岸海域无机氮（DIN）含量变化趋势

2005年5月和2008年5月活性磷酸盐的含量较高，分别达到了0.048 mg/L和0.024 mg/L，其他年份5月的活性磷酸盐的含量较低，均符合二类海水水质标准。2006—2008年8月活性磷酸盐含量呈逐渐降低的趋势，2008年和2009年8月的活性磷酸盐含量基本持平，并均符合二类海水水质标准，2010年8月与无机氮一样，活性磷酸盐含量也出现了上升的趋势（图2.12）。

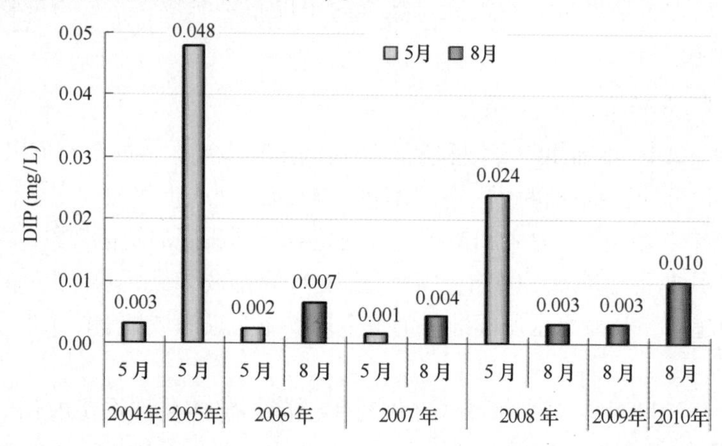

图2.12 2004—2010年锦州湾近岸海域活性磷酸盐（DIP）含量变化趋势

（4）2004—2008年锦州湾近岸海域的盐度未发生大的变化，基本保持在30左右，2004—2009年盐度变化趋势平稳，2010年8月盐度有所下降，这可能与8月锦州湾海域周边部分城市出现较大洪水有关，对盐度产生了稀释的作用（图2.13）。

（5）水环境中石油类、重金属污染物的影响呈现逐步升高的趋势，2002年的主要污染物为无机氮、铅和磷酸盐，镉超标；2004年主要污染物为COD和石油类，镉、铅、砷严重超标；之后，随着锦州沿海经济区大规模围填海工程的实施，2008年新增了重金属铅的污染，2010年新增了重金属锌超标。

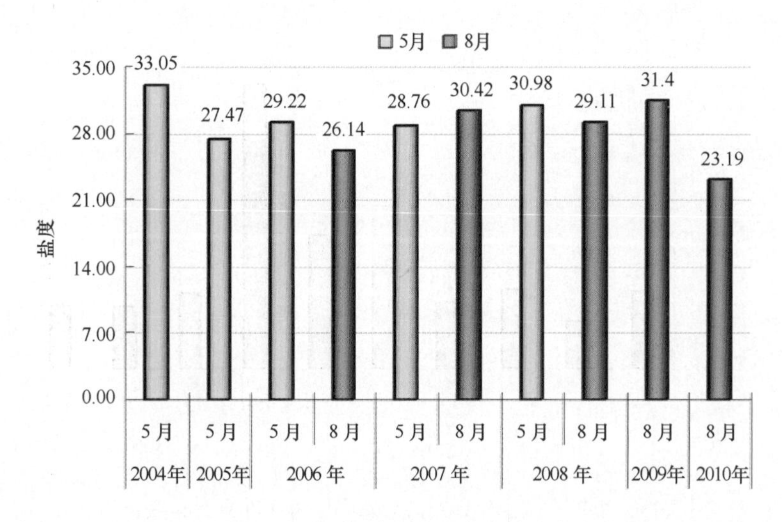

图 2.13　2004—2010 年锦州湾近岸海域盐度变化趋势

①铜：2004—2008 年 5 月锦州湾近岸海域重金属铜含量的变化呈波动趋势，2005 年 5 月较 2004 年 5 月海水中铜的含量有所降低，2005 年 5 月至 2007 年 5 月锦州湾海水中的铜的含量呈上升趋势，2008 年 5 月锦州湾海水中的铜含量有所下降。2007 年 8 月锦州湾近岸海域铜含量最高，2008 年和 2009 年有所降低，并且 2008 年和 2009 年 8 月铜含量基本持平，2010 年海水中铜含量又出现了上升趋势（图 2.14）。

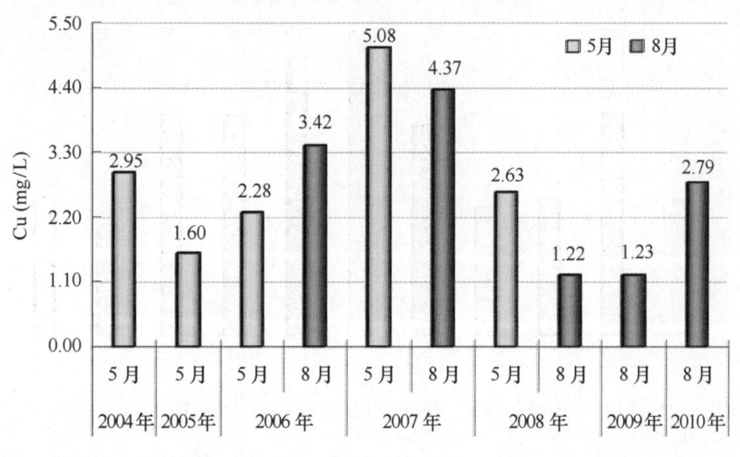

图 2.14　2004—2010 年锦州湾近岸海域铜（Cu）含量变化趋势

②铅：2005 年 5 月的重金属铅含量比 2004 年 5 月重金属铅含量有所下降，2005 年 5 月至 2008 年 5 月锦州湾重金属铅含量持续上升；2007 年 8 月铅含量高于 2006 年、2008 年和 2009 年 8 月的铅含量，2009 年 8 月铅含量较 2008 年 8 月有所降低，2009 年与 2010 年铅含量基本一致，并且锦州湾海域重金属铅符合二类海水水质标准（图 2.15）。

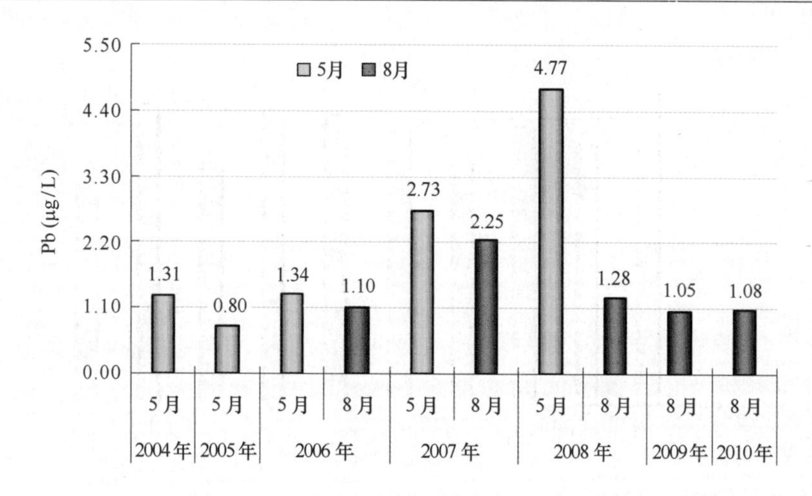

图2.15　2004—2010年锦州湾近岸海域铅（Pb）含量变化趋势

③锌：2004年5月至2006年5月锦州湾近岸海域重金属锌含量的变化保持下降趋势，2007年5月锦州湾重金属锌的含量最高，达到了51.41 mg/L，已经超出了二类海水水质标准，2008年5月较2007年5月重金属锌含量有所降低；2007年8月重金属锌在历年的8月监测中最高，2007年至2009年8月锌含量有明显降低，2010年较2009年锌含量也有所增高（图2.16）。

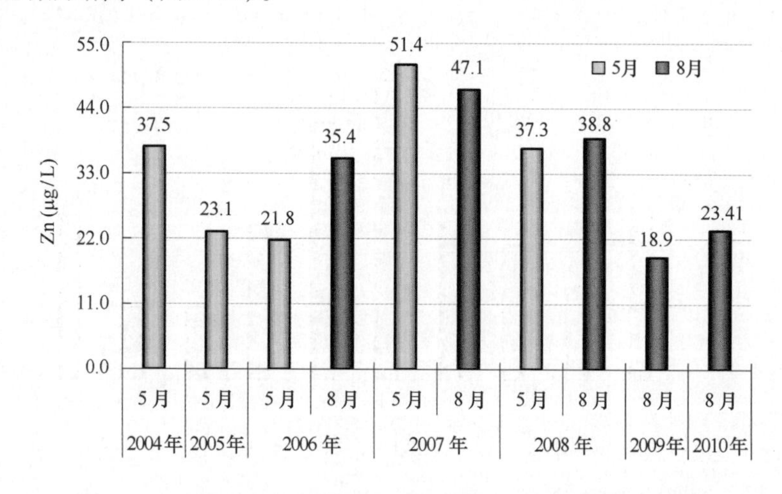

图2.16　2004—2010年锦州湾近岸海域锌（Zn）含量变化趋势

④镉：2004年5月至2007年5月锦州湾近岸海域重金属镉含量的变化呈上升趋势（图2.17），2008年5月较2007年5月镉的含量有所降低；2006年8月与2007年8月重金属镉的含量相差不大，2008年和2009年8月镉的含量较前两年有所降低，2010年8月较2009年8月镉的含量也出现升高的趋势，锦州湾近岸海域重金属镉含量均符合二类海水水质标准。

⑤石油类：2004年5月至2007年5月锦州湾近岸海域石油类含量呈逐渐上升的趋

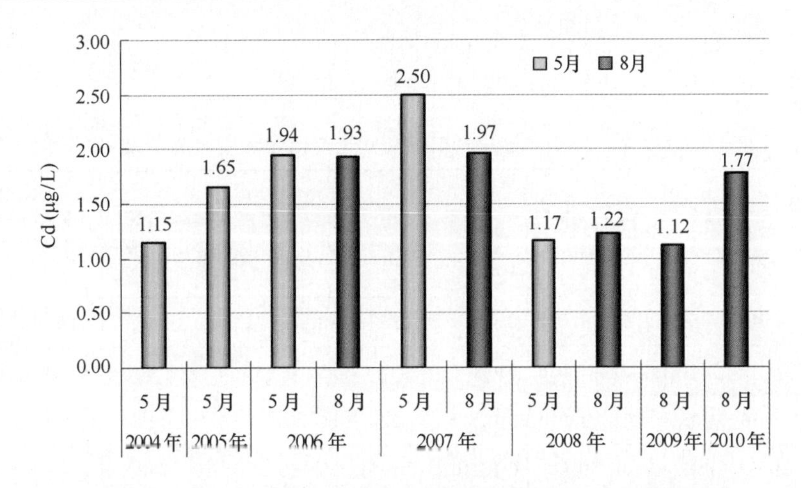

图 2.17　2004—2010 年锦州湾近岸海域镉（Cd）含量变化趋势

势，2008 年 5 月石油类的含量有所下降，平均值为 0.035 mg/L；2006 年至 2009 年 8 月石油类含量呈下降趋势，2007 年 8 月和 2008 年 8 月石油类的含量差别不大，2009 年石油类含量有明显降低，2010 年 8 月石油类含量又有明显增加（图 2.18）。

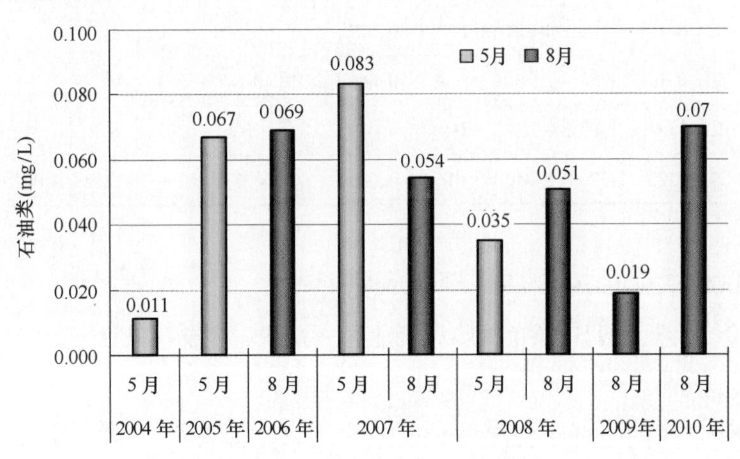

图 2.18　2004—2010 年锦州湾近岸海域石油类含量变化趋势

⑥锦州湾劣于四类海水水质标准的近岸海域过半，部分海域受到石油类和铅的轻微污染。

2.2.2　辽宁营口鲅鱼圈临海工业区

2.2.2.1　海水环境质量现状

2011 年，辽宁营口鲅鱼圈临海工业区近岸海域 9 个站点的监测结果见表 2.4。分析结果显示，石油类和 COD 均符合一类海水水质标准，pH、溶解氧（DO）、活性磷酸盐、铜、铅、锌、镉、汞、砷符合二类海水水质标准，仅无机氮含量超过二类海水水质标准，各站位的无机氮污染指数变化范围为2.75～3.61，站位超标率为100%，表明该海域水质主要受到了无机氮的污染。

表2.4　2011年辽宁营口鲅鱼圈近岸海域水质监测结果

站位	pH值	盐度	DO (mg/L)	COD (mg/L)	无机氮 (mg/L)	活性磷酸盐 (mg/L)	石油类 (mg/L)	铜 (μg/L)	铅 (μg/L)	镉 (μg/L)	锌 (μg/L)	汞 (μg/L)	砷 (μg/L)	PCB (ng/L)
1	7.91	30.12	7.58	1.58	1.047	0.004 9	0.036	1.98	0.873	0.403	16.7	0.095	4.37	3.578 5
2	7.95	30.12	7.42	1.27	1.056	0.008 6	0.027	1.35	0.657	0.221	9.9	0.063	3.15	3.453 1
3	7.84	30.13	7.33	1.35	1.082	0.025 7	0.028	0.66	0.689	0.162	13.5	0.058	3.45	9.502 6
4	7.92	30.32	8.01	1.03	0.962	0.015 0	0.019	1.79	0.753	0.571	12.8	0.074	2.84	-
5	7.94	30.32	8.01	1.35	0.994	0.029 7	0.024	1.92	0.821	0.306	11.5	0.071	2.66	0.180 7
6	7.94	30.37	7.99	1.23	1.040	0.015 3	0.046	2.18	0.841	0.619	8.7	0.077	3.33	-
7	8.11	30.22	8.04	1.23	0.949	0.004 4	0.031	1.64	0.749	0.420	12.8	0.083	2.99	0.549 3
8	8.03	30.50	8.15	1.23	0.950	0.026 9	0.026	1.55	0.797	0.022	11.6	0.068	3.51	-
9	7.99	30.33	8.11	1.03	0.824	0.013 4	0.027	2.79	0.809	0.402	12.1	0.052	3.47	0.518 1
最大值	8.11	30.50	8.15	1.58	1.082	0.029 7	0.046	2.79	0.873	0.619	16.7	0.095	4.37	9.502 6
最小值	7.84	30.12	7.33	1.03	0.824	0.004 4	0.019	0.66	0.657	0.022	8.7	0.052	2.66	0.180 7
平均值	7.96	30.27	7.85	1.26	0.989	0.016 0	0.029	1.76	0.777	0.347	12.2	0.071	3.31	2.963 7

2.2.2.2　2000年前至2010年海水环境质量状况

1988—2010年辽宁营口鲅鱼圈临海工业区所在海域主要污染因子监测数据见表2.5至表2.9。

表2.5　辽宁营口鲅鱼圈临海工业区海域水环境污染状况（1988—2008年）

年份	高锰酸盐指数	COD	石油类	活性磷酸盐	无机氮	海水级别	海水评价
1988	4.4	—	未	0.070	0.419	四类	中度污染
1989	4.5	—	0.020	0.051	0.433	四类	中度污染
1990	5.2	—	0.010	0.046	0.591	劣四类	重度污染
1991	7.1	—	0.071	0.020	1.190	劣四类	重度污染
1992	5.5	—	0.165	0.037	1.560	劣四类	重度污染
1993	3.7	—	0.138	0.080	0.826	劣四类	重度污染
1994	4.57	—	0.143	0.035	0.851	劣四类	重度污染
1995	3.74	—	0.118	0.040	0.811	劣四类	重度污染

续表

年份	高锰酸盐指数	COD	石油类	活性磷酸盐	无机氮	海水级别	海水评价
1996	—	2.98	0.108	0.031	1.560	劣四类	重度污染
1997	—	8.902 5	0.100	0.037	1.140	劣四类	重度污染
1998	—	6.01	0.058	0.041	1.164	劣四类	重度污染
1999	—	5.78	0.123	0.026	1.056	劣四类	重度污染
2000	—	6.36	0.120	0.040	2.604	劣四类	重度污染
2001	—	6.6	0.398	0.079	1.471	劣四类	重度污染
2002	—	6.9	0.368	0.066	1.022	劣四类	重度污染
2003	—	6.5	0.404	0.039	0.906	劣四类	重度污染
2004	—	1.8	0.033	0.018	0.437	三类	轻度污染
2005	—	2.3	0.028	0.022	0.311	三类	轻度污染
2006	—	1.7	0.024	0.025	0.422	四类	中度污染
2007	—	1.8	0.018	0.027	0.357	三类	轻度污染
2008	—	1.9	0.002	0.012	0.431	四类	中度污染

注：表中“—”为无统计值。

表 2.6 2006 年 6 月海水样品中诸要素的分析结果（小潮期）

站位	pH 值	盐度	DO	COD	石油	无机氮	磷酸盐	SS	Cu	Pb	Zn	Cd	水温	Hg
1-1	8.01	31.13	8.07	0.77	4.99	243.5	2.3	30.0	4.1	2.6	23.8	0.7	20.75	0.008
1-2	8.02	31.18	7.86	1.19	6.56	243.0	2.8	20.8	5.5	2.6	12.0	0.9	20.33	0.008
1-3	8.07	31.17	8.26	0.88	10.60	269.5	1.8	32.8	4.9	2.1	4.9	0.8	20.18	0.008
1-4	8.02	31.22	7.92	1.42	2.33	293.6	2.3	14.2	6.2	2.5	42.0	1.9	19.75	0.008
2-1	7.98	31.13	8.10	0.77	3.21	284.8	2.3	23.6	4.4	2.2	20.1	0.9	20.78	0.016
2-2	8.10	31.18	7.84	1.15	2.65	273.3	3.2	18.6	4.5	2.7	32.7	0.7	20.37	0.008
2-3	8.08	31.18	8.62	1.42	3.54	235.0	3.2	19.0	5.6	2.5	12.3	0.8	20.28	0.026
2-4	8.03	31.28	8.11	1.38	2.74	272.0	2.8	14.6	4.4	4.1	10.9	1.9	19.46	0.008
3-1	8.12	31.13	7.87	1.34	3.36	291.4	2.3	21.0	6.3	3.5	49.6	1.9	20.72	0.008
3-2	8.27	31.14	8.27	1.57	3.30	285.3	2.8	26.4	9.3	3.1	6.6	1.2	20.96	0.008
3-3	8.12	31.17	7.92	1.15	3.88	243.7	2.8	27.0	5.4	2.6	7.0	0.8	20.15	0.008
4-1	8.08	31.26	8.21	0.92	2.76	242.8	2.8	17.2	5.0	2.6	34.8	1.2	20.59	0.008
4-2	8.00	31.15	8.17	1.07	20.40	261.1	2.3	20.6	4.5	3.2	1.6	2.1	21.23	0.010
4-3	8.06	31.18	7.38	1.30	9.13	264.6	2.3	13.6	5.2	2.0	6.7	0.6	20.32	0.012
4-4	8.08	31.33	7.92	1.19	3.56	283.2	3.2	37.6	5.0	2.0	3.0	0.5	19.13	0.008
5-1	8.11	31.18	8.27	1.00	3.56	232.1	1.8	17.0	4.5	2.2	34.5	2.1	20.35	0.008

续表

站位	pH值	盐度	DO	COD	石油	无机氮	磷酸盐	SS	Cu	Pb	Zn	Cd	水温	Hg
5-2	8.10	31.13	7.96	1.26	4.17	238.0	2.3	21.0	3.6	1.9	30.6	1.0	20.81	0.015
5-3	8.02	31.12	8.10	2.53	3.23	257.3	1.8	26.6	5.1	2.2	8.2	0.5	20.54	0.008
5-4	8.01	31.17	8.08	1.34	2.41	253.0	2.8	27.8	7.3	2.2	7.7	1.1	20.26	0.019
5-5	8.12	31.16	8.08	1.57	2.48	346.8	2.3	11.2	4.2	2.4	6.7	0.8	19.83	0.022
6-1	8.12	31.28	7.89	1.49	2.13	300.0	2.3	42.4	8.6	3.0	22.0	0.5	20.06	0.008
6-2	8.07	31.44	7.81	1.26	2.37	277.0	2.8	13.8	4.7	2.9	45.4	2.3	19.88	0.026
6-3	8.08	31.37	8.01	1.26	2.81	280.0	3.2	13.0	2.4	3.0	44.5	0.6	19.91	0.008
6-4	8.03	31.51	7.64	1.34	2.88	331.0	2.3	11.6	3.8	2.7	45.4	0.5	19.66	0.013
6-5	8.04	31.53	8.01	1.11	3.01	287.0	2.3	23.4	2.5	2.5	49.4	0.4	19.25	0.008
6-6	8.09	31.52	8.66	1.19	2.79	278.0	2.8	18.2	5.0	2.2	49.4	0.3	18.45	0.008
6-7	8.10	31.47	7.75	1.03	3.03	252.0	2.3	10.6	4.4	2.1	44.5	0.6	18.98	0.008
7-1	8.11	31.38	7.86	1.11	3.15	298.0	2.3	15.0	5.4	3.4	46.2	1.1	20.01	0.008
7-2	8.02	31.45	7.74	1.53	10.40	302.0	2.3	11.2	3.1	4.3	45.5	2.3	19.91	0.008
7-3	8.00	31.44	7.88	1.22	2.09	298.0	1.8	26.2	2.1	2.9	37.5	1.0	19.71	0.008
7-4	8.11	31.50	7.66	1.15	2.14	327.0	2.3	15.0	4.4	2.6	49.4	1.3	19.49	0.008
7-5	8.08	31.51	8.70	1.45	2.57	305.0	2.8	11.6	2.0	1.7	37.5	0.4	19.77	0.008
7-6	8.11	31.59	8.31	1.49	2.44	291.0	2.3	16.4	2.7	1.8	25.7	0.6	18.44	0.028
8-1	8.01	31.38	7.70	1.19	2.61	283.0	1.8	19.2	4.3	2.6	29.5	0.4	20.07	0.012
8-2	8.10	31.45	7.83	1.11	2.33	263.0	1.8	12.8	3.4	4.2	49.5	2.5	19.95	0.008
8-3	8.02	31.43	7.66	1.26	2.45	307.0	2.3	9.4	3.0	2.5	39.5	1.1	19.65	0.015
8-4	8.10	31.49	7.80	1.45	2.45	311.0	2.3	13.0	5.0	2.6	35.1	1.9	19.31	0.008
8-5	8.10	31.38	8.44	1.34	2.70	240.0	2.3	24.0	2.3	2.3	41.1	0.4	20.04	0.008
8-6	8.07	31.59	8.60	1.42	3.37	289.0	2.3	14.2	2.2	2.5	48.5	0.8	18.60	0.008
9-1	8.01	31.38	7.86	1.22	2.21	257.0	2.8	27.2	5.2	4.1	46.2	0.9	20.04	0.008
9-2	8.07	31.51	7.53	1.30	2.65	235.0	2.8	25.4	3.1	2.9	48.9	2.4	19.85	0.019
9-3	8.14	31.44	8.01	1.07	6.11	287.0	2.8	27.0	12.1	4.1	49.5	1.4	19.78	0.008
9-4	8.08	31.48	7.98	1.34	2.38	286.0	2.8	13.0	12.6	3.0	44.3	0.4	19.11	0.008
9-5	8.10	31.64	7.89	1.19	2.24	254.0	2.8	24.6	4.2	2.5	41.2	0.7	18.22	0.025
10-1	7.86	31.37	8.01	1.11	2.89	265.0	3.2	20.6	3.2	3.1	37.6	0.4	19.87	0.008
10-2	7.96	31.44	8.01	1.42	2.08	227.0	2.3	14.8	5.0	3.1	38.5	0.4	19.79	0.008
10-3	8.08	31.43	7.90	1.15	3.06	294.0	2.3	30.8	4.4	2.9	44.8	0.5	19.60	0.008
10-4	8.07	31.43	7.88	1.38	3.27	312.0	2.3	12.4	3.5	3.0	39.2	0.4	19.61	0.016
10-5	8.07	31.64	8.56	1.22	13.40	256.0	1.8	13.2	2.9	2.0	26.0	0.6	18.07	0.008
10-6	8.05	31.58	8.60	1.72	13.30	288.0	3.2	13.2	2.2	2.0	47.7	0.4	18.34	0.008

表 2.7　2006 年 6 月海水样品中诸要素的分析结果（大潮期）

站位	pH 值	盐度	DO	COD	石油	无机氮	PO_4-P	SS	Cu	Pb	Zn	Cd	水温	Hg
1 - 1	8.08	31.23	7.78	1.04	2.04	245.6	3.7	6.4	5.5	9.1	23.5	1.1	22.39	0.008
1 - 2	8.10	31.29	8.00	1.11	1.96	200.3	2.8	4.8	6.6	3.3	47.7	1.2	22.47	0.028
1 - 3	8.09	31.30	7.85	1.15	1.99	186.1	2.8	13.0	4.3	3.0	25.4	0.6	22.96	0.008
1 - 4	8.09	31.29	7.74	1.11	2.06	299.5	2.3	9.4	4.5	2.7	10.5	0.7	22.66	0.008
2 - 1	8.06	31.32	8.06	1.22	1.85	247.9	3.2	4.8	7.0	6.0	21.9	0.6	21.83	0.008
2 - 2	8.10	31.39	7.87	1.11	20.60	282.9	2.3	12.6	5.7	3.3	21.1	0.6	23.03	0.008
2 - 3	8.08	31.29	7.97	1.18	3.22	271.5	2.3	34.8	6.6	2.8	27.2	1.2	22.65	0.008
2 - 4	8.07	31.29	7.73	1.18	24.40	296.9	1.8	16.8	3.5	2.8	8.1	1.1	22.64	0.008
3 - 1	8.08	31.40	7.98	1.25	2.75	228.4	3.2	36.8	6.8	5.5	34.6	1.9	22.01	0.008
3 - 2	8.10	31.33	7.97	1.08	30.90	279.5	2.8	8.8	4.5	2.9	33.5	1.2	23.45	0.008
3 - 3	8.10	31.37	7.96	1.18	4.42	230.1	1.8	32.8	3.8	2.8	19.4	1.2	22.34	0.008
4 - 1	8.07	31.36	8.02	1.22	2.22	247.2	3.2	5.2	4.1	3.9	27.6	0.8	22.93	0.008
4 - 2	8.08	31.33	7.78	1.04	2.26	241.9	2.3	8.0	3.6	3.5	28.0	0.7	22.38	0.008
4 - 3	8.13	31.26	7.92	1.15	3.35	237.1	1.8	10.4	6.1	3.0	36.0	0.6	22.37	0.008
4 - 4	8.10	31.25	8.01	1.25	3.97	283.1	2.3	12.0	2.9	3.0	6.1	0.6	23.30	0.008
5 - 1	8.06	31.41	8.03	1.25	2.03	246.3	1.8	9.4	5.9	3.9	31.8	0.8	22.15	0.022
5 - 2	8.10	31.33	8.02	1.15	1.85	279.2	2.3	15.2	6.2	3.5	34.5	1.2	22.37	0.008
5 - 3	8.09	31.35	7.87	1.32	2.02	195.0	2.3	11.8	6.5	2.7	33.6	0.9	23.10	0.008
5 - 4	8.11	31.15	7.89	1.18	2.46	265.3	2.3	11.4	5.9	2.7	24.1	0.6	23.95	0.011
5 - 5	8.10	31.17	8.02	1.22	3.75	304.8	2.3	19.6	6.5	2.7	46.6	0.4	23.06	0.008
6 - 1	8.10	31.70	7.95	1.25	2.27	134.0	2.8	19.4	6.0	1.6	7.6	0.5	20.64	0.008
6 - 2	8.10	31.52	8.01	1.22	2.11	138.0	3.7	30.6	5.5	0.9	7.7	0.6	21.39	0.025
6 - 3	8.11	31.45	8.11	1.11	2.35	151.0	4.2	9.2	6.4	1.1	9.0	0.6	21.41	0.008
6 - 4	8.09	31.52	7.63	0.94	1.78	99.0	4.7	27.0	8.2	2.3	13.4	0.8	21.45	0.008
6 - 5	8.09	31.48	7.86	1.28	1.98	98.0	4.7	8.6	8.6	1.9	19.0	1.1	23.55	0.026
6 - 6	8.04	31.36	8.03	1.36	1.89	109.0	3.7	32.4	7.7	1.5	4.1	0.7	23.99	0.008
6 - 7	8.06	31.42	8.05	1.25	2.04	48.0	2.8	26.6	6.1	1.5	3.5	0.7	23.73	0.015
7 - 1	8.09	31.76	8.03	1.18	2.07	111.0	3.7	12.6	9.0	2.2	21.4	1.2	20.31	0.008
7 - 2	8.12	31.45	7.77	1.15	2.07	151.0	3.2	10.4	9.6	1.3	9.8	0.7	21.37	0.008
7 - 3	8.05	31.47	7.87	1.18	2.12	145.0	6.1	13.4	5.8	1.1	6.2	0.8	21.24	0.008
7 - 4	8.07	31.53	7.92	1.25	2.08	152.0	2.8	24.6	7.2	1.0	25.0	0.9	23.01	0.008
7 - 5	8.10	31.47	8.07	1.00	2.49	90.0	1.8	7.4	6.9	1.4	10.4	0.9	23.24	0.008
7 - 6	8.12	31.51	7.81	1.22	1.97	105.0	3.7	8.8	7.4	2.4	36.9	2.2	22.60	0.008
8 - 1	8.06	31.70	7.78	1.11	3.70	128.0	4.2	14.0	6.7	1.6	15.1	0.8	20.65	0.008
8 - 2	8.09	31.59	8.02	1.11	2.02	154.0	5.2	19.2	6.7	1.4	26.3	0.6	21.40	0.008

续表

站位	pH值	盐度	DO	COD	石油	无机氮	PO_4-P	SS	Cu	Pb	Zn	Cd	水温	Hg
8-3	8.13	31.49	8.07	1.18	2.05	167.0	3.7	6.6	6.8	1.6	20.1	0.8	22.11	0.008
8-4	8.07	31.51	7.40	1.15	2.66	142.0	3.2	17.6	6.6	0.9	8.3	0.8	22.62	0.008
8-5	8.07	31.51	7.91	1.29	2.30	130.0	2.3	12.2	6.2	1.5	8.3	0.8	22.60	0.010
8-6	8.07	31.49	8.05	1.15	2.64	112.0	3.7	10.8	6.0	1.2	1.9	0.9	23.76	0.008
9-1	8.11	31.67	8.06	1.22	7.01	123.0	1.8	16.6	5.5	1.2	6.7	0.7	21.40	0.008
9-2	8.12	31.54	7.66	1.18	2.63	85.0	4.7	10.8	5.9	1.0	12.3	0.8	21.60	0.013
9-3	8.10	31.54	7.60	1.11	2.26	136.0	2.3	9.2	16.6	1.2	9.9	0.6	21.75	0.008
9-4	8.10	31.56	7.88	1.32	8.48	135.0	2.8	17.8	8.6	1.1	9.8	1.4	22.30	0.008
9-5	8.04	31.57	7.78	1.36	1.85	121.0	4.7	13.6	5.9	1.5	8.7	0.9	22.44	0.008
10-1	8.10	31.61	7.64	1.28	2.29	161.0	3.2	11.8	6.6	1.6	12.5	0.8	21.65	0.008
10-2	8.16	31.68	7.51	1.25	1.94	135.0	2.3	13.2	7.9	1.2	17.9	0.6	21.58	0.008
10-3	8.04	31.55	8.02	1.22	1.90	142.0	2.8	12.0	6.8	1.0	8.4	0.6	21.91	0.016
10-4	8.07	31.59	7.71	0.59	1.69	173.0	2.3	13.0	9.5	1.1	9.3	0.7	22.78	0.008
10-5	8.12	31.58	7.63	1.15	6.38	109.0	2.8	7.4	5.6	1.1	4.8	0.8	22.67	0.008
10-6	8.05	31.51	7.93	1.11	1.81	125.0	2.3	21.4	10.5	2.2	7.1	1.6	22.51	0.008

注：DO、COD、SS的单位为mg/L，油、无机氮、PO_4-P、Cu、Pb、Zn、Cd、As、Hg单位为μg/L。水温为℃。

表2.8 2009年4月3日水样品诸要素分析结果

站位	层次	亚硝酸盐	硝酸盐	铵盐	磷酸盐	pH值	盐度	SS	COD	DO	Cu	Pb	Zn	Cd	Hg	水温	石油
1-1	表层	15	166.77	13.09	57.5	8.11	30.47	119	1.71	10.83	2.2	3	3.6	0.62	0.012	4.23	0.012
	底层	17.05	170.16	12.24	43.07	8.1	30.47	118.5	1.84	10.23						4.22	
1-2	表层	17.7	174.38	11.11	65.98	8.08	30.6	226	1.88	10.31	2.4	2.8	4.2	0.62	0.018	3.71	0.011
	底层	19.09	190.47	12.1	55.56	8.1	30.63	111	1.97	10.35						3.67	
1-3	表层	17.13	172.42	11.32	65.21	8.07	30.68	95	1.7	11.01	1.8	3.6	6.3	0.66	0.099	3.41	0.011
	底层	17.54	172.94	10.44	48.73	8.1	30.69	113	1.84	10.98						3.43	
2-1	表层	17.46	204.53	13.97	60.33	8.07	30.48	119	1.93	10.95	1.6	3.3	7.8	0.67	0.063	4.42	0.01
	底层	17.29	179.24	14.61	43.85	8.09	30.48	123.5	2.06	10.92						4.42	
2-2	表层	14.59	149.32	16.19	59.3	8.12	30.47	140.5	1.8	10.62	1	3.3	4.6	0.78	0.085	4.32	0.01
	底层	16.23	158.88	13.89	44.05	8.11	30.47	152	1.88	10.61						4.32	
2-3	表层	14.43	205.57	14.62	63.15	8.12	30.44	235	1.71	10.56	1.8	2.7	4.3	0.65	0.125	3.9	0.009
	底层	16.3	196.76	16.92	56.93	8.14	30.44	324	1.84	10.93						3.89	

续表

站位	层次	亚硝酸盐	硝酸盐	铵盐	磷酸盐	pH值	盐度	SS	COD	DO	Cu	Pb	Zn	Cd	Hg	水温	石油
2-4	表层	15.08	163.65	16.71	66.75	8.13	30.55	288	1.7	10.07	1.4	2.7	3.6	0.6	0.089	3.58	0.012
	底层	15.19	158.96	15.16	51.86	8.09	30.62	289	1.88	10.57						3.59	
3-1	表层	13.63	144.51	17.2	62.9	8.14	30.39	148	1.97	10.09	1.7	2.3	4.8	0.6	0.088	5.07	0.013
	底层	16.41	164.38	18.23	55.76	8.1	30.39	434.5	2.11	9.98						5.06	
3-2	表层	14.17	148.81	17.74	71.13	8.1	30.29	178	1.82	10.19	1.8	2.3	5.1	0.61	0.025	4.72	0.015
	底层	15.27	175.84	16.04	61.42	8.11	30.35	183.5	2.06	10.1						4.56	
3-3	表层	15.73	166.33	17.49	71.38	8.12	30.44	277.5	1.82	10.76	1.8	2.6	3.6	0.6	0.013	4.06	0.013
	底层	16.6	170.96	15.9	60.45	8.1	30.38	297	2.07	10.61						4.01	
3-4	表层	14.85	163.01	18.6	66.5	8.12	30.5	229	1.75	10.53	1.4	2.7	3.7	0.61	0.009	3.75	0.011
	底层	14.36	166.39	18.14	57.71	8.1	30.44	267.5	2.07	10.5						3.66	
4-1	表层	14.24	174.15	17.07	63.15	8	30.38	134.5	2.02	10.34	1.9	2.3	5.6	0.6	0.012	4.92	0.012
	底层	18.73	159.15	15.2	67.08	8.14	30.37	456	2.08	10.01						4.63	
4-2	表层	17.93	177.32	16	85.53	8.14	30.14	299.5	1.9	11.02	2.1	2.6	4.2	0.8	0.064	4.56	0.013
	底层	21.81	167.3	15.21	68.26	8.1	30.14	212.5	2.02	10.9						4.55	
4-3	表层	15.57	187.96	19.9	80.9	8.12	30.38	317	1.75	11.04	2.1	2.8	5.2	0.63	0.029	4.02	0.013
	底层	18.01	178.04	16.87	60.06	8.1	30.38	327.5	1.88	10.98						4.01	
5-1	表层	16.91	176.4	17.74	65.47	8.1	30.17	188.5	1.97	10.72	2.1	2.3	4.6	0.6	0.021	4.91	0.014
	底层	16.79	164.93	17.73	60.06	8.1	30.23	487	2.15	10.26						4.8	
5-2	表层	18.85	176.77	17.58	77.55	8.12	30.14	341	1.79	10.64	1.8	2.5	3.6	0.59	0.082	4.48	0.013
	底层	19.68	180.88	16.39	65.72	8.12	30.14	400.5	1.84	10.63						4.47	
5-3	表层	15.76	174	15.55	71.9	8.1	30.32	338	1.88	10.03	1.4	2.4	4	0.63	0.025	4.21	0.014
	底层	20.64	178	16.39	59.08	8.09	30.32	297.5	1.97	9.98						4.2	
6-1	表层	16.03	233.07	19.09	66.24	8.08	30.15	169.5	1.7	10.99	2.4	2.4	4.4	0.6	0.015	4.68	0.012
	底层	19.15	226.59	20.97	57.52	8.09	30.16	491.5	1.88	10.56						4.68	
6-2	表层	18.62	229.21	19.6	72.93	8.13	30.1	259.5	1.88	10.31	0.8	2.4	4.3	0.59	0.023	4.94	0.012
	底层	19.91	232.28	17.23	61.42	8.13	30.11	469	2	10.22						4.98	
6-3	表层	17.25	223.11	17.63	76.78	8.11	30.27	292.5	2	10.89	1.1	2.4	3.8	0.59	0.019	4.35	0.012
	底层	19.42	217.2	16.54	59.86	8.11	30.27	269.5	2.06	11.01						4.3	

注：DO、SS、石油类的单位为mg/L，无机氮、磷酸盐、Cu、Pb、Zn、Cd、Hg的单位为μg/L，水温为℃。

表 2.9　2010 年海水样品中诸要素的分析结果

站位	pH 值	悬浮物 (mg/L)	石油 (mg/L)	COD (mg/L)	铜 (μg/L)	铅 (μg/L)	镉 (μg/L)	锌 (μg/L)	汞 (μg/L)	砷 (μg/L)	PCB (ng/L)	PAH (ng/L)
1	8.03	31	0.038	1.15	0.933	0.118	0.458	1.96	0.083	3.99	57.53	651.02
2	8.05	31.3	0.031	1.35	0.967	0.579	0.549	7.17	0.089	3.87	22.41	183.83
3	8.05	29.7	0.03	1.54	1.19	0.140	0.596	8.17	0.072	4.05	24.6	255.68
4	8.07	44	0.025	1.31	0.683	0.253	0.531	11.8	0.079	4.51	20.58	222.48
5	8.07	46.3	0.045	1.58	1.09	0.0814	0.551	6.26	0.086	3.82	28.83	221.29
6	8.08	40	0.039	1.19	0.783	0.100	0.571	9.64	0.089	4.81	46.75	170.88
7	8.24	56	0.034	1.74	0.839	0.498	0.691	10.3	0.079	4.45	33.86	207.84
8	8.19	50.5	0.038	1.58	0.988	0.407	0.670	9.28	0.088	4.33	25.95	236.48
9	8.22	48	0.043	1.62	0.975	0.330	0.622	11.8	0.09	4.18	25.42	252.42
最大值	8.24	56.0	0.045	1.74	1.190	0.579	0.691	11.80	0.090	4.81	57.53	651.02
最小值	8.03	29.7	0.025	1.15	0.683	0.081	0.458	1.96	0.072	3.82	20.58	170.88
平均值	8.11	41.9	0.036	1.45	0.939	0.278	0.582	8.49	0.084	4.22	31.77	266.88

从不同年度调查海区各站位的水体评价要素来看，结果如下。

（1）2000 年前水环境质量

1988—1989 年，营口近岸海域水质中高锰酸盐指数、无机氮和活性磷酸盐年均值浓度均超三类海水标准，海水级别为四类，海水评价为中度污染；1990 年营口近岸海域水质中高锰酸盐指数、无机氮和活性磷酸盐年均值浓度均超四类海水标准，海水级别为劣四类，海水评价为重度污染。

1991—2000 年营口近岸海域水质中石油类年均值浓度范围为 0.058 ~ 0.165 mg/L，无明显变化规律；活性磷酸盐年均值浓度范围为 0.020 ~ 0.080 mg/L，1993 年最高，超四类海水标准；无机氮年均值浓度范围为 0.811 ~ 2.604 mg/L，全部超四类海水标准，1995 年最低，2000 年最高，污染呈加重趋势，海水级别为劣四类，海水评价为重度污染，主要污染物为无机氮、化学需氧量和活性磷酸盐。

（2）2001—2005 年水环境质量

营口近岸海域水质中无机氮年均值浓度范围为 0.311 ~ 1.471 mg/L，化学需氧量年均值浓度范围为 1.8 ~ 6.9 mg/L，2001—2003 年化学需氧量、无机氮年均值均超四类海水标准，为劣四类海水，海水评价为重度污染；2004—2005 年营口海域水质中无机氮年均值均超二类海水水质标准，为三类海水，海水评价为轻度污染。

（3）2006—2010 年水环境质量

营口近岸海域水质中无机氮年均值浓度范围为 0.357 ~ 0.431 mg/L，2006 年海水级别为四类，海水评价为中度污染，2007 年海水级别为三类，海水评价为轻度污染，2008 年海水级别为四类，海水评价为中度污染，主要污染物为无机氮。2010 年鲅鱼圈附近海域环境质量监测结果表明：海水水质受到无机氮的污染，55% 的站位超过二类海水水质标准，石油类含量 10% 站位超过二类海水水质标准；沉积物中 20% 站位石油类含量超过一类沉积物标准。

（4）2006 年 6 月所调查的所有项目中，无机氮在大潮期 5－5 号站位和小潮期 5－5 号、6－4 号、7－2 号、7－4 号、8－3 号、8－4 号、10－4 号站位均超过二类海水水质标准；铅在大潮期的 1－1 号、2－1 号、3－1 号站位超过二类海水水质标准，铜在大潮期的 9－3 号、10－6 号和小潮期的 9－3 号、9－4 号站位超过二类海水水质标准，其他各因子均达到二类海水水质标准的要求。

（5）2009 年 4 月所调查的所有项目中，主要污染因子为磷酸盐，磷酸盐在表层和底层的各个站位均超过二类海水水质标准，表层超标范围 1.92～2.85，底层超标范围 1.44～2.28。其余站位的表层、底层要素均满足二类海水水质标准的要求。

2.2.2.3　海水环境质量演变趋势要素

（1）近年来营口近岸海域水质已经受到了不同程度的污染，全海域海水水质较差，全部为劣四类和四类海水，主要污染因子为无机氮和活性磷酸盐等。

（2）营口沿海经济区海域水质污染逐渐减轻，从 2000 年前的重度污染转变为中度、轻度污染，尤其是 2004—2010 年水质明显好转，各主要污染指标浓度均大幅度下降。除无机氮之外，活性磷酸盐等主要污染指标均降至功能区水质标准限值以下，2010 年望海楼站位各项指标年均值首次符合二类功能区水质标准要求。主要原因是 2004—2010 年实施的污染减排、禁磷措施。

（3）2004—2010 年，营口市近岸海域主要污染指标均为无机氮，各年度、各水期变化趋势不明显，各功能区之间的污染物浓度差异不大，二类功能区普遍存在无机氮超标现象。

（4）近 3 年来，海域总体环境质量基本持平，但随着制造和高新技术等产业的蓬勃发展，重金属的污染程度可能会有所增加。

2.2.3　辽宁长兴岛临港工业区

2.2.3.1　海水环境质量现状

2010 年 7 月 6—15 日辽宁省海洋水产科学研究院对长兴岛北部港区海域 28 个站位海洋环境进行调查，测站位置见图 2.19。

调查结果显示夏季调查海域水质状况良好，在 13 项因子中有 53.9% 大小潮均符合一类海水水质标准。包括化学需氧量、无机氮、砷、铜、镉、活性磷酸盐 6 项；铅大潮期均符合一类海水水质标准，小潮期均符合二类海水水质标准；pH 值和锌两项的大小潮均符合二类海水水质标准；溶解氧大潮期符合三类海水水质标准，小潮期符合二类海水水质标准；汞和石油类两项均符合三类海水水质标准。

（1）pH 值：大潮期表、底层 pH 值测值在 7.89～8.09 和 7.88～8.12 之间，平均

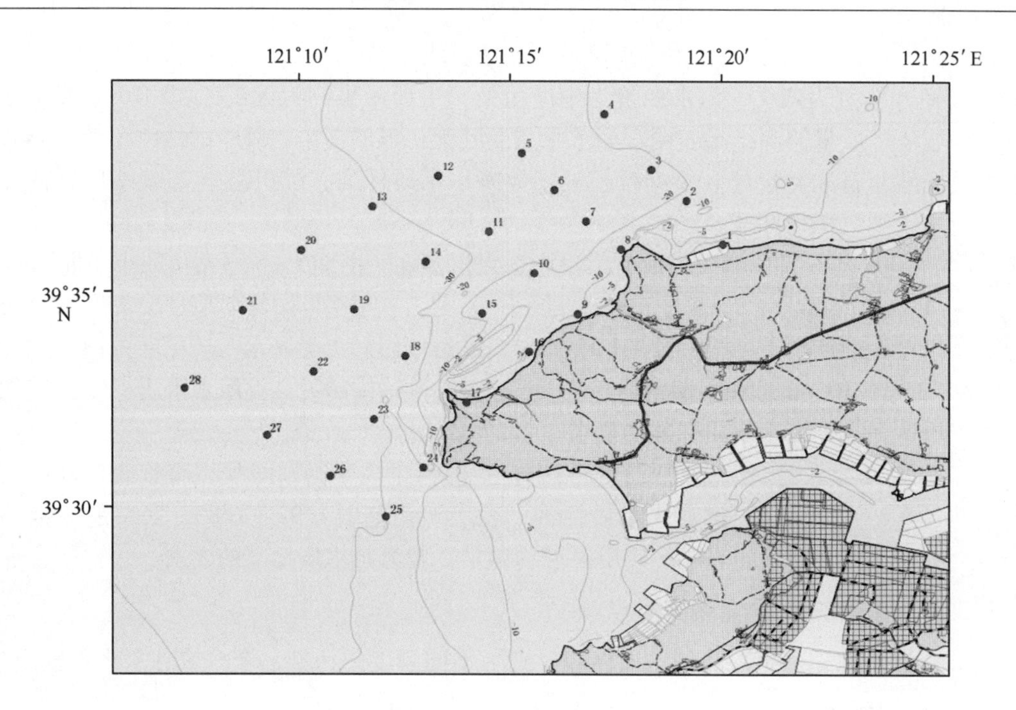

图2.19　调查站位分布

值分别为7.99和7.98；小潮期表、底层pH值测值在8.01～8.23和7.95～8.26之间，平均值分别为8.09和8.08。各站位pH值均符合二类海水水质标准。

（2）溶解氧：大潮期表、底层溶解氧测值在3.81～7.44 mg/L和4.85～7.44 mg/L之间，平均值分别为6.25 mg/L和6.44 mg/L；大潮期溶解氧一类海水水质标准超标率为20.2%，二类海水水质超标率为3.6%，均符合三类海水水质标准。小潮期表、底层溶解氧测值在5.09～8.37 mg/L和5.95～8.78 mg/L之间，平均值为7.40 mg/L和7.53 mg/L。小潮期溶解氧一类海水水质超标率为2.4%，均符合二类海水水质标准。

（3）悬浮物：大潮期表、底层悬浮物测值在2.8～116.3 mg/L和3.5～24.3 mg/L之间，平均值分别为10.00 mg/L和7.42 mg/L；小潮期表、底层悬浮物测值在4.0～10.3 mg/L和4.2～10.2 mg/L之间，平均值分别为6.8 mg/L和7.0 mg/L。

（4）化学需氧量：大潮期表、底层化学需氧量测值分别在0.78～1.65 mg/L和0.78～1.13 mg/L之间，平均值分别为1.04 mg/L和0.96 mg/L。小潮期表、底层化学需氧量测值在0.52～1.23 mg/L和0.56～1.00 mg/L之间，平均值分别为0.72 mg/L和0.76 mg/L。各站位化学需氧量含量均符合一类海水水质标准。

（5）无机氮：大潮期表、底层无机氮测值分别在0.001～0.136 mg/L和0.001～0.066 mg/L之间，平均值分别为0.021 mg/L和0.022 mg/L。小潮期表、底层无机氮测值在0.005～0.127 mg/L和0.004～0.107 mg/L之间，平均值分别为0.034 mg/L和0.032 mg/L。大小潮各站位无机氮均符合一类海水水质标准。

（6）活性磷酸盐：大潮期表、底层磷酸盐测值在0～0.003 mg/L和0～0.004 mg/L之间，平均值分别为0.001 mg/L和0.001 mg/L。小潮期表、底层磷酸盐测值在

0.001~0.003 mg/L 和 0.001~0.008 mg/L 之间，平均值分别为 0.002 mg/L 和 0.002 mg/L。大小潮各站位活性磷酸盐均符合一类海水水质标准。

（7）铜：大潮期表、底层铜测值在 0.227~0.771 μg/L 和 0.185~0.801 μg/L 之间，平均值分别为 0.45 μg/L 和 0.38 μg/L；小潮期表、底层铜测值在 0.245~0.945 μg/L 和 0.215~0.735 μg/L 之间，平均值分别为 0.464 μg/L 和 0.410 μg/L。各站位铜含量均符合一类海水水质标准。

（8）锌：大潮期表、底层锌测值分别在 13.1~32.8 μg/L 和 11.4~28.6 μg/L 之间，平均值分别为 20.92 μg/L 和 18.92 μg/L。大潮期锌含量一类标准超标率为 38.1%，各站位均符合二类海水水质标准。小潮期表、底层锌测值在 13.4~32.8 μg/L 和 12.6~43.4 μg/L 之间，平均值分别为 22.7 μg/L 和 22.3 μg/L。小潮期锌含量一类标准超标率为 61.9%，各站位均符合二类海水水质标准。

（9）铅：大潮期表层铅测值在 0.140~0.801 μg/L 之间，平均值为 0.440 μg/L。大潮期底层铅测值在 0.140~0.742 μg/L 之间，平均值为 0.430 μg/L。大潮期各站位均符合一类海水水质标准。小潮期表、底层铅测值在 0.204~0.796 μg/L 和 0.176~1.27 μg/L 之间，平均值分别为 0.502 μg/L 和 0.456 μg/L。小潮期铅含量超一类海水水质标准 2.4%，各站位均符合二类海水水质标准。

（10）镉：大潮期表、底层镉测值在 0.226~0.624 μg/L 和 0.213~0.598 μg/L 之间，平均值分别为 0.317 μg/L 和 0.30 μg/L；小潮期表、底层镉测值在 0.148~0.913 μg/L 和 0.152~0.993 μg/L 之间，平均值为 0.421 μg/L 和 0.418 μg/L。小潮期镉含量超一类海水水质标准 1.2%，各站位均符合二类海水水质标准。

（11）汞：大潮期表、底层汞测值分别在 0.037~0.077 μg/L 和 0.036~0.076 μg/L 之间，平均值分别为 0.05 μg/L 和 0.05 μg/L。大潮期汞含量超二类海水水质标准 64.3%，各站位均符合三类海水水质标准。小潮期表层汞测值在 0.035~0.072 μg/L 之间，平均值为 0.051 μg/L；小潮期底层汞测值在 0.031~0.07 μg/L 之间，平均值为 0.049 μg/L。小潮期汞含量超二类海水水质标准 54.8%，各站位均符合三类海水水质标准。

（12）砷：大潮期表、底层砷测值在 1.64~2.92 μg/L 和 1.71~2.90 μg/L 之间，平均值分别为 2.16 μg/L 和 2.11 μg/L。小潮期表、底层砷测值在 1.72~2.68 μg/L 和 1.73~2.53 μg/L 之间，平均值分别为 2.10 μg/L 和 2.04 μg/L。大小潮砷含量测值均符合一类海水水质标准。

（13）石油类：大潮期表层测值在 0.012~0.066 mg/L 之间，平均值为 0.03 mg/L；石油类含量超二类海水水质标准 1.2%，各站位均符合三类海水水质标准。小潮期表层测值在 0.011~0.053 mg/L 之间，平均值为 0.026 mg/L。石油类含量超二类海水水质标准 1.2%，各站位均符合三类海水水质标准。

2.2.3.2 2002—2010 年海水环境质量状况

（1）2002 年海域水环境质量状况

李淑媛等（2005）于 2002 年 7 月在长兴岛及附近海域布设 21 个采样站。其中水质调查项目为：pH、盐度、溶解氧、无机氮（NO_2-N、NO_3-N、NH_4-N）、PO_4-P、铜、铅、锌、镉和石油类等共计13项。

水质各环境要素的调查结果显示，pH值呈弱碱性（8.02～8.09），悬浮物、盐度相对略高，量值范围分别是11.29～64.4 mg/L、32.55～33.98；铜、铅、锌、镉、汞和石油类量值范围分别为0.9～2.8 μg/L、0.3～1.3 μg/L、1.1～41.6 μg/L、0.05～0.34 μg/L、0.008～0.098 μg/L、7.4～19.7 μg/L；DIN和PO_4-P含量偏低，量值范围依次为8.3～63.6 μg/L、1.5～12.9 μg/L。各要素分布趋势不尽相同，大体为：营养盐和重金属水平分布自海岛、湾顶向海方向含量略呈降低趋势，表层和底层水各要素量值变化较小。

依据GB 3097—1997中的一类评价标准，长兴岛调查区域内除部分站位铅、锌和汞超一类海水质标准外，其他要素无超标站，海水环境质量介于国家一类至二类标准之间。

（2）2007—2009年大连长兴岛海域水环境质量状况

2007—2009年长兴岛临港工业区近岸海域水环境监测数据见表2.10至表2.11，2005—2009年水环境质量状况分布情况见图2.20。

pH值：2007—2009年，pH值均在8.0以上，其中最大值为8.19，出现在2007年，最小值为8，出现在2008年10月，均符合二类海水水质标准。

化学需氧量：2007—2009年，化学需氧量含量变化范围在0.42～1.66 mg/L之间，均符合一类海水水质标准。

溶解氧：2007—2009年，溶解氧含量变化范围在4.85～22 mg/L之间，均超过二类海水水质标准。

活性磷酸盐：2007年的活性磷酸盐含量大部分保持在0.015 mg/L以下，达到了一类水质标准，5月有一个站位达到0.022 mg/L，超出一类水质标准，10月的监测数据全部超出三类水质标准。2008—2009年变化范围在0.003 17～0.092 7 mg/L之间，部分站位严重超标。

铅：2007年除部分站位达二类水质外，其余均超标；2008年10月检出的重金属铅含量均在0.005 mg/L以下，符合二类海水水质标准。

镉：2007年除5月有一个站位重金属镉含量为0.008，属于超二类海水水质标准外，其余均在二类海水水质标准以上；2008年和2009年检出的重金属镉含量基本都符合一类海水水质标准。

2010年监测的pH值符合二类海水水质标准；溶解氧大潮期一类海水水质标准超标率为20.2%，二类海水水质超标率为3.6%，均符合三类海水水质标准，小潮期一类海水水质超标率为2.4%，均符合二类海水水质标准；化学需氧量含量各站位均符合一类海水水质标准；无机氮含量大小潮各站位均符合一类海水水质标准；活性磷酸盐大小潮各站位均符合一类海水水质标准；铜大小潮各站位均符合一类海水水质标准；锌大潮期含量一类标准超标率为38.1%，各站位均符合二类海水水质标准，小潮期一类标准超标率为61.9%，各站位均符合二类海水水质标准；铅大潮期各站位均符合一类海水水质标准，小潮期超一类海水水质标准2.4%，各站位均符合二类海水水质标准。镉小潮期超一类海水水质标准1.2%，各站位均符合二类海水水质标准；汞大潮期超二类海水

表 2.10 2007 年长兴岛海域水质环境监测数据

时间	站位名称	pH 值	盐度	溶解氧	化学需氧量	活性磷酸盐 ($\times 10^{-5}$)	亚硝酸盐-氮 ($\times 10^{-5}$)	硝酸盐-氮	氨-氮	石油类	汞 ($\times 10^{-5}$)	镉	铅	砷	总氮	总磷
2007 年 5 月	1	8.12	31.44	9.27	0.704	0.006 24	2.99	0.145	0.272	0.065 8	3.8	3.85×10^{-5}	—	2.1×10^{-3}	0.254	0.033 6
	2	8.16	31.41	22	0.738	0.005 74	2.76	0.043 9	0.015 9	0.013 3	4.2	1.54×10^{-4}	1.07×10^{-3}	3.12×10^{-3}	0.448	0.005 12
	3	8.18	31.33	11	0.818	0.006 24	2.67	0.066 5	0.019 2	0.024 2	4.4	8.05×10^{-5}	—	3.16×10^{-3}	0.448	0.005 12
	4	8.17	31.33	12.2	0.62	0.022	0.011	0.159	0.026 6	0.016 6	4.2	1.07×10^{-4}	—	3.07×10^{-3}	0.228	0.005 29
	5	8.13	31.74	14.9	0.856	0.007 70	3.20	0.067 7	0.038 6	0.206	3.9	1.33×10^{-4}	—	2.82×10^{-3}	0.361	0.049 9
2007 年 8 月	1	8.06	30.77	6.47	1.02	0.008 43	0.024 9	0.171	0.023 3	0.12	—	1.95×10^{-4}	7.78×10^{-4}	1.4×10^{-3}	0.263	0.029 9
	2	8.18	29.88	8.73	0.64	0.005 98	8.78	0.158	0.046 2	0.053 1	—	1.0×10^{-5}	2.11×10^{-3}	7.6×10^{-4}	0.393	0.018 8
	3	8.11	31.22	8.32	1.18	0.011 7	0.010 6	0.075 9	0.003 39	0.135	—	4.78×10^{-5}	5.00×10^{-3}	8.9×10^{-4}	0.168	0.032
	4	8.19	30.76	8.18	1.02	0.007 70	79.8	0.026	0.061 7	0.087 9	—	2.07×10^{-4}	1.18×10^{-3}	7.5×10^{-4}	0.195	0.031 7
	5	8.19	29.85	8.59	0.554	0.006 97	7.62	0.171	0.032 4	0.082 6	—	$<1.0\times10^{-5}$	2.70×10^{-3}	7.5×10^{-4}	0.392	0.018 2
2007 年 10 月	1	8.15	31.7	7.09	0.42	0.074 7	4.81	0.202	0.041 1	0.021 8	—	2.87×10^{-4}	3.46×10^{-4}	2.26×10^{-3}	0.73	0.102
	2	8.18	29.79	8.64	1.07	0.052 6	9.00	0.204	0.075 3	0.099 2	—	2.12×10^{-4}	—	2.71×10^{-3}	0.415	0.057 4
	3	8.15	31.68	7.6	0.62	0.081 2	4.76	0.21	0.037 2	0.028 4	—	3.45×10^{-4}	3.25×10^{-4}	1.84×10^{-3}	0.472	0.105
	4	8.19	29.88	4.85	1.07	0.045 2	7.63	0.216	0.032 7	0.1	—	4.10×10^{-4}	—	2.83×10^{-3}	0.878	0.048 2
	5	8.19	29.69	8.58	1.15	0.047 6	8.70	0.208	0.056	0.092 6	—	3.50×10^{-3}	1.90×10^{-3}	2.47×10^{-3}	0.417	0.050 4

注：表中“—”为未检出。

表 2.11　2008—2009 年长兴岛海域水质环境监测数据

监测时间	类别	pH 值	盐度	溶解氧	化学需氧量	活性磷酸盐	亚硝酸盐－氮	硝酸盐－氮	氨－氮	石油类	铅	镉	砷	总磷	总氮
				mg/L											
2008 年 5 月	最大值	8.08	32.10	7.39	1.66	0.092 7	0.019 4	0.642	0.152	0.043	–	–	0.002 25	0.094 6	0.792
	最小值	8.03	32.00	7.28	1.1	0.006 19	0.002 7	0.033 4	0.001 21	0.019 4	–	–	0.001 64	0.003 12	0.464
	平均值	8.06	32.05	6.912	1.272	0.038 5	0.014 1	0.265 08	0.117 842	0.032 9	–	–	0.002 1	0.038 9	0.694 2
2008 年 8 月	最大值	8.12	31.29	7.68	0.875	0.026	0.005 88	0.238	0.081 1	0.091 6	–	0.001 5	0.001 82	0.067	0.346
	最小值	8.1	31.06	6.41	0.637	0.005 68	0.003 02	0.025 9	0.022 2	0.066 6	–	0.000 59	0.000 887	0.006 54	0.13
	平均值	8.11	31.21	7.216	0.773 2	0.010	0.003 81	0.118 36	0.053 92	0.077 26	–	0.001 08	0.001 42	0.019 2	0.277
2008 年 10 月	最大值	8.04	31.82	8	1.34	0.010 6	0.012 5	0.537	0.044	0.3	0.005 46	0.000 295	0.001 74	0.078 3	0.498
	最小值	8	28.95	5.1	0.694	0.005 26	0.005 64	0.2	0.006 81	0.015	0.000 85	0.000 202	0.000 802	0.011 2	0.292
	平均值	8.022	30.19	6.81	1.051	0.008 2	0.015 2	0.372 6	0.022 6	0.130	0.002 524	0.000 257 4	0.001 30	0.031 4	0.422
2009 年 5 月	最大值	8.11	31.77	7.14	1.15	0.089 9	0.015	0.16	0.060 1	0.037 3	–	0.000 662	0.001 16	0.928	0.118
	最小值	8.09	30.96	6.86	0.977	0.003 17	0.004 7	0.102	0.042 3	0.030 2	–	0.000 227	0.000 834	0.698	0.019 5
	平均值	8.102	31.40	7.05	1.083 4	0.021 34	0.007 292	0.115 8	0.051 72	0.034 1	–	0.000 326 8	0.000 970 6	0.814	0.048 9

注：表中“—”为未检出。

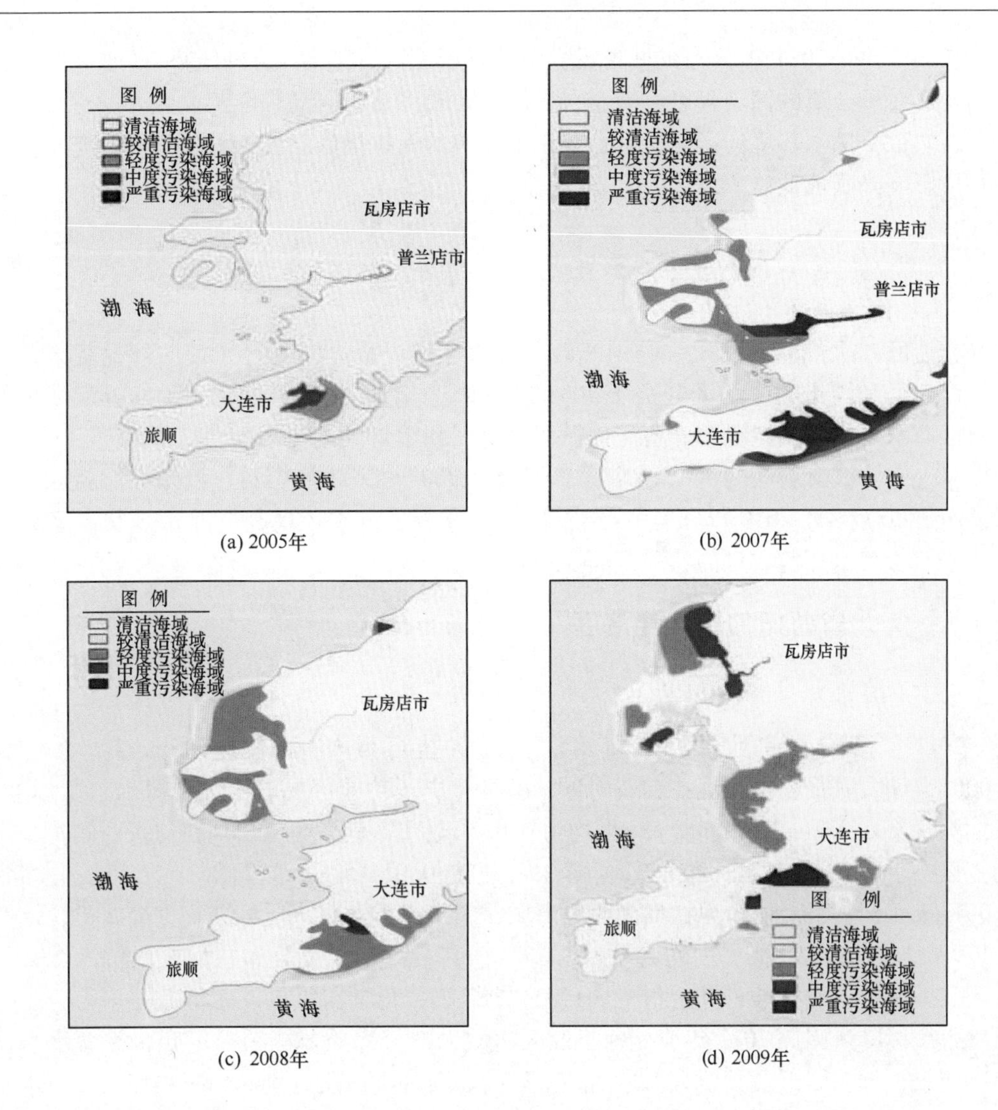

(a) 2005年 (b) 2007年

(c) 2008年 (d) 2009年

图 2.20 2005—2009 年长兴岛临港工业区近岸海域水环境质量状况分布

水质标准 64.3%，小潮期超二类海水水质标准 54.8%，各站位均符合三类海水水质标准；砷大小潮期均符合一类海水水质标准；石油类大小潮期超二类海水水质标准 1.2%，各站位均符合三类海水水质标准。

2.2.3.3 海水环境质量演变趋势

（1）根据大连市历年海洋环境状况公报，2000—2006 年长兴岛近岸海域水质良好，各项监测指标年均值符合国家二类海水水质标准，这可能与大连市开展的“蓝天碧海绿地”工程有关系，通过新增建污水处理厂，对企业排污实施严格控制，加大环境监督执法力度，加强环保投入等措施使近岸海域环境污染得到控制。2007—2009 年为轻度污染，且呈逐年加重的趋势，整体呈恶化趋势，主要污染物为无机氮和活性磷酸盐。

（2）2009—2011 年，海域总体环境质量有所下降，随着船舶制造和石油化工等产业的发展，重金属的污染程度可能会有所增加。要注意长兴岛临港工业区开发对大连斑海豹自然保护区水环境的影响，有必要制定有效的保护措施，使工程建设对斑海豹的生存环境影响降到最低。

2.3 渤海湾“大规模开发”集约用海区海水环境质量现状

作为已“大规模开发”集约用海区的代表区域，渤海湾内曹妃甸循环经济区、天津滨海新区和沧州渤海新区分别于 2008 年、2007 年和 2009 年批复。在分析三个集约用海区海水环境质量状况中，曹妃甸循环经济区利用 2000 年、2005 年、2010 年和 2011 年资料，天津滨海新区利用 1983 年、1998 年、2004—2011 年资料，沧州渤海新区利用 2000 年、2005 年、2010 年和 2011 年资料，既分析了海水环境环境质量现状，又分析了不同年份海水环境质量的状况及演变趋势。

2.3.1 河北省曹妃甸循环经济区

2.3.1.1 海水环境质量现状

2011 年曹妃甸工业区海域海水活性磷酸盐含量 0.004 ~ 0.05 mg/L，平均为 0.006 mg/L，其最高值出现在甸头附近，已经超出了功能区要求的三类海水水质标准；石油类含量 0.022 ~ 0.331 mg/L，平均为 0.033 mg/L，其最高值出现在甸头西侧，超出功能区要求的二类水质标准；重金属汞含量在 0.016 5 ~ 0.122 μg/L 之间，平均为 0.051 μg/L，其最高值出现在甸头西侧海域，超出一类海水水质标准；重金属铅含量在 0.179 ~ 1.67 μg/L 之间，平均为 0.863 μg/L，其最高值主要分布在甸头西侧海域，已达到二类海水水质标准；其余指标 pH 值、溶解氧、化学需氧量、无机氮等均符合一类海水水质标准。因此 2011 年曹妃甸工业区海域大部分水质监测项目符合一类海水水质标准要求，甸头附近及其西侧海域活性磷酸盐、石油类浓度分别超出三类和二类海水水质标准要求，汞和铅超出一类海水水质标准要求，详见表 2.12。

表 2.12 2011 年曹妃甸工业区附近海域海水质量

监测值	pH 值	溶解氧	化学需氧量	活性磷酸盐	无机氮	石油类	汞	铅
		mg/L					μg/L	
最大值	8.34	10.1	1.62	0.05	0.193	0.331	0.122	1.67
最小值	8.06	6.235	0.65	0.004	0.12	0.022	0.016 5	0.179
平均值	8.19	8.53	1.2	0.006	0.168	0.033	0.051	0.863

2.3.1.2 2000—2010 年海水环境质量状况

（1）2000 年海水环境质量状况

2000 年磷酸盐是曹妃甸近岸海域本年度的首要污染物，也是唐山市海域污染最为严重的区域，磷酸盐含量0.028 6 mg/L，超出一类海水水质标准；铅污染也出现在曹妃甸海域，平均含量为0.0012 mg/L，超出一类海水水质标准；曹妃甸海域无机氮、油类、化学需氧量、汞、铜、镉、砷等在海水中的含量均符合一类海水水质标准。2000年曹妃甸海域水质污染状况见图2.21。

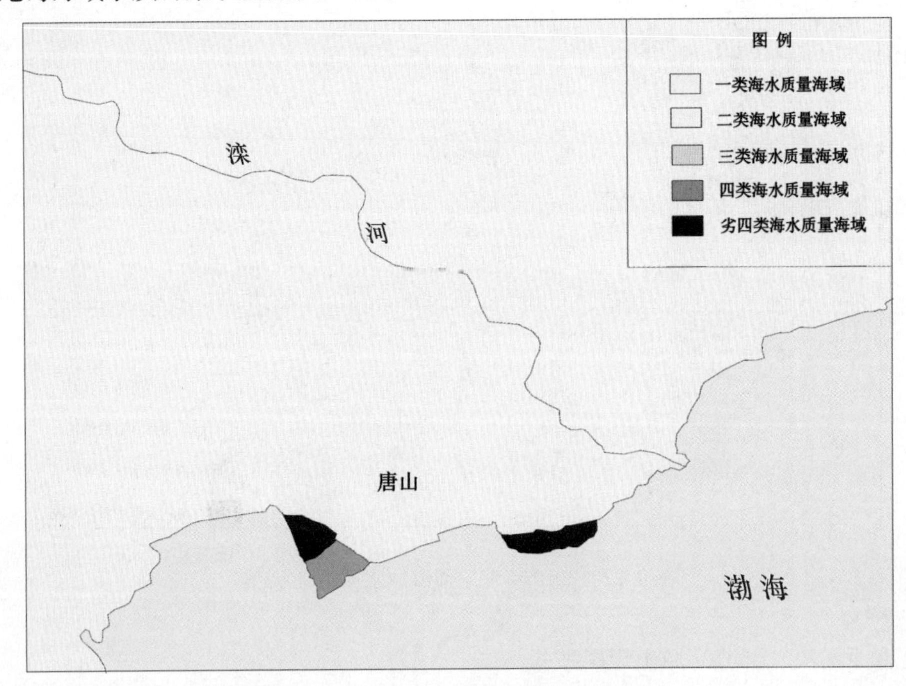

图2.21　2000年曹妃甸海域水质污染状况

（2）2005年海水环境质量状况

2005年曹妃甸海域活性磷酸盐、石油类等污染情况较为严重，整个海域都受到活性磷酸盐、石油污染。其中，磷酸盐平均值为0.04 mg/L，超出三类海水水质标准，超标率100%；石油类浓度为0.07 mg/L，超过二类海水水质标准，超标率100%。pH值、溶解氧、化学需氧量、无机氮等指标均符合一类海水水质标准。

（3）2010年海水环境质量状况

2010年曹妃甸海域无机氮含量在0.129～0.254 mg/L之间，平均值为0.198 mg/L，大部分海域符合二类海水水质标准，其中最高值超标区域分布在甸头西侧海域；活性磷酸盐含量在0.005～0.016 mg/L之间，平均值为0.008 mg/L，大部分海域符合一类海水水质标准，其中超标区域分布甸头东部海域；铅含量在0.380～1.97 ug/L之间，平均值为0.821 ug/L，大部分海域符合一类海水水质标准，其中最高值出现在甸头附近海域；汞含量低于0.220 ug/L，平均值为0.049 ug/L，除甸头西侧海域达到三类海水水质标准外，其余海域均符合一类和二类海水水质标准。化学需氧量、石油类、溶解氧、pH值、铜、镉含量符合一类海水水质标准，2010年曹妃甸工业区海域水质污染状况见图2.22。总体上2010年曹妃甸大部分海域符合一类海水水质标准，但在甸头西侧海域中出现不同程度的

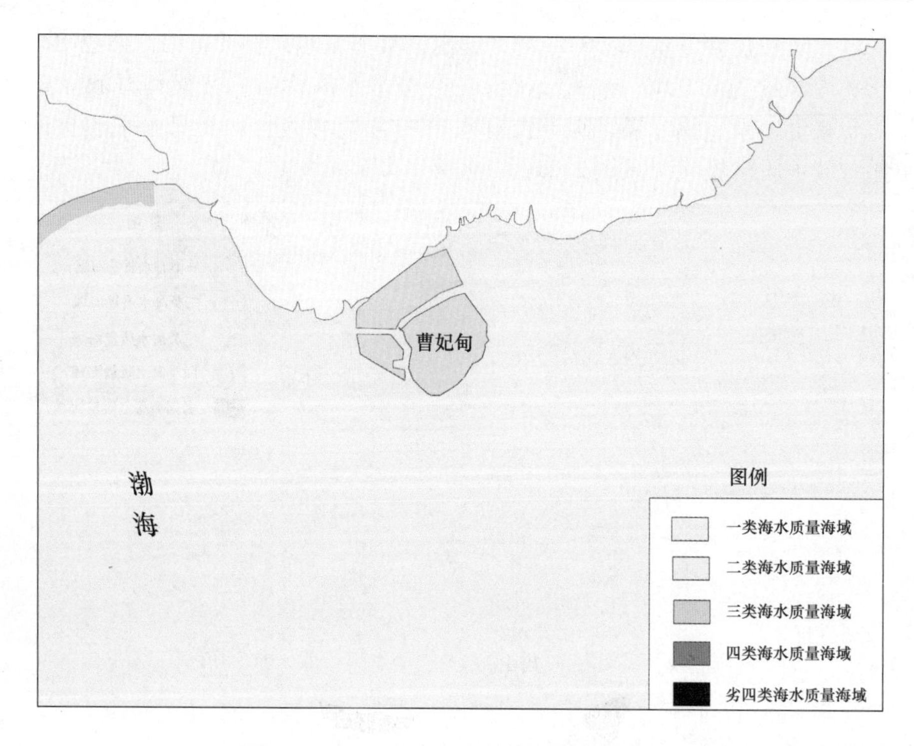

图 2.22　2010 年曹妃甸海域水质污染状况

无机氮和汞污染，部分海域出现磷酸盐污染。

2.3.1.3　海水环境质量演变趋势

根据 2000 年、2005 年以及 2010 年曹妃甸工业区海域监测评价数据，对曹妃甸工业区开发前后海水水质变化进行对比分析，2000—2010 年曹妃甸海域主要污染物含量变化见图 2.23。分析结果如下。

总体上，曹妃甸工业区海域水质环境状况良好，大部分监测指标符合一类海水水质标准。但是由于陆地水输入海洋以及海洋开发的加剧，人类活动越来越频繁，使该海域沿岸磷的浓度不断升高，由 2000 年的接近三类水质（0.029 mg/L）恶化到 2005 年接近四类水质（0.043 mg/L），随着改善治理，到 2010 年其含量恢复到一类海水水质。调查海区石油类污染变化趋势与活性磷酸盐的变化趋势比较一致，2000—2005 年呈明显增加趋势，到 2005 年已经超出二类海水水质标准，但到 2010 年其浓度又降低到 2000 年水平。调查海区海水中铅含量在 2000—2005 年增加明显，都超过一类海水水质标准，到 2010 年其含量已经优于一类海水水质标准。

2.3.2　天津滨海新区

2.3.2.1　海水环境质量现状

2011 年对渤海湾天津近岸海域海水环境春、夏、秋季的监测结果表明，全年未达到一类海水水质标准的面积约 2 600 km^2，春、夏、秋季符合二类、三类、四类及劣四

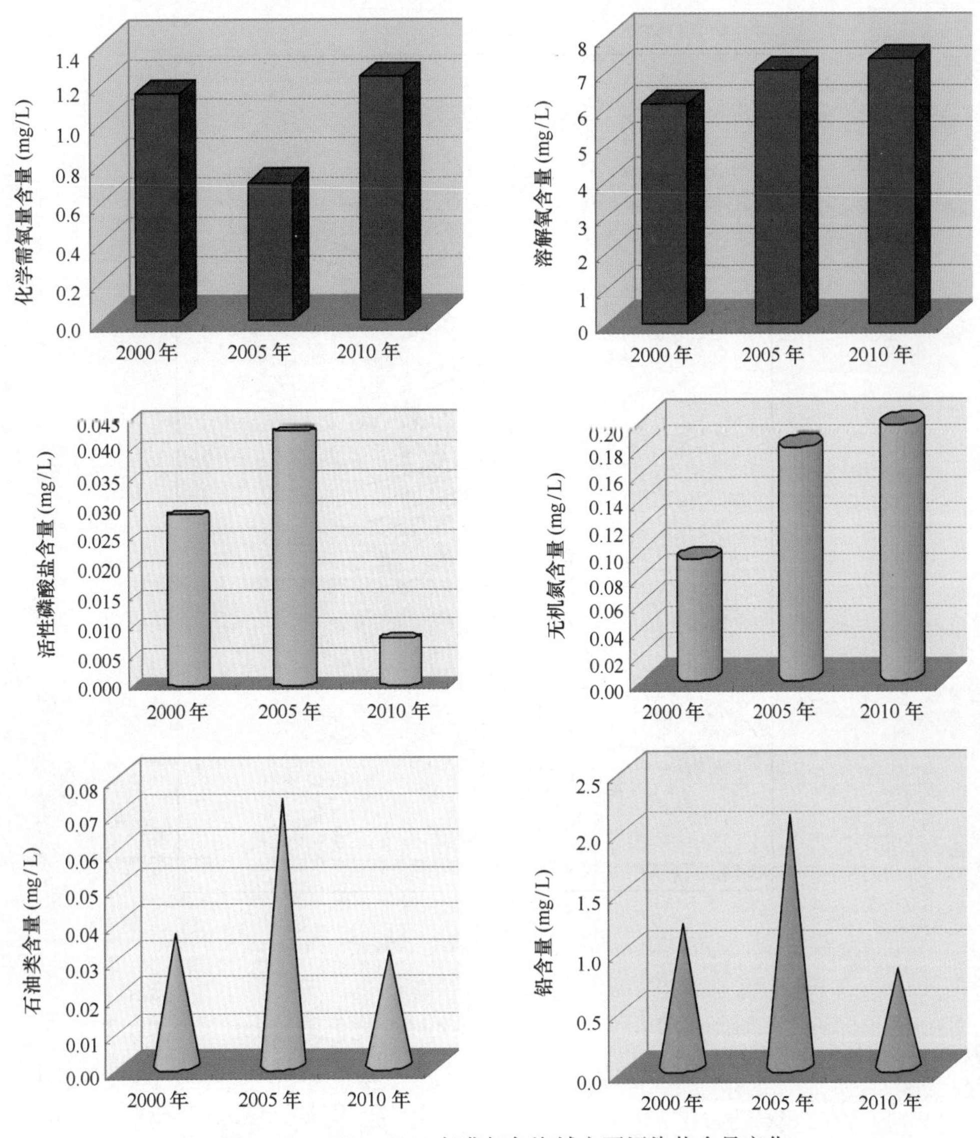

图 2.23　2000—2010 年曹妃甸海域主要污染物含量变化

类海水水质标准的海域面积分别为 1 700 km^2、270 km^2、580 km^2、50 km^2 和 100 km^2、420 km^2、480 km^2、1 600 km^2 及 90 km^2、470 km^2、690 km^2、1 350 km^2。受污染海域主要分布在汉沽—塘沽近岸海域和大港区子牙新河河口及邻近海域。主要污染物为无机氮、活性磷酸盐和铅（图 2.24 至图 2.26）。

渤海湾天津近岸海域 2011 年 5 月无机氮浓度范围为 0.136 ~ 0.475 mg/L，8 月无机氮浓度范围为 0.307 ~ 0.910 mg/L，10 月无机氮浓度范围为 0.296 ~ 0.915 mg/L，最大值均出现在塘沽附近海域。无机氮在全年 95.8% 的监测站次中超过一类海水水质标准，部分站位超过四类海水水质标准；污染最重的海域集中在塘沽附近海域，汉沽附近海域次之，大港附近海域污染状况最轻。

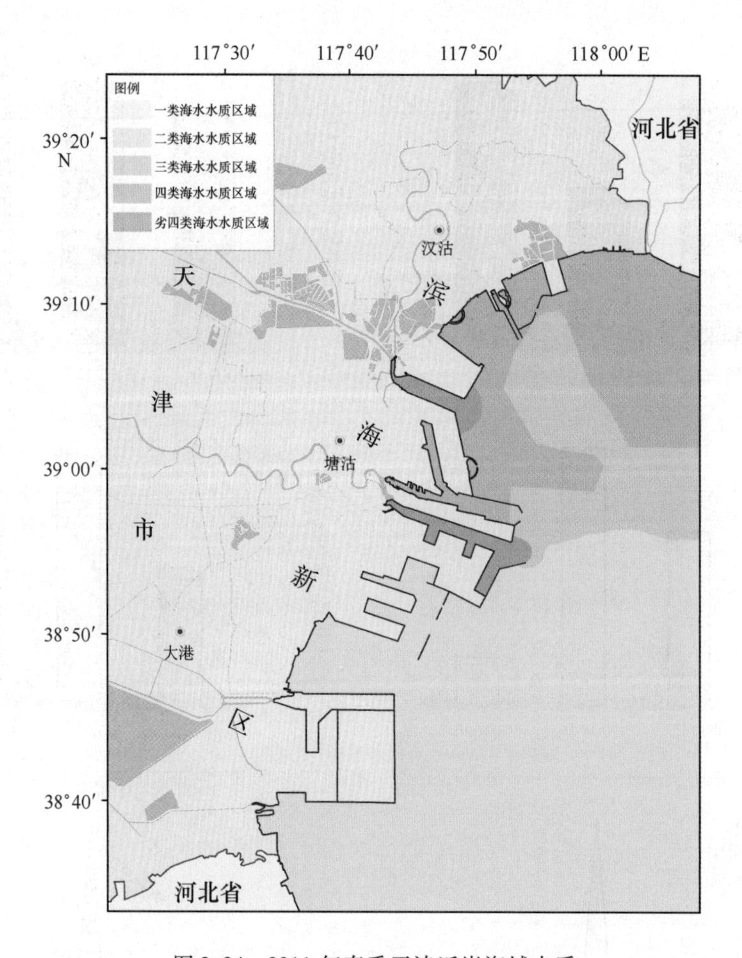

图 2.24　2011 年春季天津近岸海域水质

渤海湾天津近岸海域活性磷酸盐 2011 年 5 月浓度变化范围为未检出至 0.026 2 mg/L；8 月监测浓度变化范围为 0.017 0～0.194 mg/L；10 月监测活性磷酸盐浓度变化范围为 0.008 35～0.035 8 mg/L。活性磷酸盐在全年监测 66.7% 的站次中超过一类海水水质标准；污染最重的海域为塘沽附近海域，大港附近海域污染状况最轻。

2011 年全年监测天津近岸海域铅含量范围在 0.957～3.86 μg/L 之间，95.8% 站次的铅含量超过了一类海水水质标准，但全部符合二类海水水质标准。

2.3.2.2　2000 年前至 2010 年海水环境质量演变状况

收集到的渤海湾天津近岸海域 2000 年前至 2010 年海水环境质量相关数据分别见表 2.13、表 2.14 和图 2.27 至图 2.32。

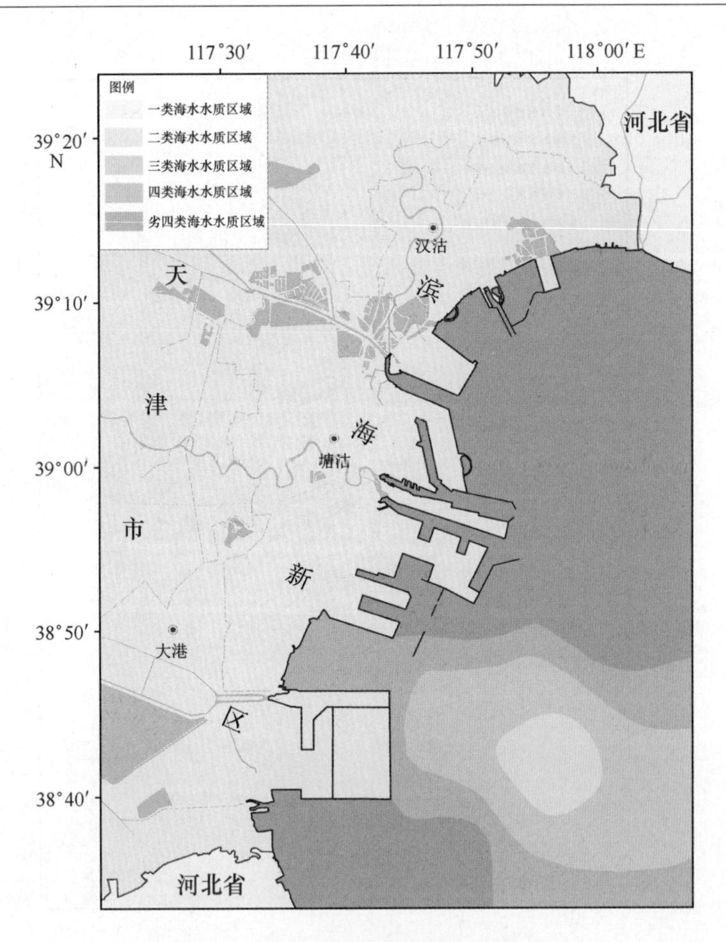

图 2.25　2011 年夏季天津近岸海域水质

表 2.13　渤海湾天津近岸海域不同时期水环境监测参数特征值统计（1983—2010 年）（一）

监测时间	项目	磷酸盐	盐度	溶解氧	石油类	亚硝酸盐	硝酸盐	氨盐	无机氮	pH 值	硅酸盐	化学需氧量	总有机碳
		mg/L	–	mg/L	mg/L	mg/L	mg/L	mg/L	mg/L	–	mg/L	mg/L	mg/L
1983 年 5 月	最小值	0.000 1	32.4	7.74	–	0.000 01	0.000 2	0.009 39	0.009 6	8.28	–	–	–
	最大值	0.001 2	33.6	10.5	–	0.002	0.035	0.017 6	0.054 6	8.66	–	–	–
	平均值	0.000 62	32.73	8.69	–	0.000 38	0.005 67	0.013 9	0.019 95	8.46	–	–	–
1983 年 8 月	最小值	0.000 4	26.2	4.89	–	0.000 05	0.000 12	0.008 61	0.008 78	8.13	–	–	–
	最大值	0.004	32.9	7.24	–	0.009 75	0.044 8	0.025 8	0.080 4	8.55	–	–	–
	平均值	0.001 17	32.1	6.54	–	0.001 25	0.004 45	0.014 95	0.020 65	8.43	–	–	–
1998 年 5 月	最小值	0.001	–	6.75	0.030 21	0.002 0	0.003 22	0.01	0.030 8	–	–	0.83	1.58
	最大值	0.035 8	–	10.7	0.076 6	0.029 42	0.356	0.103	0.434	–	–	1.93	3.84
	平均值	0.011 3	–	7.8	0.050	0.007 87	0.139	0.040	0.180	–	–	1.485	2.695

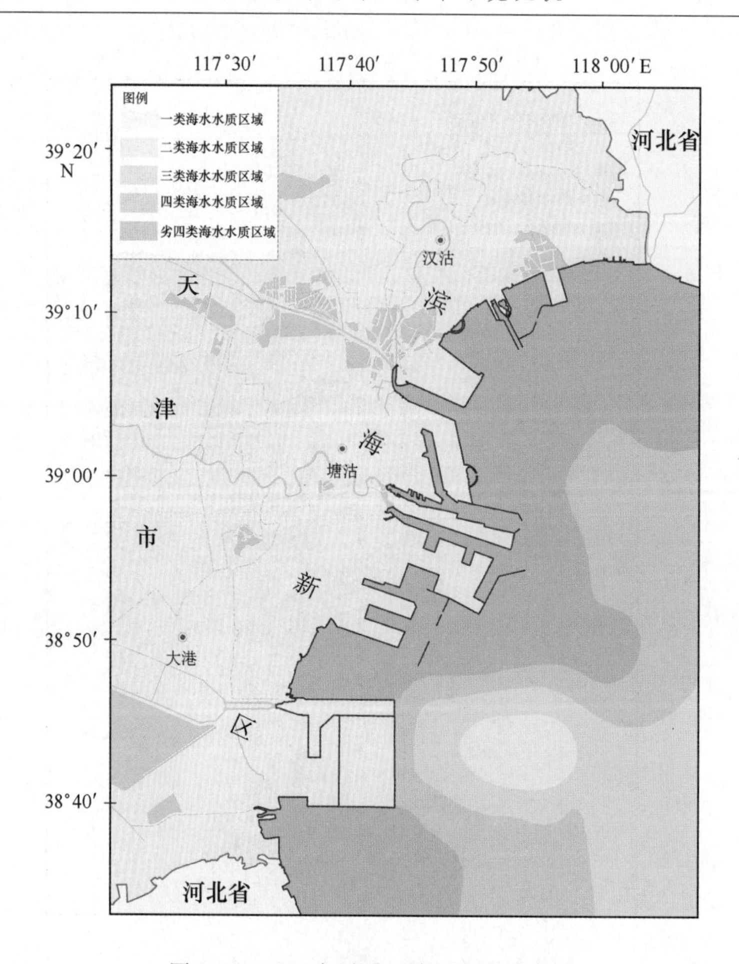

图 2.26　2011 年秋季天津近岸海域水质

续表

监测时间	项目	磷酸盐	盐度	溶解氧	石油类	亚硝酸盐	硝酸盐	氨盐	无机氮	pH 值	硅酸盐	化学需氧量	总有机碳
		mg/L	–	mg/L	mg/L	mg/L	mg/L	mg/L	mg/L	–	mg/L	mg/L	mg/L
1998 年 9 月	最小值	0.004 37	–	4.46	0.030 69	0.007 99	0.020 2	0.033 2	0.073	–	–	0.92	1.57
	最大值	0.044 44	–	8.61	0.064 39	0.123	0.499	0.177 65	0.680	–	–	1.76	3.91
	平均值	0.020 6	–	6.316 5	0.043 7	0.049 1	0.167	0.087 8	0.304	–	–	1.232	2.641
2004 年 7 月	最小值	0.000	23.163	5.61	0.000	0.002 97	0.008 63	0.066 6	0.099 5	–	–	–	–
	最大值	0.578	33.45	11.26	0.070 9	0.133	0.179	0.71	0.958	–	–	–	–
	平均值	0.050 7	31.956	7.422	0.033 7	0.042 2	0.073 8	0.298	0.414	–	–	–	–
2004 年 8 月	最小值	0	29.479	6.1	0.006 84	0.006 51	0.075 2	0.013 2	0.111 8	–	–	–	–
	最大值	0.054 4	32.666	7.72	0.074 7	0.186	0.386	0.168	0.578	–	–	–	–
	平均值	0.015 5	31.072	6.725	0.032 2	0.071 6	0.236	0.044 7	0.352	–	–	–	–

续表

监测时间	项目	磷酸盐	盐度	溶解氧	石油类	亚硝酸盐	硝酸盐	氨盐	无机氮	pH 值	硅酸盐	化学需氧量	总有机碳
		mg/L	–	mg/L	mg/L	mg/L	mg/L	mg/L	mg/L	–	mg/L	mg/L	mg/L
2005年5月	最小值	0	32.355	6.65	0.019 5	0.004 48	0.121	0.002 78	0.132 68	8	0.049 7	–	–
	最大值	0.042 5	33.814	9.34	0.047 4	0.084 8	0.682	0.126	0.826 5	8.2	0.882	–	–
	平均值	0.011 7	32.963	8.327	0.029 2	0.022 7	0.334	0.039 5	0.397	8.118	0.213	–	–
2005年8月	最小值	0.009 86	30.119	5.42	0.015 2	0.006 24	0.065 1	0.012 1	0.104 1	7.82	0.182	–	–
	最大值	0.149	32.664	7.64	0.091 5	0.57	2.37	0.745	3.685	8.1	1.482	–	–
	平均值	0.036 8	31.650	6.52	0.040 0	0.12	0.61	0.16	0.90	8.01	0.759	–	–
2006年5月	最小值	0	32.005	5.42	0.015 4	0.007 42	0.161	0	0.198 5	7.84	0.189	–	–
	最大值	0.042	33.469	8.31	0.049 2	0.164	0.692	0.086 7	0.810 4	8.21	1.194	–	–
	平均值	0.015 7	32.777	7.435	0.036 6	0.045 1	0.371	0.0371	0.453	8.046	0.550 3	–	–
2006年8月	最小值	0	25.747	5.21	0.022 5	0.035 6	0.285	0	0.320 6	7.84	0.264	–	–
	最大值	0.165	32.353	9.42	0.366	0.477	1.32	0.171	1.58	8.2	1.96	–	–
	平均值	0.037 2	29.942	7.151	0.059 3	0.142	0.727	0.026 5	0.895	8.02	0.788	–	–
2007年5月	最小值	0	31.606	5.66	0.025 9	0.004 52	0.172	0	0.240	8.05	0.071 2	–	–
	最大值	0.013 6	32.842	9.93	0.092 1	0.104	0.661	0.107	0.799	8.28	0.509	–	–
	平均值	0.004 31	32.067	8.306	0.052 7	0.037 4	0.443	0.034 2	0.515	8.18	0.321	–	–
2007年8月	最小值	0	29.19	5.31	0.035 9	0.018 1	0.094 6	0.022	0.352	7.79	0.21	–	–
	最大值	0.066 8	31.887	6.95	0.080 8	0.213	0.918	0.889	1.172	8.09	1.468	–	–
	平均值	0.018 1	31.099	6.20	0.049 8	0.084 5	0.366	0.197	0.648	7.98	0.737	–	–
2008年5月	最小值	0.002 77	31.174	6.53	0.017 2	0.005 87	0.206	0.024 5	0.236	7.78	–	0.67	–
	最大值	0.038 8	32.266	10.16	0.051 7	0.327	1.244	0.211	1.513	8.27	–	2.19	–
	平均值	0.010 1	31.904	7.94	0.033 7	0.062 4	0.553	0.065 2	0.680	8.114	–	1.402	–
2008年8月	最小值	0.002 77	26.393	2.07	0.022 5	0.008 07	0.214	0.001 17	0.256	7.73	0.275	0.84	–
	最大值	0.059 2	32.023	8.77	0.054 3	0.294	0.99	0.034 8	1.14	8.09	1.731	5.21	–
	平均值	0.020 8	30.005	5.766	0.031 7	0.125	0.632	0.0162	0.773	7.92	0.908	1.92	–
2009年8月	最小值	0	23.059	4.6	0.010 2	0.021 7	0.163	0.011 3	0.212	7.8	0.239	0.376	2.17
	最大值	0.044 2	32.033	10.31	0.124	0.334	0.695	0.272	1.09	8.15	0.97	3.54	6.50
	平均值	0.008 88	29.330	7.03	0.055 9	0.129	0.345	0.0514	0.526	8.044	0.538	1.63	3.82
2010年8月	最小值	0.003 8	29.318	5.07	0.026 6	0.034 7	0.111	0.007 4	0.203 5	7.39	–	1.03	–
	最大值	0.056 2	31.219	6.97	0.045 6	0.432	0.432	0.111	0.717	8.04	–	2.22	–
	平均值	0.018 8	30.451	6.16	0.036 4	0.133	0.275	0.028 1	0.436	7.79	–	1.55	–

表 2.14　渤海湾天津近岸海域不同时期水环境监测参数特征值统计（1983—2010 年）（二）

监测时间	项目	总汞	铅	镉	锌	铜	砷	总氮	总磷
		mg/L	mg/L	mg/L	mg/L	mg/L	mg/L	mg/L	mg/L
1983 年	最小值	0	0.000 1	0.000 1	0.000 6	0.000 8	–	–	–
	最大值	0.000 5	0.020	0.000 25	0.172	0.018 1	–	–	–
	平均值	0.000 2	0.003	0.000 11	0.029	0.003 5	–	–	–
1998 年 5 月	最小值	0.000	0.000 2	0.000 057	–	–	0.002 32	0.238	0.030 4
	最大值	0.000 124	0.002 28	0.000 138	–	–	0.003 29	0.711 6	0.095 1
	平均值	0.000 064 2	0.001 19	0.000 102	–	–	0.003 01	0.358	0.054 2
1998 年 8 月	最小值	0.000 031	0.000 67	0.000 035	–	–	0.001 61	0.025 8	0.034
	最大值	0.000 893	0.005 96	0.000 097	–	–	0.002 74	1.76	0.104
	平均值	0.000 267	0.001 85	0.000 064	–	–	0.002 28	0.888	0.055 2
2007 年 5 月	最小值	0.000 012 0	0.000 717	0.000 271	–	–	0.000 87	0.861	0.018 0
	最大值	0.000 017 0	0.001 18	0.000 391	–	–	0.001 42	1.42	0.075 0
	平均值	0.000 013 8	0.000 932	0.000 336	–	–	0.001 24	1.11	0.040 4
2007 年 8 月	最小值	0.000 014 0	0.000 780	0.000 303	–	–	0.001 33	0.472	0.006 5
	最大值	0.000 017 0	0.001 54	0.000 408	–	–	0.001 77	1.53	0.062 0
	平均值	0.000 015 1	0.001 026	0.000 351	–	–	0.001 51	0.757	0.031 2
2008 年 5 月	最小值	0.000 019	0.000 764	0.000 309	–	0.003 16	0	0.571	0.013 4
	最大值	0.000 066	0.001 48	0.000 456	–	0.004 58	0.007 95	2.25	0.040 6
	平均值	0.000 037 4	0.000 997	0.000 370	–	0.003 78	0.004 15	1.22	0.024 9
2008 年 8 月	最小值	0	0.000 677	0.000 296	–	0.002 67	0	0.598	0.010 8
	最大值	0.000 116	0.001 72	0.000 416	–	0.004 04	0.015 4	2.37	0.066 7
	平均值	0.000 021	0.001 04	0.000 357	–	0.003 41	0.005 35	1.39	0.023 2
2009 年 5 月	最小值	0.000 01	0.000 559	0.000 037 8	–	–	0.001 9	0.481	0.004 95
	最大值	0.000 126	0.011 4	0.000 144	–	–	0.002 8	1.16	0.032 4
	平均值	0.000 07	0.005 85	0.000 08	–	–	0.002 35	0.733	0.014 7
2009 年 8 月	最小值	0.000 010 7	0.000 395	0.000 32	–	–	0.000 7	0.408	0.097 5
	最大值	0.000 118	0.002 14	0.000 457	–	–	0.013 3	1.56	0.246
	平均值	0.000 05	0.001 05	0.000 38	–	–	0.004 70	0.796	0.156
2010 年 5 月	最小值	0.000 015	0.001 13	0.000 25	0.015 5	0.001 32	0.000 54	0.551	0.072 9
	最大值	0.000 04	0.002 42	0.000 313	0.023 3	0.003 73	0.001 53	1.32	0.221
	平均值	0.000 03	0.001 905	0.000 280	0.019 1	0.002 65	0.001 02	0.933	0.139
2010 年 8 月	最小值	0.000 016 3	0.000 846	0.000 296	0.018 4	0.002 9	0.000 81	0.511	0.045 2
	最大值	0.000 045 1	0.002 15	0.000 433	0.027 7	0.007 8	0.008 19	1.450	0.152
	平均值	0.000 030 7	0.001 30	0.000 381	0.022 9	0.004 5	0.003 67	0.834	0.110

备注：1983 年数据依据天津市海岸带和海涂资源综合调查结果；1998 年数据采用第二次全国海洋污染基线调查（天津市）结果；2007—2010 年重金属以及总氮、总磷监测数据相对较少，主要采用趋势性监测结果进行分析；其他监测项目 2004—2010 年数据主要依据生态监控区数据。

(1) 1983 年海水质量状况

1983 年天津市海岸带和海涂资源调查表明，1983 年 5 月和 8 月渤海湾天津近岸海域营养盐及重金属等均未超标，海水质量状况良好。

(2) 1998 年海水质量状况

1998 年第二次全国海洋污染基线调查表明，1998 年 5 月和 9 月渤海湾天津近岸海域主要污染物为无机氮、活性磷酸盐、总氮、总磷、石油类、重金属铅和汞。

- 无机氮

无机氮含量 5 月变化范围为 0.030 8 ~ 0.434 mg/L，平均值为 0.180 mg/L；31% 站位的无机氮含量超一类海水水质标准；9 月无机氮含量变化范围为 0.073 ~ 0.680 mg/L，平均值为 0.304 mg/L；64% 站位的无机氮含量超一类海水水质标准。

- 活性磷酸盐

活性磷酸盐含量 5 月变化范围为 0.001 ~ 0.035 8 mg/L，平均值为 0.011 3 mg/L；32% 站位的活性磷酸盐含量超一类海水水质标准；9 月活性磷酸盐含量变化范围为 0.004 37 ~ 0.044 44 mg/L，平均值为 0.020 6 mg/L；60% 站位的活性磷酸盐含量超一类海水水质标准。

- 总氮

总氮含量 5 月变化范围为 0.238 ~ 0.711 6 mg/L，平均值为 0.358 mg/L；17% 站位的总氮含量超一类海水水质标准；8 月总氮含量变化范围为 0.025 8 ~ 1.76 mg/L，平均值为 0.888 mg/L；81% 站位的总氮含量超一类海水水质标准。

- 总磷

总磷含量 5 月变化范围为 0.030 4 ~ 0.095 1 mg/L，平均值为 0.054 2 mg/L；100% 站位的总磷含量超一类海水水质标准；8 月总磷含量变化范围为 0.034 ~ 0.104 mg/L，平均值为 0.055 2 mg/L；100% 站位的总磷含量超一类海水水质标准。

- 石油类

石油类含量 5 月变化范围为 0.030 21 ~ 0.076 6 mg/L，平均值为 0.050 mg/L；42% 站位的石油类含量超一类海水水质标准；9 月石油类含量变化范围为 0.030 69 ~ 0.064 39 mg/L，平均值为 0.043 7 mg/L；28% 站位的石油类含量超一类海水水质标准。

- 铅

铅含量 5 月变化范围为 0.000 2 ~ 0.002 28 mg/L，平均值为 0.001 19 mg/L；50% 站位的铅含量超一类海水水质标准；8 月铅含量变化范围为 0.000 67 ~ 0.000 596 mg/L，平均值为 0.001 85 mg/L；54% 站位的铅含量超一类海水水质标准。

- 总汞

总汞含量 5 月变化范围为 0.000 ~ 0.000 124 mg/L，平均值为 0.000 064 2 mg/L；54% 站位的总汞含量超一类海水水质标准；9 月总汞含量变化范围为 0.000 031 ~ 0.000 893 mg/L，平均值为 0.000 267 mg/L；54% 站位的总汞含量超一类海水水质标准。

(3) 近年来 (2004—2010 年) 海水质量状况

从 2004—2010 年天津市海洋环境质量公报可知渤海湾天津近岸海域水环境污染面积一直没有明显缩小，主要污染区域在天津港附近海域，2006 年以后由于陆域围填海工程的实施以及汉沽区海水贝类增养殖区养殖能力的加强，汉沽区水环境污染开始日趋严重，从2006年的部分四类水质已经逐渐恶化为劣四类水质；每年不论是春季还是秋季基本上至少有50%的区域水质不达标；总体上渤海湾天津近岸海域严重污染海域面积呈增加趋势；水环境中主要污染因子为无机氮、活性磷酸盐、石油类、化学需氧量，个别年份溶解氧、pH值和重金属铅、锌也存在超标现象，见表2.15、图2.27至图2.32。

表2.15 2004—2010年渤海湾天津近岸水域环境质量状况 单位：hm^2

调查时间	较清洁海域面积	轻度污染海域面积	中度污染海域面积	严重污染海域面积	未达清洁海域面积	主要污染因子
2004年	—	—	—	—	—	无机氮、活性磷酸盐、化学需氧量、石油类、铅
2005年	880	700	810	530	2 920	无机氮、活性磷酸盐、石油类
2006年	380	630	760	1 100	2 870	无机氮、活性磷酸盐、石油类
2007年	230	650	1 150	820	2 850	无机氮、活性磷酸盐、化学需氧量、石油类、铅
2008年	—	—	—	—	2 650	无机氮、活性磷酸盐、化学需氧量
2009年春季	540	500	790	770	2 600	无机氮、活性磷酸盐、化学需氧量
2009年夏季	880	350	210	1 160	2 600	
2009年秋季	220	800	1 460	120	2 600	
2010年春季	—	—	—	1 630	2 600	无机氮、活性磷酸盐、化学需氧量、石油类、锌
2010年夏季	—	—	—	1 060	2 600	
2010年秋季	—	—	—	600	2 600	

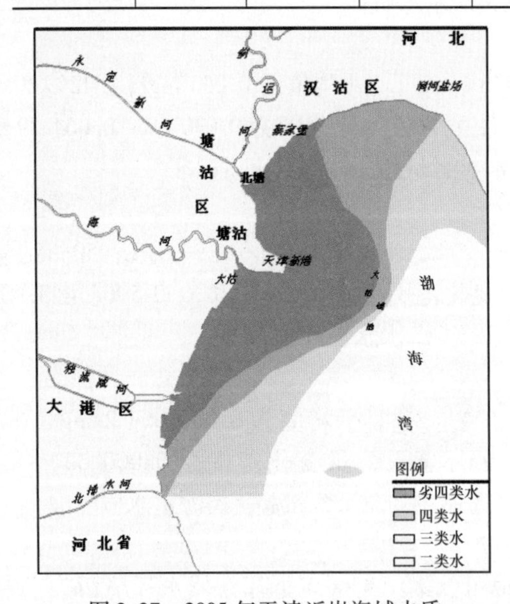

图2.27 2005年天津近岸海域水质

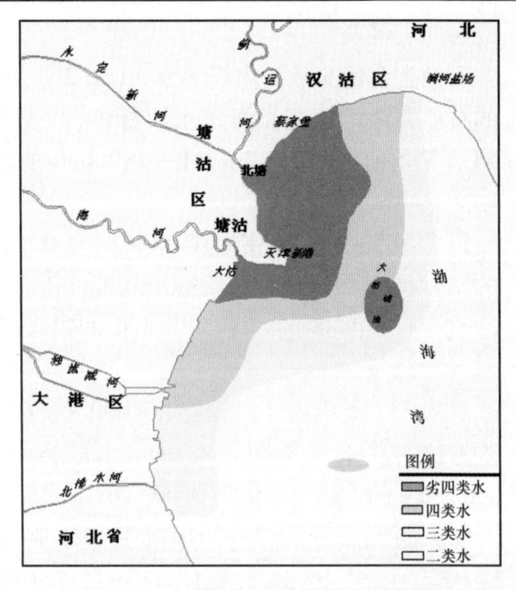

图2.28 2006年天津近岸海域水质

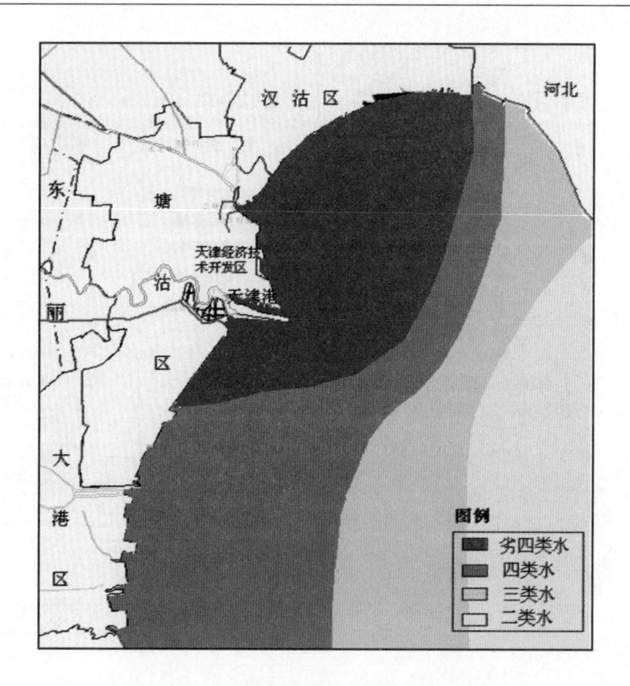

图 2.29 2007 年天津近岸海域水质类别

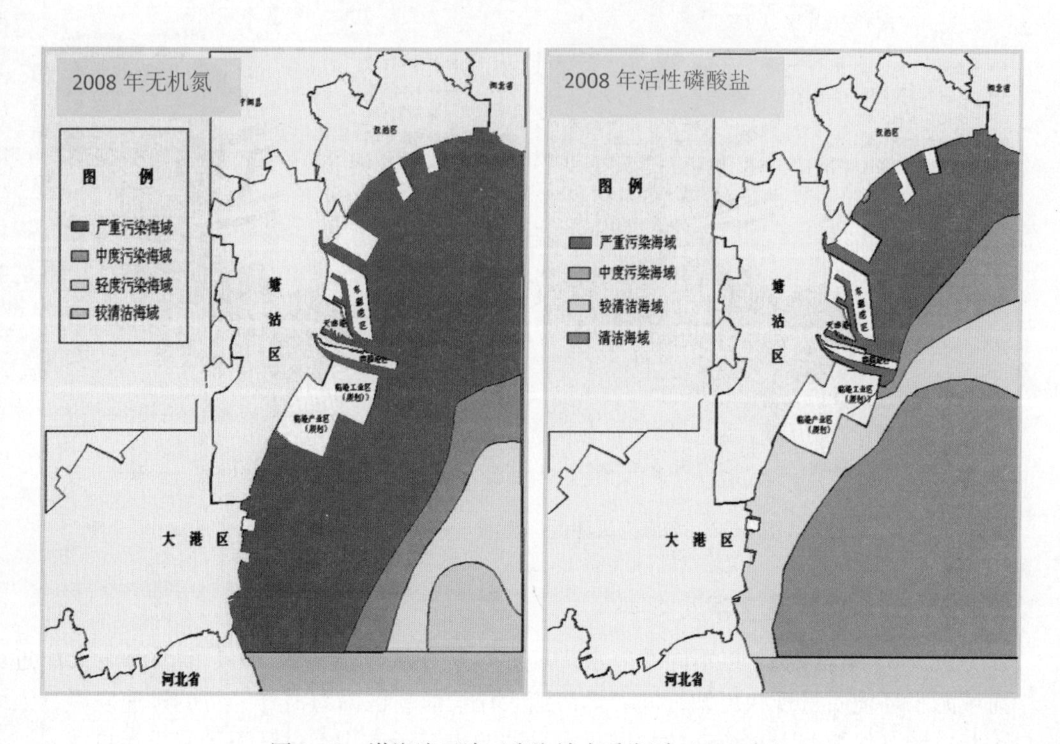

图 2.30 渤海湾天津近岸海域水质类别（2008 年）

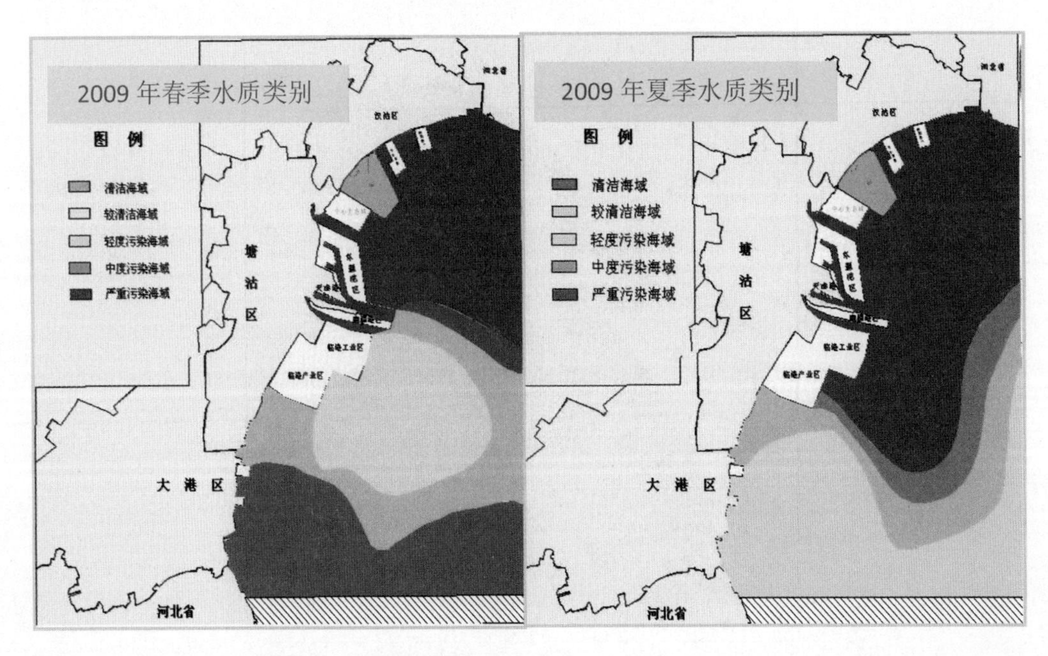

图 2.31　渤海湾天津近岸海域水质类别（2009 年）

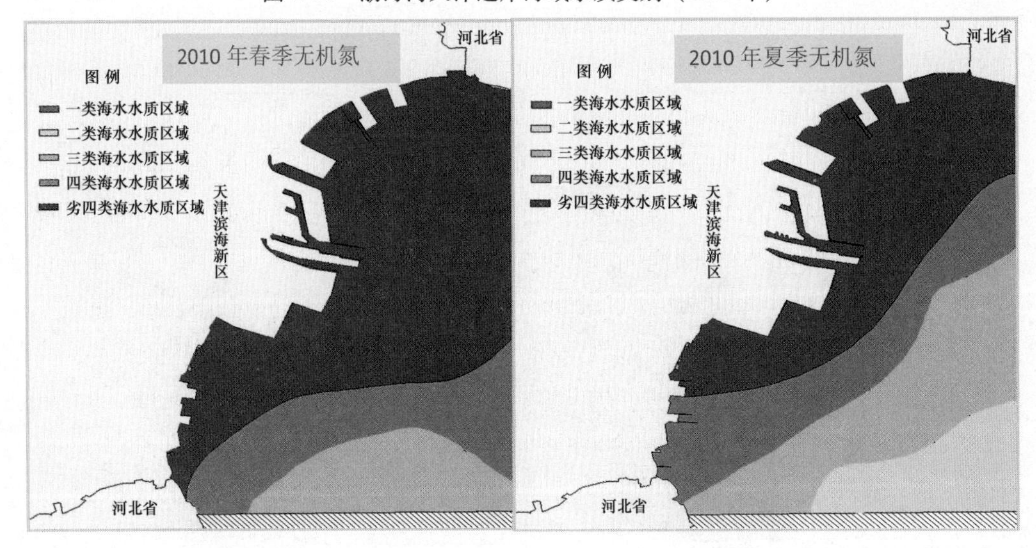

图 2.32　渤海湾天津近岸海域水质类别（2010 年）

2.3.2.3　海水环境质量演变趋势

分析 1983 年至 2010 年不同季节水环境参数特征统计值以及 2011 年渤海湾天津近岸海域海水环境质量现状可知，随着渤海湾天津滨海新区沿海海洋经济的迅速发展，人口不断递增，伴随着人类活动的加剧，大量陆源入海污染物经过陆源入海排污口、入海江河、地表径流以及水气界面物质交换等各种途径进入近岸海域，直接对近岸海域环境造成了严重影响，整体来说呈现如下几个特点。

（1）从 20 世纪 80 年代的清洁海水逐步恶化到 90 年代的部分污染，然后再到 21 世纪的大面积严重污染，渤海湾天津近岸海域水环境呈现逐步恶化的态势（图2.33至图2.49）。

（2）污染因子主要为有机污染（无机氮、活性磷酸盐和活性硅酸盐以及石油类、化学需氧量、总氮、总磷），大量有机物入海消耗了大量海水中溶解氧，直接造成了部分区域海水中溶解氧低含量区域时段的出现，并进一步对区域海洋生物环境造成直接影响。

（3）营养盐主要污染物无机氮的三氮组成部分（亚硝酸盐氮、硝酸盐氮和铵盐氮）含量也有明显变化，20世纪80年代时铵盐氮含量在无机氮中组成相对较高，部分区域铵盐氮含量所占无机氮组成比例高达85%，这可能与国家鼓励农业增产施肥大量氨氮氮肥有一定的关系；到了90年代，铵盐氮含量明显降低，但各区域含量均能检出，并且局部小区域还维持高含量，农业开始使用多种复合肥进行增产而非80年代较落后单一的氮肥。进入21世纪，铵盐氮含量开始进一步降低，开始出现不同时期多区域未检出情况，一定程度上也凸显了区域水体氧化环境的逐步变迁，目前天津近岸海水环境属于偏氧化环境。

（4）海水水环境pH整体呈现逐步酸化的过程，2010年8月部分区域pH最小值为7.39，水体酸碱度平衡的改变也直接影响了区域海洋生物尤其是鱼类等经济生物的栖息环境，导致了天津近岸海域渔获量越来越少的现状。

（5）渤海湾天津近岸海域水体盐度参数变化不大，说明区域水环境盐度值受到陆源输入淡水影响不大，区域水环境盐度始终保持一种较好的平衡状态。

（6）水环境中重金属镉含量总体呈现逐步升高的趋势，但尚未超一类海水水质质量标准；80年代仅有小部分区域出现了锌污染情况，主要是由于局部区域特殊行业排污造成；到了90年代，重金属总汞、镉和铅随着沿海经济的快速发展，大量未经达标排放的污水进入邻近海域，使得渤海湾天津海域开始出现多个重金属超标的小区域；进入21世纪，重金属污染状况明显减轻，2005年和2006年水环境监测结果显示重金属均符合一类海水水质标准。但是随着天津沿岸大规模围填海工程的实施，2007—2011年水环境中开始出现局部多区域重金属铅污染状况，并且后期随着国内相关涉锌行业的发展，2010年重金属锌又开始出现超标区域（主要分布在天津港附近海域），但是具体超标程度比80年代略有降低。

（7）按照Redfield值所规定的N/P适宜比值16和Hutchins等所指出的在铁充分的条件下，近岸水体中浮游植物吸收Si/N适宜值为0.8～1.1标准，该海域水体中营养盐氮、磷、硅比值已经失衡，逐步由80年代的磷供应充足而部分区域部分时段氮限制演变为90年代开始出现部分区域磷限制，再到21世纪的大部分区域严重磷限制；生源要素硅含量也由硅供应相对充足演变为硅供应不足和磷相对不足，营养盐比例的失衡可能直接导致了近年来一些藻类迅猛繁殖并进而在适宜条件下爆发性增殖，从而导致赤潮的频繁发生。

（8）80年代各水环境监测参数含量区域变化范围普遍不大，而到90年代和21世纪，各水环境参数区域含量差值越来越大，一定程度上也说明了陆源输入污染物对区域水环境的污染已经超出了区域水环境的自净能力（也有部分围填海造地造成的水动力交换能力减弱的部分影响），极易造成典型区域严重污染甚至出现毒害事件的出现。

（9）从20世纪80年代到21世纪，区域水环境季节性污染状况普遍呈现夏季8月丰水期污染程度要严重于春季5月；然而2010年监测结果显示春季严重于夏季，造成这种新的态势的原因仍有待于进一步研究。

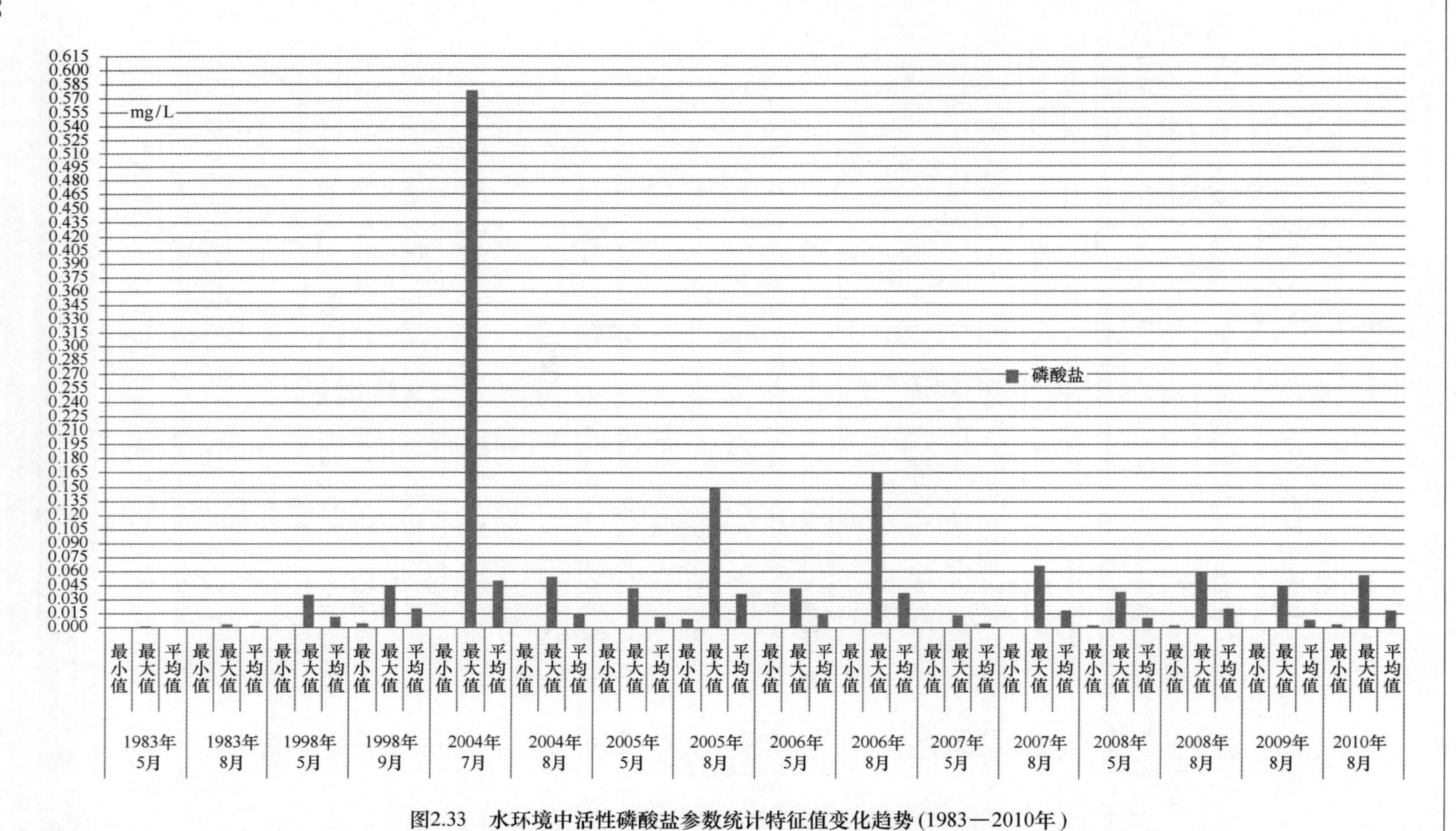

图2.33 水环境中活性磷酸盐参数统计特征值变化趋势（1983—2010年）

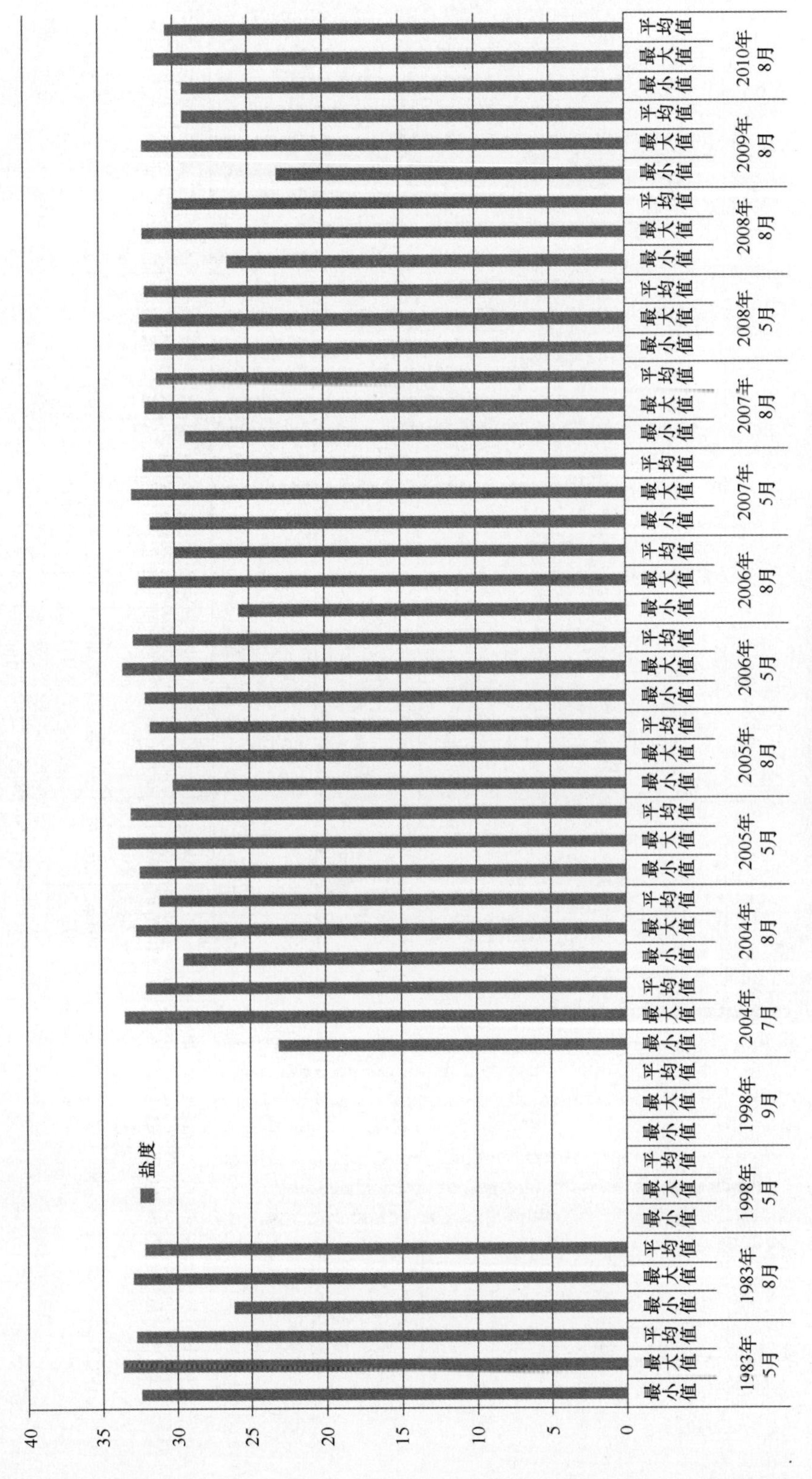

图2.34 水环境中盐度参数统计特征值变化趋势（1983—2010年）

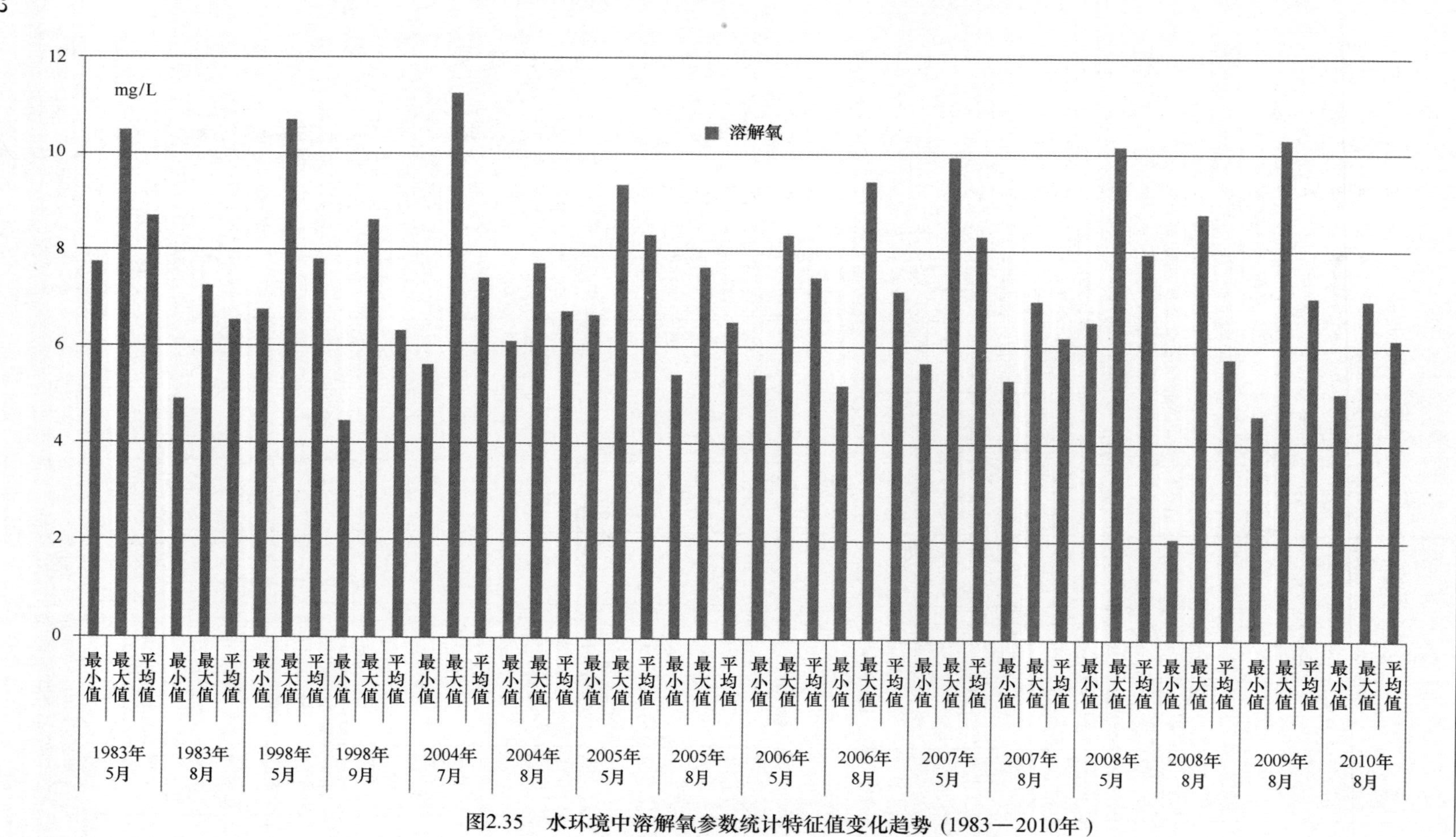

图2.35 水环境中溶解氧参数统计特征值变化趋势（1983—2010年）

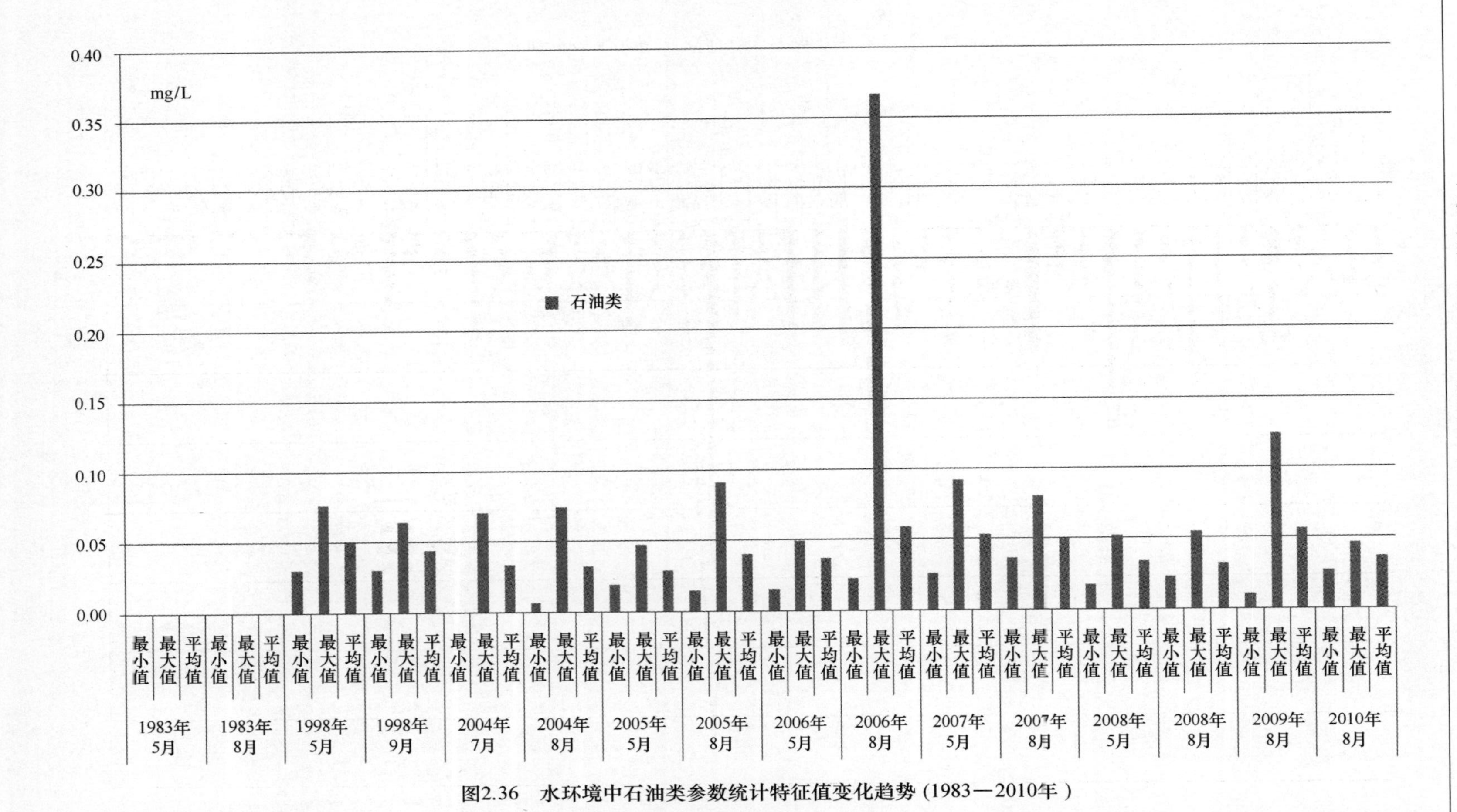

图2.36 水环境中石油类参数统计特征值变化趋势（1983—2010年）

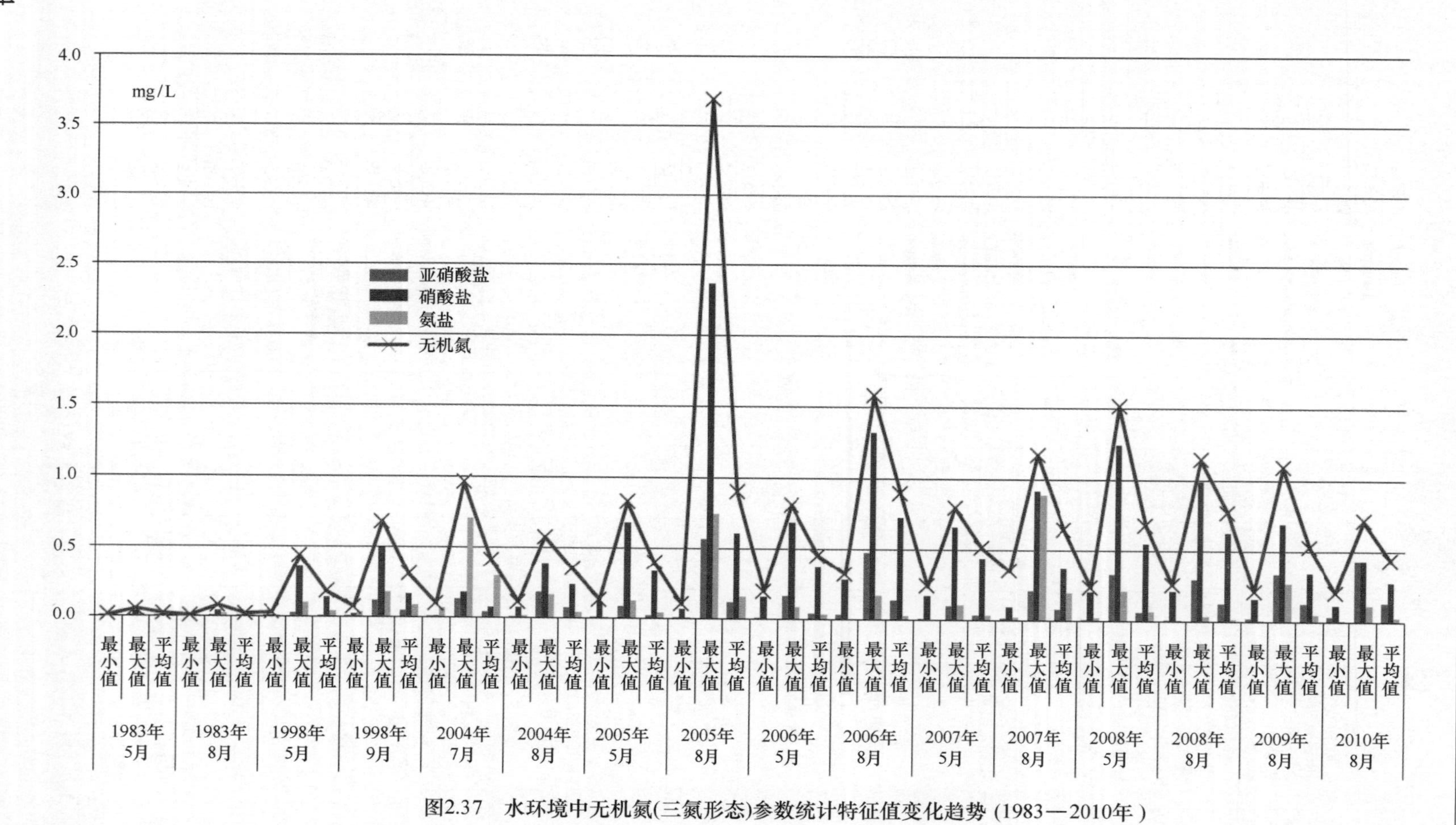

图2.37 水环境中无机氮(三氮形态)参数统计特征值变化趋势（1983—2010年）

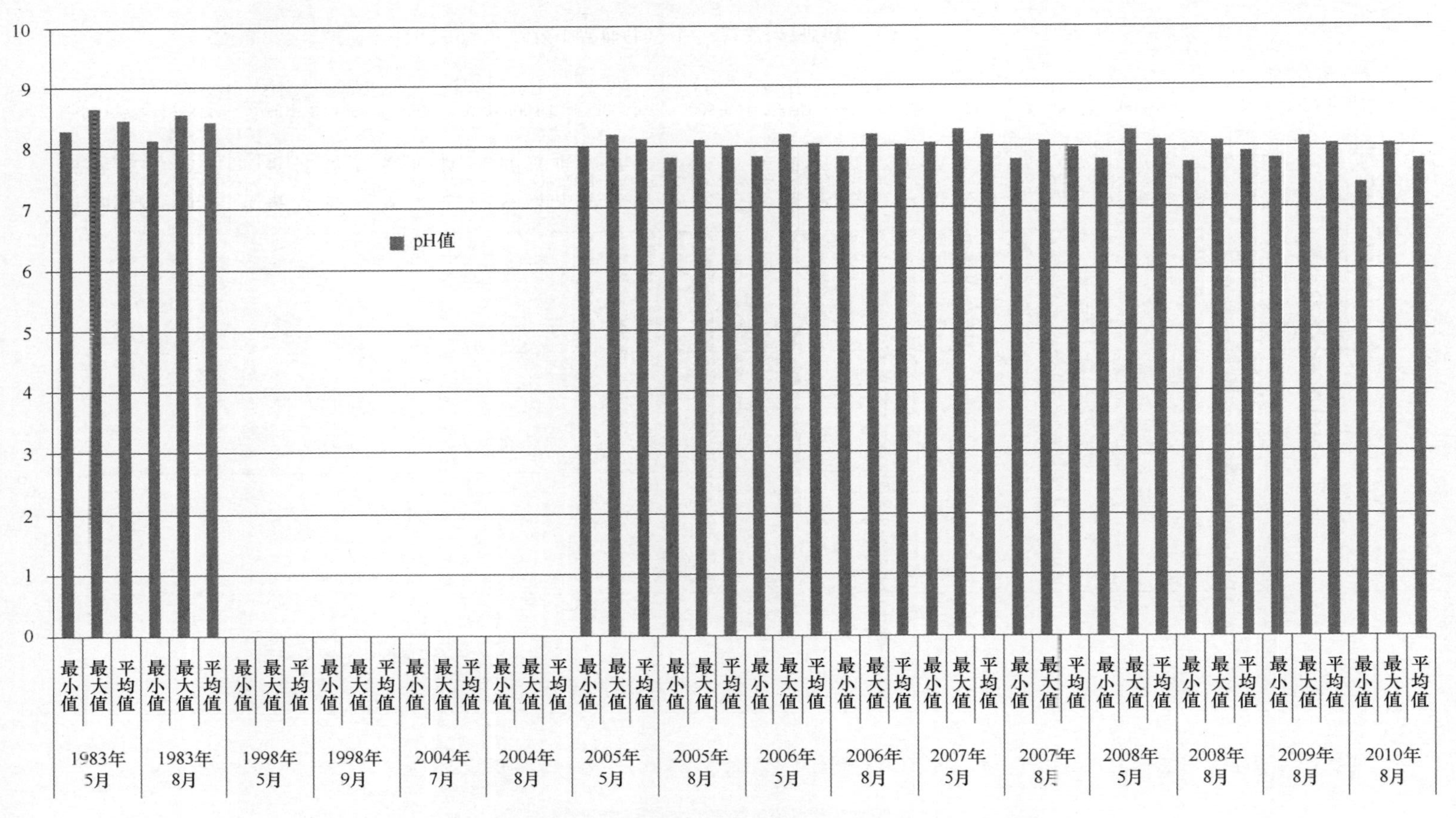

图2.38 水环境中pH值参数统计特征值变化趋势（1983—2010年）

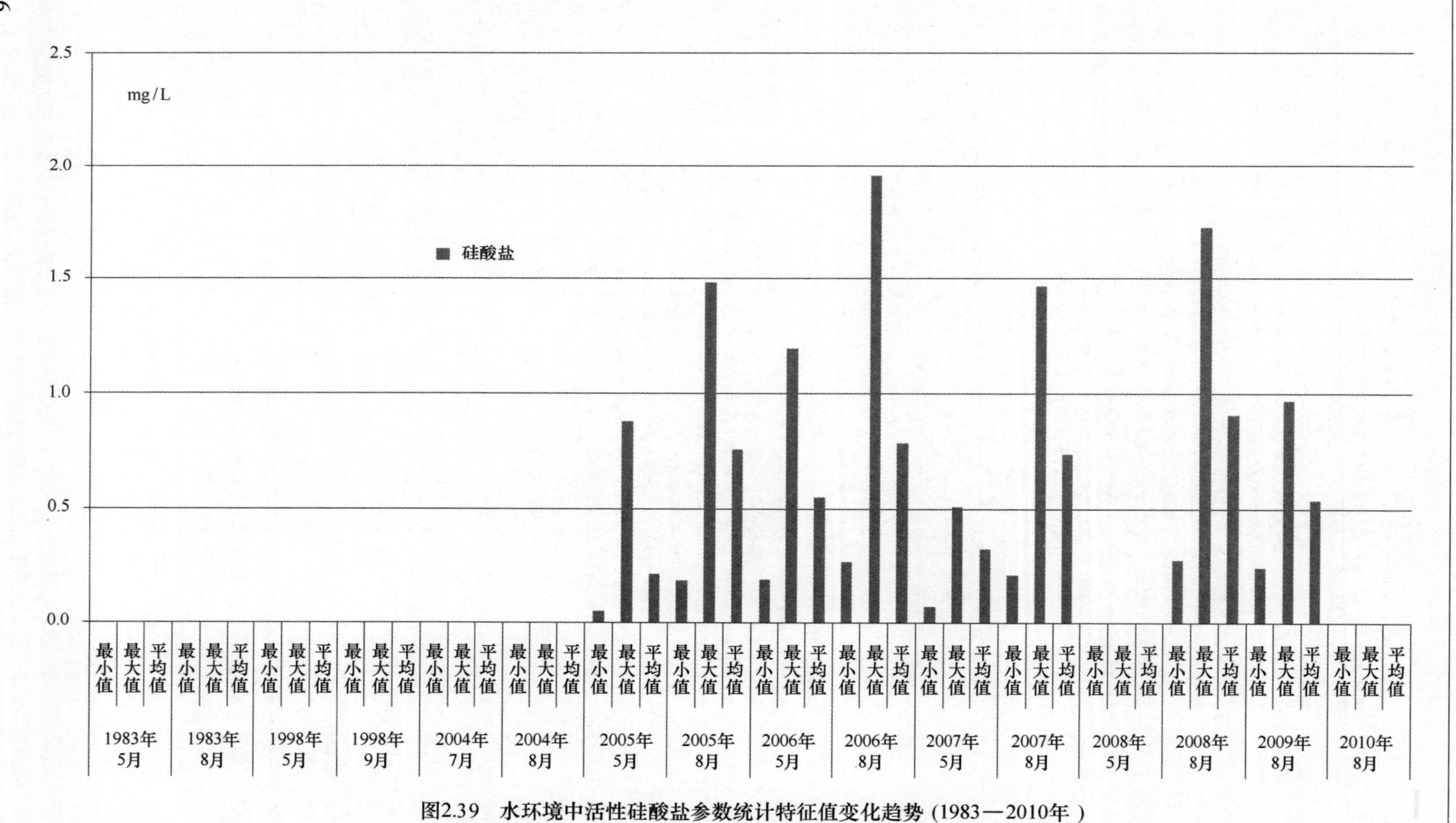

图2.39 水环境中活性硅酸盐参数统计特征值变化趋势（1983—2010年）

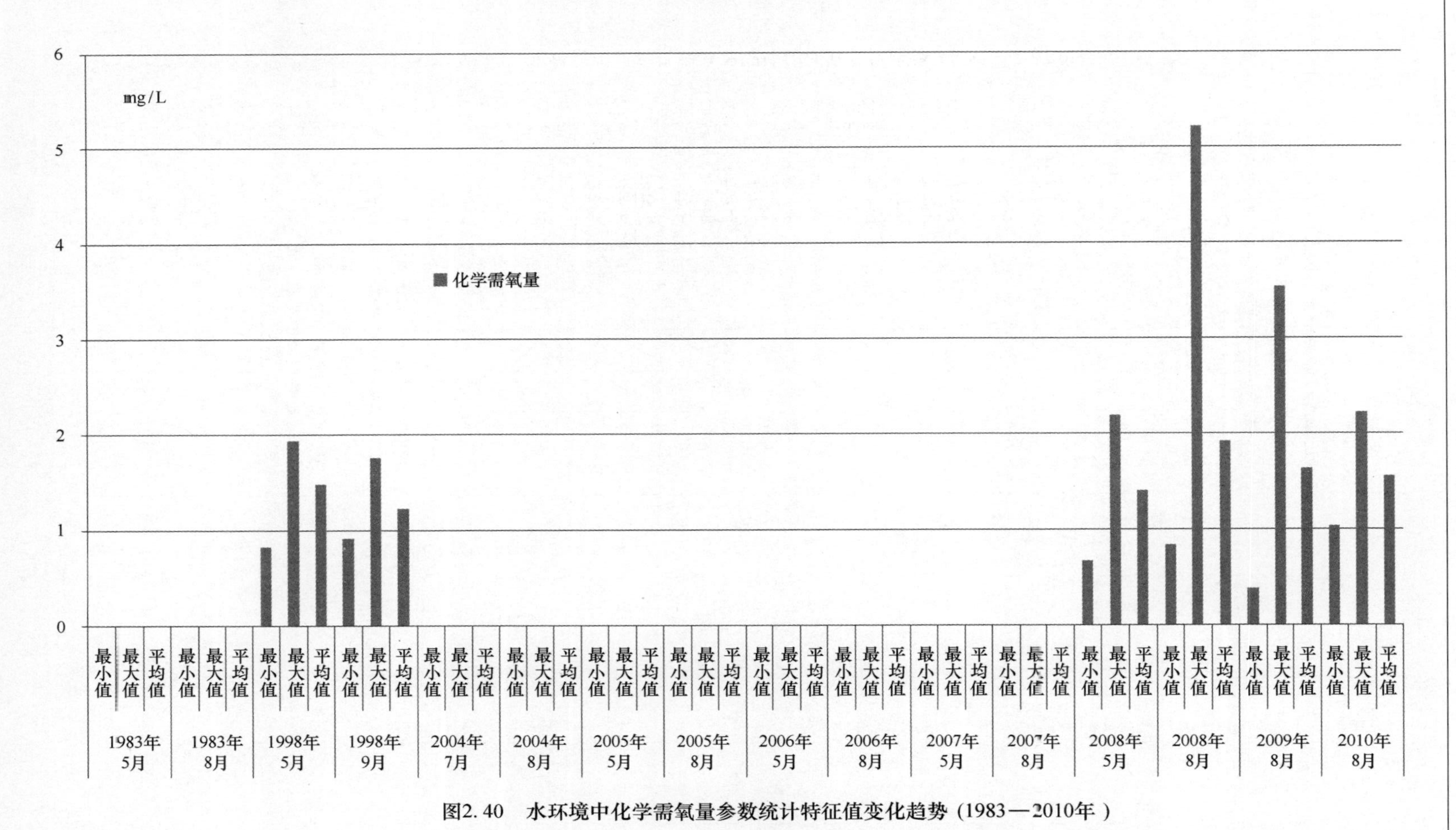

图2.40 水环境中化学需氧量参数统计特征值变化趋势（1983—2010年）

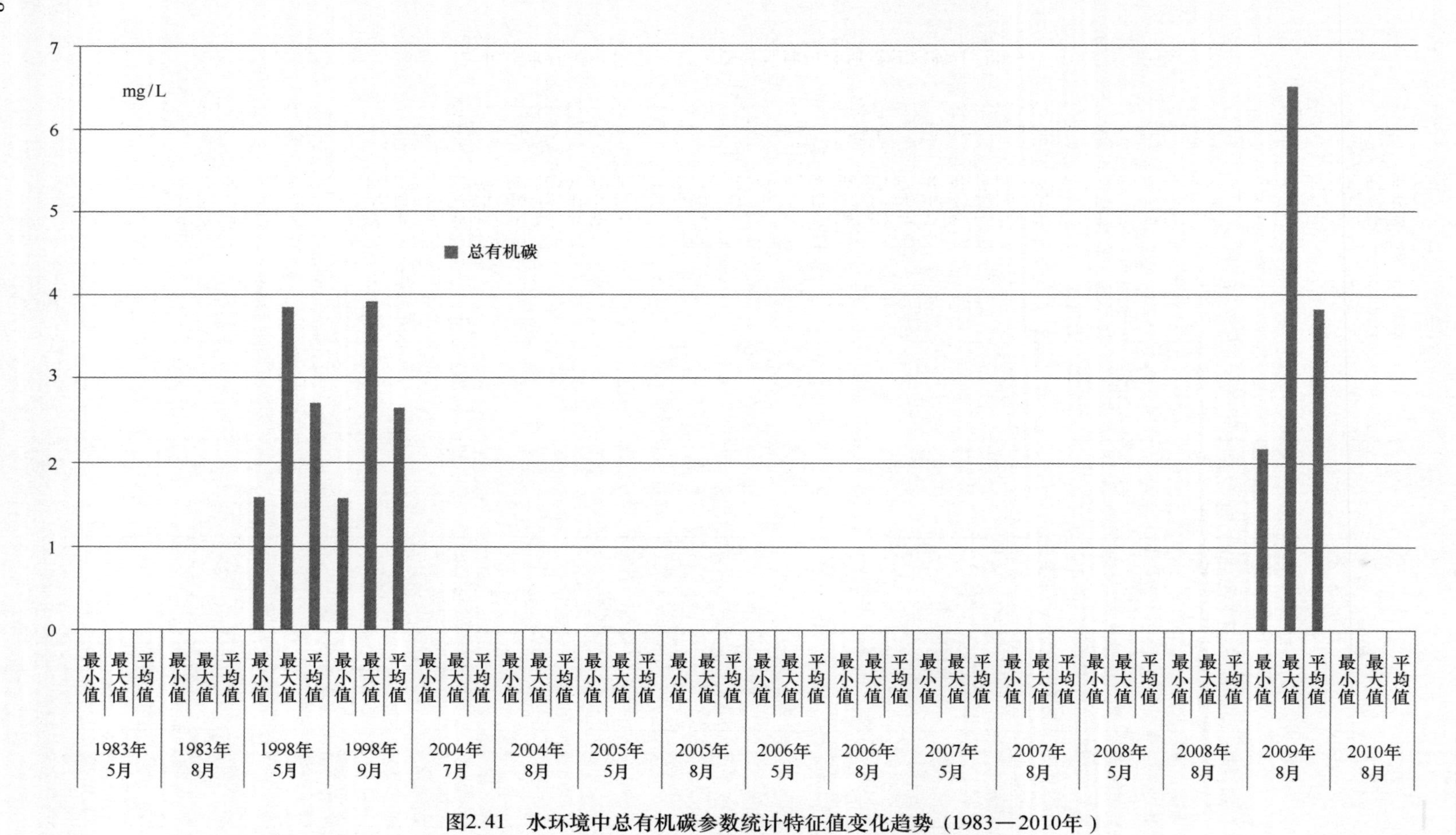

图2.41 水环境中总有机碳参数统计特征值变化趋势（1983—2010年）

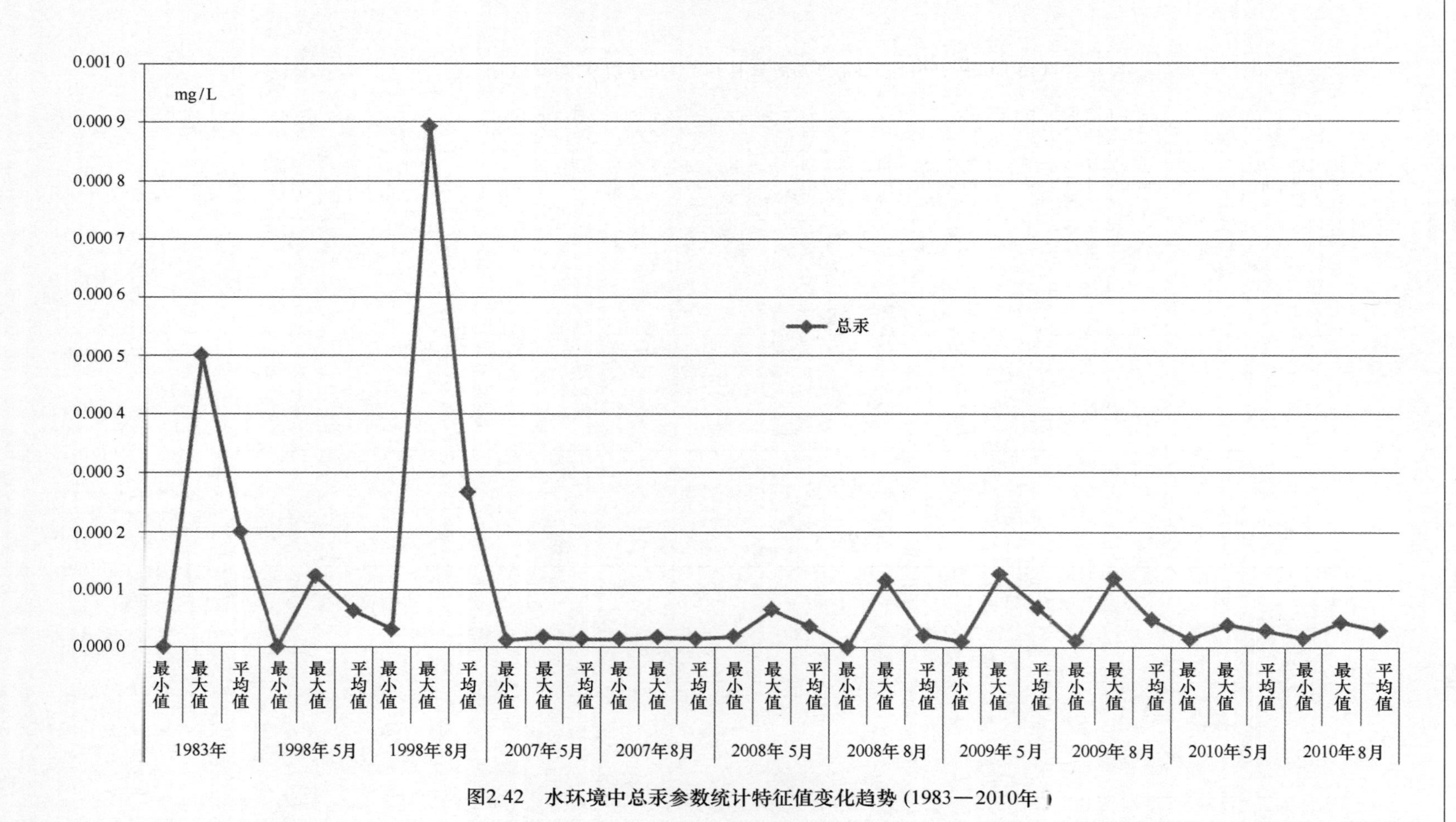

图2.42 水环境中总汞参数统计特征值变化趋势（1983—2010年）

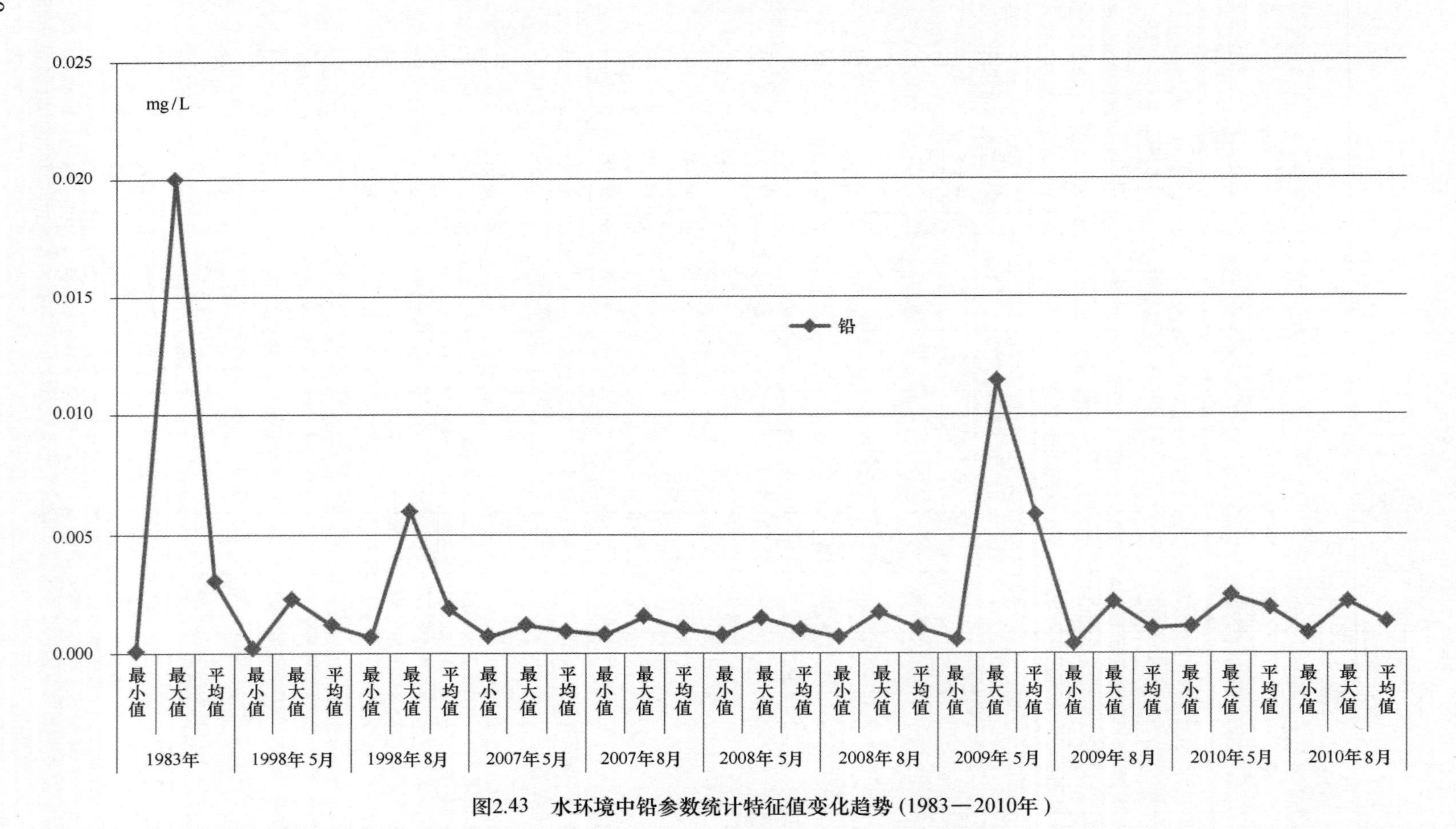

图2.43　水环境中铅参数统计特征值变化趋势（1983—2010年）

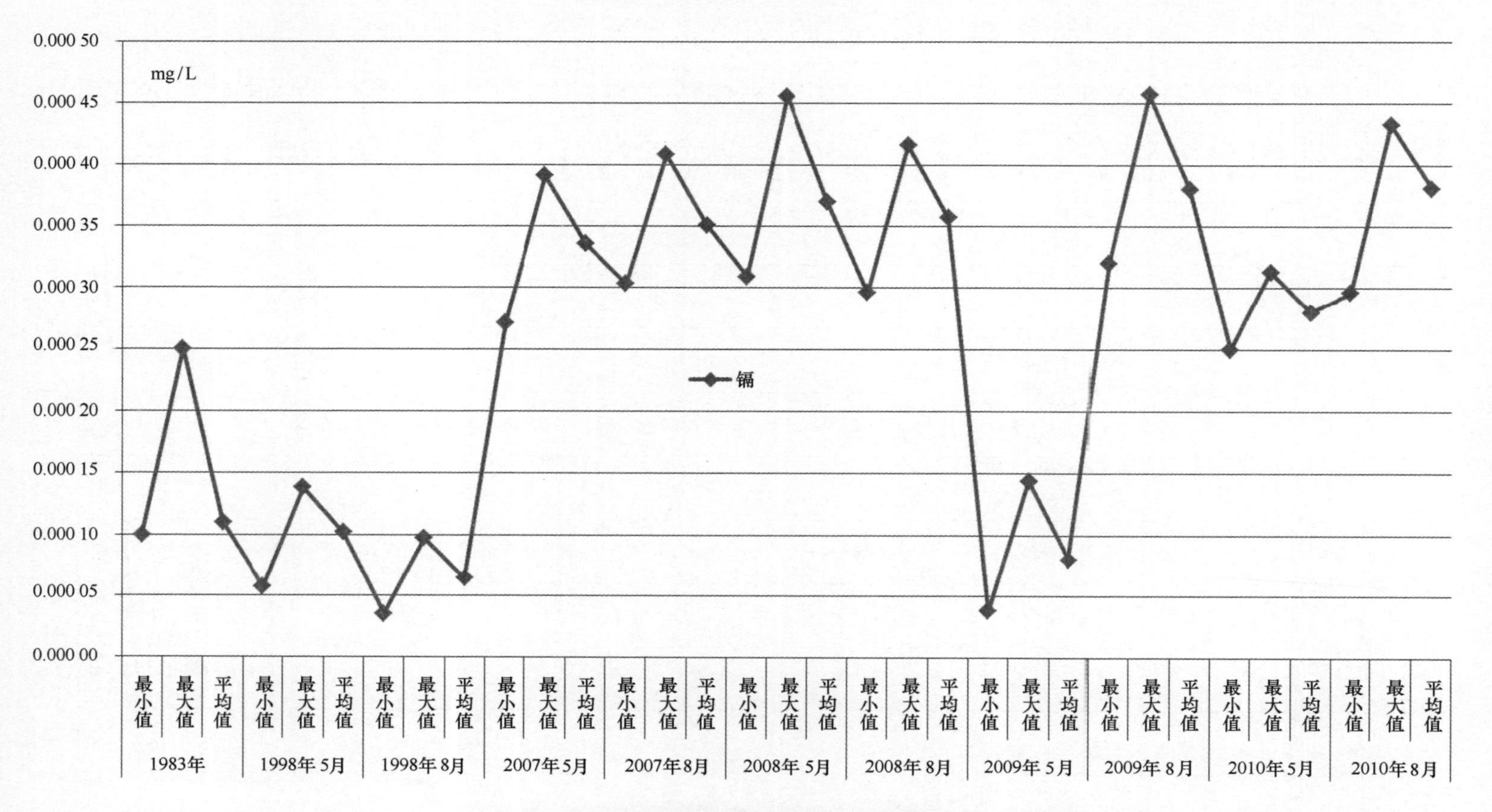

图2.44 水环境中镉参数统计特征值变化趋势（1983—2010年）

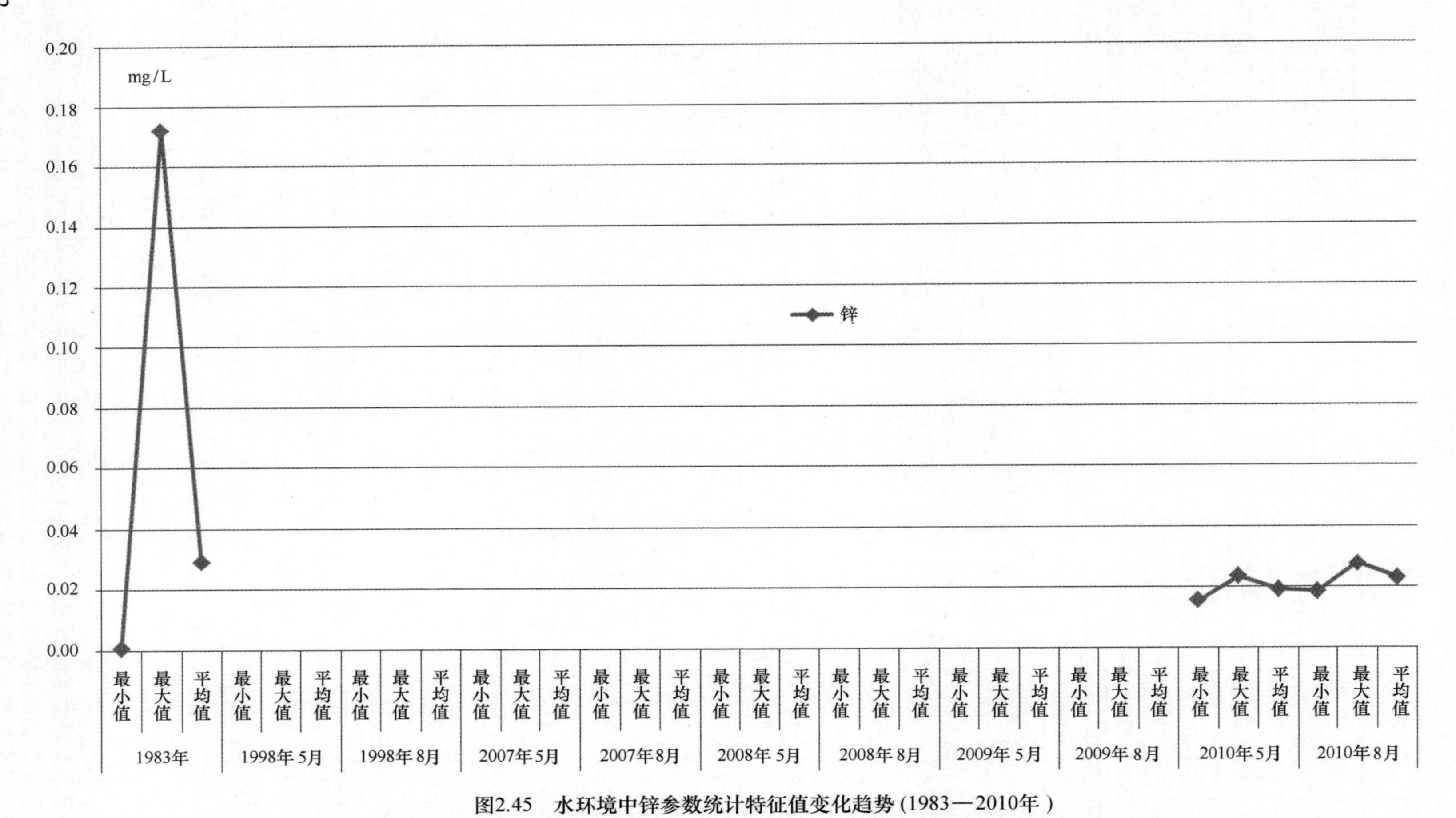

图2.45 水环境中锌参数统计特征值变化趋势（1983—2010年）

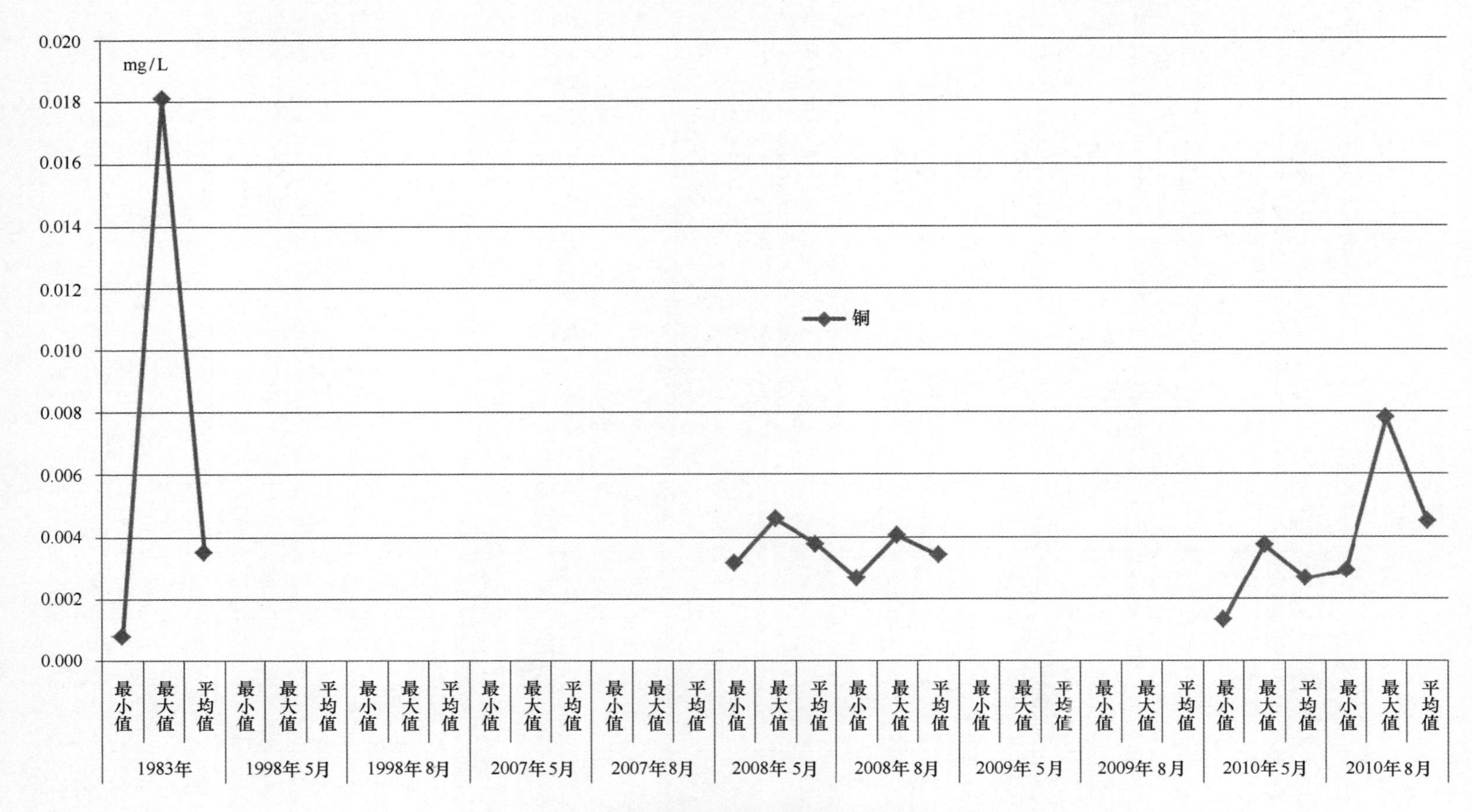

图2.46 水环境中铜参数统计特征值变化趋势（1983—2010年）

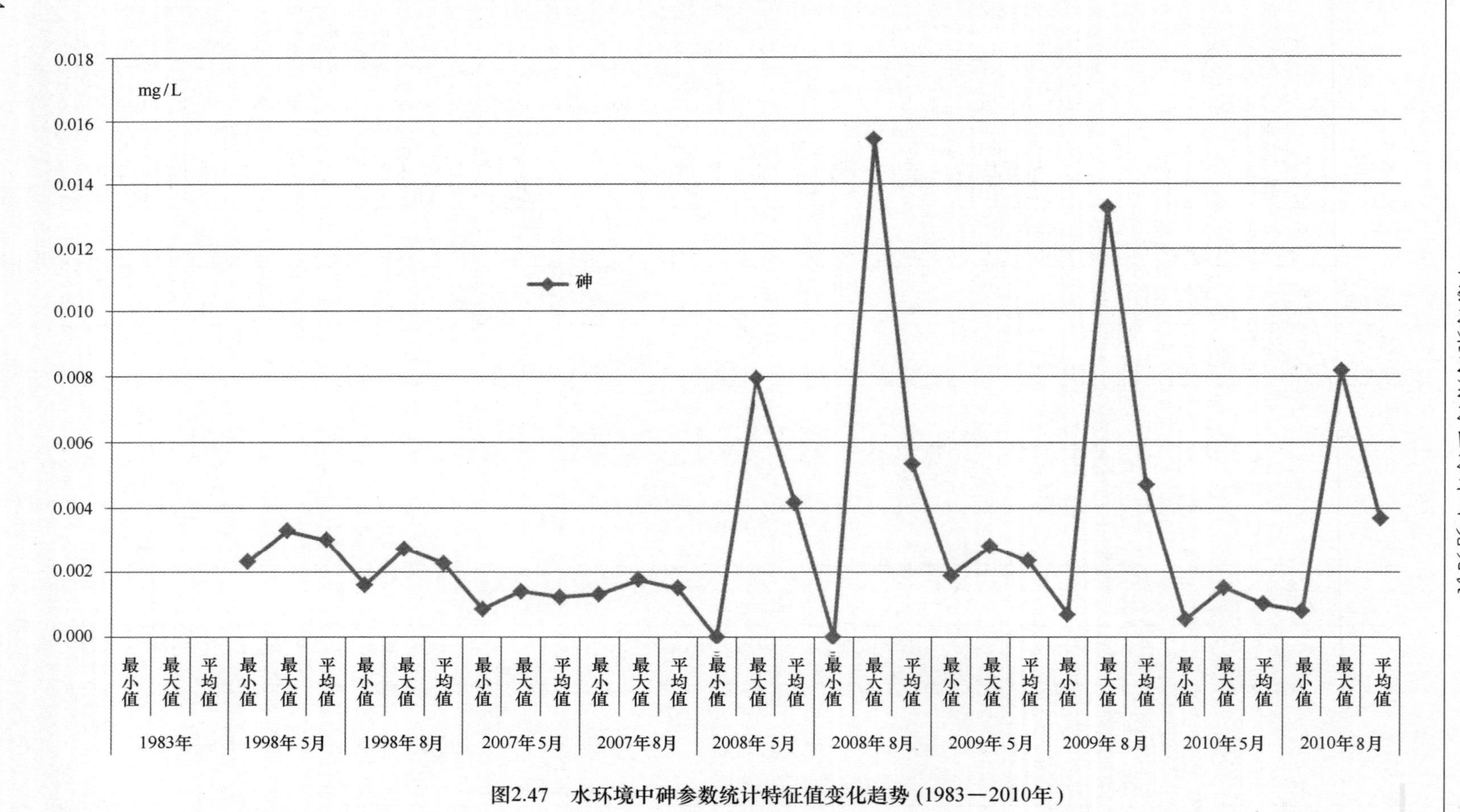

图2.47 水环境中砷参数统计特征值变化趋势（1983—2010年）

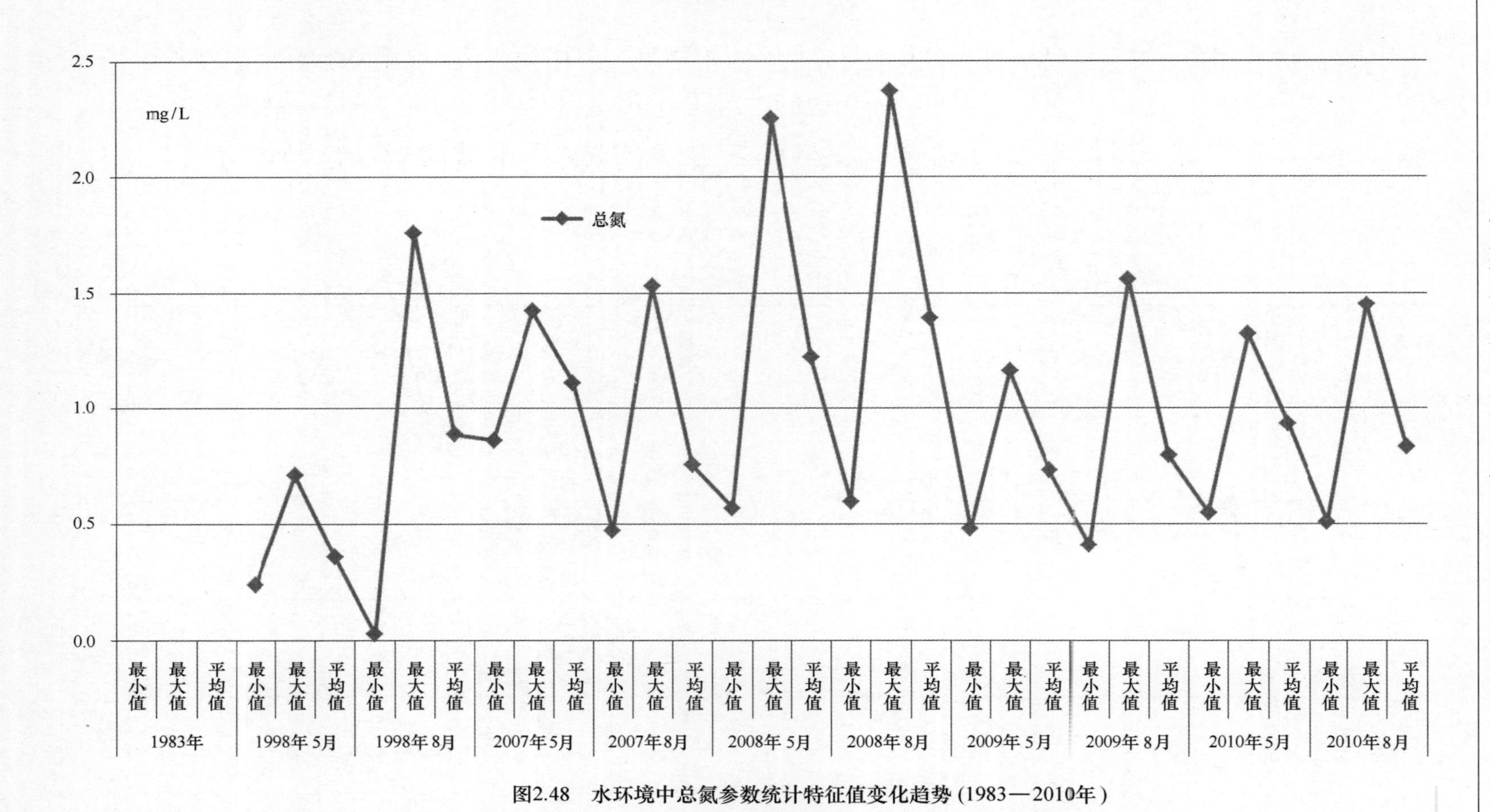

图2.48 水环境中总氮参数统计特征值变化趋势（1983—2010年）

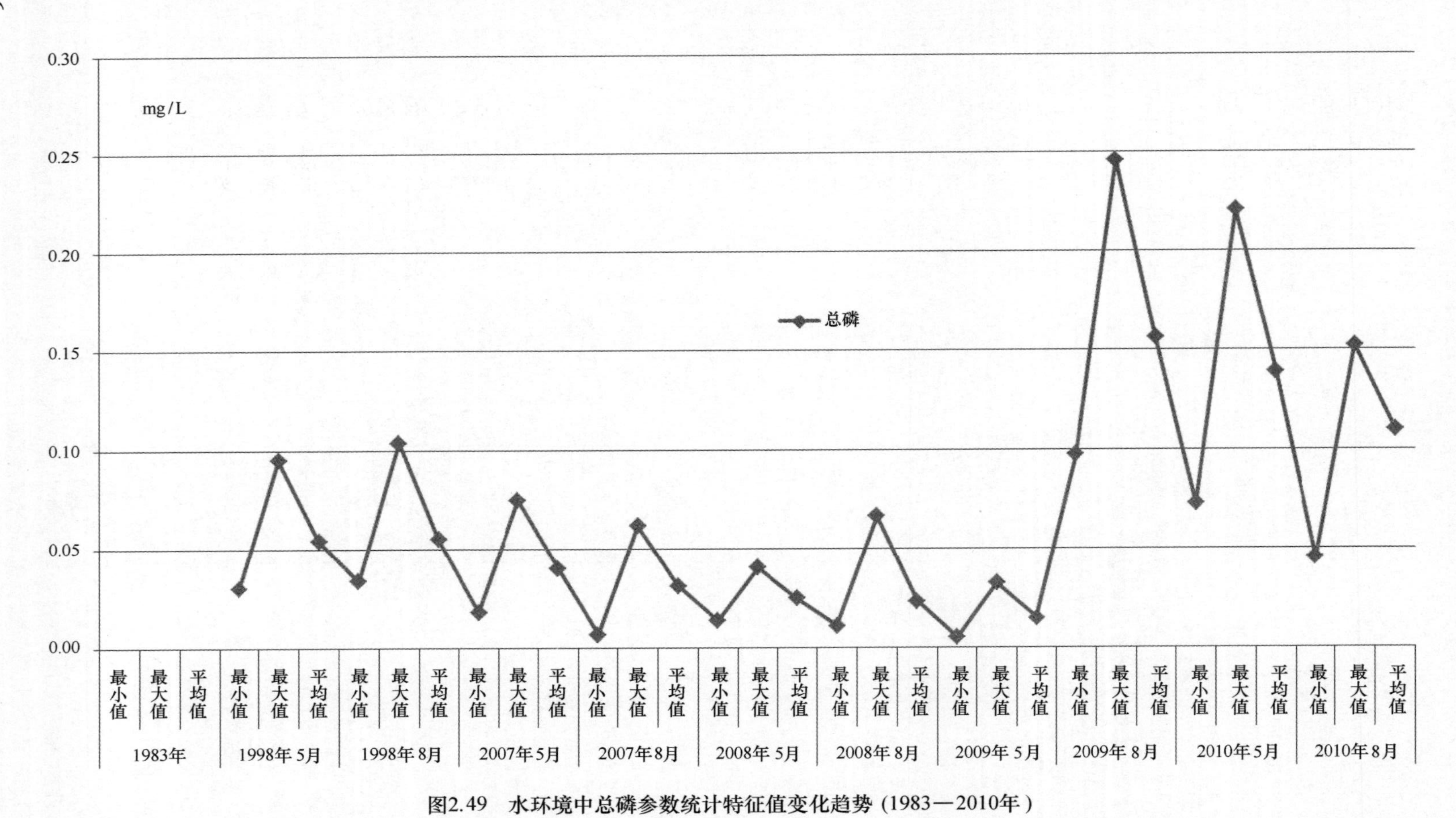

图2.49 水环境中总磷参数统计特征值变化趋势（1983—2010年）

2.3.3 河北省沧州渤海新区

2.3.3.1 海水环境质量现状

2011 年沧州渤海新区海域海水无机氮含量为 0.21 ~ 0.42 mg/L，平均为 0.295 mg/L，部分海域超出二类海水水质标准，平均超标率为 29.5%，超标区域主要分布在冯家堡海域；其他指标如 pH 值、溶解氧、COD、活性磷酸盐、石油类、重金属等均符合一类海水水质标准。2011 年沧州渤海新区海域主要超出功能区水质标准的污染物为无机氮，见表 2.16。

表 2.16 2011 年沧州渤海新区附近海域海水质量

监测值	pH 值	溶解氧	化学需氧量	活性磷酸盐	无机氮	石油类	汞	铅
		mg/L					μg/L	
最大值	8.26	8.22	1.92	0.017	0.42	0.039	0.012	0.17
最小值	8.21	7.92	0.63	0.002	0.21	0.022	0.017	0.18
平均值	8.23	8.12	1.29	0.009	0.30	0.029	0.015	0.17

2.3.3.2 2000—2010 年海水环境质量演变状况

2000—2010 年沧州渤海新区附近海域不同时期海水水质状况见表 2.17。

表 2.17 沧州渤海新区附近海域不同时期海水水质

监测年份	磷酸盐	溶解氧	无机氮	石油类	化学需氧量	汞	镉	铜	铅
	mg/L					μg/L			
2000	0.015	7.00	0.194	0.043	1.85	0.04	0.552	2.29	0.86
2005	0.047	7.19	0.22	0.091	1.39	0.044	0.578	3.34	0.9
2010	0.052	8.81	0.331	0.068	1.62	0.001	0.641	3.61	0.92

（1）2000 年水环境质量状况

2000 年无机氮是沧州渤海新区近岸海域的首要污染物，平均浓度为 0.194 mg/L，歧口附近海域、南排河附近海域、黄骅港附近海域，部分测站超出一类海水水质标准。海水中石油类、磷酸盐、化学需氧量、汞、铜、铅、镉、砷等在近岸海水中的含量均未超出一类水质标准。因此本年度沧州近岸海域无机氮是首要污染物。

（2）2005 年水环境质量状况

2005 年沧州市近岸海域活性磷酸盐含量为 0.031 4 ~ 0.057 3 mg/L，平均为 0.047 mg/L，已经超出四类海水水质标准，整个海域都受到磷酸盐的污染；无机氮的含量为 0.138 ~ 0.254 mg/L，平均为 0.22 mg/L，超出一类海水水质标准；石油类的含量为 0.045 8 ~ 0.18 mg/L，平均浓度为 0.091 mg/L，已经超出二类海水水质标准。pH 值、化学需氧量、溶解氧等指标均符合一类海水水质标准。因此本年度沧州近岸海域主要污染物为活性磷酸盐和石油类。

（3）2010 年水环境质量状况

2010 沧州渤海新区海域磷酸盐含量为 0.010 1 ~ 0.064 2 mg/L，平均为 0.052 mg/L，超出四类海水水质标准；无机氮含量为 0.281 ~ 0.405 mg/L，平均为 0.331 mg/L，已经超出二类海水水质标准；化学需氧量含量为 1.00 ~ 3.44 mg/L，平均为 1.62 mg/L，符合一类海水水质标准，但个别区域超出二类海水水质标准，超标率 25%；铅含量为 0.92 mg/L，符合一类海水水质标准，但部分区域超过二类海水水质标准，超标率 15%。pH 值、溶解氧、石油类、汞等指标均符合一类海水水质标准。因此渤海新区海域主要污染物为活性磷酸盐和无机氮；其中二类水质面积为 690 km^2，三类水质面积为 70 km^2，四类水质面积为 38 km^2。

2.3.3.3 海水环境质量演变趋势

根据 2000 年、2005 年以及 2010 年沧州渤海新区海域监测评价数据，对沧州渤海新区开发前后海水水质变化进行对比分析。2000 年以来随着河北省沿海区域的大规模开发以及各种集约用海活动的进行，沿海海洋经济迅速发展，人口不断递增。伴随着人类活动强度的加大，大量污染物经过各种途径进入近岸海域，直接对近岸海水水质造成了明显的影响，见图 2.50。整体呈现如下特征。

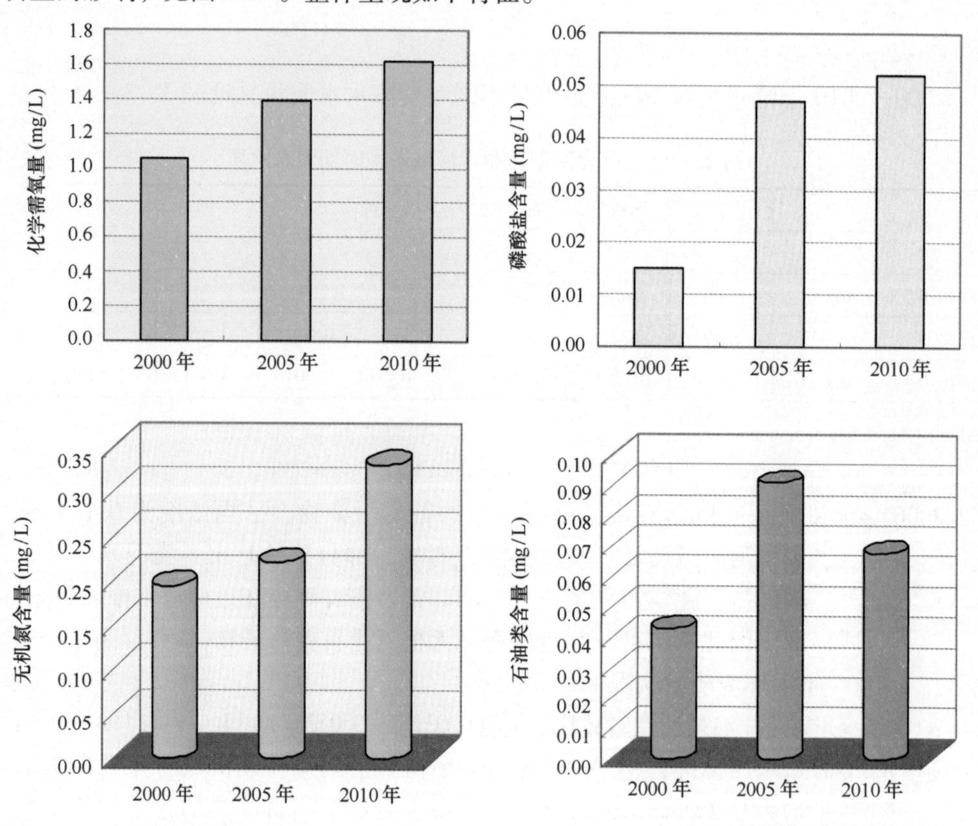

图 2.50　2000—2010 年沧州渤海新区海域主要污染物含量变化

(1) 2000年以来集约用海区域海水污染程度整体呈现加重的趋势，尤其在工程施工阶段更为明显。这可能与集约用海区域不断增强的人类活动、城市建设和生活排污有关。

(2) 近岸海域海水中主要污染因子为氮、磷和石油类污染。大量氮、磷等进入水体中，导致海水富营养化程度提高，成为诱发赤潮的潜在因素。

(3) 一般海水污染较重的区域都出现在靠近围海造地区域附近，比如曹妃甸甸头附近，这可能是围填海造地造成的水动力交换能力减弱，而容易造成典型区域的严重污染。

2.4 莱州湾“规划中”集约用海区海水环境质量

山东半岛蓝色经济区作为新兴的国家重大战略，莱州湾内已获国家批复的规划区有潍坊滨海生态旅游度假区和龙口湾临港高端制造业聚集区，2个规划均于2010年批复，现正处丁建设初期。其中，潍坊滨海生态旅游度假区利用2005年、2007年、2009年（规划前）以及2012年（建设中）资料分析海水环境状况和演变；龙口湾临港高端制造业聚集区则利用2008年、2009年（规划前）以及2011年（建设中）资料分析海水环境状况和演变。

2.4.1 山东半岛蓝色经济区——潍坊滨海生态旅游度假区

2.4.1.1 海水环境质量现状

2012年8月，采用山东省潍坊市海洋环境监测中心在滨海生态旅游度假区海域进行的示范性监测数据，9个水质监测站位（图2.51），监测指标包括pH值、盐度、溶

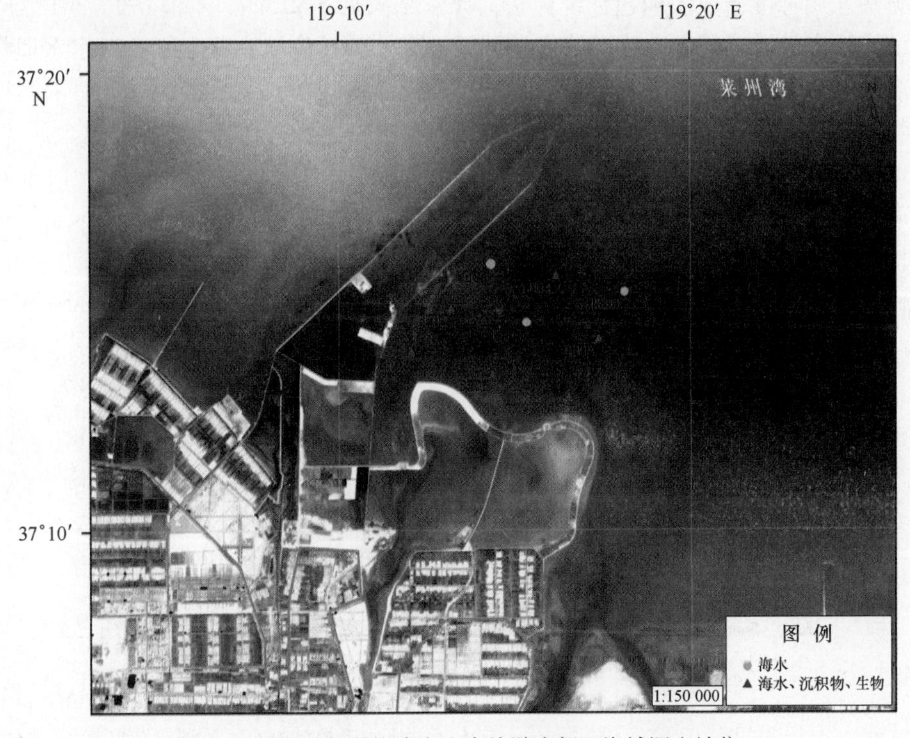

图2.51 2012年潍坊滨海生态旅游度假区海域调查站位

解氧、化学需氧量、磷酸盐、无机氮、石油类、铜、铅、镉、锌、铬、砷，其中硫化物和石油类各有1个站位未检出，监测结果见表2.18。

表2.18 2012年潍坊滨海生态旅游度假区附近海域海水水质监测数据

监测站位	盐度	pH值	溶解氧	化学需氧量	磷酸盐	无机氮	铅	镉	石油类	铜	锌	铬	砷
			mg/L						μg/L				
B1B084	25.289	8.05	7.63	2.25	31	518	0.00	0.11	0.02	1.11	15.00	0.50	2.01
B1B083	24.143	8.03	6.91	2.18	32	444	0.02	0.35	0.02	2.76	25.00	0.52	2.01
B1B082	23.732	8.02	6.79	2.41	37	424	0.24	0.18	0.02	2.40	16.00	0.81	1.53
B1B079	25.229	8.38	7.21	2.95	35	952	0.04	0.12	0.02	2.44	17.00	0.59	2.38
B1B078	22.758	7.98	6.56	2.87	33	1 925	0.02	0.27	0.02	1.98	25.00	0.70	2.65
B1B076	23.359	8.02	7.27	3.07	29	2 180	0.01	0.33	0.02	2.13	23.00	0.98	2.71
B1B080	23.472	8	7.58	2.72	32	1 825	0.15	0.35	0.02	2.12	19.00	0.69	2.73
B1B077	22.47	7.96	7.19	2.64	26	2 340	0.04	0.34	0.03	1.98	23.00	0.88	2.88
B1B081	22.626	7.98	7.35	2.8	33	2 335	0.49	0.53	0.02	2.14	24.00	0.77	2.63
最大值	25.289	8.38	7.63	3.07	37	2 340	0.49	0.53	0.03	2.76	25.00	0.98	2.88
最小值	22.47	7.96	6.56	2.18	26	424	0.01	0.11	0.02	1.11	15.00	0.50	1.53
平均值	23.68	8.05	7.17	2.65	32	1 440	0.13	0.29	0.02	2.12	20.80	0.72	2.39

海水质量评价采用海水水质标准（GB 3097—1997）中的二类水质标准进行评价，评价方法采用标准指数法和超标统计法。评价结果见图2.52，由图可知，2012年8月潍坊滨海生态旅游度假区附近海域化学需氧量有8个站位浓度符合二类海水水质标准，有1个站位浓度超过国家二类海水水质标准，符合三类海水水质标准；所有站位的磷酸盐含量均超过三类海水水质标准，符合四类海水水质标准；有5个站位的重金属锌浓度符合二类海水水质标准，其余站位浓度符合一类海水水质标准；无机氮有2个站位超过三类海水水质标准，符合四类海水水质标准，其余站位浓度均超过四类海水水质标准，其余监测项目均符合一类海水水质标准。

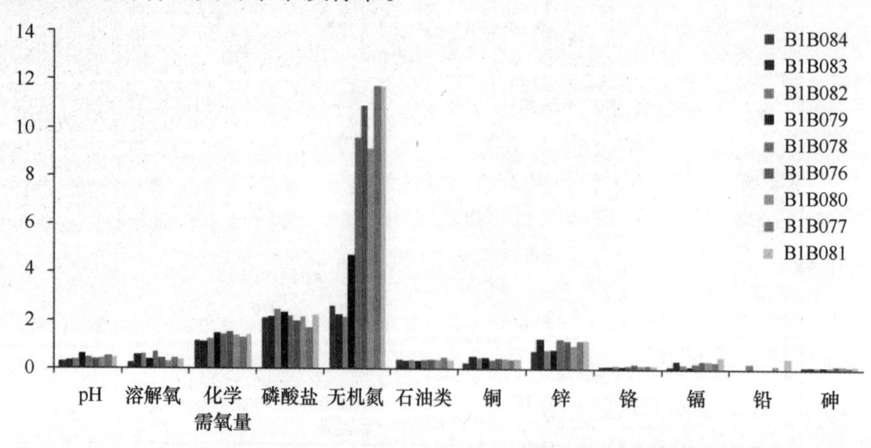

图2.52 2012年潍坊滨海生态旅游度假区附近海域海水水质评价结果

2.4.1.2 历史海水环境质量状况

(1) 2005 年海水质量状况

2005 年 10 月北海监测中心对潍坊滨海生态旅游度假区近岸海域进行了海水环境质量状况调查，调查站位见图 2.53，采用海水水质标准（GB 3097—1997）中的二类水质标准，按标准指数法和超标统计法，对 11 项指标进行评价，评价结果表明，pH 值、溶解氧、化学需氧量、汞、铜、铅、镉、锌、总铬均符合二类海水水质标准；磷酸盐、无机氮、石油类有部分站位监测结果超过二类海水水质标准，评价结果见图 2.54，检测数据见表 2.19。

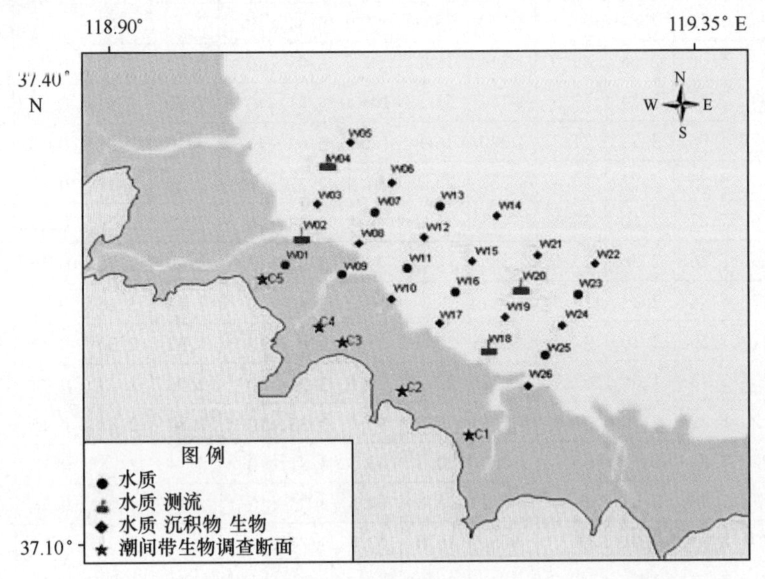

图 2.53 2005 年潍坊滨海生态旅游度假区附近海域调查站位

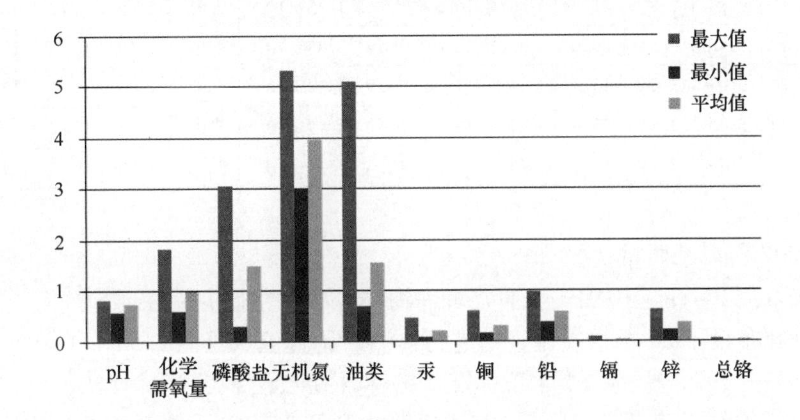

图 2.54 2005 年潍坊滨海生态旅游度假区附近海域海水环境质量评价结果

表 2.19　2005 年潍坊滨海生态旅游度假区附近海域海水水质监测数据

站号	盐度	pH 值	溶解氧（mg/L）	化学需氧量（mg/L）	磷酸盐（μg/L）	无机氮（μg/L）	悬浮物（mg/L）	石油类（μg/L）	汞（μg/L）	铜（μg/L）	铅（μg/L）	镉（μg/L）	锌（μg/L）	总铬（μg/L）
W01	7.56	7.94	4.24	5.26	70.3	1 167	42.8	200.0	9.54×10^{-2}	6.26	5.00	0.50	31.4	5.62
W02	7.44	7.93	4.35	5.49	92.1	1 210	38.3	256.0	9.54×10^{-2}	5.90	4.93	0.52	30.6	5.09
W03	18.55	7.92	6.80	3.38	87.4	1 443	26.3	102.0	6.44×10^{-2}	4.63	4.52	0.29	25.2	4.89
W04	17.43	7.90	6.38	3.86	89.3	1 389	11.3	114.0	4.90×10^{-2}	3.89	2.93	0.25	22.2	4.07
W05	18.53	7.97	7.14	3.38	65.7	1 320	4.7	98.4	4.38×10^{-2}	3.44	2.71	0.22	18.4	3.89
W06	20.77	8.04	7.15	2.84	37.5	1 552	38.3	64.0	5.41×10^{-2}	3.10	2.63	0.18	17.4	3.25
W07	23.65	8.13	8.06	2.66	49.0	1 314	19.8	60.5	5.93×10^{-2}	3.43	2.72	0.17	17.5	3.29
W08	20.38	7.93	7.31	3.74	62.5	1 174	55.3	104.0	5.41×10^{-2}	2.90	2.93	0.17	19.6	3.28
W09	20.52	7.97	7.86	3.91	71.3	1 240	16.8	120.0	5.93×10^{-2}	3.16	2.91	0.18	20.3	3.38
W10	24.13	8.23	5.85	2.22	26.4	1 337	25.3	44.4	2.32×10^{-2}	3.29	3.11	0.18	18.3	3.00
W11	23.93	8.16	7.87	2.60	30.1	1 113	14.3	46.2	2.32×10^{-2}	2.89	2.79	0.17	17.9	2.87
W12	23.64	8.19	8.26	2.58	23.6	1 385	4.6	49.8	3.35×10^{-2}	2.70	2.73	0.16	17.5	2.73
W13	23.77	8.17	8.26	2.33	28.7	1 281	7.3	59.2	3.87×10^{-2}	2.53	3.46	0.15	16.4	2.88
W14	24.90	8.21	7.50	2.16	47.7	930	20.3	35.4	2.84×10^{-2}	1.92	2.00	0.12	12.2	2.43
W15	24.26	8.20	7.73	1.86	62.9	1 072	20.9	39.0	3.35×10^{-2}	2.00	2.33	0.14	14.8	2.26
W16	24.25	8.22	8.29	2.40	67.6	1 138	22.0	46.6	3.35×10^{-2}	2.84	2.88	0.15	17	3.00
W17	24.23	8.24	8.67	2.52	65.7	1 087	20.3	43.3	3.87×10^{-2}	3.14	2.78	0.17	18.2	2.89
W18	23.06	8.15	7.94	3.02	9.7	1 039	15.8	64.5	3.35×10^{-2}	4.10	4.05	0.26	22.1	4.48
W19	22.40	8.20	8.83	2.91	9.3	965	16.0	62.4	3.87×10^{-2}	3.24	2.91	0.17	18.6	3.27
W20	24.27	8.21	7.52	2.64	22.2	988	12.0	43.2	2.84×10^{-2}	1.90	1.98	0.12	14.4	2.22
W21	24.59	8.23	7.58	2.36	44.9	1 161	14.3	37.6	4.90×10^{-2}	1.86	1.93	0.12	15	2.16
W22	20.49	8.18	7.94	2.82	21.7	1 267	16.3	57.6	3.35×10^{-2}	2.85	2.60	0.18	16.1	2.49
W23	20.79	8.17	8.46	2.84	29.6	1 598	16.6	58.4	3.35×10^{-2}	2.91	2.60	0.16	17.4	2.71
W24	22.93	8.24	9.07	3.04	13.4	1 047	27.3	64.9	3.87×10^{-2}	2.91	2.73	0.18	17.6	2.78
W25	23.40	8.23	8.45	2.80	13.9	911	12.3	65.8	3.87×10^{-2}	3.02	2.88	0.17	16.6	2.87
W26	23.13	8.24	8.78	2.74	16.7	943	17.8	67.6	3.35×10^{-2}	3.10	2.93	0.16	17.6	2.69

（2）2007 年海水质量状况

2007 年 9 月 24 日至 10 月 1 日青岛环海海洋工程勘察研究院在潍坊滨海生态旅游度假区近岸海域布设了 20 个水质调查站进行监测，调查位点见图 2.55。采用海水水质标准（GB 3097—1997）中的二类水质标准，按标准指数法和超标统计法，对 12 项指标进行评价，评价结果表明，pH 值、溶解氧、化学需氧量、活性磷酸盐、汞、铜、铅、镉、锌、总铬所有测站的数值均符合二类海水水质标准；而无机氮、石油类有部分测站的污染指数大于或等于 1.00，其中无机氮有 15 个站超标，超标率 70%；石油类有 7 个站超标，超标率 35%（图 2.56、表 2.20、表 2.21）。

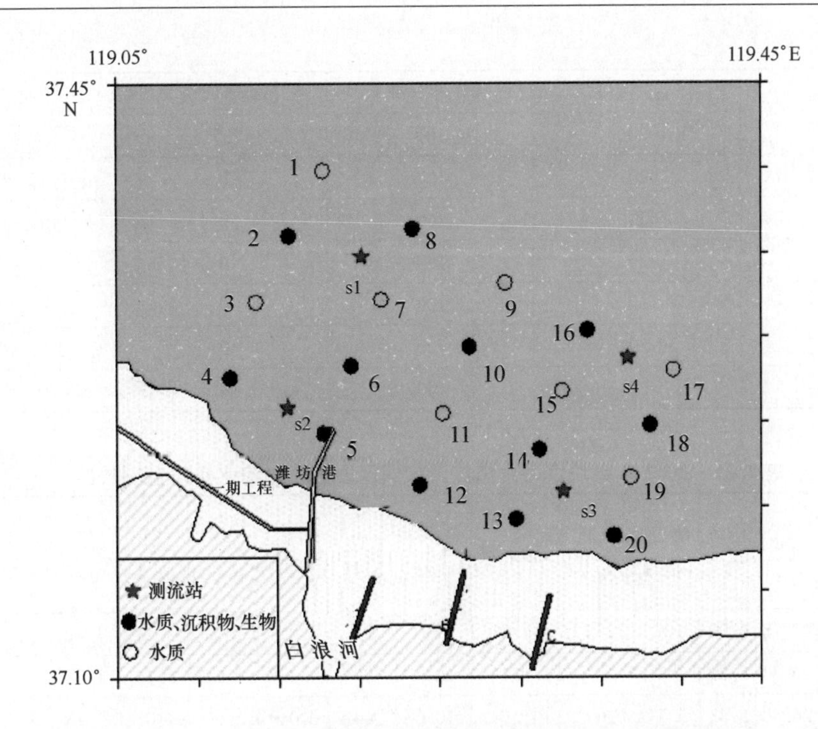

图 2.55　2007 年潍坊滨海生态旅游度假区附近海域调查站位

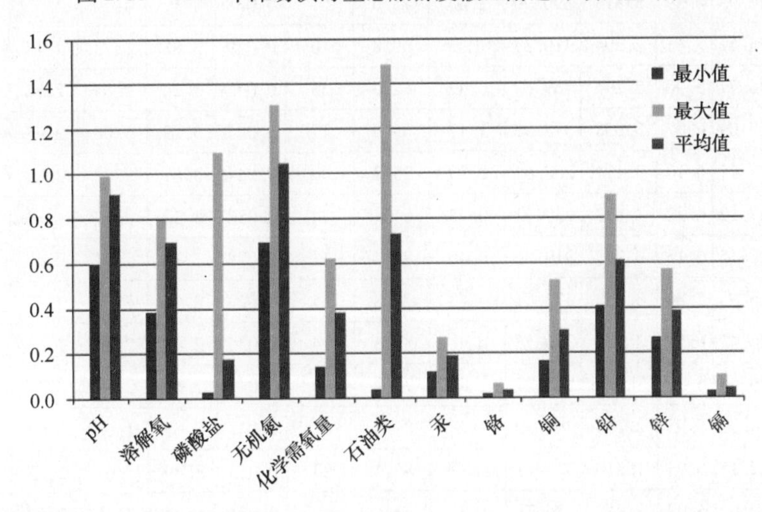

图 2.56　2007 年潍坊滨海生态旅游度假区附近海域海水环境质量评价结果

表 2.20　2007 年潍坊滨海生态旅游度假区附近海域海水水质超标率统计

监测要素	样品数（个）	检出率（%）	超标率（%）	标准指数范围
pH 值	20	100	0	0.60～0.99
溶解氧	20	100	0	0.39～0.80
化学需氧量	20	100	0	0.14～0.62
活性磷酸盐	20	100	0	0.03～0.48
无机氮	20	100	70	0.69～1.30

续表

监测要素	样品数（个）	检出率（%）	超标率（%）	标准指数范围
石油类	20	100	35	0.04～1.48
总汞	20	100	0	0.12～0.27
铜	20	100	0	0.17～0.52
铅	20	100	0	0.41～0.90
镉	20	100	0	0.03～0.10
锌	20	100	0	0.27～0.57
总铬	20	100	0	0.02～0.06

表 2.21　2007 年潍坊滨海生态旅游度假区附近海域海水水质监测数据

站位	pH 值	盐度	溶解氧	磷酸盐（μg/L）	无机氮（μg/L）	化学需氧量（mg/L）	悬浮物（mg/L）	石油类（μg/L）	汞（μg/L）	铬（μg/L）	铜（μg/L）	铅（μg/L）	锌（μg/L）	镉（μg/L）
1	8.22	27.18	6.09	3.813	245.07	1.81	79.0	24	0.054	5.8	5.24	4.31	28.4	0.409
2	8.38	26.84	5.89	3.813	297.62	0.72	66.4	20	0.038	5.31	5.16	4.52	26.7	0.511
3	8.42	26.80	5.83	5.332	360.93	1.64	70.0	44	0.049	5.06	4.06	4.46	23.9	0.359
4	8.31	26.93	6.39	3.813	390.90	1.03	73.0	51	0.038	4.17	4.13	3.59	24.6	0.282
5	7.90	28.51	7.41	2.294	310.37	1.6	69.8	70	0.049	3.88	3.25	3.16	19.5	0.273
6	8.43	26.77	5.90	2.294	369.68	0.42	62.6	35	0.043	3.24	2.84	2.48	20.3	0.204
7	8.44	27.09	6.07	3.038	372.95	1.12	65.6	17	0.043	3.19	3.06	2.75	18.4	0.159
8	8.30	27.11	6.10	9.114	208.51	0.99	75.2	60	0.044	3.61	2.49	2.83	18.6	0.181
9	8.36	27.12	6.22	3.813	239.21	0.77	64.4	74	0.038	3.22	2.67	2.8	17.7	0.169
10	8.43	27.15	6.15	0.775	319.86	0.46	84.4	12	0.028	2.19	2.61	2.49	16.9	0.154
11	8.44	26.93	5.81	3.038	333.71	0.68	77.8	65	0.023	2.64	2.58	2.57	16.4	0.176
12	8.23	26.42	6.52	8.37	370.26	1.6	89.8	24	0.035	2.42	2.46	2.64	18.2	0.149
13	8.35	26.58	6.25	14.446	321.27	1.86	78.0	30	0.041	2.65	2.31	3.15	19.7	0.177
14	8.42	26.97	5.95	2.294	299.59	0.9	84.8	62	0.028	2.63	1.68	2.64	13.3	0.143
15	8.43	27.15	5.94	1.519	315.61	0.72	82.4	33	0.033	2.49	1.67	2.37	15.4	0.16
16	8.43	27.00	6.09	3.813	236.73	1.03	70.4	2	0.034	2.77	2.35	2.58	16.4	0.139
17	8.48	29.85	7.08	3.038	339.47	1.6	77.2	12	0.038	2.19	3.06	2.62	17.5	0.208
18	8.44	27.34	6.44	2.294	303.28	1.42	65.4	4	0.033	3.94	3.88	3.95	19.3	0.255
19	8.45	27.28	6.12	9.114	334.46	1.42	83.0	62	0.038	3.59	3.24	2.88	20.1	0.141
20	8.44	27.19	6.04	0.775	308.69	1.33	74.4	34	0.028	2.12	1.86	2.03	16.8	0.127
最小值	7.90	26.42	5.81	14.446	390.90	1.86	62.60	2	0.023	2.12	1.67	2.03	13.30	0.13
最大值	8.48	29.85	7.41	0.775	208.51	0.42	89.80	74	0.054	5.80	5.24	4.52	28.40	0.51
平均值	27.21	8.37	6.21	4.34	313.91	1.16	74.68	36.75	0.04	3.03	3.04	0.22	19.41	3.36

（3）2009 年海水质量状况

2009 年 10 月 24—27 日青岛环海海洋工程勘察研究院对用海附近海域进行了水质调查，调查位点见图 2.57。采用海水水质标准（GB3097—1997）中的二类水质标准，按标准指数法和超标统计法，对 13 项指标进行评价。评价结果表明，绝大部分评价因子符合二类海水标准，只有活性磷酸盐、无机氮、石油类 3 个评价因子超二类水质标准，但符合三类水质标准（图 2.58、表 2.22、表 2.23）。调查海区水质环境质量总体尚好，部分测站的营养盐和石油类超标，原因可能与周边施工船舶作业有关。

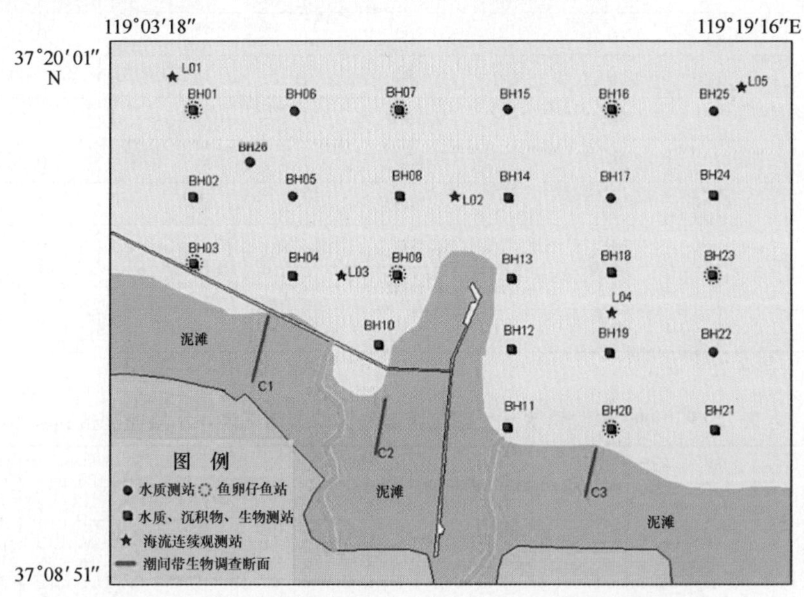

图 2.57 2009 年潍坊滨海生态旅游度假区附近海域调查站位

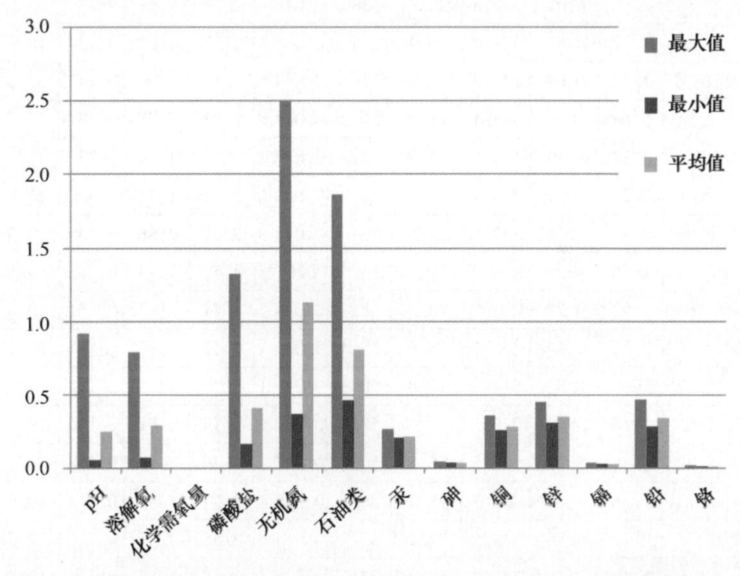

图 2.58 2009 年潍坊滨海生态旅游度假区附近海域海水环境质量评价结果

表 2.22 2009 年潍坊滨海生态旅游度假区附近海域海水水质超标率统计

监测要素	样品数（个）	检出率（%）	超标率（%）	标准指数范围
pH 值	26	100	0	0.06 ~ 0.91
溶解氧	26	100	0	0.07 ~ 0.79
化学需氧量	26	100	0	0.00 ~ 0.001
活性磷酸盐	26	100	7.7	0.16 ~ 1.32
无机氮	26	100	50	0.37 ~ 2.50
石油类	26	100	23	0.46 ~ 1.86
总汞	26	100	0	0.21 ~ 0.26
铜	26	100	0	0.25 ~ 0.36
铅	26	100	0	0.28 ~ 0.46
镉	26	100	0	0.02 ~ 0.03
锌	26	100	0	0.31 ~ 0.45
砷	26	100	0	0.03 ~ 0.05
总铬	26	100	0	0.01 ~ 0.02

表 2.23 2009 年潍坊滨海生态旅游度假区附近海域海水水质监测数据

站号	盐度	pH 值	溶解氧	化学需氧量	磷酸盐	无机氮	悬浮物	石油类	汞	铜	铅	镉	锌	铬	砷
			(mg/L)	(mg/L)	(μg/L)	(μg/L)	(mg/L)	(μg/L)	(μg/L)	(μg/L)	(μg/L)	(μg/L)	(μg/L)	(μg/L)	(μg/L)
BH01	27.617	8.3	10.82	2.24	17	277.7	9.6	37.4	0.044 6	2.58	1.45	0.121	15.5	2.62	1.85
BH02	27.096	8.35	11.26	2.6	7.29	205.76	29.4	34.5	0.047 3	2.51	1.55	0.145	17.5	2.54	1.81
BH03	27.047	8.36	11.33	2.76	6.89	248.6	14.3	39.9	0.050 9	3.19	2.18	0.158	22.5	3.09	1.84
BH04	27.127	8.29	9.36	2.16	6.08	347.8	25.3	38	0.048 4	2.9	1.51	0.135	17.7	2.91	1.8
BH05	27.444	8.33	9.26	2.12	6.89	258.2	10.4	34	0.048 1	2.77	1.64	0.124	18.6	2.87	1.9
BH06	27.712	8.27	10.37	1.78	6.89	233.4	17.2	31.8	0.044 6	2.54	1.4	0.144	15.3	2.74	1.73
BH07	27.156	8.28	8.54	1.44	10.9	307.1	13.2	30.2	0.049 9	2.73	2.57	0.131	17.5	3.05	1.86
BH08	27.133	8.27	10.24	2.32	7.29	343	36.7	31	0.049 2	2.9	1.49	0.138	18	2.63	1.78
BH09	27.102	8.27	8.9	2.26	39.7	310.4	7	30.3	0.051 6	2.52	1.74	0.15	16.4	2.54	1.66
BH10	27.374	7.83	6.05	0.96	26.8	347.4	12.5	76.4	0.048 9	3.09	2.06	0.169	19.3	3.37	2.28
BH11	28.807	8.21	8.51	1.86	13.8	207.78	17.3	33.5	0.044	3.44	2.18	0.168	20.5	3.46	1.85
BH12	28.774	8.24	8.66	1.92	9.73	111.41	28.9	38.8	0.044 5	3.44	2.32	0.154	19.6	3.14	1.86
BH13	27.105	8.19	7.65	3.16	17.4	246.2	16.9	55.4	0.042 1	3.13	2.01	0.154	19.1	2.95	2.05
BH14	26.895	8.19	8.22	2.4	8.92	517.5	74.8	50.6	0.045 1	2.9	1.96	0.148	18.7	2.84	1.81
BH13	27.105	8.19	7.65	3.16	17.4	246.2	10.4	55.4	0.042 1	3.13	2.01	0.154	19.1	2.95	2.05
BH14	26.895	8.19	8.22	2.4	8.92	517.5	26.8	50.6	0.045 1	2.9	1.96	0.148	18.7	2.84	1.81
BH15	26.94	8.22	8.32	2.36	5.67	436.7	18.1	36.6	0.045 4	2.54	1.49	0.114	17.6	2.51	2.28
BH16	27.126	8.22	8.35	2.12	4.86	749.5	32.2	35.8	0.044 6	2.58	1.55	0.126	17.6	2.54	1.65
BH17	27.774	8.27	8.4	1.32	13	348.4	16.3	31	0.043 4	2.88	1.88	0.142	19.5	3.49	1.63

续表

站号	盐度	pH值	溶解氧	化学需氧量	磷酸盐	无机氮	悬浮物	石油类	汞	铜	铅	镉	锌	铬	砷
			(mg/L)	(mg/L)	(μg/L)	(μg/L)	(mg/L)	(μg/L)	(μg/L)	(μg/L)	(μg/L)	(μg/L)	(μg/L)	(μg/L)	(μg/L)
BH18	28.263	8.26	8.7	1.92	6.48	246.5	18.5	44.6	0.043 6	3.1	1.64	0.164	20.5	3.37	1.86
BH19	28.952	8.25	8.4	1.6	5.67	203.5	136.4	41.1	0.044	3.56	1.42	0.155	18.8	3.18	1.68
BH20	29.88	8.17	8.67	1.96	26.8	416.5	278.4	32.4	0.043 4	3.17	1.98	0.142	19.3	3.4	1.65
BH21	30.819	8.18	8.61	2.76	8.51	182.7	20.5	38.8	0.043 6	3.09	1.89	0.142	19.3	3.06	1.85
BH22	28.45	8.25	9.33	1.68	11.4	144.73		22.9	0.044	2.65	1.66	0.135	18.5	2.86	1.81
BH23	28.282	8.24	8.58	1.96	7.29	252.9		26.4	0.0445	2.48	1.63	0.129	17.5	2.6	1.58
BH24	27.903	8.25	8.8	2.16	4.86	130.6		33.2	0.041	2.47	1.56	0.125	16.8	2.5	1.65
BH25	27.6	8.24	8.61	2.16	4.86	724.6		30.2	0.044 1	2.39	1.49	0.113	16.6	2.49	1.7
BH26	22.925	8.01	10.94	3.28	35.7	542		93.1	0.05	2.54	1.62	0.139	15.6	2.7	2.19

2.4.1.3 海水环境质量演变趋势

根据潍坊滨海生态旅游度假区工程海域的历史海水环境质量状况（表2.24），可知无机氮、活性磷酸盐、石油类为该海区主要污染因子。下面就选取典型水质监测因子无机氮、磷酸盐、石油类、重金属进行趋势分析。

表2.24 潍坊滨海生态旅游度假区附近海域不同时期水环境监测数值统计

年份	项目	盐度	pH值	溶解氧	化学需氧量	磷酸盐	无机氮	悬浮物	石油类	汞	铜	铅	镉	锌	总铬	砷
				(mg/L)	(mg/L)	(μg/L)	(μg/L)	(mg/L)	(μg/L)	(μg/L)	(μg/L)	(μg/L)	(μg/L)	(μg/L)	(μg/L)	(μg/L)
2005	最小值	24.90	8.24	9.07	5.49	92.10	1 598.00	55.30	256.00	0.10	6.26	5.00	0.52	31.40	5.62	
	最大值	7.44	7.90	4.24	1.86	9.30	911.00	4.60	35.40	0.02	1.86	1.93	0.12	12.20	2.16	
	平均值	21.27	8.12	7.55	3.01	44.58	1 195.04	20.65	77.11	0.04	3.23	3.00	0.20	18.86	3.25	
2007	最小值	29.85	8.48	7.41	1.86	14.45	390.90	89.80	74.00	0.05	5.24	4.52	0.51	28.40	5.80	
	最大值	26.42	7.90	5.81	0.42	0.78	208.51	62.60	2.00	0.02	1.67	2.03	0.13	13.30	2.12	
	平均值	27.21	8.37	6.21	1.16	4.34	313.91	74.68	36.75	0.04	3.03	3.04	0.22	19.41	3.36	
2009	最小值	30.82	8.36	10.82	3.16	26.80	749.50	278.40	93.10	0.05	3.56	2.57	0.17	22.50	3.49	2.28
	最大值	26.90	7.83	7.65	1.32	4.86	111.41	7.00	22.90	0.04	2.39	1.40	0.11	15.30	2.54	1.58
	平均值	27.62	8.23	8.96	2.17	12.39	325.16	37.87	40.50	0.05	2.86	1.78	0.14	18.27	2.90	1.84
2012	最小值	25.29	8.38	7.63	3.07	37	2 340		0.03		2.76	0.00	0.00	25.00	0.98	0.00
	最大值	22.47	7.96	6.56	2.18	26	424		0.02		1.11	0.00	0.00	15.00	0.50	0.00
	平均值	23.68	8.05	7.17	2.65	32	1 440		0.02		2.12	0.00	0.00	20.80	0.72	0.00

备注：2005年数据来自北海监测中心对该海域进行的海水水质现状调查数据；2007年数据依据潍坊市沿海防护堤二期工程海洋环境影响报告书；2009年数据依据潍坊滨海生态旅游度假区区域建设用海论证报告；2012年数据来自山东省潍坊市海洋环境监测中心进行的示范性监测数据。

(1) 无机氮

无机氮为该海域主要有机污染物。由图2.59可知，2005年的无机氮数据已经超过海水水质标准（GB3097—1997）中的二类水质标准将近4倍，甚至劣于四类水质标准。之后水环境质量转好，至2009年工程建设之前，数值都在二类水质标准300 μg/L左右。而集约用海之后，2012年在该海域的水质调查数据显示，无机氮值已蹿升至1 440 μg/L，劣于四类水质标准，个别站位的值甚至已达2 340 μg/L，是四类水质标准的4倍之多。可见集约用海活动虽促进该区域工业、农业、建筑业的快速发展，却造成了无机氮污染的加重。

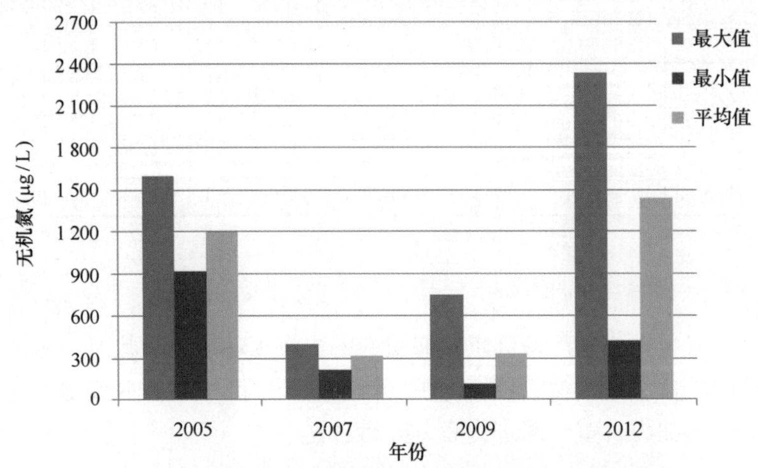

图2.59　潍坊滨海生态旅游度假区附近海域无机氮的变化

(2) 磷酸盐

由图2.60可知，该海域2005年的磷酸盐值劣于海水水质标准（GB3097—1997）中的二类水质标准，但符合四类水质标准。之后水环境质量转好，至2007年，磷酸盐已为4.34 μg/L。之后磷酸盐含量又呈现缓慢增长趋势。2012年，该海域水质中的磷酸盐值已增至32 μg/L，超过了二类水质标准。可见集约用海工程对该海域的活性磷酸盐有影响，这也与大量生活用水的排放有关。

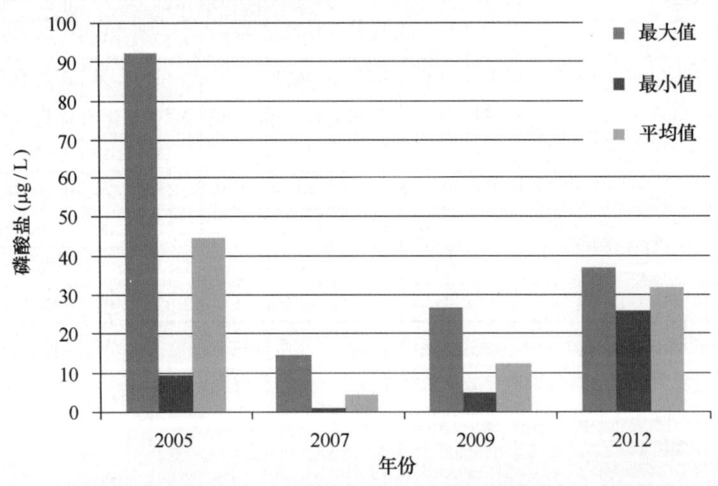

图2.60　潍坊滨海生态旅游度假区附近海域磷酸盐的变化

（3）石油类

由图 2.61 可知，潍坊滨海生态旅游度假区附近海域石油类指标整体上呈好转趋势。2005 年该海域石油类污染严重，2007 年已经有了好转，但个别海区石油类指标仍超标，2009 年油类污染稍稍加重，但仍符合国家二类水质标准要求。至 2012 年检测的所有位点均已符合海水水质标准（GB3097—1997）中的二类水质标准。可见集约用海工程未加重该海域的石油类污染。

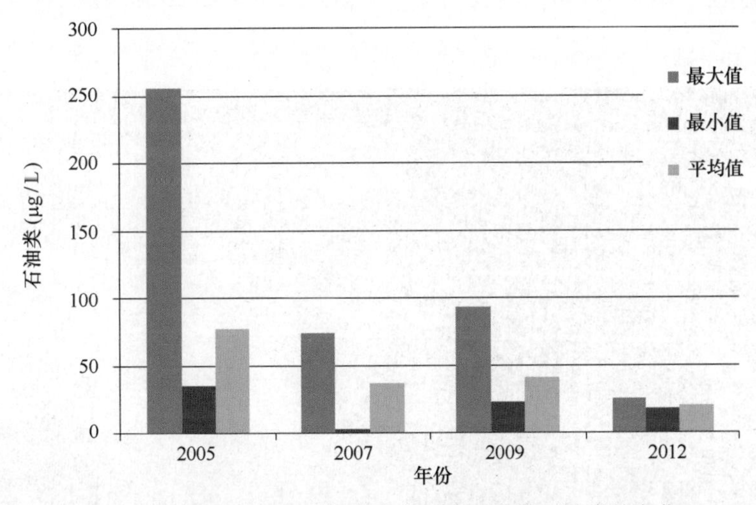

图 2.61　潍坊滨海生态旅游度假区附近海域石油类的变化

（4）重金属

潍坊滨海生态旅游度假区海域的重金属污染较轻，铜、铅、镉、锌、铬均符合《海水水质标准》（GB13097—1997）中的水质二类标准（图 2.62），集约用海工程未加重该海域的重金属污染。

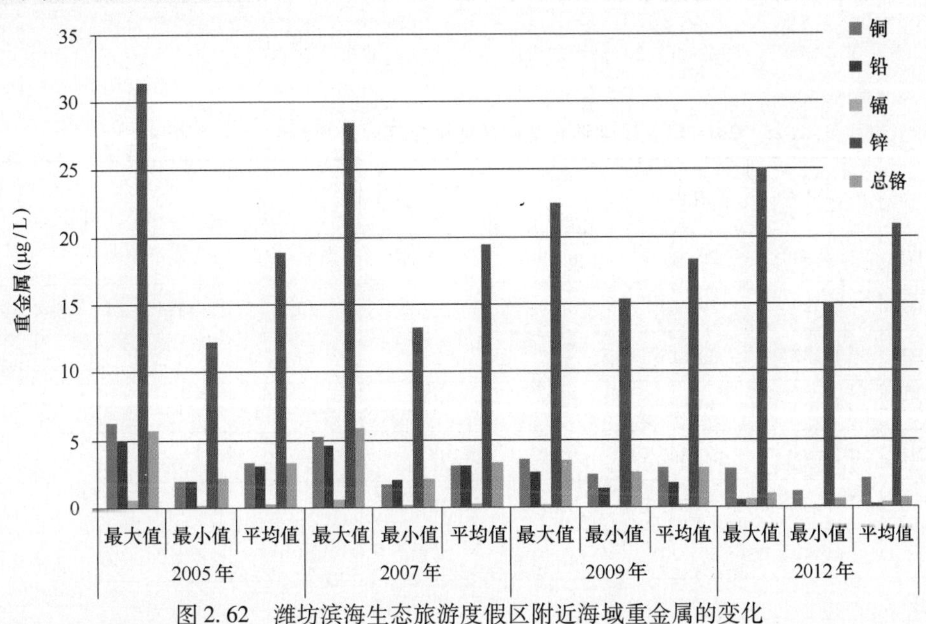

图 2.62　潍坊滨海生态旅游度假区附近海域重金属的变化

2.4.2 龙口临港高端制造业聚集区

2.4.2.1 海水环境质量现状

2011 年 8 月，北海监测中心对龙口临港高端制造业聚集区一期建设项目的用海海域进行了环境质量调查，布设了 9 个水质站点（图 2.63），监测指标包括溶解氧、化学需氧量、悬浮物、磷酸盐和可溶性无机氮，监测结果见表 2.25。

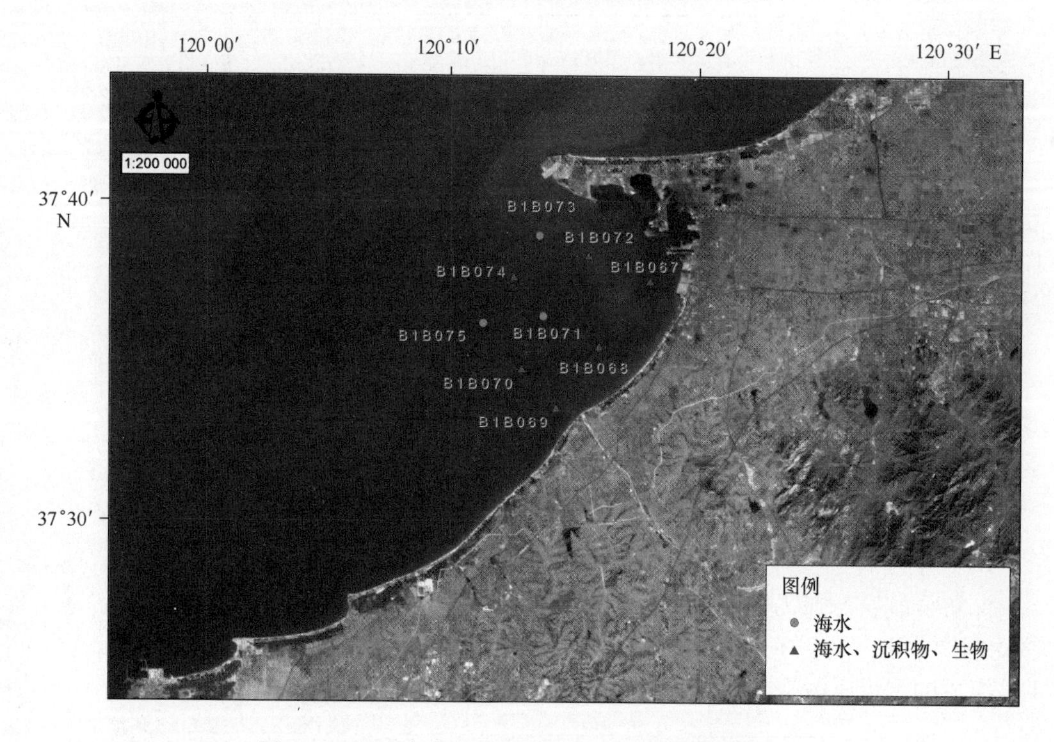

图 2.63　2011 年龙口临港高端制造业聚集区调查站位

表 2.25　2011 年龙口临港高端制造业聚集区附近海域海水水质监测数据

站号	水温（℃）	盐度	溶解氧 (mg/L)	化学需氧量 (mg/L)	悬浮物 (mg/L)	磷酸盐 (μg/L)	可溶性无机氮 (μg/L)
B1B067	14.90	29.311	8.99	1.32	32.5	1.92	271
B1B072	15.20	29.364	8.74	1.07	12.5	1.12	465
B1B073	15.33	30.815	8.67	1.10	17.8	1.28	374
B1B074	15.65	30.889	8.61	1.14	20.8	1.22	397
B1B071	15.48	30.895	8.19	1.10	20.1	1.27	211
B1B075	15.37	30.282	8.61	1.51	19.8	1.18	106
B1B069	15.40	30.723	8.64	1.21	26.1	1.06	320

续表

站号	水温（℃）	盐度	溶解氧（mg/L）	化学需氧量（mg/L）	悬浮物（mg/L）	磷酸盐（μg/L）	可溶性无机氮（μg/L）
B1B070	14.70	30.197	8.58	1.56	26.8	1.07	272
B1B068	15.30	30.808	8.51	1.16	19.0	1.23	399
最大值	15.65	30.895	8.99	1.56	32.5	1.92	465
最小值	14.70	29.311	8.19	1.07	12.5	1.06	106
平均值	15.26	30.366	8.616	1.246	21.716	1.266	313

海水质量评价采用海水水质标准（GB3097—1997）中的二类水质标准进行评价，评价方法采用标准指数法和超标统计法。由图2.64可知，龙口湾附近海域海水环境主要污染物为无机氮；无机氮有三个站位含量超过一类海水水质标准，但符合二类水质标准，四个站位超过二类海水水质标准，但符合三类水质标准，一个站位超过三类水质标准。

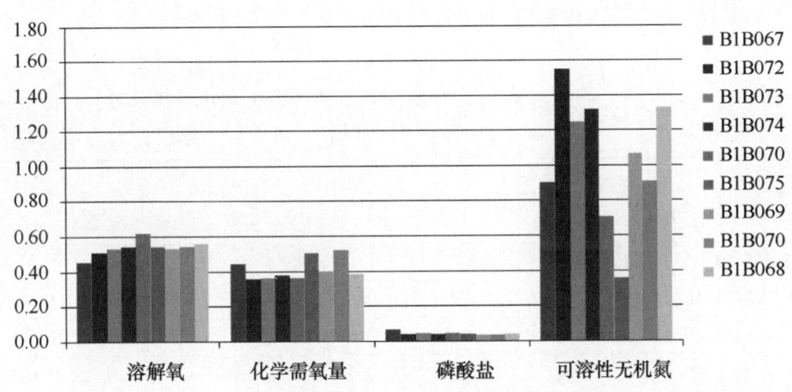

图2.64　龙口临港高端制造业聚集区海域附近海域海水水质指数

2.4.2.2　历史海水环境质量状况

（1）2008年海水质量状况

2008年10月中国海洋大学在聚集区工程附近海域进行了20个站位的水质调查，调查站位见图2.65，采用海水水质标准（GB3097—1997）中的二类水质标准，按标准指数法和超标统计法，对11项指标进行评价。评价结果表明，化学需氧量有部分站位超出二类水质标准，石油类所有站位均超出二类水质标准，其他各水质评价因子均符合二类海水水质标准。化学需氧量和石油类超标原因可能与南侧渔港和周边企业有关。监测结果见表2.26及图2.66。

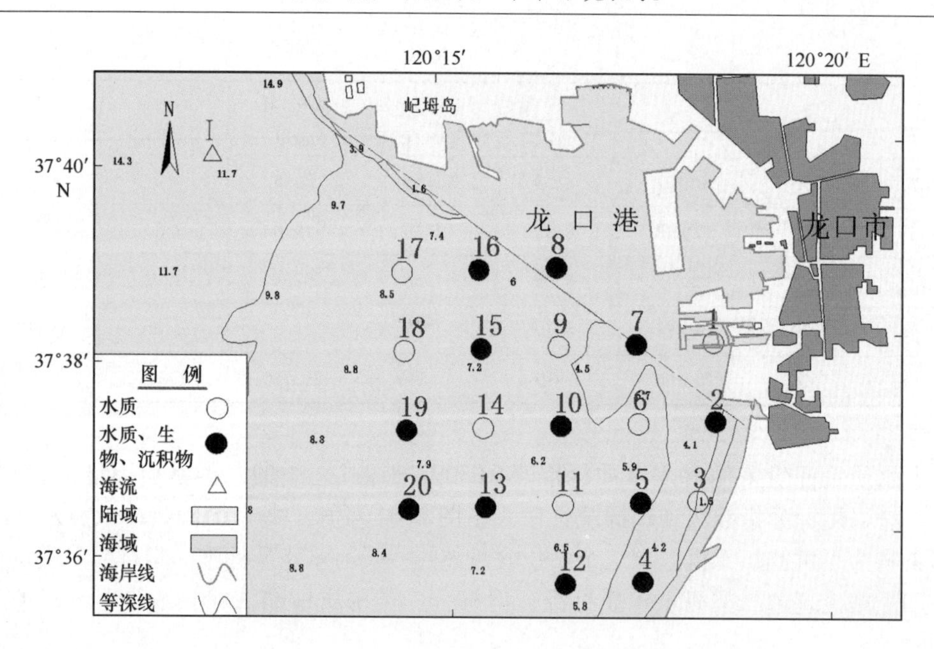

图 2.65　2008 年龙口临港高端制造业聚集区附近海域调查位点

表 2.26　2008 年龙口临港高端制造业聚集区附近海域海水水质监测数据

单位：mg/L，除温度、pH 值外

站位	温度	pH 值	溶解氧	化学需氧量	无机氮	活性磷酸盐	石油类	铜	锌	铅	镉	总铬	砷
1	20.9	8.18	6.34	2.87	0.15	ND	0.09	0.002 5	0.016	ND	0.000 9	0.006	0.005
2	25	8.25	6.41	2.64	0.17	ND	0.088	0.002 5	0.017	ND	0.001	0.006 2	0.005
3	25	8.25	6.41	2.96	0.15	ND	0.095	0.002 5	0.016	ND	0.001	0.006 1	0.005
4	25	8.3	6.53	2.97	0.15	ND	0.092	0.002 5	0.016	ND	0.000 9	0.006 2	0.005
5	25	8.26	6.42	3.18	0.15	0.001	0.175	0.002 5	0.017	ND	0.001	0.005 9	0.005
6	25	8.22	6.4	2.89	0.15	ND	0.106	0.002 5	0.016	0.000 3	0.000 9	0.006 2	0.005
7	23.2	8.1	6.38	3	0.14	ND	0.092	0.002 5	0.015	0.000 3	0.001	0.006 3	0.005
8	20.9	8.15	5.71	2.69	0.15	ND	0.073	0.002 5	0.015	ND	0.000 9	0.006 1	0.005
9	25	8.17	6.28	2.81	0.15	ND	0.079	0.002 5	0.016	0.000 4	0.001	0.006 1	0.005
10	25	8.14	6.36	2.97	0.15	ND	0.089	0.002 5	0.016	0.000 2	0.001	0.006	0.005
11	25	8.26	6.51	2.96	0.15	ND	0.092	0.002 5	0.016	ND	0.000 9	0.006 1	0.005
12	25	8.36	6.67	3.18	0.15	ND	0.097	0.002 5	0.018	ND	0.001	0.006 2	0.005
13	25	8.22	6.65	3.05	0.14	ND	0.101	0.002 5	0.017	0.000 7	0.000 9	0.006 3	0.005
14	25	8.16	6.47	2.85	0.15	ND	0.082	0.002 5	0.016	ND	0.001	0.006 2	0.005
15	25	8.13	6.43	2.72	0.15	ND	0.074	0.002 4	0.015	ND	0.000 9	0.006	0.005
16	25	8.18	6.03	2.33	0.15	0.001	0.071	0.002 4	0.015	ND	0.000 9	0.006 2	0.005
17	25	8.26	5.92	2.35	0.15	ND	0.078	0.002 4	0.016	ND	0.001	0.006	0.005
18	25	8.23	5.89	2.38	0.15	ND	0.063	0.002 4	0.016	ND	0.000 9	0.006	0.005
19	25	8.19	5.8	2.4	0.15	ND	0.058	0.002 5	0.016	ND	0.001	0.006 3	0.005

续表

站位	温度	pH 值	溶解氧	化学需氧量	无机氮	活性磷酸盐	石油类	铜	锌	铅	镉	总铬	砷
20	25	8. 2	5. 7	2. 79	0. 16	0. 001	0. 085	0. 002 5	0. 015	ND	0. 000 9	0. 006 1	0. 005
最大值	25	8. 1	6. 67	3. 18	0. 17	0. 001	0. 175	0. 002 5	0. 018	0. 000 7	0. 001	0. 006 3	0. 005
最小值	20. 900	8. 360	5. 700	2. 330	0. 140	ND	0. 058	0. 002	0. 015	ND	0. 001	0. 006	0. 005
平均值	24. 500	8. 211	6. 266	2. 800	0. 151	0. 001	0. 089	0. 002	0. 016	0. 000	0. 001	0. 006	0. 005

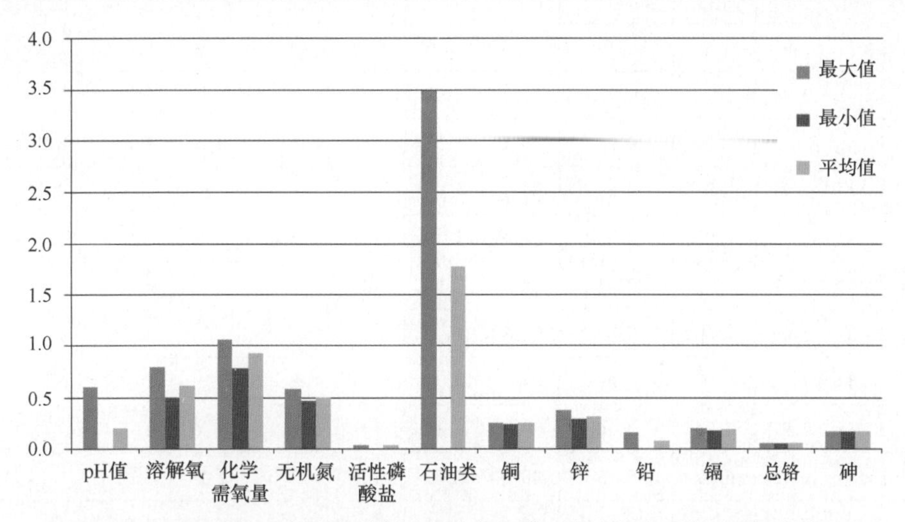

图 2.66　2008 年龙口临港高端制造业聚集区附近海域海水环境质量评价结果

（2）2009 年海水质量状况

国家海洋局北海监测中心于 2009 年 8 月 30 日在聚集区附近海域进行了 21 个站位的海水水质调查，调查位点见图 2.67，采用海水水质标准（GB3097—1997）中的二类

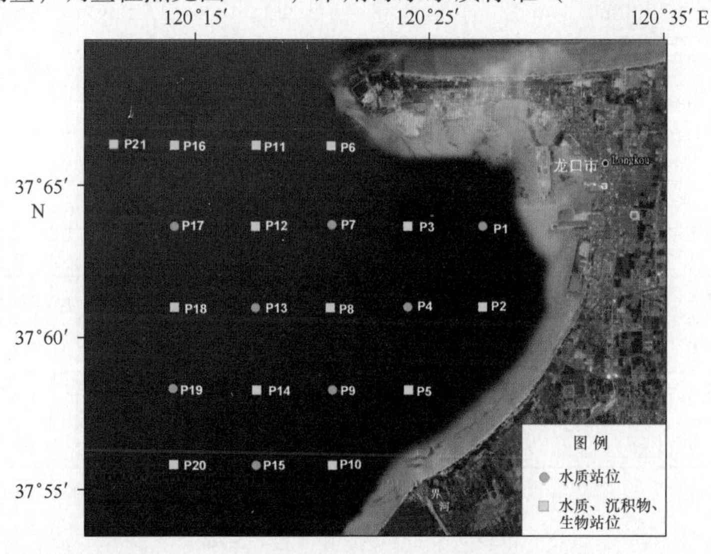

图 2.67　2009 年龙口临港高端制造业聚集区附近海域调查位点

水质标准，按标准指数法和超标统计法，对10项指标进行评价。评价结果表明，该海区水质环境质量较好，但无机氮在个别站位标准指数相对较高，P10站标准指数达到1.00，其他调查因子标准指数均较低，最大值在0.70以下。监测数据见表2.27，评价结果见图2.68。

表2.27　2009年龙口临港高端制造业聚集区附近海域海水水质监测数据

站号	盐度	pH值	溶解氧 (mg/L)	化学需氧量 (mg/L)	悬浮物 (mg/L)	磷酸盐 (μg/L)	无机氮 (μg/L)	石油类 (μg/L)	铜 (μg/L)	铅 (μg/L)	锌 (μg/L)	镉 (μg/L)
P3	30.75	7.91	7.3	0.59	33.5	10.5	252	14.2	1.9	1.09	15.2	0.11
P1	30.47	7.94	6.75	0.72	31.1	5.99	298	14.5	2.99	1.36	17.4	0.13
P2	30.41	7.93	6.82	0.55	30.1	1.55	271	16.2	3.0	1.31	18.4	0.14
P4	30.70	7.94	6.85	0.51	34.1	1.08	180	8.55	1.52	1.08	13.4	0.12
P5	30.62	7.95	7.01	0.68	27.1	1.19	155	11.4	1.4	0.92	14.7	0.13
P10	30.02	8.02	7.12	0.95	28.1	1.68	301	28.4	1.66	1.15	12.8	0.11
P9	30.63	8.00	7.06	0.49	35.8	1.12	134	15.0	2.71	1.22	16	0.12
P8	30.68	7.98	7.07	0.59	24.1	1.24	148	8.9	2.5	1.12	15.2	0.11
P7	30.75	7.97	7.04	0.36	27.1	1.19	127	10.2	2.46	1.02	13.4	0.11
P6	30.85	7.96	6.82	0.75	38.6	2.82	126	11.0	1.88	1.07	14.6	0.11
P11	30.75	7.94	6.74	0.63	38.8	2.41	114	6.96	1.66	1.07	11.5	0.14
P12	30.84	7.94	6.82	0.76	23.1	1.87	241	10.7	1.74	1.36	17.2	0.11
P13	30.72	7.95	6.88	0.91	26.8	1.85	128	14.6	1.68	0.71	16.1	0.11
P14	30.71	7.96	6.75	0.72	13.5	6.34	145	9.61	2.49	1.30	15.8	0.11
P15	30.67	7.97	7.36	0.79	18.8	1.96	96.9	9.67	2.59	0.84	15.5	0.12
P20	30.65	7.97	7.5	1.07	23.1	3.51	193	10.0	1.92	0.89	16.3	0.09
P19	30.67	7.95	7.41	0.91	26.8	1.24	117	7.65	1.84	0.56	15.7	0.10
P18	30.69	7.96	7.36	0.57	28.5	2.14	161	7.80	1.41	1.11	15.5	0.11
P17	30.64	7.95	7.22	0.63	37.6	3.4	155	10.5	1.76	0.71	14.5	0.11
P21	30.74	7.95	7.02	0.53	29.5	2.88	177	11.8	1.74	0.85	17	0.10
P16	30.75	7.95	7.23	0.51	28.10	1.89	179	11.5	1.74	0.84	16.7	0.11
最大值	30.85	8.02	7.50	1.07	41.80	10.50	301.00	28.40	3.00	1.41	19.60	0.14
最小值	30.02	7.91	6.72	0.32	13.50	1.08	96.90	6.96	1.40	0.56	11.50	0.09
平均值	30.68	7.96	7.05	0.64	30.59	3.04	175.78	11.86	2.03	1.02	15.50	0.12

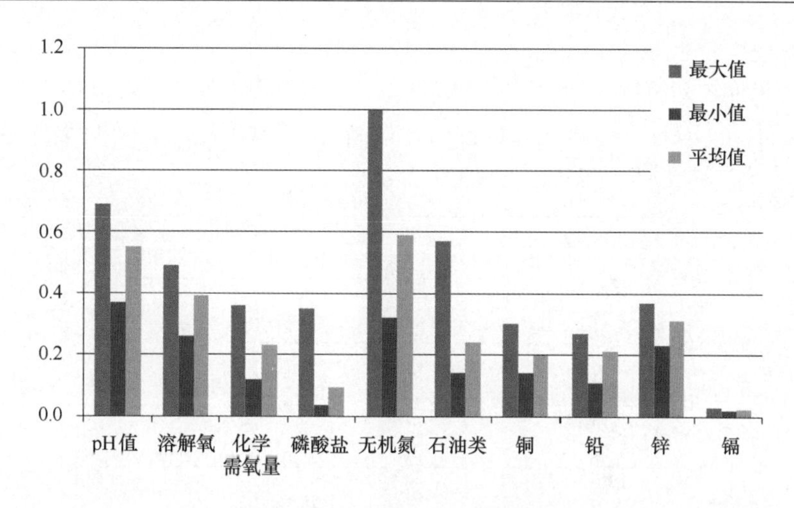

图 2.68 2009 年龙口临港高端制造业聚集区附近海域海水环境质量评价结果

2.4.2.3 海水环境质量演变趋势

根据龙口临港高端制造业聚集区工程海域的历史海水环境质量状况，可知无机氮为该海区主要污染因子。下面就选取典型水质监测因子无机氮、磷酸盐、石油类、化学需氧量、重金属进行趋势分析。

（1）无机氮

无机氮为该海域主要污染物。由图 2.69 可知，2008 年海水中的无机氮含量较低，符合国家海水水质标准中的一类水质标准。项目建设前 2009 年大部分海区的无机氮含量符合国家一类水质标准。而集约用海之后，无机氮污染加重，2011 年该海域无机氮的平均浓度已升至 313 μg/L，略高于国家二类水质标准，但个别站位的值已达 465 μg/L，劣于三类水质标准，优于四类水质标准。可见集约用海活动加重了该区域的无机氮污染。

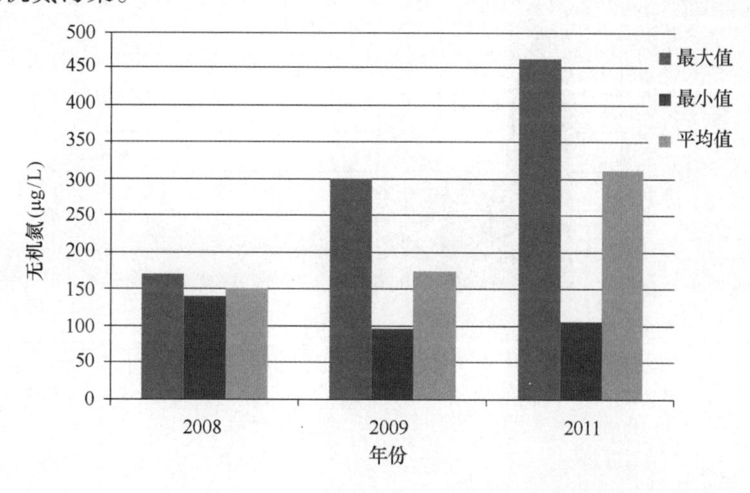

图 2.69 龙口临港高端制造业聚集区附近海域无机氮的变化

（2）磷酸盐

由图 2. 70 可知，该海域的磷酸盐值较低，2008—2011 年均符合一类海水水质标准。相比较而言，2009 年，该区域的磷酸盐最高，为 3. 04 μg/L。可见集约用海工程对该海域的活性磷酸盐没有造成很大影响。

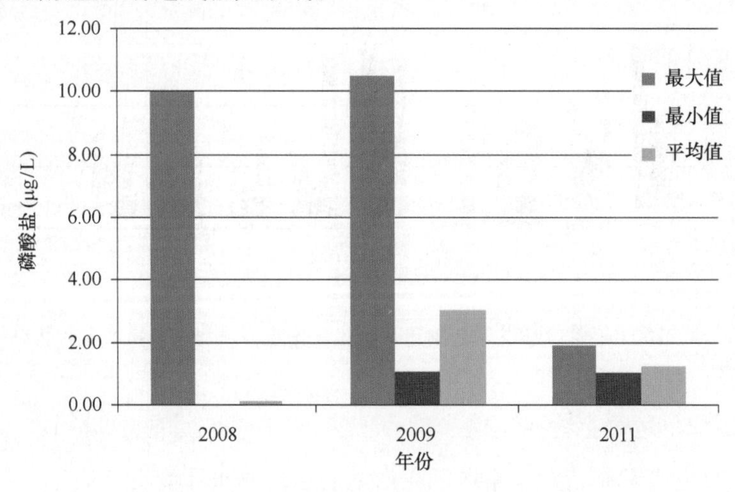

图 2. 70　龙口临港高端制造业聚集区附近海域磷酸盐的变化

（3）石油类

由图 2. 71 可知，2008 年龙口临港高端制造业聚集区附近海域石油类污染较为严重，劣于二类海水水质标准，优于三类海水水质标准，可能与南侧渔港渔船众多有关。至 2009 年情况便有了好转，已经优于国家一类海水水质标准。

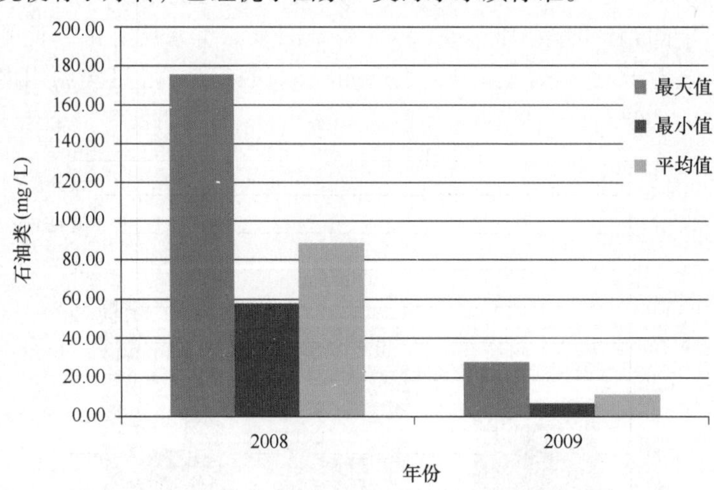

图 2. 71　龙口临港高端制造业聚集区附近海域石油类的变化

（4）化学需氧量

由图 2. 72 可知，2008 年龙口临港高端制造业聚集区海域的化学需氧量含量劣于国家一类海水水质标准，符合二类水质标准，个别站位已经劣于二类标准，污染较为严重。这也是与该区域无机氮污染较为严重有关。2009 年环境质量转好，化学需氧量值均满足国家一类海水水质标准，至 2011 年，化学需氧量污染又略有加重，海区整体符合二类海水水质标准，可见集约用海工程对该海域的化学需氧量有一定影响。

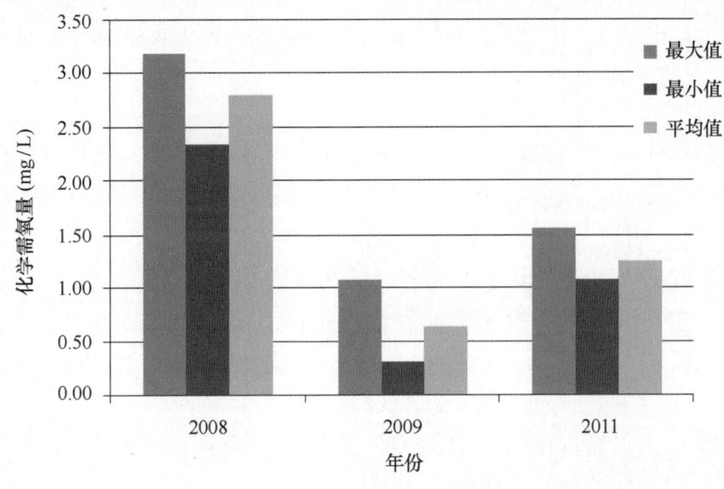

图 2.72　龙口临港高端制造业聚集区附近海域化学需氧量的变化

（5）重金属

龙口临港高端制造业聚集区海域的重金属污染较轻，铜、锌、铅、镉均符合海水水质标准（GB13097—1997）中的二类水质标准（图 2.73）。

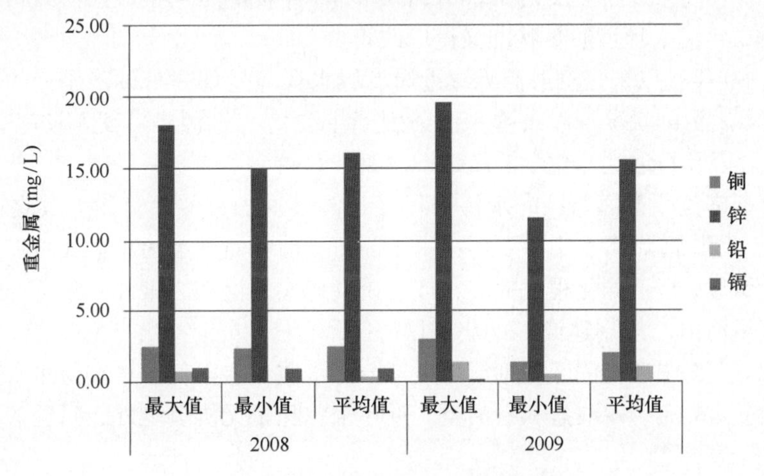

图 2.73　龙口临港高端制造业聚集区附近海域重金属的变化

2.5 结论

（1）近年渤海海水环境污染形势依然严峻

渤海湾、辽东湾、莱州湾底部海水污染现象尤为突出，主要污染物为无机氮、活性磷酸盐和石油类。

（2）辽东湾“正在建设”集约用海区

锦州湾近岸海域21世纪初为污染严重海域，主要污染物为无机氮、铅和磷酸盐，2006年以来镉、总汞和石油类等也有不同程度的超标现象，尤其是镉含量超出了三类海水水质标准。

营口近岸海域水质已经受到了不同程度的污染，全海域海水水质较差，全部为劣四类和四类海水，主要污染因子为无机氮和活性磷酸盐等。2004年以来，海水环境质量整体改善，除无机氮之外，活性磷酸盐等主要污染指标均降至功能区水质标准限值以下。

2000—2006年长兴岛近岸海域水质良好，各项检测指标年均值符合国家二类海水水质标准。长兴岛临港工业区规划前后，海域水质环境有恶化趋势，鉴于长兴岛临港工业区周边为国家级斑海豹自然保护区，在开发建设过程中应注意污染物排放，避免对保护区环境造成影响。

（3）渤海湾内“大规模开发”的集约用海区

曹妃甸循环经济区海域总体海水环境质量良好，大部分监测指标符合一类海水水质标准。活性磷酸盐、石油类及铅在2001年与2005年监测结果中显示污染状况有不同程度增加，2010年海水环境质量状况又得以改善。

20世纪80年代以来，渤海湾天津近岸海域水环境呈现一个逐步恶化的态势。2005年以来，重金属污染状况得以改善，污染因子主要为有机污染（无机氮、活性磷酸盐和活性硅酸盐以及石油类、化学需氧量、总氮、总磷）。

2000年以来沧州渤海新区海水污染程度整体呈现加重的趋势，尤其在工程施工阶段更为明显。近岸海域海水中主要污染因子为氮、磷和石油类污染。大量氮、磷等进入水体中，导致海水富营养化程度提高，成为诱发赤潮的潜在因素。

（4）莱州湾内“规划建设”的集约用海区

潍坊滨海生态旅游度假区规划海域大部分海水监测要素低于二类海水水质标准；主要超标因子为无机氮、磷酸盐和石油类。近年来，除了无机氮之外，磷酸盐和石油类污染状况略有改善。

龙口临港高端制造业聚集区海域海水环境质量状况整体较好，大部分监测要素符合二类海水水质标准，主要污染因子是无机氮、石油类和化学需氧量。

3 环渤海集约用海区域沉积物环境质量现状及历史演变

沉积物是众多污染物在环境中迁移转化的载体、归宿和蓄积库，污染物的积累、变化周期较长，且能够通过吸附－解吸等物理化学作用，对上覆水体造成二次污染。本章从整个渤海出发，分析了2005年、2007—2012年渤海及辽东湾、渤海湾和莱州湾的沉积物环境状况及历史演变；并对选取的8个集约用海区进行了沉积物环境质量状况和趋势分析。

3.1 渤海沉积物环境质量状况及历史演变

3.1.1 渤海沉积物环境质量状况

2012年，北海监测中心对渤海海域沉积物开展61个站位沉积物监测，监测结果显示，渤海海域沉积物类型以黏土质粉砂为主，渤海近岸海域沉积物粒度较粗，多为砂和粉砂质砂，向海粒度逐渐变细，渤海中部以黏土质粉砂为主，渤海湾沉积物粒度较细，以粉砂质黏土为主。

渤海沉积物质量状况总体良好，除多氯联苯外，其他监测指标符合一类海洋沉积物质量标准的站位比例均在92%以上。2012年渤海沉积物监测指标符合一类海洋沉积物质量标准的站位比例见图3.1。

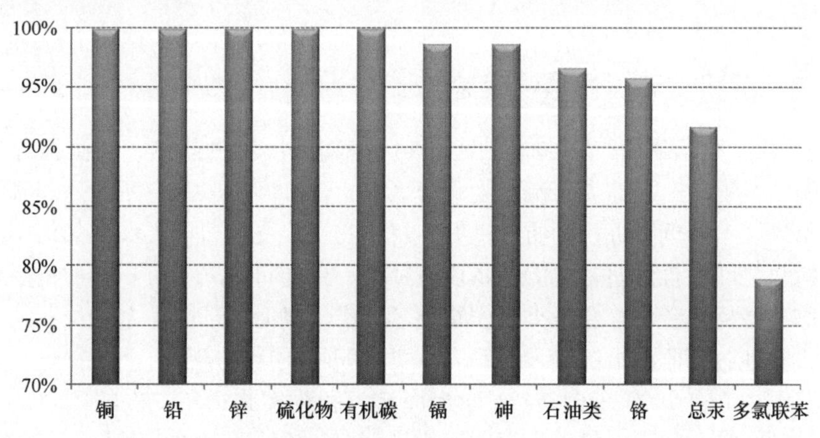

图3.1 2012年渤海沉积物监测指标符合一类海洋沉积物质量标准的站位比例

（1）辽东湾

沉积物质量状况总体良好，近岸局部海域沉积物受到重金属污染。其中，锦州近岸局部海域沉积物总汞含量超三类海洋沉积物质量标准，个别站位沉积物铬含量超一类海洋沉积物质量标准；绥中近岸局部海域沉积物总汞含量超一类海洋沉积物质量标准；秦皇岛东北部近岸以外海域个别站位沉积物石油类含量超三类海洋沉积物质量标准。

（2）渤海湾

沉积物质量状况总体良好，天津近岸部分海域沉积物多氯联苯含量超一类海洋沉积物质量标准，个别站位沉积物石油类含量超一类海洋沉积物质量标准。

（3）莱州湾

沉积物质量状况良好，监测指标均符合一类海洋沉积物质量标准。

（4）渤海中部

沉积物质量状况良好，监测指标基本符合一类海洋沉积物质量标准，个别站位沉积物石油类含量超三类海洋沉积物质量标准。

2012 年渤海三大湾海域沉积物质量状况见表 3.1。

表 3.1　2012 年渤海三大湾海域沉积物质量状况

区域	沉积物综合质量状况	超标因子
辽东湾	良好	总汞含量超三类海洋沉积物质量标准 铬含量超一类海洋沉积物质量标准 石油类含量超三类海洋沉积物质量标准
渤海湾	良好	多氯联苯含量超一类海洋沉积物质量标准 石油类含量超一类海洋沉积物质量标准
莱州湾	良好	无
渤海中部	良好	石油类含量超三类海洋沉积物质量标准

3.1.2　渤海沉积物环境质量演变趋势

2005 年，北海监测中心在渤海范围开展沉积物环境质量监测，监测指标包括：总汞、铜、铅、镉、砷、石油类、硫化物、锌、有机碳、多氯联苯、六六六和滴滴涕。监测结果显示：辽东湾近岸沉积物质量良好，沉积物主要受到石油类和砷的污染。渤海湾沉积物中硫化物和汞含量超一类沉积物质量标准，仅能符合二类沉积物质量要求。莱州湾沉积物监测指标含量均符合一类沉积物质量标准，渤海中部除 1 个站位石油类含量站位超标外，其他各项监测指标含量均符合一类沉积物质量标准。

北海监测中心自 2009—2012 年对渤海海域沉积物实施每年一次的监测，监测项目包括：石油类、硫化物、有机碳、铜、铅、锌、镉、铬、汞和砷，并针对部分典型海域实施持久性有机污染物（多氯联苯、六六六和滴滴涕）监测。监测结果表明，近年渤海海域沉积物质量状况总体良好，近岸局部海域受到一定程度的石油类、重金属（汞、铜、镉、砷）和多氯联苯污染，详见表 3.2 和图 3.2。

表 3.2 2009—2012 年渤海海域沉积物质量状况

监测年份	渤海沉积物综合质量状况	超标物质			
		辽东湾	渤海湾	莱州湾	渤海中部
2009	良好	石油类、滴滴涕、汞、铜、镉、砷	多氯联苯	汞、镉、砷	–
2010	良好	石油类、镉	多氯联苯	镉、铅	–
2011	良好	硫化物、镉、汞、铜、铬	多氯联苯、铬、铜	–	石油类
2012	良好	汞、镉、石油类	多氯联苯、石油类	–	石油类

注："–"表示各项监测指标均符合一类海洋沉积物质量标准。

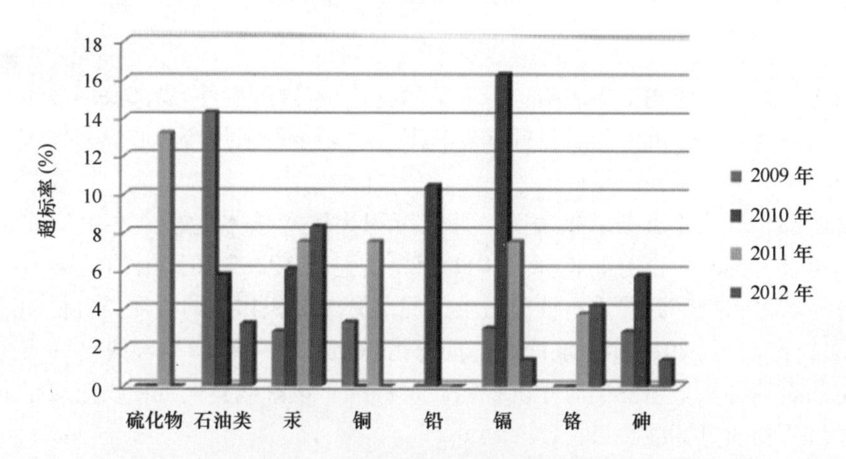

图 3.2 2009—2012 年渤海沉积物主要超标物质的站位超标率
（注：超一类海洋沉积物质量标准）

辽东湾 海域沉积物质量总体良好。近几年监测结果显示：近岸局部海域受到重金属和石油类污染。沉积物污染状况较重的区域主要集中在锦州湾及附近海域，锦州湾沿岸聚集众多冶金、石油、化工等大中型工厂，汞、镉、铬等重金属污染物长期在表层沉积物吸附累积，造成该海域沉积环境受到较为严重的重金属污染。此外，金州湾、复州湾等海湾和部分河口海域的沉积环境也受到一定程度的汞、镉、铜、铬等重金属污染，石河河口附近局部海域沉积物受到一定程度的石油类污染，污染状况均较轻。部分时段双台子河河口附近海域沉积物中的硫化物含量较高，说明河口沉积环境短期内处于还原状态。

渤海湾 近几年监测结果表明：渤海湾近岸局部海域受到较为严重的多氯联苯污染，个别监测站位沉积物中多氯联苯含量超三类海洋沉积物质量标准。多氯联苯是一种人工合成的有机物，属于致癌物质，在国内禁用已经 10 年之久，但由于该物质在环境中难以被降解，故而能够长期在沉积物和生物体内蓄积残留，近年监测发现，多氯联苯在天津近岸海域沉积物中累积量颇高，成为渤海湾沉积物环境的主要污染物，给该海域带来一定的潜在环境风险。近几年（2009—2012 年）的监测结果表明，该海域沉积物中的多氯联苯含量水平已有所降低（图 3.3）。

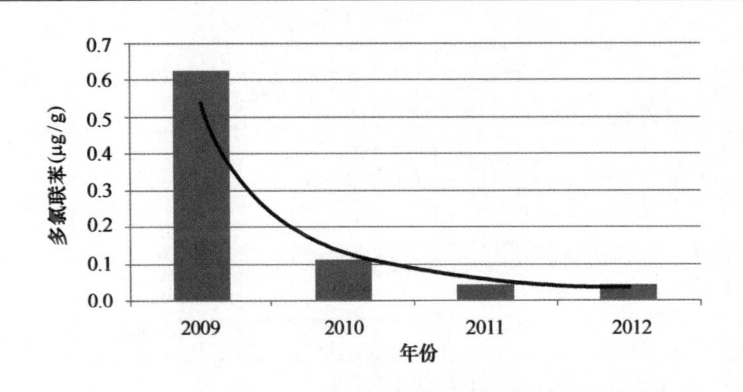

图 3.3　2009—2012 年渤海湾近岸海域沉积物多氯联苯平均含量变化状况

莱州湾　近几年监测结果表明：海域沉积物质量良好。近岸局部海域曾出现部分重金属指标略超一类海洋沉积物质量标准的状况，大多年份莱州湾海域沉积物各项监测指标均符合一类海洋沉积物质量标准。

渤海中部　近几年监测结果表明：海域沉积物质量总体良好。2011 年前，各项监测指标均符合一类沉积物监测指标，2011 年，受蓬莱 19－3 油田溢油污染影响，渤海中部部分海域沉积物受到严重石油类污染，局部海域沉积物中的石油类含量超三类海洋沉积物质量标准；至 2012 年，渤海中部局部海域沉积物中石油类含量仍然较高，个别监测站位的石油类含量超三类海洋沉积物质量标准。该海域其他沉积物监测指标均符合一类海洋沉积物质量标准。

3.2　辽东湾“正在建设”集约用海区沉积物环境质量现状

辽东湾选择辽西锦州湾沿海经济区、辽宁（营口）沿海产业基地和长兴岛临港工业区 3 个区域作为代表，辽西锦州湾沿海经济区于 2009 年批复，辽宁（营口）沿海产业基地于 2010 年 4 月获国家海洋局批复，长兴岛临港工业区于 2009 年获国家海洋局批复。根据《环渤海区域开发现状和历史评价研究报告》结论，上述三区域均处在正在开发阶段，其中：对长兴岛临港工业区 2002 年、2007 年、2009 年、2010 年和 2011 年，辽宁（营口）沿海产业基地 2006 年、2007 年、2009 年、2010 年、2011 年，辽西锦州湾沿海经济区 2007 年、2008 年、2009 年、2010 年资料进行沉积物的环境现状分析和不同年份沉积物的状况及演变趋势分析。

3.2.1　辽西锦州湾沿海经济区

3.2.1.1　沉积物环境现状

2011 年锦州湾生态系统生物多样性调查仅开展硫化物和有机碳调查，不能很好地反映锦州湾及其近岸海域沉积物环境质量，其中，有机物含量较低，均符合《海洋沉积物质量》（GB18668—2002）一类海洋沉积物质量标准的要求；硫化物含量部分站位超出了一类海洋沉积物质量标准，表明调查海域沉积物受到硫化物污染（表3.3）。

表3.3　2011年锦州湾近岸海域沉积物质量分析数据及污染指数

站位号	硫化物（$\times10^{-6}$）	TOC（%）	单因子指数	
			硫化物	TOC
1	78.3	0.77	0.26	0.39
2	389.7	1.97	1.30	0.99
3	182.3	1.31	0.61	0.66
4	–	–	–	–
5	96.3	1.01	0.32	0.51
6	143.9	0.94	0.48	0.47
7	161.6	1.22	0.54	0.61
8	159.2	1.08	0.53	0.54
9	73.8	0.55	0.25	0.28
10	835.3	1.46	2.78	0.73
11	102.6	0.98	0.34	0.49
12	69.7	0.97	0.23	0.49
最大值	835.3	1.97	2.78	0.985
最小值	69.7	0.55	0.23	0.275
平均值	208.4	1.11	0.69	0.56

3.2.1.2　历史时期沉积物环境质量

（1）2007年沉积物质量状况

2007年锦州湾近岸海域沉积物环境中硫化物、有机碳、石油类、滴滴涕、多氯联苯、汞、铅、铜含量符合一类海洋沉积物质量标准；但调查海域所有站位的重金属砷、镉含量超一类海洋沉积物质量标准的要求，超标率为100%；调查海域沉积物受到重金属砷和镉污染严重。

（2）2008年沉积物质量状况

2008年锦州湾近岸海域沉积物环境中硫化物、有机碳和重金属汞含量符合一类海洋沉积物质量标准；部分站位石油类、重金属铅、铜和砷含量超一类海洋沉积物质量标准；部分站位重金属铜含量超二类海洋沉积物质量标准，重金属镉含量超三类海洋沉积物质量标准，海域重金属含量超标明显。

（3）2009年沉积物质量状况

2009年锦州湾近岸海域沉积物环境中硫化物、有机碳、重金属汞含量符合一类海洋沉积物质量标准，石油类、重金属铜、砷和铅含量超一类沉积物质量标准，重金属锌和镉超一类沉积物质量标准，调查海域沉积物受到重金属铅、铜、锌、镉、砷污染。

（4）2010 年沉积物质量状况

2010 年锦州湾近岸海域沉积物环境中硫化物、有机碳和重金属汞符合一类海洋沉积物质量标准；部分站位石油类、砷、铅含量和全部站位的重金属锌超一类海洋沉积物质量；重金属铜含量超二类海洋沉积物质量标准；重金属镉含量超三类海洋沉积物质量标准，调查海域重金属污染情况依然存在。

锦州湾近岸海域沉积物环境质量状况见表 3.4、图 3.4、图 3.5 及图 3.6，各年份沉积物含量值见表 3.5。

表 3.4　锦州湾近岸海域沉积物环境质量状况

年份	沉积物环境质量	超标因子
2007	一般	重金属砷、镉含量超一类海洋沉积物质量标准
2008	较差	石油类、重金属铅、铜和砷含量超一类海洋沉积物质量标准 重金属铜含量超二类海洋沉积物质量标准 重金属镉含量超三类海洋沉积物质量标准
2009	一般	石油类、铜、砷和铅含量超一类沉积物质量标准 锌和镉超一类沉积物质量标准
2010	较差	石油类、砷、铅、锌超一类海洋沉积物质量标准 重金属铜含量超二类海洋沉积物质量标准 重金属镉含量超三类海洋沉积物质量标准

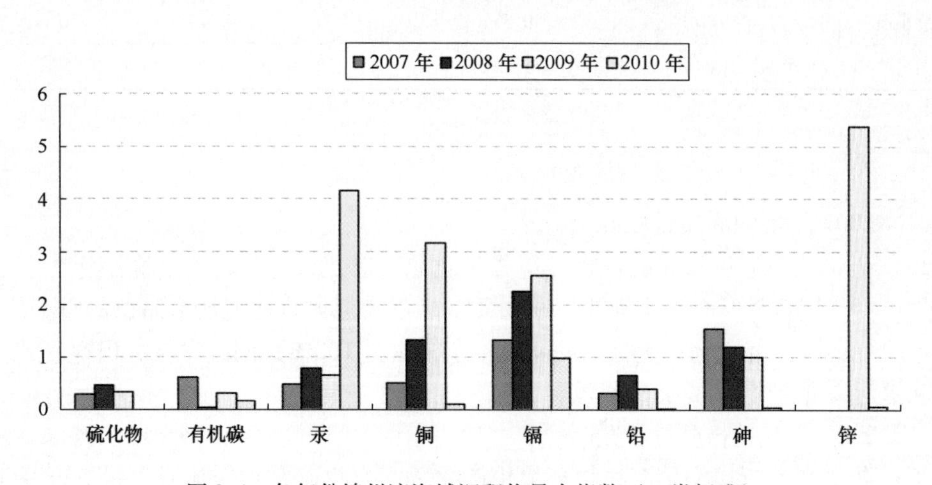

图 3.4　各年份锦州湾海域沉积物最大指数（一类标准）

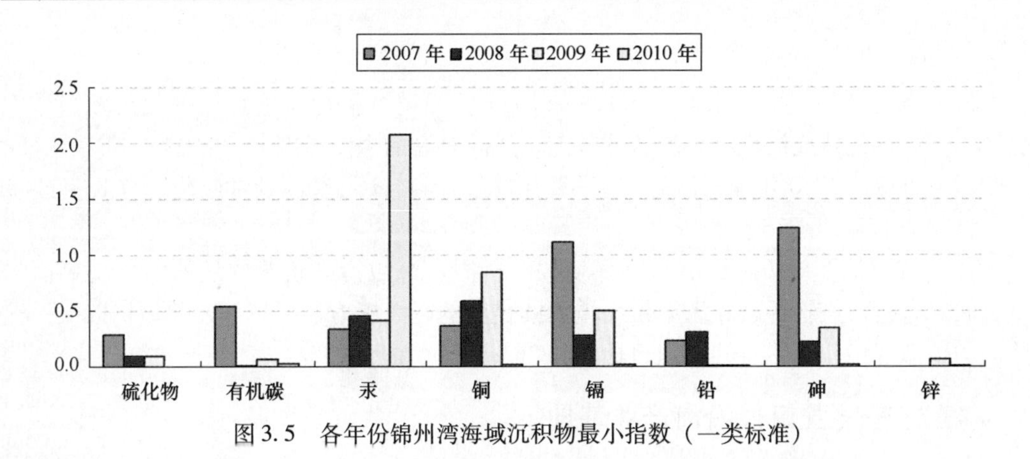

图 3.5 各年份锦州湾海域沉积物最小指数（一类标准）

图 3.6 各年份锦州湾海域沉积物平均指数（一类标准）

表 3.5 锦州湾各年份沉积物含量值

年份	硫化物（$\times10^{-6}$）	有机碳（%）	汞	铜	镉	铅	砷	锌	石油类	滴滴涕	多氯联苯
			$\times10^{-6}$								
2007	92. 8	1. 24	0. 099	17. 8	0. 660	19. 5	31	/	34. 7	0. 003 5	0. 008 6
	87. 4	1. 07	0. 067	12. 8	0. 560	13. 8	24. 8	/	22. 7	0. 002 9	0. 006 9
	90. 4	1. 152 5	0. 083	16. 125	0. 533	16. 775	28	/	29. 575	0. 003 2	0. 007 75
2008	138. 3	0. 07	0. 157	46. 5	1. 130	40	24. 2	/	/	/	/
	29. 26	0. 01	0. 091	20. 6	0. 140	18. 2	4. 42	/	/	/	/
	51. 215	0. 039	0. 109	29. 64	0. 518	28. 82	11. 769	/	/	/	/
2009	103. 2	0. 65	0. 135	110. 871 8	127. 347	24. 548 17	20. 3	808	/	/	/
	28	0. 13	0. 083	29. 673 08	25. 040	0. 585 191	6. 96	9. 5	/	/	/
	59. 79	0. 433	0. 114 75	49. 648 72	42. 109	4. 971 736	14. 082 5	355. 59	/	/	/
2010	0. 31	0. 325	0. 83	3. 637	49. 000	1. 848	0. 765	11. 214	1. 616		
	0. 093	0. 065	0. 415	0. 714	1. 170	0. 495	0. 35	1. 024	0. 019		
	0. 192	0. 208	0. 484	1. 525	13. 409	0. 947	0. 515	3. 917	0. 671		

备注："/"表示未检测；空格表示该年份未开展该要素监测。

3.2.1.3 沉积物环境质量历史演变

（1）从近年历史资料来看，2006—2010 年锦州湾沉积物质量总体一般或较差，重金属含量超标是造成沉积物环境状况较差、风险较高的主要原因。

（2）2006—2010 年锦州湾海域沉积物中铜、镉和锌元素含量常年较高，且呈现逐年上升趋势。

（3）锦州湾及周边海域沉积物环境较差，周边海域污染状况依然严峻，主要面临重金属、有机污染物污染和海岸带生境继续丧失的巨大压力，区域开发建设仍以保护锦州湾的生态环境作为主要的环境目标。

3.2.2 辽宁（营口）沿海产业基地

3.2.2.1 沉积物环境质量现状

2011 年，营口鲅鱼圈附近海域沉积物中有机碳、石油类、硫化物、铜、铅、锌、汞、砷含量符合一类海洋沉积物质量标准；部分站位镉含量超过一类海洋沉积物质量标准，表明调查海域沉积物受到重金属镉的轻微污染，见表 3.6 和图 3.7。

表 3.6 本海域沉积物样品中各要素单因子污染指数

站位	铜	铅	锌	镉	砷	汞	硫化物	总有机碳	石油类
1	0.83	0.41	0.50	0.45	0.56	0.21	0.35	0.03	0.39
2	0.82	0.41	0.48	0.78	0.62	0.18	0.39	0.03	0.14
3	0.86	0.38	0.48	1.14	0.73	0.30	0.06	0.01	0.03
4	0.81	0.42	0.55	1.16	0.58	0.31	0.09	0.01	0.08
5	0.82	0.41	0.48	0.78	0.56	0.29	0.14	0.02	0.20
最大值	0.86	0.42	0.55	1.16	0.73	0.31	0.39	0.03	0.39
最小值	0.81	0.38	0.48	0.45	0.56	0.18	0.06	0.01	0.03
平均值	0.83	0.41	0.50	0.86	0.61	0.26	0.21	0.02	0.17

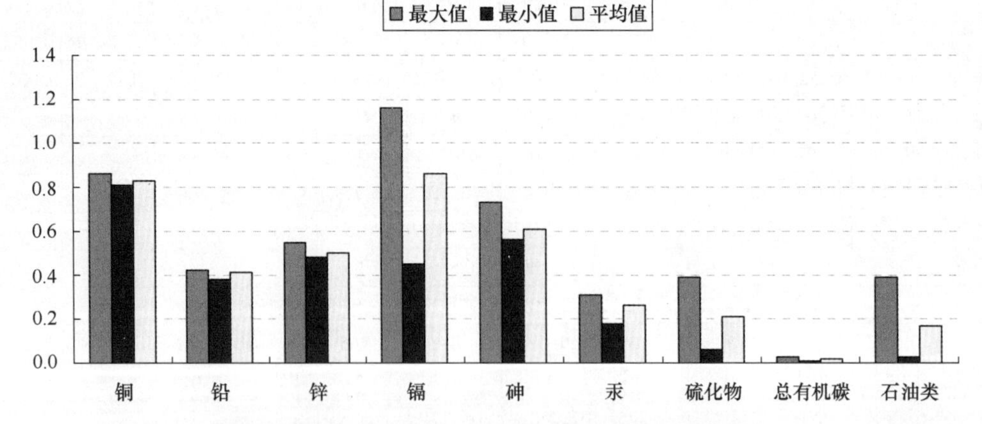

图 3.7 营口沿海产业基地近岸海域沉积物评价结果

3.2.2.2 历史时期沉积物环境质量

（1）2006 年

2006 年营口近岸海域沉积物环境中铜、铅、铬、六六六、滴滴涕、多氯联苯、石油类、硫化物和有机碳的含量符合一类海洋沉积物质量标准；部分调查站位锌、汞和镉超一类海洋沉积物质量标准的要求，表明调查海域沉积物受到重金属的污染。

（2）2007 年

2007 年，石油类、硫化物、有机碳、铅、镉、铜、汞、铬含量符合一类海洋沉积物质量标准。

（3）2009 年

2009 年营口近岸海域沉积物环境中有机质、硫化物、石油类、铜、铅、锌和镉的含量符合一类海洋沉积物质量标准。

（4）2010 年

2010 年营口近岸海域沉积物环境中铜、铅、锌、镉、汞、砷和硫化物含量符合一类海洋沉积物质量标准；部分站位石油类含量超二类海洋沉积物质量标准。

2006—2011 年营口附近海域沉积物环境质量详见表 3.7、图 3.8 及图 3.9，各年度沉积物中污染要素含量见表 3.8。

表 3.7　各年份沉积物环境质量统计结果

年份	沉积物环境质量	超标因子
2006	一般	锌超一类海洋沉积物质量标准的要求 汞超一类海洋沉积物质量标准的要求 砷超一类海洋沉积物质量标准的要求 镉超一类海洋沉积物质量标准的要求
2007	较好	无
2009	较好	无
2010	较好	石油类超过二类海洋沉积物质量标准
2011	较好	镉含量超过一类海洋沉积物质量标准

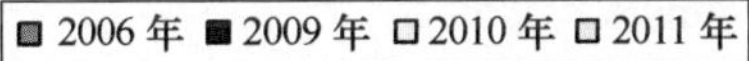

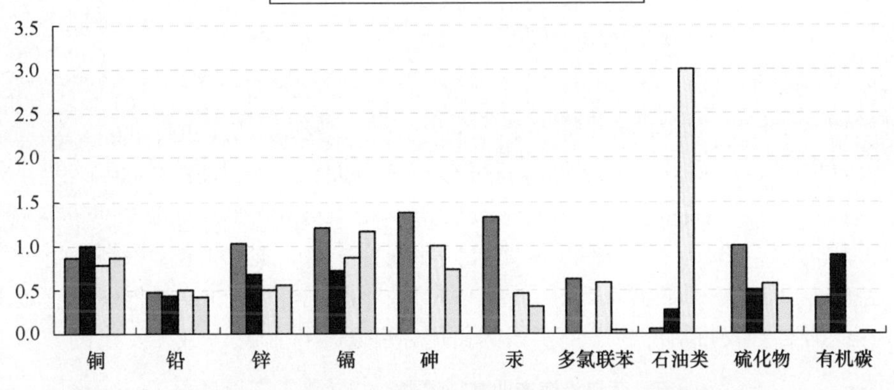

图 3.8　各年份营口海域沉积物最大指数（一类标准）

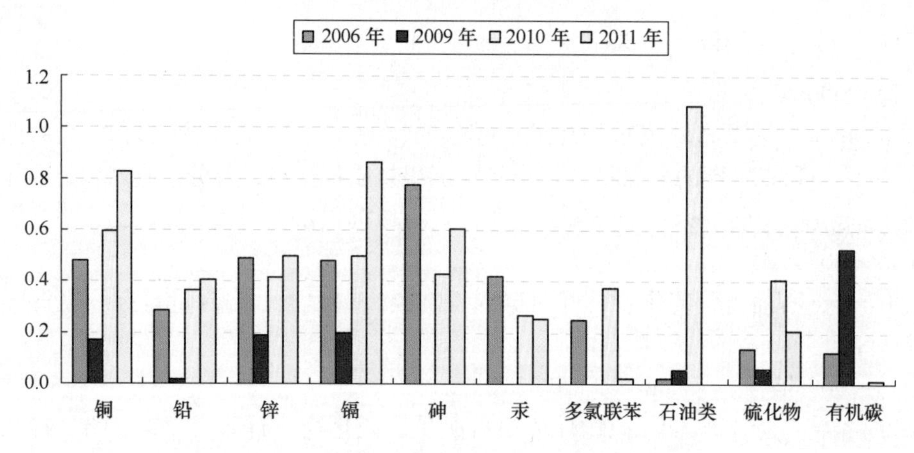

图3.9　各年份营口海域沉积物平均指数（一类标准）

表3.8　营口附近海域各年份沉积物含量值

年份	站号	铜	铅	锌	镉	铬	砷	汞	六六六	滴滴涕	多氯联苯	石油类	硫化物	有机碳
2006	最大值	30.3	28.1	153.5	0.6	47.3	27.4	0.265	3.86	6.40	12.4	29.4	297	0.81
	最小值	5.10	6.20	22.2	0.11	2.8	2.20	0.056	0.672	0.474	2.55	2.82	5.70	0.03
	平均值	16.8	17.1	73.1	0.24	26.2	15.6	0.084	1.52	2.72	4.97	12.6	40.9	0.25
2009	最大值	34.8	26.0	100.5	0.36	/	/	/	/	/	/	132	149	1.79
	最小值	5.90	1.20	28.5	0.1	/	/	/	/	/	/	27.4	17.4	1.05
	平均值	21.2	17.3	68.3	0.26	/	/	/	/	/	/	77.5	68.0	1.36
2010	最大值	27.1	30.1	74.5	0.43	/	19.9	0.091	/	/	11.65	1500	172	/
	最小值	15.4	15.5	53.0	0.11	/	2.89	0.012	/	/	3.89	40.7	93.6	/
	平均值	20.9	22.0	62.5	0.25	/	8.56	0.054	/	/	7.47	542	121	/
2011	最大值	30.2	25.0	82.3	0.582	/	14.5	0.061	/	/	0.772	/	118	0.050
	最小值	28.3	22.8	72.1	0.223	/	11.1	0.036	/	/	0.213	/	19.1	0.010
	平均值	28.9	24.3	74.9	0.431	/	12.1	0.051	/	/	0.482	/	62.0	0.030

3.2.2.3　沉积物环境质量历史演变

（1）监测结果显示，除2006年营口附近部分海域沉积物中锌、砷、汞和镉超一类海洋沉积物质量标准外，金属元素含量均符合一类海洋沉积物质量标准。

（2）2006—2011年，营口附近海域沉积物中石油类、硫化物及有机碳含量呈增加趋势，特别是2011年石油类含量超一类海洋沉积物质量标准。

（3）随着营口沿海产业基地开发建设，环境污染、湿地萎缩、岸线平直化等环境问题日益凸显，虽然污染物并未在沉积物中形成大量累积，但开发过程中仍应减少污染物排放，同时合理安排对滩涂、芦苇田的占用，并适当限制此区域开发建设。

3.2.3 长兴岛临港工业区

3.2.3.1 沉积物环境质量现状

2011 年长兴岛近岸海域调查结果表明，调查区域沉积物中硫化物、有机碳、石油类、铅、锌、汞、砷含量较低，均符合《海洋沉积物质量》（GB18668—2002）一类海洋沉积物质量标准的要求；但有 2 个站位的铜含量超过一类沉积物质量标准；铬超过一类沉积物质量标准，其中有 2 个站位超过二类沉积物质量标准，但符合三类沉积物质量标准；镉超过一类沉积物质量标准，其中有 4 个站位超过二类沉积物质量标准，但符合三类沉积物质量标准。评价结果见表 3.9 和图 3.10。

表 3.9 2011 年长兴岛临港工业区沉积物因子评价结果（与一类沉积物质量标准相比）

监测站位	硫化物	有机碳	石油类	铜	铅	锌	镉	铬	汞	砷
B1B001	0.003	0.22	0.024	0.37	0.12	0.20	2.36	1.51	0.02	0.077
B1B002	0.015	0.12	0.072	0.73	0.18	0.48	2.24	1.30	0.03	0.116
B1B003	0.063	0.27	0.102	0.997	0.23	0.68	4.04	2.35	0.04	0.226
B1B004	–	0.27	0.015	1.1	0.23	0.72	4.14	1.71	0.04	0.21
B1B006	0.008	0.27	0.069	1.05	0.28	0.77	4.08	2.18	0.05	0.086
B1B008	0.007	0.23	0.066	0.95	0.18	0.61	3.48	1.85	0.06	0.178
最大值	0.063	0.270	0.102	1.100	0.280	0.770	4.140	2.350	0.060	0.226
最小值	0.003	0.120	0.015	0.370	0.120	0.200	2.240	1.300	0.020	0.077
平均值	0.016	0.230	0.058	0.866	0.203	0.577	3.390	1.817	0.040	0.149

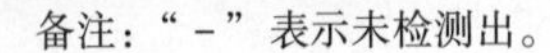
备注：“–”表示未检测出。

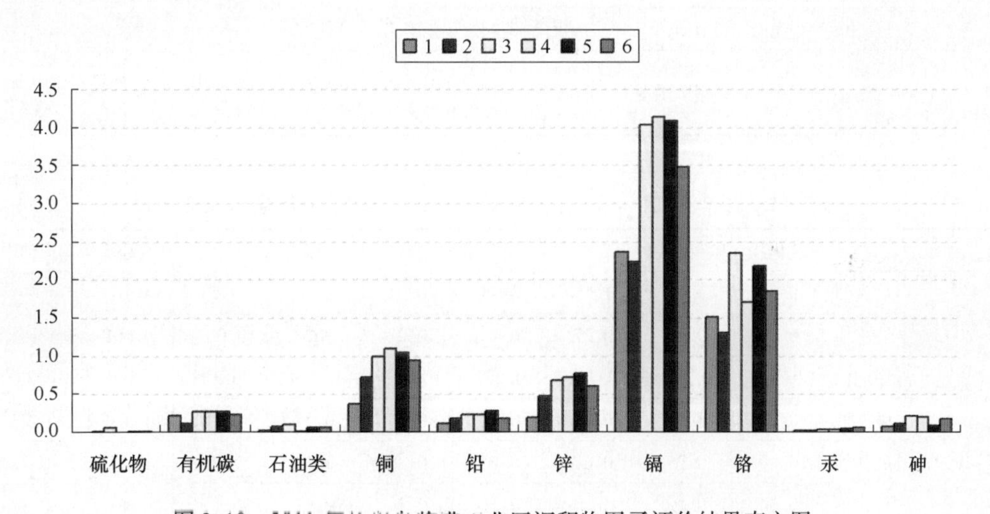

图 3.10 2011 年长兴岛临港工业区沉积物因子评价结果直方图

3.2.3.2 历史时期沉积物环境质量

(1) 2002年沉积物环境质量

2002年长兴岛及附近海域沉积物环境中石油类、硫化物、有机碳、铅、锌、镉、汞含量符合一类海洋沉积物质量标准；部分站位重金属铜含量超出了一类海洋沉积物质量标准。

(2) 2007年沉积物环境质量

2007年长兴岛及附近海域沉积物环境中石油类、硫化物、有机碳、铅、镉、铜、汞、铬含量均符合一类海洋沉积物质量标准，其质量指数按从大到小排序：铬、锌、汞、硫化物、铜、石油类、镉、铅、有机碳。

(3) 2009年沉积物环境质量

2009年长兴岛及附近海域沉积物环境中石油类、硫化物、有机碳、铜、铅、锌、镉、汞、砷含量均符合一类海洋沉积物质量标准。

(4) 2010年沉积物质量

2010年长兴岛近岸海域沉积物中pH值、硫化物、有机碳、铜、铅、锌、镉、铬、汞、砷、滴滴涕含量符合一类海洋沉积物质量标准的要求；个别站位石油类含量超过二类沉积物质量标准。

各年度长兴岛附近海域沉积物环境质量详见表3.10、表3.11及图3.11。

表3.10 各年份沉积物环境质量统计结果

年份	沉积物环境质量	超标因子
2002	良好	重金属铜超一类海洋沉积物质量标准
2007	良好	无
2009	良好	无
2010	良好	石油类超二类沉积物质量标准
2011	一般	铜超一类沉积物质量标准；铬超二类沉积物质量标准； 镉超二类沉积物质量标准

表3.11 各年份沉积物环境指数（与一类海洋沉积物质量标准相比）

年份		硫化物	有机碳	铜	铅	锌	镉	汞	石油类	砷
2002	最大值	0.47	0.64	1.18	0.44	0.91	0.9	0.48	0.02	/
	最小值	0.07	0.03	0.27	0.13	0.22	0.24	0.002	0.001	/
	平均值	0.192	0.268	0.715	0.277	0.523	0.449	0.13	0.005	/
2009	最大值	0.22	0.1	0.23	0.14	0.14	0.24	0.18	0.01	0.22
	最小值	0.49	0.25	0.61	0.25	0.35	0.34	0.46	0.07	0.72
	平均值	0.34	0.19	0.4	0.19	0.24	0.31	0.27	0.04	0.47

续表

年份		硫化物	有机碳	铜	铅	锌	镉	汞	石油类	砷
2010	最大值	0.24	0.35	1.04	0.5	0.36	0	0.38	2.54	0.55
	最小值	0.04	0.01	0.08	0.08	0.06	0	0.02	0.01	0.25
	平均值	0.12	0.1	0.29	0.22	0.18	0	0.14	0.25	0.34
2011	最大值	0.063	0.27	1.1	0.28	0.77	4.14	0.06	0.102	0.226
	最小值	0.003	0.12	0.37	0.12	0.2	2.24	0.02	0.015	0.077
	平均值	0.016	0.23	0.866	0.203	0.577	3.39	0.04	0.058	0.149

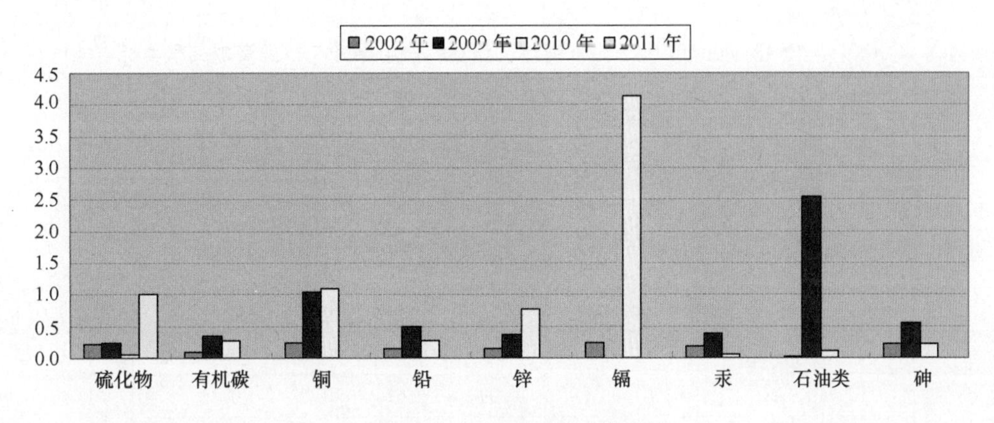

图3.11　各年份沉积物环境指数

3.2.3.3　沉积物环境质量历史演变

（1）长兴岛临港工业区规划前后，海域沉积物环境质量有所变化，污染物指数有所上升，污染因子有增多趋势。

（2）2011年沉积物中重金属镉污染急剧上升，分别为2002年和2009年的7倍和10倍。

（3）鉴于长兴岛临港工业区周边为国家级斑海豹自然保护区，在开发建设过程中应注意污染物排放，避免对保护区环境造成影响。

3.3　渤海湾“大规模开发”集约用海区沉积物环境质量现状

众所周知，渤海湾内曹妃甸循环经济区、天津滨海新区和沧州渤海新区作为国家重大发展战略，规划面积大，规划时间早，其中曹妃甸循环经济区最早于2008年获国家海洋局批复，天津滨海新区最早于2007年获国家海洋局批复，沧州渤海新区于2009年批复，在分析三个集约用海区沉积物质量状况中，曹妃甸循环经济区利用2000年、2005年、2009年、2010年和2011年资料，天津滨海新区利用1983年、1998年、2004—2011年资料，沧州渤海新区利用2000年、2005年、2006年、2009年和2010年资料，既分析了沉积物的环境现状，又分析了不同年份沉积物的状况及演变趋势。

3.3.1 曹妃甸循环经济区

3.3.1.1 沉积物环境质量现状

2011年曹妃甸工业区海域沉积物中硫化物、有机碳、锌、汞、镉、铅、砷和石油类符合一类沉积物质量标准，其中甸头西侧海域沉积物中重金属锌和铜含量超过一类沉积物标准，但能满足二类沉积物标准要求，超标站位分别为87.5%和25.0%，其他海域重金属锌和铜含量满足一类沉积物标准。2011年沉积物监测结果指数值见表3.12和图3.12。

表3.12 2011年曹妃甸临港工业区附近海域沉积物评价结果（与一类海域沉积物标准相比）

站位	硫化物	有机碳	锌	铬	汞	铜	镉	铅	砷	石油类
1	0.20	0.11	0.36	1.00	0.29	0.36	0.20	0.26	0.45	0.05
2	0.16	0.11	0.17	1.06	0.57	0.40	0.20	0.15	0.51	0.05
3	0.15	0.11	0.30	0.67	0.19	0.48	0.38	0.24	0.44	0.06
4	0.15	0.12	0.48	1.20	0.12	0.63	0.54	0.38	0.31	0.05
5	0.18	0.12	0.31	1.05	0.31	0.53	0.26	0.31	0.38	0.05
6	0.17	0.12	0.60	1.22	0.15	0.54	0.42	0.47	0.33	0.06
7	0.16	0.10	0.62	1.17	0.09	2.67	0.25	0.35	0.29	0.05
8	0.18	0.10	0.41	1.03	0.05	0.70	0.35	0.37	0.30	0.05

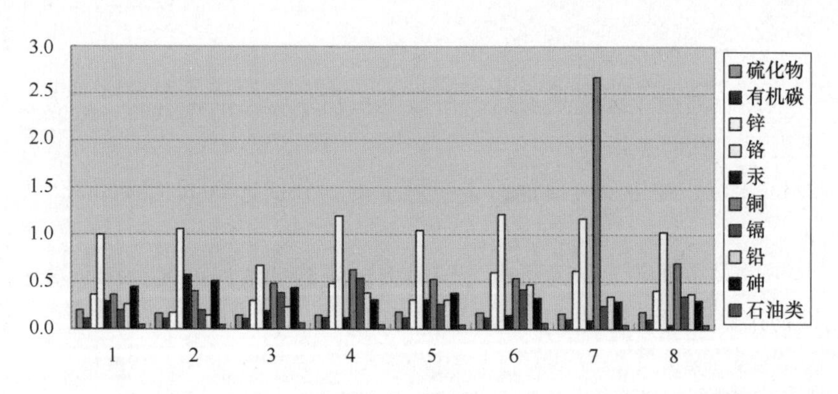

图3.12 2011年曹妃甸临港工业区沉积物指数（与一类海洋沉积物标准相比）

3.3.1.2 历史时期沉积物环境质量

（1）2000年

2000年曹妃甸循环经济区海域沉积物中硫化物、有机碳、油类、铅、锌、镉、汞和砷含量均符合一类沉积物质量标准，且含量水平较低。

（2）2005年

2005年曹妃甸循环经济区沉积物中：有机碳、石油类、铅、锌、镉、汞、砷，均符合一类沉积物质量标准，硫化物超出一类沉积物质量标准，符合二类沉积物质量要求。2005年曹妃甸工业区海域沉积物中主要污染物为硫化物，其次为汞，已经接近一类沉积物质量标准。

（3）2009年

2009年曹妃甸工业区海域沉积物中硫化物、有机碳、石油类、汞、砷、铜、铅、镉、锌含量均符合一类海洋沉积物评价标准，沉积环境质量良好。

（4）2010年

2010年曹妃甸工业区海域沉积物中硫化物、有机碳、石油类，重金属汞、砷、铜、铅、镉和锌含量均符合一类海洋沉积物评价标准，曹妃甸海域沉积环境质量良好。

3.3.1.3　沉积物环境质量历史演变

根据2000年、2005年及2010年曹妃甸工业区海域监测评价数据（表3.13和图3.13），对曹妃甸工业区海洋沉积物质量变化进行对比分析。

表3.13　曹妃甸工业区海域不同年份沉积物环境要素含量（平均值）

年份	硫化物	有机碳	锌	铬	汞	铜	镉	铅	砷	石油类
	$\times10^{-6}$	%	$\times10^{-6}$							
2000	144.34	1.12	79.5		0.086		0.31	26.4	10.03	15.6
2005	438.4	0.96	31.5		0.184		0.105	20.4	13.5	5.32
2009	30.4	0.472	46.3		0.03	16.1	0.109	18.95	9.40	31.45
2010	28.81	0.181	44.81		0.027	17.87	0.077	17.15	8.75	23.36
2011	50.9	0.222	60.8	83.96	0.044	27.6	0.163	18.95	7.5	26.2

注：空格表示该年份未开展该监测要素监测。

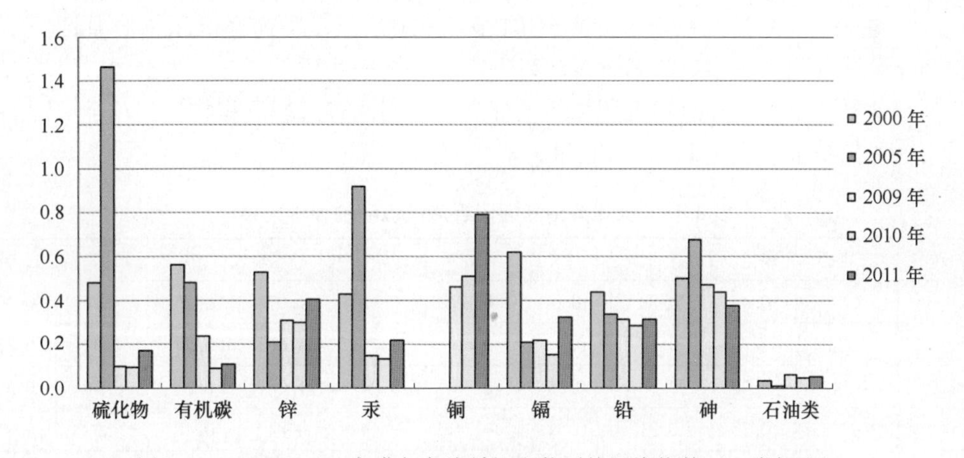

图3.13　2000—2010年曹妃甸海域沉积物平均污染指数（一类标准）

表 3.14 历史时期曹妃甸工业区附近海域沉积物质量

年份	沉积物环境质量	超标因子
2000	满足一类沉积物环境质量	—
2005	超一类沉积物环境质量	硫化物
2009	满足一类沉积物环境质量	—
2010	满足一类沉积物环境质量	—

该海域海底表层沉积物指标有如下变化特征。

（1）总体来看，曹妃甸海域沉积物质量基本符合一类沉积物质量标准，沉积物质量相对较好，但从不同时段来看，工程建设时段沉积物指标含量较建设前和建设完工后高。

（2）相对于2000年的污染状况而言，近年来沉积物中各指标含量均有所增加。

（3）曹妃甸海域沉积物石油类平均污染指数都是在0.01～0.04之间，说明调查海域沉积物石油类环境质量持续较好。

（4）该海域沉积物中有机碳、硫化物含量呈下降的趋势，尤其2005年以后下降趋势更明显，说明调查海域沉积物有机碳环境质量良好，这与该海域近年来海水养殖业调整有一定的关系。

（5）曹妃甸海域沉积物中铅、镉污染在分析时段内变化不大。

3.3.2 天津滨海新区

3.3.2.1 沉积物环境质量现状

2011年天津近岸海域调查结果表明，天津近岸海域沉积物类型为粉砂质黏土；沉积物粒径均小于0.063 mm，分布较均匀。

调查区域沉积物中石油类、硫化物、有机碳、铅、锌、镉、铬、汞、砷、滴滴涕含量较低，均符合《海洋沉积物质量》（GB18668—2002）一类海洋沉积物质量标准的要求；调查海域沉积物中多氯联苯含量超过一类海洋沉积物质量标准，大港附近海域有一个站位铜含量超出了一类海洋沉积物质量标准，表明调查海域沉积物受到重金属铜的轻微污染。评价结果见表3.15和图3.14。

表 3.15 天津滨海新区附近海域沉积物评价结果

站位	有机碳	硫化物	石油类	锌	铬	汞	铜	镉	铅	砷
B1B034	0.34	0.45	0.83	0.6	0.75	0.13	1.07	0.26	0.4	0.30
B1B035	0.38	0.3	0.34	0.58	0.69	0.05	1.06	0.24	0.39	0.28
B1B036	0.38	0.29	0.28	0.55	0.78	0.24	1.08	0.29	0.35	0.30
B1B040	0.32	0.35	0.31	0.51	0.71	0.14	0.84	0.48	0.38	0.21
B1B041	0.40	0.31	0.36	0.57	0.74	0.18	0.84	0.27	0.4	0.28
B1B042	0.37	0.30	0.22	0.52	0.72	0.1	0.83	0.28	0.35	0.18

续表

站位	有机碳	硫化物	石油类	锌	铬	汞	铜	镉	铅	砷
B1B037	0.4	0.32	0.62	0.56	0.67	0.08	1.08	0.32	0.34	0.37
B1B038	0.46	0.27	0.77	0.59	0.86	0.16	1.08	0.3	0.35	0.31
B1B039	0.38	0.28	0.52	0.57	0.84	0.14	1.12	0.3	0.37	0.36
B1B049	0.31	0.34	0.29	0.42	0.65	0.1	0.64	0.23	0.33	0.27
B1B050	0.3	0.24	0.03	0.44	0.67	0.16	0.85	0.27	0.33	0.24
B1B051	0.3	0.24	0.06	0.48	0.71	0.11	0.71	0.27	0.34	0.26
B1B043	0.45	0.36	0.32	0.6	0.79	0.13	0.91	0.35	0.39	0.22
B1B046	0.35	0.27	0.05	0.5	0.68	0.15	0.74	0.31	0.44	0.28
B1B047	0.34	0.31	0.67	0.51	0.65	0.11	0.82	0.35	0.37	0.26
B1B048	0.29	0.294	0.52	0.542	0.795	0.159	0.794	0.326	0.342	0.339
B1B045	0.51	0.321	0.032 6	0.5	0.705	0.061 5	0.794	0.322	0.345	0.222
B1B044	0.387	0.324 7	0.234	0.443	0.66	0.111	0.814	0.242	0.358	0.267
B1B049	0.306	0.34	0.288	0.423	0.646	0.096	0.64	0.226	0.33	0.270
B1B050	0.303	0.242	0.033 8	0.441	0.665	0.156	0.849	0.268	0.333	0.239
B1B051	0.305	0.237	0.058 6	0.483	0.714	0.111	0.714	0.268	0.337	0.258

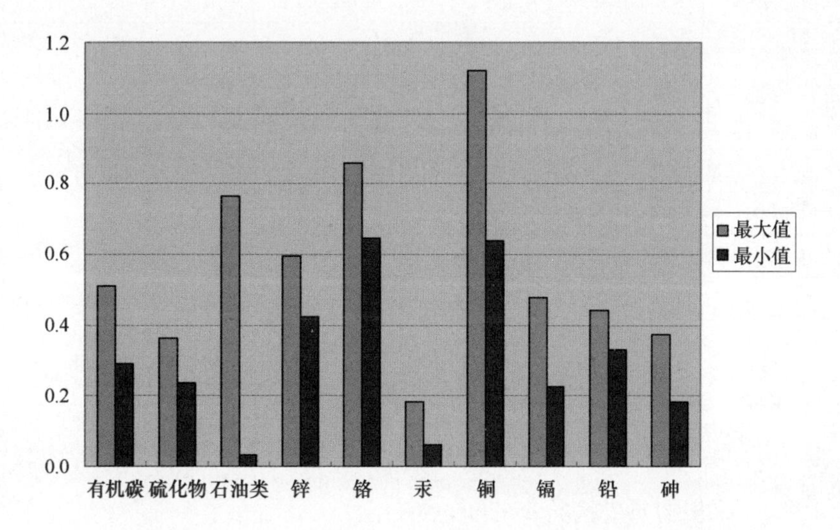

图3.14　天津滨海新区附近海域沉积物评价结果（与一类海洋沉积物标准相比）

3.3.2.2　历史时期沉积物环境质量状况

收集到的渤海湾天津近岸海域1983—2010年沉积物环境质量数据见表3.16。

表 3.16　1983—2010 年天津近岸海域不同时期沉积物环境要素含量统计（$\times 10^{-6}$）

年份	项目	石油类	硫化物	有机碳	汞	镉	铜	铅	砷	滴滴涕	多氯联苯
1983	最小值	22.9	10.7	0.342	0.02	0.015	16.5	2.18	/	-	/
	最大值	173.8	122	0.795	0.105	0.164	42	23.8	/	0.013	/
	平均值	76.4	45.2	0.597	0.047	0.083	25.1	17.2	/	0.0014	/
1998	最小值	2.54	18.41	0.580	0.026	0.06	/	14.01	8.7	/	-
	最大值	18.1	256.64	0.696	0.083	0.22	/	22.32	17	/	5.1
	平均值	7.31	101.23	0.602	0.048	0.126	/	17.6	12.5	/	1.05
2004	最小值	2.03	/	/	0.012	0.037 6	/	13.5	3.29	1.8	1.2
	最大值	38.2	/	/	0.030	0.112	/	24.3	9.24	9.8	8.3
	平均值	15.4	/	/	0.020	0.076 8	/	20.2	6.27	4.2	4.0
2005	最小值	30.5	5.13	0.713	0.017	0.064 7	16.4	17.9	3.27	-	-
	最大值	36.2	5.94	0.771	0.021	0.082 8	17.8	22.9	4.07	-	0.018 8
	平均值	33.6	5.54	0.74	0.018 7	0.075 8	17.0	19.8	3.67	-	0.006 27
2006	最小值	52.9	22.2	0.526	0.012	0.152	18.8	17.7	2.08	0.019 8	0.004 42
	最大值	69.4	77	0.748	0.017	0.181	21.1	20.1	5.5	0.2	0.209
	平均值	59.7	54.40	0.664	0.015	0.165	19.8	19.1	3.72	0.12	0.088 3
2007	最小值	35.9	21.2	0.321	0.017	0.125	24.3	16.4	10.9	0.033 4	0.000 42
	最大值	111	64.3	0.762	0.027	0.317	34.7	23.1	25.1	0.161	0.001 62
	平均值	79.95	45.6	0.597	0.023	0.213	29.1	19.2	15.975	0.121	0.001 2
2008	最小值	7.81	52.4	0.389	0.017	0.098 3	/	13.9	8.24	-	2.68E-05
	最大值	64	105	0.883	0.063	0.13	/	17.1	13.5	-	0.000 34
	平均值	33.6	77.6	0.631	0.037 8	0.112	/	15.7	10.1	-	0.000 134
2009	最小值	24.2	37.4	0.45	0.021 9	0.138	26.1	16.2	12.2	-	0.020 4
	最大值	126	138	0.629	0.040 3	0.221	32.8	23.6	13.2	0.003 6	1.25
	平均值	71.35	71.9	0.537	0.030	0.171	29.3	19.575	12.725	0.001 61	0.623 85
2010	最小值	28.2	62.1	0.542	0.024 4	0.109	/	7.52	12.7	0.001 19	0.408
	最大值	107	132	0.721	0.042 4	0.174	/	16	14.7	0.003 75	0.987
	平均值	62.3	82.8	0.612	0.031 1	0.141	/	12.0	13.8	0.002 13	0.724

备注："/"表示未检测；"-"表示未检出。

（1）1983 年沉积物质量状况

1983 年天津市海岸带和海涂资源调查表明渤海湾天津近岸海域沉积物环境中硫化物、有机碳、油类、汞、铅、镉、六六六、滴滴涕的含量较低，均符合《海洋沉积物质量》（GB18668—2002）一类海洋沉积物质量标准的要求；但调查海域有一个站位铜含量为 42×10^{-6}，超一类海洋沉积物质量标准的要求，超标率为 6.6%，表明调查海域沉积物受到重金属铜的轻微污染。

（2）1998 年沉积物质量状况

1998 年天津市海岸带和海涂资源调查表明渤海湾天津近岸海域沉积物环境中硫化物、有机碳、油类、汞、铜、铅、镉、六六六、多氯联苯的含量较低，均符合《海洋沉积物质量》（GB18668—2002）一类海洋沉积物质量标准的要求，所有调查项目均未超标，表明调查海域沉积物质量良好。

（3）2004—2010 年沉积物质量状况

从 2004—2010 年天津市海洋环境质量公报可知：渤海湾天津近岸海域沉积物环境中硫化物、有机碳、油类、汞、铜、铅、镉等含量均符合《海洋沉积物质量》（GB18668—2002）一类海洋沉积物质量标准的要求，个别年份多氯联苯、滴滴涕和砷含量超一类海洋沉积物质量标准的要求；其中 2004 年、2005 年和 2008 年沉积物所有调查项目均未超标，沉积物质量良好；2006 年、2007 年、2009 年和 2010 年沉积物主要受到多氯联苯、滴滴涕和砷的轻微污染（表 3.17）。

表 3.17　2004—2010 年天津市近岸沉积环境质量状况

调查年份	沉积环境质量状况	主要污染因子
2004	良好	未受到污染
2005	良好	未受到污染
2006	较差	多氯联苯、滴滴涕
2007	一般	滴滴涕、砷
2008	良好	未受到污染
2009	较好	多氯联苯
2010	较好	多氯联苯、滴滴涕

3.3.2.3　沉积物环境质量历史演变

分析 1983—2010 年沉积物环境各监测参数特征统计值以及 2011 年渤海湾天津近岸海域沉积物环境质量现状可知：

（1）随着渤海湾天津滨海新区沿海海洋经济的迅速发展，人口不断递增，伴随着人类活动的加剧，大量陆源入海污染物经过陆源入海排污口、入海江河、地表径流以及水气界面物质交换等各种途径进入近岸海域，各种污染物虽然直接对近岸海水环境造成了严重影响，但对沉积物环境影响不大，沉积物各监测参数变化不大。

（2）但近年来（2006 年开始）不断有滴滴涕和多氯联苯出现超一类海洋沉积物质量标准的现象，并且 2009 年在汉沽附近海域多氯联苯含量出现了超三类沉积物质量标准的现象。多氯联苯是一种人工合成的有机物，属于致癌物质，在国内禁用已经 10 年之久，但由于该物质在环境中难以被降解，故而能够长期在沉积物和生物体内蓄积残留，存在一定的生态风险。

3.3.3 沧州渤海新区

3.3.3.1 沉积物环境质量现状

2011 年，沧州滨海新区附近海域沉积物中铬含量超过一类沉积物质量标准，但符合二类沉积物质量标准，超标率为 100%；沉积物中硫化物、有机碳、锌、汞、铜、镉、铅、砷和石油类含量均符合一类沉积物质量标准，见表 3.18 和图 3.15。

表 3.18 2011 年沧州滨海新区附近海域沉积物评价结果（与一类海洋沉积物标准相比）

监测站位	硫化物	有机碳	锌	铬	汞	铜	镉	铅	砷	石油类
B1B054	0.15	0.26	0.55	1.36	0.31	0.57	0.31	0.35	0.44	0.07
B1B056	0.14	0.22	0.45	1.13	0.21	0.62	0.35	0.36	0.40	0.05
B1B058	0.13	0.23	0.45	1.11	0.26	0.52	0.28	0.31	0.46	0.05
B1B060	0.12	0.21	0.56	1.23	0.11	0.59	0.31	0.35	0.40	0.06
B1B062	0.13	0.20	0.47	1.21	0.09	0.62	0.31	0.35	0.30	0.06
B1B064	0.15	0.25	0.50	1.34	0.20	0.62	0.27	0.36	0.31	0.06
B1B066	0.17	0.25	0.39	1.18	0.25	0.57	0.34	0.34	0.49	0.06

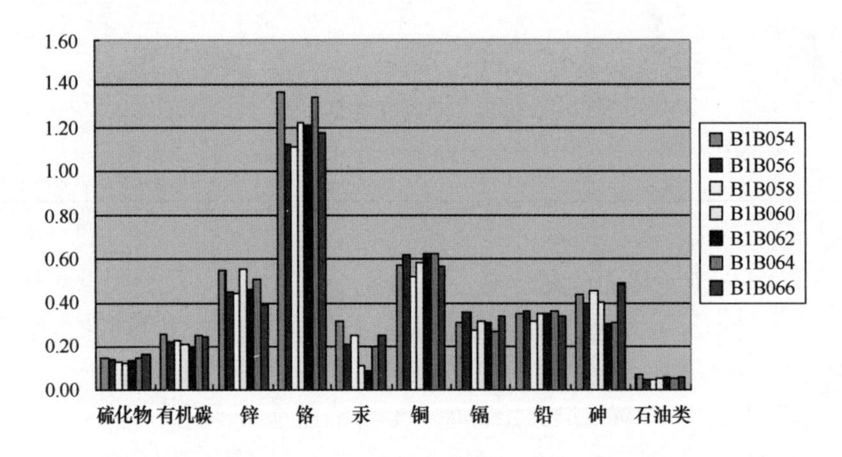

图 3.15 2011 年沧州滨海新区附近海域沉积物评价（与一类海洋沉积物标准相比）

3.3.3.2 历史时期沉积物环境质量

（1）2000 年

2000 年渤海新区海域沉积物中各监测项目全部符合一类沉积物质量标准，且含量水平较低。

（2）2005 年

2005 年渤海新区海域沉积物中硫化物、汞含量超出一类海洋沉积物质量标准，符合二类沉积物质量标准；石油类、铅、镉、锌、砷和有机碳含量满足一类沉积物质量标准。2005年渤海新区海域沉积物中主要污染物为硫化物和汞，砷和锌的含量也接近一类沉积物质量标准。

（3）2006年

2006年沧州渤海新区海域沉积物中硫化物、有机碳、石油类、汞、砷、铜、铅、镉和锌含量均符合海洋沉积物质量标准中的一类标准，沉积物环境质量良好。

（4）2009年

2009年沧州渤海新区石油类、铜、铅、锌、镉、砷、汞、硫化物、有机碳均符合海洋沉积物质量标准中的一类标准沉积物质量标准，沉积物环境质量良好。

（5）2010年

2010年渤海新区海域沉积物所有监测因子的测定结果均符合一类海洋沉积物评价标准，说明该海域沉积物质量良好。

监测结果统计见表3.19和表3.20。

表3.19　历史时期渤海新区附近海域沉积物质量简介

年份	沉积物质量	超标因子
2000	满足一类沉积物环境质量	
2005	硫化物、汞超一类沉积物环境质量	硫化物、汞
2006	满足一类沉积物环境质量	
2009	满足一类沉积物环境质量	
2010	满足一类沉积物环境质量	

表3.20　沧州渤海新区海域不同年份沉积物环境监测要素含量

年份	硫化物	有机碳	锌	铬	汞	铜	镉	铅	砷	石油类
	$\times10^{-6}$	%	$\times10^{-6}$							
2000	84	0.56			0.044		0.135	16.8	12.2	5
2005	345.26	0.87	101.34		0.43		0.16	19.53	16.26	3.85
2006	0.340	0.860	36.16		0.03	7.44	0.210	8.27	10.41	86.68
2009	18.24	0.433	53.65		0.021	19.24	0.211	16.09	9.92	24.32
2010	28.49	0.404	44.97		0.037	17.34	0.114	15.44	9.73	26.24
2011	42.1	0.45	72	97.71	0.041	20.57	0.152	20.61	7.8	31.42

注：空格表示该年份未开展该要素监测。

3.3.3.3　沉积物环境质量历史演变

根据2000年、2005年、2006年、2009年、2010年和2011年渤海新区海洋环境监测资料（图3.16）可知，该海域海底表层沉积物化学环境有如下变化特征。

（1）除2011年硫化物、汞超一类沉积物环境质量，其他年份各项指标均符合一类

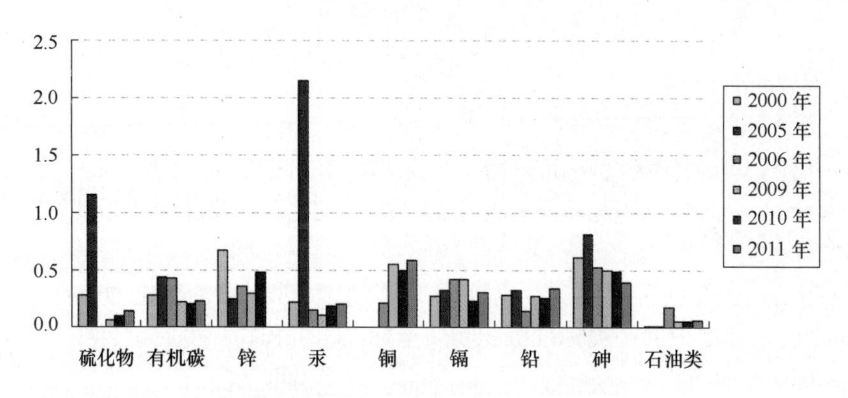

图 3.16　历史时期渤海新区海域沉积物主要污染物平均污染指数
（与一类海洋沉积物质量标准相比）

沉积物质量标准。

（2）该海域沉积物中石油类污染程度在分析时段内相对较低，符合一类沉积物质量标准，但 2005 年后污染发展速度较快，这与 2007 年以后渤海新区大规模建设以及石油化工类行业发展有密切的关系。

（3）该海域重金属砷、汞、镉、铅含量变化不大。

3.3.4　小结

渤海湾内“大规模开发”的集约用海区：曹妃甸循环经济区最早于 2008 年获国家海洋局批复，天津滨海新区最早于 2007 年获国家海洋局批复，沧州渤海新区于 2009 年批复。

曹妃甸循环经济区利用 2000 年、2005 年、2009 年、2010 年和 2011 年资料，分析了沉积物的环境现状和不同年份沉积物的状况及演变趋势。调查结果显示：曹妃甸海域历年调查结果沉积物质量基本符合一类沉积物质量标准，沉积物质量相对良好，但从不同时段来看，工程建设时段（2005 年前后）沉积物指标含量较建设前和建设完工后高。相对于 2000 年的污染状况而言，近年来沉积物中各指标含量均有所增加。沉积物中有机碳、硫化物含量呈下降的趋势，尤其 2005 年以后下降趋势更明显，说明调查海域沉积物有机碳环境质量良好，这与该海域近年来海水养殖业调整有一定的关系。铅、镉等重金属含量在分析时段内变化不大。

天津滨海新区利用 1983 年、1998 年、2004—2011 年资料，监测结果显示随着渤海湾天津滨海新区沿海海洋经济的迅速发展，人口不断递增，伴随着人类活动的加剧，大量陆源入海污染物经过陆源入海排污口、入海江河、地表径流以及水气界面物质交换等各种途径进入近岸海域，各种污染物虽然直接对近岸海洋水环境造成了严重影响，但对沉积物环境影响不大，沉积物各监测参数变化不大；但近年来（2006 年开始）不断有滴滴涕和多氯联苯出现超一类海洋沉积物质量标准的现象，并且 2009 年在汉沽附近海域多氯联苯含量出现了超三类沉积物质量标准的现象。多氯联苯是一种人工合成的有机物，属于致癌物质，在国内禁用已经 10 年之久，但由于该物质在环境中难以被降解，故而能够长期在沉积物和生物体内蓄积残留，存在一定的生态风险。

沧州渤海新区利用2000年、2005年、2006年、2009年、2010年和2011年渤海新区海洋环境监测资料，监测结果显示：除2011年，硫化物、汞超一类沉积物环境质量标准，其他年份各项指标均符合一类沉积物质量标准。该海域沉积物中石油类污染程度在分析时段内相对较低，符合一类沉积物质量标准，但2005年后污染发展速度较快，这与2007年以后渤海新区大规模建设以及石油化工类行业发展有密切的关系。沉积物中重金属砷、汞、镉、铅含量变化不大。

上述处于“大规模开发”阶段的各大集约用海区，沉积物环境质量与其发展的产业密切相关，曹妃甸循环经济区硫化物和有机碳含量的减少，与养殖业调整有关；天津滨海新区新出现的滴滴涕和多氯联苯超标现象，可能与有机化工业相联系；而沧州渤海新区石油类含量的不断增加，则与石油化工类发展有着联系，因此，建议针对“大规模开发”阶段的大集约用海区，从分析其产业入手，对与产业息息相关的各类污染物加以关注。

3.4 莱州湾“规划中”集约用海区沉积物环境质量

山东半岛蓝色经济区作为新兴的国家重大战略，莱州湾内已获国家批复的规划区有潍坊滨海生态旅游度假区和龙口湾临港高端制造业聚集区，2个规划均于2010年批复，现正处于建设初期，其中，潍坊滨海生态旅游度假区利用2005年、2007年、2009年（规划前）以及2012年（建设中）资料分析沉积物环境状况和演变；龙口湾临港高端制造业聚集区则利用2008年、2009年（规划前）以及2010年（建设中）资料分析沉积物环境状况和演变。

3.4.1 山东半岛蓝色经济区——潍坊滨海生态旅游度假区

3.4.1.1 沉积物环境质量现状

2012年8月，山东省潍坊市海洋环境监测中心在潍坊滨海生态旅游度假区海域进行示范性监测，共布设沉积物监测站位6个，监测指标包括硫化物、有机碳、锌、铬、汞、铜、镉、铅、砷和石油类，其中硫化物和石油类各有1个站位未检出。

2012年，潍坊滨海生态旅游度假区附近海域沉积物中1个站位汞含量超过一类沉积物质量标准，但符合二类沉积物质量标准，其他监测指标均符合一类沉积物质量标准。评价结果见表3.21和图3.17。

表3.21 2012年潍坊滨海生态旅游度假区沉积物监测指标含量统计

监测站位	硫化物	有机碳	锌	铬	汞	铜	镉	铅	砷	石油类
	$\times10^{-6}$	%	$\times10^{-6}$							
B1B083	—	0.035 2	33.0	25.1	0.067 9	4.64	0.020 0	4.11	8.79	—
B1B082	264	0.010 5	52.0	30.6	0.128	6.64	0.039 0	3.52	8.47	330

续表

监测站位	硫化物	有机碳	锌	铬	汞	铜	镉	铅	砷	石油类
	$\times10^{-6}$	%	$\times10^{-6}$							
B1B079	28.5	0.036 7	31.0	30.3	0.063 6	6.36	0.014 0	4.63	8.93	36.9
B1B076	7.00	0.040 6	35.0	35.2	0.050 3	7.02	0.021 0	4.64	8.49	3.51
B1B077	13.2	0.053 1	34.0	27.1	0.156	6.29	0.024 0	2.00	9.33	16.2
B1B081	4.54	0.027 1	31.0	26.0	0.212	5.51	0.014 0	2.09	9.16	7.10
最小值	4.54	0.010 5	31.0	25.1	0.050 3	4.64	0.014 0	2.00	8.47	3.51
最大值	264	0.053 1	52.0	35.2	0.212	7.02	0.0390	4.64	9.33	330
平均值	63.4	0.033 9	36.0	29.1	0.113	6.08	0.0220	3.50	8.86	78.7

备注：“－”表示未检出。

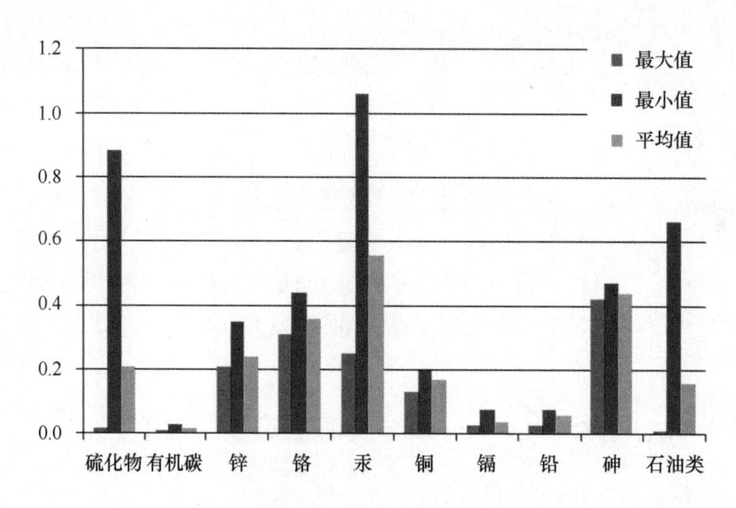

图 3.17　2012 年潍坊滨海生态旅游度假区附近海域沉积物评价结果
（与一类海洋沉积物质量标准相比）

3.4.1.2　历史时期沉积物环境质量状况

（1）2005 年沉积物质量状况

2005 年 10 月北海监测中心对潍坊滨海生态旅游度假区近岸海域进行的海水沉积物现状调查结果表明，该海区的石油类、有机碳、硫化物、铅、锌、铬、汞 7 项沉积物指标含量较低，均符合一类海洋沉积物质量标准的要求；但调查海域有 1 个站位铜和 1 个站位镉含量超一类海洋沉积物质量标准的要求（图 3.18）。

（2）2007 年沉积物质量状况

2007 年青岛环海海洋工程勘察研究院在潍坊滨海生态旅游度假区近岸海域布设了 12 个沉积物取样站进行监测，结果表明该海区的石油类、有机碳、硫化物、汞、铜、铅、锌、铬 8 项沉积物指标的含量较低，均符合一类海洋沉积物质量标准的要求，但调

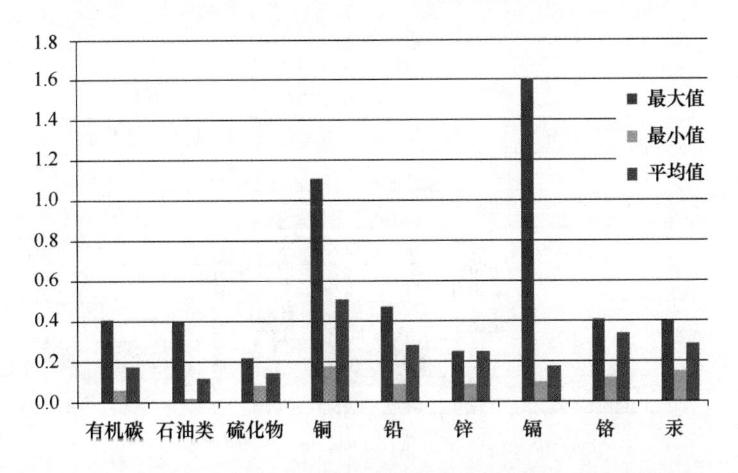

图 3.18 2005 年潍坊滨海生态旅游度假区附近海域沉积物评价结果
（与一类海洋沉积物标准相比）

查海域有两个站位的镉含量值较大，超一类海洋沉积物质量标准的要求（图 3.19）。

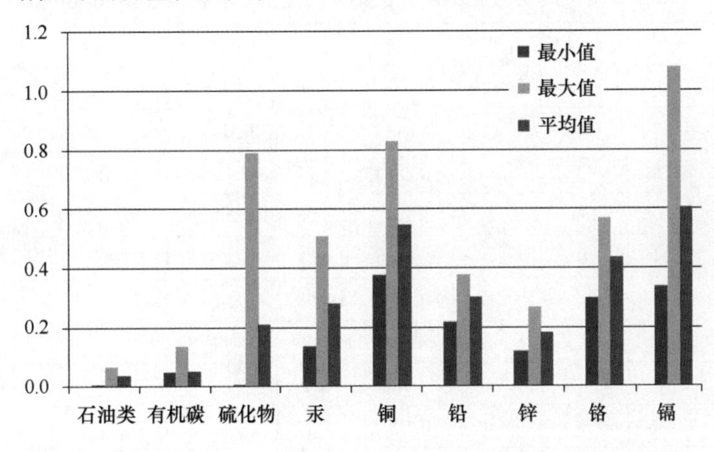

图 3.19 2007 年潍坊滨海生态旅游度假区附近海域沉积物评价结果
（与一类海洋沉积物标准相比）

（3）2009 年沉积物质量状况

2009 年青岛环海海洋工程勘察研究院对用海附近海域进行了沉积物调查，结果表明该海域的有机碳、总汞、铜、铅、镉、铬、石油类、锌、砷 9 项沉积物指标均符合一类海洋沉积物质量标准的要求，沉积物质量良好（图 3.20）。

历史各年份沉积物统计结果见表 3.22 和表 3.23，典型因子历年变化量见图 3.21 至图 3.24。

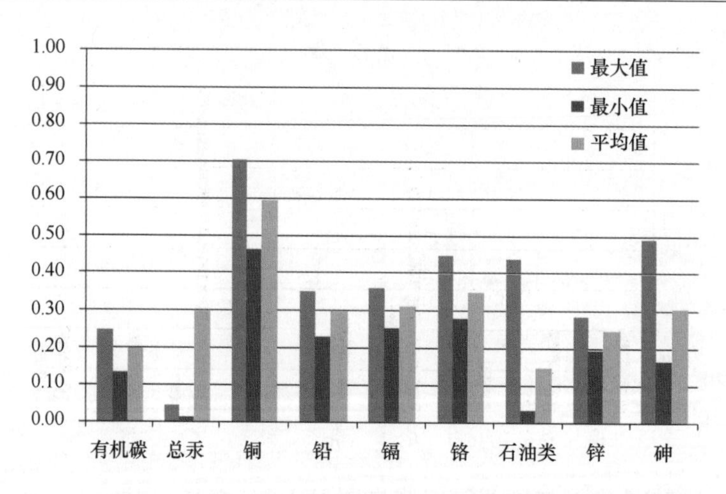

图3.20 2009年潍坊滨海生态旅游度假区附近海域沉积物评价结果
（与一类海洋沉积物质量标准相比）

表3.22 潍坊滨海生态旅游度假区不同时期沉积物监测参数特征值统计

年份	项目	石油类	硫化物	有机碳	总汞	铜	镉	铅	锌	铬	砷
2005	最大值	200	65	0.829	0.088	38.9	0.8	28	38	33	/
	最小值	11.7	25	0.122	0.011	6.4	0.05	6	14	10	/
	平均值	58.8	43	0.36	0.06	17.74	0.17	16.86	26.64	19.93	/
2007	最大值	36.6	236	0.27	0.101	29.06	0.54	22.57	40.8	45.9	/
	最小值	4.94	3.98	0.1	0.027	13.17	0.17	13.21	17.4	24	/
	平均值	19.65	64.28	0.11	0.06	19.08	0.30	18.15	27.58	35.13	/
2009	最大值	219	/	0.489	0.087 5	24.7	0.181	21.2	42.6	36	9.82
	最小值	15.8	/	0.265	0.026 5	16.2	0.13	13.7	28.8	21.3	3.27
	平均值	72.36	/	0.40	0.06	20.80	0.16	17.83	37.02	27.97	6.13
2012	最大值	330	264	0.053 1	0.212	7.02	0.039	4.64	52	35.2	9.33
	最小值	3.51	4.54	0.010 5	0.0503	4.64	0.014	2	31	25.1	8.47
	平均值	78.7	63.4	0.033 9	0.113	6.08	0.022	3.5	36	29.1	8.86

备注：“/”表示未检测。

表3.23 潍坊滨海生态旅游度假区不同时期沉积物环境质量

调查年份	沉积物环境质量状况	主要污染因子
2005	良好	铜、镉超一类沉积物质量标准
2007	良好	镉超一类沉积物质量标准
2009	良好	—
2012	良好	汞超一类沉积物质量标准

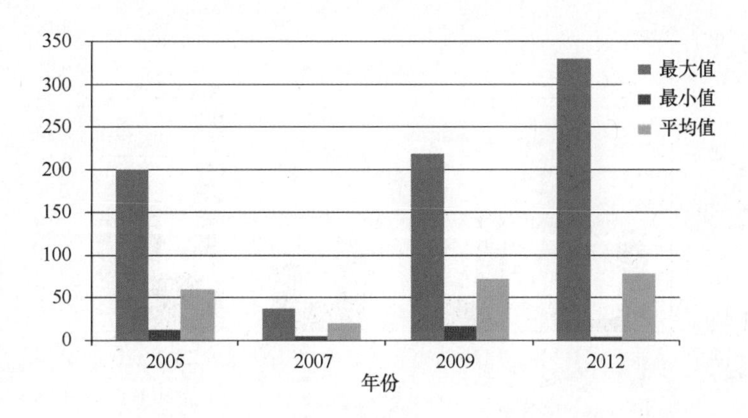

图 3.21 潍坊滨海生态旅游度假区附近海域沉积物石油类变化（$\times10^{-6}$）

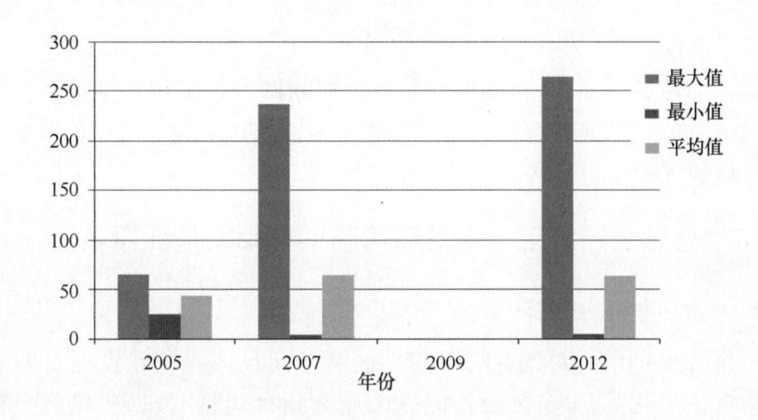

图 3.22 潍坊滨海生态旅游度假区附近海域沉积物硫化物变化（$\times10^{-6}$）

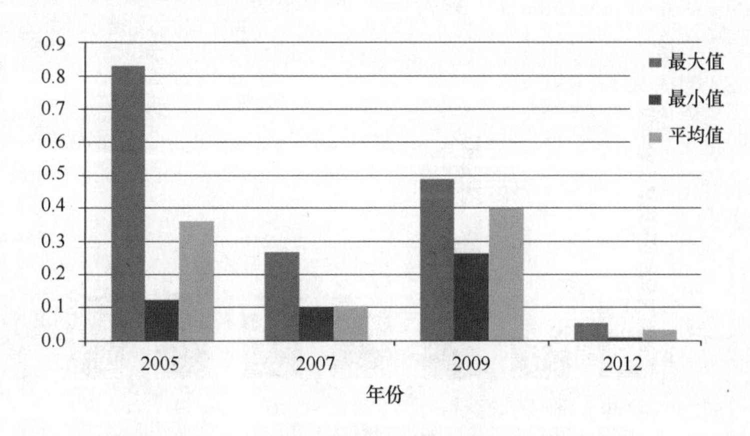

图 3.23 潍坊滨海生态旅游度假区附近海域沉积物有机碳变化（$\times10^{-6}$）

3.4.1.3 沉积物环境质量历史演变

分析 2005—2012 年沉积物环境各监测参数特征统计值可知，随着潍坊滨海生态旅游度假区海洋经济的迅速发展，大量陆源入海污染物进入近岸海域，它们虽然对近岸海

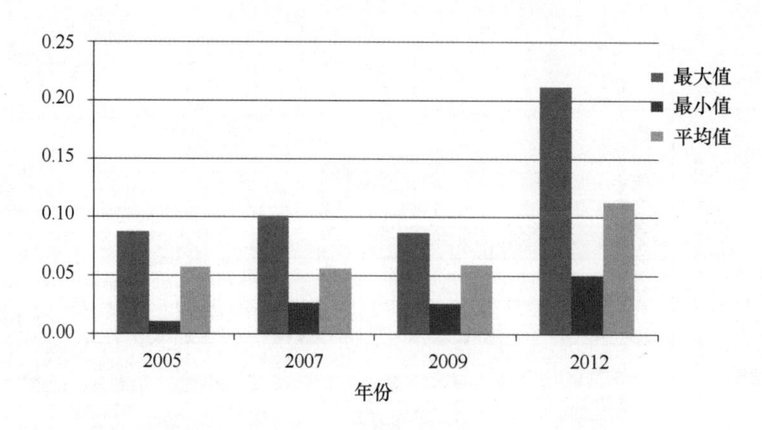

图 3.24 潍坊滨海生态旅游度假区附近海域沉积物总汞变化（$\times10^{-6}$）

洋水环境造成了严重影响，但对沉积物环境影响不大。潍坊滨海生态旅游度假区建设在2010 年获得政府批复。以 2012 年数据与往年沉积物调查结果相比，只有总汞含量高于以往，但均优于一类海洋沉积物质量标准，其余指标变化不大。可见该区域的集约用海工程未对该海域的沉积物质量造成严重影响。

3.4.2 山东半岛蓝色经济区——龙口湾临港高端制造业聚集区

3.4.2.1 沉积物环境质量现状

2010 年，北海监测中心对龙口临港高端制造业聚集区一期建设项目的用海海域进行了沉积物调查，布设了 15 个沉积物测站，监测指标包括有机碳、硫化物、石油类、铜、锌、铅、镉、总铬。本次调查的结果显示，调查海区沉积物总体环境较好，所有调查项目均符合一类沉积物质量标准。评价结果见图 3.25。

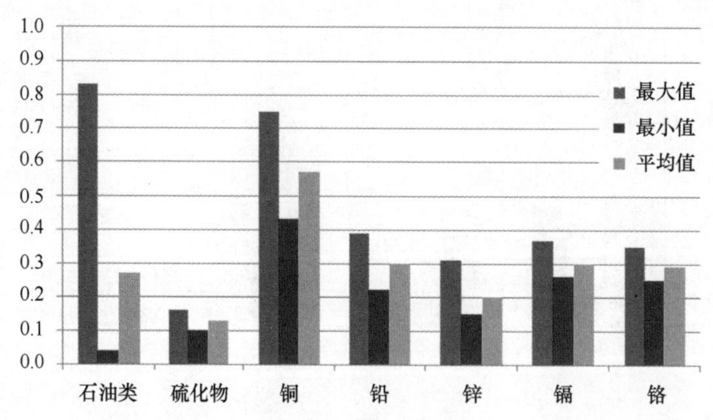

图 3.25 龙口临港高端制造业聚集区附近海域沉积物评价结果

（与一类海洋沉积物质量标准相比）

3.4.2.2　历史时期沉积物环境质量状况及趋势分析

2010年6月获批复的龙口临港高端制造业聚集区一期（龙口部分）区域建设用海规划是山东省第一个获得国家批复的集中集约用海项目，也是目前全国获批的最大人工岛群项目。目前该项目仍处于规划开发阶段。根据此集约用海区域的特点，我们采用2008年、2009年数据与工程建设后2010年数据进行对比分析集约用海工程对该海区沉积物质量所造成的影响。

（1）2008年沉积物质量状况

2008年10月中国海洋大学在附近海域进行了12个站位的沉积物调查，5个站位的铜含量，2个站位的锌、砷，5个站位的镉超出一类沉积物质量标准，其余评价因子均符合一类沉积物质量标准（图3.26）。

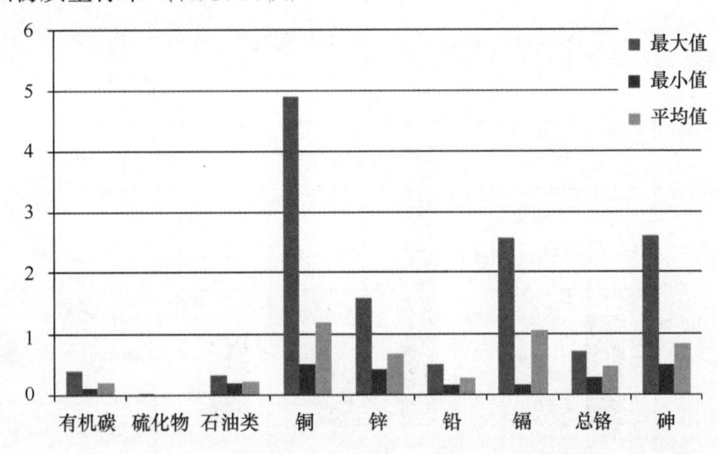

图3.26　2008年龙口临港高端制造业聚集区海洋沉积物评价结果

（2）2009年沉积物质量状况

国家海洋局北海监测中心于2009年对该集约用海海域进行了13个站位的沉积物调查，监测指标包括有硫化物、石油类、铜、锌、铅、镉、总铬，均符合一类沉积物质量标准（图3.27）。

典型因子历年变化见图3.28至图3.30。

3.4.2.3　沉积物环境质量历史演变

2008—2010年龙口临港高端制造业聚集区附近海域沉积物环境良好，目前，集约用海建设对附近海域的沉积物环境影响不大。

3.4.3　小结

山东半岛蓝色经济区作为新兴的国家重大战略，莱州湾内已获国家批复的规划区有潍坊滨海新城区和龙口湾临港高端制造业聚集区，2个规划均于2010年批复，现正处于建设初期。

潍坊滨海生态旅游度假区2005年、2007年、2009年（规划前）以及2012年（建

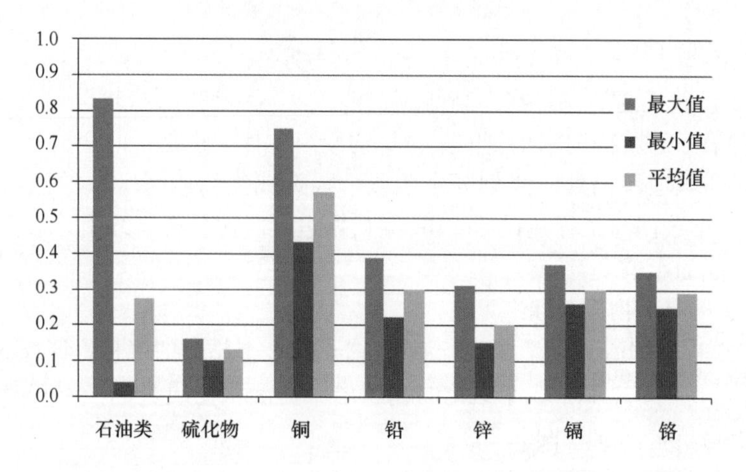

图 3.27　2009 年龙口临港高端制造业聚集区海洋沉积物评价结果

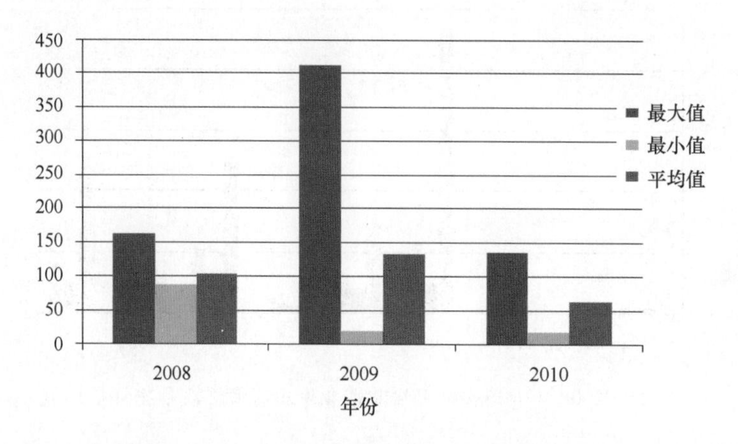

图 3.28　龙口临港高端制造业聚集区附近海域沉积物石油类变化（$\times 10^{-6}$）

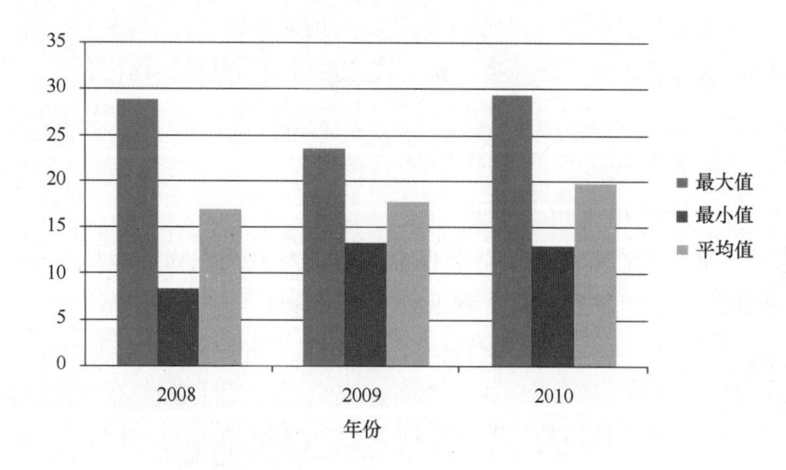

图 3.29　龙口临港高端制造业聚集区附近海域沉积物铅的变化（$\times 10^{-6}$）

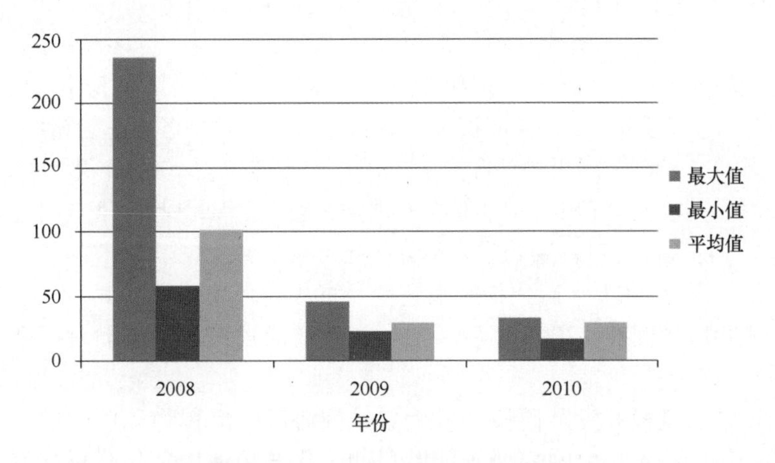

图3.30　龙口临港高端制造业聚集区附近海域沉积物锌的变化（$\times10^{-6}$）

设中）资料显示：海域沉积物中个别重金属含量超一类海洋沉积物质量标准，在今后发展中应予以重视，避免其含量的富集；规划的初期建设未对海洋沉积物环境造成明显影响。

龙口湾临港高端制造业聚集区2008年、2009年（规划前）以及2010年（建设中）资料显示：龙口临港高端制造业聚集区附近海域沉积物环境良好，目前，集约用海建设对该海域的沉积物环境影响不大。

针对此类“规划中”的集约用海区，虽然工程初期未对沉积物环境造成明显影响，但仍需对已超标物质予以关注，同时，施工期加强沉积物粒度、石油类等特征污染物的监测和评估，运营期关注石油类、有机物和重金属污染问题。

3.5　结论

近年渤海海域沉积物质量状况总体良好，近岸局部海域受到一定程度的石油类、重金属类（汞、铜、镉、砷）和多氯联苯污染。

（1）辽东湾“正在建设”集约用海区

锦州湾2006—2010年沉积物质量总体一般或较差，海域沉积物中铜、镉和锌元素含量常年较高，且呈现逐年上升趋势；锦州湾及周边海域沉积物污染主要面临重金属、有机污染物污染和海岸带生境继续丧失的巨大压力，区域开发建设应以保护锦州湾的生态环境作为主要的环境目标。

营口海域沉积物重金属有超标现象，虽然污染物并未在沉积物中形成大量累积，但开发过程中仍应减少污染物排放，同时合理安排对滩涂、芦苇田的占用，并适当限制此区域开发建设。

长兴岛临港工业区规划前后，海域沉积物污染物指数有所上升，鉴于长兴岛临港工业区周边为国家级斑海豹自然保护区，在开发建设过程中应注意污染物排放，避免对保护区环境造成影响。

（2）渤海湾内“大规模开发”的集约用海区

曹妃甸循环经济区历年调查结果沉积物质量基本符合一类沉积物质量标准，沉积物质量良好。相对于2000年的污染状况而言，近年来沉积物中各指标含量均有所增加。

天津滨海新区建设对沉积物环境影响不大，但近年来（2006年开始）不断有DDT和PCBs出现超一类海洋沉积物质量标准的现象，对此，应引起高度重视，防范并监控PCBs和DDT等持久性有机污染物进入海洋生态环境。

沧州渤海新区除2011年硫化物、汞超一类沉积物环境质量，其他年份各项指标均符合一类沉积物质量标准。2005年后石油类含量增加较快，这与渤海新区大规模建设石油化工类行业有关。

上述处于“大规模开发”阶段的各大集约用海区，沉积物环境质量与其发展的产业密切相关，建议针对“大规模开发”阶段的大集约用海区，从分析其产业入手，对与产业息息相关的各类污染物加以关注。

（3）莱州湾内“规划建设”的集约用海区

潍坊滨海生态旅游度假区规划的初期建设未对海洋沉积物造成明显影响，海域沉积物个别重金属含量超一类海洋沉积物质量标准，在今后发展中应予以重视，避免其含量的富集。

龙口湾临港高端制造业聚集区附近海域沉积物环境良好，目前，集约用海建设对施工海域的沉积物环境影响不大。

针对“规划中”的集约用海区，虽然工程初期未对沉积物环境造成明显影响，但仍需对已超标物质予以关注，同时，施工期加强沉积物粒度、石油类等特征污染物的监测和评估，运营期应关注石油类、有机物和重金属的污染问题。

4　环渤海集约用海区域生物现状及历史演变

4.1　海洋生物现状

4.1.1　辽东湾

4.1.1.1　浮游植物

（1）辽西锦州湾沿海经济区

2012年5月，在锦州湾海域共检出浮游植物2门共11科13属21种。锦州湾海域浮游植物的种类较丰富、组成差异不大，平均种类为16.7种。调查各站位浮游植物优势种均为具槽直链藻，其在各站位中数量优势显著，数量在浮游植物群落中所占比例较高，优势度平均为0.33。浮游植物细胞数量整体处于“最丰富”水平，各站细胞数量的波动范围在102.03×10^4～238.70×10^4个/m^3，各站位细胞数量的平均值为162.12×10^4个/m^3，该海域5月浮游植物的多样性阈值为2.53～3.59，均值为3.29。

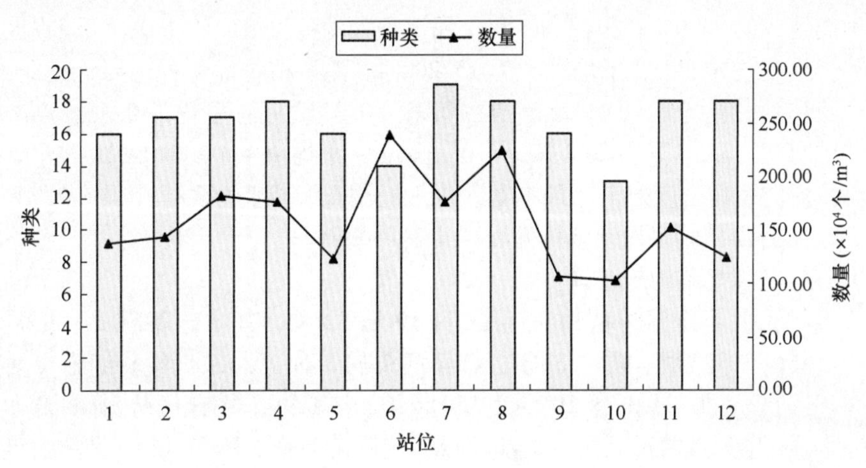

图4.1　2012年5月浮游植物种类与数量状况

2012年8月，在锦州湾海域共检出浮游植物3门13科15属20种，其中硅藻9科11属14种，占种类组成的70.0%；甲藻3科3属5种，占种类组成的25.0%；金藻1科1属1种，占种类组成的5.0%。本次调查锦州湾海域浮游植物的种类较多、组成差异不大，平均种类为13.42种。优势种主要为佛氏海线藻和中肋骨条藻，在各站位中数量优势显著，其数量在浮游植物群落中所占比例较高，优势度较明显，平均为0.37。浮游植物细胞数量整体处于“最丰富”水平，各站细胞数量的波动范围在553.55×10^4～1 220.60×10^4个/m^3，高低站位之间相差2倍多，各站位细胞数量的平均值为822.04×10^4个/m^3。浮游植物的多样性阈值为1.82～2.04，均值为1.90，各站位浮游植物多样性均处于“较好”水平。8月浮游植物种类与数量状况见图4.2。

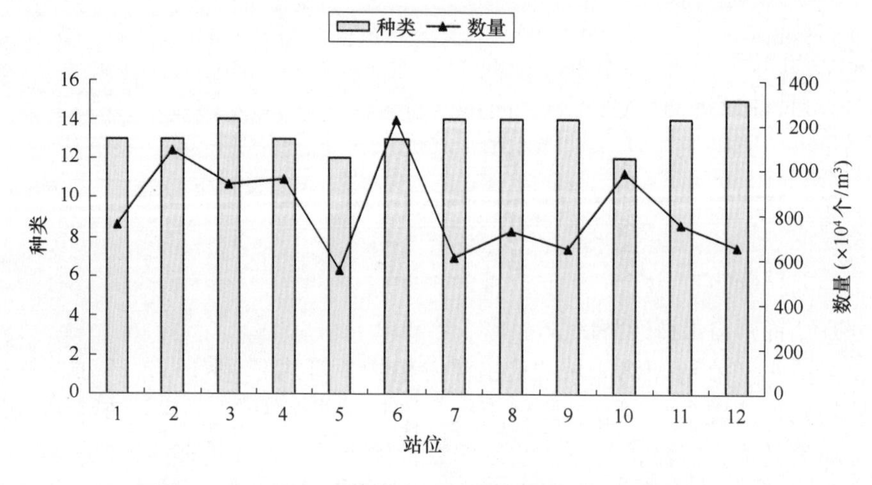

图4.2　2012年8月锦州湾海域浮游植物种类与数量状况

（2）辽宁（营口）沿海产业基地

2011年10月，在营口鲅鱼圈海域共检出浮游植物25种。其中硅藻9科10属24种，占种类组成的96.0%；甲藻为1科1属1种，占种类组成的4.0%。调查区内浮游植物的种类组成差异不大，平均种类为15.20种。浮游植物优势种主要为细弱圆筛藻、浮动弯角藻和具槽直链藻，优势度范围在0.21～0.37之间，平均为0.31。浮游植物数量波动范围909 333.3×10^4～248 000×10^4个/m^3，平均值464 000.0×10^4个/m^3，本次调查该海域浮游植物密度处于“最丰富”水平。调查海域生物多样性阈值2.74～3.33，均值为3.13，浮游植物多样性整体处于“丰富”水平。

（3）辽宁长兴岛临港工业区

2010年7月共鉴定浮游植物3门17科19属32种，其中硅藻门15属28种，占87.5%；甲藻门3属3种，占9.38%；金藻门1属1种，占3.12%。细胞丰度均值为496.09×10^4个/m^3（123.39×10^4～2 160×10^4个/m^3），共有优势种（优势度$Y \geq 0.02$）5种，分别为具槽直链藻（$Y=0.24$）、旋链角毛藻（$Y=0.16$）、冕孢角毛藻（$Y=0.07$）、中肋骨条藻（$Y=0.04$）、洛氏角毛藻（$Y=0.03$）、柔弱角毛藻（$Y=0.03$），构成细胞丰度的主要种为具槽直链藻。浮游植物多样性（H'）指数均值为2.88（2.54～3.36），均匀度（J'）均值0.79（0.71～0.91），丰富度（d）均值为0.77（0.60～0.95）。

4.1.1.2 浮游动物

1）辽西锦州湾沿海经济区

（1）中网采集浮游动物

2012年5月，锦州湾海域中网采集共鉴定出浮游动物5大类20种，其中桡足类11种，占种类组成的55.0%；浮游幼虫5种，占种类组成的25.0%；枝角类2种，占种类组成的10.0%；毛颚类和长尾类各1种，分别占种类组成的5.0%（图4.3）。在各站位中桡足类无节幼虫和双刺纺锤水蚤的优势度在0.33～0.57之间，平均为0.42。调查海域浮游动物个体数量分布不均匀。浮游动物个体数量范围在74 112.5～156 580.0个/m^3之间，平均值为104 360.6个/m^3。浮游动物群落组成主要是暖温种，未出现冷水种和热带暖水种，以广温近岸低盐种为主要特征。主要代表种有双刺纺锤水蚤、中华哲水蚤、小拟哲水蚤、桡足类幼虫、强额拟哲水蚤和强壮箭虫。浮游动物多样性指数平均为2.17，均匀度指数平均为0.67。

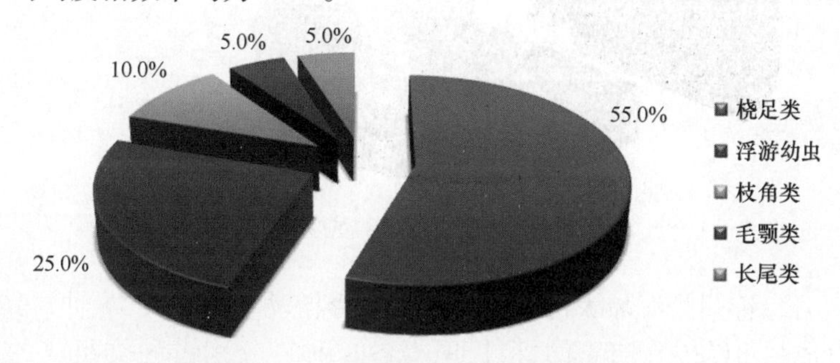

图4.3 锦州湾海域中网采集浮游动物种类组成百分比（5月）

2012年8月，锦州湾海域中网采集共鉴定出浮游动物5大类18种，其中桡足类9种，占种类组成的50.0%；浮游幼虫6种，占种类组成的33.32%；毛颚类、长尾类和水母类各1种，各占种类组成的5.56%（图4.4）。在各站位中主要优势种桡足类无节幼虫的优势度在0.30～0.46之间，平均为0.40。8月波动浮游动物个体数量范围在242 033.8～638 650.0个/m^3之间，平均值为386 210.1个/m^3。浮游动物多样性指数平均为2.33，均匀度指数平均为0.53。

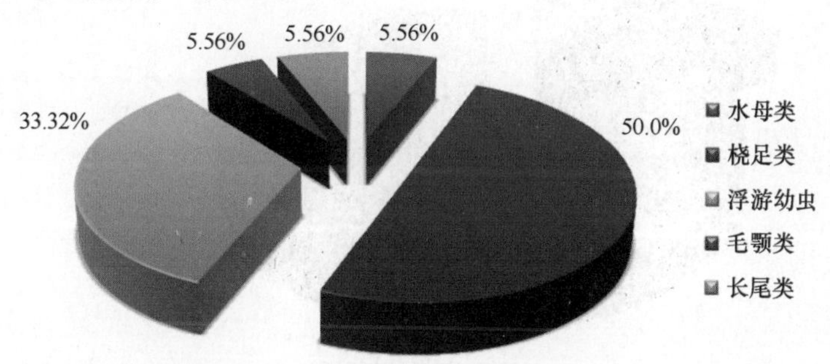

图4.4 锦州湾海域中网采集浮游动物种类组成百分比（8月）

（2）大网采集浮游动物

2012年5月，锦州湾海域大网采集共鉴定出浮游动物4大类14种，其中桡足类9种，占种类组成的64.3%；浮游幼虫3种，占种类组成的21.5%；长尾类1种，占种类组成的7.1%；毛颚类1种，占种类组成的7.1%（图4.5）。主要优势种为强额拟哲水蚤、双刺纺锤水蚤，它们的个体数量变化直接影响整个浮游动物的群落结构。各站位浮游动物优势度在0.36～0.65之间，平均为0.50。浮游动物平均生物量（湿重）为719.1 mg/m^3，各站之间生物量的波动范围在270.4～1 175.2 mg/m^{3}之间。浮游动物个体数量波动范围在24 097.1～58 820.0个/m^{3}之间，平均值为35 605.1个/m^3。浮游动物的多样性指数平均为1.78，均匀度指数平均为0.68。

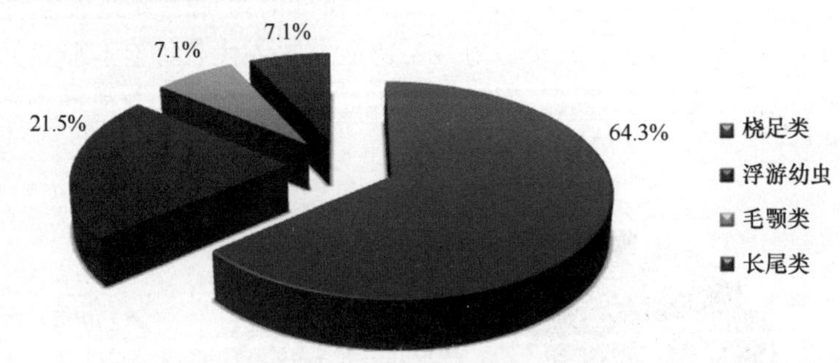

图4.5　锦州湾海域大网采集浮游动物种类组成百分比（5月）

2012年8月，锦州湾海域大网采集共鉴定出浮游动物3大类11种，其中桡足类9种，占种类组成的81.8%；毛颚类和长尾类各1种，分别占种类组成的9.1%（图4.6）。主要优势种为拟长腹剑水蚤、小拟哲水蚤，它们的个体数量变化直接影响整个浮游动物的群落结构。各站位浮游动物优势度在0.44～0.90之间，平均为0.59。浮游动物平均生物量（湿重）为2 696.5 mg/m^3，各站之间生物量的波动范围在1 607.6～4 133.0 mg/m^{3}之间。浮游动物个体数量波动范围在30 647.5～211 136.7个/m^{3}之间，平均值为102 900.8个/m^3。浮游动物的多样性指数平均为1.32，均匀度指数平均为0.44。

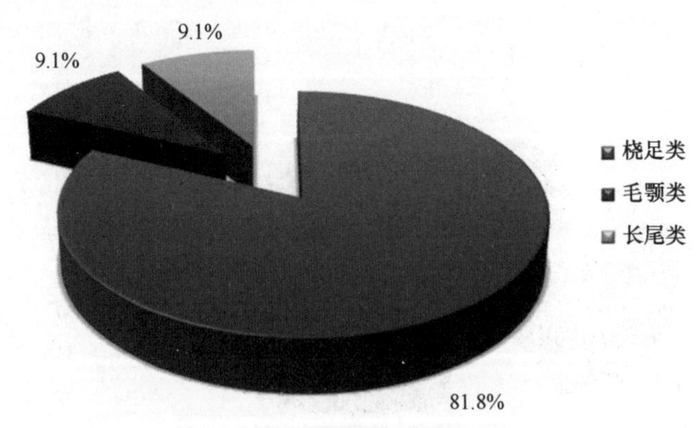

图4.6　锦州湾海域大网采集浮游动物种类组成百分比（8月）

2）辽宁（营口）沿海产业基地

2011 年 10 月，营口鲅鱼圈海域共采集到浮游动物 11 种，其中桡足类 6 种，占种类组成的 54.55%；浮游幼体 3 种，占种类组成的 27.27%；长尾类和毛颚类各 1 种，分别占种类组成的 9.09%（图 4.7）。浮游动物优势种主要包括桡足类六肢幼虫和克氏纺锤水蚤，优势种平均数量为 6 861.33 个/m^3，优势度范围为 0.25～0.48 之间，平均优势度为 0.36。浮游动物多样性处于“丰富”水平。这与浮游植物评价结果基本一致，说明该海域生态环境从生物多样性角度评价暂处于健康水平。

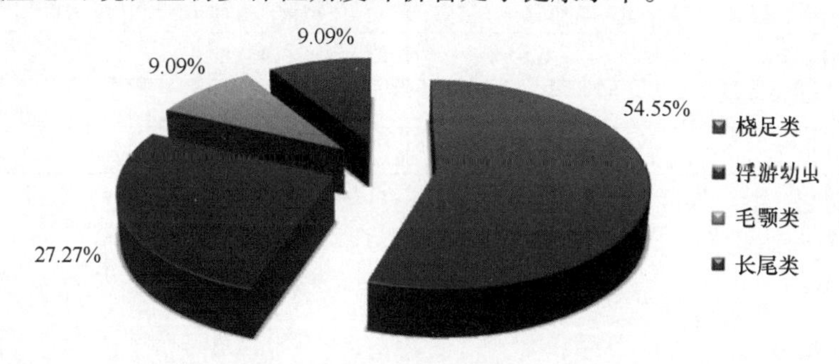

图 4.7 营口鲅鱼圈海域浮游动物种类组成百分比（10 月）

3）辽宁长兴岛临港工业区

2010 年 7 月，长兴岛临港工业区海域共鉴定浮游动物 15 种（含 3 种浮游幼虫），以桡足类占据绝对优势（11 种，73.33%）。总生物量均值为 104.6 mg/m^3（31.80～352.30 mg/m^3），总丰度均值为 12 065.94 个/m^3（2 913.60～33 490.00 个/m^3）。共有优势种 5 种（优势度 $Y \geq 0.02$），其中，大同长腹剑水蚤、克氏纺锤水蚤、短角长腹剑水蚤、桡足类六肢幼体、双刺纺锤水蚤的优势度分别为 0.35、0.32、0.21、0.15、0.03，三者共占总丰度的 97.92%。本调查海域的多样度指数（H'）均值为 2.23（1.87～2.43），分布不均匀，丰度指数（d）平均值为 0.89（0.72～1.13），均匀度指数（J'）平均值为 0.70（0.59～0.79）。

4.1.1.3 底栖生物

1）辽西锦州湾沿海经济区

2011 年 8 月，锦州湾海域仅检出底栖生物 6 种，且全部为底栖动物，其中环节动物 4 种，节肢动物 2 种。底栖动物的生物密度及生物量分布极不均衡，可能与该海区不同底质和生态环境有关。底栖动物平均个体密度为 7.08 个/m^2，其中环节动物密度最大，平均为 5.83 个/m^2，节肢动物平均为 1.25 个/m^2。底栖动物的平均生物量为 2.42 g/m^2，其中环节动物平均为 0.83 g/m^2，节肢动物平均为 1.59 g/m^2。

2）辽宁长兴岛临港工业区

2010 年 7 月，长兴岛临港工业区海域共鉴定底栖生物 10 种，以环节动物门多毛类占优势，为 7 种，甲壳动物 2 种，软体动物 1 种。生物量和栖息密度均值分别为 6.09 g/m^2 和 70.75 个/m^2。其中，环节动物较高，生物量为 8.45 g/m^2，栖息密度为 131 个/m^2，甲壳动物次之，生物量为 5.27 g/m^2，栖息密度为 10 个/m^2（表 4.1）。底泥采集样品中优势种不明显，包括索沙蚕、长吻沙蚕、不倒翁虫、小头虫、须鳃虫、梳鳃虫（优势度 $Y \geqslant 0.02$）。其中，不倒翁虫和小头虫优势度比较明显，平均生物量分别为 0.14 g/m^2 和 0.03 g/m^2，平均丰度分别为 22 个/m^2 和 26 个/m^2。本次调查所设站位底栖动物种类组成较为贫乏。多样性指数（H'）一般，均值为 1.63（0.00～2.35），J' 均值为 0.87（0.00～0.98），d 均值为 0.64（0.00～1.04）。

表 4.1　辽宁长兴岛临港工业区底栖生物种类、生物量及栖息密度

种类	种数	生物量（g/m^2）	栖息密度（个/m^2）
环节动物门多毛类	7	8.45	131
甲壳动物	2	5.27	10
软体动物	1	—	—

4.1.2　渤海湾

4.1.2.1　叶绿素 a

叶绿素 a 是水体中浮游植物密度大小的直接体现，能够反映水体中初级生产力的状况，其含量变化主要受浮游植物迁移分布的影响。2011 年 5 月渤海湾天津近岸海域表层叶绿素 a 含量均值为 4.39 μg/L，变化范围 1.80～7.07 μg/L。8 月表层叶绿素 a 含量均值为 4.54 μg/L，变化范围 2.86～8.13 μg/L。

4.1.2.2　浮游植物

2011 年 5 月对渤海湾进行的调查中，共鉴定出浮游植物 3 门 4 纲 8 目 13 属 37 种，其中硅藻 32 种，占种类组成的 86.5%；甲藻 4 种，占种类组成的 10.8%；金藻 1 种，分别占种类组成的 2.7%（图 4.8）。浮游植物主要优势种为北方角毛藻、夜光藻、中肋骨条藻和旋链角毛藻。浮游植物平均密度为 47.6×10^4 个/m^3，多样性指数平均为 2.05，均匀度指数平均值为 0.61。

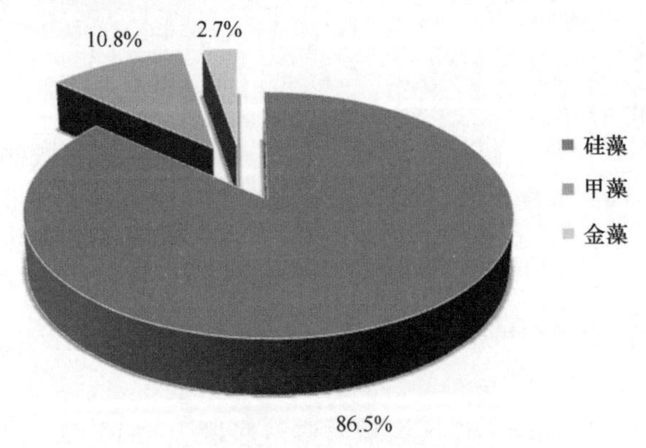

图 4.8　5 月调查海域浮游植物种类组成百分比

2011年8月对渤海湾进行的调查中，共鉴定出浮游植物4大门24属46种，其中硅藻门15属35种，占种类组成的76.1%；甲藻门7属9种，占种类组成的19.5%；金藻门1属1种，占种类组成的2.2%，蓝藻门1属1种，占种类组成的2.2%（图4.9）。其中，赤潮种类15属27种，占种类组成的58.7%，有毒赤潮种类4种。浮游植物主要优势种为中肋骨条藻和尖刺拟菱形藻。浮游植物平均密度为994.2×10^4个/m^3，多样性指数平均为2.69，均匀度指数平均值为0.64。

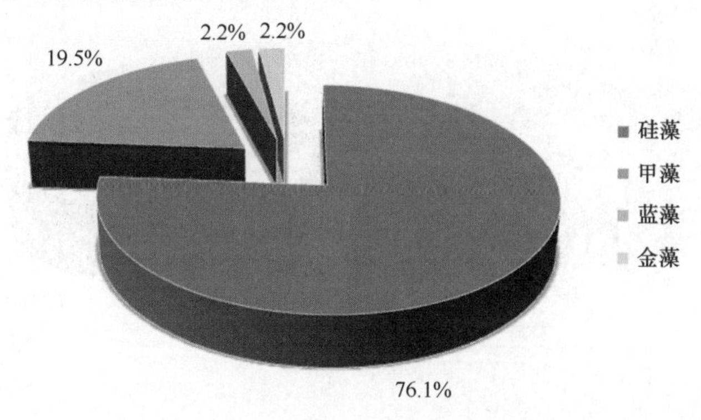

图4.9　8月调查海域浮游植物种类组成百分比

4.1.2.3　浮游动物

2011年5月对渤海湾进行的调查中，共鉴定出浮游动物6大类30种，其中桡足类9种，占种类组成的30.0%；水母类4种，占种类组成的13.4%；糠虾类、毛颚类和涟虫类各1种，分别占种类组成的3.3%；浮游幼虫14类，占种类组成的46.7%（图4.10）。浮游动物主要优势种有：中华哲水蚤、双刺纺锤水蚤、小拟哲水蚤、真刺唇角水蚤、墨氏胸刺水蚤、强壮箭虫、大同拟长腹剑水蚤；浮游动物Ⅰ型网平均密度为556.4个/m^3，Ⅱ型网平均密度为12 736.9个/m^3；生物量平均值为291.04 mg/m^3，Ⅰ型网多样性指数平均为2.15，均匀度指数平均值为0.62。

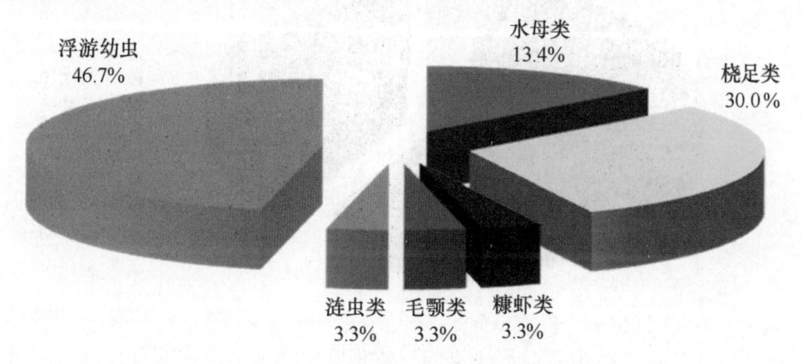

图4.10　2011年5月调查海域浮游动物种类组成百分比

2011年8月对渤海湾进行的调查中，共鉴定出浮游动物8大类37种，其中桡足类10种，占种类组成的27.0%；水母类6种，占种类组成的16.2%；枝角类2种，占种类组成的5.4%；端足类、糠虾类、樱虾类和毛颚类各1种，分别占种类组成的2.7%；浮游幼虫15类，占种类组成的40.5%（图4.11）。浮游动物主要优势种有：真刺唇角水蚤、小拟哲水蚤、太平洋纺锤水蚤、大同拟长腹剑水蚤、强壮箭虫、双刺纺锤水蚤；浮游动物Ⅰ型网平均密度为97.3个/m^3，Ⅱ型网平均密度为57 312.5个/m^3，生物量平均值为37.0 mg/m^3，Ⅰ型网多样性指数平均为2.63，均匀度指数平均值为0.76。

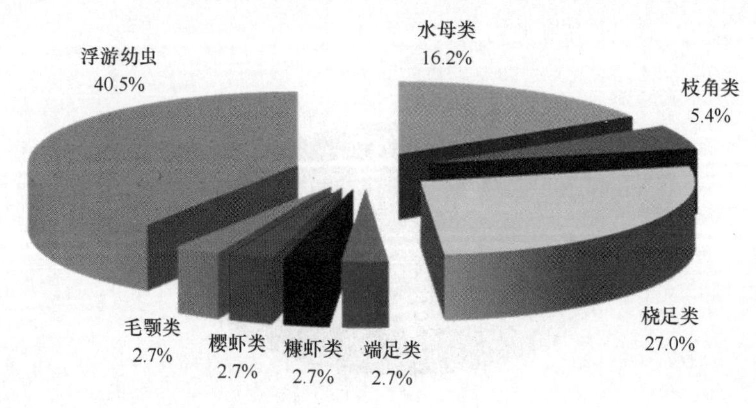

图4.11　2011年8月调查海域浮游动物种类组成百分比

4.1.2.4　底栖生物

共鉴定出底栖生物8大类29种（含部分属以上种类），其中软体动物12种，占种类组成的41.4%；环节动物6种，占种类组成的20.7%；节肢动物5种，占种类组成的17.3%；棘皮动物2种，占种类组成的6.9%；扁形动物、纽形动物、螠形动物和脊椎动物各1种，各占3.4%（图4.12）。底栖生物优势种主要有高塔捻塔螺、沙蚕、纽虫、涡虫、圆筒原盒螺、长偏顶蛤。底栖生物平均密度为83.75个/m^2；平均生物量为31.384 g/m^2，多样性指数平均为2.35，均匀度指数平均值为0.88。

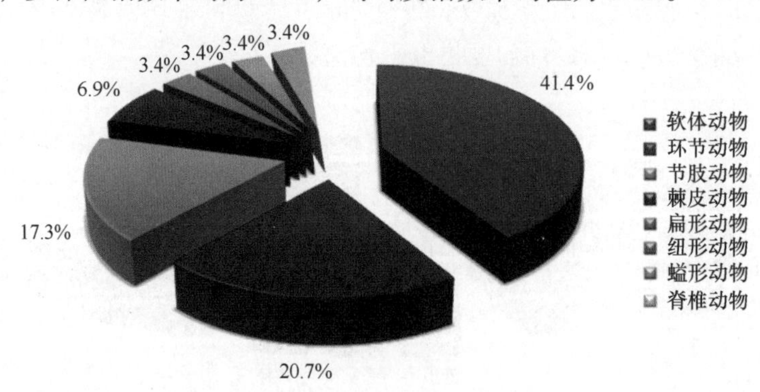

图4.12　2011年5月调查海域底栖生物种类组成百分比

2011年8月对渤海湾进行的调查中，共鉴定出底栖生物8大类36种（含部分属以上种类），其中软体动物15种，占种类组成的41.6%；节肢动物8种，占种类组成的22.2%；环节动物7种，占种类组成的19.4%；棘皮动物2种，占种类组成的5.6%；

扁形动物、纽形动物、螠形动物和脊椎动物各1种，各占2.8%（图4.13）。底栖生物优势种主要有高塔捻塔螺、沙蚕、涡虫、长偏顶蛤、绒毛细足蟹。底栖生物平均密度为107.25个/m^2，平均生物量为22.710 g/m^2，多样性指数平均为2.21，均匀度指数平均值为0.81。

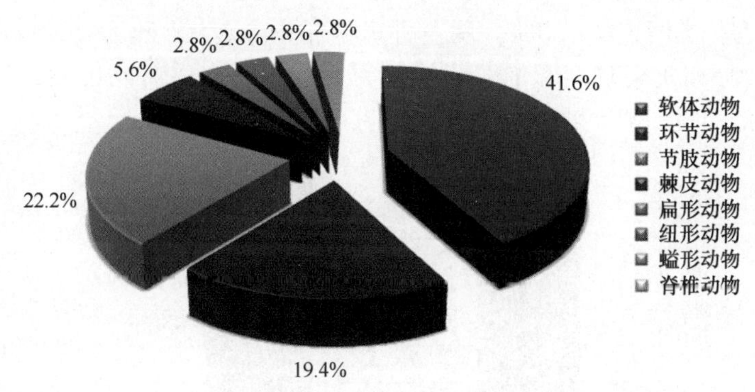

图4.13　2011年8月调查海域底栖生物种类组成百分比

4.1.2.5　潮间带生物

2011年5月共获潮间带生物10种，隶属软体动物、节肢动物、环节动物和腕足动物。其中软体动物占有主导地位，共有8种；节肢动物中的甲壳类1种；环节动物中的多毛类1种；腕足动物1种。潮区分布上，中潮区9种，高潮区6种，低潮区8种。8月共获潮间带生物9种，隶属软体动物、环节动物和腕足动物。软体动物仍占主导地位，共有6种；环节动物中的多毛类2种；腕足动物1种。在潮区分布上，中潮区出现7种，高潮区6种，低潮区最少，有5种。2011年5月潮间带生物密度均值711个/m^2，生物量平均值为22.117 0 g/m^2，8月潮间带生物密度均值1 422个/m^2，生物量平均值为126.124 8 g/m^2。

光滑河蓝蛤因其巨大的数量和在潮间带的广泛分布，成为5月和8月监测三个潮区共同的优势种，且优势非常明显，导致生物群落结构极不稳定，偏向单一。

4.1.3　莱州湾

4.1.3.1　叶绿素a

2011年对莱州湾海域20个站位（37.197 8°—37.667 8°N，119.084 4°—120.088 1°E）的调查监测结果表明，5月，变化范围为1.03～16.5 μg/L，平均值5.03 μg/L，老弥河附近海域数值较高，莱州湾口至中部数值偏低。8月，变化范围2.48～6.02 μg/L，平均值3.96 μg/L，最高值出现在小清河附近。

4.1.3.2　浮游植物

（1）种类组成

2011年，5月共采集到浮游植物40种，隶属于硅藻、甲藻、金藻3个植物门，未鉴定种1种，其中硅藻30种，占浮游植物种类组成的75%；甲藻8种，占浮游植物种类组成的20%，金藻1种，未鉴定藻种1种，各占浮游植物种类组成的2.5%（见图4.14）。

8月共采集到浮游植物55种，隶属于硅藻、甲藻、金藻3个植物门，其中硅藻47种，占浮游植物种类组成的85.5%；甲藻7种，占浮游植物种类组成的12.7%；金藻1种，占浮游植物种类组成的1.8%。调查所获浮游植物绝大多数为北温带近岸类型。

5月优势种以斯氏根管藻和细弱圆筛藻为主，优势度分别为0.427和0.181；8月优势种为大洋角管藻和圆筛藻，优势度分别为0.107和0.068。

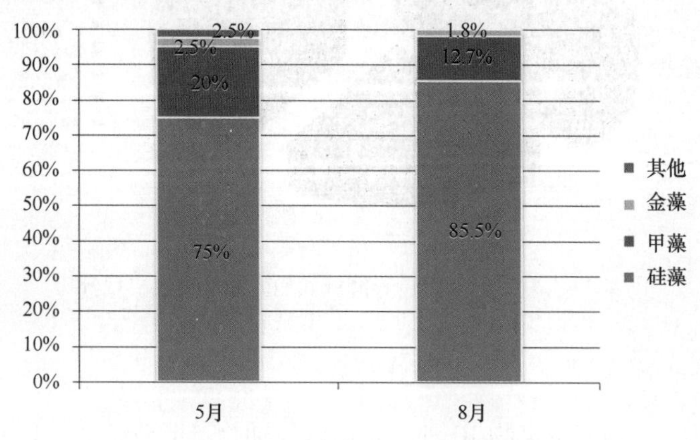

图4.14　2011年莱州湾浮游植物种类组成

（2）数量分布

5月，细胞数量变化范围$19.1\times10^4\sim588\times10^4$个/m^3，平均$196\times10^4$个/m^3。黄河和龙口附近海域数值较高，莱州湾南部和外围含量偏低。

8月，细胞数量变化范围$27.8\times10^4\sim3\,848\times10^4$个/m^3，平均$569\times10^4$个/m^3。广利河和小清河口附近海域数值较高，莱州湾中部含量偏低。

（3）群落结构指数

5月，浮游植物多样性指数变化范围0.305~3.286，平均2.007。高值区位于广利河口附近海域，低值区位于莱州湾东部，是因为局部海域斯氏根管藻数量过高所致。浮游植物均匀度变化范围0.069~0.775，平均0.520。高值区位于莱州湾西部和东南部海域，低值区也位于莱州湾东部。

8月，浮游植物多样性指数变化范围0.852~2.999，平均1.980。高值区位于莱州湾东南部海域，低值区位于黄河口和莱州湾中部，是因为局部海域大洋角管藻数量过高所致。浮游植物均匀度变化范围0.269~0.735，平均0.480。高值区位于莱州湾东南部海域，低值区同样位于黄河口和莱州湾中部。

4.1.3.3　浮游动物

（1）种类组成

5月共采集到浮游动物17种（类），其中桡足动物7种，占浮游动物种类组成的41%；浮游幼虫8类，占浮游动物种类组成的47%；毛颚动物及腔肠动物各1种，均占种类组成的6%。

浮游动物优势种为强壮箭虫、克氏纺锤水蚤、墨氏胸刺水蚤、短尾类溞状幼体、双壳类壳顶幼虫等，优势度分别为0.32、0.14、0.13、0.09和0.07。

8月共采集到浮游动物48种（类），其中桡足动物21种，占浮游动物种类组成的44%；浮游幼虫16类，占浮游动物种类组成的33%；腔肠动物7种，占种类组成的15%；毛颚动物、有尾类、枝角类和糠虾类各1种，均占种类组成的2%。

浮游动物优势种为短角长腹剑水蚤、强额拟哲水蚤、强壮箭虫、双刺纺锤水蚤和背针胸刺水蚤等，优势度分别为0.20、0.16、0.09、0.07和0.05。

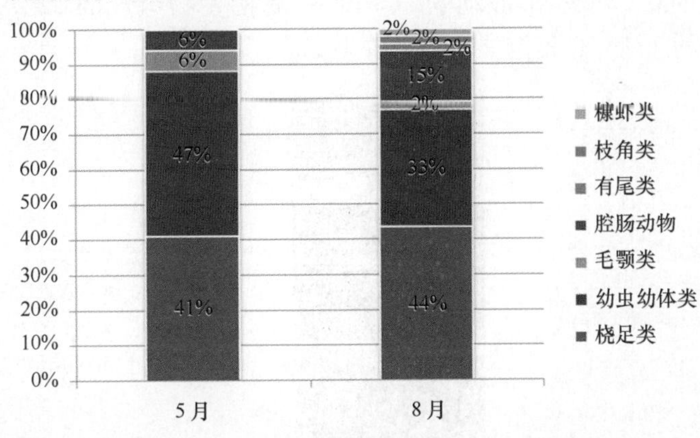

图4.15 2011年莱州湾浮游动物种类组成

（2）生物量及分布

5月浮游动物生物量（湿重）变化范围114.3～1 623.3 mg/m³，平均275.5 mg/m³。小清河口外围和莱州湾东部海域浮游动物生物量较高，中部和西北部海域偏低。

8月浮游动物生物量（湿重）变化范围6.3～3 350.0 mg/m³，平均275.5 mg/m³。小清河口外围较高，向四周呈递减趋势。

（3）生物密度及分布

5月，浅水Ⅰ型网浮游动物密度变化范围在76～862个/m³之间，平均密度为316个/m³。浮游动物密度平面分布呈现广利河和莱州湾西北部海域偏高，中部海域偏低趋势。

8月，浅水Ⅰ型网浮游动物密度变化范围在10～7 736个/m³之间，平均密度为979个/m³。浮游动物密度平面分布呈现广利河和黄河口附近海域偏高，中部和东南海域偏低趋势。

（4）群落结构指数

5月，浮游动物多样性指数变化范围1.063～2.864，平均1.943。高值区位于莱州湾东部和广利河口附近海域，低值区位于莱州湾南部海域。

8月，浮游动物多样性指数变化范围1.246～3.326，平均2.386。高值区位丁莱州湾东南部和小清河口附近海域，低值区位于莱州湾中部海域。

5月，浮游动物均匀度变化范围0.354～0.830，平均0.604。高值区位于莱州湾中部海域，并向南北两侧递减。

8月，浮游动物均匀度变化范围0.364～0.949，平均0.651。高值区位于莱州湾东部海域，低值区位于莱州湾北部和南部附近海域。

4.1.3.4 底栖生物

（1）种类组成

共获得底栖生物125种，隶属于软体动物、多毛类、节肢动物及其他。其中软体动物出现的种类数最多，总共46种，占底栖生物种类组成的36.8%；多毛类次之，共44种，占种类组成的35.2%；节肢动物28种，占底栖生物组成的22.4%；棘皮动物3种，占种类组成的2.4%；其他类4种，占3.2%。

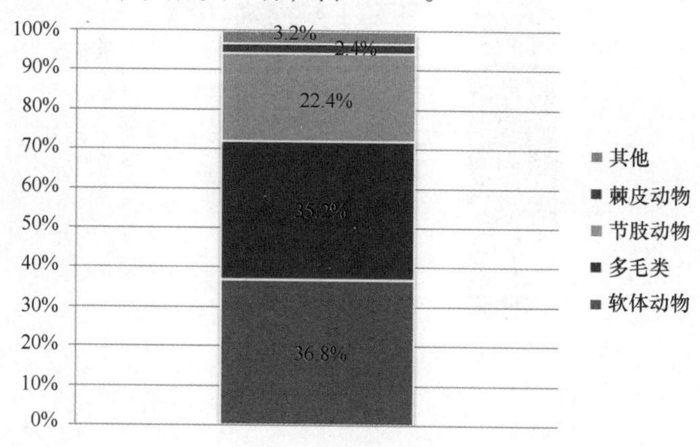

图4.16　2011年莱州湾底栖动物种类组成

（2）生物量组成与分布

生物量变化范围1.30～68.36 g/m^2，平均17.54 g/m^2。软体动物生物量占据绝对优势，比例为66.45%，其次为多毛类，占总生物量的14.17%；节肢动物、棘皮动物和其他类动物分别占总生物量的9.43%、3.76%和6.19%。

底栖生物生物量高值区出现在莱州湾中部海域，广利河口附近及湾的东部海域生物量偏低。

（3）密度组成与分布

底栖生物密度变化范围85～97 620个/m^2，平均8 639个/m^2。软体动物占绝对优势，占总密度的86.56%；多毛类次之，占总密度的9.74%；节肢动物排第三位，占总密度的2.64%；棘皮动物第四占总密度的1.01%；其他动物最少，占总密度的0.05%。

生物密度高值区出现在莱州湾中部，主要是紫壳阿文蛤大量聚集导致2个站位密度达到10^{5}个/m^{2}所致；莱州湾东部和南部生物密度较低。

（4）群落结构指数

8月，底栖生物多样性指数变化范围0.510～4.300，平均2.729。多样性指数整体上呈由湾中部向周围递增趋势，8月，底栖生物均匀度变化范围0.142～0.826，平均0.550。均匀度同样呈现湾中部向周围递增趋势。多样性和均匀度较低值出现的海域，是由于紫壳阿文蛤过量聚集、数量过高所致。

4.1.3.5 潮间带生物

(1) 种类组成

5月调查共获得潮间带生物60种，隶属于节肢动物门、环节动物门、软体动物门、游泳动物及其他类，生物种类较丰富。其中软体动物分布种类最多，总共24种，占潮间带动物种类的40%；其次为23种环节动物，占38%；节肢动物出现8种，占总类的13%；棘皮动物3种，占5%；游泳动物一种，占2%；其他类动物占2%。因莱州湾潮间带地质类型大部分以泥沙质为主，很少出现大型定生藻类。

8月调查共获得潮间带生物45种，隶属于节肢动物门、环节动物门、软体动物门、游泳动物及其他类。其中软体动物分总共17种，占潮间带动物种类的38%；环节动物种类和软体动物相同，为17种，占38%；节肢动物出现6种，占总类的13%；棘皮动物2种，占4%；其他三类动物占7%。

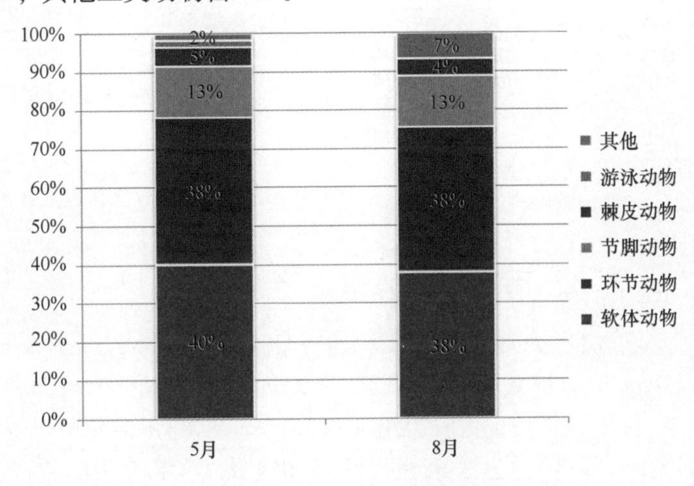

图4.17 2011年莱州湾潮间带动物种类组成

(2) 密度分布

5月莱州湾潮间带生物生物密度较大。潮间带常见种类有光滑河蓝蛤，可达3 025个/m²；托氏昌螺1 236个/m²；哈氏美人虾874个/m²；秀丽织纹螺848个/m²；薄壳绿螂754个/m²；日本刺沙蚕742个/m²；四角蛤蜊429个/m²；日本大眼蟹127个/m²；豆形拳蟹66个/m²；泥螺52个/m²等。

8月莱州湾潮间带生物生物量较5月少，但生物密度较大。潮间带常见种类有光滑河蓝蛤，达到7 525个/m²；托氏昌螺1 280个/m²；江户明樱蛤1 168个/m²；菲律宾蛤仔752个/m²；薄壳绿螂335个/m²；秀丽织纹螺100个/m²；日本大眼蟹47个/m²；四角蛤蜊68个/m²；豆形拳蟹47个/m²等。

4.1.3.6 鱼卵仔鱼

(1) 种类组成及数量

调查期间共采获鱼卵16 596粒，共8种，除1种未鉴定到种，其余7种隶属于5目

7科7属。采集的鱼卵中未受精卵16 026粒，占总卵数的96.57%，受精卵仅570粒，其中蛇鲻属230粒，占受精卵总数的40.35%；斑鰶186粒，占受精卵总数的32.63%；小黄鱼99粒，占受精卵总数的17.37%。调查共获仔稚鱼110尾，属6种，除1种未鉴定到种，其余5种隶属于3目5科6属。其中鰕虎鱼属52尾，占总数的47.27%；鮻31尾，占总数的28.18%；小黄鱼12尾，占总数的10.91%。

（2）鱼卵数量分布

调查的20个站位中14个站有鱼卵出现，出现频率为70%；9个站有仔稚鱼出现，出现频率为45%。

5月鱼卵主要分布在小清河口外围海域；鱼卵密度最大值为11 488粒/网；最小值不足20粒/网，莱州湾北部海域部分海域未采到鱼卵。

5月仔稚鱼主要分布在黄河口和广利河口附近海域；仔稚鱼密度最大值为27尾/网，其余站位均偏低，数量不足15尾/网，莱州湾中部和东部站位未采集到仔稚鱼。

4.2 海洋生物状况历年变化

4.2.1 辽东湾

4.2.1.1 浮游植物

1）辽西锦州湾沿海经济区（2005—2011年）

2011年8月共检出浮游植物23种，其中硅藻8科7属17种，占种类组成的73.91%；甲藻1科1属1种，占种类组成的4.35%，金藻1科1属1种，占种类组成的4.35%，蓝藻1科2属4种，占种类组成的17.39%。锦州湾海域浮游植物的种类稀少、组成差异不大，平均种类为7.92种。与2005—2010年的同期数据比较表明（表4.2、图4.18），浮游植物的种类变化较大，今年比2010年和2005年同期少检出3种，比2006年和2008年多检出1种，比2009年同期少检出2种，比2007年多检出7种。锦州湾海域浮游植物的总体数量依然偏低。

表4.2　2005年至2011年8月浮游植物种类、数量、多样性变化趋势

年份	2005	2006	2007	2008	2009	2010	2011
种类	26	22	16	22	25	26	23
平均数量（$\times 10^4$ 个/m^3）	11.52	7.54	47.68	16.6	23.44	238.9	11.39
多样性指数	2.005	2.456	2.115	1.466	1.978	1.568	2.41

按贾晓平等提出的饵料生物（浮游植物）水平分级评价标准进行浮游植物密度水平分级（表4.3）。2005年、2006年、2008年和2011年浮游植物密度处于“低”水平，2007年、2009年浮游植物密度处于“较低”水平，2010年处于“最丰富”水平。

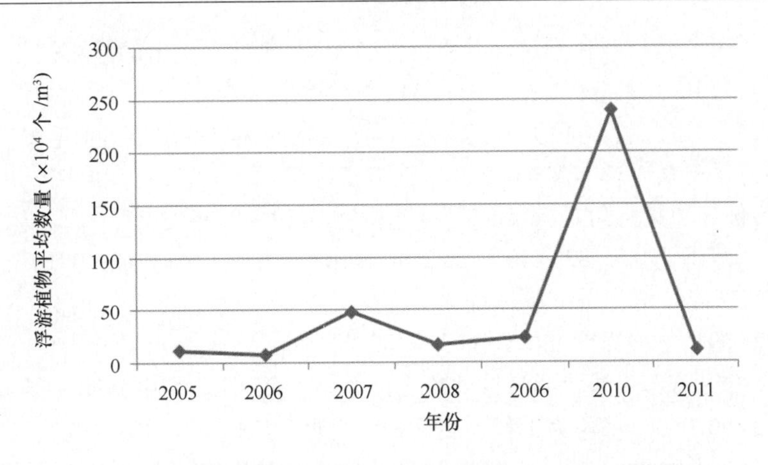

图 4.18　2005—2011 年锦州湾海域浮游植物平均数量变化趋势

表 4.3　浮游植物水平分级评价标准

细胞密度（$\times 10^4$ 个/m^3）	<20	20～50	50～75	75～100	>100
分级描述	低	较低	较丰富	丰富	最丰富

2）辽宁（营口）沿海产业基地

（1）2006 年、2009 年与 2010 年种类、数量、多样性变化

2006 年 6 月，营口鲅鱼圈海域共检出浮游植物两大类 9 科 10 属 18 种。其中硅藻类 8 科 9 属 17 种；甲藻 1 科 1 属 1 种，各站位浮游植物细胞数量的平面分布差异较大，其波动范围在 8.75×10^4～$1\ 190.66\times 10^4$ 个/m^3 之间，浮游植物细胞数量总平均为 278.838×10^4 个/m^3。无论是在种类数或者细胞数量上硅藻占绝对优势，种类多样性一般。各站位两种优势种数量在 8.0×10^4～$1\ 186.52\times 10^4$ 个/m^3 之间，优势度在 78.26%～99.65%之间。在所调查海域浮游植物群落中，第一优势种为奇异菱形藻，第二优势种为具槽直链藻，优势度非常显著，表明种类间分布程度不均匀。由于本调查海区水深较深，整个海区浮游植物细胞数量较大，呈现明显的团块分布模式，所调查海区藻类细胞数量属正常范围。

2009 年 4 月，营口鲅鱼圈海域共鉴定出浮游植物两大类 11 科 12 属 29 种。其中硅藻 10 科 11 属 27 种，占总种类数的 93.1%；甲藻 1 科 1 属 2 种，占 6.9%。调查海域浮游植物种类较少，站位间种类差异较小。浮游植物平均数量为 23.08×10^4 个/m^3，最大值为 53.46×10^4 个/m^3，最小值为 2.33×10^4 个/m^3，远岸及调查区域的周边站位浮游植物细胞数量略多。各站位浮游植物细胞数量处于正常范围。优势种类有交叉，近岸站位的优势种主要为具槽直链藻，其数量范围约在 0.74×10^4～11.28×10^4 个/m^3 之间，平均数量为 3.75×10^4 个/m^3。远岸站位的优势种主要为中华盒形藻和尖刺菱形藻，其数量范围约在 0.15×10^4～21.59×10^4 个/m^3 之间，平均数量为 6.88×10^4 个/m^3。各站位浮游植物多样性指数平均值为 2.57，丰富度指数平均值为 1.11，均匀度指数平均值为 0.60，各指数均处于良好状态。

2010 年 4 月，营口鲅鱼圈海域共检出浮游植物 23 种。检出的浮游植物全部为硅藻门种类，分属为 10 科 11 属，站位中浮游植物种类最多为 20 种，调查站位间浮游植物的种类组成差异不大，平均种类为 17 种。浮游植物的优势种主要由角毛藻属种类组成，优势种主要为冕孢角毛藻（$Y=0.28$）、旋链角毛藻（$Y=0.16$）和洛氏角毛藻（$Y=0.14$），主要优势种冕孢角毛藻的优势度范围在 0.19 ~ 0.36 之间，平均为 0.31。浮游植物数量波动范围为 177.82×10^4 ~ 722.40×10^4 个/m³，平均为 349.10×10^4 个/m³，本次调查该海域浮游植物密度整体处于“最丰富”水平。多样性阈值 2.66 ~ 3.08，均值为 2.90，浮游植物多样性整体处于“丰富”水平。

2011 年 10 月，营口鲅鱼圈海域共检出浮游植物 25 种。其中硅藻 9 科 10 属 24 种，占种类组成的 96.0%；甲藻为 1 科 1 属 1 种，占种类组成的 4.0%。调查区内浮游植物的种类组成差异不大，平均种类为 15.20 种。浮游植物优势种主要为细弱圆筛藻、浮动弯角藻和具槽直链藻，优势度范围在 0.21 ~ 0.37 之间，平均为 0.31。浮游植物数量波动范围为 $909\ 333.3\times10^4$ ~ $248\ 000\times10^4$ 个/m³，平均值 $464\ 000.00\times10^4$ 个/m³，本次调查该海域浮游植物密度处于“最丰富”水平。调查海域生物多样性阈值 2.74 ~ 3.33，均值为 3.13，浮游植物多样性整体处于“丰富”水平。

（2）2006 年、2009 年与 2010 年趋势分析

2010 年 4 月调查海区共检出浮游植物 23 种，与 2009 年的同期数据比较表明（表 4.4），浮游植物的种类变化较大，2010 年比 2009 年同期少检出 6 种。从浮游植物的平均数量来看，2010 年为 349.10×10^4 个/m³，而 2009 年仅为 23.08×10^4 个/m³，但从多样性指数来看，2009 年与 2010 年相比变化较小，2010 年为 2.9，2009 年为 2.57。

表 4.4 2009 年 4 月与 2010 年 4 月浮游植物种类、数量、多样性变化趋势

年份	2009	2010
种类	29	23
平均数量（$\times10^4$ 个/m³）	23.08	349.10
多样性指数	2.57	2.9

3）辽宁长兴岛临港工业区

2007 年 3 月，长兴岛临港工业区海域共检出浮游植物 35 种，其中硅藻 15 属 31 种，甲藻 1 属 4 种。大、小潮浮游植物在种类组成上虽有所差异，但差异不大。小潮期主要优势种为具槽直链藻和中肋骨条藻，大潮期主要优势种为具槽直链藻、钝头盒形藻、中肋骨条藻和加拟星杆藻，各站位优势种在浮游植物群落中所占比例较高，优势度较明显，大多属于广温广盐性沿岸种类。总的来看，调查海域的浮游植物细胞数量基本处于正常范围，浮游植物种类较丰富，但种间个体数量分布不均匀，海域环境状况较差。

2009 年 7 月，长兴岛临港工业区海域共检出浮游植物 12 种。其中硅藻 6 科 7 属 8 种，占种类组成的 66.67%；甲藻为 3 科 3 属 4 种，占种类组成的 33.33%。调查区内浮游植物的种类组成差异不大，平均种类为 8 种。浮游植物优势种主要为尖刺菱形藻，优势度范围在 0.80 ~ 0.87 之间。本次调查该海域浮游植物优势种优势度处于较高水平，

说明该水体生态环境处于极不平衡状态。浮游植物分布较为均匀，各调查站位浮游植物数量差异不大，细胞数量处于同一个数量级。浮游植物平均数量为 73.73×10^4 个/m^3。从密度水平来看，该海域所有站位浮游植物密度基本处于“较丰富”水平，主要由数量较大的尖刺菱形藻贡献所致。

4.2.1.2 浮游动物

1）辽西锦州湾沿海经济区

浮游动物的总体数量与2005—2010年同期数据比较，2011年中网采集浮游动物平均数量低于2008年（39 388.0个/m^3）同期，高于2005年（21 238.8个/m^3）、2006年（12 533.3个/m^3）、2007年（9 798.5个/m^3）、2009年（9 756.8个/m^3）和2010年（16 597.4个/m^3）同期（表4.5）。

表4.5 2005—2012年锦州湾海域浮游动物种类、数量、多样性变化趋势

年份	2005	2006	2007	2008	2009	2010	2011
种类	28	23	16	17	16	17	16
数量（个/m^3）	21 238.8	12 533.3	9 798.5	39 388.0	9 756.8	16 597.4	28 772.3
多样性指数	2.295	2.543	2.065	2.513	2.152	2.111	2.240

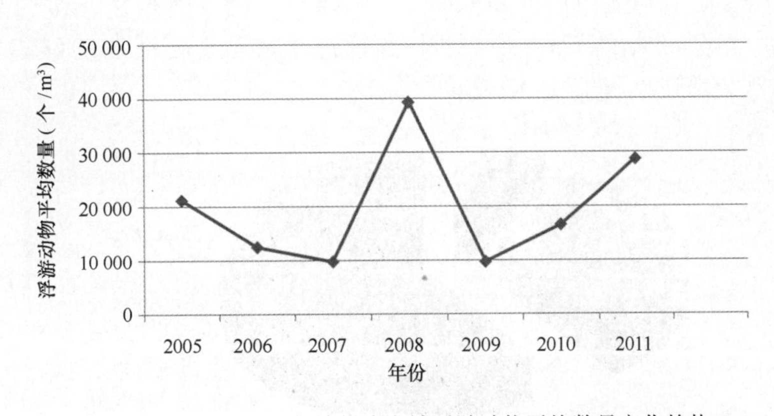

图4.19 2005—2011年锦州湾海域浮游动物平均数量变化趋势

2010年8月中网采集浮游动物多样性指数平均为2.24，与2005—2009年同期的监测结果相比，2011年多样性指数高于2007年（2.065）、2009年（2.152）和2010年（2.111）同期，低于2005年（2.295）、2006年（2.543）、2008年（2.513）同期，根据生物多样性阈值评价标准，近5年来锦州湾浮游动物多样性整体处于“较好”水平。浮游动物多样性指数2005—2011年变化趋势见图4.20。

2）辽宁（营口）沿海产业基地

（1）2006年、2009年与2010年种类、数量、多样性变化

2006年6月27日，营口鲅鱼圈海域共鉴定出浮游动物5大类27种：其中桡足类11种，占种类组成的40.8%；水母类5种，占种类组成的18.5%；毛颚类和端足类各1种，分别占种类组成的3.7%；浮游幼虫9种，占种类组成的33.3%；此外还有

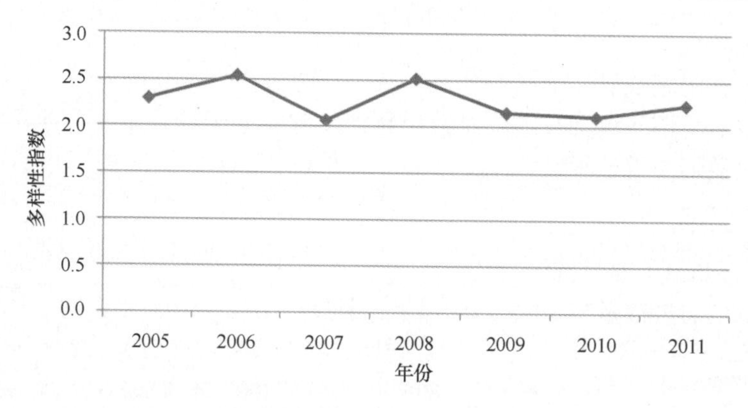

图 4.20　2005—2011 年锦州湾海域浮游动物多样性指数变化趋势

少量的鱼卵及仔鱼。在调查海域浮游动物的总个体数量在Ⅰ型网（大网）和Ⅱ型网（中网）中差异很大，平均分别为 392 个/m^{3}和 33 946 个/m^3，中、小型浮游动物高出大型浮游动物 2 个数量级。从中可以看出中、小型浮游动物虽然个体小，但是数量大，在浮游动物总生物量中也占有一定的分量。本海域浮游动物优势种为强壮箭虫、刺尾歪水蚤、小拟哲水蚤和双刺纺锤水蚤，它们的数量变化直接影响浮游动物总数量的空间分布。调查海域浮游动物群落组成基本反映出我国北方海域浮游动物种类组成单纯、个体数量大的特征。所调查海区浮游动物无论从种类组成还是数量分布来看，未出现异常现象。

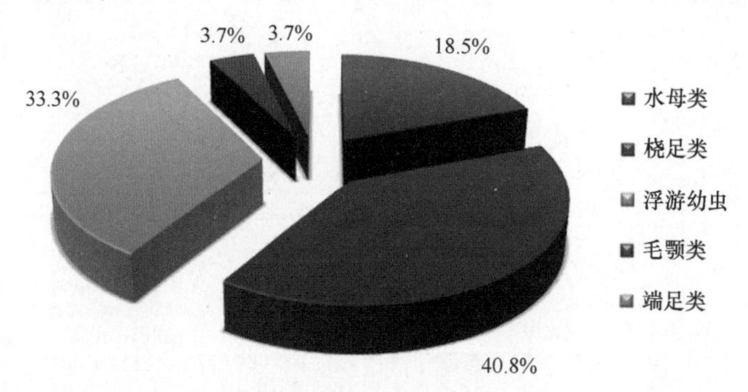

图 4.21　营口鲅鱼圈海域浮游动物种类组成百分比（2006 年 6 月）

2009 年 3 月，营口鲅鱼圈海域共检出浮游动物 3 门 7 目 16 属 20 种及 7 种浮游幼虫，共 27 种浮游动物。从种类分布上看，毛颚动物门为 1 种，原生动物门 2 种，节肢动物门 17 种，其中节肢动物包括糠虾类 2 种，桡足类 15 种。各站位平均浮游动物种类为 14 种。浮游动物的丰度在 1 165 ~ 3 845 个/m^3 之间，平均值为 2 589 个/m^3，浮游动物生物量在 152 ~ 444 mg/m^3 之间，平均值为 259 mg/m^3。该海区浮游动物的优势种依次为：双刺纺锤水蚤，桡足类幼体，桡足类无节幼虫，双壳类幼体。由于调查时间属于春季，海区中存在大量的浮游幼虫，其总体比例占到浮游动物总量的 50% 以上，高于成体的数量。海区中，中小型浮游动物的数量级远远高于大型浮游生物的数量级，海区中的优势种群为浮游幼虫和中小型桡足类。海区中浮游动物的物种多样性指数 H' 的变化范围是2.64～2.89，平均为2.81；物种丰富度指数 d_{Ma} 的变化范围是1.01～1.11；物种均匀度指数 J 的变化范围是0.69～0.80。物种多样性指数可以反映海区中浮游动物群落的稳定性和成熟度。这3个指数值均为较高，反映出该海区中浮游动物群落结构成熟、稳定，水质状况良好。

2010年4月，营口鲅鱼圈海域共采集到浮游动物7种，其中桡足类4种，占种类组成的57.14%；浮游幼体、毛颚类和长尾类各1种，分别占种类组成的14.29%。主要优势种为克氏纺锤水蚤和桡足类六肢幼体，它们的数量变动直接影响总量的变化。浮游动物个体数量分布尚属均匀，波动范围在3 500.0～9 900.0个/m^3之间，平均为6 881.1个/m^3；该海域浮游动物生物量基本处于“最丰富”水平，浮游动物多样性处于“一般”水平。经过统计分析，浮游动物多样性指数平均为1.12，均匀度指数平均为0.53，丰富度指数平均为0.36，说明该海域生态环境从生物多样性角度评价暂处于亚健康水平。从浮游动物多样的结果来分析，该海域的浮游动物多样性受到了一定的破坏，海域的生态环境从多样性角度评价受到一定的影响。

（2）2006年、2009年与2010年趋势分析

2006年6月，营口鲅鱼圈海域浮游动物调查结果表明，其群落组成基本反映出我国北方海域浮游动物种类组成单纯、个体数量大的特征，无论从种类组成还是数量分布来看，未出现异常现象；2009年3月调查结果显示：该海区中浮游动物群落结构成熟、稳定，水质状况良好；2010年4月调查结果表明：该海域的浮游动物多样性受到了一定的破坏，海域的生态环境从多样性角度评价受到一定的影响。总体来看，该海域浮游动物的多样性受到了一定的破坏，应引起注意。

3）辽宁长兴岛临港工业区

2007年3月，长兴岛临港工业区海域大小潮共采集到48种浮游动物，优势种为小拟哲水蚤、克氏纺锤水蚤。本海域浮游动物数量和生物量级别属于中等偏上。浮游动物种类组成以广温低盐近岸种为主体，未出现冷水种和热带种，生态属性为广温近岸低盐群落。该海域物种多样性指数较高，海区各站位物种分布较均匀，浮游动物种类丰富，海区整体水质状况良好。本海域浮游动物无论种类组成还是数量分布都属于正常的生态群落，未出现异常现象。

2009年7月，长兴岛临港工业区海域共采集到浮游动物11种（图4.22），其中桡足类5种，占种类组成的45.45%；浮游幼虫4种，占种类组成的36.36%；被囊类和毛颚类各1种，分别占种类组成的9.09%。浮游动物优势种类为异体住囊虫和桡足类幼体，它们的数量变动直接影响总量的变化。在本次调查中，该海域浮游动物个体数量在4 642.9～9 262.9个/m^3之间，平均为6 823.6个/m^3；生物量在179.1～1 218.3 mg/m^3之间，平均为657.5 mg/m^3。总之，本海域浮游动物种类组成以广温低盐近岸种为主体，未出现外海高温、高盐种，以广温低盐种为主体，生态属性为广温近岸低盐群落。浮游动物无论种类组成还是数量分布都属于正常的生态群落，未出现异常现象。

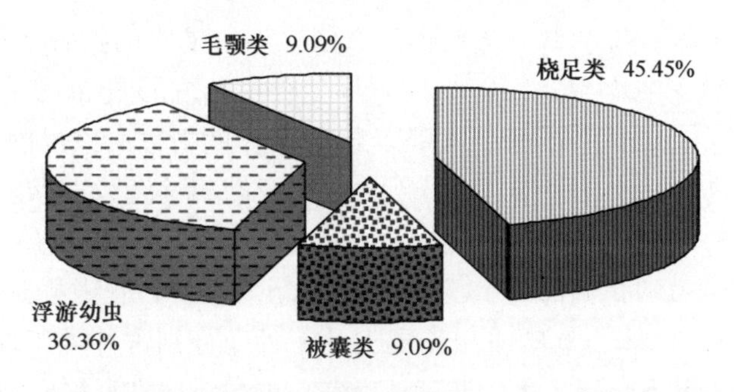

图 4.22　长兴岛临港工业区海域浮游动物种类组成百分比（2009 年 7 月）

4.2.1.3　底栖生物

1）辽西锦州湾沿海经济区

2010 年 8 月，调查海域仅检出底栖生物 6 种，且全部为底栖动物，其中环节动物 4 种，节肢动物 1 种，棘皮动物 1 种（图 4.23）。

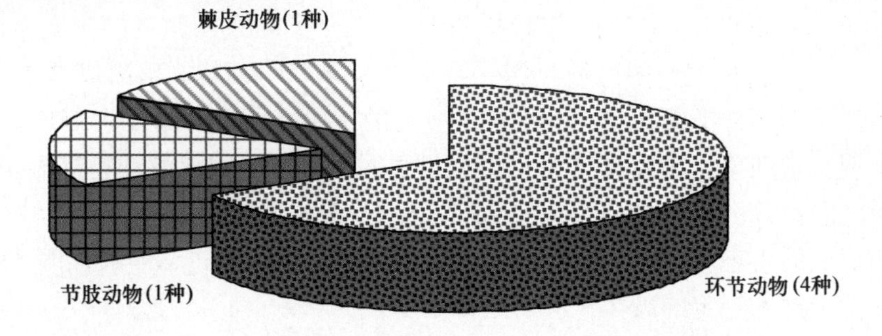

图 4.23　锦州湾海域底栖生物种类分布（2010 年 8 月）

调查海区底栖动物的生物密度及生物量分布极不均衡，可能与该海区不同底质和生态环境有关。底栖动物平均个体密度为 145 个/m^2，其中环节动物密度最大，平均为 44 个/m^2，占总密度的 30.41%；节肢动物平均为 6 个/m^2，占总密度的 4.39%；棘皮动物平均为 2 个/m^2，占总密度的 1.57%。调查海区底栖动物的平均生物量为 145.09 g/m^2，其中环节动物最高，平均为 36.12 g/m^2，占总平均生物量的 24.90%；其次是棘皮动物，平均为 11.45 g/m^2，占总平均生物量的 7.89%；节肢动物平均为 5.18 g/m^2，占总平均生物量的 3.57%。调查结果显示，该海域小型底栖动物的种类和数量不丰富，种类数在各监测站位之间的分布波动变化。

2）辽宁（营口）沿海产业基地

2006 年 6 月，本海域调查共采集到 6 个门类 37 种底栖动物，其中腔肠动物 1 种（占总种数的 2.7%）；纽形动物 1 种（2.7%）；环节动物 19 种（51.4%）；软体动物 11 种（29.7%）；节肢动物 4 种（10.8%）；棘皮动物 1 种（2.7%）。表明该海域的底栖动物种类比较丰富。调查海域底栖动物的总平均个体密度为 133.75 个/m^2，其中环节动物最高，平均为 70 个/m^2，其次是软体动物为 36.26 个/m^2，节肢动物平均为 23.75

个/m²，腔肠动物为1.25个/m²，纽形动物为1.25个/m²，棘皮动物为1.25个/m²。调查海域底栖动物的总平均生物量为38.30 g/m²，其中软体动物为20.99 g/m²，其次是棘皮动物为12.78 g/m²，环节动物最高，平均为1.82 g/m²，节肢动物平均为1.53 g/m²，纽形动物为0.67 g/m²，腔肠动物为0.51 g/m²。环节动物多毛类为本海域底栖动物数量优势种；软体动物贝类为生物量优势种。该调查海域分布经济价值较高种类有短竹蛏、凸镜蛤、文蛤、毛蚶。底栖动物均为黄渤海沿岸习见种，该海域底栖动物群落结构基本正常。综上所述，调查海域底栖生物群落组成属于较典型的北方海域种类组成。所调查海域底栖生物无论从种类组成还是数量分布来看，未出现异常现象。该海域存在一定数量的具有经济价值较高种类。

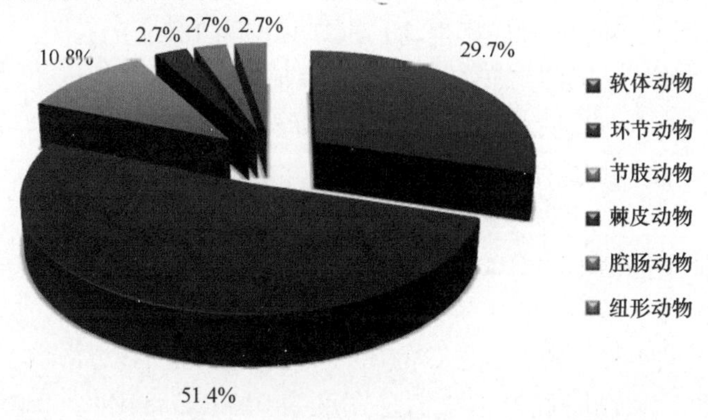

图4.24 营口鲅鱼圈海域底栖生物组成百分比（2006年6月）

2009年3月，本次调查该海域共鉴定出大型底栖动物4个门类19种底栖动物，其中软体动物10种，环节动物4种，甲壳动物4种，棘皮动物1种。调查海域底栖动物的种类组成比例为软体动物占52.63%，环节动物占21.05%，甲壳动物占21.05%，棘皮动物占5.26%。本次调查该海域底栖动物的平均个体密度为74.50个/m²，其中软体动物最高为30.50个/m²，其次环节动物为27.0个/m²，甲壳动物为15.0个/m²，棘皮动物最低为2个/m²。本次调查该海域底栖动物平均生物量为7.87 g/m²，其中软体动物最高为4.91 g/m²，其次甲壳动物为2.09 g/m²，环节动物为0.87 g/m²。本次调查共采集底栖动物4个门类19种，表明该海域底栖生物的种类尚欠丰富。软体动物为底栖动物的优势种，但生物量较低，经济价值不高。从生物多样性的角度考虑，该海域底栖动物群落结构基本正常。调查结果显示，软体动物的种类中有青蛤、菲律宾蛤仔、缢蛏等。说明该海域尚栖息着一定数量具有经济价值的种类。

3）辽宁长兴岛临港工业区

（1）2007年3月

①采泥

该海区本次调查显示底栖生物有18种，隶属于17科4门，其中环节动物门10科11种，占底栖生物物种数的61.11%；节肢动物门3科3种，占种类种数的16.67%；软体动物门3科3种，占种类种数的16.67%；纽形动物门1科1种，占种类种数的5.56%。底栖生物总平均生物量为9.18 g/m²，大潮时的底栖生物种类数相较于小潮，其物种类型多。

大潮时有底栖生物13种，隶属于13科3门，其中以环节动物占优势，为7种，软体动物3种，节肢动物3种。13种底栖生物，在各站重复出现的种类不多，出现频率为50%的有2种，为背蚓虫和不倒翁虫。底栖生物生物密度从高到低依次为环节动物门，134个/m^2，占总栖息密度的69.07%；软体动物门，40个/m^2，占20.62%；节肢动物门，20个/m^2，占10.31%，其总平均密度为194个/m^2。大潮时底栖生物总平均生物量为76.22 g/m^2，优势种为阿曼吉虫（优势度为0.062），该海域平均密度为300个/m^2。

小潮时有底栖生物6种，隶属于6科2门，以环节动物占优势，为5种（占83.33%），纽形动物1种。6种底栖生物，出现频率为100%的种类有1种，为简毛拟节虫。底栖生物总平均密度为250个/m^2，其中环节动物的生物密度占绝对优势，为230个/m^2，占92%；纽形动物为20个/m^2，占8%。小潮时优势种为简毛拟节虫（优势度为0.36），该海域平均密度为450个/m^2。

②拖网

本次调查共捕获底栖生物1 006.4 g，354个，共11种，隶属于10科，4门。按类别来分，节肢动物种类最多，有4科共5种，占种类总数的45.45%；棘皮动物种类数居第二位，有4科共4种，占种类总数的36.36%；此外还有软体动物1科共1种，环节动物1科共1种。大潮时底栖生物栖息密度为0.001 383 19个/m^2，平均生物量为0.013 448 191 g/m^2。小潮时底栖生物栖息密度为0.003 896个/m^2，平均生物量为0.011 56 g/m^2。由相对重要性指数（*IRI*）来看，大潮时拖网底栖生物优势种为艾氏活额寄居蟹和罗氏海盘车；小潮时拖网底栖生物优势种为艾氏活额寄居蟹和心形海胆。

（2）2009年7月

2009年7月调查仅采集到3个门类7种底栖动物，其中环节动物4种，占总种数的57.14%；甲壳动物2种，占总种数的28.57%，软体动物1种，占总种数的14.29%。调查海区底栖动物的生物密度处于中等水平。底栖动物平均个体密度为53.0个/m^2，大部分为环节动物，平均密度为33.0个/m^2，占总密度的62.26%；节肢动物平均为16.0个/m^2，仅占总密度的30.19%；软体动物平均为4.0个/m^2，仅占总密度的7.55%。调查海区底栖动物的平均生物量为11.88 g/m^2，环节动物平均为3.94 g/m^2，占总平均生物量的33.16%；节肢动物平均为7.06 g/m^2，占总平均生物量的59.37%；软体动物平均为0.89 g/m^2，占总平均生物量的7.47%。调查结果显示，该海域小型底栖动物的种类不太丰富，种类数在各监测站位之间的分布尚属均匀。

4.2.1.4 潮间带生物

2007年3月，长兴岛海域的潮间带生物分为植物和动物。动物中有腔肠动物门珊瑚纲3种，环节动物门多毛纲4种，软体动物门多板纲3种，腹足纲7种，双壳纲5种，节肢动物门蔓足纲1种，软甲纲7种，棘皮动物门海星纲2种，海参纲1种，尾索动物门海鞘纲1种。植物有红藻门5种，褐藻门1种，绿藻门5种。在长兴岛海域既有沙泥地的潮间带，又有岩礁底的潮间带。底栖植物主要分布在岩礁底的中下潮区。在岩礁底的潮间带，中上潮区有藤壶、红条毛肤石鳖、朝鲜鳞带石鳖、涵馆锉石鳖，中下潮区有短滨螺、托氏昌螺、牡蛎和海鞘。在沙泥底的潮间带低潮区有齿围沙蚕、日本刺沙蚕、花索沙蚕和菲律宾蛤仔。潮间带生物的优势种为托氏昌螺，其平均密度为 134.5 个/m^2，其次为核螺，其平均密度为 116.5 个/m^2，第三为短滨螺，其平均密度为 84.5 个/m^2，多形滩栖螺的平均密度为 47.5 个/m^2，锈凹螺的平均密度为 17.5 个/m^2，各种石鳖的平均密度为 15.25 个/m^2。潮下带泥沙中四角蛤蜊的平均密度为 36.25 个/m^2，菲律宾蛤仔的平均密度为 16.25 个/m^2，花索沙蚕的平均密度为 13.5 个/m^2，日本刺沙蚕的平均密度为 7.75 个/m^2。

4.2.2　渤海湾

4.2.2.1　叶绿素 a

叶绿素 a 含量反映了水域初级生产者的现存量，它是海域肥瘠程度和可养育生物资源的直接指标，同样也可间接反映海区初级生产力的高低。收集到的渤海湾历年调查叶绿素 a 的数据见表 4.6。

表 4.6　渤海湾叶绿素 a 含量变化趋势

调查年份	调查范围	叶绿素 a（μg/L）				数据来源
		春季（5 月）	夏季（8 月）	秋季（11 月）	冬季（2 月）	
1979	38°15′—39°10′N，117°35′—119°00′ E（49 个站点）	1.69	—	—	—	邹景忠等
1983		1.33	—	—	—	
1982—1983	天津沿岸	1.58	1.80	1.61	1.12	陈则实等
1997	渤海湾（3 个站位）	1.14	—	—	—	宁修仁等
1998	渤海近岸	3.57	1.63	2.77		程济生等
2002	37°07′—41°00′N，117°35′—122°25′ E（渤海，60 个站点）	7.48	7	5	—	赵骞等
2005	38°36′—39°06′57″N，117°41′—118°02′E（2004—2007 年为 30 个站点；2008—2010 年为 24 个站点）	11.53	6.14	—	—	渤海湾生态监控区
2006		5.43	8.58	—	—	
2007		11.47	3.3	—	—	
2008		4.00	4.50	—	—	
2009		—	4.79	—	—	
2010		—	3.36	—	—	

为了数据的可比性，本项目采用将 1979 年、1982 年、1998 年、2002 年和 2005—2010 年调查站位较多，较能代表渤海湾叶绿素 a 含量的数据进行比较，分析它们的变化趋势。

- 春季

2005—2008年渤海湾生态监控区叶绿素a含量变化范围为4.00~11.53 μg/L，平均值为8.11 μg/L，最大值出现在2005年，最小值出现在2008年，年际间变化起伏较大。从图4.25可知，渤海湾春季叶绿素a在1979年和1982年变化不大，均低于2 μg/L，这两年的平均值为1.64 μg/L，1998年增为3.57 μg/L，是该平均值的2.18倍；2002年为7.48 μg/L，是该平均值的4.56倍；虽然2005—2008年叶绿素a含量起伏变化较大，但其平均值（8.11 μg/L）仍是20世纪70年代末和80年代初平均值的4.95倍；由此表明21世纪初渤海湾春季叶绿素a含量高于20世纪70年代末和80年代初，呈一定的增加趋势（图4.25）。

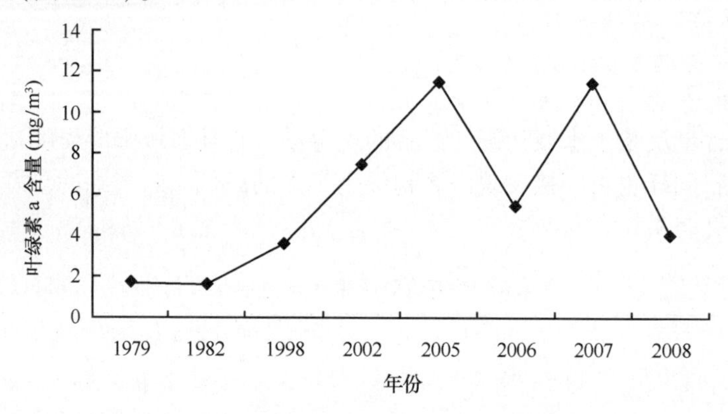

图4.25　渤海湾春季叶绿素a变化趋势

- 夏季

渤海湾生态监控区2005—2010年叶绿素a含量变化范围为3.30~8.58 μg/L，平均值为5.11 μg/L，最大值出现在2006年，最小值出现在2007年；6年间叶绿素a含量总体呈减少趋势。但与1982年（1.80 μg/L）和1998年（1.63 μg/L）叶绿素a含量相比，2005—2010年渤海湾叶绿素a含量平均值（5.11 μg/L）仍分别是1982年和1998年的2.84倍和3.13倍；由此表明虽然21世纪初渤海湾夏季叶绿素a含量总体呈减少趋势，但目前仍高于1982年和1998年同期叶绿素a含量（图4.26）。

- 秋季和冬季

秋冬季没有最近几年的叶绿素a数据，无法得出其变化趋势。2002年赵骞等在对渤海进行叶绿素a调查中得出渤海叶绿素含量为5 μg/L，均高于1982年和1998年叶绿素a含量，是1982年的3.11倍。冬季仅收集到1982年的数据，为1.12 μg/L。

4.2.2.2　初级生产力

初级生产力是指初级生产者（自养生物）通过光合作用或化学合成的方法来制造有机物的速率。海洋初级生产力是海洋生物生产力的基础，反映海域自养浮游生物转化有机碳的能力，是海域生物资源评估的重要依据。如果初级生产力增加或减少，超出了正常范围，表明潜在的生态系统功能紊乱。收集到的渤海湾历年调查初级生产力的数据见表4.7。

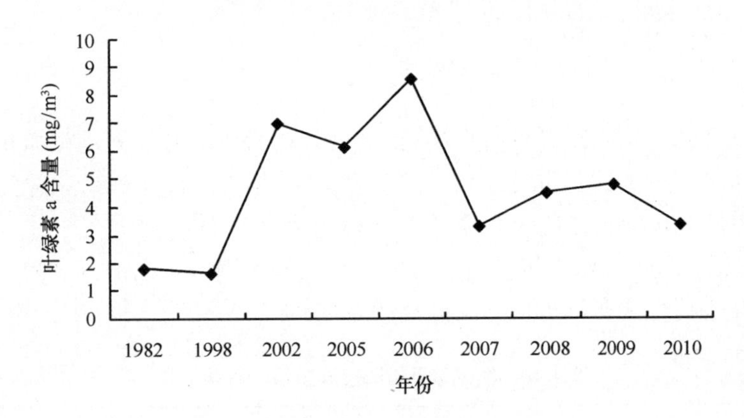

图 4.26　渤海湾夏季叶绿素 a 变化趋势

表 4.7　渤海湾初级生产力变化趋势

调查年份	调查范围	初级生产力 mg/（m² · d）				数据来源
		春季（5 月）	夏季（8 月）	秋季（11 月）	冬季（2 月）	
1982	渤海湾	103	277	72	50	费尊乐等
1983		98	400	200	70	
1997	渤海湾	154. 5	—	—	—	宁修仁等
1998	渤海湾	242	329	253	—	程济生等
2004	河北海域	504. 79	774. 96	—	—	刘述锡等

- 春季

渤海湾春季初级生产力在 1982 年和 1983 年比较稳定，保持在 100 mg/(m² · d) 左右，1998 年增为 242 mg/(m² · d)，是 1982 年和 1983 年平均值 100. 5 mg/(m² · d) 的 2. 41 倍。2004 年刘述锡等对河北海域的调查中初级生产力为 504. 79 mg/(m² · d)，并指出此次调查结果明显高于渤海海域历年初级生产力调查结果，得出河北整个海域的初级生产力有了较大提高的结论。

- 夏季

1998 年渤海湾夏季初级生产为 329 mg/(m² · d)，高于 1982 年的初级生产力 277 mg/(m² · d)。2004 年刘述锡等对河北海域的调查中初级生产力为 774. 96 mg/(m² · d)，高于渤海海域历年初级生产力调查结果。

- 秋季和冬季

1998 年渤海湾秋季初级生产力为 253 mg/(m² · d)，1983 年秋季渤海湾初级生产力为 200 mg/(m² · d)，冬季为 70 mg/(m² · d)，均高于 1982 年。

综上可知，由于渤海湾初级生产力历年调查数据较少，无法得出其年际变化趋势，但 2004 年刘述锡等在对河北海域初级生产力调查中得出了该海域初级生产力明显高于历年渤海水域初级生产力的结论。

4.2.2.3 浮游植物

1）种类组成

渤海湾历年浮游植物调查种类组成见表4.8。由表中可知渤海湾浮游植物在种类组成上以硅藻为主，种类数上占有绝对优势。由1983年天津市海岸带和海涂资源综合调查，1992—1993年的渤海生态基础调查，1998年国家海洋勘测专项——黄渤海近岸生物资源调查以及2004—2010年渤海湾生态监控区调查中鉴定出的浮游植物，可知渤海湾浮游植物生态属性主要以近岸广温低盐性为主。

表4.8 渤海湾历年调查浮游植物种类组成

调查时间	调查范围	总种类数	硅藻种数	甲藻种数	其他种数	数据来源
1983年4个季度	38°20′—39°30′N，117°17′—118°20′E（30个站点）	98	87	5	6	天津市海岸带和海涂资源综合调查领导小组办公室
1992年8月、10月，1993年2月、5月	渤海（58个站点）	70	63	7	0	王俊等
1998年5月、6月、8月、10月	渤海近岸水域	52	45	7	0	程济生等
2002年5月—2003年6月	赤潮监控区（北塘口和大沽口海域，6个站点）	68	51	11	6	曹春晖等
2003年7月、11月，2004年2月、5月	渤海湾海岸带，118°E以西（10个站位）	60	53	5	2	杨世民等
2005年5月、8月、10月	38°40—39°10′59″N，117°37′—118°02′ E（17个站点）	58	36	19	3	刘素娟等
2004年5月、8月	38°36′—39°06′57″N，117°41′—118°02′E（2004—2007年为30个站点；2008—2010年为24个站点）	44	30	11	3	渤海湾生态监控区
2006年5月、8月		49	38	9	2	
2007年5月、8月		25	22	3	0	
2008年5月、8月		37	31	6	0	
2009年8月		39	31	8	0	
2010年8月		32	26	5	1	

浮游植物的种类组成和时空分布随环境条件的变化而发生改变。一般而言，在污染严重的水体中，绝大部分敏感种类消失，取而代之的是耐污型种类，由此讨论浮游植物种类数的变化在一定程度上可以反映其栖息环境的改变。硅藻门是浮游植物中数量最多、分布最广、最为重要的一类，在海洋生态学和海洋资源调查中都具有重要的意义，所以讨论硅藻门种类的变化能很好地代表整个浮游植物种类组成变化的趋势。同时相关研究表明甲藻种类数占浮游植物种类数的比例越高，预示着甲藻可以大量生长而导致赤

潮的发生（曹春晖等），因此讨论甲藻种类数占浮游植物种类数的比例变化情况，对了解浮游植物群落结构的变化和赤潮的发生有重要的意义。

本项目采用1983年天津市海岸带和海涂资源综合调查，1992—1993年的渤海生态基础调查，1998年国家海洋勘测专项——黄渤海近岸生物资源调查以及2004—2010年渤海湾生态监控区调查中浮游植物种类数、硅藻种类数以及甲藻种类数占浮游植物种类数的比例进行比较，分析它们的变化趋势（表4.9）。

表4.9　渤海湾历年调查浮游植物种类数

调查年份	调查范围	春季（5月）	夏季（8月）	秋季（11月）	冬季（2月）	数据来源
1983	38°20′—39°30′N，117°17′—118°20′E（30个站点）	77/67/5	67/58/4	61/56/3	57/50/4（3月）	天津市海岸带和海涂资源综合调查领导小组办公室
1992—1993	渤海（58个站点）	34/29/5	52/45/7	57/51/6（10月）	38/34/4	王俊等
1998	渤海近岸水域	31/24/7	44/36/8	46/38/8	—	程济生等
2004	38°36′—39°06′57″N，117°41′—118°02′E（2004—2007年为30个站点；2008—2010年为24个站点）	35/24/8	21/17/3	—	—	渤海湾生态监控区
2006		35/30/5	31/24/5	—	—	
2007		17/16/1	22/19/3	—	—	
2008		28/26/2	27/22/5	—	—	
2009		—	39/29/10	—	—	
2010		—	32/26/5	—	—	

注：表中数据“××/××/××”分别为浮游植物总种类数/硅藻种类数/甲藻种类数。

（1）浮游植物种类数的变化趋势

- 春季

2004—2008年渤海湾生态监控区春季浮游植物种类数变化范围为17~35种，最小值出现在2007年，仅是1983年春季（77种）的0.22倍，最大值出现在2004年和2006年，是1983年的0.45倍。1992年和1998年春季渤海湾浮游植物种类数分别为34种和31种，是1983年的0.44倍和0.40倍。总体上，与1983年浮游植物种类数相比，21世纪初渤海湾春季浮游植物种类数呈减少趋势（图4.27）。

- 夏季

2004—2008年渤海湾生态监控区夏季浮游植物种类数变化范围为21~39种，最小值出现在2004年，仅是1983年夏季（67种）的0.31倍，最大值出现在2009年，是1983年的0.58倍。1992年和1998年夏季渤海湾浮游植物种类数分别为52种和44种，是1983年的0.78倍和0.66倍。总体上，与1983年浮游植物种类数相比，21世纪初渤海湾夏季浮游植物种类数呈减少趋势。

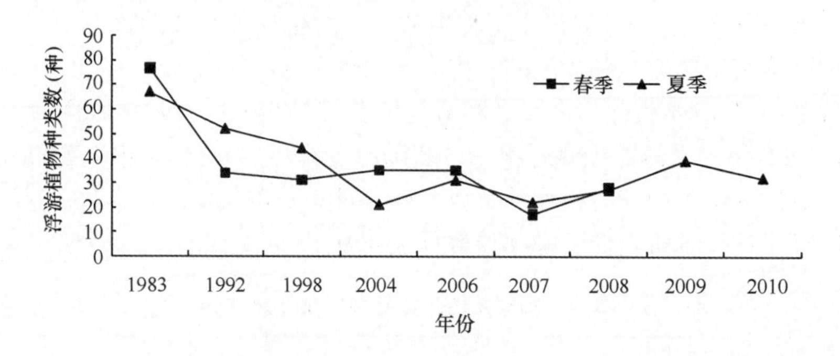

图 4.27　渤海湾春、夏季浮游植物种类数变化趋势

- 秋季和冬季

1983 年天津市海岸带和海涂资源调查中渤海湾秋季浮游植物种类数为 61 种，1992 年为 57 种，1998 年为 46 种，总体上呈减少趋势。渤海湾冬季 1983 年为 57 种，1992 年为 38 种，比 1983 年少了 19 种。由于没有收集到最近几年渤海湾秋季、冬季浮游植物种类数，无法得出其变化趋势。

（2）浮游植物硅藻种类数的变化趋势

- 春季

2004—2008 年渤海湾生态监控区春季浮游植物硅藻种类数变化范围为 16～30 种，最小值出现在 2007 年，仅是 1983 年春季（67 种）的 0.24 倍，最大值出现在 2006 年，是 1983 年的 0.45 倍。1992 年和 1998 年春季渤海湾浮游植物硅藻种类数分别为 29 种和 24 种，分别比 1983 年减少了 38 种和 43 种。总体上，与 1983 年浮游植物硅藻种类数相比，21 世纪初渤海湾春季浮游植物硅藻种类数呈减少趋势（图 4.28）。

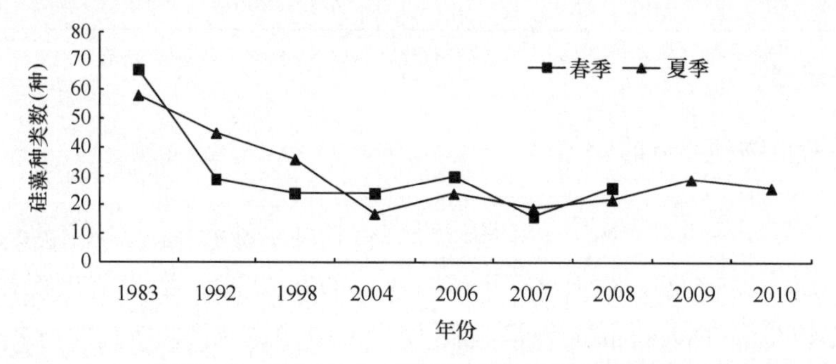

图 4.28　渤海湾春、夏季硅藻种类数变化趋势

- 夏季

2004—2008 年渤海湾生态监控区夏季浮游植物硅藻种类数变化范围为 19～29 种，最小值出现在 2007 年，仅是 1983 年夏季（58 种）的 0.33 倍，最大值出现在 2009 年，是 1983 年的 0.50 倍。1992 年和 1998 年夏季渤海湾浮游植物硅藻种类数分别为 45 种和 36 种，分别比 1983 年减少了 13 种和 22 种。总体上，与 1983 年浮游植物硅藻种类数相比，21 世纪初渤海湾夏季浮游植物硅藻种类数呈减少趋势。

- 秋季和冬季

1983 年天津市海岸带和海涂资源调查中渤海湾秋季浮游植物硅藻种类数为 56 种，1992 年为 51 种，1998 年为 38 种，总体上呈减少趋势。渤海湾冬季 1983 年硅藻种类数为 50 种，1992 年为 34 种，比 1983 年少了 16 种。由于没有收集到最近几年渤海湾秋季、冬季浮游植物硅藻种类数，无法得出其变化趋势。

（3）浮游植物甲藻种类数占总种类数比重的变化趋势

- 春季

2004—2008 年渤海湾生态监控区春季甲藻种类数占浮游植物种类数的比重变化范围为 5.88% ~22.86%，最小值出现在 2007 年，低于 1983 年春季（6.49%），最大值出现在 2004 年，是 1983 年的 3.52 倍。1992 年和 1998 年春季渤海湾甲藻种类数占浮游植物的比重分别为 14.71% 和 22.58%，均高于 1983 年。总体上，渤海湾春季甲藻类种类数占浮游植物种类数的比重变化波动较大，1998 年和 2004 年均在 22% 以上，但 2007 年和 2008 年又恢复到 1983 年水平，分别为 5.88% 和 7.14%（图 4.29）。

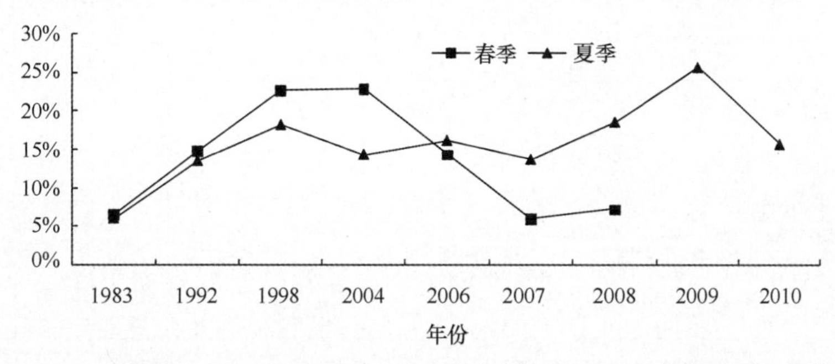

图 4.29 渤海湾甲藻种类数占浮游植物总种类数的比重

- 夏季

2004—2008 年渤海湾生态监控区夏季甲藻种类数占浮游植物种类数的比重变化范围为 13.64% ~25.64%，最小值出现在 2007 年，是 1983 年夏季（5.97%）的 2.28 倍，最大值出现在 2009 年，是 1983 年的 4.29 倍。1992 年和 1998 年夏季甲藻种类数占浮游植物的比重分别为 13.46% 和 18.18%，均高于 1983 年。总体上，与 1983 年相比，21 世纪初渤海湾夏季浮游植物甲藻种类数占浮游植物种类数的比重呈升高趋势。

- 秋冬季

1983 年天津市海岸带和海涂资源调查中渤海湾秋季甲藻种类数占浮游植物种类数的比重为 4.92%，1992 年为 10.53%，1998 年为 17.39%，总体上呈升高趋势。渤海湾冬季 1983 年甲藻种类数占浮游植物种类数的比重为 7.02%，1992 年为 10.53%，比 1983 年升高了 3.51%。由于没有收集到最近几年渤海湾秋季、冬季甲藻种类数占浮游植物种类数的比重，无法得出其变化趋势。

（4）浮游植物主要优势种

优势种对群落结构和群落环境的形成有明显的控制作用，是在个体数量和生物量都占比例最多的物种。如果将优势种去除，群落将失去原来的特征，同时将导致群落性质和环境的变化，因此优势种对维持群落的稳定有重要作用。渤海湾历年浮游植物调查优势种见表4.10至表4.14。

- 春季

2004—2008年生态监控区春季浮游植物优势种年际间变化较大，优势种数量维持在3种左右。统计收集到的文献，春季浮游植物优势种出现次数较多的为：夜光藻、中华盒形藻、布氏双尾藻、刚毛根管藻、琼氏圆筛藻及条纹小环藻等。与1983年春季浮游植物优势种相比，中华盒形藻、布氏双尾藻、圆筛藻等在2004—2008年生态监控区中依旧出现，表明浮游植物没有发生明显的优势种演替；夜光藻成为优势种的次数最多，表明春季渤海湾发生夜光藻赤潮的可能性较大（表4.10）。

表4.10　渤海湾历年调查春季浮游植物优势种

时间	优势种	数据来源
1983年5月	布氏双尾藻、刚毛根管藻、圆筛藻、中华盒形藻	天津市海岸带和海涂资源综合调查领导小组办公室
1993年5月	沟直链藻、角毛藻属、诺氏海链藻、夜光藻、圆筛藻	王俊等
1998年5月	海链藻、舟形藻、中华盒形藻、夜光藻、星脐圆筛藻、密链角毛藻、伏氏海毛藻	程济生等
2002年5月	布氏双尾藻、刚毛根管藻、菱形海线藻、膜质舟形藻、星脐圆筛藻、突刺菱形藻、夜光藻	曹春晖等
2004年5月	虹彩圆筛藻、具槽帕拉藻、斯氏几内亚藻、新月菱形藻、中华齿状藻	杨世民等
2005年5月	圆海链藻、条纹小环藻、近缘斜纹藻	刘素娟等
2004年5月	米氏凯伦藻、海洋卡盾藻	渤海湾生态监控区
2005年5月	条纹小环藻、具槽直链藻	
2006年5月	中华盒形藻、格氏圆筛藻、琼氏圆筛藻	
2007年5月	中华盒形藻、夜光藻、布氏双尾藻	
2008年5月	夜光藻、北方角毛藻、柔弱根管藻、琼氏圆筛藻	

- 夏季

与春季一样，2004—2010年生态监控区夏季浮游植物优势种数量基本为4种左右，主要优势种为格氏圆筛藻、中肋骨条藻、琼氏圆筛藻和星脐圆筛藻。与1983年夏季浮游植物优势种相比，圆筛藻属在2004—2010年生态监控区中依旧保持优势种的地位，表明优势种没有发生明显的演替（表4.11）。

表 4.11 渤海湾历年调查夏季浮游植物优势种

时间	优势种	数据来源
1983 年 8 月	刚毛根管藻、圆筛藻、劳氏角刺藻	天津市海岸带和海涂资源综合调查领导小组办公室
1992 年 8 月	浮动弯杆藻、角毛藻属	王俊等
1998 年 8 月	短角弯角藻、夜光藻、窄隙角毛藻、星脐圆筛藻、三角角藻、扁面角毛藻、伏氏海毛藻	程济生等
2002 年 8 月	星脐圆筛藻、窄隙角毛藻、叉状角藻	曹春晖等
2003 年 7 月	尖刺伪菱形藻、菱形海线藻	杨世民等
2005 年 8 月	海洋原甲藻、条纹小环藻、米氏凯伦藻	刘素娟等
2004 年 8 月	星脐圆筛藻	渤海湾生态监控区
2005 年 8 月	佛氏海毛藻、星脐圆筛藻	
2006 年 8 月	中肋骨条藻、格氏圆筛藻、夜光藻	
2007 年 8 月	琼氏圆筛藻、格氏圆筛藻	
2008 年 8 月	叉状角藻、格氏圆筛藻、尖刺菱形藻、中肋骨条藻	
2009 年 8 月	中肋骨条藻、尖刺菱形藻	
2010 年 8 月	琼氏圆筛藻、格氏圆筛藻	

- 秋季

根据渤海湾秋季浮游植物优势种资料，只有柔弱几内亚藻和圆筛藻重复出现过两次，其余的优势种年际间变化较大，总体上圆筛藻属是主要的优势种（表 4.12）。

表 4.12 渤海湾历年调查秋季浮游植物优势种

时间	优势种	数据来源
1983 年 11 月	圆筛藻、辐环藻	天津市海岸带和海涂资源综合调查领导小组办公室
1992 年 10 月	圆筛藻属、角毛藻属、诺氏海链藻、浮动弯杆藻	王俊等
1998 年 10 月	星脐圆筛藻、舟形藻、中华盒形藻、夜光藻、柔弱角毛藻、洛氏角毛藻、扁面角毛藻	程济生等
2002 年 10 月	星脐圆筛藻、菱形海线藻、突刺菱形藻、夜光藻、柔弱几内亚藻	曹春晖等
2003 年 11 月	具槽帕拉藻、柔弱几内亚藻、虹彩圆筛藻、中肋骨条藻	杨世民等
2005 年 10 月	脆根管藻、浮动弯角藻、海洋原甲藻	刘素娟等

- 冬季

统计收集到的渤海湾冬季浮游植物优势种资料，没有出现重复的优势种，表明优势种年际间变化较大，但总体上圆筛藻属还是主要的优势种（表 4.13）。

表 4.13　渤海湾历年调查冬季浮游植物优势种

时间	优势种	数据来源
1983 年 3 月	圆筛藻、布氏双尾藻、中华盒形藻	天津市海岸带和海涂资源综合调查领导小组办公室
1993 年 2 月	浮动弯杆藻、中肋骨条藻、诺氏海链藻、沟直链藻、日本星杆藻	王俊等
2004 年 2 月	具槽帕拉藻、虹彩圆筛藻、尖刺伪菱形藻	杨世民等

2）细胞数量

细胞数量是表征浮游植物群落健康状况最为直观的指标，日本学者提出以细胞数量判断赤潮发生的准则，即浮游植物细胞数量偏低（$<20\times10^4$ 个/m^3），不能给其他海洋生物提供充足的饵料；浮游植物细胞数量过高（$>100\times10^4$ 个/m^3）时，受到外界的胁迫极易引发赤潮，给渔业资源带来危害（安达六郎）。因此浮游植物细胞数量过高或过低都不利于群落的健康。收集到的渤海湾浮游植物细胞数量数据见表 4.14。

表 4.14　渤海湾浮游植物细胞数量

调查年份	调查范围	浮游植物细胞数量（$\times10^4$ 个/m^3）				数据来源
		春季（5 月）	夏季（8 月）	秋季（11 月）	冬季（2 月）	
1958	38°22.2′—39°01.1′N，117°50.4′—118°21′E	—	—	1 192.6	67.9	全国海洋综合调查小组
1959		88.3	67.03	1 174.6	—	
1960		173.13	156.8	120.1	590.4	
1979	38°15′—39°10′N，117°35′—119°00′E（49 个站点）	1183	386	—	—	邹景忠等
1983	38°20′—39°30′N，117°17′—118°20′E（30 个站点）	91.69	16.89	8.37	12.2	天津市海岸带和海涂资源综合调查领导小组办公室
1984—1985	渤海湾	100.5	2 024.3	19.6	147.89	陈则实等
1992—1993	渤海（58 个站点）	28	66	小于 10	223	王俊等
1998	渤海近岸	132.2	12.9	25.1		程济生等
2003—2004	渤海湾海岸带，118°E 以西（10 个站位）	2 241.8	542.6（7 月）	211.8	132	杨世民等
2004	38°36′—39°06′57″N，117°41′—118°02′E（2004—2007 年为 30 个站点；2008—2010 年为 24 个站点）	125.74	7.15	—	—	渤海湾生态监控区
2005		34.96	22.19	—	—	
2006		78.16	101.05	—	—	
2007		101.72	32.12	—	—	
2008		12.30	124.49	—	—	
2009		—	1 463.14	—	—	
2010		—	106.99	—	—	

（1）浮游植物细胞数量年际变化趋势

本项目采用1958—1960年全国海洋普查，1983年天津市海岸带和海涂资源综合调查，1992—1993年的渤海生态基础调查，1998年国家海洋勘测专项——黄渤海近岸生物资源调查以及2004—2010年渤海湾生态监控区调查中浮游植物细胞数量进行比较，分析其变化趋势。

- 春季

2004—2008年渤海湾生态监控区春季浮游植物细胞数量变化范围为12.3×10^4～125.74×10^4个/m^3，细胞数量平均值为70.58×10^4个/m^3，细胞数量最小值出现在2008年，最大值出现在2004年。春季渤海湾浮游植物细胞数量年际间起伏变化较大，1992年、2005年和2008年浮游植物细胞数量较低，1960年、1998年和2004年较高。2004—2008年浮游植物细胞数量的平均值均低于1959年、1960年和1983年，由此表明渤海湾春季浮游植物细胞数量虽然年际间起伏变化较大，但与全国海洋普查和天津市海岸带海涂资源综合调查同期相比，21世纪初春季浮游植物细胞数量略呈减少趋势（图4.30）。除此之外，邹景忠等在1979年以及杨世民等在2003年对渤海浮游植物的调查中，其细胞数量分别为$1\ 183\times10^4$个/m^3和$2\ 241.8\times10^4$个/m^3，比其余年份高出1～2个数量级；同样反映了渤海湾春季浮游植物细胞数量年际波动较大。

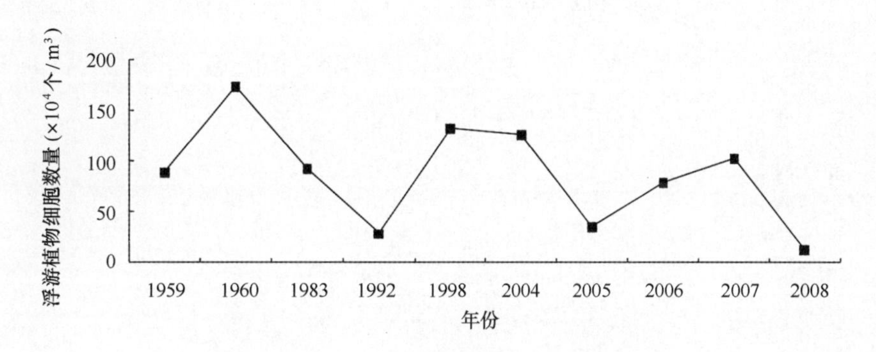

图4.30　渤海湾春季浮游植物细胞数量变化趋势

- 夏季

2004—2008年渤海湾生态监控区夏季浮游植物细胞数量变化范围为7.15×10^4～$1\ 463.14\times10^4$个/m^3，细胞数量平均值为265.30×10^4个/m^3，细胞数量最小值出现在2004年，最大值出现在2009年；2004—2010年浮游植物细胞数量的波动异常大，细胞数量最高值和最低值相差达3个数量级。由于2009年浮游植物细胞数量较高，未在图中体现，由图4.31可知，渤海湾夏季浮游植物细胞数量虽然年际间起伏变化较大，1983年、1998年和2004年浮游植物细胞数量较低，1960年和2009年较高。除此之外，陈则实等在1984年对渤海湾浮游植物的调查中，其细胞数量为$2\ 024.3\times10^4$个/m^3，比其余年份高出1～2个数量级；2003年杨世民等对渤海湾沿岸浮游植物调查中其细胞数量为542.6×10^4个/m^3，高于2004—2008年以及2009年；同样反映了渤海湾夏季浮游植物细胞数量变化波动较大，没有明显的变化规律。

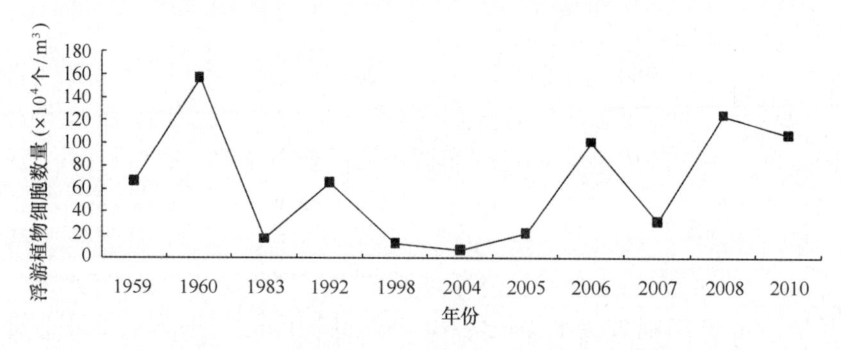

图 4.31　渤海湾夏季浮游植物细胞数量变化趋势

- 秋季

由图 4.32 可知，1983 年和 1998 年渤海湾秋季浮游植物细胞数量均低于 1959 年和 1960 年全国海洋普查同期；同时收集到的数据中，陈则实等 1984 年调查的浮游植物细胞数量为 19.6×10^4 个/m^3，2003 年杨世民等对渤海湾沿岸调查的浮游植物细胞数量为 211.8×10^4 个/m^3，均低于 1959 年调查同期。综上可知，与全国海洋普查时期相比，20 世纪 80 年代和 90 年代渤海湾秋季浮游植物细胞数量呈减少趋势（图 4.32）。没有收集到最近几年渤海湾秋季浮游植物细胞数量数据，无法得出其目前的变化趋势。

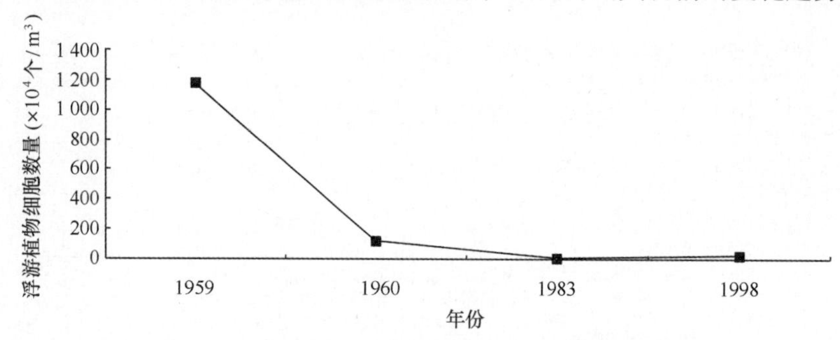

图 4.32　渤海湾秋季浮游植物细胞数量变化趋势

- 冬季

渤海湾冬季浮游植物细胞数量年际波动较大，1983 年天津市海岸带和海涂资源调查细胞数量低于 1959 年和 1960 年全国海洋普查同期，仅为 12.2×10^4 个/m^3，1992 年增为 223×10^4 个/m^3，基本达到全国海洋时期的水平。但 2003 年杨世民等对渤海湾沿岸浮游植物的调查中，其细胞数量又降为 132.0×10^4 个/m^3，表明其细胞数量变化波动较大。没有收集到最近几年渤海湾冬季浮游植物细胞数量数据，无法得出目前的变化趋势（图 4.33）。

（2）浮游植物细胞数量年际间的季节变化趋势

渤海湾 1960 年浮游植物细胞数量季节变化呈单峰型，高峰期出现在冬季，其季节变化趋势从大到小为冬季、春季、夏季、秋季。1983 年浮游植物细胞数量季节变化呈单峰型，以春季最高，夏、冬季次之，秋季最低。1984 年浮游植物细胞数量季节变化呈单峰型，以夏季最高，冬、春季次之，秋季最低，季节变化特征比较明显。2003 年

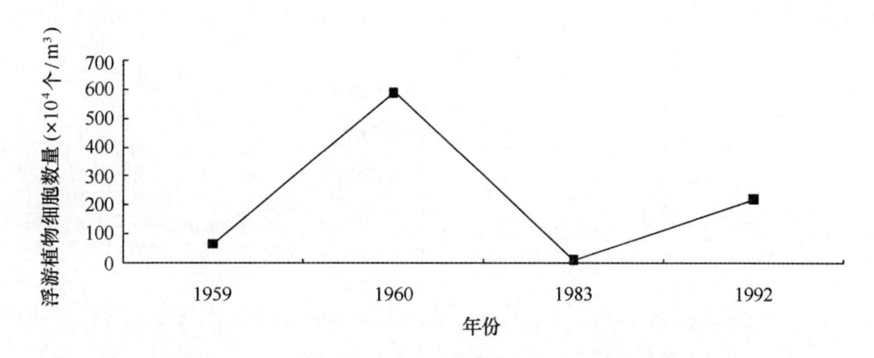

图 4.33　渤海湾冬季浮游植物细胞数量变化趋势

浮游植物细胞数量季节变化单峰型，从大到小顺序呈春季、夏季、秋季、冬季的季节变化趋势。从收集到的数据可知，渤海湾浮游植物细胞数量年际间季节变化均为单峰型，细胞数量高峰期除了没有在秋季出现外，其余季节均出现过（图 4.34）。

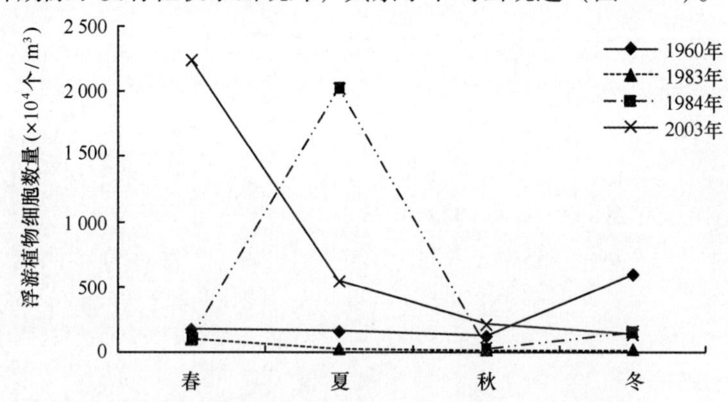

图 4.34　渤海湾浮游植物细胞数量年际间季节变化

3）多样性指数

收集到的渤海湾浮游植物多样性指数见表 4.15。2004—2008 年春季渤海湾生态监控区浮游植物多样性指数变化范围为 0.78 ~ 2.68，平均为 1.87；2004—2010 年夏季变化范围为 1.38 ~ 2.38，平均为 1.77，多样性指数整体不高。

表 4.15　渤海湾浮游植物多样性指数

调查年份	浮游植物多样性指数				数据来源
	春季（5 月）	夏季（8 月）	秋季（11 月）	冬季（2 月）	
2004	1.75	2.08	—	—	渤海湾生态监控区
2005	2.33	2.38	—	—	
2006	2.68	1.67	—	—	
2007	0.78	1.38	—	—	
2008	1.82	1.44	—	—	
2009	—	1.47	—	—	
2010	—	2.00	—	—	

4.2.2.4 浮游动物

1）种类组成

收集到的渤海湾历年调查浮游动物种类组成见表4.16。渤海湾浮游动物种类组成主要以广温近岸低盐种为主，桡足类占种类组成的比重最大。与1959年、20世纪八九十年代浮游动物调查种类组成相比，21世纪初渤海湾浮游动物种类组成趋向简单，总种类数与桡足类等数量呈减少趋势。

浮游动物种类数以及桡足类种类数的变化趋势能很好地反映浮游动物种类组成的变化状况。但收集到的历年浮游动物资料中，只有1983年天津市海岸带和海涂资源调查种类组成以季节统计，为了数据的可比性，仅采用2004—2010年渤海湾生态监控区春夏季浮游动物种类数与1983年同期的种类数进行比较，并综合参考其余年份的调查结果。同时由于2004—2010年渤海湾生态监控区浮游动物中水母类基本未鉴定到种，仅以水母类统计，同样为了数据的可比性，统计的历年调查浮游动物种类数中均把水母类种类数以“1”计。

（1）浮游动物种类数的变化趋势

- 浅水Ⅰ型网浮游动物种类数

经处理后的渤海湾浅水Ⅰ型网浮游动物种类数和桡足类种类数见表4.16。

2004—2010年渤海湾生态监控区浅水Ⅰ型网浮游动物种类数春季变化范围为15~22种，夏季为18~21种，均少于1983年天津市海岸带和海涂资源调查春、夏鉴定出的浮游动物种类数（30种和35种）；同时王克等1998年春季对渤海中南部的调查中共鉴定出浮游动物21种，也少于1983年。由此可知，21世纪初春、夏季浅水Ⅰ型网浮游动物种类数均比20世纪80年代减少，呈现一定的减少趋势（图4.35）。

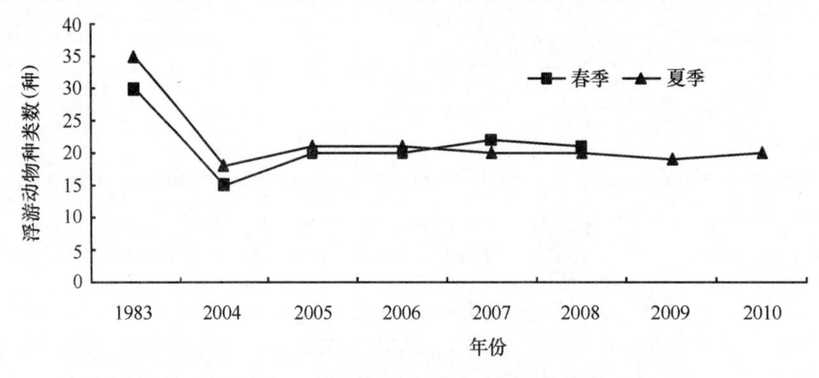

图4.35　浅水Ⅰ型网春夏季浮游动物种类数变化趋势

从每次调查所有航次出现的浮游动物种类数来看，20世纪80年代和90年代浅水Ⅰ型网浮游动物种类数在50种左右，而进入21世纪后，基本在20种左右，这种差别与调查范围、调查时间以及调查频率均有一定的关系，但一定程度上也反映了21世纪初渤海湾浅水Ⅰ型网浮游动物种类数比20世纪80年代减少，呈现一定的减少趋势（表4.17）。

表 4.16　历年调查渤海湾浮游动物种类组成

单位:种

调查时间	调查范围	总种数	水母类	枝角类	桡足类	端足类	糠虾类	磷虾类	萤虾类	十足目	毛颚类	被囊类	涟虫类	幼虫类	其他	数据来源
1959 年 4 个季度	36° -41°N;117.5° -122.5°E (78 个站点)	104	29		30	√	√			√	√	√	√	17		毕洪生等
1981 年 4—11 月	北塘河口(6 个站点)	54	√	√	24		√				√	√		12		钟贻城等
1982—1983 年(12 个月)	37°10′—40°00′N, 117°40′—121°00′E(78 个站点)	57	2	3	21	3	6	1		4	1	1		12	3	白雪娥等
1983 年,4 个季度	38°20′—39°30′N, 117°17′—118°20′E(30 个站点)	55	9		19						1	1		14	11	天津市海岸带和海涂资源综合调查领导小组办公室
1984—1985 年,4 个季度	渤海	31,未包括幼虫	9	1	18	1		1			1					孟凡等
1998 年 5 月、6 月、8 月、10 月	渤海近岸	62	4	5	21	3	5	1		4	1	1	1	16	62	程济生等
1998—1999 年,春季和秋季	38°20′—39°30′N、118°30′—121°40′ E(渤海中南部,30 个站位)	66	14	2	16	2	5	2	2	2	3	3	2	13	66	王克等
1998 年秋季和 1999 年春季	37°30′—39°00′N, 118°30′—121°30′ E(30 个站位)	52	10	2	16	1	4	2	1	1	1	3	1	10		张武昌等
2002 年上半年	38°36.5′—39°06′57″N, 117°39′—118°00′E(18 个站点)	34	8		11			1			3			6	5	石雅君等
2003 年上半年		23	2		7		1			1	1			10	1	
2004 年春季和夏季	38°36′—39°06′57″N, 117°41′—118°02′E(2004—2007 年为 30 个站点;2008—2010 年为 24 个站点)	18	1		6						1			8	2	渤海湾生态监控区
2005 年春季和夏季		22	1		9						1			10	1	
2006 年春季和夏季		30	1		10	1	1			1	1		1	12	2	
2007 年春季和夏季		28	1	1	9	1	1			1	1		1	11	1	
2008 年春季和夏季		26	1		9						1		1	12	2	
2009 年夏季		22	3		6						1			10	2	
2010 年夏季		25	2		7					1	1	1	1	12		
2004 年至 2008 年春季		36	1	1	14	1	1			1	1		1	12	3	
2004 年至 2010 年夏季		44	3		16	1				2	1		1	16	4	

注:"√"表示该类别出现,但文献中未明确说明其种数。

表 4.17　渤海湾浅水 I 型网浮游动物和桡足类种类数　　单位：种

调查时间	调查范围	春季（5 月）	夏季（8 月）	秋季（11 月）	冬季（2 月）	所有航次总和	数据来源
1982—1983 年（12 个月）	37°10′—40°00′N，117°40′—121°00′E（78 个站点）	—	—	—	—	56/21	白雪娥等
1983 年 4 个季度	38°20′—39°30′N，117°17′—118°20′E（30 个站点）	30/11	35/13	22/8	16/8（3 月）	47/19	天津市海岸带和海涂资源综合调查领导小组办公室
1998 年 5 月、6 月、8 月、10 月	渤海近岸	—	—	—	—	59/21	程济生等
1998—1999 年，春季和秋季	38°20′—39°30′N，118°30′—121°40′ E（渤海中南部，30 个站点）	21/7	—	39/12（10 月）	—	53/16	王克等
2002 年上半年	38°36. 5′—39°06′57″N，117°39′—118°00′E（18 个站点）	—	—	—	—	27/11	石雅君等
2003 年上半年		—	—	—	—	22/7	
2004 年	38°36′—39°06′57″N，117°41′—118°02′E（2004—2007 年为 30 个站点；2008—2010 年为 24 个站点）	15/4	18/6	—	—	18/6	渤海湾生态监控区
2005 年		20/11	21/10	—	—	21/9	
2006 年		20/5	21/7	—	—	24/7	
2007 年		22/8	20/6	—	—	25/8	
2008 年		21/9	20/7	—	—	24/9	
2009 年		—	19/7	—	—	19/7	
2010 年		—	20/6	—	—	20/6	

注：表中数据“××/××”分别为浮游动物总种类数/桡足类种类数。

- 浅水 II 型网浮游动物种类数

经处理后的渤海湾浅水 II 型网浮游动物种类数和桡足类种类数及见表 4. 18。

表 4.18　渤海湾浅水 II 型网浮游动物和桡足类种类数　　单位：种

调查时间	调查范围	春季 5 月	夏季 8 月	秋季 11 月	冬季 2 月	所有航次总和	数据来源
1959 年 4 个季度	36°—41°N；117. 5°—122. 5°E（78 个站点）	—	—	—	—	104/30	毕洪生等
1998 秋季和 1999 年春季	37°30′—39°00′N，118°30′—121°30′ E（30 个站点）	26/9	—	39/15	—	52/16	张武昌等
2005 年	38°36′—39°06′57″N，117°41′—118°02′E（2004—2007 年为 30 个站点；2008—2010 年为 24 个站点）	16/5	19/6	—	—	19/8	渤海湾生态监控区
2006 年		20/6	21/7	—	—	24/7	
2007 年		17/5	19/7	—	—	19/7	
2008 年		22/8	20/6	—	—	23/8	
2009 年			20/6	—	—	20/6	
2010 年		—	19/7	—	—	22/7	

2005—2010 年渤海湾生态监控区浅水Ⅱ型网浮游动物种类数春季变化范围为 16 ~ 22 种，夏季为 19 ~ 21 种；张武昌等对渤海浮游动物的调查中 1998 年秋季共鉴定出浮游动物 39 种，1999 年春季为 26 种，均高于 2005—2010 年渤海湾生态监控区鉴定出的浮游动物种类数。毕洪生等在对 1959 年调查的浅水Ⅱ型网浮游动物重新分析中共鉴定出 104 种，这种差别虽然与调查范围以及调查频率均有一定的关系，但一定程度上也反映了 21 世纪初渤海湾浅水Ⅱ型网浮游动物种类数比 1959 年全国海洋普查时期减少，呈现一定的减少趋势。

综上所述，21 世纪初渤海湾浮游动物种类数明显小于 1983 年天津市海岸带和海涂资源调查，呈现一定的减少趋势。

（2）桡足类种类数的变化趋势

与网采浮游动物种类数变化情况相似，21 世纪初渤海湾浮游动物桡足类种类数明显小于 1959 年，呈现一定的减少趋势。2004—2010 年春、夏季生态监控区不管是浅水Ⅰ型网还是浅水Ⅱ型网桡足类种类数基本在 6 种左右，均少于 1983 年天津市海岸带和海涂资源综合调查春、夏鉴定出的桡足类种类数（11 种和 13 种）（图 4. 36）。

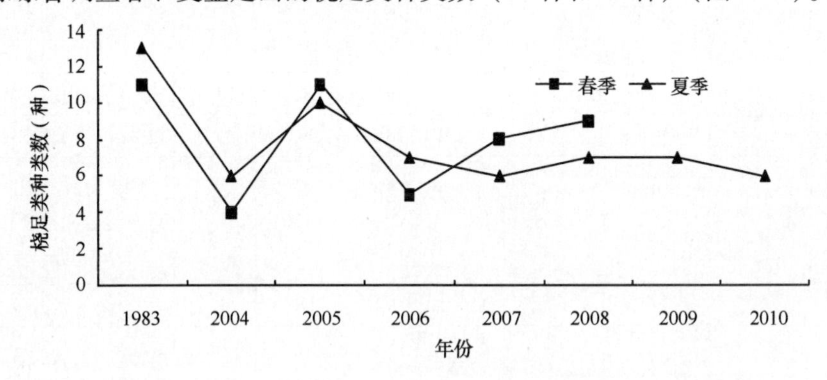

图 4. 36　浅水Ⅰ型网春夏季浮游动物桡足类种类数变化趋势

从每次调查所有航次出现的桡足类种类数来看，21 世纪初，渤海湾生态监控区春季和夏季桡足类种类数基本在 10 种左右；而 20 世纪 80—90 年代浅水Ⅰ型网桡足类种类数维持在 20 种左右，此外，毕洪生等在重新分析 1959 年调查时的浅水Ⅱ型网浮游动物样品中鉴定到桡足类 30 种；虽然这种差别与调查范围以及调查频率均有一定的关系，但一定程度上也反映了 21 世纪初渤海湾桡足类种类数比 20 世纪 80 年代减少，呈现一定的减少趋势。

（3）浮游动物主要优势种

从收集到的数据可得出以下结论：

①1959 年、20 世纪 80 年代和 90 年代出现次数较多的主要优势种为：强壮箭虫、真刺唇角水蚤、中华哲水蚤、太平洋纺锤水蚤以及墨氏胸刺水蚤；小拟哲水蚤、双毛纺锤水蚤、拟长腹剑水蚤、刺尾歪水蚤等优势种在某些年份也出现。

②2004—2010 年渤海湾生态监控区出现的主要优势种为：强壮箭虫、双毛纺锤水蚤和小拟哲水蚤；中华哲水蚤和拟长腹剑水蚤在某些年份也出现。

③从 1959 年到 21 世纪初，强壮箭虫一直是渤海湾主要的优势种。

④1959 年、20 世纪 80 年代和 90 年代浮游动物主要优势种真刺唇角水蚤、中华哲水蚤、太平洋纺锤水蚤和墨氏胸刺水蚤的优势地位已逐渐降低，被双毛纺锤水蚤和小拟哲水蚤取代。2004—2010 年渤海湾生态监控区主要优势种已经没有出现真刺唇角水蚤、太平洋纺锤水蚤和墨氏胸刺水蚤。

⑤2004—2010 年渤海湾生态监控区主要优势种种数少于 1959 年、20 世纪 80 年代和 90 年代，表明单个优势种优势度较突出，群落结构趋向简单。

2）生物量

浮游动物生物量是整个浮游动物群落现存量的体现，是海洋次级生产力的承担者，是鱼类和其他海洋生物的饵料基础，所以它是浮游动物群落结构的一个重要指标。收集到的渤海湾浮游动物生物量数据见表 4. 19。

表 4. 19　渤海湾浮游动物生物量

调查年份	调查范围	生物量（mg/m^3）				数据来源
		春季（5 月）	夏季（8 月）	秋季（11 月）	冬季（2 月）	
1959	37°10′—40°00′N，117°40′—121°00′E（78 个站点）	205. 7	66. 4	96. 2	77. 9	白雪娥等
1982—1983		167. 2	154. 5	90. 1	65. 3	白雪娥等
1983	38°20′—39°30′N，117°17′—118°20′E（30 个站点）	416. 64	325. 96	126	144（3 月）	天津市海岸带和海涂资源综合调查领导小组办公室
1984—1985	渤海	139. 1	102. 2	111. 75	62. 1	孟凡等
1998	渤海近岸	775	329	137（10 月）	—	程济生等
1998—1999	38°20′—39°30′N，118°30′—121°40′ E（渤海中南部，30 个站位）	321	143	167（10 月）	—	王克等
2005	38°36′—39°06′57″N，117°41′—118°02′E（2004—2007 年为 30 个站点；2008—2010 年为 24 个站点）	263. 0	63. 1	—	—	渤海湾生态监控区
2006		484. 9	222. 3	—	—	
2007		851. 9	312. 6	—	—	
2008		1 009. 4	206. 7	—	—	
2009		—	62	—	—	
2010		—	71. 5	—	—	

（1）浮游动物生物量年际变化趋势

- 春季

2005—2008 年渤海湾生态监控区春季浮游动物生物量呈增加趋势，2008 年为 1 009. 4 mg/m^3，是 2005 年的 3. 84 倍。1959 年春季渤海湾浮游动物生物量为

205.70 mg/m³，1982—1984年生物量平均值为240.98 mg/m³，与1959年相比变化不大；1998年和1999年生物量平均值为548.00 mg/m³，是1959年的2.66倍；2005—2008年生物量平均值为652.30 mg/m³，是1959年的3.17倍，由此表明渤海湾春季浮游动物生物量从1959年到2008年总体呈增加趋势（图4.37）。

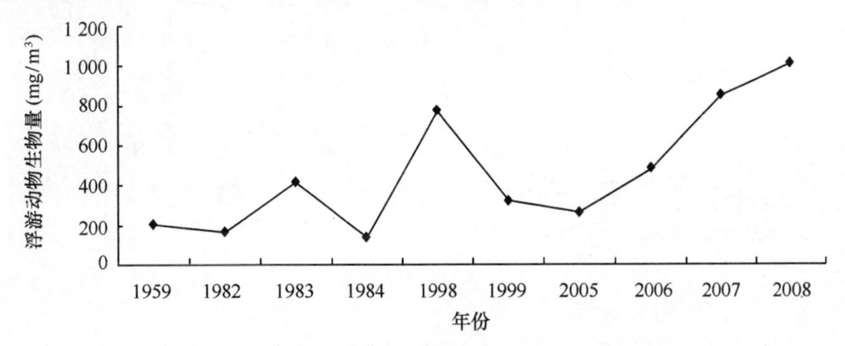

图4.37 渤海湾春季浮游动物生物量变化趋势

- 夏季

2005—2007年渤海湾生态监控区夏季浮游动物生物量呈增加趋势，自2008年开始呈降低趋势，2009年和2010年仅为62.0 mg/m³和71.5 mg/m³。从收集的历史数据可知，渤海湾夏季浮游动物生物量起伏波动较大，1959年生物量仅为66.40 mg/m³，1982—1984年生物量平均值为194.22 mg/m³，是1959年的2.93倍；1998年生物量达392 mg/m³，1999年降为143 mg/m³，1998年和1999年生物量均值为236.0 mg/m³，是1959年的3.55倍；2005年生物量仅为63.27 mg/m³；2006—2007年生物量急剧上升，2007年达312.60 mg/m³，随后急剧下降，但总体上2005—2010年平均生物量(156.36 mg/m³)仍是1959年的2.35倍，一定程度上表明虽然渤海湾夏季浮游动物生物量起伏变化较大，但与1959年相比，仍呈增加的趋势（图4.38）。

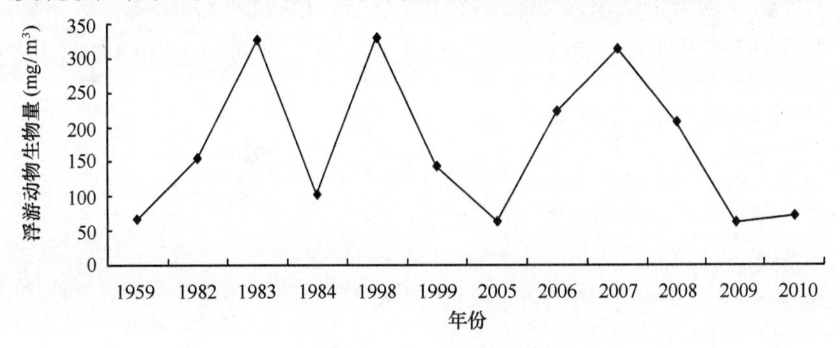

图4.38 渤海湾夏季浮游动物生物量变化趋势

- 秋冬季

由于没有收集到最近几年渤海湾秋、冬季浮游动物生物量数据，无法得出渤海湾浮游动物现状与历史相比的变化趋势。渤海湾秋季浮游动物生物量1959年为96.20 mg/m³，

20 世纪 80 年代中期基本维持在 100 mg/m³ 左右，1998 年为 137 mg/m³，是 1959 年的 1.42 倍，1999 年为 167 mg/m³，是 1959 年的 1.74 倍，浮游动物生物量略有升高。冬季浮游动物生物量 1959 年为 77.90 mg/m³，1982—1984 年生物量平均值为 90.47 mg/m³，与 1959 年相比变化不大（图 4.39）。

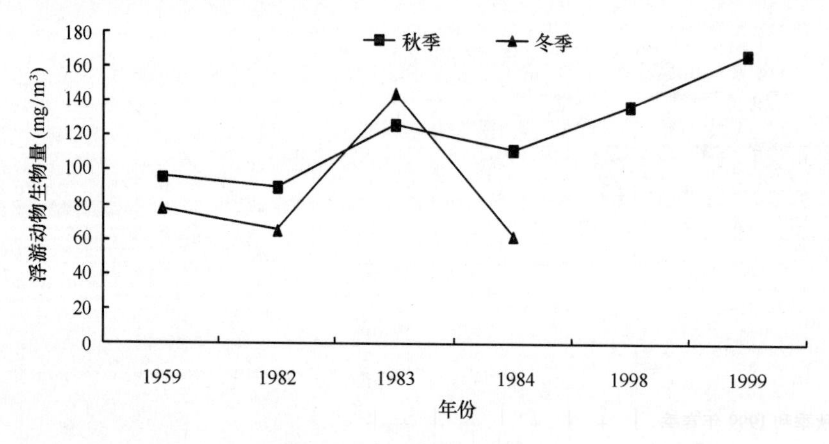

图 4.39　渤海湾秋季和冬季浮游动物生物量变化趋势

（2）浮游动物生物量年际间的季节变化趋势

渤海湾 1959 年浮游动物生物量季节变化呈较为明显的双峰型，以春、秋两季较高，夏、冬两季较低，高峰期出现在春季，其季节变化趋势从大到小为春季、秋季、冬季、夏季。1982 年浮游动物生物量季节变化呈单峰型，以春季最高，夏、秋季次之，冬季最低。1983 年浮游动物生物量季节变化呈单峰型，以春季最高，夏、冬季次之，秋季最低，季节变化特征比较明显。1984 年浮游动物生物量季节变化与 1959 年基本一致，均呈双峰型，从大到小呈春季、秋季、夏季、冬季的季节变化趋势。从收集到的数据可知，渤海湾浮游动物生物量年际间季节变化双峰型和单峰型均有出现，生物量高峰期均出现在春季，由于没有 1984 年以后的数据，无法得出年际间生物量的变化趋势（图 4.40）。

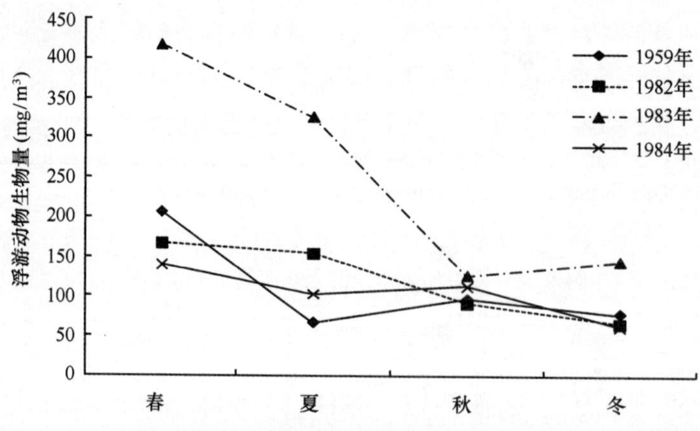

图 4.40　渤海湾浮游动物生物量年际间季节变化

表 4.20 渤海湾历年浮游动物调查主要优势种

调查时间	小拟哲水蚤	双毛纺锤水蚤	太平洋纺锤水蚤	拟长腹剑水蚤	中华哲水蚤	真刺唇角水蚤	墨氏胸刺水蚤	刺尾歪水蚤	强壮箭虫	来源
1959 年 4 个季度	+	+		+	+	+	+		+	毕洪生等
1981 年 4—11 月			+							钟贻城等
1982—1983 年（12 个月）		+	+			+	+	+	+	白雪娥等
1983 年 4 个季度			+		+	+		+	+	天津市海岸带和海涂资源综合调查领导小组办公室
1984—1985 年，4 个季度			+		+	+	+	+	+	孟凡等
1998 年 5 月、6 月、8 月、10 月			+		+	+	+		+	程济生等
1998—1999 年，春季和秋季		+			+	+	+		+	王克等
1998 年秋季和 1999 年春季	+	+		+						张武昌等
2002 年上半年						+			+	石雅君等
2003 年上半年									+	
2004 年春季和夏季									+	渤海湾生态监控区
2005 年春季和夏季		+			+				+	
2006 年春季和夏季		+			+				+	
2007 年春季和夏季	+	+							+	
2008 年春季和夏季	+	+		+					+	
2009 年夏季	+	+							+	
2010 年夏季	+	+		+						

3）种群密度

种群密度是种群生存的一个重要参数，它与种群中个体的生长、繁殖等特征有密切的关系。外界环境条件对种群的数量（密度）有影响，而种群本身也具有调节其密度的机制，以响应外界环境的变化。阿利氏规律表明每一种生物都有自己的最适种群密度，种群密度过疏和过密对种群的生存与发展都是不利的。收集到的渤海湾浮游动物种群密度数据见表 4.21 和表 4.22，收集到的浮游动物种群密度数据较少，无法得出其变化趋势。

2005—2008 年渤海湾生态监控区春季浅水Ⅰ型网浮游动物种群密度变化范围为 332.3 ~ 1 545.0 个/m^3，最小值出现在 2006 年，但仍是 1959 年（122.13 个/m^3）的 2.72 倍，均高于 1959 年时的浮游动物密度。夏季浮游动物密度变化起伏较大，变化范围为 118.6 ~ 1 816.2 个/m^3，2005 年、2006 年与 1959 年时的密度相差不大，2007 年和 2008 年密度急剧增加，比其他年份浮游动物密度高一个数量级，2009 年和 2010 年又恢复到 2005 年和 2006 年的水平。

表 4.21　浅水Ⅰ型网渤海湾浮游动物种群密度

调查年份	调查范围	种群密度（个/m^3）				数据来源
		春季（5月）	夏季（8月）	秋季（11月）	冬季（2月）	
1959	38°22.2′—39°01.1′N，117°50.4′—118°21′E（20个站点）	122.13	189.88	73.5	23.5	全国海洋综合调查小组
2003	38°45′—39°00′N，117°30′—117°50′E（20个站点）		134.55（7月）			衣丽霞等
2005	38°36′—39°06′57″N，117°41′—118°02′E（2004—2007年为30个站点；2008—2010年为24个站点）	791.1	118.6			渤海湾生态监控区
2006		332.3	227.4			
2007		1 406.1	1 504.8			
2008		1 545.0	1 816.2			
2009			292.0			
2010			154.3			

2005—2008年渤海湾生态监控区春季浅水Ⅱ型网浮游动物种群密度变化范围为23 830.3～27 175.8个/m^3，比1983年和1999时的浮游动物密度高出一个数量级以上。2006—2010年夏季浮游动物密度呈下降趋势，2006年达最高值，为22 748.1个/m^3，比1959年、1983年和1999年高出一个数量级以上，但2009年和2010年又降到与上述年份同样的密度水平，总体上夏季浮游动物密度变化起伏较大（表4.22）。

表 4.22　浅水Ⅱ型网渤海湾浮游动物种群密度

调查年份	调查范围	种群密度（个/m^3）				数据来源
		春季（5月）	夏季（8月）	秋季（11月）	冬季（2月）	
1959	36°—41°N，117.5°—122.5°E（78个站点）	-	7 120	-	796	毕洪生等
1983	38°20′—39°30′N，117°17′—118°20′E（30个站点）	691.56	983.6	91.23	56.12（3月）	天津市海岸带和海涂资源综合调查领导小组办公室
1999	37°30′—39°00′N，118°30′—121°30′E（30个站位）	5 348.8	4 076.3（9月）	3 377.2（10月）	-	张武昌等
2005	38°36′—39°06′57″N，117°41′—118°02′E（2004—2007年为30个站点；2008—2010年为24个站点）		6047	-	-	渤海湾生态监控区
2006		27 175.8	22 748.1	-	-	
2007		25 345.3	17 406.2	-	-	
2008		23 830.3	10 280.8	-	-	
2009		-	4 411.6	-	-	
2010		-	5 070	-	-	

综上可知，与1959年全国海洋普查时期相比，21世纪初渤海湾浮游动物密度春季有增加的趋势，夏季则变化起伏较大，没有明显的变化规律。

4）多样性指数

没有收集到渤海湾历年调查浮游动物多样性指数，仅分析渤海湾生态监控区2004—2010年浮游动物浅水Ⅰ型网多样性指数。2004—2010年春季渤海湾生态监控区多样性指数变化范围为：1.50～2.26，平均为1.98；夏季变化范围为1.78～2.37，平均为2.10；多样性指数变化不大（表4.23）。

表4.23 渤海湾浮游动物多样性指数

调查年份	调查范围	多样性指数				数据来源
		春季（5月）	夏季（8月）	秋季（11月）	冬季（2月）	
2004	38°36′—39°06′57″N，117°41′—118°02′E（2004—2007年为30个站点；2008—2010年为24个站点）	2.08	2.24			渤海湾生态监控区
2005		2.20	2.37			
2006		1.88	2.15			
2007		1.50	1.91			
2008		2.26	1.78			
2009			2.19			
2010			2.05			

4.2.2.5 底栖生物

1）种类组成

渤海湾平均水深20 m左右，由于沿岸有较多的河流注入淡水，加之受黄河冲淡水的影响，底质较单纯，多为软泥，底栖生物种类较少。收集到的渤海湾历年调查底栖生物种类组成见表4.24，其中软体动物、甲壳动物和多毛类等是底栖生物种类组成的主要部分。1983年天津市海岸带和海涂资源调查、1998年国家海洋勘测专项——黄渤海近岸生物资源调查以及2004—2010年渤海湾生态监控区调查，可知渤海湾底栖生物种类组成主要是低盐、广温性暖水种。

表4.24 渤海湾历年调查底栖生物种类组成

调查时间	调查范围	总种类数	甲壳动物	多毛类	软体动物	棘皮动物	其他	数据来源
1982年7月	渤海（101个站位）	276	59	115	75	12	15	孙道元等
1983年4个季度	38°20′—39°30′N，117°17′—118°20′E（30个站点）	142	37	43	37	7	18	天津市海岸带和海涂资源综合调查领导小组办公室
1997年6月	渤海（5个站位）	159	51	63	34	4	7	韩洁等
1998年9月	渤海（20个站位）	253	76	81	71	10	15	

续表

调查时间	调查范围	总种类数	甲壳动物	多毛类	软体动物	棘皮动物	其他	数据来源
1999年4月	渤海（20个站位）	247	75	81	70	9	12	
1998年春	渤海近岸	98	11	27	49	5	6	程济生等
1998年夏		107	14	36	46	6	5	
1998年秋		114	12	32	57	8	5	
2003年7月	38°45′—39°04′N，117°34′—118°00′ E（8个站点）	80	20	28	22	3	7	张培玉
2003年11月		89	14	34	29	5	7	
2004年2月		72	17	29	14	1	11	
2004年5月		69	15	29	18	2	5	
2004年5月	38°36′—39°06′57″N，117°41′—118°02′E（2004—2007年为30个站点；2008—2010年为24个站点）	36	8	3	17	2	6	渤海湾生态监控区
2004年8月		27	6	3	14	2	2	
2005年5月		58	11	26	12	2	7	
2005年8月		59	10	25	15	2	7	
2006年5月		38	12	9	13	1	3	
2006年8月		33	8	6	14	2	3	
2007年5月		44	9	9	19	3	4	
2007年8月		29	7	1	15	0	6	
2008年5月		33	6	8	11	4	4	
2008年8月		31	10	7	11	2	1	
2009年8月		25	4	5	8	2	6	
2010年8月		35	9	4	16	2	4	

（1）底栖生物种类数变化趋势

将表4.24中的数据按季节划分整理出渤海湾历年调查底栖生物种类数，见表4.25。孙道元等以及韩洁等是对整个渤海进行的底栖生物调查，故其鉴定到的种类数较多，不作为种类数变化的比较。

- 春季

2004—2008年渤海湾生态监控区春季底栖生物种类数变化范围为33~58种，最小值出现在2008年，是1983年天津市海岸带和海涂调查底栖生物种类数（122种）的0.27倍，最大值出现在2005年，是1983年的0.48倍。总体上，与1983年天津市海岸带和海涂调查底栖生物种类数相比，21世纪初渤海湾春季底栖生物种类数呈减少趋势。

- 夏季

2004—2010年渤海湾生态监控区夏季底栖生物种类数变化范围为25~59种，最小值出现在2009年，是1983年天津市海岸带和海涂调查底栖生物种类数（87种）的0.29倍，最大值出现在2005年，是1983年的0.68倍。总体上，与1983年天津市海岸带和海涂调查底栖生物种类数相比，21 世纪初渤海湾夏季底栖生物种类数呈减少趋势（图 4－41）。

表 4.25 渤海湾历年调查底栖生物种类数

调查年份	调查范围	春季（5 月）	夏季（8 月）	秋季（11 月）	冬季（2 月）	数据来源
1982	渤海（101 个站位）	—	276（7 月）	—	—	孙道元等
1983	38°20′—39°30′N，117°17′—118°20′E（30 个站点）	122	87	95	—	天津市海岸带和海涂资源综合调查领导小组办公室
1998	渤海近岸	98	107	114	—	程济生等
1998—1999	渤海（20 个站位）	247（4 月）	253（9 月）	—	—	韩洁等
2003—2004	38°45′—39°04′N，117°34′—118°00′ E	69	80（7 月）	89	72	张培玉
2004	38°36′—39°06′57″N，117°41′—118°02′E（2004—2007 年为 30 个站点；2008—2010 年为 24 个站点）	36	27	—	—	渤海湾生态监控区
2005		58	59	—	—	
2006		38	33	—	—	
2007		44	29	—	—	
2008		33	31	—	—	
2009		—	25	—	—	
2010		—	35	—	—	

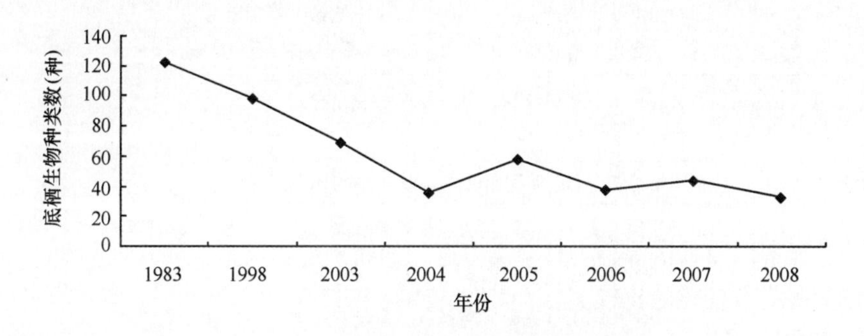

图 4.41 渤海湾春季底栖生物种类数变化趋势

- 秋冬季

收集到的渤海湾秋季和冬季底栖生物种类数的数据较少，无法得出其变化趋势。1983 年天津市海岸带和海涂资源调查中渤海湾秋季共鉴定出的底栖生物种类数为 95 种，1998 年秋季程济生等对渤海近岸底栖生物调查中共鉴定出 114 种，比 1983 年多 19 种。2003 年冬季张培玉等对渤海湾进行的底栖生物调查中共鉴定出底栖生物 72 种。

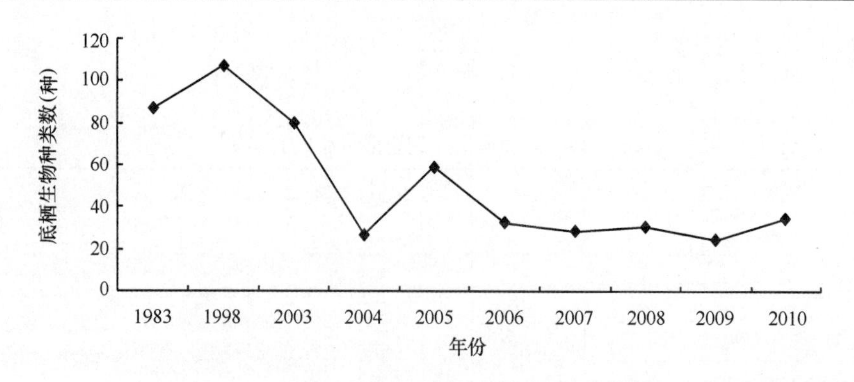

图 4.42　渤海湾夏季底栖生物种类数变化趋势

（2）底栖生物优势种

渤海湾历年调查底栖生物优势种见表 4.26，从收集到的文献可知，渤海湾底栖生物优势种较为分散，年际间变化较大，统计表明出现次数较多的优势种为绒毛细足蟹、脆壳理蛤、橄榄胡桃蛤、织纹螺、不倒翁虫、深沟毛虫、异蚓虫、涡虫以及沙蚕等，与 1983 年相比，21 世纪初绒毛细足蟹和棘刺锚参依旧为渤海湾底栖生物的主要优势种。

表 4.26　渤海湾历年调查底栖生物优势种

调查时间	优势种	数据来源
1983 年 春、夏、秋 3 个季节	角版虫、日本鼓虾、豆形胡桃蛤、绒毛细足蟹、葛氏长臂虾、小夹蛏、拉稚虫、金星碟铰蛤、异足索沙蚕、口虾蛄、毛蚶、哈氏刻肋海胆、棘刺锚参、日本棘刺蛇尾	天津市海岸带和海涂资源综合调查领导小组办公室
1998 年春季	扁玉螺、毛蚶、薄片镜蛤、纵肋织纹螺、饼干镜蛤、一种索沙蚕、有孔虫、扁角樱蛤、细首钮虫、金氏真蛇尾、一种织纹螺	程济生等
1998 年夏季	毛蚶、脆壳理蛤、一种织纹螺、日本镜蛤、扁角樱蛤、胶州湾角贝	
1998 年秋季	一种镜蛤、小刀蛏、彩虹明樱蛤、脆壳理蛤、金氏真蛇尾	
2003 年夏季	不倒翁虫、深沟毛虫、白毛沟裂虫、异蚓虫、刺沙蚕、寡节甘吻沙蚕、圆筒原盒螺、竹蛏、脆壳理蛤、织纹螺、双眼钩虾	张培玉
2003 年秋季	深沟毛虫、不倒翁虫、日本刺梳鳞沙蚕、异蚓虫、无疣丽齿沙蚕、橄榄胡桃蛤	
2004 年冬季	寡鳃齿吻沙蚕、不倒翁虫、深沟毛虫、含糊拟刺虫、异蚓虫、刺沙蚕、寡节甘吻沙蚕、无疣丽齿沙蚕、圆筒原盒螺、橄榄胡桃蛤和微型小海螂	
2004 年春季	寡鳃齿吻沙蚕、不倒翁虫、深沟毛虫、小头虫、含糊拟刺虫、独毛虫、异蚓虫、寡节甘吻沙蚕、白毛沟裂虫、长吻沙蚕、扁玉螺、江户明樱蛤、橄榄胡桃蛤、竹蛏	

续表

时间	优势种	数据来源
2004 年春季	脆壳理蛤	渤海湾生态监控区
2004 年夏季	河蓝蛤	
2005 年春季	橄榄胡桃蛤、棘刺锚参	
2005 年夏季	脆壳理蛤、棘刺锚参、纽虫、大蜾蠃蜚	
2006 年春季	纽虫、无疣齿蚕	
2006 年夏季	绒毛细足蟹、脆壳理蛤	
2007 年春季	小胡桃蛤、绒毛细足蟹、小月阿布蛤、脆壳理蛤	
2007 年夏季	脆壳理蛤、小胡桃蛤、绒毛细足蟹、涡虫、小月阿布蛤	
2008 年春季	小亮樱蛤、橄榄胡桃蛤、纽虫、黑龙江河蓝蛤	
2008 年夏季	橄榄胡桃蛤、绒毛细足蟹、纽虫	
2009 年夏季	高塔捻塔螺、绒毛细足蟹、涡虫	
2010 年夏季	高塔捻塔螺、涡虫、长偏顶蛤、绒毛细足蟹	

2）生物密度

（1）底栖生物密度年际变化趋势

收集到的渤海湾底栖生物密度数据见表 4.27。

表 4.27 渤海湾底栖生物密度

调查年份	调查范围	底栖生物密度（个/m^2）				数据来源
		春季（5 月）	夏季（8 月）	秋季（11 月）	冬季（2 月）	
1982	渤海（101 个站位）	—	157（7 月）	—	—	孙道元等
1984—1986	渤海	104.6	130.1	116		徐绍斌等
1998	渤海近岸	510	625	569	—	程济生等
1998—1999	渤海（20 个站位）	2 490（4 月）	2 508（9 月）	—	—	韩洁等
2003—2004	38°45′—39°04′N，117°34′—118°00′ E	894.31	375.34（7 月）	482.88	718.76	张培玉
2004	38°36′—39°06′57″N，117°41′—118°02′E（2004—2007 年为 30 个站点；2008—2010 年为 24 个站点）	170.69	411.20	—	—	渤海湾生态监控区
2005		43.87	69.47	—	—	
2006		35.33	219.07	—	—	
2007		405.9	120.9	—	—	
2008		62.3	50.8	—	—	
2009		—	180.8	—	—	
2010		—	204.0	—	—	

- 春季

2004—2008 年渤海湾生态监控区春季底栖生物密度变化范围为 35.33 ~ 405.9 个/m²，平均值为 143.62 个/m²，密度最小值出现在 2006 年，最大值出现在 2007 年。从收集到的历年底栖生物密度数据可知，春季渤海湾底栖生物密度年际间起伏变化较大，1999 年底栖生物密度较大，达到 2 490 个/m²，比其余年份高出 1 ~ 2 个数量级。从收集到的数据可推知 1984—1999 年底栖生物密度呈增加趋势，1999 年达最大值后逐渐呈减少趋势，2004—2008 年渤海湾生态监控区底栖生物密度平均值与 1984 年相差不大，表明 21 世纪初底栖生物密度逐渐恢复到 20 世纪 80 年代的水平（图 4.43）。

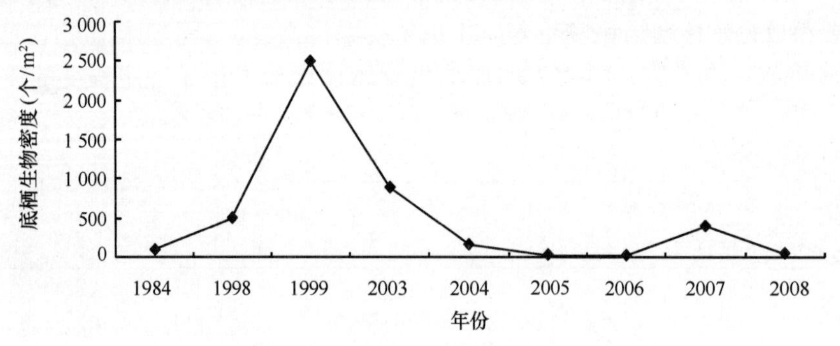

图 4.43　渤海湾春季底栖生物密度变化趋势

- 夏季

2004—2008 年渤海湾生态监控区夏季底栖生物密度变化范围为 50.8 ~ 411.2 个/m²，平均值为 179.46 个/m²，密度最小值出现在 2008 年，最大值出现在 2004 年。从收集到的历年底栖生物密度数据可知，与春季一样，夏季渤海湾底栖生物密度年际间起伏变化也较大，1999 年底栖生物密度较大，达到 2 508 个/m²，比其余年份高出 1 ~ 2 个数量级。从收集到的数据可推知 1982—1999 年底栖生物密度呈增加趋势，1999 年达最大值后逐渐呈减少趋势，2004—2008 年渤海湾生态监控区底栖生物密度平均值与 1982 年和 1984 年平均值（143.55 个/m²）相差不大，表明 21 世纪初底栖生物密度逐渐恢复到 20 世纪 80 年代的水平（图 4.44）。

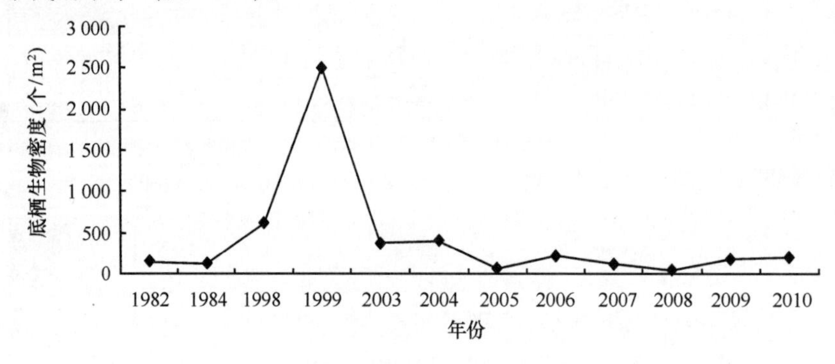

图 4.44　渤海湾夏季底栖生物密度变化趋势

- 秋季和冬季

由于没有收集到最近几年渤海湾秋冬季底栖生物密度数据，无法得出其变化趋势。2003—2004 年张培玉等对渤海湾近岸底栖生物调查中秋季底栖生物密度为 482.88 个/m²，冬季为 718.76 个/m²。

（2）底栖生物各类群密度组成

2004—2010 年渤海湾生态监控区软体动物占密度组成的百分比除了 2005 年春、夏季，2006 年春季，2008 年春、夏季在 30% 左右之外，其余年份均在 60% 以上，高于 1982 年、1998 年和 2003 年软体动物占的百分比。而 1982 年、1998 年和 2003 年底栖生物密度主要组成是软体动物和多毛类，21 世纪初渤海湾春、夏季底栖生物密度主要组成是软体动物和甲壳动物；由此表明底栖生物密度组成发生了一定程度的改变（表 4.28）。

表 4.28 渤海湾底栖生物各类群密度组成

调查时间	多毛类		软体动物		甲壳动物		棘皮动物		其他		总密度（个/m²）	数据来源
	密度（个/m²）	所占比例（%）	密度（个/m²）	所占比例（%）	密度（个/m²）	所占比例（%）	密度（个/m²）	所占比例（%）	密度（个/m²）	所占比例（%）		
1982 年 7 月	43	27.39	40	25.48	54	34.39	11	7.01	9	5.73	157	孙道元等
1998 年春、夏、秋 3 个季节	90	20	258	57.33	19	4.22	30	6.67	53	11.78	450	程济生等
1998 年 9 月和 1999 年 4 月	739	28.69	1341	52.06	313	12.15	136	5.28	47	1.82	2576	韩洁等
2003—2004 年 4 个季节	258.34	41.81	194.92	31.55	86.4	13.98	32.59	5.27	45.57	7.38	617.82	张培玉
2004 年春季	18.67	10.94	119.22	69.85	11.2	6.56	8.0	4.69	13.6	7.97	170.69	渤海湾生态监控区
2004 年夏季	9.47	2.30	369.07	89.75	5.47	1.33	11.20	2.72	16.00	3.89	411.20	
2005 年春季	7.07	16.11	14.80	33.74	8.27	18.84	6.93	15.80	6.80	15.51	43.87	
2005 年夏季	13.66	19.66	15.72	22.63	22.76	32.76	7.03	10.13	10.30	14.83	69.47	
2006 年春季	11.07	31.33	7.60	21.51	5.60	15.85	3.60	10.19	7.46	21.12	35.33	
2006 年夏季	6.53	2.98	175.93	80.31	30.00	13.69	1.73	0.79	4.87	2.22	219.07	
2007 年春季	5.60	1.38	372.53	91.79	13.87	3.42	3.87	0.95	10.00	2.46	405.87	
2007 年夏季	5.47	4.52	80.67	66.70	22.40	18.52	2.00	1.65	10.40	8.60	120.93	
2008 年春季	10.33	16.59	24.29	39.00	9.33	14.98	6.00	9.63	12.33	19.80	62.29	
2008 年夏季	8.00	15.75	12.50	24.61	14.67	28.87	4.83	9.51	10.80	21.26	50.80	
2009 年夏季	10.83	5.99	121.67	67.29	26.25	14.52	4.58	2.54	17.48	9.67	180.8	
2010 年夏季	4.5	2.21	170	83.54	7.5	3.69	1.5	0.74	20	9.83	203.5	

3）生物量

（1）底栖生物生物量年际变化趋势

收集到的渤海湾底栖生物生物量数据见表 4.29。

表 4.29 渤海湾底栖生物生物量

调查年份	调查范围	底栖生物生物量（g/m^2）				数据来源
		春季（5 月）	夏季（8 月）	秋季（11 月）	冬季（2 月）	
1958	38°22.2′—39°01.1′N，117°50.4′—118°21′ E（20 个站点）	—	—	183.81	—	全国海洋综合调查小组
1959		22.41	283.01（7 月）	101.29	23.64	
1982	渤海（101 个站位）	—	26.5（7 月）	—	—	孙道元等
1984—1986	渤海	16.14	28.91	17.34	16.27	徐绍斌等
1998	渤海近岸	92.4	76.5	69.7	—	程济生等
1998—1999	渤海（20 个站位）	40.93（4 月）	50.32（9 月）	—	—	韩洁等
2003—2004	38°45′—39°04′N，117°34′—118°00′ E	7.339	56.184（7 月）	36.017	10.928	张培玉
2004	38°36′—39°06′57″N，117°41′—118°02′E（2004—2007 年为 30 个站点；2008—2010 年为 24 个站点）	24.106 9	31.431 1	—	—	渤海湾生态监控区
2005		16.038 2	16.450 5	—	—	
2006		9.689 4	32.848 1	—	—	
2007		19.711 0	10.506 3	—	—	
2008		19.446 4	10.092 6	—	—	
2009		—	11.955 6	—	—	
2010		—	52.802 0	—	—	

- 春季

2004—2008 年渤海湾生态监控区春季底栖生物生物量变化范围为 9.689 4 ~ 24.106 9 g/m^2，平均值为 17.798 4 g/m^2，生物量最小值出现在 2006 年，最大值出现在 2004 年。从收集到的历年底栖生物生物量数据可知 1959—1998 年底栖生物生物量总体呈增加趋势，1998 年达最大值（92.4 g/m^2）后逐渐呈减少趋势，2004—2008 年渤海湾生态监控区底栖生物生物量平均值与 1984 年（16.14 g/m^2）相差不大，表明 21 世纪初底栖生物生物量逐渐恢复到 20 世纪 80 年代的水平（图 4.45）。

- 夏季

2004—2008 年渤海湾生态监控区夏季底栖生物生物量变化范围为 10.092 6 ~ 52.802 0 g/m^2，平均值为 23.726 6 g/m^2，生物量最小值出现在 2008 年，最大值出现在

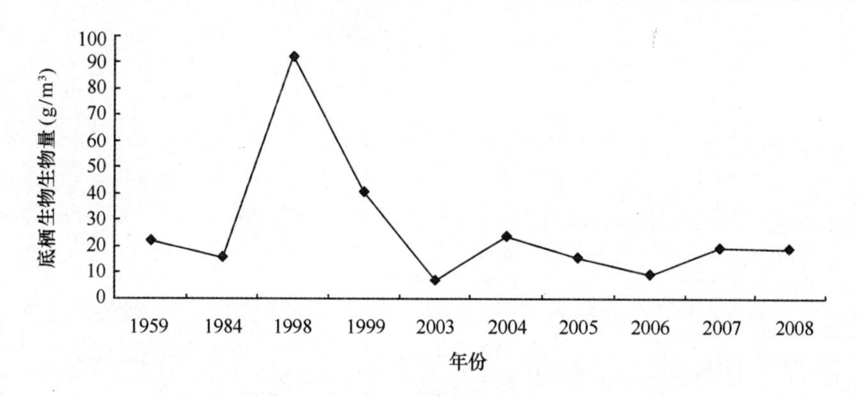

图 4.45　渤海湾春季底栖生物生物量变化趋势

2010 年。从收集到的历年底栖生物生物量数据可知 1959 年生物量达最大值，为 283.01 g/m^2，比其余年份高出 1 个数量级。除此之外，1982—2010 年底栖生物生物量均小于 1959 年，均低于 100 g/m^2，表明从 20 世纪 80 年代到 21 世纪初渤海湾底栖生物生物量没有发生明显的变化（图 4.46）。

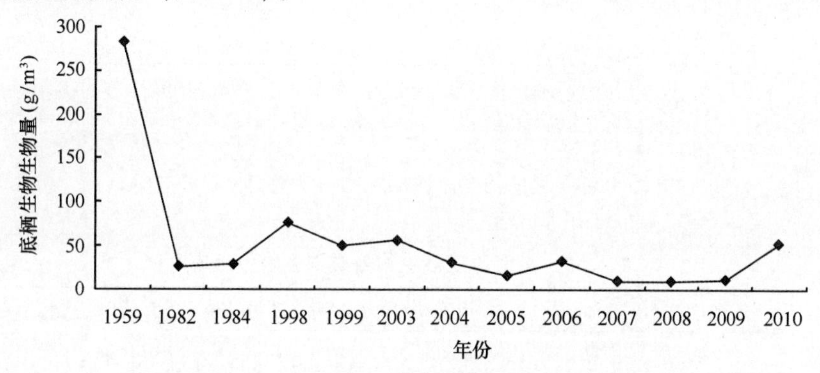

图 4.46　渤海湾夏季底栖生物生物量变化趋势

- 秋季和冬季

由于没有收集到最近几年渤海湾秋冬季底栖生物生物量数据，所以无法得出其变化趋势。从已收集到的数据可知 2003—2004 年张培玉等对渤海湾近岸底栖生物调查中秋、冬季底栖生物生物量分别为 36.017 g/m^2 和 10.928 g/m^2，均低于 1959 年全国海洋普查时的生物量，秋冬季底栖生物量总体上略呈减少趋势，但与 20 世纪 80 年代相比，变化不大。

（2）底栖生物各类群生物量组成

由表 4.30 可知，渤海湾底栖生物生物量组成主要以棘皮动物和软体动物为主，各类群组成占的百分比与 20 世纪 80 年代相比没有发生明显的变化。

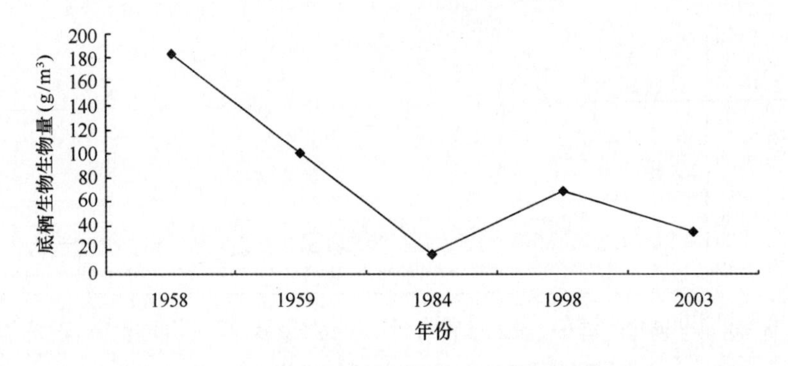

图4.47 渤海湾秋季底栖生物生物量变化趋势

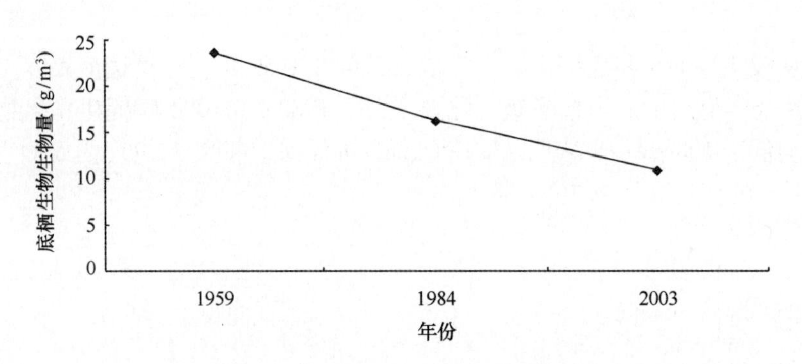

图4.48 渤海湾冬季底栖生物生物量变化趋势

表4.30 渤海湾底栖生物各类群生物量组成

调查时间	多毛类		软体动物		甲壳动物		棘皮动物		其他		总生物量(g/m^2)	数据来源
	生物量(g/m^2)	所占比例(%)	生物量(g/m^2)	所占比例(%)	生物量(g/m^2)	所占比例(%)	生物量(g/m^2)	所占比例(%)	生物量(g/m^2)	所占比例(%)		
1982年7月	1.3	4.91	16.3	61.51	0.9	3.40	6.9	26.04	1.1	4.15	26.5	孙道元等
1998年春、夏、秋3个季节	7	12.28	33	57.89	4	7.02	7	12.28	6	10.53	57	程济生等
1998年9月和1999年4月	4.54	10.66	4.83	11.34	5.88	13.81	22.51	52.85	4.83	11.34	42.59	韩洁等
2003—2004年4个季节	1.660	6.01	13.670	49.50	3.416	12.37	4.427	16.03	4.444	16.09	27.617	张培玉
2004年春季	2.718 0	11.27	6.281 6	26.06	1.423 3	5.90	12.361 3	51.28	1.322 8	5.49	24.106 9	渤海湾生态监控区
2004年夏季	0.437 0	1.39	24.602 8	78.28	0.943 3	3.00	5.009 4	15.94	0.438 5	1.40	31.431 1	
2005年春季	0.760 6	4.74	1.735 2	10.82	1.313 5	8.19	9.224 9	57.52	3.004 0	18.73	16.038 2	
2005年夏季	0.869 2	5.28	4.164 7	25.32	2.738 5	16.65	7.419 1	45.10	1.259 1	7.65	16.450 6	

续表

时间	多毛类		软体动物		甲壳动物		棘皮动物		其他		总生物量（g/m²）	数据来源
	生物量（g/m²）	所占比例（%）	生物量（g/m²）	所占比例（%）	生物量（g/m²）	所占比例（%）	生物量（g/m²）	所占比例（%）	生物量（g/m²）	所占比例（%）		
2006 年春季	1.257 8	12.98	1.910 4	19.72	1.471 7	15.19	3.659 2	37.76	1.390 3	14.35	9.689 4	渤海湾生态监控区
2006 年夏季	0.709 9	2.16	25.884 2	78.80	1.935 7	5.89	3.484 5	10.61	0.833 9	2.54	32.848 1	
2007 年春季	0.765 9	3.89	4.349 2	22.06	2.726 1	13.83	10.052 7	51.00	1.817 0	9.22	19.711 0	
2007 年夏季	0.539 0	5.13	4.019 0	38.25	1.308 0	12.45	3.872 9	36.86	0.767 4	7.30	10.506 3	
2008 年春季	2.572 7	13.23	2.373 7	12.21	2.341 6	12.04	7.168 9	36.86	4.989 5	25.66	19.446 4	
2008 年夏季	0.249 0	2.47	1.555 6	15.41	2.652 4	26.28	4.766 2	47.22	0.869 5	8.62	10.092 6	
2009 年夏季	2.647 9	22.15	2.065 9	17.28	1.131 5	9.46	5.431 3	45.43	0.679 1	5.68	11.955 6	
2010 年夏季	0.319 9	0.61	40.806 8	77.28	3.067 4	5.81	6.160 1	11.67	2.447 9	4.64	52.802 0	

4）多样性指数

收集到的渤海湾底栖生物多样性指数见表 4.31。2004—2008 年春季渤海湾生态监控区多样性指数变化范围为 1.49～1.95，平均为 1.76；2004—2010 年夏季变化范围为 1.56～2.35，平均为 1.91，多样性指数整体较低，与 1998 年渤海湾底栖生物生物多样性指数相比变化不大。

表 4.31　渤海湾底栖生物多样性指数

调查年份	调查范围	底栖生物多样性指数				数据来源
		春季（5 月）	夏季（8 月）	秋季（11 月）	冬季（2 月）	
1998	渤海近岸	1.614	1.361	1.954	—	程济生等
2004	38°36′—39°06′57″N，117°41′—118°02′E（2004—2007 年为 30 个站点；2008—2010 年为 24 个站点）	1.49	1.86	—	—	渤海湾生态监控区
2005		1.79	2.35	—	—	
2006		1.72	1.75	—	—	
2007		1.86	2.04	—	—	
2008		1.95	2.11	—	—	
2009		—	1.56	—	—	
2010		—	1.68	—	—	

4.2.2.6　潮间带生物

1）种类组成

渤海湾历年调查潮间带生物组成见表 4.32。从收集到的数据可知，总体上渤海湾潮间带生物种类组成中软体动物种类最多，甲壳动物次之。

表 4.32　渤海湾历年调查潮间带生物种类组成

调查时间	调查范围	总种类数	甲壳动物	多毛类	软体动物	鱼类	其他	数据来源
1983 年 5、8、10 月	38°20′—39°30′N，117°17′—118°20′E（30 个站点）	95	24	25	26	13	7	天津市海岸带和海涂资源综合调查领导小组办公室
2004 年 5、8 月	38°36′—39°06′57″N，117°41′—118°02′E（2004—2007 年为 30 个站点；2008—2010 年为 24 个站点）	32	11	1	12	3	5	渤海湾生态监控区
2005 年 5、8 月		56	11	19	18	1	7	
2006 年 5、8 月		35	10	6	14	2	3	
2007 年 5、8 月		40	10	4	20	3	3	
2008 年 5、8 月		38	9	6	15	3	5	
2009 年 8 月		15	2	3	6	0	4	

（1）潮间带生物种类数变化趋势

2004—2010 年渤海湾生态监控区春、夏季潮间带生物种类数变化范围为 15 ~ 56 种，最小值出现在 2009 年，仅是 1983 年天津市海岸带和海涂调查潮间带生物种类数（95 种）的 0.16 倍，最大值出现在 2005 年，是 1983 年的 0.59 倍。总体上，与 1983 年天津市海岸带和海涂调查潮间带生物种类数相比，21 世纪初渤海湾潮间带生物种类数呈减少趋势。

（2）潮间带主要优势种

渤海湾历年调查潮间带生物优势种见表 4.33，从收集到的文献统计表明渤海湾潮间带生物出现次数较多的优势种为光滑河蓝蛤、黑龙江河蓝蛤、四角蛤蜊、泥螺等。与 1983 年天津市海岸带和海涂调查中相比，21 世纪初光滑河蓝蛤和黑龙江河蓝蛤依旧为渤海湾潮间带生物的主要优势种，但四角蛤蜊和泥螺已经取代日本大眼蟹、豆形拳蟹成为渤海湾潮间带生物的优势种。

表 4.33　渤海湾历年调查潮间带生物优势种

调查时间	优势种	数据来源
1983 年春、夏、秋	光滑河蓝蛤、黑龙江河蓝蛤、日本大眼蟹、豆形拳蟹	天津市海岸带和海涂资源综合调查领导小组办公室
2004 年春季	河蓝蛤、四角蛤蜊、焦河蓝蛤	渤海湾生态监控区
2004 年夏季	河蓝蛤、海豆芽、沙蚕	
2005 年春季	黑龙江河蓝蛤、托氏昌螺、四角蛤蜊、江户明樱蛤	
2005 年夏季	黑龙江河蓝蛤、托氏昌螺、四角蛤蜊	

续表

时间	优势种	数据来源
2006 年春季	黑龙江河蓝蛤、四角蛤蜊、被角樱蛤、小刀蛏、纽虫、泥螺、脆壳理蛤	渤海湾生态监控区
2006 年夏季	黑龙江河蓝蛤、小刀蛏、虹彩亮樱蛤、四角蛤蜊、泥螺、海豆芽、异足索沙蚕	
2007 年春季	光滑河蓝蛤、泥螺	
2007 年夏季	光滑河蓝蛤、樱蛤、四角蛤蜊、泥螺	
2008 年春季	黑龙江河蓝蛤	
2008 年夏季	光滑河蓝蛤	
2009 年夏季	四角蛤蜊、光滑河蓝蛤、涡虫	

2）生物密度

收集到的渤海湾潮间带生物密度数据见表 4.34。

表 4.34　渤海湾潮间带生物密度

调查年份	调查范围	潮间带生物密度（个/m²）				数据来源
		春季（5 月）	夏季（8 月）	秋季（11 月）	冬季（2 月）	
2005	38°36′—39°06′57″N，117°41′—118°02′E（2004—2007 年为 30 个站点；2008—2010 年为 24 个站点）	408.47	281.07	—	—	渤海湾生态监控区
2006		600.2	332.67	—	—	
2007		677.0	216.6	—	—	
2008		2 234.4	167.7	—	—	
2009		—	255.0	—	—	

2005—2008 年渤海湾生态监控区春季潮间带生物密度变化范围为 408.47 ~ 2 234.4 个/m²，平均值为 980.02 个/m²，密度最小值出现在 2005 年，最大值出现在 2008 年，总体呈增加趋势。2005—2009 年渤海湾生态监控区夏季潮间带生物密度变化范围为 167.7 ~ 332.67 个/m²，平均值为 250.61 个/m²，密度最小值出现在 2005 年，最大值出现在 2008 年，年际间密度略有波动，但总体变化不大，2010 年又恢复到 2005 年的密度水平。春季潮间带生物密度均高于夏季。

3）生物量

收集到的渤海湾潮间带生物量数据见表 4.35。

表 4.35　渤海湾潮间带生物生物量

调查年份	调查范围	潮间带生物量（g/m^2）				数据来源
		春季（5月）	夏季（8月）	秋季（11月）	冬季（2月）	
1983	38°20′—39°30′N，117°17′—118°20′E（30个站点）	72.72	109.87	94.30		天津市海岸带和海涂资源综合调查领导小组办公室
2004	38°36′—39°06′57″N，117°41′—118°02′E（2004—2007年为30个站点；2008—2010年为24个站点）	240.13	170.14	—	—	渤海湾生态监控区
2005		73.79	83.51	—	—	
2006		67.59	64.70	—	—	
2007		35.63	74.16	—	—	
2008		90.82	62.53	—	—	
2009		—	449.99	—	—	

（1）潮间带生物生物量年际间变化趋势

2004—2008年渤海湾生态监控区春季潮间带生物生物量变化范围为35.63～240.13 g/m^2，平均值为101.59 g/m^2，生物量最小值出现在2007年，最大值出现在2004年，总体呈减少趋势；该平均值是1983年天津市海岸带和海涂调查潮间带生物量（72.72 g/m^2）的0.72倍，基本与1983年生物量水平持平。

2004—2009年渤海湾生态监控区夏季潮间带生物生物量变化范围为62.53～449.99 g/m^2，平均值为150.84 g/m^2，生物量最小值出现在2008年，最大值出现在2009年。2004—2008年潮间带生物量略呈减少趋势，但2009年生物量急剧增加，为449.99 g/m^2；2004—2009年渤海湾潮间带生物生物量平均值是1983年天津市海岸带和海涂资源调查（109.87 g/m^2）的0.73倍，基本与1983年调查时生物量水平持平。

（2）潮间带生物各类群生物量组成

2004—2009年渤海湾生态监控区春、夏季潮间带生物量组成中占绝对优势的是软体动物，占生物量组成的百分比均在80%以上；其次是甲壳动物；潮间带生物量各类群组成与1983年天津市海岸带和海涂调查时相比没有发生明显变化（表4.36）。

4）多样性指数

收集到的渤海湾潮间带生物多样性指数见表4.37。2004—2008年春季渤海湾生态监控区潮间带生物多样性指数变化范围为0.61～1.70，平均为1.31，最小值出现在2008年，最大值出现在2005年，总体上多样性指数呈降低趋势。

表 4.36　渤海湾潮间带生物各类群生物量组成

调查时间	多毛类		软体动物		甲壳动物		棘皮动物		鱼类		其他		总生物量 (g/m^2)	数据来源
	生物量 (g/m^2)	所占比例 (%)	生物量 (g/m^2)	所占比例 (%)	生物量 (g/m^2)	所占比例 (%)	生物量 (g/m^2)	所占比例 (%)	生物量 (g/m^2)	所占比例 (%)	生物量 (g/m^2)	所占比例 (%)		
1983 年春、夏、秋	0.69	0.75	74.14	80.89	8.58	9.36	0.84	0.92	5.13	5.60	2.28	2.49	91.66	天津市海岸带和海涂资源综合调查领导小组办公室
2004 年春季	0.05	0.02	213.17	88.77	16.31	6.79	0	0	1.06	0.44	9.54	3.97	240.13	渤海湾生态监控区
2004 年夏季	0.67	0.39	156.74	92.12	6.71	3.94	0	0	0.14	0.08	5.88	3.46	170.14	
2005 年春季	0.94	1.27	66.01	89.45	2.27	3.08	0.003 1	0	0	0	4.57	6.19	73.79	
2005 年夏季	0.49	0.59	70.97	84.98	1.60	1.92	0.01	0.01	0.01	0.01	10.43	12.49	83.51	
2006 年春季	0.34	0.50	66.40	98.24	0.28	0.41	0	0	0	0	0.57	0.84	67.59	
2006 年夏季	0.36	0.56	59.87	92.53	0.87	1.34	0	0	1.86	2.87	1.74	2.69	64.70	
2007 年春季	0.13	0.37	30.52	85.65	1.84	5.17	0	0	1.82	5.10	1.32	3.72	35.63	
2007 年夏季	0.28	0.38	65.84	88.78	4.55	6.14	0	0	1.41	1.90	2.08	2.80	74.16	
2008 年春季	1.85	2.03	66.77	73.52	11.91	13.11	0	0	6.38	7.03	3.91	4.31	90.82	
2008 年夏季	0.16	0.25	56.19	89.85	2.61	4.17	0	0	2.83	4.53	0.75	1.21	62.53	
2009 年夏季	0.56	0.12	440.84	97.97	0.90	0.20	0.76	0.17	0	0	6.94	1.54	449.99	

表 4.37 渤海湾底栖生物多样性指数

调查年份	调查范围	底栖生物多样性指数				数据来源
		春季（5月）	夏季（8月）	秋季（11月）	冬季（2月）	
2004	38°36′—39°06′57″N，117°41′—118°02′E（2004—2007年为30个站点；2008—2010年为24个站点）	1.55	1.25	—	—	渤海湾生态监控区
2005		1.70	1.71	—	—	
2006		1.32	0.98	—	—	
2007		1.35	1.51	—	—	
2008		0.61	1.34	—	—	
2009		—	1.29	—	—	

2004—2009年渤海湾潮间带生物多样性指数夏季变化范围为0.98~1.71，平均为1.35，最小值出现在2006年，最大值出现在2005年，与春季一样，总体上多样性指数呈降低趋势。

4.2.3 莱州湾

4.2.3.1 叶绿素a

收集到的莱州湾历年生态监控区调查叶绿素a的数据见表4.38。

表 4.38 莱州湾历年生态监控区叶绿素a数据

调查年份	调查时间	变化范围（μg/L）	平均值（μg/L）
2004	5月	0.85~5.10	2.52
	8月	1.26~35.00	10.47
2005	5月	0.43~9.71	3.2
	8月	0.97~14.94	5.1
2006	5月	0.89~13.4	3.46
	8月	1.00~14.81	5.98
2007	5月	1.09~12.09	4
	8月	1.37~33.99	6.58
2008	枯水期	1.51~9.49	4.89
	丰水期	0.560~7.28	2.07
2009	5月	0.521~3.62	1.61
	8月	0.255~21.8	6.67
2010	5月	0.425~8.71	3.22
	8月	1.39~54.0	6.99
2011	5月	1.03~16.5	5.03
	8月	2.48~6.02	3.96

（1）春季

2004—2011 年莱州湾生态监控区叶绿素 a 含量变化范围为 1.61 ~ 5.03 μg/L，平均值为 3.49 μg/L，最大值出现在 2011 年和 2008 年，最小值出现在 2009 年，年际间变化起伏不大。从图 4.49 可知，莱州湾春季叶绿素 a 在 2004—2008 年呈缓慢增加趋势，4 年间增大了 1 倍左右，2009 年减小到 2 μg/L 以下；2010 年升高到 3 μg/L 以上，2011 年升高到 5 μg/L 以上。

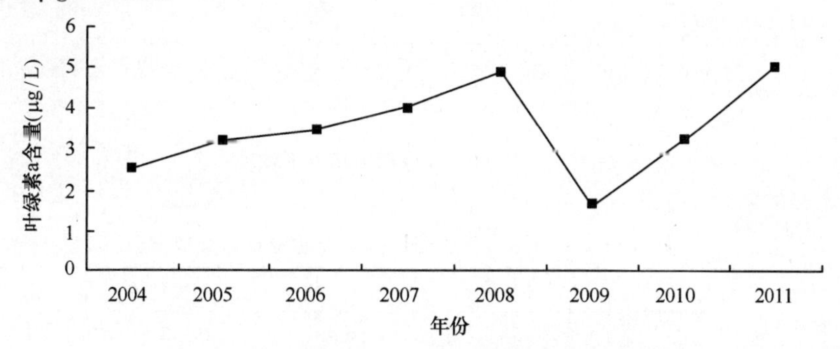

图 4.49 莱州湾历年生态监控区春季叶绿素 a

（2）夏季

2004—2011 年莱州湾生态监控区叶绿素 a 含量变化范围为 2.07 ~ 10.47 μg/L，平均值为 6.27 μg/L，最大值出现在 2004 年，最小值出现在 2008 年，年际间变化稍大。由图 4.50 可知，莱州湾夏季叶绿素 a 在 2004 年较高，2008 年较小，其余年度变化不大，均在 5 ~ 6 μg/L 之间。

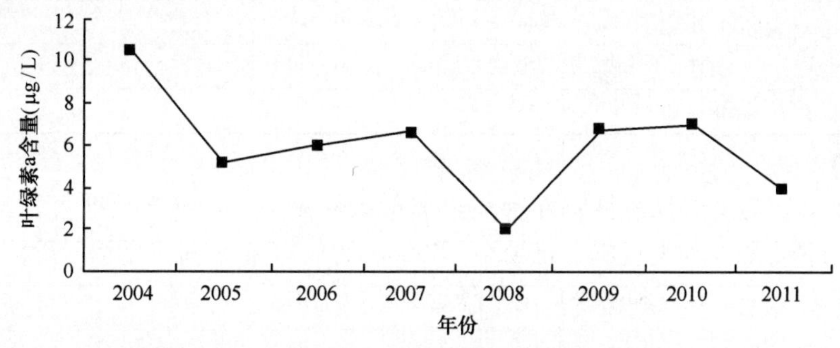

图 4.50 莱州湾历年生态监控区夏季叶绿素 a

莱州湾 2004 年到 2011 年度的叶绿素 a 年度平均值见图 4.51，从图中可以看出，叶绿素 a 呈小幅波动趋势，近几年相对前几年含量略有下降。

4.2.3.2 浮游植物

（1）种类组成

莱州湾近几年浮游植物种类组成见表 4.39。

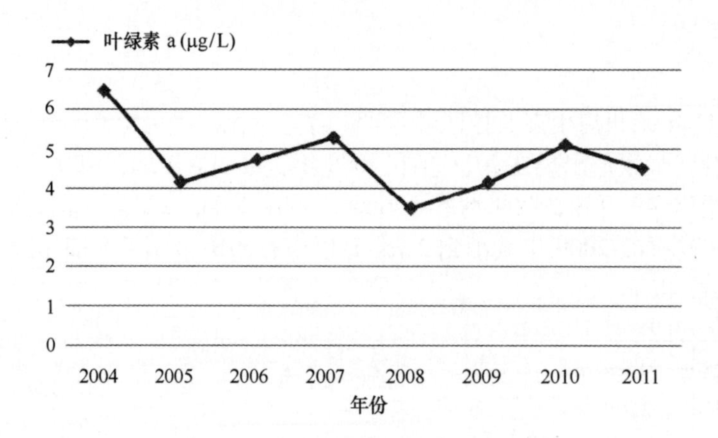

图 4.51　莱州湾叶绿素 a 年度平均值

表 4.39　莱州湾历年生态监控区浮游植物种类数

调查年份	调查时间	总种类数	硅藻种数	甲藻种数	其他种数
2004	5 月、8 月	85	67	15	3
2005	5 月、8 月	78	63	13	2
2006	5 月、8 月	89	72	15	2
2007	5 月、8 月	93	75	16	2
2008	枯水期	64	55	8	1
	丰水期	73	60	13	
2009	5 月	29	24	4	1
	8 月	56	46	8	1
2010	8 月	44	40	3	1
2011	5 月	40	30	8	2
	8 月	55	44	7	1

由表中可知莱州湾浮游植物在种类组成上以硅藻为主，种类数上占有绝对优势。2008 年以前种类数及种类组成变化较小。2008—2011 年 4 年间，夏季浮游植物种类数呈下降趋势，其中，硅藻和甲藻均呈下降趋势。

（2）优势种

近几年莱州湾浮游植物优势种见表 4.40。从表中可以看出：

浮游植物优势种（属）出现次数较多的为：角毛藻、圆筛藻、斯氏根管藻、夜光藻和中肋骨条藻。其中，角毛藻从 2004 年到 2009 年在夏季都是优势种，此外，在 2007 年和 2008 年的春季也是优势种。圆筛藻在大部分年份的春季成为主要的优势种之一，夏季部分年份为优势种。斯氏根管藻和夜光藻在大部分年份的春季成为主要的优势种之一，其中，夜光藻也是常见的赤潮原因种。

表 4.40 莱州湾历年生态监控区浮游植物优势种

调查年份	调查时间	优势种
2004	5月	中肋骨条藻、斯氏根管藻和夜光藻，3 种浮游植物的细胞数占总密度组成的 87.1%
	8月	中肋骨条藻、奇异角毛藻和棕囊藻，3 种细胞数占浮游植物密度组成的 81.2%
2005	5月	斯氏根管藻和夜光藻，2 种浮游植物的细胞数占浮游植物密度组成的 83.80%
	8月	假弯角毛藻、扁面角毛藻、透明辐杆藻、垂缘角毛藻和中肋骨条藻，5 种植物细胞数占浮游植物密度组成的 79.93%
2006	5月	夜光藻、斯氏根管藻、格氏圆筛藻、菱形藻、舟形藻和海洋卡盾藻等
	8月	丹麦细柱藻、假弯角毛藻、垂缘角毛藻、菱形海线藻、中华盒形藻、佛氏海毛藻和奇异角毛藻等
2007	5月	角毛藻（$Y=0.841$）、圆筛藻（$Y=0.002$）、夜光藻（$Y=0.001$）等为优势种类
	8月	以角毛藻为主要优势种类，其优势度 $Y=0.483$，次之为圆筛藻，其优势度 $Y=0.172$
2008	5月	斯氏根管藻（$Y=0.259$）、卡氏角毛藻（$Y=0.136$）、圆筛藻（$Y=0.090$）
	8月	角毛藻为主要优势种类，其优势度 $Y=0.483$，次之为圆筛藻，其优势度 $Y=0.172$
2009	5月	细弱圆筛藻、夜光藻和尖刺菱形藻为主，优势度分别为 0.367、0.092 6 和 0.039 4
	8月	丹麦细柱藻和旋链角毛藻，优势度分别为 0.455 和 0.042 2
2010	8月	中肋骨条藻和柏氏角管藻为主，优势度分别为 0.094 和 0.055
2011	5月	斯氏根管藻和细弱圆筛藻为主，优势度分别为 0.427 和 0.181
	8月	8 月优势种为大洋角管藻和圆筛藻，优势度分别为 0.107 和 0.068

（3）数量变化

近几年莱州湾浮游植物细胞数量见表 4.41。

表 4.41 莱州湾浮游植物细胞数量

调查年份	调查时间	数量变化范围（$\times 10^4$ 个/m^3）	平均数量（$\times 10^4$ 个/m^3）
2004	5月	0.60 ~ 369.60	26.06
	8月	48.69 ~ 4 298.00	1 321.23
2005	5月	2.91 ~ 586.20	94.88
	8月	12.90 ~ 18 862.50	2 646.61
2006	5月	2.46 ~ 150.05	31.32
	8月	1.1 ~ 18 862.40	1 410.7
2007	5月	1.59 ~ 5 681.60	609.96
	8月	1.8 ~ 1 633.60	275.2
2008	5月	-	41.367
	8月	-	405.2
2009	5月	5.41 ~ 368.48	119.25
	8月	21.25 ~ 47 199.6	281.3
2010	8月	1.62 ~ 8131.3	744.84

续表

调查年份	调查时间	数量变化范围（$\times10^4$ 个/m^3）	平均数量（$\times10^4$ 个/m^3）
2011	5月	19.1～588	196
	8月	27.8～3 848	569

- 春季

莱州湾春季浮游植物细胞密度平均值变化见图4.52，从图中可以看出，2007年春季浮游植物数量明显增多，其余年份呈不明显的波动趋势，其中，2006年和2008年细胞密度较低（10^5 数量级左右），其他年度春季密度均在 10^6 数量级左右。

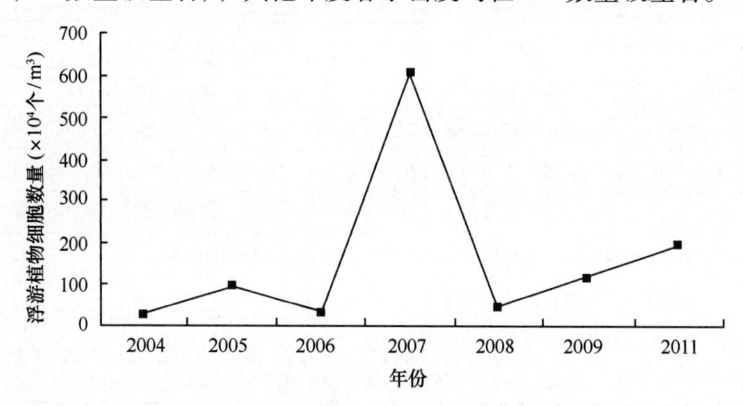

图4.52　莱州湾春季浮游植物平均数量变化

- 夏季

莱州湾春季浮游植物细胞密度平均值变化见图4.53，从图中可以看出，2005年夏季浮游植物数量明显增多，其余年份呈明显下降然后再缓慢上升趋势，其中，2004年和2006年细胞密度较高（10^7 数量级左右），其他年份浮游植物细胞密度均在 10^6 数量级左右。

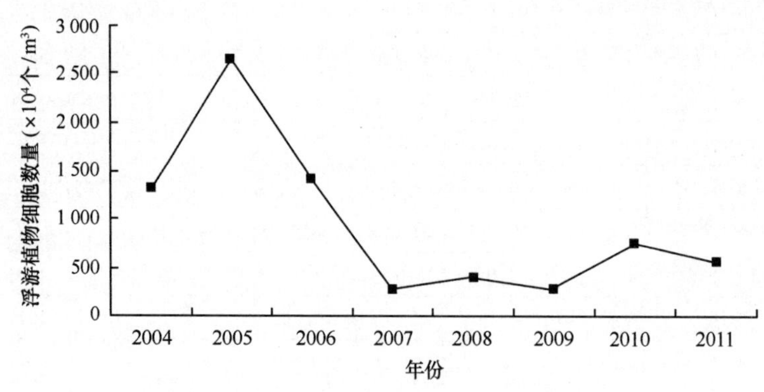

图4.53　莱州湾夏季浮游植物平均数量变化

（4）群落指数

近几年莱州湾浮游植物群落指数见表 4.42。

表 4.42　莱州湾浮游植物群落指数

调查年份	调查时间	多样性变动范围	多样性平均值	均匀度变动范围	均匀度平均值
2008	5 月	–	3.021	–	0.699
2009	5 月	1.046 ~ 3.301	2.025	0.373 ~ 0.811	0.656
	8 月	0.031 8 ~ 3.539	1.901	0.013 7 ~ 0.807	0.512
2010	8 月	0.260 ~ 3.290	2.26	0.078 ~ 0.798	0.55
2011	5 月	0.305 ~ 3.286	2.007	0.069 ~ 0.775	0.52
	8 月	0.852 ~ 2.999	1.98	0.269 ~ 0.735	0.48
2012	5 月	0.572 ~ 2.624	1.637	0.285 ~ 0.896	0.686
	8 月	0.677 ~ 3.18	2.544	0.204 ~ 0.902	0.651

- 春季

近几年春季莱州湾浮游植物群落指数见图 4.54。从图中可以看出，春季浮游植物多样性指数呈缓慢下降趋势（从 2008 年的 3 以上降低到 2012 年的 2 以下），均匀度指数略有波动。

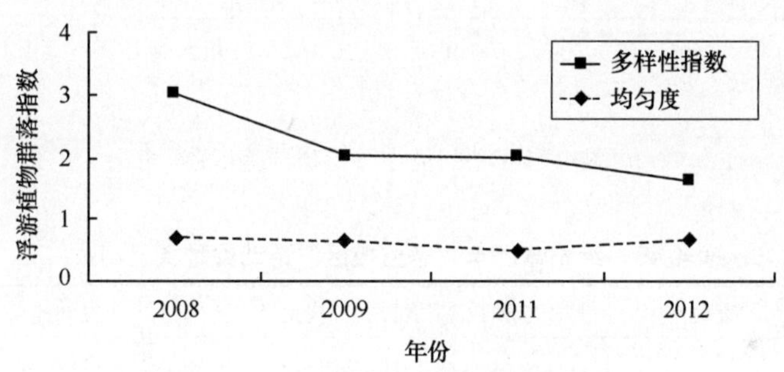

图 4.54　莱州湾春季浮游植物群落指数

- 夏季

近几年夏季莱州湾浮游植物群落指数见图 4.55。从图中可以看出，夏季浮游植物多样性指数呈小幅波动趋势，均匀度指数变动较小。

浮游植物群落指数年度变化如图 4.56，从图中可以看出，多样性指数 2009 年降低明显，以后年度变化很小，均匀度指数年度变化很小。

4.2.3.3　浮游动物

（1）种类组成

莱州湾近几年浮游动物种类及组成见表 4.43。

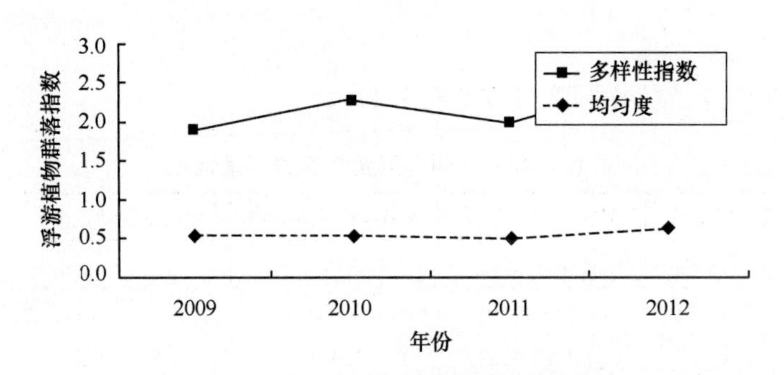

图 4.55 莱州湾夏季浮游植物群落指数

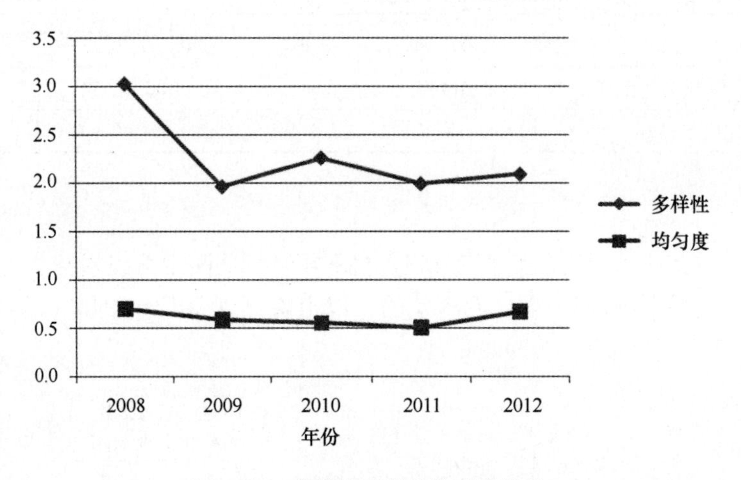

图 4.56 莱州湾浮游植物群落指数

表 4.43 莱州湾历年生态监控区浮游动物种类及组成

调查年份	调查时间	总种数	桡足类	幼虫幼体	其他
2004	5 月、8 月	34	13	11	10
2005	5 月、8 月	25	10	10	5
2006	5 月、8 月	26	8	5	13
2007	5 月、8 月	28	10	9	9
2008	枯水期	24			
	丰水期	39			
2009	5 月	32			
	8 月	38			
2010	8 月	44	17	18	5
2011	5 月	17	7	8	2
	8 月	48	21	16	11

由表中可知莱州湾浮游动物春季种类数少于夏季。在种类组成上以桡足类和幼虫幼体类为主。2008—2011 年的三年间，夏季浮游动物种类数略有上升，春季浮游动物种类数波动下降。

（2）优势种

莱州湾近几年浮游动物优势种见表 4.44。

表 4.44 莱州湾浮游动物优势种

调查年份	调查时间	优势种
2004	5 月	密度优势种为双刺纺锤水蚤、小拟哲水蚤、强壮箭虫和真刺唇角水蚤
	8 月	密度优势种为长腹剑水蚤、小拟哲水蚤、太平洋纺锤水蚤、强壮箭虫和真刺唇角水蚤
2005	5 月	双刺纺锤水蚤、真刺唇角水蚤、小拟哲水蚤和强壮箭虫。4 种生物的个体数量占 5 月浮游动物生物量组成的 31.95%
	8 月	长腹剑水蚤和小拟哲水蚤，2 种生物的个体数量占 8 月浮游动物生物量组成的 48.70%
2006	5 月	双刺纺锤水蚤、真刺唇角水蚤、小拟哲水蚤和强壮箭虫。4 种生物的个体数量占 5 月浮游动物生物量组成的 31.95%
	8 月	长腹剑水蚤和小拟哲水蚤，2 种生物的个体数量占 8 月浮游动物生物量组成的 48.70%
2007	5 月、8 月	双刺纺锤水蚤、真刺唇角水蚤、太平洋纺锤水蚤、小拟哲水蚤和强壮箭虫等
2008	5 月	夜光虫（$Y=0.905$）、强壮箭虫（$Y=0.061$）和长尾类幼体（$Y=0.009$）为优势种类
	8 月	夜光虫（$Y=0.959$）、强壮箭虫（$Y=0.011$）、中华哲水蚤（$Y=0.010$）为主要优势种
2009	5 月	强壮箭虫、双壳类壳顶幼虫、中华哲水蚤、长尾类幼体、墨氏胸刺水蚤等，优势度分别为 0.31、0.15、0.11、0.08 和 0.06
	8 月	长尾类幼体、强壮箭虫、水螅水母类、太平洋纺锤水蚤、短尾类溞状幼体等，优势度分别为 0.31、0.25、0.06、0.04 和 0.03
2010	5 月	强壮箭虫、小拟哲水蚤、短尾类溞状幼体、长尾类幼体和真刺唇角水蚤等，优势度分别为 0.29、0.23、0.10、0.05 和 0.03
	8 月	优势种为短角长腹剑水蚤、强额拟哲水蚤、强壮箭虫、双刺纺锤水蚤和背针胸刺水蚤等，优势度分别为 0.20、0.16、0.09、0.07 和 0.05
2011	5 月	强壮箭虫、克氏纺锤水蚤、墨氏胸刺水蚤、短尾类溞状幼体、双壳类壳顶幼虫等，优势度分别为 0.32、0.14、0.13、0.09 和 0.07
	8 月	优势种为短角长腹剑水蚤、强额拟哲水蚤、强壮箭虫、双刺纺锤水蚤和背针胸刺水蚤等，优势度分别为 0.20、0.16、0.09、0.07 和 0.05

从表中可以看出，强壮箭虫、双刺纺锤水蚤、小拟哲水蚤、幼虫幼体类为莱州湾浮游动物主要的优势种。其中，强壮箭虫在大部分年份春季和夏季都成为优势种；双刺纺锤水蚤为 2008 年以前春季主要优势种；小拟哲水蚤不仅是春季的优势种，在部分年份的夏季也成为优势种；幼虫幼体类在春季为主要优势种之一。

（3）生物量

莱州湾近几年浮游动物生物量见表 4.45。从表中可以看出，春季浮游动物生物量基本都高于夏季。

表 4.45　莱州湾浮游动物生物量

调查年份	调查时间	生物量变化范围（mg/m³）	平均生物量（mg/m³）
2004	5 月	58.8 ~ 2 205.3	433.4
	8 月	12.5 ~ 466.7	202.8
2005	5 月	18.3 ~ 908.3	261.3
	8 月	7.5 ~ 977.5	145
2006	5 月	38.1 ~ 1 187.5	304.8
	8 月	11.7 ~ 600.0	120.4
2007	5 月	27.8 ~ 9 500.0	2 085.27
	8 月	29.6 ~ 750.0	327.56
2008	5 月		1 537.8
	8 月		124.5
2009	5 月	360.4 ~ 6 725.0	2 577.3
	8 月	118.8 ~ 5 231.3	583.2
2010	8 月	40.6 ~ 648.6	294.3
2011	5 月	114.3 ~ 1 623.3	275.5
	8 月	6.3 ~ 3 350.0	275.5

- 春季

近几年春季莱州湾浮游动物生物量见图 4.57。从图中可以看出，2007 年、2008 年和 2009 年浮游动物生物量比较高（达 10^3 mg/m³ 以上），其余年份波动很小，均在 10^2 mg/m³ 左右。

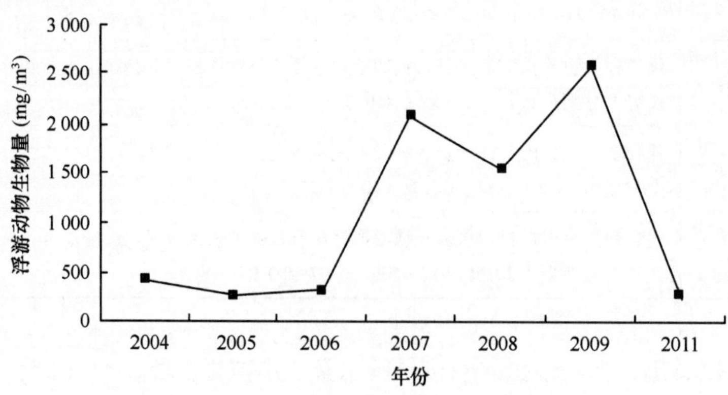

图 4.57　莱州湾春季浮游动物生物量

- 夏季

近几年夏季莱州湾浮游动物生物量见图 4.58。从图中可以看出，2007 年和 2009 年浮游动物生物量比较高（达 10^3 mg/m^3 以上），其余年份波动较小，均在 10^2 mg/m^3 左右。

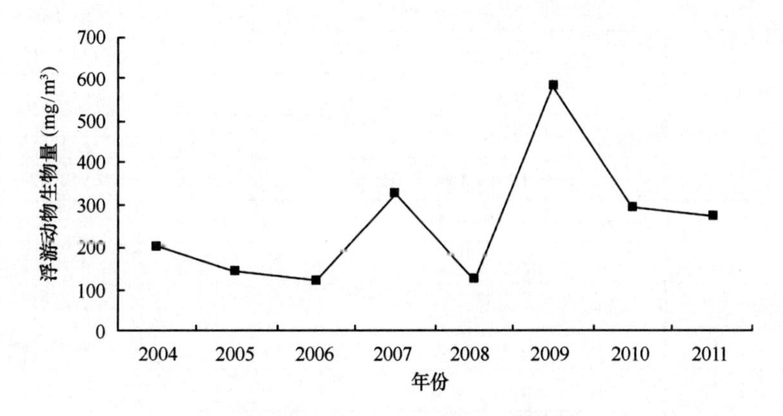

图 4.58　莱州湾夏季浮游动物生物量

浮游动物生物量年度变化如图 4.59，从图中可以看出，2007—2009 年生物量在 800 mg/m^3 以上，其余年度在 200 ~ 400 mg/m^3 之间波动。

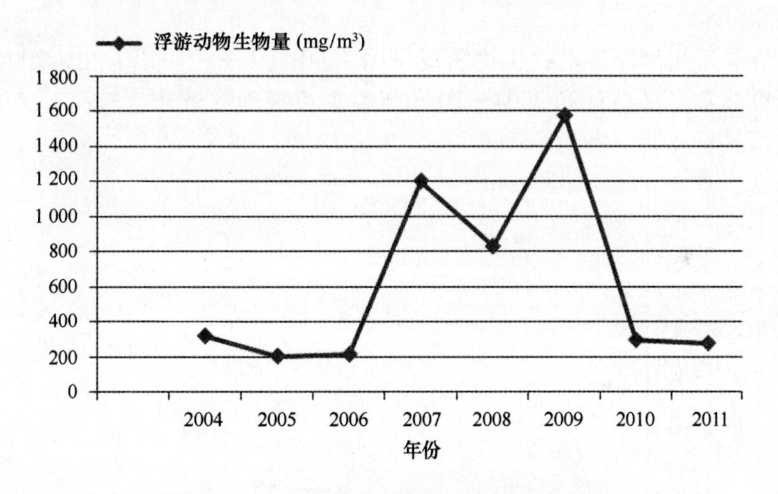

图 4.59　莱州湾浮游动物生物量年度变化

（4）生物密度

莱州湾近几年浮游动物生物密度见表 4.46。从表中可以看出，大部分年份春季浮游动物生物密度低于夏季。

表 4.46　莱州湾浮游动物生物密度

调查年份	调查时间	密度变化范围（个/m³）	平均密度（个/m³）
2004	5月	1 930 ~ 114 310	32 063.9
	8月	1 560 ~ 107 800	16 708.2
2005	5月	6212.5 ~ 404 866.7	74 134.7
	8月	10 257.3 ~ 468 750	113 569
2006	5月	725.0 ~ 515 187.5	79 130.7
	8月	200.0 ~ 55 200.0	113 569
2007	5月	19.4 ~ 18 880.0	1 953.82
	8月	85.0 ~ 1 677.5	428.91
2008	枯水期		4 810
	丰水期		10 447
2009	5月	84.3 ~ 2 274.6	1 056
	8月	101.3 ~ 3 619.1	602.8
2010	8月	45 ~ 1 985	385.7
2011	5月	76 ~ 862	316
	8月	10 ~ 7 736	979

- 春季

近几年春季莱州湾浮游动物生物密度见图 4.60。从图中可以看出，2004—2006 年浮游动物密度非常高（估计和 2004—2006 年春季长腹剑水蚤密度较高有关），2007 年以后相对较低且呈波动下降趋势。

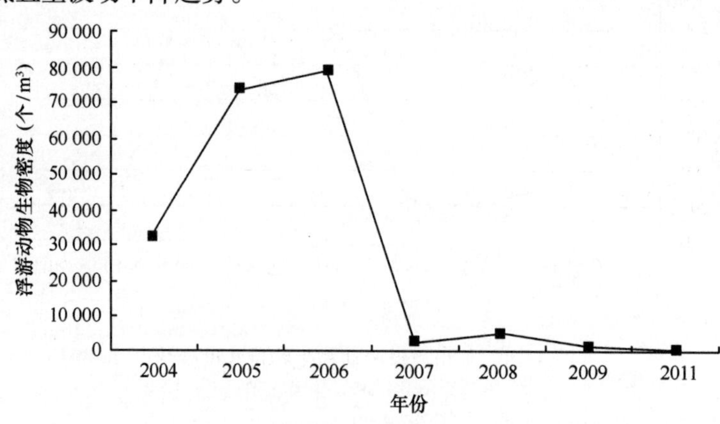

图 4.60　莱州湾春季浮游动物生物密度

- 夏季

近几年夏季莱州湾浮游动物生物密度见图 4.61。从图中可以看出，与春季类似，2004—2006 年浮游动物密度非常高（估计和 2004—2006 年春季双刺纺锤水蚤密度较高有关），2007 年以后相对较低且呈波动下降趋势。

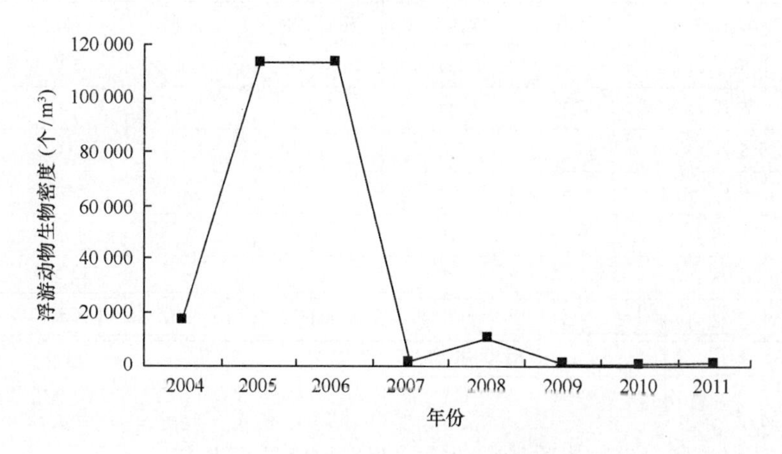

图 4. 61　莱州湾夏季浮游动物生物密度

浮游动物生物密度年度变化如图，从图中可以看出，2005—2006 年生物密度在 10^4 个/m^3 以上，其余年度在 10^2 ~ 10^3 个/m^3 之间波动。

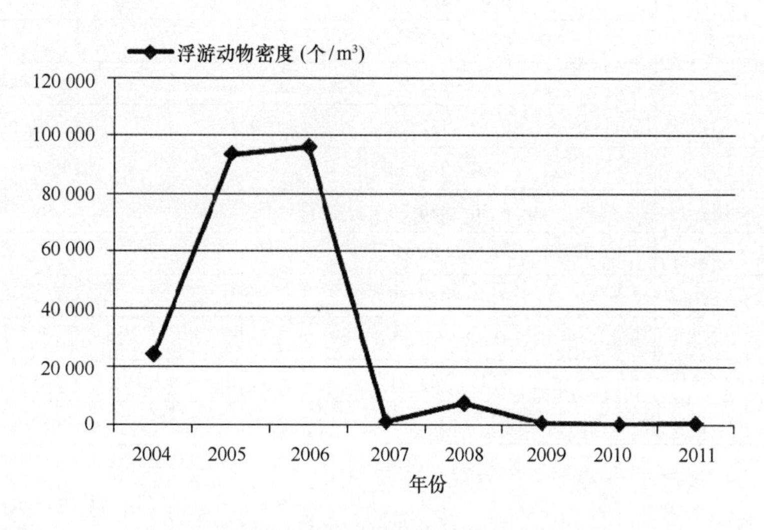

图 4. 62　莱州湾浮游动物生物密度年度变化

4. 2. 3. 4　底栖生物

1）种类组成

莱州湾近几年底栖动物种类数及其组成见表 4. 47。由表中可以看出，底栖动物总种类数呈下降又上升的趋势，其中，2009 年种类最少，主要是因为该年度环节动物和节肢动物较少引起。从种类组成上看，软体动物、环节动物、节肢动物一直是主要优势类群。

表 4.47 莱州湾底栖生物种类及组成

调查年份	调查时间	总种类数	软体动物	环节动物	节肢动物	棘皮	其他
2004	5月、8月	132	39	45	40	3	5
2005	5月、8月	122	44	31	32	4	11
2006	5月、8月	102	32	37	26	3	4
2007	5月、8月	118	31	41	38	1	7
2009	8月	41	20	9	8	1	3
2010	8月	91	33	30	19		9
2011	8月	125	46	44	28	3	4

2）生物量

近几年莱州湾底栖生物生物量变化范围及平均值见表 4.48。

表 4.48 莱州湾底栖生物生物量

调查年份	调查时间	生物量变化范围（g/m^2）	平均生物量（g/m^2）
2004	5月	0.64～299.92	18.37
	8月	0.36～620.24	43.81
2005	5月	0.73～252.93	12.17
	8月	0.16～132.76	12.17
2006	5月	0.04～241.52	20.36
	8月	0.36～486.36	28.99
2007	5月	0.2～470.68	26.69
	8月	0.04～489.36	57
2009	8月	0.42～65.54	13.2
2010	8月	0.456～64.21	12.65
2011	8月	1.30～68.36	17.54

- 春季

近几年夏季莱州湾底栖生物生物量见图 4.63。从图中可以看出，除了 2005 年较低以外，从 2004 年到 2007 年，春季底栖生物生物量呈上升趋势。

- 夏季

近几年夏季莱州湾底栖生物生物量见图 4.64。从图中可以看出，除了 2005 年较低而 2007 年较高以外，2004 年以来夏季底栖生物生物量呈波动下降趋势。

底栖生物生物量年度变化如图 4.64，从图中可以看出，除了 2004 年和 2007 年生物量较高（30 g/m^2 以上）外，其他年份变动在 10～20 g/m^2 之间。

3）生物密度

近几年莱州湾底栖生物生物密度变化范围及平均值见表 4.49。

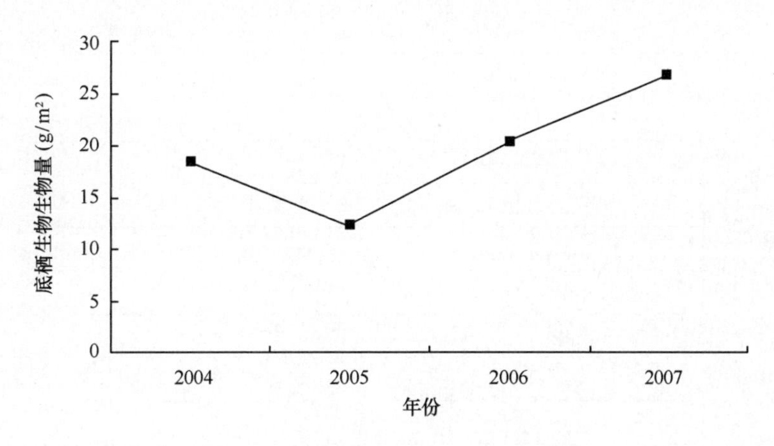

图 4.63 莱州湾春季底栖生物生物量

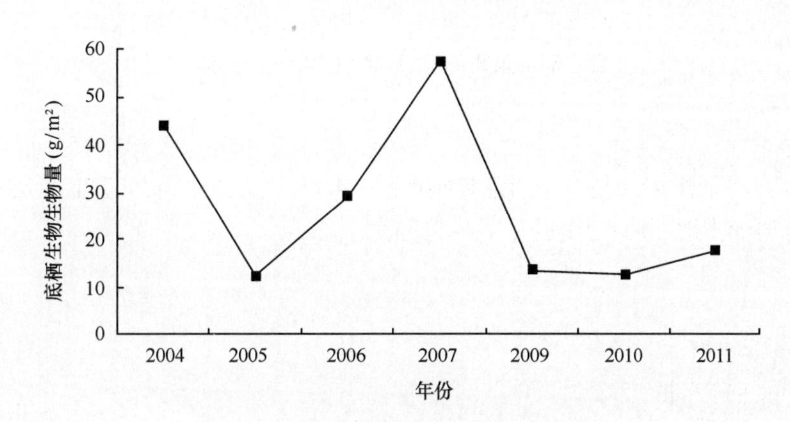

图 4.64 莱州湾夏季底栖生物生物量

表 4.49 莱州湾底栖生物生物密度

调查年份	调查时间	密度变化范围（个/m²）	平均密度（个/m²）
2004	5 月	104 ~ 4 628	741.9
	8 月	20 ~ 2 820	368.1
2005	5 月	24 ~ 2 532	356
	8 月	32 ~ 580	148
2006	5 月	4 ~ 964	190
	8 月	32 ~ 1 216	276.6
2007	5 月	12 ~ 1 428	180
	8 月	4 ~ 1 504	233.6
2009	8 月	24 ~ 300	104
2010	8 月	87 ~ 55 586	5 778
2011	8 月	85 ~ 97 620	8 639

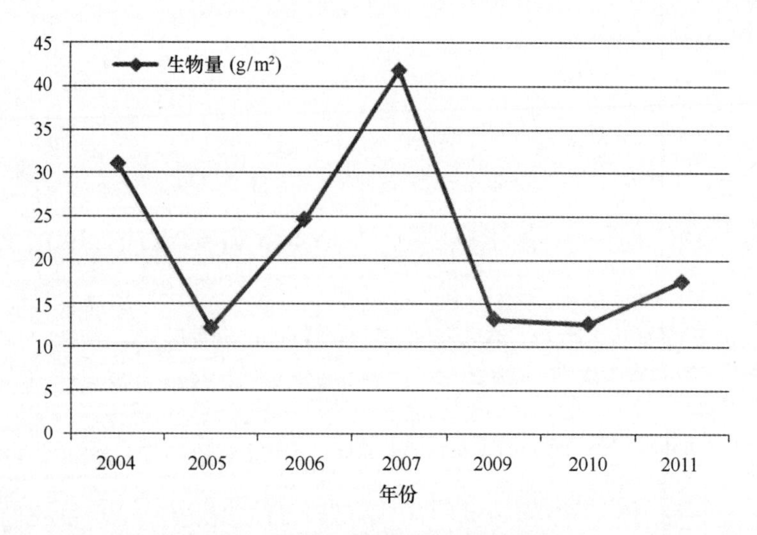

图 4.65　莱州湾底栖生物生物量年度变化

- 春季

近几年春季莱州湾底栖生物生物密度见图 4.66。从图中可以看出，从 2004 年到 2007 年，春季底栖生物生物密度呈下降趋势。

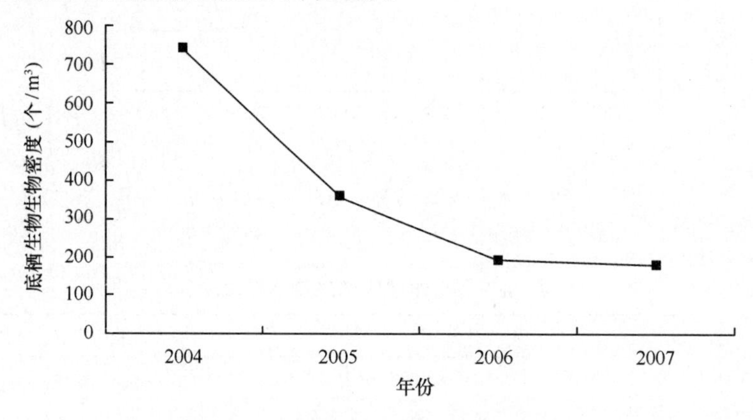

图 4.66　莱州湾春季底栖生物生物密度

- 夏季

近几年夏季莱州湾底栖生物生物密度见图 4.67。从图中可以看出，从 2004 年到 2009 年，夏季底栖生物生物密度变化趋势不明显，2010 年和 2011 年生物密度明显上升，主要是样品中占绝对优势的软体动物（占总密度的 85% 以上）密度较高引起。

底栖生物密度年度变化如图 4.68，从图中可以看出，2010 年和 2011 年底栖生物密度由于软体动物聚集引起较高以外，其余年份呈缓慢下降趋势。

4）群落指数

近几年莱州湾底栖生物群落指数见表 4.50。

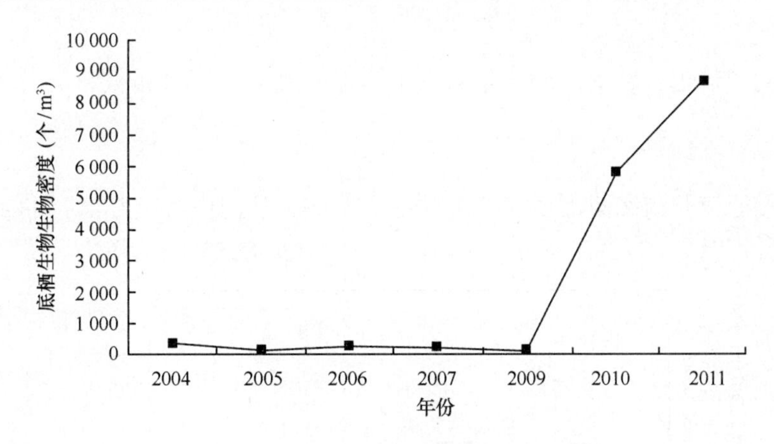

图 4.67 莱州湾夏季底栖生物生物密度

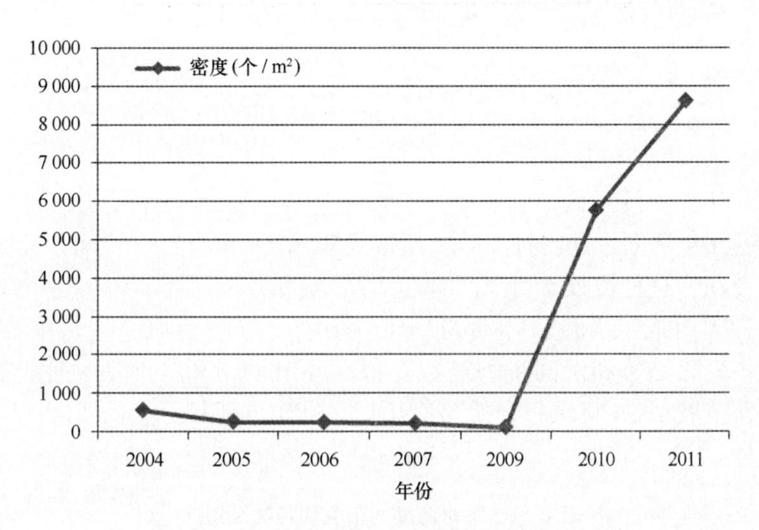

图 4.68 莱州湾底栖生物生物密度年度变化

表 4.50 莱州湾底栖生物群落指数

调查年份	调查时间	多样性变化	多样性	均匀度变化	均匀度
2008	5 月	–	3.021	–	0.699
2004	5 月	1.2 ~ 3.92	2.92	0.26 ~ 0.87	0.71
	8 月	1.01 ~ 3.97	2.82	0.34 ~ 0.96	0.77
2005	5 月	1.05 ~ 3.72	2.68	0.33 ~ 0.97	0.73
	8 月	0.77 ~ 4.28	2.72	0.35 ~ 1.00	0.82
2010	8 月	0.203 ~ 4.160	2.399	0.039 ~ 0.937	0.603
2011	8 月	0.510 ~ 4.300	2.729	0.142 ~ 0.826	0.55

- 春季

从表中可以看出，春季，2004 年和 2005 年底栖生物多样性指数和均匀度指数基本没有变化。

- 夏季

近几年夏季莱州湾底栖生物群落指数见图 4.69。从图中可以看出，2004 年、2005 年、2010 年和 2011 年，多样性指数变动较小，均匀度指数略有下降。

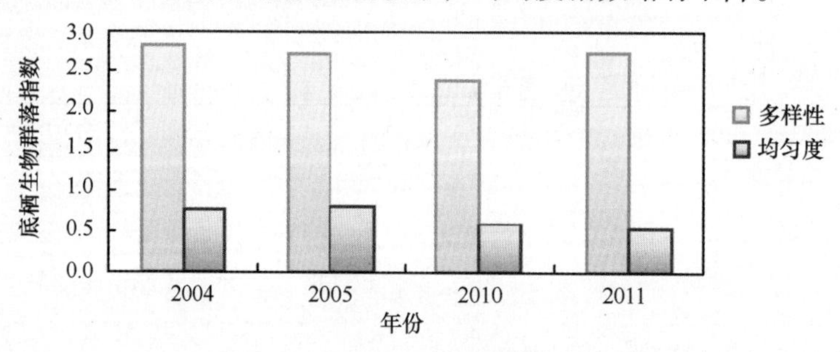

图 4.69　莱州湾底栖生物群落指数

4.2.3.5　潮间带生物

莱州湾近几年潮间带动物种类数及组成见表 4.51 和图 4.70。可以看出，2004 年以后，潮间带动物总种类数有所下降，然后从 2005 年起基本没有变化，2011 年又有所下降。从种类组成上看，软体动物、环节动物、节肢动物一直是主要优势类群，而且软体动物变化趋势和潮间带种类数类似；环节动物和其他动物种类数基本呈缓慢下降趋势；节肢动物 2004 年开始略有下降，2007 年明显上升，2009 年和 2011 年又呈下降趋势。

表 4.51　莱州湾潮间带生物种类及组成

调查年份	调查时间	总种类数	软体动物	环节动物	节肢动物	其他
2004	5 月、8 月	92	35	29	21	7
2005	5 月、8 月	74	24	27	17	6
2006	5 月、8 月	74	28	28	14	4
2007	5 月、8 月	74	29	25	23	
2009	8 月	74	29	24	16	5
2011	5 月	60	24	23	8	5
2011	8 月	45	17	17	6	5

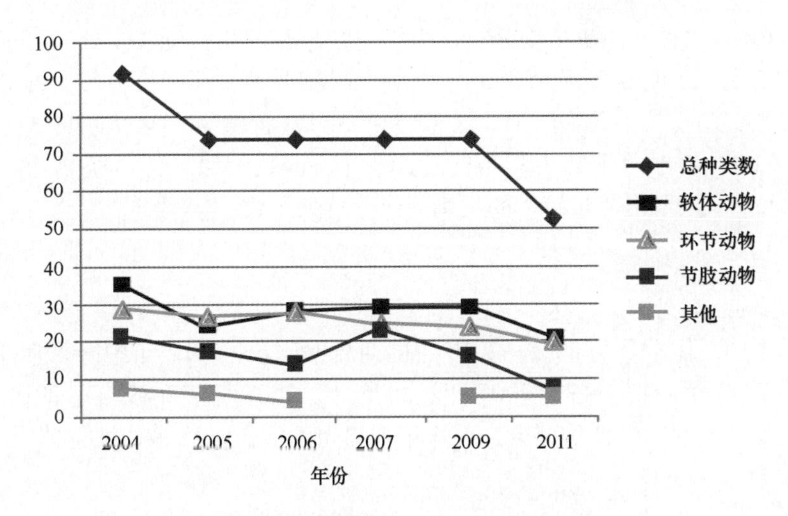

图 4.70　莱州湾潮间带生物种类数及组成

4.3　海洋生物变化趋势分析

4.3.1　辽东湾

4.3.1.1　浮游植物

1）辽西锦州湾沿海经济区

2005 年、2006 年、2008 年和 2011 年浮游植物密度处于“低”水平，2007 年、2009 年浮游植物密度处于“较低”水平，2010 年和 2012 年处于“最丰富”水平。2012 年锦州湾海域浮游植物的总体数量较往年高出许多。

分析可知，2005—2011 年，辽西锦州湾沿海经济区海域浮游植物的种类较少（22 种左右）、组成差异不大。锦州湾海域浮游植物的总体数量依然偏低（10^5 数量级左右波动）。

2）辽宁（营口）沿海产业基地

2010 年 4 月该海域检出浮游植物 23 种，与 2009 年的同期数据比较表明，浮游植物的种类变化较大，2010 年比 2009 年同期少检出 6 种，与 2006 年检出种类数多出 5 种。从浮游植物的平均数量来看，2010 年远高出 2009 年一个数量级，但从多样性指数来看，2009 年与 2010 年变化较小，分别为 2.9 和 2.57。

分析可知，2006 年、2009 年、2010 年与 2011 年，辽宁（营口）沿海产业基地浮游植物种类在 22 种左右波动，细胞数量波动在 $10^4 \sim 10^5$ 个/m^3 之间，2011 年度数量异常增高。

3）辽宁长兴岛临港工业区

2007 年 3 月该海域共检出浮游植物 35 种，浮游植物细胞数量基本处于正常范围，浮游植物种类较丰富，但种间个体数量分布不均匀，海域环境状况较差。2009 年 7 月共检出浮游植物12种，浮游植物分布较为均匀，浮游植物密度基本处于“较丰富”水平。2010年7月，共鉴定浮游植物3门17科19属32种，浮游植物种类较丰富。

分析可知，辽宁长兴岛临港工业区2007年3月浮游植物种类35种，2009年7月下降到12种，2009年浮游植物平均数量达10^5个/m^3数量级，浮游植物密度基本处于“较丰富”水平，主要由数量较大的尖刺菱形藻贡献所致。

4.3.1.2 浮游动物

1）辽西锦州湾沿海经济区

浮游动物的总体数量与2005—2010年同期数据比较，2012年中网采集浮游动物平均数量低于2008年同期，高于2005年、2006年、2007年、2009年、2010年和2011年。根据生物多样性阈值评价标准，近5年来锦州湾浮游动物多样性整体处于“较好”水平。

分析可知，辽西锦州湾沿海经济区浮游动物种类从2005年、2006年的25种左右下降到2007—2011年的16种左右，生物密度一直在10^4左右波动，多样性指数波动在2~2.5之间。

2）辽宁（营口）沿海产业基地

2006年6月的调查结果表明，其群落组成基本反映出我国北方海域浮游动物种类组成单纯，个体数量大的特征，无论从种类组成还是数量分布来看，未出现异常现象；2009年3月调查结果显示：该海区中浮游动物群落结构成熟、稳定，水质状况良好；2010年4月调查结果表明：该海域的浮游动物多样性受到了一定的破坏，海域的生态环境从多样性角度评价是受到一定的影响。总体来看，该海域浮游动物的多样性受到了一定的破坏，应引起注意。

分析可知，辽宁（营口）沿海产业基地2006年、2009年浮游动物种类数为25种左右，2010年和2011年下降到10种左右，生物密度从2006年的10^2数量级上升到2009年、2010年和2011年的10^3数量级。

3）辽宁长兴岛临港工业区

2007年3月，该海域物种多样性指数较高，海区各站位物种分布较均匀，浮游动物种类丰富，海区整体水质状况良好。本海域浮游动物无论种类组成还是数量分布都属于正常的生态群落，未出现异常现象。2009年7月，本海域浮游动物种类组成以广温低盐近岸种为主体，未出现外海高温、高盐种，以广温低盐种为主体，生态属性为广温近岸低盐群落。浮游动物无论种类组成还是数量分布都属于正常的生态群落，未出现异常现象。

分析可知，2007年3月，长兴岛临港工业区海域采集浮游动物较多，为48种，2009年和2010年下降到10多种，2009年，浮游动物生物密度达10^3数量级，生物量为657.5 mg/m^3。

4.3.1.3 底栖生物

1）辽西锦州湾沿海经济区

2010年8月，调查海域仅检出底栖生物6种，且全部为底栖动物，底栖动物平均个体密度为 145 个/m^2，其中环节动物密度最大，平均为 44 个/m^2，调查海区底栖动物的生物密度及生物量分布极不均衡，该海域小型底栖动物的种类和数量不丰富，种类数在各监测站位之间的分布波动变化。

分析可知，辽西锦州湾沿海经济区 2009 年和 2010 年均检出底栖生物仅 6 种，种类组成中没有软体动物，底栖动物平均密度 2009 年较低，仅为 7.08 个/m^2；2010 年为 145 个/m^2，其中环节动物密度最大，平均生物量为 145.09 g/m^2，其中环节动物最高。

2）辽宁（营口）沿海产业基地

2006 年 6 月，本海域调查共采集到 6 个门类 37 种底栖动物，调查海域底栖生物群落组成属于较典型的北方海域种类组成。所调查海域底栖生物无论从种类组成还是数量分布来看，未出现异常现象。该海域存在一定数量的具有较高经济价值的种类，表明该海域的底栖动物种类比较丰富。调查海域底栖动物的总平均个体密度为 133.75 个/m^2，其中环节动物最高，平均为 70 个/m^2；2009 年 3 月，本次调查该海域共鉴定出大型底栖动物 4 个门类 19 种底栖动物，底栖动物的平均个体密度为 74.50 个/m^2，其中软体动物最高为 30.50 个/m^2，该海域底栖生物的种类尚欠丰富，软体动物为底栖动物的优势种，但生物量较低，经济价值不高。从生物多样性的角度考虑，该海域底栖动物群落结构基本正常。

分析可知，辽宁（营口）沿海产业基地 2006 年 6 月共采集到 6 个门类 37 种底栖动物，其中环节动物最多，达 19 种；2009 年 3 月，采集到 4 个门类 19 种底栖动物，其中软体动物最多，达 10 种。底栖生物密度 2006 年为 133.75 个/m^2，其中环节动物最高；2009 年为 74.50 个/m^2，其中软体动物最高为 30.50 个/m^2，生物量 2006 年总平均生物量为 38.30 g/m^2，其中软体动物为 20.99 g/m^2；2009 年平均为 7.87 g/m^2，其中软体动物最高为 4.91 g/m^2。

3）辽宁长兴岛临港工业区

2007 年 3 月，该海区采泥调查显示底栖生物有 18 种，底栖生物总平均生物量为 9.18 g/m^2。大潮时有底栖生物 13 种，小潮时优势种为简毛拟节虫，该海域平均密度为 450 个/m^2。小潮时有底栖生物 6 种，大潮时底栖生物总平均生物量为 76.22 g/m^2，优势种为阿曼吉虫，该海域平均密度为 300 个/m^2。拖网调查共捕获底栖生物 1 006.4 g，354 个，共 11 种，大潮时底栖生物栖息密度为 0.001 383 19 个/m^2，平均生物量为 0.013 448 191 g/m^2；小潮时底栖生物栖息密度为 0.003 896 个/m^2，平均生物量为 0.011 56 g/m^2。

分析可知，辽宁长兴岛临港工业区底栖生物种类数 2007 年有 18 种，隶属于 17 科 4 门，其中环节动物门 11 种；2009 年 7 月调查仅采集到 3 个门类 7 种底栖动物，其中环节动物 4 种；2010 年 7 月，长兴岛临港工业区海域共鉴定底栖生物 10 种，以环节动物门多毛类占优势，为 7 种。底栖生物生物量 2007 年总平均生物量为 9.18 g/m^2；2009 年平均生物量为 11.88 g/m^2，其中环节动物平均为 3.94 g/m^2；2010 年 7 月，生物量平均为 6.09 g/m^2。生物密度 2007 年总平均值为 194 个/m^2，2009 年为 53.0 个/m^2，2010 年为 70.75 个/m^2。

4.3.1.4 潮间带生物

2007年3月，长兴岛临港工业区海域底栖植物主要分布在岩礁底的中下潮区。在岩礁底的潮间带，中上潮区有藤壶、红条毛肤石鳖、朝鲜鳞带石鳖、涵馆锉石鳖，中下潮区有短滨螺、托氏昌螺、牡蛎和海鞘。在沙泥底的潮间带低潮区有齿围沙蚕、日本刺沙蚕、花索沙蚕和菲律宾蛤仔。潮下带泥沙中四角蛤蜊的平均密度为36.25个/m^2，潮间带生物的优势种为托氏昌螺，平均密度为134.5个/m^2。

4.3.2 渤海湾

4.3.2.1 叶绿素a

21世纪初渤海湾春季叶绿素a含量高于20世纪70年代末和80年代初，呈一定的增加趋势；21世纪初夏季叶绿素a含量总体呈减少趋势，但其均值仍高于1982年和1998年同期叶绿素a含量。

4.3.2.2 初级生产力

渤海湾初级生产力历年调查数据较少，无法得出其年际变化趋势。1982年渤海湾初级生产力春季为103 mg/(m^2·d)，夏季为277 mg/(m^2·d)，秋季为72 mg/(m^2·d)，冬季为50 mg/(m^2·d)。

4.3.2.3 浮游植物

渤海湾浮游植物种类组成主要以近岸广温广盐性种为主，硅藻类占种类组成的绝对优势。与1983年天津市海岸带和海涂资源调查相比，21世纪初春、夏季渤海湾浮游植物种类数和硅藻类种类数均呈减少趋势；甲藻类种类数占浮游植物总类数的比重呈增加趋势；浮游植物优势种没有发生明显的演替，总体上还是以圆筛藻属为主要的优势种。与1959年全国海洋普查时期相比，21世纪初渤海湾春季浮游植物细胞数量略呈减少趋势，夏季细胞数量变化波动较大。渤海湾浮游植物细胞数量年际间季节变化均为单峰型，细胞数量高峰期在春、夏和冬季均有出现。21世纪初浮游植物多样性指数整体不高，2005—2011年春季平均为1.93；夏季为1.86。

4.3.2.4 浮游动物

渤海湾浮游动物种类组成主要以近岸广温低盐种为主，桡足类占种类组成的比重较大。与1983年天津市海岸带和海涂资源调查时期相比，21世纪初渤海湾浮游动物种类数和桡足类种类数均呈减少趋势，种类组成趋向简单；强壮箭虫一直是渤海湾的主要优势种，但真刺唇角水蚤、中华哲水蚤、太平洋纺锤水蚤和墨氏胸刺水蚤的优势地位已逐渐降低，被双毛纺锤水蚤和小拟哲水蚤取代。从1959年至今，渤海湾春、夏季浮游动物生物量总体呈增加趋势。浮游动物生物量年际间季节变化双峰型和单峰型均有出现，生物量高峰期均出现在春季。2005—2008年渤海湾生态监控区春季浅水Ⅰ型网浮游动物种群密度平均为1 018.63个/m^3，夏季为685.55个/m^3；春季浅水Ⅱ型网密度平均为25 450.47个/m^3，夏季为11 983.34个/m^3；与1959年全国海洋普查时期的浮游动物密度相比，21世纪初渤海湾浮游动物密度春季有增加的趋势，夏季起伏变化较大，没有明显的变化趋势。2005—2011 年春季天津市近岸海域生态监控区浮游动物多样性指数平均为 2.00，夏季为 2.15，多样性指数年际间变化不大。

4.3.2.5　底栖生物

渤海湾底栖生物种类组成占优势的主要是低盐、广温性暖水种。与 1983 年天津市海岸带和海涂调查底栖生物种类数相比，21 世纪初渤海湾春、夏季底栖生物种类数呈减少趋势；底栖生物优势种较为分散，年际间变化较大，其中绒毛细足蟹和棘刺锚参一直为渤海湾底栖生物的主要优势种。渤海湾春、夏季底栖生物密度年际间起伏变化较大，但 21 世纪初底栖生物密度逐渐恢复到 20 世纪 80 年代的水平，密度组成主要以软体动物为主，其次为多毛类和甲壳动物。底栖生物生物量春、夏、秋、冬四季总体上与 20 世纪 80 年代相比，没有发生明显的变化。生物量组成主要以软体动物和棘皮动物为主。2005—2011 年生态监控区底栖生物多样性指数整体较低，春季平均值为 1.93，夏季为 1.96。

4.3.2.6　潮间带生物

潮间带生物种类组成中软体动物种类最多、甲壳动物次之；与 1983 年天津市海岸带和海涂调查潮间带生物种类数相比，21 世纪初渤海湾潮间带生物种类数呈减少趋势；光滑河蓝蛤和黑龙江河蓝蛤依旧为渤海湾潮间带的主要优势种，但四角蛤蜊和泥螺已经取代日本大眼蟹、豆形拳蟹成为渤海湾潮间带生物的优势种。2005—2008 年渤海湾生态监控区春季潮间带生物密度平均值为 980.02 个/m^2，夏季平均值为 250.61 个/m^2。2004—2008 年渤海湾生态监控区春季潮间带生物生物量平均值为 101.59 g/m^2，夏季平均值为 150.84 g/m^2，基本与 1983 年天津市海岸带和海涂调查潮间带生物量水平持平；生物量组成中占绝对优势的是软体动物，占生物量组成的百分比均在 80% 以上；其次是甲壳动物。2004—2011 年天津市近岸海域潮间带生物多样性指数总体呈降低趋势，春季平均值为 1.13，夏季平均值为 1.18。

4.3.3　莱州湾

4.3.3.1　叶绿素 a

莱州湾春季叶绿素 a 在 2004—2008 年呈缓慢增加趋势，4 年间增大了 1 倍左右，2009 年减小到 2 μg/L 以下；2010 年升高到 3 μg/L 以上；2011 年升高到 5 μg/L 以上。莱州湾夏季叶绿素 a 在 2004 年较高，2008 年较小，其余年度变化不大，均在 5 ~ 6 μg/L 之间。

分析可知，2004 年以来，莱州湾叶绿素 a 在 3 ~ 6 μg/L 范围内呈小幅波动趋势，近几年相对前几年含量略有下降。

4.3.3.2　浮游植物

莱州湾浮游植物在种类组成上以硅藻为主，种类数上占有绝对优势。2008—2010 年三年间，夏季浮游植物种类数呈下降趋势，其中，硅藻和甲藻均呈下降趋势。

浮游植物优势种（属）出现次数较多的为：角毛藻、圆筛藻、斯氏根管藻、夜光藻和中肋骨条藻。

春季，2007 年浮游植物数量明显增多，其余年份呈不明显的波动趋势，其中，2006 年和 2008 年细胞密度较低（10^5 数量级左右），其他年度密度均在 10^6 数量级左右。夏季，2005 年浮游植物数量明显增多，其余年份呈明显下降然后再缓慢上升趋势，其中，2004 年和 2006 年细胞密度较高（10^7 数量级左右），其他年度浮游植物细胞密度均在 10^6 数量级左右。

春季浮游植物多样性指数呈缓慢下降趋势（从 2008 年的 3 以上降低到 2012 年的 2 以下），均匀度指数略有波动。夏季浮游植物多样性指数呈小幅波动趋势，均匀度指数变动较小。

分析可知，浮游植物种类数呈下降趋势（80 种左右下降到 50 种左右），夏季下降趋势比较明显。浮游植物数量大部分年份在 10^6 数量级左右，个别年份为 10^5 数量级左右或增高到 10^7 数量级左右。浮游植物多样性指数 2009 年降低明显，以后年度变化很小，均匀度指数年度变化很小。

4.3.3.3 浮游动物

莱州湾浮游动物春季种类数少于夏季。在种类组成上以桡足类和幼虫幼体类为主。2008—2011 年的三年间，夏季浮游动物种类数略有上升，春季浮游动物种类数波动下降。

强壮箭虫、双刺纺锤水蚤、小拟哲水蚤、幼虫幼体类为莱州湾浮游动物主要的优势种。其中，强壮箭虫在大部分年份春季和夏季都成为优势种；双刺纺锤水蚤为 2008 年以前春季主要优势种；小拟哲水蚤不仅是春季的优势种，在部分年份的夏季也成为优势种；幼虫幼体类在春季为主要优势种之一。

春季浮游动物生物量基本都高于夏季。2007 年、2008 年和 2009 年浮游动物生物量比较高（达 10^3 mg/m^3 以上），其余年份波动很小，均在 10^2 mg/m^3 左右。夏季莱州湾浮游动物生物量 2007 年和 2009 年浮游动物生物量比较高（达 10^3 mg/m^3 以上），其余年份波动较小，均在 10^2 mg/m^3 左右。

大部分年份春季浮游动物生物密度低于夏季。2004—2006 年浮游动物密度非常高（估计和 2004—2006 年春季长腹剑水蚤密度较高有关），2007 年以后相对较低且呈波动下降趋势，与春季类似，2004—2006 年浮游动物密度非常高（估计与 2004—2006 年春季双刺纺锤水蚤密度较高有关），2007 年以后相对较低且呈波动下降趋势。

分析可知，莱州湾浮游动物春季种类数少于夏季。在种类组成上以桡足类和幼虫幼体类为主。2008—2011 3 年间，夏季浮游动物种类数略有上升，春季浮游动物种类数波动下降。强壮箭虫、双刺纺锤水蚤、小拟哲水蚤、幼虫幼体类为莱州湾浮游动物主要的优势种。春季浮游动物生物量基本都高于夏季。浮游动物 2007—2009 年生物量在 800 mg/m^3 以上，其余年度在 200 ~ 400 mg/m^3 之间波动。浮游动物 2005—2006 年生物密度在 10^4 个/m^3 以上，其余年度在 10^2 ~ 10^3 个/m^3 之间波动。

4.3.3.4 底栖生物

底栖动物总种类数呈下降又上升的趋势，其中，2009 年种类最少，主要是因为该年度环节动物和节肢动物较少引起。从种类组成上看，软体动物、环节动物、节肢动物一直是主要优势类群。2004 年以来夏季底栖生物生物量呈波动下降趋势，从 2004 年到 2007 年，春季底栖生物生物密度呈下降趋势。2010 年和 2011 年生物密度明显上升，主要是样品中占绝对优势的软体动物（占总密度的 85% 以上）密度较高。2004 年、2005 年、2010 年和 2011 年这 4 年，多样性指变动较小，均匀度指数略有下降。

分析可知，近几年底栖动物总种类数呈下降又上升的趋势，从种类组成上看，软体动物、环节动物、节肢动物一直是主要优势类群。除了 2004 年和 2007 年生物量较高（30 g/m^2 以上）外，其他年份底栖生物量变动在 10 ~ 20 g/m^2 之间。2010 年和 2011 年底栖生物密度由于软体动物聚集引起较高以外，其余年份呈缓慢下降趋势。

4.3.3.5 潮间带生物

因莱州湾潮间带地质类型大部分以泥沙质为主，很少出现大型定生藻类。2004 年以后，莱州湾潮间带动物总种类数有所下降，然后从 2005 年起基本没有变化，2011 年又有所下降。从种类组成上看，软体动物、环节动物、节肢动物一直是潮间带主要优势类群。

分析可知，2004 年以后，潮间带动物总种类数有所下降，然后从 2005 年起基本没有变化，2011 年又有所下降。种类组成变化很小。

4.4 结论

4.4.1 辽东湾

2005—2011 年，辽西锦州湾沿海经济区和辽宁（营口）沿海产业基地海域浮游植物的种类较少（22 种左右）、组成差异不大，浮游植物的总体数量偏低（10^5 数量级左右波动）。辽宁长兴岛临港工业区 2007 年 3 月浮游植物种类 35 种，2009 年 7 月下降到 12 种，2009 年浮游植物平均数量达 10^5 个/m^3 数量级，浮游植物密度基本处于“较丰富”水平，主要由数量较大的尖刺菱形藻贡献所致。

辽东湾浮游动物种类减少 1/2 ~ 1/3，生物密度变化不一。辽西锦州湾沿海经济区浮游动物密度一直在 10^4 左右波动，多样性指数波动在 2 ~ 2.5 之间；辽宁（营口）沿海产业基地 2006—2011 年浮游动物密度上升一个数量级。

辽西锦州湾沿海经济区底栖生物种类少，约 6 种，种类组成中没有软体动物，以环节动物最高。辽宁（营口）沿海产业基地底栖动物由 2006 年的 37 种降低到 2009 年 19 种，其中，2006 年以环节动物最多，2009 年以软体动物最多。辽宁长兴岛临港工业区底栖生物种类数 2007 年有 18 种，2009 年采集到 7 种，2010 年 10 种，均以环节动物门为主。

4.4.2 渤海湾

叶绿素 a 含量高于 20 世纪 70 年代末和 80 年代初，2000 年以来春季呈一定的增加趋势；夏季总体呈减少趋势，但其均值仍高于1982年和1998年同期叶绿素a含量。

浮游植物种类组成主要以近岸广温广盐性种为主，硅藻类占种类组成的绝对优势。2000年以来春、夏季渤海湾浮游植物种类数和硅藻类种类数均呈减少趋势；甲藻类种类数占浮游植物总类数的比重呈增加趋势；浮游植物优势种没有发生明显的演替，总体上还是以圆筛藻属为主要的优势种。

浮游动物种类组成主要以近岸广温低盐种为主，桡足类占种类组成的比重较大。2000年以来渤海湾浮游动物种类数和桡足类种类数均呈减少趋势，种类组成趋向简单；强壮箭虫一直是渤海湾的主要优势种，但真刺唇角水蚤、中华哲水蚤、太平洋纺锤水蚤和墨氏胸刺水蚤的优势地位已逐渐降低，被双毛纺锤水蚤和小拟哲水蚤取代。

底栖生物种类组成占优势的主要是低盐、广温性暖水种。2000年以来，渤海湾春、夏季底栖生物种类数呈减少趋势；底栖生物优势种较为分散，年际间变化较大，其中绒毛细足蟹和棘刺锚参一直为渤海湾底栖生物的主要优势种。渤海湾春、夏季底栖生物密度年际间起伏变化较大，但21世纪初底栖生物密度逐渐恢复到20世纪80年代的水平，密度组成主要以软体动物为主，其次为多毛类和甲壳动物。底栖生物生物量春、夏、秋、冬四季总体上与20世纪80年代相比，没有发生明显的变化。生物量组成主要以软体动物和棘皮动物为主。2005—2011年生态监控区底栖生物多样性指数整体较低，春季平均值为1.93，夏季为1.96。

潮间带生物种类组成中软体动物种类最多，甲壳动物次之。与1983年天津市海岸带和海涂调查潮间带生物种类数相比，21世纪初渤海湾潮间带生物种类数呈减少趋势；光滑河蓝蛤和黑龙江河蓝蛤依旧为渤海湾潮间带的主要优势种，但四角蛤蜊和泥螺已经取代日本大眼蟹、豆形拳蟹成为渤海湾潮间带生物的优势种。

4.4.3 莱州湾

2004年以来，莱州湾叶绿素a在3～6 μg/L范围内呈小幅波动趋势，近几年相对前几年含量略有下降。

浮游植物在种类组成上以硅藻为主，种类数上占有绝对优势。2008—2010三年间，夏季浮游植物种类数呈下降趋势，其中，硅藻和甲藻均呈下降趋势。浮游植物优势种（属）出现次数较多的为：角毛藻、圆筛藻、斯氏根管藻、夜光藻和中肋骨条藻。浮游植物数量大部分年份在10^6数量级左右，个别年份为10^5数量级左右或增高到10^7数量级左右。浮游植物多样性指数2009年降低明显，以后年度变化很小，均匀度指数年度变化很小。

莱州湾浮游动物春季种类数少于夏季。在种类组成上以桡足类和幼虫幼体类为主。2008—2011年的三年间，夏季浮游动物种类数略有上升，春季浮游动物种类数波动下降。强壮箭虫、双刺纺锤水蚤、小拟哲水蚤、幼虫幼体类为莱州湾浮游动物主要的优势种。春季浮游动物生物量基本都高于夏季。浮游动物2007—2009年生物量在800 mg/m^3以上，其余年度在200～400 mg/m^3之间波动。浮游动物2005—2006年生物密度在10^4个/m^3以上，其余年度在10^2～10^3个/m^3之间波动。

近几年底栖动物总种类数呈下降又上升的趋势，从种类组成上看，软体动物、环节动物、节肢动物一直是主要优势类群。除了2004年和2007年生物量较高（30 g/m^{2}以上）外，其他年度底栖生物量变动在10～20 g/m^{2}之间。2010年和2011年底栖生物密度由于软体动物聚集引起较高以外，其余年度呈缓慢下降趋势。

2004年以后，潮间带动物总种类数有所下降，然后从2005年起基本没有变化，2011年又有所下降。种类组成变化很小。

环渤海集约用海区
海洋环境现状

（下册）

宋文鹏　霍素霞　编著

海洋出版社

2015 年 · 北京

目 录

上 册

1 环渤海集约用海区域选取及其环境概况 ……………………………………………… (1)

1.1 渤海概况 ………………………………………………………………………… (1)

1.2 集约用海区选择 ………………………………………………………………… (3)

1.3 集约用海区环境概况 …………………………………………………………… (5)

2 环渤海集约用海区域海水环境质量现状及历史演变 …………………………… (38)

2.1 渤海海水环境质量状况及历史演变 …………………………………………… (38)

2.2 辽东湾“规划建设”集约用海区海水环境质量现状 …………………………… (44)

2.3 渤海湾“大规模开发”集约用海区海水环境质量现状 ………………………… (66)

2.4 莱州湾“规划中”集约用海区海水环境质量 …………………………………… (99)

2.5 结论 ……………………………………………………………………………… (118)

3 环渤海集约用海区域沉积物环境质量现状及历史演变 ………………………… (119)

3.1 渤海沉积物环境质量状况及历史演变 ………………………………………… (119)

3.2 辽东湾“正在建设”集约用海区沉积物环境质量现状 ………………………… (122)

3.3 渤海湾“大规模开发”集约用海区沉积物环境质量现状 ……………………… (131)

3.4 莱州湾“规划中”集约用海区沉积物环境质量 ………………………………… (141)

3.5 结论 ……………………………………………………………………………… (149)

4 环渤海集约用海区域生物现状及历史演变 ……………………………………… (151)

4.1 海洋生物现状 …………………………………………………………………… (151)

4.2 海洋生物状况历年变化 ………………………………………………………… (164)

4.3 海洋生物变化趋势分析 ………………………………………………………… (227)

4.4 结论 ……………………………………………………………………………… (233)

下 册

5 环渤海集约用海区域湿地景观现状及历史演变 ………………………………… (237)

5.1 滨海湿地遥感监测分类系统 …………………………………………………… (237)

5.2 辽宁省湿地遥感监测分析 ……………………………………………………… (237)

5.3 河北省湿地遥感监测分析 ……………………………………………………… (246)

5.4 天津市湿地遥感监测分析 ……………………………………………………… (252)

5.5 山东省湿地遥感监测分析 …… (257)
5.6 重点海域滨海湿地现状及历史变化遥感监测分析 …… (263)
5.7 结论 …… (273)
6 环渤海集约用海区域水文和冲淤环境现状及历史演变 …… (278)
6.1 渤海海域 …… (278)
6.2 辽西锦州湾沿海经济区 …… (288)
6.3 曹妃甸循环经济区 …… (307)
6.4 天津滨海新区 …… (331)
6.5 山东半岛蓝色经济区——潍坊滨海新城 …… (342)
6.6 结论 …… (356)
7 环渤海集约用海区域敏感区分布 …… (359)
7.1 敏感区定义及其类型 …… (359)
7.2 自然保护区 …… (360)
7.3 海洋特别保护区 …… (365)
8 环渤海集约用海区域海洋灾害 …… (373)
8.1 海洋灾害概述 …… (373)
8.2 海洋地质灾害 …… (374)
8.3 海洋气象灾害 …… (378)
8.4 海洋生物灾害 …… (382)
8.5 海洋溢油 …… (385)
8.6 结论 …… (388)
9 环渤海集约用海区域渔业资源现状 …… (389)
9.1 莱州湾渔业资源现状 …… (389)
9.2 渤海湾渔业资源现状 …… (399)
9.3 辽东湾渔业资源现状 …… (412)
10 环渤海集约用海区主要环境问题 …… (419)
10.1 水环境质量逐年下降 …… (419)
10.2 海洋生物资源持续衰退,渔业资源濒临枯竭,经济贝类质量不容乐观 …… (419)
10.3 生境持续退化,海洋生态服务功能下降 …… (420)
10.4 海洋开发不合理,敏感区遭受破坏 …… (420)
10.5 海洋灾害频发,环境保护迫在眉睫 …… (420)
参考文献 …… (422)

5 环渤海集约用海区域湿地景观现状及历史演变

5.1 滨海湿地遥感监测分类系统

本研究中所指的滨海湿地是指渤海岸线向海一侧至 -6 m 等深线的碱蓬地、芦苇地、河流水面、水库与坑塘、海涂、滩地、浅海水域以及其他八类湿地类型，各湿地类型含义如下：

碱蓬地：指生长着一年生草本植物碱蓬的碱湖周边湿地或海涂湿地。

芦苇地：指生长着多年水生或湿生芦苇的池沼、河岸或沟渠湿地。

河流水面：指天然形成或人工开挖的河流及主干渠常年水位的水面。

水库与坑塘：指人工修建的蓄水区和养殖池塘。

海涂：指沿海大潮高潮位与低潮位之间潮浸地带的湿地。

滩地：指河、湖水域平水期水位与洪水期水位之间的湿地。

浅海水域：-6 m 等深线至岸线区域的天然水域。

其他：指其他湿地，包括盐田、城市景观和娱乐水面等。

结合遥感影像，建立了典型湿地的解译标志，如图 5.1 所示，其中碱蓬地、芦苇地、河流水面、海涂、滩地、浅海水域为自然湿地，水库坑塘（养殖池等）以及其他（盐田等）定义为人工湿地。

5.2 辽宁省湿地遥感监测分析

5.2.1 辽宁省 2000—2012 年湿地时空分布变化分析

图 5.2 至图 5.7 为辽宁省 2000—2012 年滨海湿地类型及分布情况。辽宁省滨海湿地主要包括碱蓬、芦苇地、河流水面、水库坑塘、海涂、滩地、浅海水域以及其他类湿地组成，分布在两大区域。一是辽东湾湿地，主要由养殖形成的水库坑塘以及辽河入海口形成的各类自然湿地、浅海水域组成；二是由长兴岛周边的水库坑塘以及浅海水域组成的湿地。

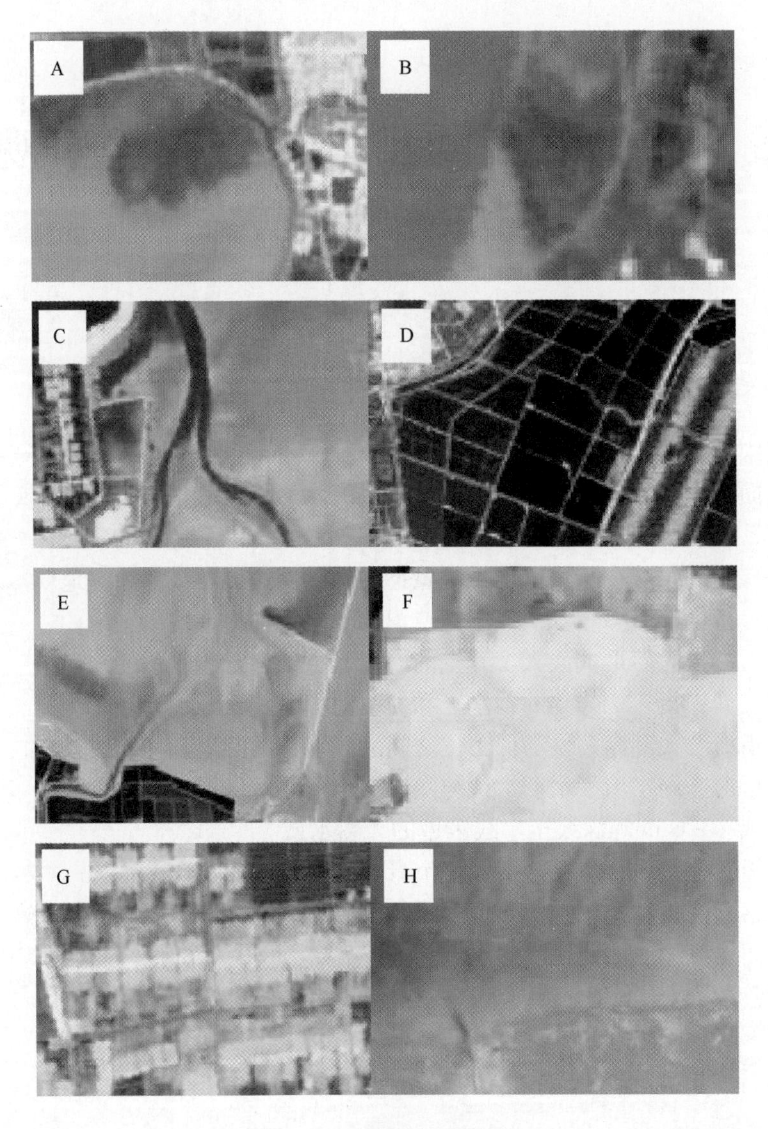

图5.1 湿地遥感解译标志

A—碱蓬；B—芦苇；C—河流水面；D—水库坑塘；E—海涂；F—滩地；G—其他（盐田）；H—浅海水域

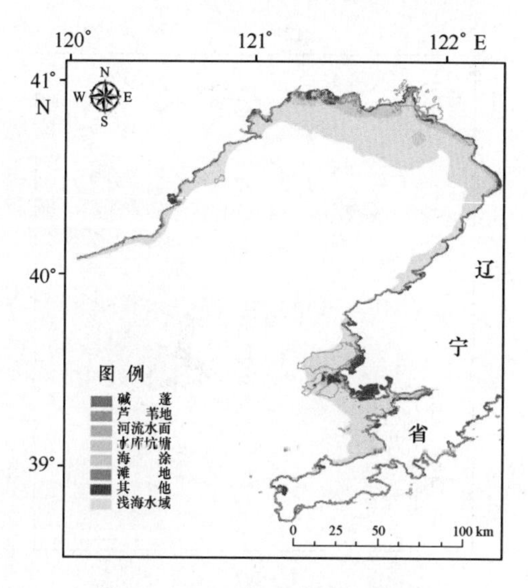

图 5.2　2000 年辽宁省滨海湿地类型分布

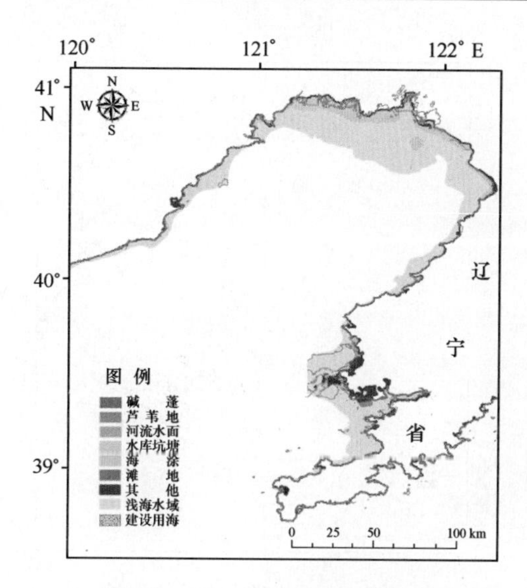

图 5.3　2005 年辽宁省滨海湿地类型分布

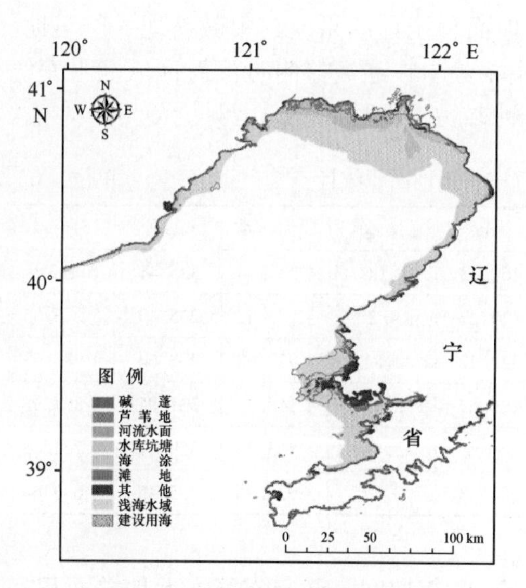

图 5.4　2008 年辽宁省滨海湿地类型分布

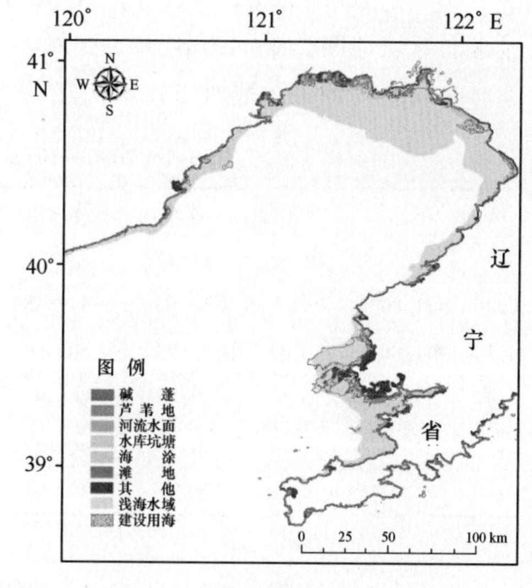

图 5.5　2010 年辽宁省滨海湿地类型分布

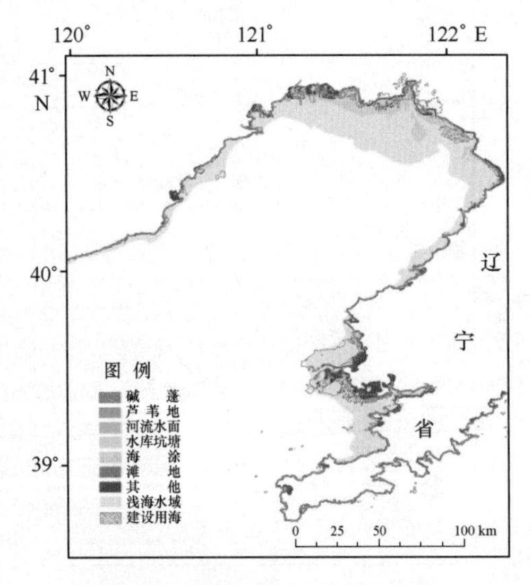

图 5.6 2011 年辽宁省滨海湿地类型分布

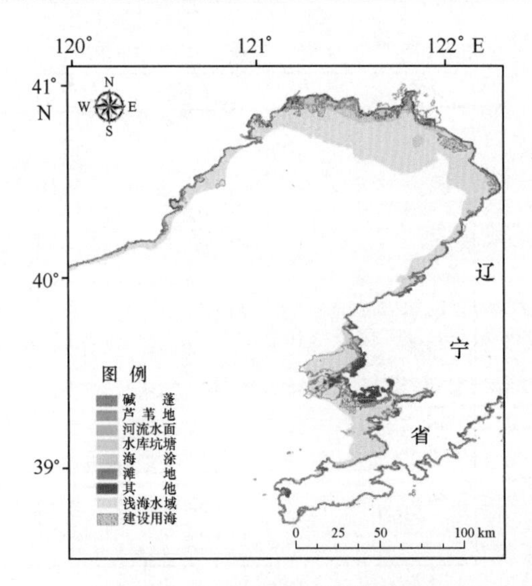

图 5.7 2012 年辽宁省滨海湿地类型分布

表 5.1 是 2000—2012 年辽宁省的滨海湿地面积统计结果，其中碱蓬地、芦苇地、河流水面、滩地四类湿地占较少的比例，且主要集中在辽河口附近滨海区域。水库坑塘、海涂以及其他类湿地所占比例次之，浅海水域占湿地总面积的比例最大。

表 5.1 2000—2012 年辽宁省湿地面积统计 单位：km^2

年份	碱蓬地	芦苇地	河流水面	水库与坑塘	海涂	滩地	浅海水域	其他	合计
2000	11.86	11.83	14.92	330.56	467.73	4.06	4 281.94	325.41	5 122.9
2005	11.86	9.73	14.92	449.45	423.27	4.2	4 130.42	235.49	5 043.85
2008	11.86	10.04	15.93	501.58	522.22	2.81	3 922.23	273.62	4 986.67
2010	13.36	10.44	19.35	466.94	126.65	2.95	4 168.29	321.95	4 807.98
2011	15.48	10.17	21.06	469.57	411.2	3.44	3 803.53	359.17	4 734.45
2012	34.41	10.48	30.26	449.93	184.53	9.77	3 924.26	255.45	4 643.64

图 5.8 从总面积变化趋势上分析，2000—2008 年期间，辽宁省滨海湿地总面积呈现较为缓慢的减少趋势，2008—2012 年湿地总面积呈现较为快速的减少趋势。

从湿地类型上看，辽宁省各类型湿地面积变化各不相同，碱蓬地、芦苇地、河流水面、湖泊水面、滩地面积变化不明显，水库与坑塘、滩地类型面积变化较明显，这使得湿地的质量和数量均发生着变化，海岸带的生态环境亦随之发生改变（图 5.9）。

5.2.2 辽宁省 2000—2012 年湿地景观格局变化分析

滨海湿地景观各要素的斑块特征、景观空间格局对生物多样性保护和生境质量具有影响。景观中斑块大小分布规律的研究，能够为景观水平的生物多样性保护提供理论依

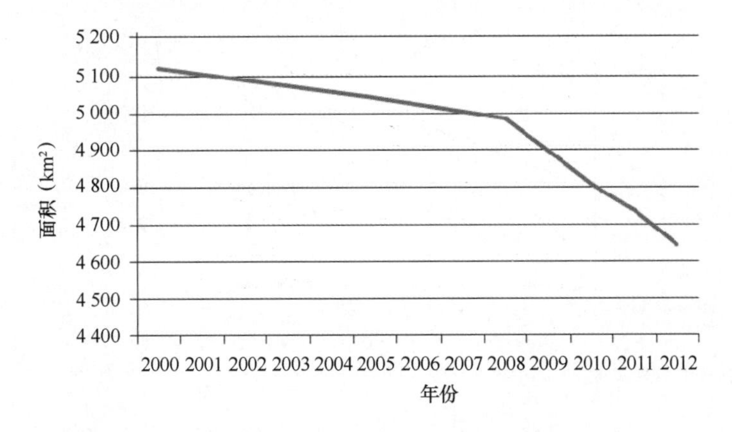

图 5.8　2000—2012 年辽宁省湿地总面积年度变化曲线

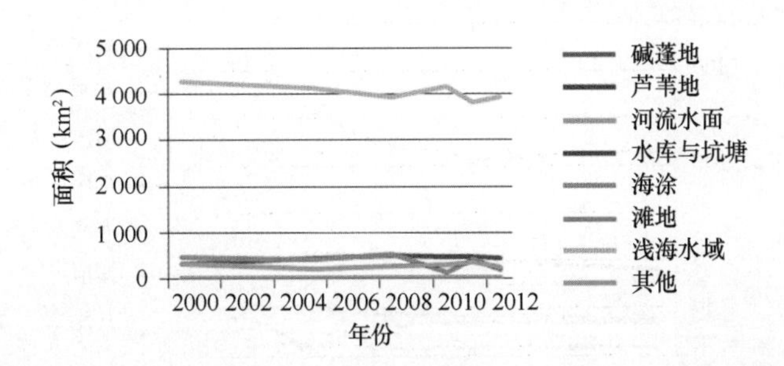

图 5.9　2000—2012 年辽宁省各种类型湿地面积的年度变化曲线

据。因此，利用景观指数类型、斑块数、最大斑块数、斑块平均面积、聚集度指数、斑块边缘长度、斑块周长与面积的分形维数对景观类型结构特征进行研究。

2000—2012 年期间，各类型滨海湿地的景观百分比变化如图 5.10 所示，可以看出水库坑塘、海涂以及其他类湿地的景观百分比一直呈现较高的趋势，水库坑塘在 2010 年之前一直处于增长的趋势，2011 年有小幅减少，2012 年恢复增长；海涂由于卫星遥感解译误判的影响，2010 年有了较大幅度的减少；其他类湿地 2005 年之前呈现减少的趋势，2005—2008 年之间保持平稳，2010 年又有小幅增加。

斑块数（NP）是测度某一景观类型范围内景观分离度与破碎性最简单的指标，反映景观的空间格局，描述了整个景观的异质性，其值的大小与景观的破碎度也有很好的正相关性。破碎度低破碎度高在一定程度上影响着物种间相互作用和协同共生的稳定性，但是对于某些外来干扰的蔓延也具有较好的抑制作用。

2000—2012 年期间，各类型滨海湿地的斑块数变化如图 5.11 所示，水库坑塘斑块数一直处于较为优势的地位，且在 2011 年之前处于平缓增长的趋势，2011 年后有小幅减少；其他类湿地斑块数 2008 年之前保持稳定，2008—2010 年有小幅减少，2011 年有较大幅度的增加，2012 年又有所减少；海涂斑块数在 2008 年有小幅增加，随后至 2012 年一直处于减少的趋势；碱蓬、河流水面、滩地等类型湿地斑块数变化不大。

最大斑块指数（LPI）指整个景观被大斑块占据的程度，是优势度的一个简单测

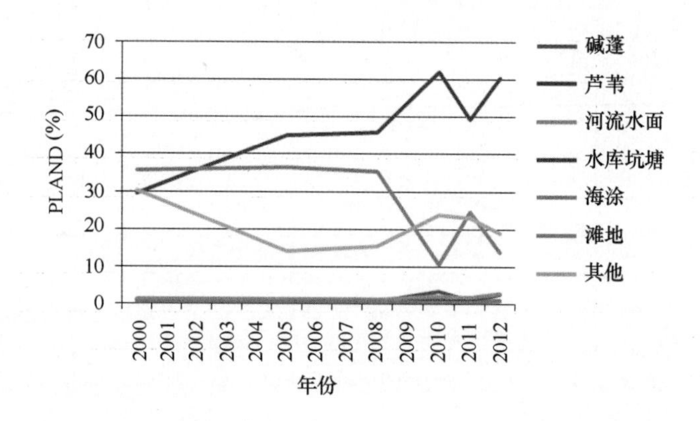

图 5.10　2000—2012 年辽宁省各种类型湿地景观百分比

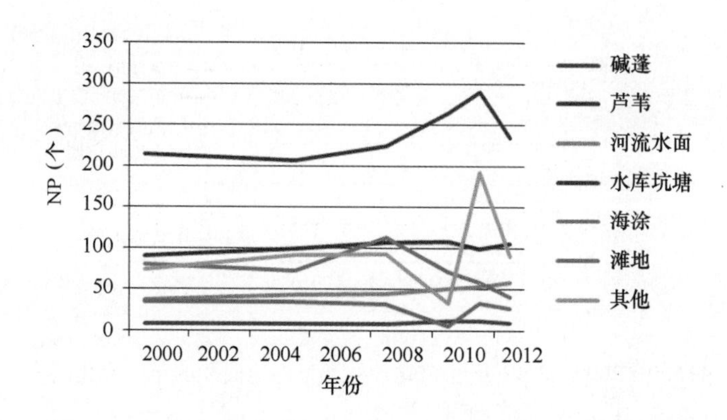

图 5.11　2000—2012 年辽宁省滨海湿地斑块数变化示意图

度。该指数反映了最大斑块对整个类型或者景观的影响程度，有助于确定景观的优势类型，表明景观格局由少数大斑块控制、大斑块占优势地位的程度，其值的大小决定着景观中的优势种、内部种的丰度等生态特征。

2000—2012 年期间，各类型滨海湿地的最大斑块指数变化如图 5.12 所示。海涂、水库坑塘以及其他类湿地最大斑块指数较大，其中海涂最大斑块指数在 2010 年有较大幅度的变化，是因为影像原因引起的，水库坑塘最大斑块指数在 2005 年之前呈现直线增长趋势，之后出现缓慢的减少，2011—2012 年有较大幅度的增加；碱蓬、芦苇地、滩地、河流水面最大斑块指数较小，且变化不大。

斑块平均面积（AREA - MN）用于描述景观粒度，在一定意义上揭示景观破碎化程度，是景观类型数量和面积的综合测度，可以表征景观类型的破碎度，一般与总面积或斑块数目、最大斑块指数联合使用，解释景观类型的破碎度、优势度、均匀度。斑块平均面积代表一种平均状况，在景观结构分析中反映两方面的意义：一方面景观中斑块平均面积值的分布区间对图像或地图的范围以及对景观中最小斑块粒径的选取有制约作用；另一方面斑块平均面积可以表征景观的破碎程度，如我们认为在景观级别上一个具有较小斑块平均面积值的景观比一个具有较大斑块平均面积值的景观更破碎，同样在斑

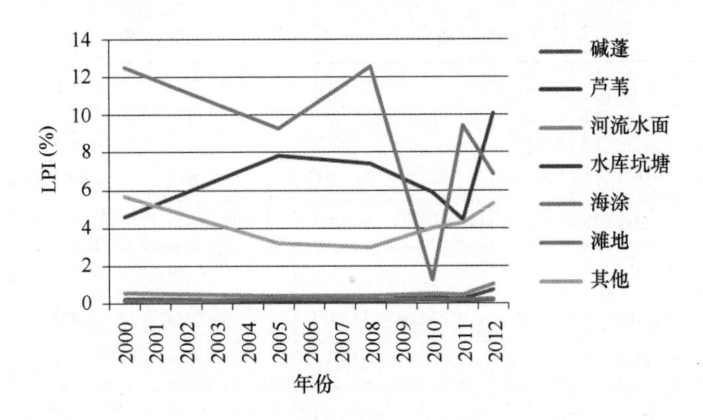

图 5.12 滨海湿地最大斑块指数变化示意图

块级别上，一个具有较小斑块平均面积值的斑块类型比一个具有较大斑块平均面积值的斑块类型更破碎。

2005—2011 年期间，各类型滨海湿地的斑块平均面积变化如图 5.13 所示。整体上海涂斑块平均面积最大，但由于成像影响，波动较大；水库坑塘斑块平均面积 2005 年达到最大后保持较为稳定，2011 年出现小幅减少；其他类湿地斑块平均面积在 2000—2005 年期间有所减少，其后有小幅波动，总体较为稳定；碱蓬类斑块平均面积一直处于较为稳定的状态，在 2011—2012 年期间有较为大幅的增加；其他几种类型的湿地斑块平均面积一直处于较为稳定的状态，变化不大。

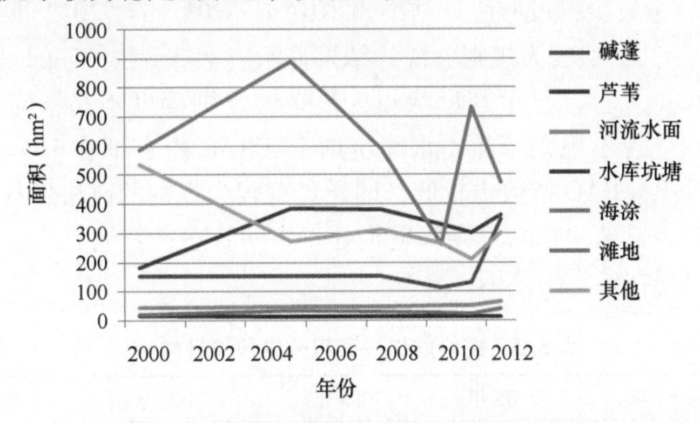

图 5.13 滨海湿地斑块平均面积变化示意图

斑块形状指标是描述景观的重要的因子，是景观空间结构度量中另一个重要的特征。选取边缘长度（TE）指标和周长—面积分维数（PAFRAC）两个指标，表征滨海湿地景观斑块边缘长度统计结果。

边缘长度反映了各种扩散过程（能流、物流和物种流）的可能性，对生物物种的扩散和觅食有直接反映。2000—2012 年期间，各类型滨海湿地的边缘长度变化统计如表 5.2 所示。其中水库坑塘、海涂以及其他类湿地边缘长度较长，碱蓬、芦苇、河流水面以及滩地边缘长度与其他几类湿地差距较大。

表 5.2 景观斑块边缘长度指标分析计算结果

TE	2000 年	2005 年	2008 年	2010 年	2011 年	2012 年
碱蓬	53 400	53 300	53 300	59 400	90 600	106 500
芦苇	89 000	84 800	88 100	90 800	87 500	89 600
河流水面	94 200	113 800	119 900	139 500	173 300	181 300
水库坑塘	606 800	793 300	816 800	621 400	625 300	473 200
海涂	431 700	553 200	572 800	310 500	401 100	268 700
滩地	35 600	54 200	48 800	37 100	37 400	49 300
其他	350 400	206 600	216 300	233 700	309 000	157 800

景观类型斑块周长—面积的分形维数用于揭示各景观组分的边界褶皱程度，各景观组分遵从一致的分形规律。对二维空间的斑块来说，当分维数大于 1 表示偏离欧几里得几何形状（如正方形和矩形）；当斑块边界形状极为复杂时，分维数趋于 2。即直观地理解为不规则几何形状的非整数维数，而这些不规则的非欧几里得几何形周长—面积分维数越小，景观形状越复杂；越趋近于 1，则斑块的几何形状越趋向简单，表明受干扰的程度越大。这是因为，人类干扰所形成的斑块一般几何形状较为规则，因而易于出现相似的斑块形状。

辽宁省各种类型湿地的 PAFRAC 指数在 1.10 ~ 1.50 之间浮动。碱蓬 2000 年、2005 年、2008 年斑块数量较少，没有统计结果，2010 年、2011 年、2012 年 PAFRAC 指数都在 1.15 以下，指示其形状较为规则。统计结果显示（表 5.3），芦苇地 PAFRAC 指数较高，一直保持在 1.4 以上，显示其形状较为复杂，规则程度不高；河流水面 PAFRAC 指数也较高，形状呈现不规则分布；水库坑塘 PAFRAC 指数都在 1.3 以下，说明其形状较为规则；海涂 PAFRAC 指数也较低，同样具有较为规则的斑块形状；滩地 PAFRAC 指数处于中间状态，其斑块形状复杂程度也处于中间状态；其他类湿地中盐田居多，其 PAFRAC 指数也出现在较小的范围。

表 5.3 斑块周长—面积分维数统计结果

PAFRAC	2000 年	2005 年	2008 年	2010 年	2011 年	2012 年
碱蓬	N/A	N/A	N/A	1.197 5	1.142 5	1.142 6
芦苇	1.443 9	1.472 6	1.469 3	1.465	1.468 7	1.466 3
河流水面	1.409 8	1.372 8	1.371 4	1.371 3	1.408 9	1.367 5
水库坑塘	1.264 7	1.267 5	1.268 3	1.251 9	1.249 7	1.246 9
海涂	1.274 5	1.255 2	1.248 7	1.297 6	1.2479	1.271 9
滩地	1.306 5	1.318 6	1.332 4	1.365 3	1.337	1.303 2
其他	1.188 8	1.231 8	1.212 6	1.211 7	1.217	1.208 5

备注：N/A 表示无有效数据。

异质性是景观的重要属性，通过景观聚集度和景观多样性加以描述和分析。

斑块聚集度指数（COHESION）是景观自然连通性的测度。在斑块类型水平，聚集度指数描述景观中同一景观类型斑块之间的自然衔接程度，即斑块类型之间的相互分散性，值越大，说明景观的空间连通性越高。随着核心斑块的面积百分比减少，景观变得越来越分散、越不连接时，斑块的聚集度指数为0；斑块聚集度指数随着核心斑块面积百分比的增加而增加，直到渐近线接近临界阈值。但当渐近线超出临界阈值时，斑块的聚集度指数对斑块的空间配置将变得不是很敏感。

2000—2012年期间各类型滨海湿地的斑块聚集度指数变化如图5.14所示。除芦苇地外，辽宁省其他类型湿地的聚集度指数都在80以上，具有较高的聚集程度；芦苇地具有较多的斑块数，但所占景观百分比较小，导致其聚集度也呈现较小的状态，说明芦苇地在辽宁省较为分散，聚集程度不高。

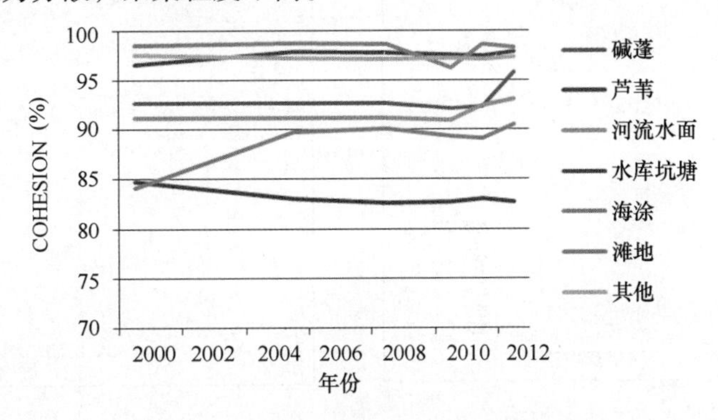

图5.14　滨海湿地聚集度指数变化示意图

景观多样性是景观在结构、功能以及随时间变化方面的多样性，它反映了景观的复杂性。辽宁省景观多样性指数在2000—2008年期间下降十分明显，2010—2012年有所增加（图5.15）。

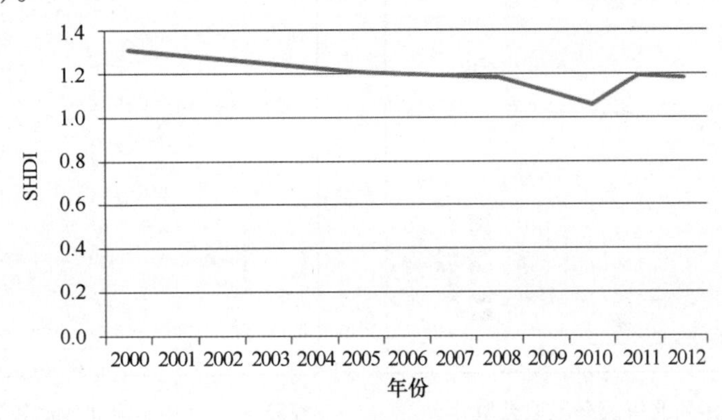

图5.15　滨海湿地多样性指数变化示意图

5.3 河北省湿地遥感监测分析

5.3.1 2000—2012 年河北省湿地时空分布变化分析

图 5.16 至图 5.21 为 2000—2012 年河北省滨海湿地类型及分布情况，可以看出河北省滨海湿地主要集中在沧州、曹妃甸以及北部地区沿海区域，主要类型有碱蓬、芦苇地、河流水面、水库坑塘、海涂、滩地、浅海水域以及其他类湿地。

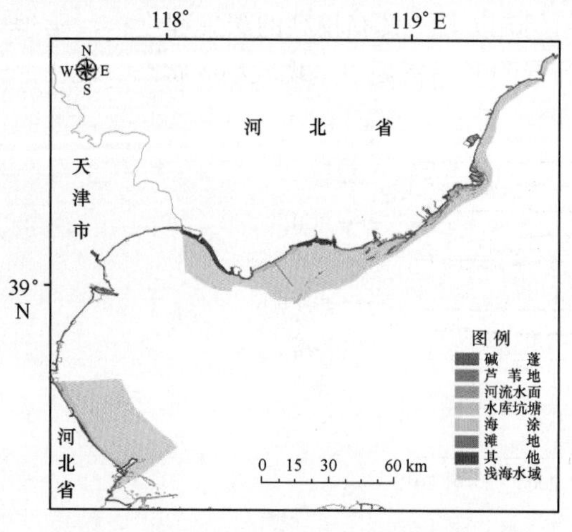

图 5.16 2000 年河北省滨海湿地类型分布

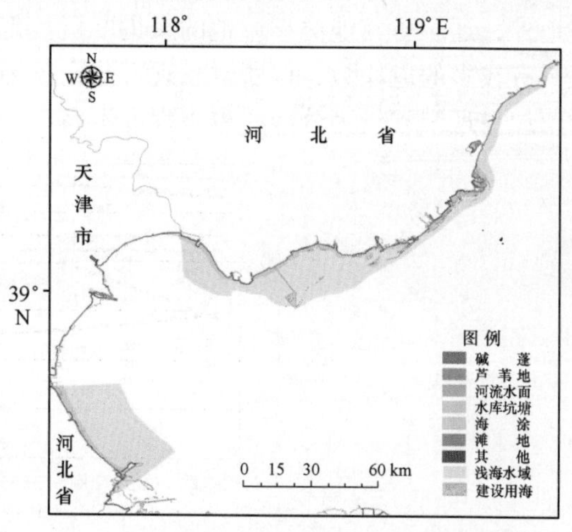

图 5.17 2005 年河北省滨海湿地类型分布

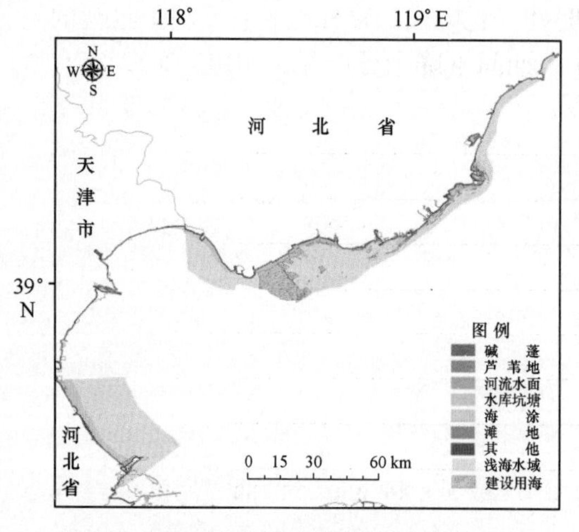

图 5.18 2008 年河北省滨海湿地类型分布

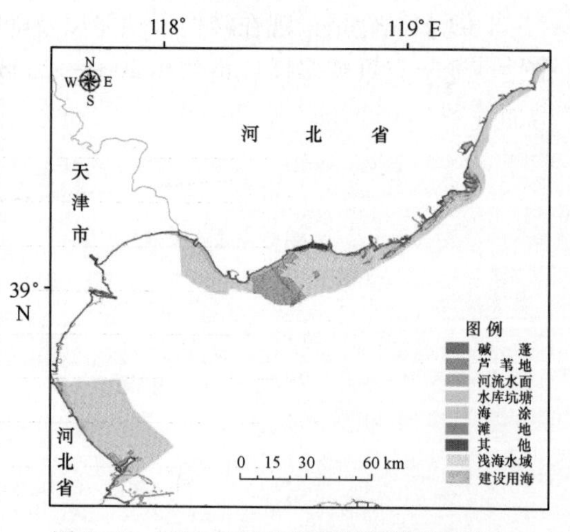

图 5.19 2010 年河北省滨海湿地类型分布

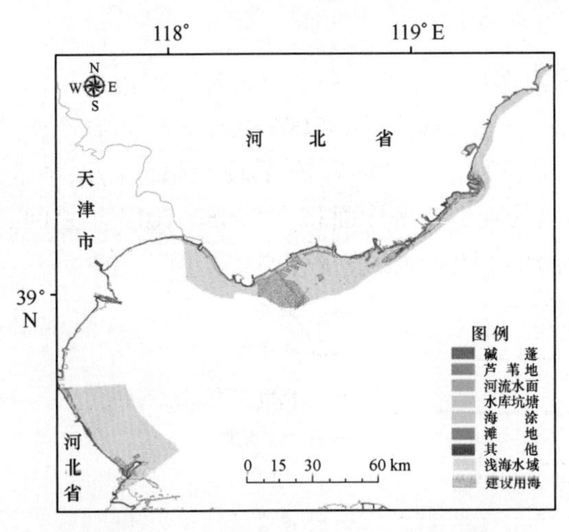

图 5.20　2011 年河北省滨海湿地类型分布

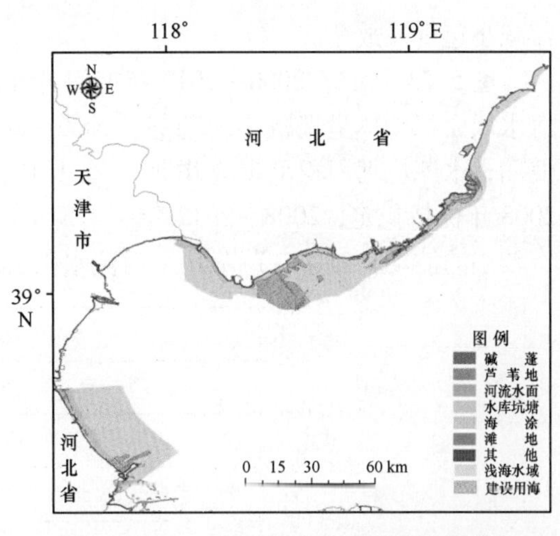

图 5.21　2012 年河北省滨海湿地类型分布

表 5.4 是 2000—2012 年河北省的滨海湿地面积统计结果，除浅海水域占湿地总面积比较大外，水库坑塘相对于其他几类湿地也占有较为优势的地位，其次为海涂以及其他类湿地；碱蓬地、芦苇地、河流水面、滩地的面积都较少，芦苇地在 2005 年以后彻底消失。

表 5.4　2000—2012 年河北省湿地面积统计　　单位：km^2

年份	碱蓬地	芦苇地	河流水面	水库与坑塘	海涂	滩地	浅海水域	其他	合计
2000	9.39	2.73	11.52	127.16	143.02	7.47	2 549.56	82.46	2 549.56
2005	5.89	0	11.52	213.75	125.71	6.23	2 156.91	3.16	2 523.17
2008	7.28	0	11.52	213.46	166.88	5.74	1 905.3	13.55	2 323.73
2010	10.68	0	11.41	197.98	76.51	2.21	1 952.64	30.21	2 281.64
2011	6.12	0	11.44	190.9	34.45	1.08	1 958.14	36.79	2 238.92
2012	1.18	0	12.37	192.26	144.37	1.27	1 809.21	37.59	2 198.25

从总面积变化趋势上分析，如图 5.22，2000—2012 年，河北省湿地总面积呈逐渐减小的趋势，2000—2005 年呈现缓慢减少，2005—2008 年减小幅度增大，2008—2012

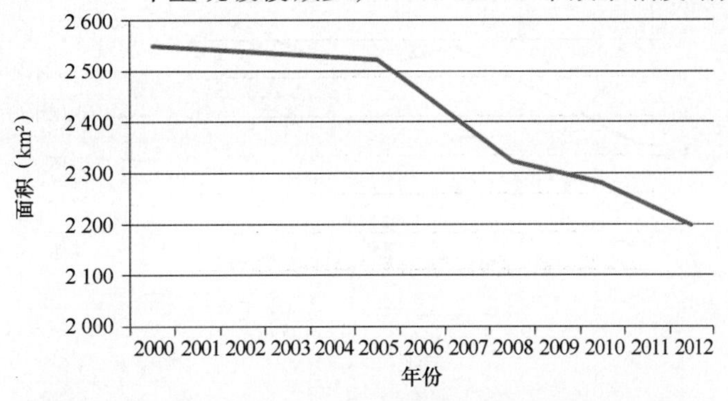

图 5.22　2000—2012 年河北省滨海湿地总面积年度变化曲线

年减小速度又放缓。

图 5.23 显示了 2000—2012 年期间各种滨海湿地类型的面积变化过程，可以看出浅海水域面积整体呈现减小的趋势，2000—2008 年呈直线减小，2008—2012 年间有小幅波动；水库坑塘面积呈现先增加后减小的趋势，2000—2005 年有了较大幅度的增加，2008 年保持稳定，2008—2012 年又出现了小幅的减少；海涂面积在 2008—2012 年之间有较小的波动；碱蓬、芦苇地、河流水面、滩地四类湿地面积变化不大。

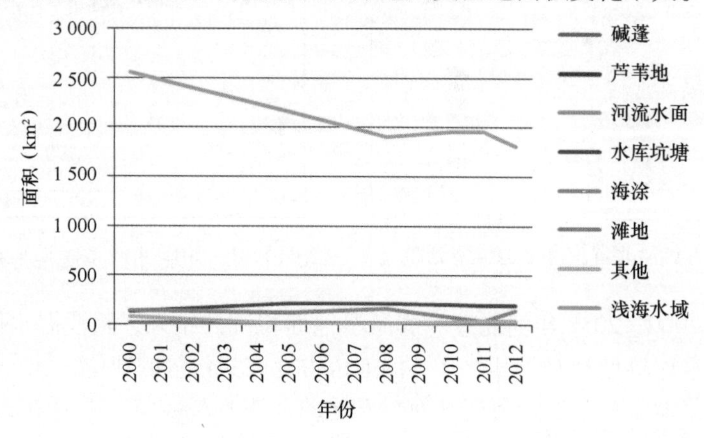

图 5.23　2000—2012 年河北省各种类型滨海湿地面积的年度变化曲线

5.3.2　2000—2012 年河北省滨海湿地景观格局变化分析

图 5.24 显示，2000—2012 年间河北省占主要地位的湿地类型为水库坑塘、海涂两类，水库坑塘景观百分比在 2000—2005 年期间处于增长的趋势，2005—2008 年有所下降，2010—2011 年又继续增长，达到最大，2011—2012 年又出现较快速减少；海涂景观百分比在 2008 年之前一直处于稳中有增的趋势，由于影像成像的原因，2011 年大幅度减小；其他类湿地景观百分比在 2005 年之前一直处于减小的趋势，2005—2011 年呈现缓慢增加的趋势，2012 年小幅降低。

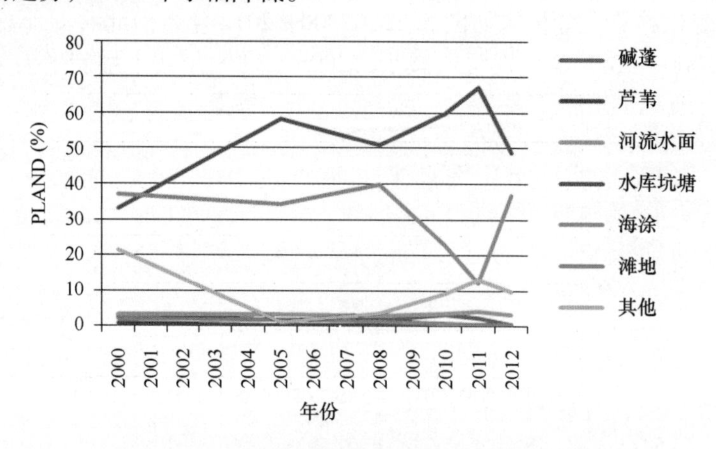

图 5.24　河北省各类型滨海湿地的景观百分比

2000—2012 年期间，河北省各类型滨海湿地的斑块数变化如图 5.25 所示，2010 年之前，海涂斑块数量保持稳定，有较小幅度的波动，2010 年之后出现较大幅度的减少；水库坑塘的斑块数量在 2005 年之前呈现逐渐增加的趋势，之后到 2008 年出现小幅减少；其他类湿地的斑块数变动较大，2005 年之前呈现减小的趋势，2005 年后开始逐渐增加；碱蓬、芦苇地、滩地、河流水面四类湿地斑块数量保持稳定，变化不大。

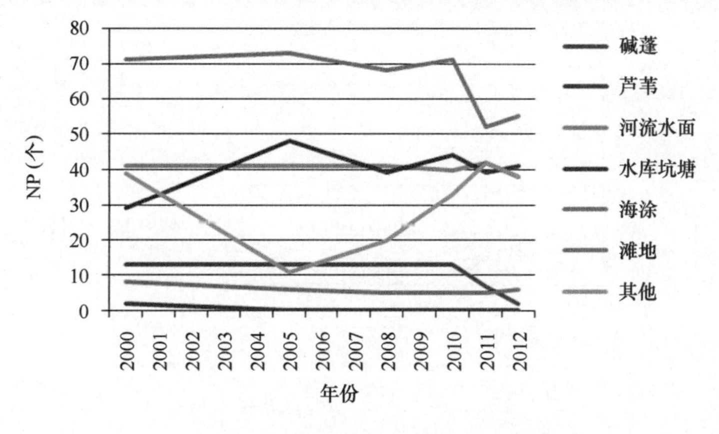

图 5.25 湿地斑块数变化示意图

2000—2012 年期间，各类型湿地的最大斑块指数变化如图 5.26 所示，海涂最大斑块指数受解译影像较大，浮动剧烈；水库坑塘最大斑块指数 2005 年之前保持稳定，2005—2008 年略微减小，2008—2011 年有所增大，2012 年又出现减小趋势；其他类湿地最大斑块指数 2005 年之前呈现减小的趋势，之后出现反弹，2010 年达到最大，之后又有所下降；碱蓬、芦苇、河流水面、滩地四类湿地最大斑块指数保持稳定，没有出现较为剧烈的变动。

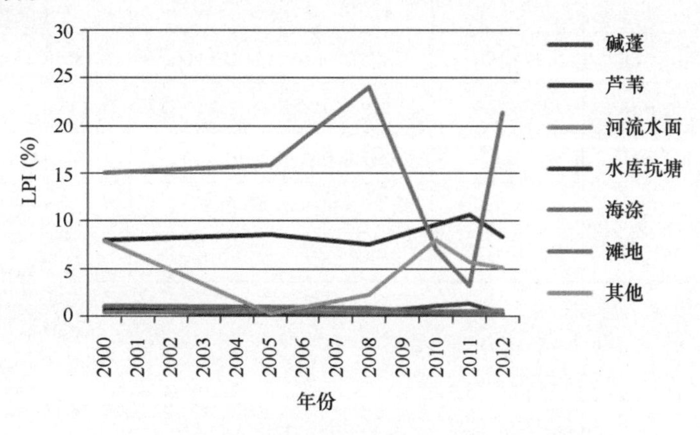

图 5.26 湿地最大斑块指数变化示意图

2000—2012 年期间，河北省各类型湿地的斑块平均面积变化如图 5.27 所示，图中显示水库坑塘的斑块平均面积一直处于较大的状态，2000—2008 年一直处于增加的趋势，2008 年达到最大，其后出现下降趋势，略有波动；芦苇以及其他类湿地 2005 年之前斑块平均面积一直处于下降趋势，其后其他类湿地斑块平均面积又有所增加；碱蓬地的斑块平均面积呈现小幅的先减小后增加的趋势；滩地的斑块平均面积呈现先增加后减小的趋势。

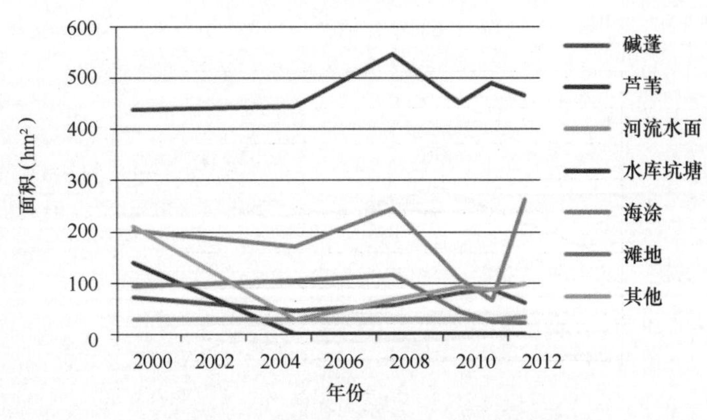

图 5.27　湿地斑块平均面积变化示意图

2000—2012 年期间，各类型湿地的边缘长度变化统计如表 5.5 所示，芦苇地 2000 年后消失，碱蓬、滩地边缘长度较小；河流水面、水库坑塘、海涂以及其他类湿地边缘长度较长，其他类湿地边缘长度较少严重。

表 5.5　景观斑块边缘长度指标分析计算结果　　单位：m

TE	2000 年	2005 年	2008 年	2010 年	2011 年	2012 年
碱蓬	57 800	44 300	42 100	57 200	34 800	6 200
芦苇	15 400	0	0	0	0	0
河流水面	104 900	104 800	105 200	103 900	88 400	89 500
水库坑塘	202 600	274 300	219 400	207 800	146 300	198 000
海涂	256 300	237 300	207 800	193 900	87 900	134 700
滩地	34 100	29 200	24 800	7 400	10 200	7 600
其他	107 800	11 500	43 000	41 800	57 000	49 300

河北省各种类型湿地的 PAFRAC 指数在 1.10 ~ 1.60 之间浮动，碱蓬地、海涂以及其他类湿地的 PAFRAC 指数处于中间部分，斑块形状复杂程度不高；河流水面 PAFRAC 指数一直保持最高，说明其斑块形状较为复杂；水库坑塘 PAFRAC 指数一直处于最小，其斑块指数表现为较为规则的形状。

表 5.6 斑块周长—面积分维数统计结果

PAFRAC	2000 年	2005 年	2008 年	2010 年	2011 年	2012 年
碱蓬	1.341 4	1.513 9	1.414 8	1.312 6	N/A	N/A
芦苇	N/A	N/A	N/A	N/A	N/A	N/A
河流水面	1.504 2	1.504 4	1.504 4	1.534 4	1.495 9	1.483 2
水库坑塘	1.295 6	1.3	1.292 3	1.292 4	1.278 3	1.264 9
海涂	1.358	1.360 6	1.362 2	1.387 6	1.390 8	1.329 3
滩地	N/A	N/A	N/A	N/A	N/A	N/A
其他	1.342 3	1.277 2	1.376 7	1.387 2	1.390 7	1.341 7

备注：N/A 表示无有效数据。

2000—2012 年期间河北省各类型湿地的斑块聚集度指数变化如图 5.28 所示，除芦苇地外，其他几类湿地的聚集程度都相对较高，聚集度指数都超过 80%；芦苇地聚集度 2005 年之前一直处于下降趋势，之后芦苇地消失。

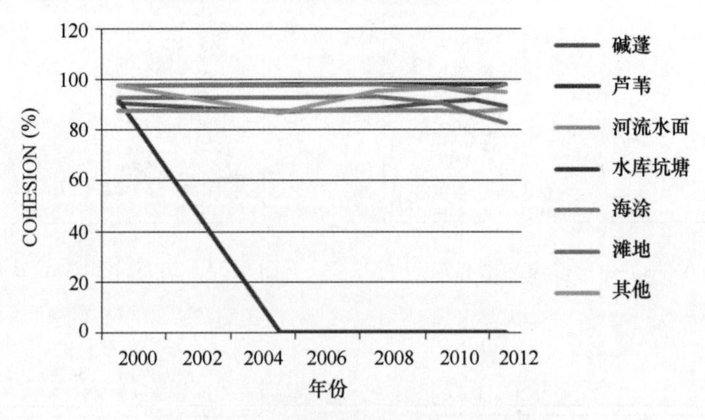

图 5.28 湿地聚集度指数变化示意图

河北省景观多样性指数在 2000—2005 年期间下降明显，其后到 2010 年又有所反弹，2011—2012 年呈现先减小后增加的趋势（图 5.29）。

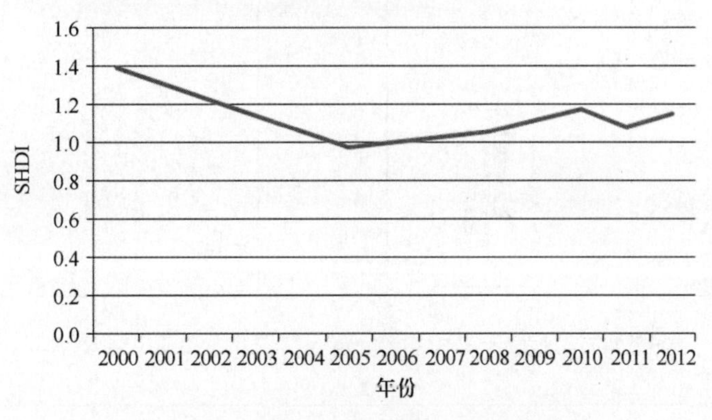

图 5.29 湿地多样性指数变化示意图

5.4 天津市湿地遥感监测分析

5.4.1 2000—2012 年天津市湿地时空分布变化分析

图 5.30 至图 5.35 为 2000—2012 年天津市湿地类型及分布情况，天津市主要湿地类型有河流水面、水库坑塘、海涂、滩地、浅海水域以及其他类湿地。

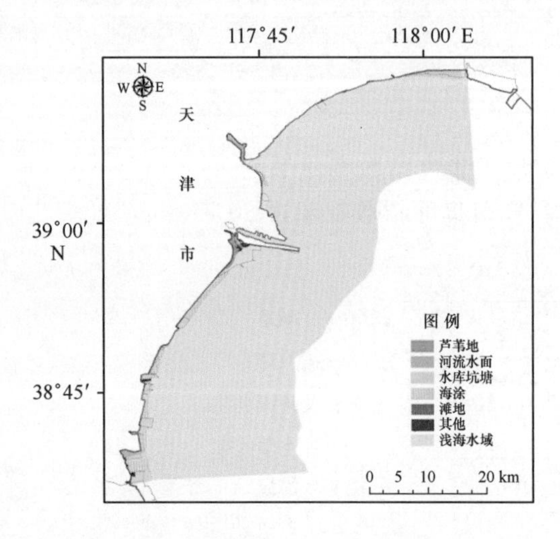

图 5.30 2000 年天津市湿地类型分布

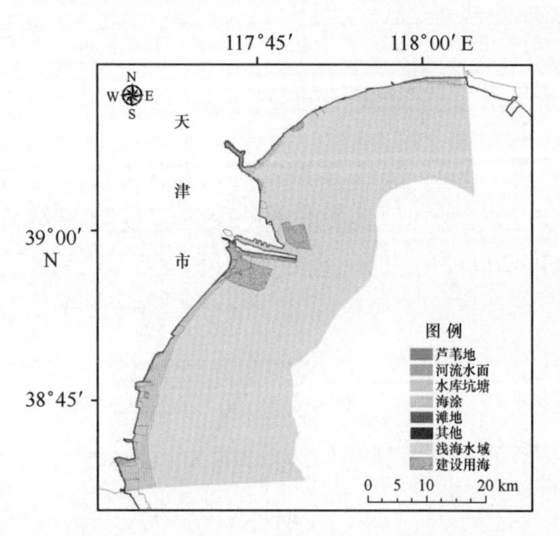

图 5.31 2005 年天津市湿地类型分布

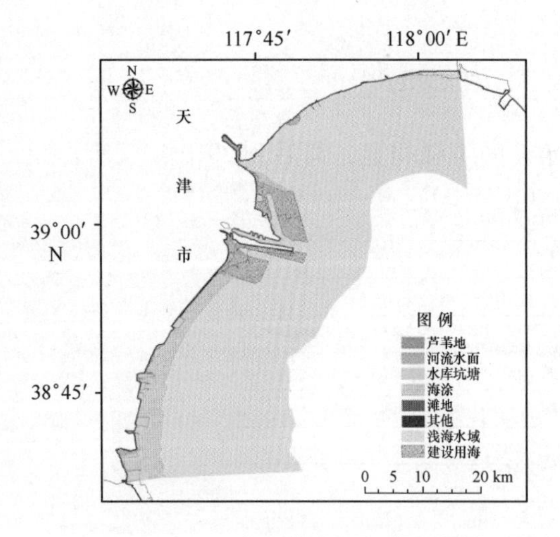

图 5.32 2008 年天津市湿地类型分布

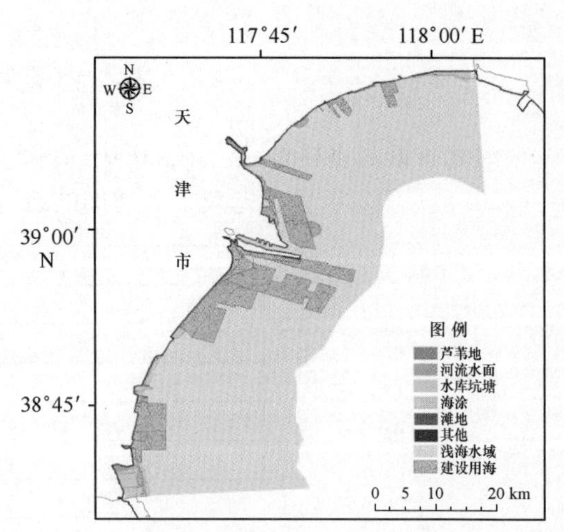

图 5.33 2010 年天津市湿地类型分布

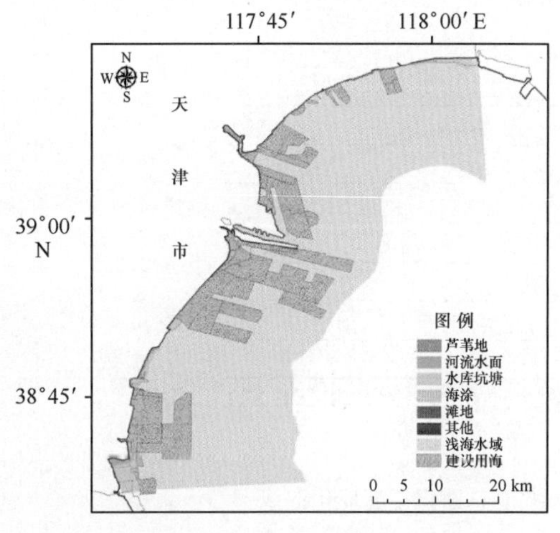

图 5.34 2011 年天津市湿地类型分布

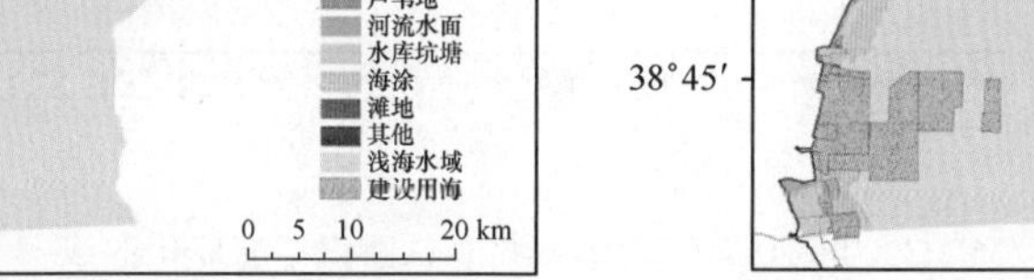

图 5.35 2012 年天津市湿地类型分布

表 5.7 是 2000—2012 年天津市的湿地面积统计结果，从表中可以看出，天津市占主要优势地位的湿地为浅海水域，其次为水库坑塘，其他几类湿地所占比重都较小。

表 5.7 2000—2012 年天津市湿地面积统计 单位：km^2

年份	碱蓬地	芦苇地	河流水面	水库与坑塘	海涂	滩地	浅海水域	其他	合计
2000	0	3.25	5.38	27.84	27.93	0	2 549.56	1.93	1 338.85
2005	0	0	5.9	28.46	63.16	1.48	1 197.05	0.22	1 296.27
2008	0	0	5.9	22.29	99.49	1.48	1 139.33	1.94	1 270.43
2010	0	0	5.63	30.9	7.49	1.48	1 084.98	0.97	1 131.45
2011	0	0	4.9	29.89	0.59	0.02	990.86	0.02	1 026.28
2012	0	0	5.63	26.31	76.5	0.02	880.41	0	988.87

从整体变化趋势见图 5.36，天津市湿地总面积呈减少的趋势，2008 年之前减少缓慢，之后减少的速度加快。

图 5.37 显示 2000—2012 年期间各种湿地类型的面积变化过程，浅海水域面积呈现减少的趋势，2010 年之前减小速度较为缓慢，2010—2012 年减小速度加速；芦苇地、河流水面、水库坑塘、滩地以及其他类湿地所占面积比重都较小、波动不大。

5.4.2 2000—2012 年天津市湿地景观格局变化分析

2000—2012 年天津市湿地景观百分比如图所示，可以看出海涂与水库坑塘占有较高的比重，其波动幅度也较大，水库坑塘在 2008 年之前出现较缓慢的减小趋势，之后由于海涂面积大幅减少，湿地总面积减少，其景观百分比有较大幅度的增加，2011 年后由于海涂面积增加，使得其景观百分比随之下降；其他几类湿地类型的景观百分比都基本保持稳定。

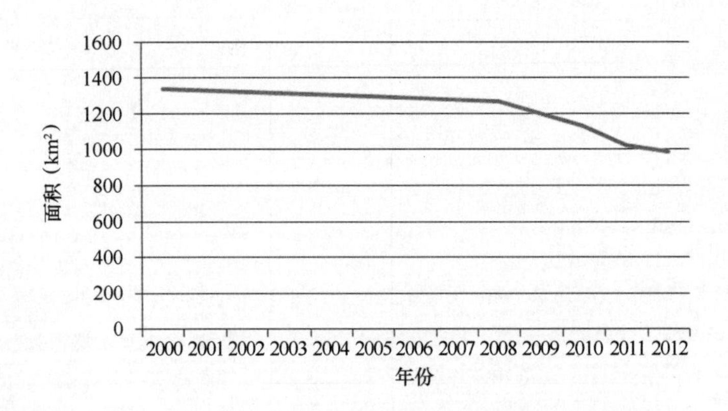

图 5.36　2000—2012 年天津市湿地总面积年度变化曲线

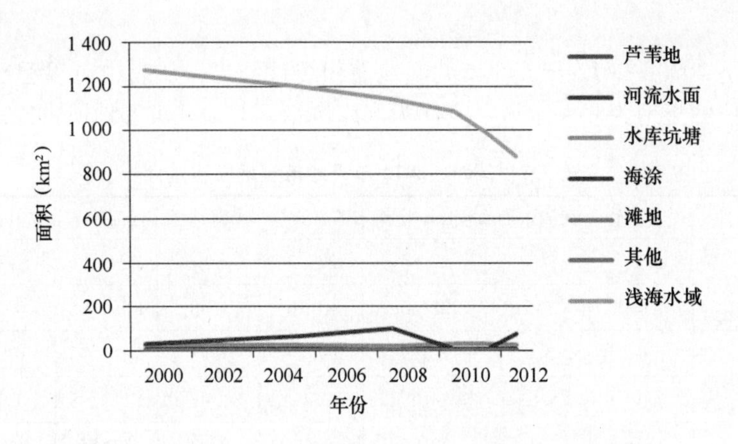

图 5.37　2000—2012 年天津市各种类型湿地的年度变化曲线

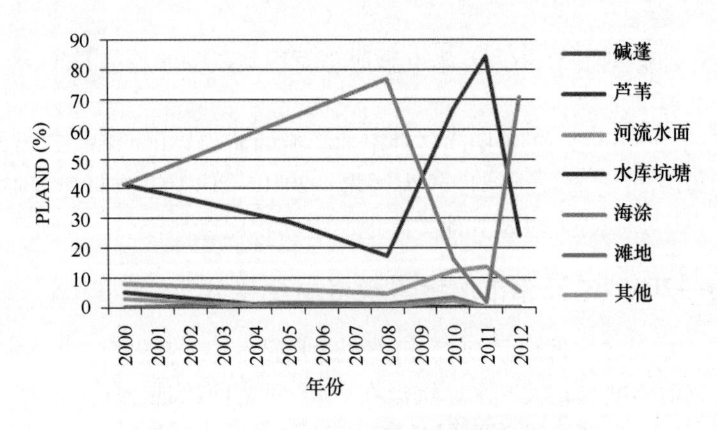

图 5.38　河北省各类型滨海湿地的景观百分比

2000—2012 年期间，天津市各类型湿地的斑块数变化如图 5.39 所示，水库坑塘斑块数量占较大优势，但波动较大；海涂的斑块数一直呈现减小的趋势；其他类湿地的斑块数在 2005 年之前也呈现直线减小的趋势，滩地及河流水面的斑块数量略有增加后又再减少。

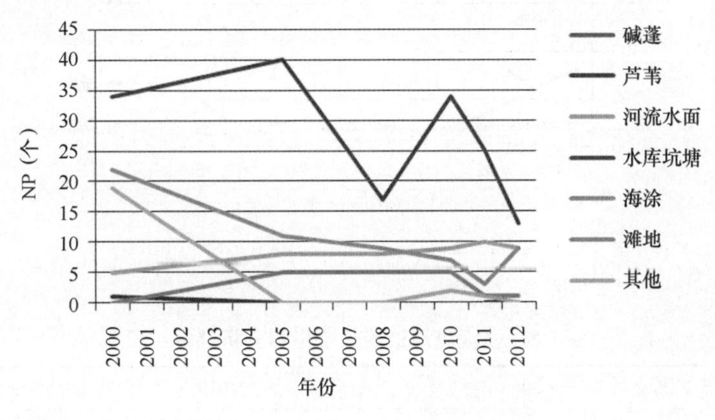

图 5.39　湿地斑块数变化示意图

2000—2012 年期间，天津市各类型湿地的最大斑块指数变化如图 5.40 所示，其中海涂的最大板块指数较大，2008 年后减少的原因是影像成像造成的海涂面积减少；水库坑塘的最大斑块指数在 2008 年之前呈现缓慢减小的趋势，之后开始增加，至 2011 年达到最大，其后又有小幅减小。

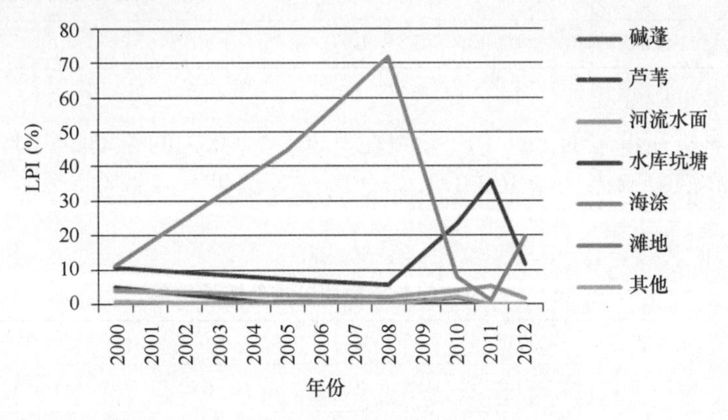

图 5.40　湿地最大斑块指数变化示意图

2000—2012 年期间，天津市各类型湿地的斑块平均面积变化如图 5.41 所示，除海涂平均面积变化较大外，芦苇地至 2005 年消失，其他几类湿地平均面积未出现较大幅度的变动。

2000—2012 年期间，各类型湿地的边缘长度变化统计如表 5.8 所示，天津市碱蓬、芦苇地基本消失；河流水面、水库坑塘以及滩地的边缘长度都有所减少，滩地 2005 年后也有所减少。

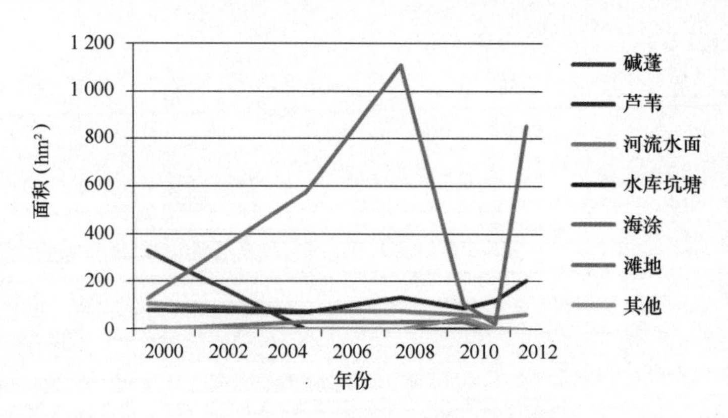

图 5.41　湿地斑块平均面积变化示意图

表 5.8　景观斑块边缘长度指标分析计算结果　单位：m

TE	2000 年	2005 年	2008 年	2010 年	2011 年	2012 年
碱蓬	0	0	0	0	0	0
芦苇	9 600	0	0	0	0	0
河流水面	20 300	21 900	18 700	14 800	14 000	18 900
水库坑塘	67 500	78 100	67 500	8 100	12 800	35 000
海涂	66 300	85 200	62 500	6200	1 900	29 000
滩地	0	14 300	5 100	7 100	300	300
其他	11 600	0	0	1 700	0	0

天津市各种类型湿地的 PAFRAC 指数在 1.20～1.40 之间浮动，由于湿地斑块数量的限制，天津市只有水库坑塘 PAFRAC 指数的统计结果，基本在 1.2～1.3 之间浮动，规则较为简单。

表 5.9　斑块周长—面积分维数统计结果

PAFRAC	2000 年	2005 年	2008 年	2010 年	2011 年	2012 年
碱蓬	0	0	0	0	0	0
芦苇	N/A	0	0	0	0	0
河流水面	N/A	N/A	N/A	N/A	1.385 3	N/A
水库坑塘	1.299 7	1.313 8	1.290 2	1.304 7	1.387 1	1.327 5
海涂	1.372 6	1.331 1	N/A	N/A	N/A	N/A
滩地	0	N/A	N/A	N/A	N/A	N/A
其他	1.397	0	0	N/A	N/A	0

备注：“N/A”表示无有效数据。

2000—2012年期间各类型湿地的斑块聚集度指数变化如图5.42所示，水库坑塘、海涂以及河流水面聚集程度较高且保持稳定；芦苇地2005年之后彻底消失；其他类湿地以及滩地聚集度指数变化较大，说明其分布较为分散。

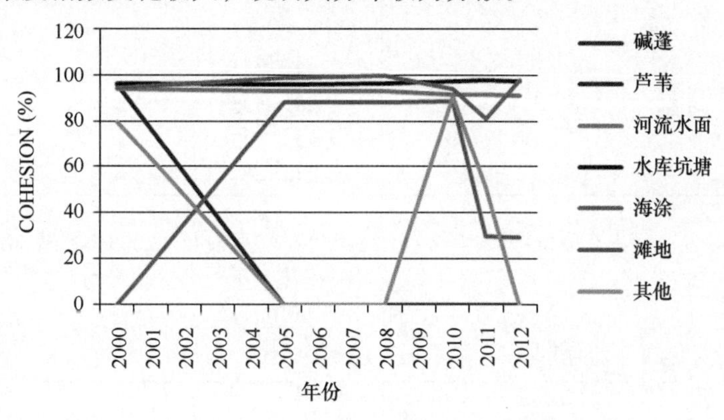

图5.42 滨海湿地聚集度指数变化示意图

天津市景观多样性指数在2000—2008年期间有所下降（图5.43），2008—2012年间，景观多样性波动较大。

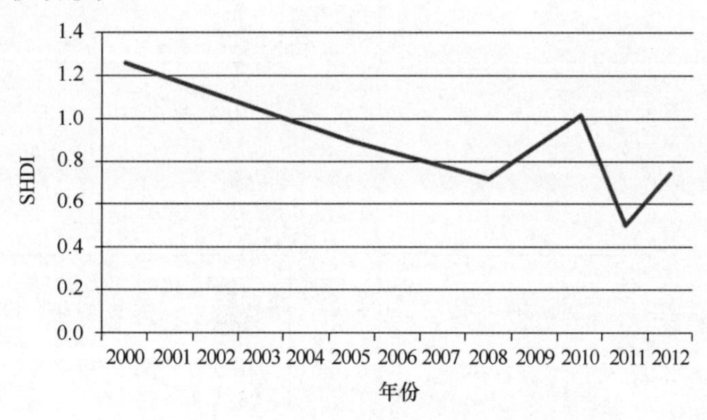

图5.43 滨海湿地多样性指数变化示意图

5.5 山东省湿地遥感监测分析

5.5.1 2000—2012年山东省湿地时空分布变化分析

图5.44至图5.49为2000—2012年山东省滨海湿地类型及分布情况，可以看出山东省湿地大部分集中在北部莱州湾、黄河口以及滨州沿海区域，主要包括碱蓬、芦苇地、河流水面、水库坑塘、海涂、滩地、浅海水域以及其他类型湿地。

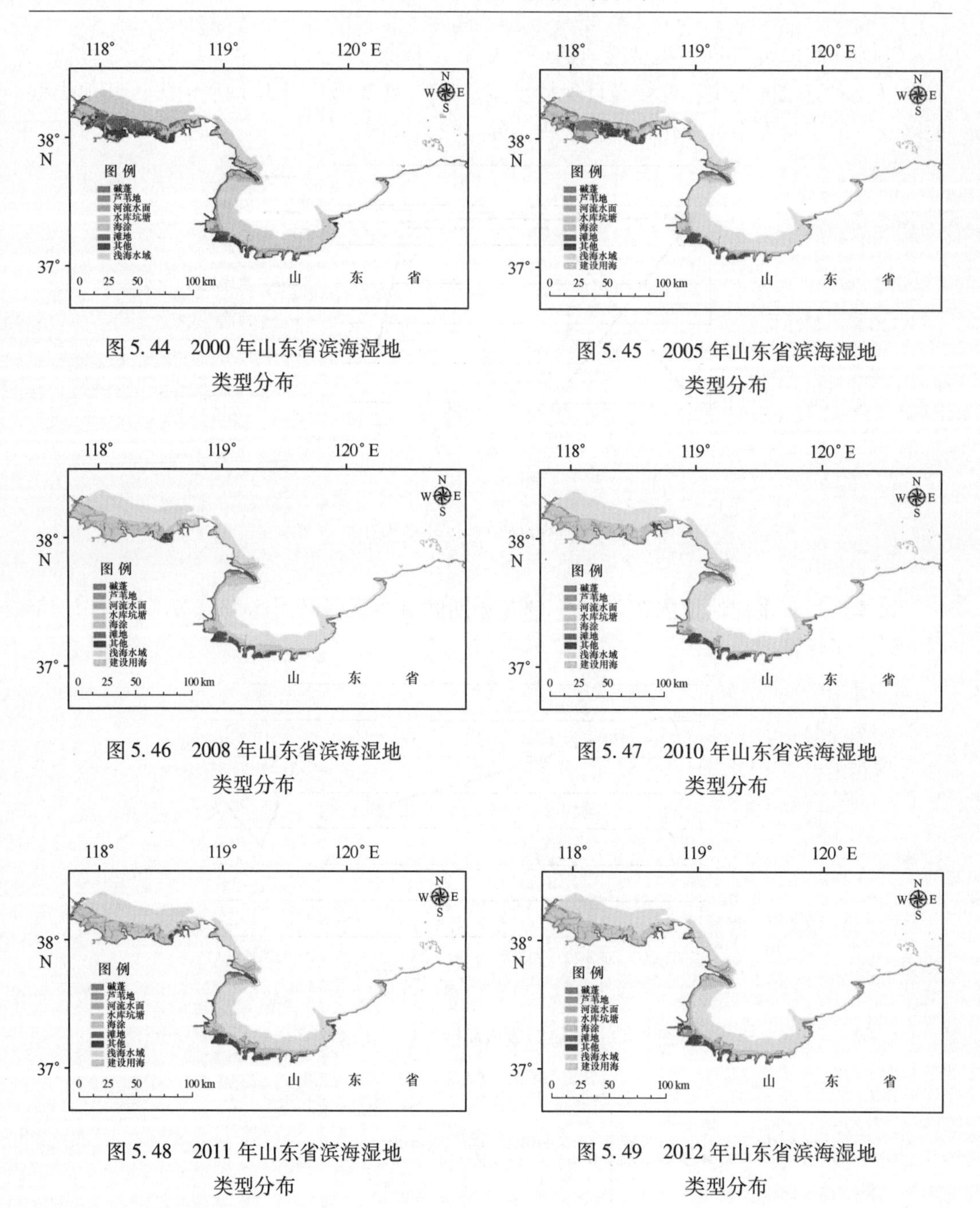

图 5.44　2000 年山东省滨海湿地类型分布

图 5.45　2005 年山东省滨海湿地类型分布

图 5.46　2008 年山东省滨海湿地类型分布

图 5.47　2010 年山东省滨海湿地类型分布

图 5.48　2011 年山东省滨海湿地类型分布

图 5.49　2012 年山东省滨海湿地类型分布

表 5.10 是 2000—2012 年山东省的滨海湿地面积统计结果，从表中可以看出水库坑塘、海涂、浅海水域以及其他类型湿地是主要的滨海湿地类型，占总湿地面积的比重较大，而碱蓬地、芦苇地、河流水面以及滩地占有相对较小的比重。

表 5.10 2000—2012 年山东省湿地面积统计 单位：km^2

年份	碱蓬地	芦苇地	河流水面	水库与坑塘	海涂	滩地	浅海水域	其他	合计
2000	49.07	52.06	99.19	328.19	911.31	573.08	5 691.01	295.36	7 999.27
2005	3.62	46.4	130.9	924.38	802.79	451.07	5 142.59	453.75	7 955.5
2008	3.38	44.95	112.71	1 368.05	1 173.46	117.33	4 835.11	286.75	7 941.74
2010	6.7	35.52	91.53	1 475.41	775.56	77.96	5 132.92	297.92	7 893.52
2011	10.1	35.86	93.03	1 329.92	890.11	115.15	4 891.89	423.85	7 789.91
2012	4.54	36.93	110.09	1 379.27	1 007.46	89.46	4 682.66	393.21	7 703.62

从总面积变化趋势上分析（如图 5.50 所示），2000—2012 年期间，山东省滨海湿地总面积呈逐渐减小的趋势，主要分为三个阶段：第一阶段为 2000—2008 年之间，呈现缓慢减少的趋势；第二阶段为 2008—2010 年，呈现较快的减少趋势；第三阶段为 2010—2012 年，呈现迅速减少的趋势。三个阶段湿地总面积减少 200 多平方千米。

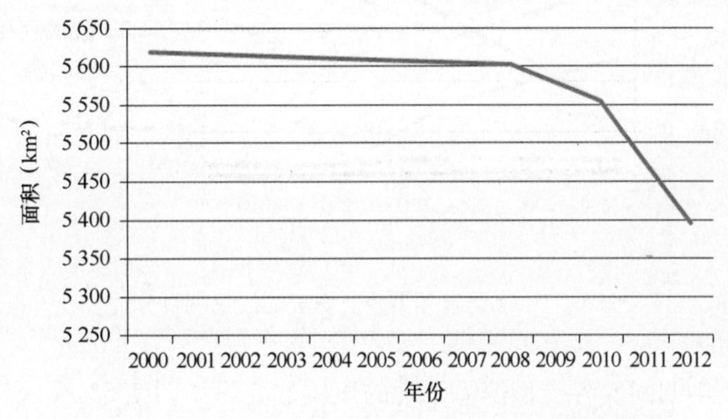

图 5.50 2000—2012 年山东省湿地总面积年度变化曲线

图 5.51 显示 2000—2012 年期间山东省各种湿地类型的面积变化情况，占有主要地

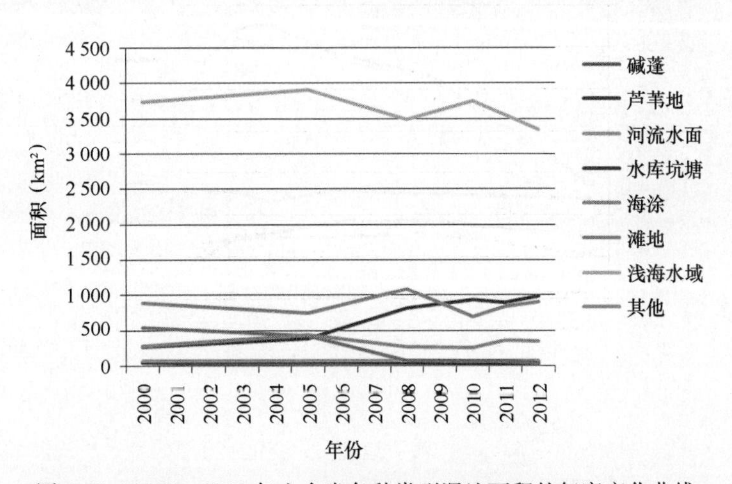

图 5.51 2000—2012 年山东省各种类型湿地面积的年度变化曲线

位的浅海水域湿地呈现缓慢减少的趋势，2010 年有小幅向上波动，2011 年、2012 年回复继续减少；水库坑塘的面积整体呈现缓慢增长的趋势，2010—2011 年有小幅减少，2011—2012 年保持稳定。

5.5.2 2000—2012 年山东省湿地景观格局变化分析

图 5.52 中为山东省各类湿地的景观百分比，可以看出水库坑塘、海涂、滩地以及其他类湿地的面积具有较为明显的变化。2005 年之前，海涂以及滩地占有较大的比重，但呈现逐年下降的趋势；水库坑塘的面积在 2010 年之前一直处于增加的趋势；其他类湿地的面积在 2005 年之前也呈现缓慢增加的趋势；碱蓬地、芦苇地、河流水面三类湿地面积保持稳定，没有太大的变化。

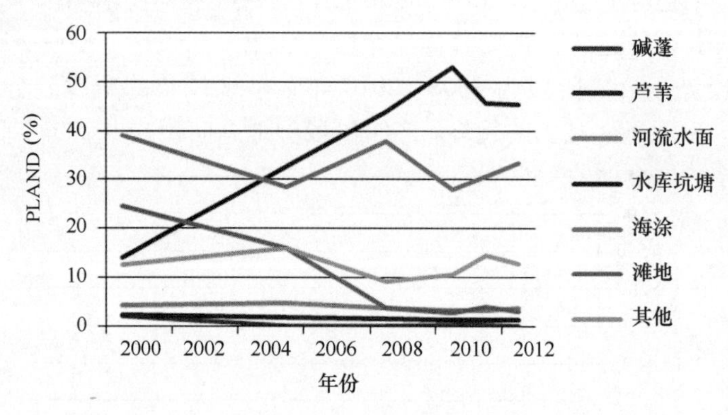

图 5.52 河北省各类型滨海湿地的景观百分比

2000—2012 年期间，各类型滨海湿地的斑块数变化如图 5.53 所示，2011 年之前水库坑塘以及滩涂的斑块数呈现逐渐增加的趋势，2011—2012 年都有较大幅度的增加；其他几类湿地的斑块数量都保持较稳定的变化趋势，没有出现较大浮动的波动，在 2010—2012 年之间都出现小幅波动。

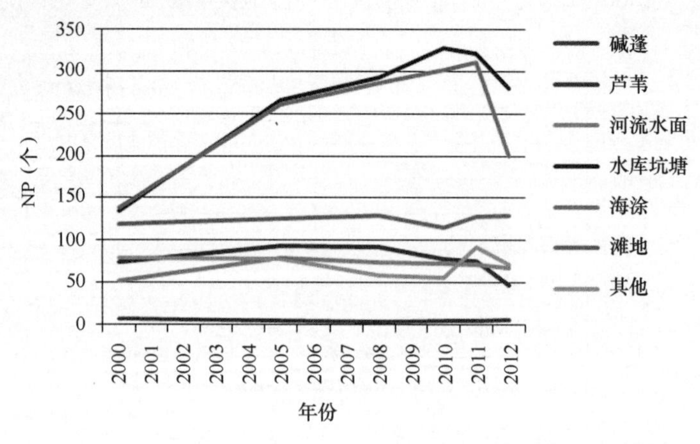

图 5.53 滨海湿地斑块数变化示意图

2000—2012 年期间，各类型滨海湿地的最大斑块指数变化如图 5. 54 所示，海涂最大斑块指数一直处于优势地位，主要是海涂片状出现，较为连续，其波动较大是因为影像成像所造成的解译误差。滩地的最大斑块指数呈现逐渐减小的趋势；水库坑塘的最大斑块指数在 2005 年之前保持稳定，之后到 2010 年呈现缓慢增长的趋势，2011—2012 年保持稳定；其他类湿地 2010 年之前最大斑块指数变化不大，2010—2011 年有较大增加，2011—2012 年保持稳定；碱蓬、芦苇地、河流水面三类湿地最大斑块指数保持稳定，变化不大。

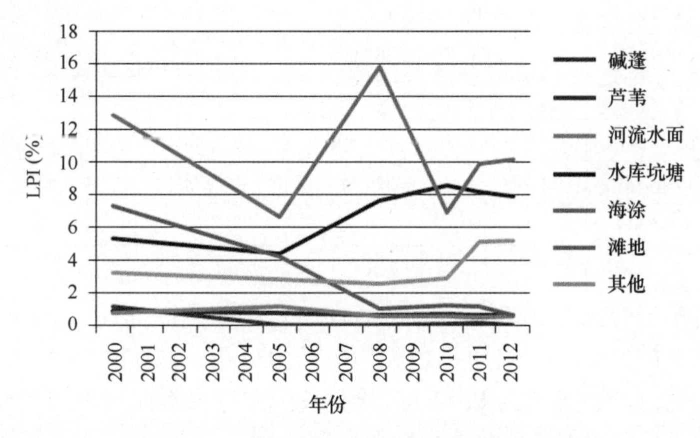

图 5. 54　滨海湿地最大斑块指数变化示意图

2000—2012 年期间，各类型滨海湿地的斑块平均面积变化如图 5. 55 所示，除芦苇地、河流水面外，其他几类湿地的斑块平均面积变化都较大，海涂、碱蓬地以及滩地的斑块平均面积在 2005 年之前呈现减小的趋势，其后几年都有不同程度的波动；水库坑塘在 2008 年之前斑块平均面积呈现增加的趋势，之后有小幅波动；其他类湿地斑块平均面积在 2005 年之前呈现增加的趋势，之后呈现波动式变化。

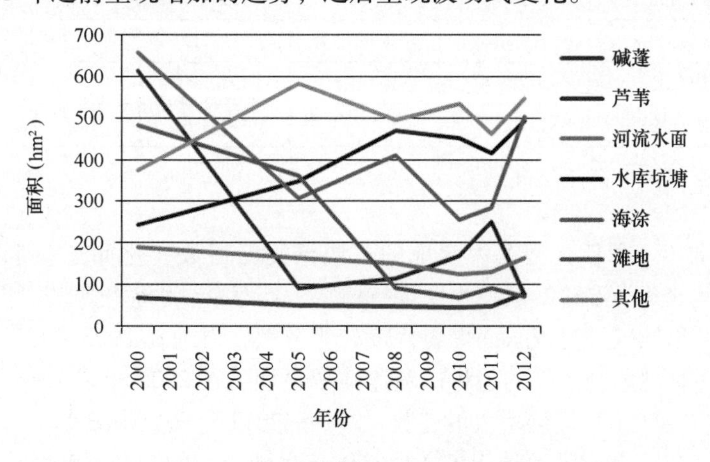

图 5. 55　滨海湿地斑块平均面积变化示意图

2000—2012 年期间，各类型滨海湿地的边缘长度变化统计如表 5.11 所示，碱蓬、芦苇地滩地边缘长度减少较大；河流水面、水库坑塘、海涂边缘长度有所增加；其他类湿地变化不大。

表 5.11　景观斑块边缘长度指标分析计算结果　　单位：m

TE	2000 年	2005 年	2008 年	2010 年	2011 年	2012 年
碱蓬	128 400	27 500	22 200	32 700	40 200	19 300
芦苇	183 200	198 500	197 600	167 800	169 000	133 000
河流水面	610 700	770 300	764 500	707 200	738 100	775 500
水库坑塘	414 200	719 300	921 200	940 000	830 000	995 400
海涂	602 200	687 000	671 300	709 500	660 800	858 400
滩地	1 026 500	947 600	529 400	410 900	460 500	455 900
其他	359 500	439 500	250 500	239 600	306 500	334 000

山东省各种类型湿地的 PAFRAC 指数在 1.10～1.60 之间浮动。其中河流水面、滩地的分维数较高，超过 1.50，斑块呈现较为复杂的形状；碱蓬地斑块数较少，没有统计结果。芦苇地、海涂、滩地的 PAFRAC 指数较为相近；水库坑塘以及其他类湿地的 PAFRAC 指数较低，说明斑块形状较为规则。

表 5.12　斑块周长—面积分维数统计结果

PAFRAC	2000 年	2005 年	2008 年	2010 年	2011 年	2012 年
碱蓬	N/A	N/A	N/A	N/A	N/A	N/A
芦苇	1.350 7	1.392 4	1.392 6	1.416 9	1.407 6	1.353 4
河流水面	1.503	1.501 5	1.513 5	1.519 8	1.534 3	1.526 2
水库坑塘	1.198 7	1.258 3	1.254 7	1.243 2	1.247 9	1.227 9
海涂	1.293 8	1.361	1.366 5	1.371	1.325	1.276 5
滩地	1.272 6	1.295 6	1.391 5	1.407 5	1.387	1.406 4
其他	1.195	1.165 9	1.176 3	1.211 6	1.197 9	1.192 8

注：N/A 表示无有效数据。

2000—2012 年期间各类型滨海湿地的斑块聚集度指数变化如图 5.56 所示，除碱蓬、滩地外，其他几类湿地的聚集程度保持稳定，且海涂、水库坑塘以及其他类湿地聚集程度较高；芦苇地以及河流水面聚集程度较为分散；滩地在 2005 年之前保持较高的聚集程度，之后呈现急剧下降的趋势；碱蓬地聚集程度在 2005 年之前一直处于减小的趋势，2005—2011 年呈现缓慢增大的趋势，2011—2012 年又急剧减小。

2000—2012 年山东省湿地景观多样性整体上呈现减小的趋势，2005 年之前减小缓慢，2005—2008 年有较快减小，2008—2010 年之前处于稳定状态，2010—2012 年之间有小幅波动，如图 5.57。

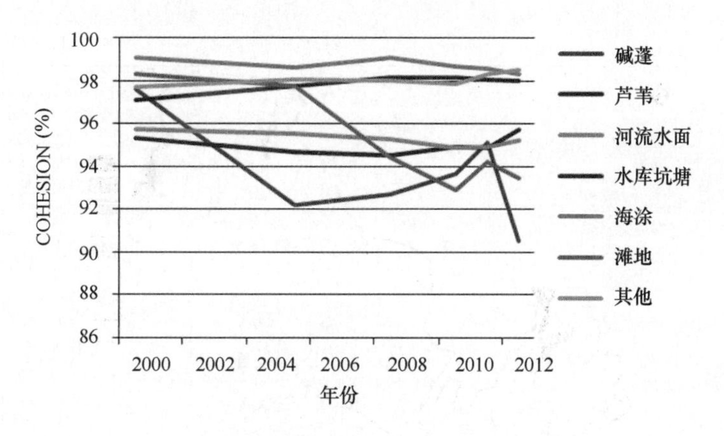

图5.56 滨海湿地聚集度指数变化示意图

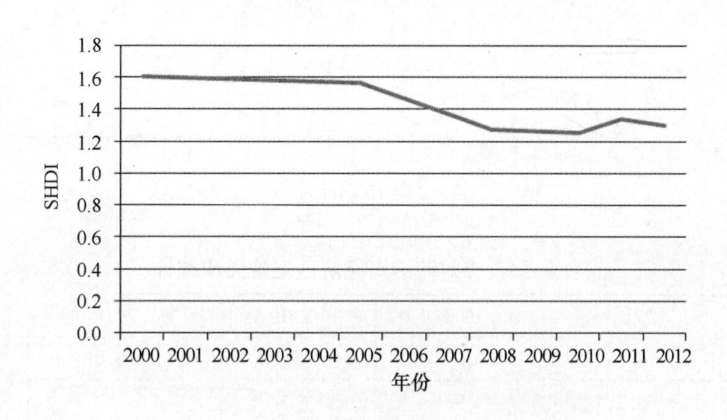

图5.57 滨海湿地多样性指数变化示意图

5.6 重点海域滨海湿地现状及历史变化遥感监测分析

选取锦州湾沿海经济区、营口鲅鱼圈临海工业区、长兴岛临港工业区、曹妃甸集约用海区、沧州渤海新区、天津滨海新区、潍坊滨海生态旅游度假区、龙口湾临港高端产业聚集区8个重点研究区，分析其滨海湿地现状及历史状况。

5.6.1 锦州湾沿海经济区

2012年锦州湾湿地总面积为167.26 km^2，主要由自然湿地以及人工湿地组成，见图5.58。

近年来，湿地总面积呈逐年减小的趋势，2005年锦州湾湿地总面积为211.08 km^2，主要由河流、坑塘、海涂、滩地以及水下湿地组成，由于受围填海活动的影响，至2012年陆上湿地有大幅的减少，浅水海域部分也逐年减少（表5.13）。

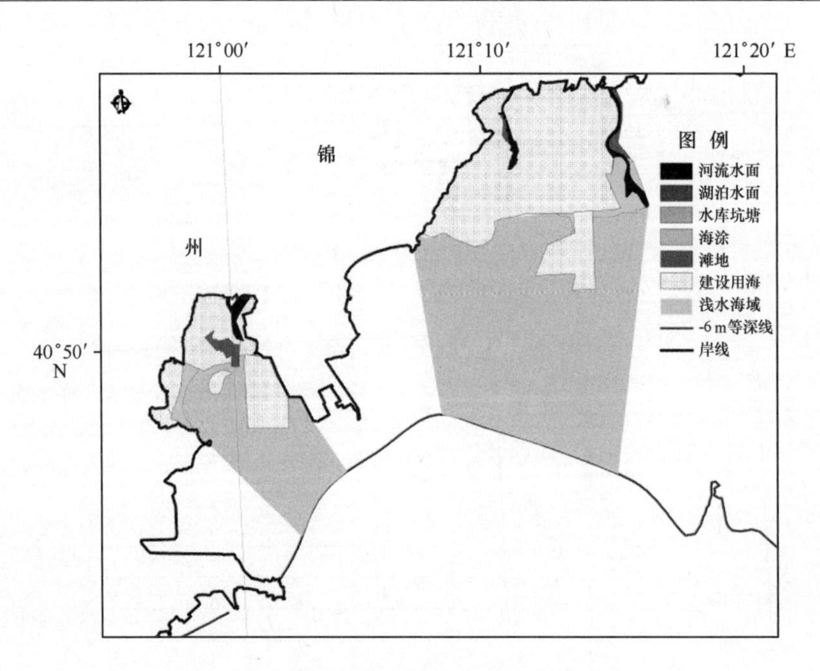

图 5.58　2012 年锦州湾沿海经济区湿地分布

表 5.13　锦州湾沿海经济区湿地面积统计　　单位：km^2

年份	2005	2008	2010	2011	2012
自然湿地	210.56	203.72	188.72	170.81	164.65
人工湿地	0.52	4.92	4.34	4.82	2.61
建设用海	33.03	39.27	53.28	70.63	83.75
湿地总计	211.08	208.64	193.06	175.63	167.26

图 5.59 中显示，从 2005 年至 2012 年湿地面积呈现缓慢减少的趋势，而围填海活动形成的建设用海面积却逐年增加。

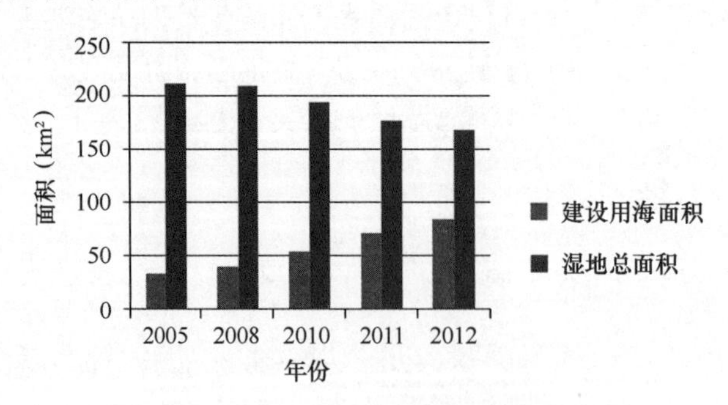

图 5.59　2005—2012 年湿地面积变化状况

5.6.2 营口鲅鱼圈临海工业区

营口鲅鱼圈临海工业区2012年湿地总面积为80.16 km²，主要由自然湿地组成，其中浅海水域占主要部分（图5.60）。

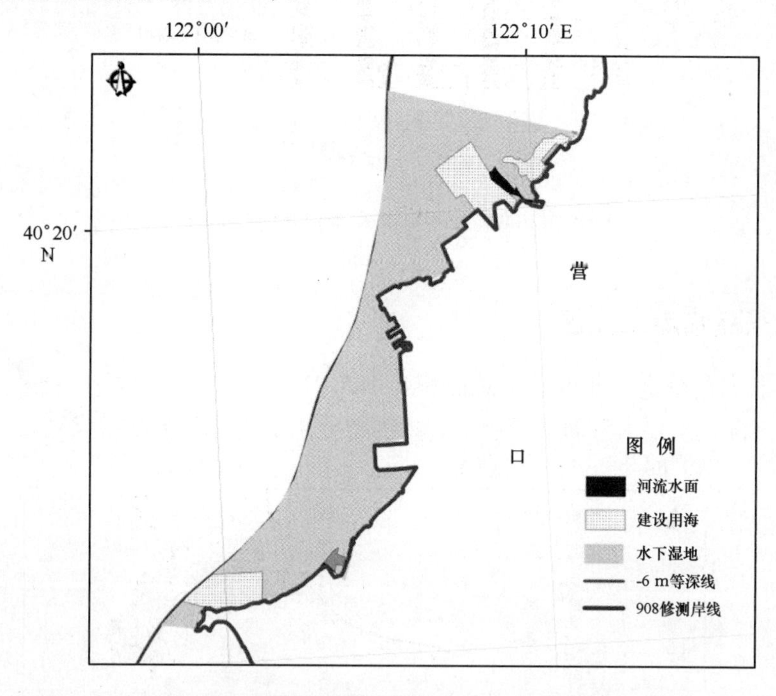

图5.60 2012年营口鲅鱼圈临海工业区湿地分布

湿地总面积呈逐年减小的趋势，2005年营口湿地总面积为91.30 km²，主要由芦苇地、水库坑塘以及水下湿地组成；由于受围填海活动的影响，至2012年，芦苇地、水库坑塘都有所减少，浅海水域部分也逐年减少。

从2005年至2012年湿地面积呈现逐渐减少的趋势，取而代之的是围填海活动形成的建设用海面积的增加（图5.61）。

表5.14 营口鲅鱼圈临海工业区湿地面积统计 单位：km²

年份	2005	2008	2010	2011	2012
自然湿地	89.93	88.53	82.07	80.63	79.69
人工湿地	1.37	1.37	0.89	0.89	0.47
建设用海	0.43	1.83	8.57	10.02	10.89
湿地总计	91.3	89.9	82.96	81.52	80.16

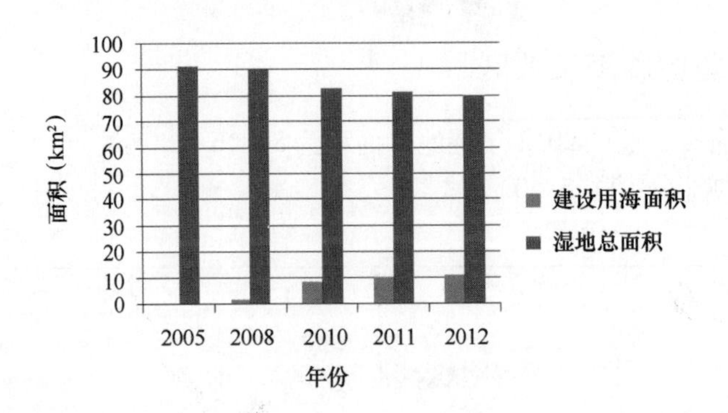

图 5.61　2005—2012 年湿地面积变化状况

5.6.3　长兴岛临港工业区

2012 年长兴岛临港工业区湿地总面积为 185.91 km²，主要由自然湿地以及人工湿地组成，自然湿地主要由浅海水域组成，人工湿地主要由水库坑塘组成（图 5.62）。

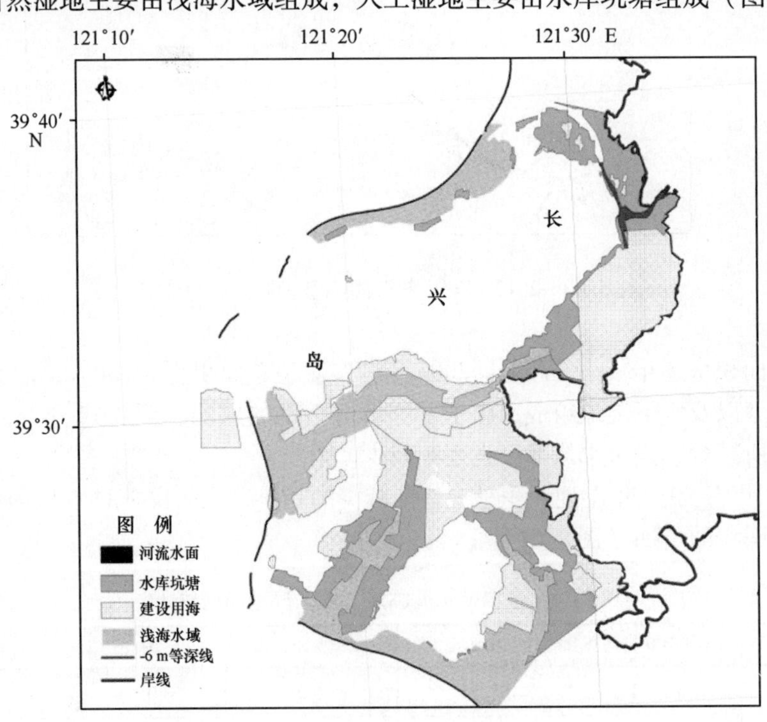

图 5.62　2012 年长兴岛临港工业区湿地分布

湿地总面积呈逐年减小的趋势，2005 年长兴岛湿地总面积为 234 km²，主要由河流、水库坑塘以及水下湿地组成，由于受围填海活动的影响，至 2012 年水上湿地部分有小幅减少，浅海水域部分也逐年减少（表 5.15）。

表 5.15 长兴岛临港工业区湿地面积统计 单位：km^2

年份	2005	2008	2010	2011	2012
自然湿地	130.83	122.99	105.14	101.75	100.89
人工湿地	103.17	110.46	105.79	105.62	85.02
建设用海	90.27	92.69	111.06	114.99	133.23
湿地总计	234	233.45	210.93	207.37	185.91

图 5.63 中清晰地显示，从 2005 年至 2012 年湿地呈现逐渐减小的趋势，取而代之的是围填海活动形成的建设用海面积的增加。

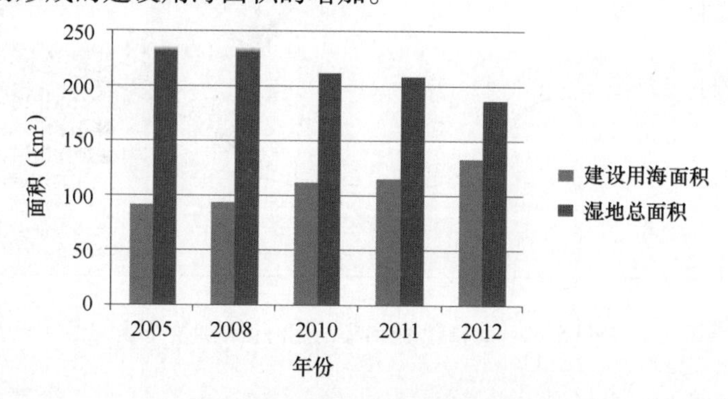

图 5.63 2005—2012 年湿地面积变化状况

5.6.4 曹妃甸集约用海区

曹妃甸集约用海区 2012 年滨海湿地总面积为 196.91 km^2，主要由自然湿地以及人工湿地组成，自然湿地主要包括 -6 m 等深线以下的浅海水域部分以及部分海涂，人工湿地主要由人工养殖池组成（图 5.64）。

湿地总面积呈逐年减小的趋势，2005 年曹妃甸湿地总面积为 409.78 km^2，主要由芦苇地、水库坑塘、海涂以及浅水海域组成，由于受围填海活动的影响，至 2012 年水库坑塘以及海涂有所减少，浅水海域部分也逐年减少（如表 5.16 所示）。

表 5.16 曹妃甸集约用海区湿地面积统计 单位：km^2

年份	2005	2008	2010	2011	2012
自然湿地	379.17	249.71	205.96	175.84	175.35
人工湿地	30.61	30.61	30.66	21.56	21.56
建设用海	0	143.6	184.46	228.23	229.2
湿地总计	409.78	280.32	236.62	197.4	196.91

图 5.65 中清晰地显示，从 2005 年至 2012 年湿地呈现逐渐减小的趋势，取而代之的是围填海活动形成的建设用海面积的增加。

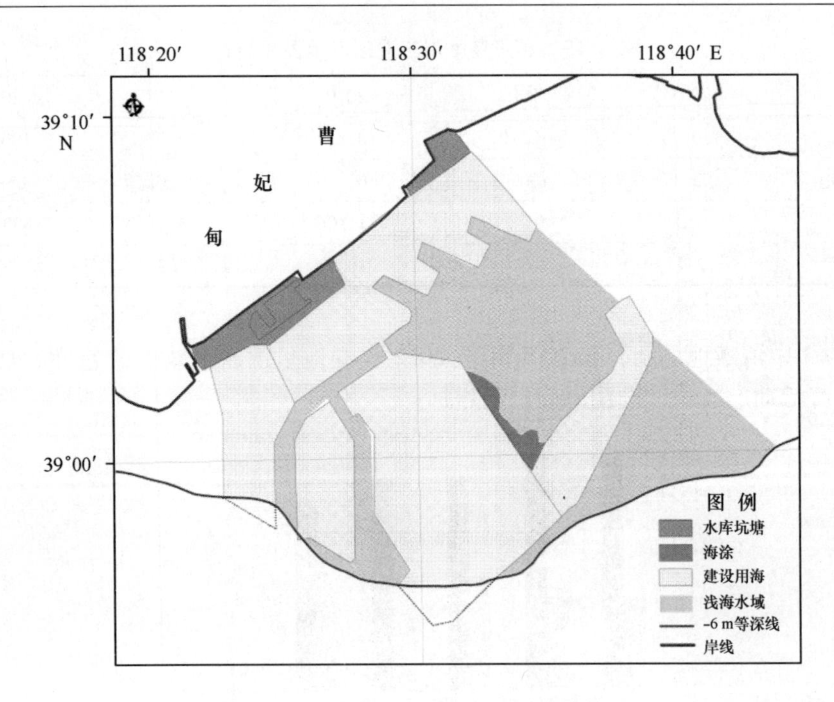

图 5.64 2012 曹妃甸集约用海区湿地分布

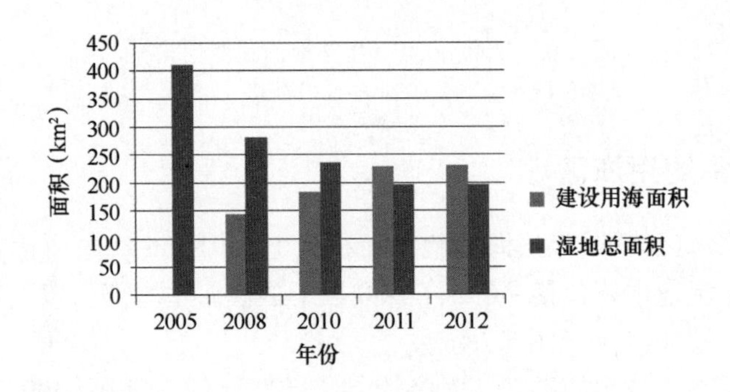

图 5.65 2005—2012 年湿地面积变化状况

5.6.5 沧州渤海新区

沧州渤海新区 2012 年湿地总面积为 195.44 km^2，主要由自然湿地和人工湿地组成（图 5.66）。

湿地总面积呈逐年减小的趋势，2005 年沧州湿地总面积为 211.04 km^2，主要由碱蓬地、海涂以及浅海水域组成；由于受围填海活动的影响，至 2012 年碱蓬地以及海涂全部消失，浅海水域部分也逐年减少（如表 5.17 所示）。

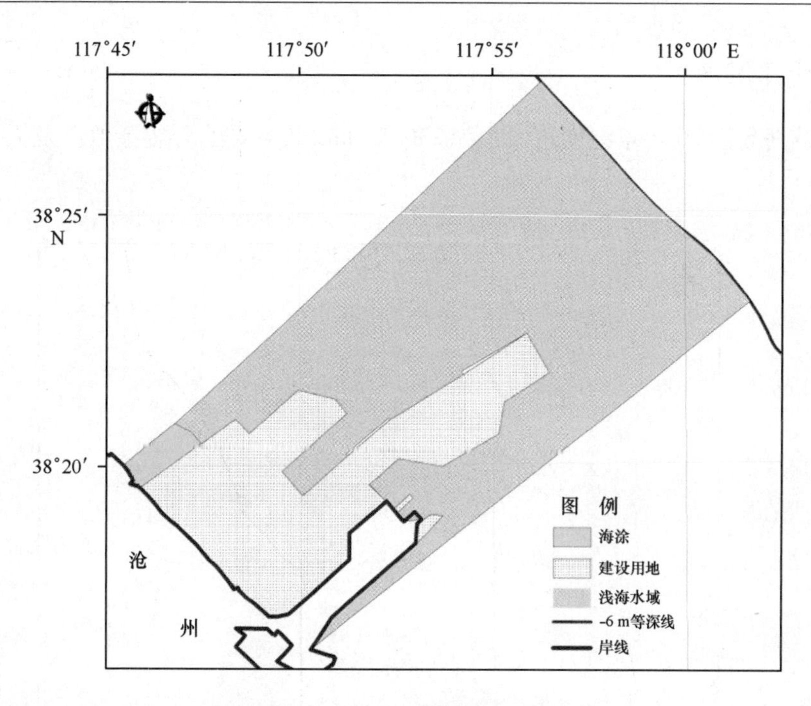

图 5.66　2012 年沧州渤海新区湿地分布

表 5.17　沧州渤海新区湿地面积统计　　单位：km^2

年份	2005	2008	2010	2011	2012
自然湿地	211.04	213.83	196.7	172.42	155.45
人工湿地	0	0	0	0	0
建设用海	0	0	25.75	34.12	55.76
湿地总面积	211.04	213.83	196.7	172.42	155.45

图 5.67 显示，2005—2008 年，湿地面积变化较小；2008—2012 年湿地呈现逐渐减小的趋势。取而代之的是围填海活动形成的建设用海面积的增加。

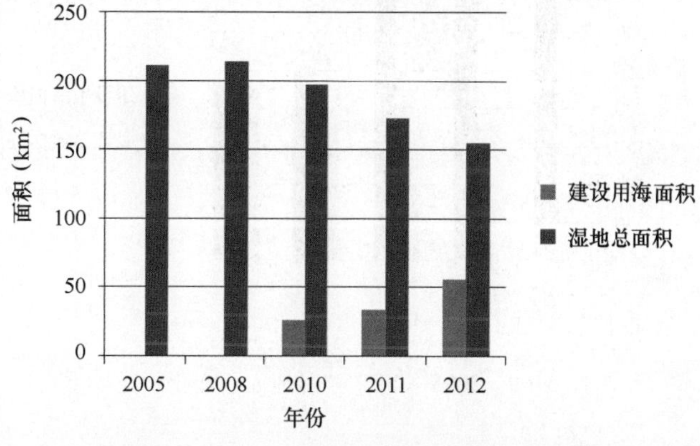

图 5.67　2005—2012 年湿地面积变化状况

5.6.6 天津滨海新区

天津滨海新区2012年湿地总面积为230.55 km^2，主要由自然湿地以及人工湿地组成（图5.68）。

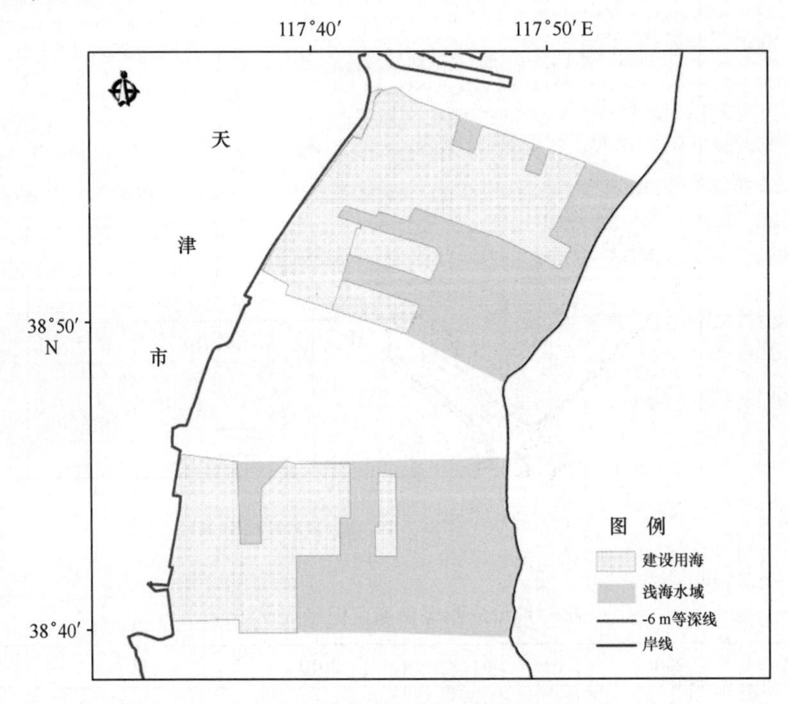

图5.68 2012年天津滨海新区湿地分布

湿地总面积呈逐年减小的趋势，2005年天津湿地总面积为425.92 km^2，主要由芦苇地、水库坑塘、海涂以及水下湿地组成；由于围填海活动的影响，至2012年水库坑塘以及海涂全部消失，水下湿地部分也逐年减少（图5.69）。

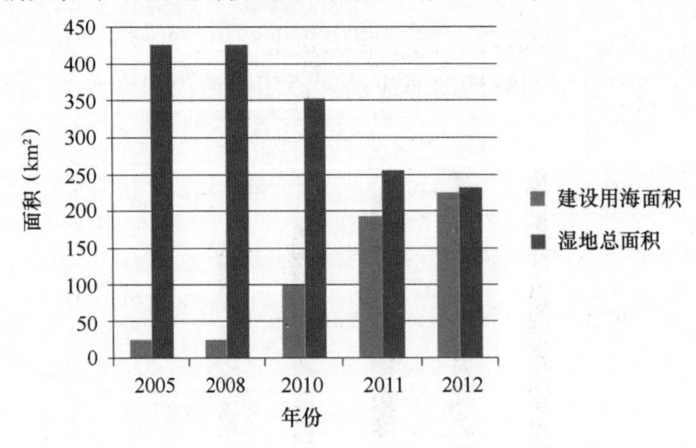

图5.69 2005—2012年湿地面积变化状况

从2005年至2012年湿地呈现逐渐减小的趋势，取而代之的是围填海活动形成的建设用海面积的增加（表5.18）。

表5.18　天津滨海新区湿地面积统计　　单位：km^2

年份	2005	2008	2010	2011	2012
自然湿地	418.53	418.28	323.23	254.94	230.55
人工湿地	7.39	7.39	28.75	0	0
建设用海	24.03	24.03	97.68	191.39	223.4
湿地总计	425.92	425.67	351.98	254.94	230.55

5.6.7　潍坊滨海生态旅游度假区

潍坊滨海生态旅游度假区2012年湿地总面积为153.92 km^2，主要由自然湿地组成，其中浅海水域占主要部分（图5.70）。

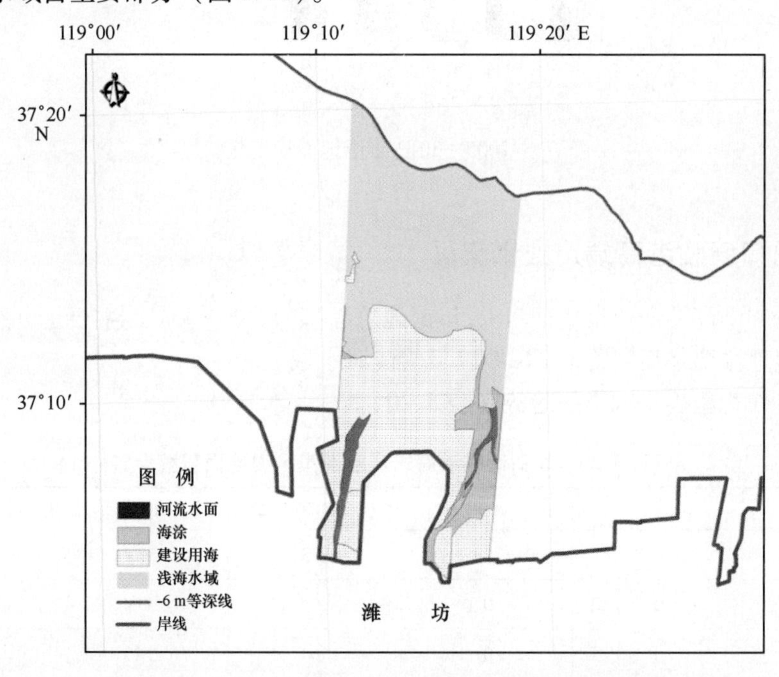

图5.70　2012年潍坊滨海生态旅游度假区湿地分布

湿地总面积呈逐年减小的趋势，2005年潍坊湿地总面积为215.38 km^2，主要由水库坑塘、海涂、滩地以及水下湿地组成；由于受围填海活动的影响，至2012年海涂、滩地有较大幅度的减小，水下湿地部分也逐年减少（表5.19）。

表 5.19　滨海生态旅游度假区湿地面积统计　　单位：km^2

年份	2005	2008	2010	2011	2012
自然湿地	215.38	206.72	204.45	159.15	153.92
人工湿地	0	0	0	0	0
建设用海	12.7	12.7	12.7	93.85	87.51
湿地总计	215.38	206.72	204.45	159.15	153.92

根据图 5.71，2012 年湿地呈现逐渐减小的趋势，取而代之的是围填海活动形成的建设用海面积的增加。

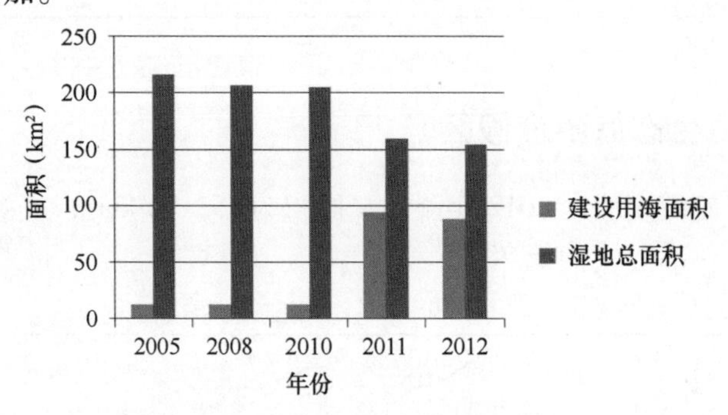

图 5.71　2005—2012 年湿地面积变化状况

5.6.8　龙口湾临港高端产业聚集区

龙口湾临港高端产业聚集区 2012 年湿地总面积为 16.19 km^2，主要是自然湿地，这里的自然湿地主要是指 −6 m 等深线以下的浅海水域。

湿地总面积呈逐年减小的趋势（表 5.20）。

表 5.20　龙口湾临港高端产业聚集区湿地面积统计　　单位：km^2

年份	2005	2008	2010	2011	2012
自然湿地	37.32	37.32	37.32	35.09	16.19
人工湿地	0	0	0	0	0
建设用海	0	0	0	2.23	21.13
湿地总计	37.32	37.32	37.32	35.09	16.19

图 5.72、图 5.73 显示，从 2005 年至 2011 年湿地面积变化不大，2012 年有较大幅度的减少；2011 年开始出现围填海形成的建设用地，2012 年有大幅度增长。

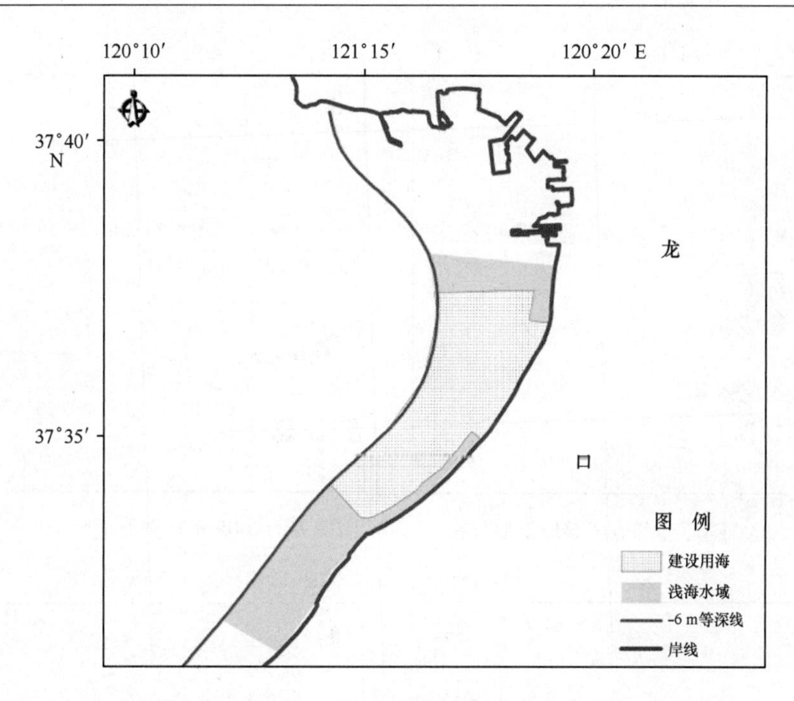

图 5.72　2012 年龙口湾临港高端产业聚集区湿地分布

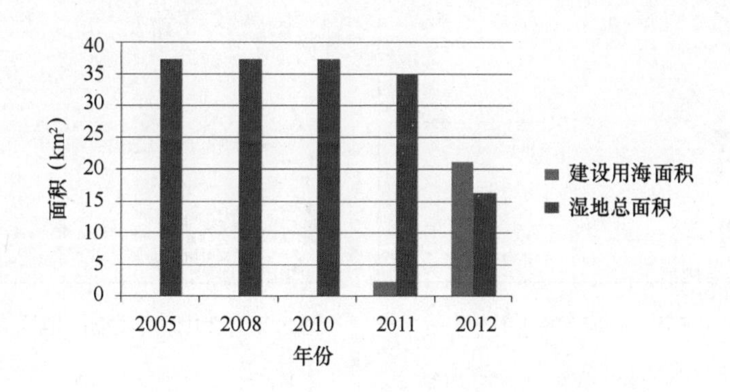

图 5.73　2005—2012 年湿地面积变化状况

5.7　结论

5.7.1　环渤海集约用海区湿地遥感监测分析

利用遥感与 GIS 技术，完成了环渤海集约用海区 2000 年、2005 年、2008 年、2010 年、2011 年和 2012 年湿地类型、分布及其变化状况的监测。环渤海集约用海区湿地遥感监测结果见图 5.74 至图 5.79，各类型湿地面积汇总见表 5.21。

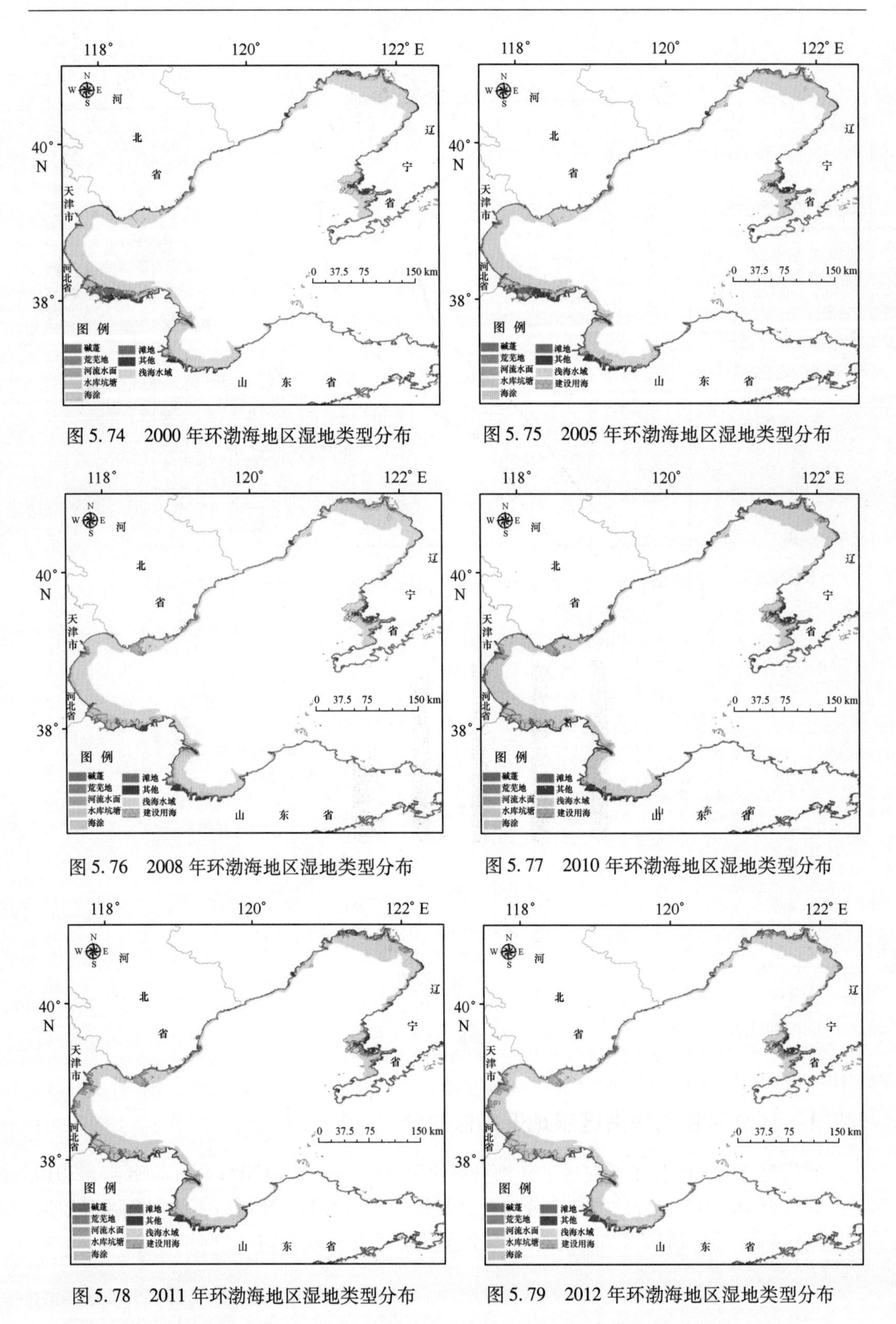

图 5.74　2000 年环渤海地区湿地类型分布

图 5.75　2005 年环渤海地区湿地类型分布

图 5.76　2008 年环渤海地区湿地类型分布

图 5.77　2010 年环渤海地区湿地类型分布

图 5.78　2011 年环渤海地区湿地类型分布

图 5.79　2012 年环渤海地区湿地类型分布

表 5.21 环渤海湿地面积统计 单位：km^2

类型	2000 年	2005 年	2008 年	2010 年	2011 年	2012 年
碱蓬	70.32	21.37	22.52	30.74	31.7	39.88
芦苇地	69.87	54.62	53.48	44.26	44.32	43.23
河流水面	106.67	110.44	106.59	108.25	110.86	124.02
水库坑塘	757	1 079.37	1 556.72	1 622.08	1 581.67	1 651.13
海涂	1 536.1	1 371.42	1 884.35	917.04	1 295.25	1 321.54
滩地	562.17	448.52	92.64	73.2	75.93	53.42
浅海水域	11 443.05	11 381.5	10 451.18	10 948.24	10 295.95	9 955.22
其他	705.07	677.37	571.81	618.26	763.33	639.02
湿地总面积	14 629.57	14 470.62	14 182.97	13 774.99	13 472.49	13 226.03

（1）2012 年环渤海滨海湿地类型组成及空间分布

2012 年环渤海区内湿地总面积 13 226.03 km^2，包括碱蓬地、芦苇地、河流水面、水库与坑塘、海涂、滩地、浅海水域以及其他八类湿地类型。

从全区的湿地类型看（图 5.80），渤海地区湿地中浅海水域占较大优势，占总湿地面积的 75.27%。第二大湿地类型是水库与坑塘类，占湿地总面积的 12.48%。环渤海地区海涂资源也较为丰富，占湿地总面积的 9.99%，是第三大湿地类型，是重要的自然湿地类型。天然湿地中面积最小的湿地类型是碱蓬地，仅占湿地总面积的 0.30%。

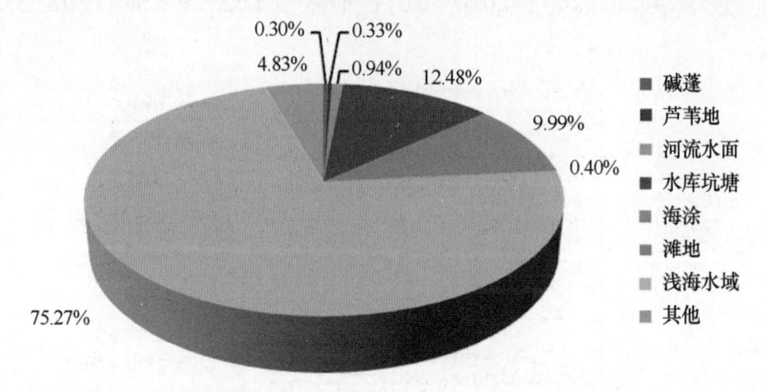

图 5.80 2012 年环渤海滨海湿地类型组成

从区域分布上，占北海区湿地面积最大的浅海水域主要分布在莱州湾、渤海湾、辽东湾滨海地区；水库坑塘类湿地分布较为广泛，山东省滨州海域以及辽东湾滨海海域出现较为集中的区域，此地区滨海湿地在景观中占有较为明显的优势。碱蓬、芦苇地、河流水面、海涂、滩地以及其他类湿地分布较为分散。

（2）2000—2012 年北海区湿地变化量与变化率

图 5.81 所示，2000—2012 年期间，环渤海滨海湿地总面积是呈减小的趋势，从

2000 年的 14 629.57 km^2 减少到 2012 年的 13 226.03 km^2；2000—2005 年减少 158.94 km^2，年平均变化速度为 26.49 km^2；2005—2008 年湿地总共减少 287.65 km^2，年平均变化速度为 95.88 km^2；2008—2010 年湿地总共减少 407.98 km^2，年平均变化速度为 203.99 km^2；2010—2011 年共减少湿地面积 302.49 km^2；2011—2012 年共减少湿地面积 246.46 km^2。

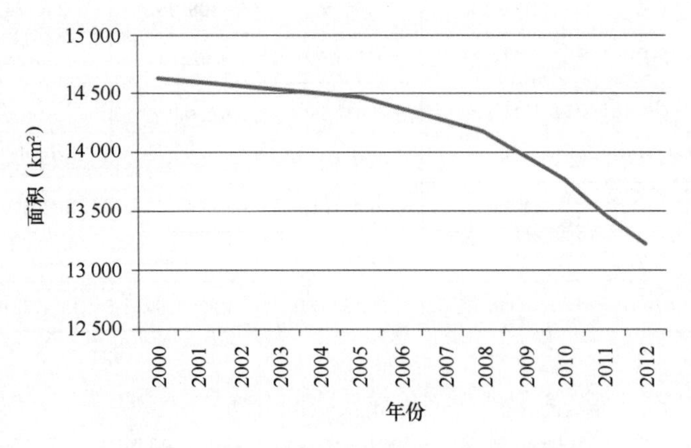

图 5.81　2005—2012 年环渤海湿地总面积变化

图 5.82 中显示，面积占优势的浅海水域 2000—2012 年整体呈现萎缩的趋势，2010 年稍有波动，2000—2005 年减少 61.5 km^2，年平均变化速度为 10.25 km^2；2005—2008 年减少 930.32 km^2，年平均变化速度为 310.10 km^2；2008—2010 年增加 497.06 km^2，年平均变化速度为 248.53 km^2；2010—2011 年减少 652.29 km^2；2011—2012 年减少 340.73 km^2。

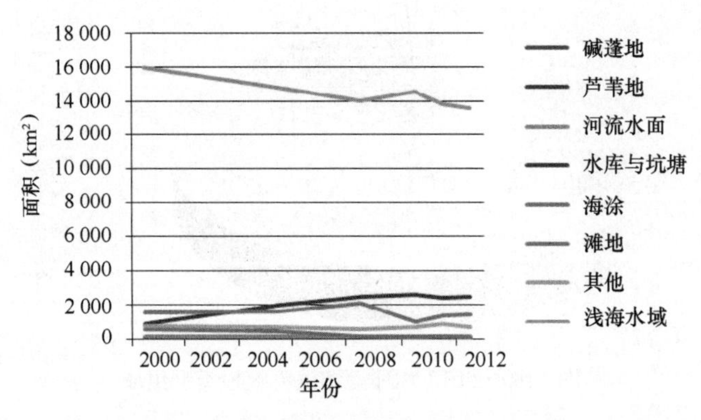

图 5.82　2000—2012 年环渤海地区各类型湿地总面积变化

水库坑塘整体呈现逐渐增加的趋势，2000—2005 年增加 322.37 km^2，年平均变化速度为 53.72 km^2；2005—2008 年增加 477.35 km^2，年平均变化速度为 159.1 km^2；2008—2010 年增加 65.36 km^2，年平均变化速度为 32.68 km^2；2010—2011 年减少 40.41 km^2；2011—2012 年增加 69.45 km^2。

碱蓬、芦苇地、河流水面、滩地以及其他类湿地在 2000—2012 年期间变化较小，海涂由于受影像成像时间的制约，其在2008—2012年变动较大。

5.7.2　结论

基于遥感与GIS技术，对环渤海区域滨海湿地实施了动态监测和变化分析。研究得出以下主要结论。

（1）环渤海区域滨海湿地组成中浅海水域占总面积的73.36%，主要分布在莱州湾、渤海湾、辽东滨海地区；除浅海水域外水库坑塘占总面积的13.24%，分布较为分散，以山东滨州沿海以及辽东湾滨海区域较为集中，其他多出现在较小的海湾地区。

（2）2000—2012环渤海区域滨海湿地总面积呈现萎缩的态势，整体减少了1 538.13 km^2，其中山东省总计减少295.65 km^2，河北省总计减少351.31 km^2，天津市总计减少349.98 km^2，辽宁省总计减少541.19 km^2。

（3）环渤海浅海水域呈现逐年减少的趋势，从2000年的15 964.85 km^2减少到2012年的13 558.56 km^2，占整个环渤海湿地面积次要地位的水库坑塘面积却有所增加，另外，除海涂外其他几类湿地的面积都没有太大的变化。

（4）造成湿地减少的原因是大量的人工围填海活动以及生产养殖活动占据了大片的天然浅海水域，导致浅海水域面积的减少、水库坑塘面积的增加，大量海涂的开挖也促进了水库坑塘面积的增加；其他类湿地中的盐田、闲置空地等变化情况复杂，部分变为水库坑塘、部分转化为建设用地；碱蓬、芦苇地、滩地都有较小程度的减少；河流水面的面积反而有所增加，主要也与影像成像的时相和时间有关。

（5）8个重点研究区的湿地类型中浅海水域占主要部分，围填海呈现增加的趋势，占据了大片的海涂以及浅海水域，其他湿地类型所占比例较少，整体湿地面积呈现减少的趋势。

6　环渤海集约用海区域水文和冲淤环境现状及历史演变

6.1　渤海海域

6.1.1　水文和冲淤环境现状

6.1.1.1　水文环境现状

潮汐　渤海潮汐性质以不规则半日潮为主，同时又有规则半日潮、正规日潮和不正规日潮。渤海10个验潮站（图6.1）实测水位资料分析结果显示，秦皇岛、芷锚湾和黄河海港为正规日潮，蓬莱为规则半日潮，其余站均为不规则半日潮。渤海最大潮差429 cm，出现在辽东湾顶，以塘沽为代表的渤海湾次之，秦皇岛和黄河海港附近海域潮差最小，见图6.3。

潮流　渤海浮标及海床基测流（图6.2）资料分析结果显示，渤海潮流以M_2、S_2、K_1、O_1四个分潮为主，其中以M_2分潮流最为显著。半日分潮流（M_2、S_2）在渤海海峡近岸海域及渤海湾湾口偏北部海域倾向于东西方向的往复流，在辽东湾湾口、莱州湾湾口和海峡中南部海域倾向于旋转流（潮流椭圆长轴为NW—SE向）；日分潮流（K_1、O_1）在渤海湾湾口偏北部海域倾向于旋转流（潮流椭圆长轴为东西向），在其他观测海域均倾向于往复流（莱州湾湾口为东西向，其他观测海域为NW—SE向），见图6.4。

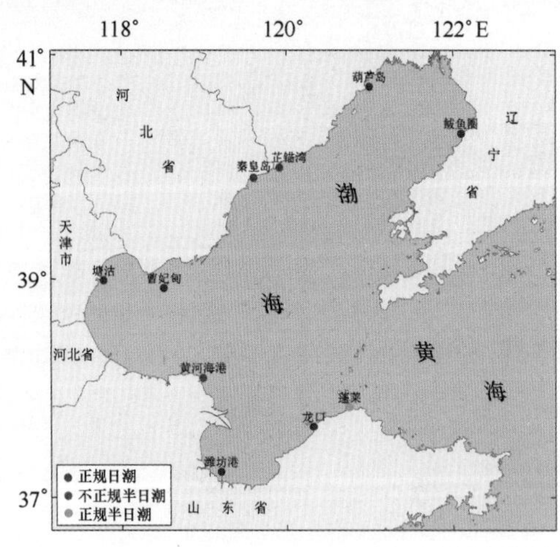

图6.1　渤海各验潮站潮汐性质

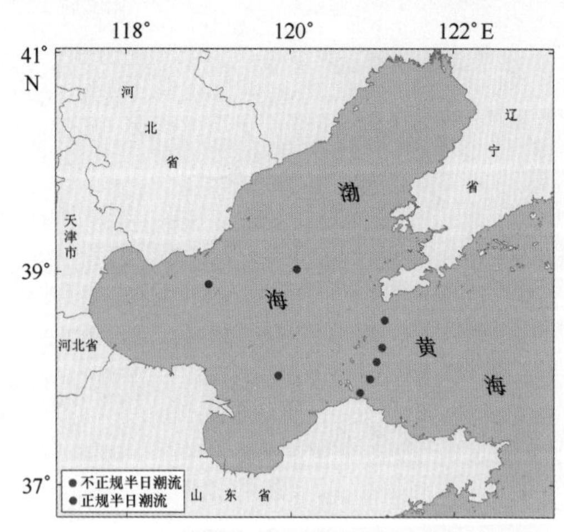

图6.2　渤海浮标及海床基站位处潮流性质

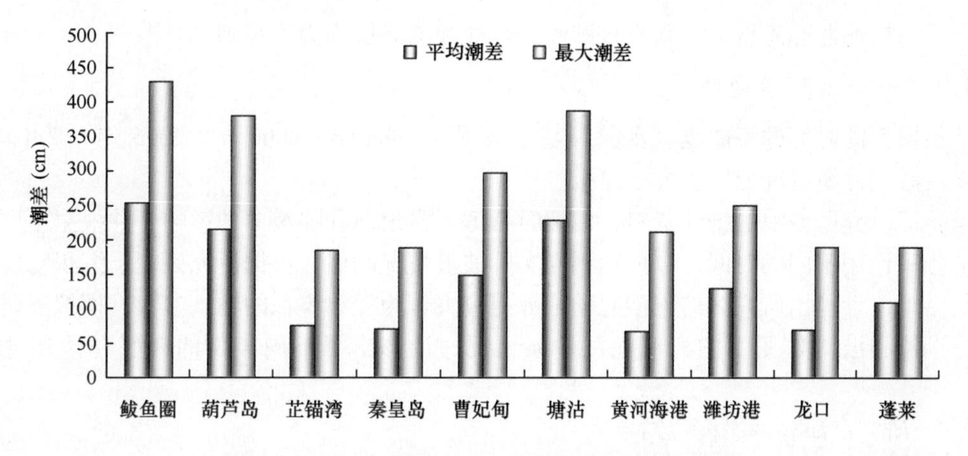

图 6.3　2011 年渤海各验潮站最大潮差和平均潮差

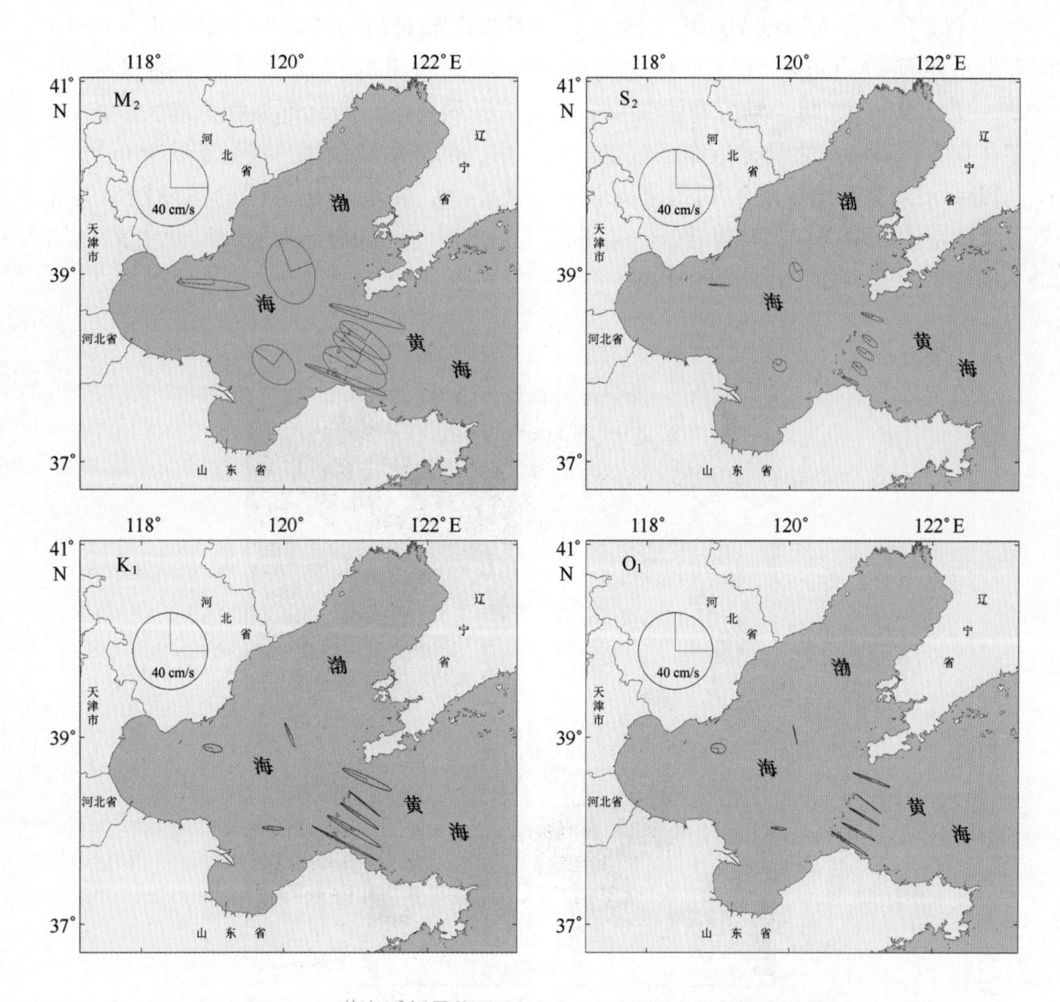

图 6.4　渤海浮标及海床基站位 5 m 层主要分潮潮流椭圆

渤海湾湾口偏北部海域为规则半日潮流，其他观测海域均为不规则半日潮流。

6.1.1.2 冲淤环境现状

根据不同时期的海岸线、水深等基础数据对1984年、2000年、2006年和2010年渤海湾海底冲淤状况分别进行了模拟。

根据研究区波浪的统计资料，模拟时考虑了常浪向和强浪向的影响，并根据不同波浪的频率作用不同的时间，以便达到与实际波浪情况相似。根据研究区表层沉积物粒度分析结果，计算出研究区的泥沙起动临界剪应力作为泥沙模拟的输入参数，模拟了研究区在潮流和波浪作用下的海底泥沙冲淤情况，计算出了不同年份的海底泥沙年冲淤厚度。

1）研究区海底冲淤模拟结果

图6.5至图6.8为本次数值模拟的渤海湾不同年份的海底年冲淤厚度图，从图6.5 1984年渤海湾年冲淤厚度图中可以看出，渤海湾南部黄河口废弃叶瓣附近海域、大口河和套尔河河口附近海域以及曹妃甸西部海域呈明显的侵蚀状态，侵蚀量大多在-0.2～-3.5 cm之间；渤海湾西部和中部则以淤积为主，西北部淤积量略大，淤积量大多在0.2～2.0 cm之间；近岸区域以淤积为主，部分海域存在一些呈带状分布的侵蚀区。1984年人类对渤海湾的利用范围和幅度还不大，主要以小范围的潮滩围海为主，只有天津港附近填海向海洋推进了一定的距离，这段时间渤海湾海底冲淤变化受人为因素干扰较少，基本处于自然演化状态。

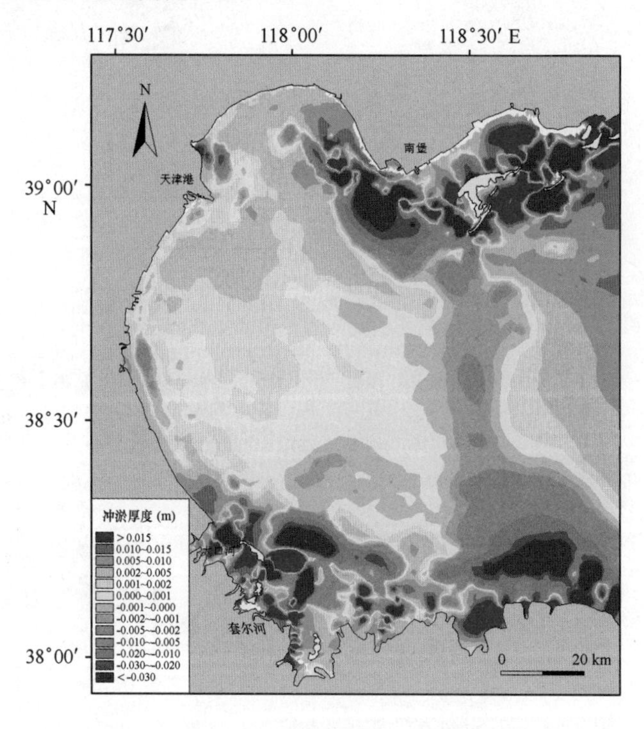

图6.5　1984年渤海湾年冲淤厚度

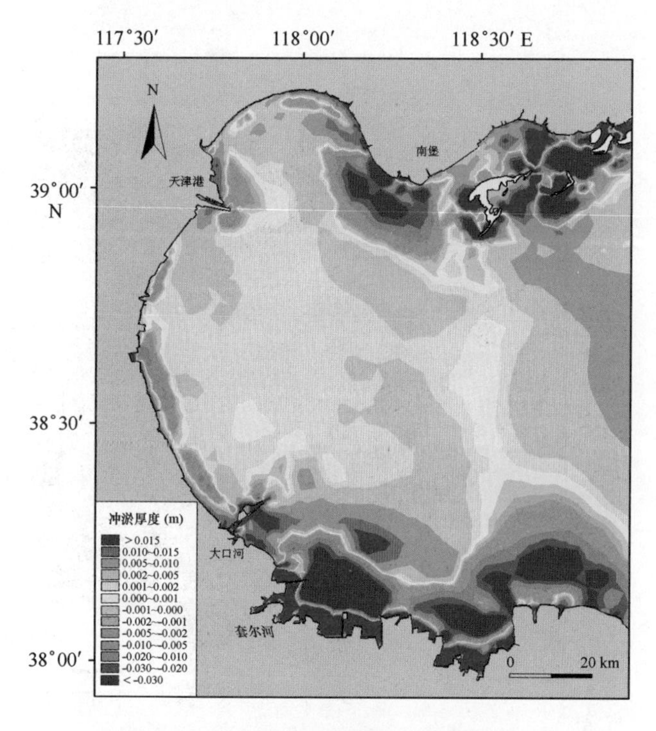

图 6.6　2000 年渤海湾年冲淤厚度

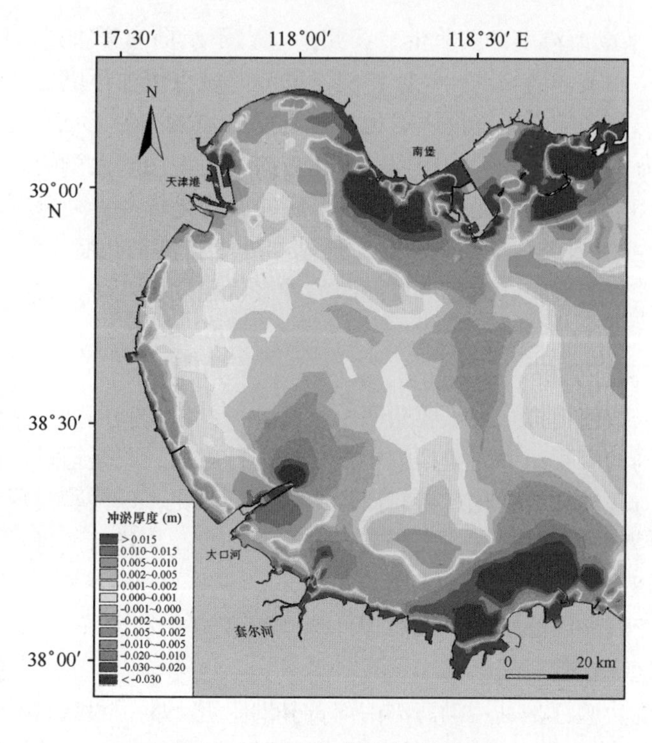

图 6.7　2006 年渤海湾年冲淤厚度

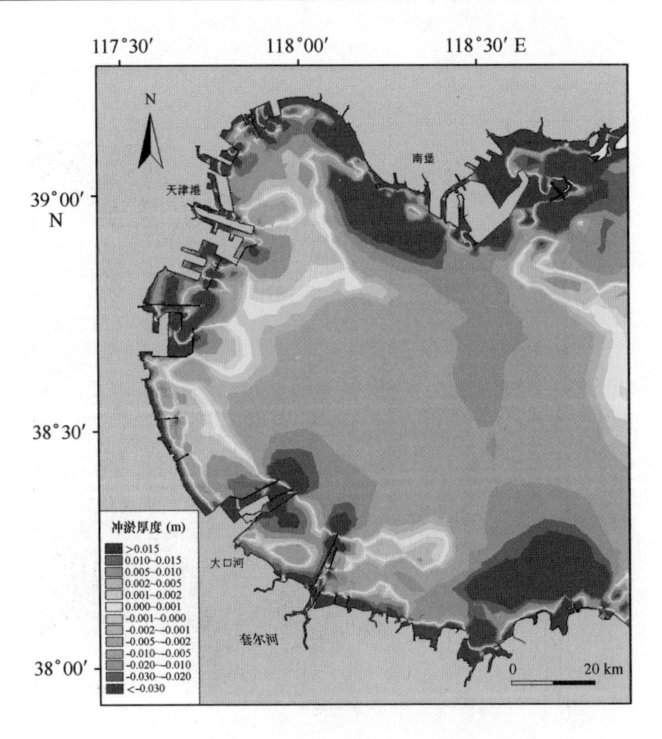

图 6.8 2010 年渤海湾年冲淤厚度

自 1984 年以来渤海湾南部黄骅港、滨州港一直不断向海洋推进，防沙堤向海一侧侵蚀量明显增加，而黄骅港与滨州港防沙堤之间的海域由侵蚀环境变为淤积环境，且淤积量较大。渤海湾西部随着天津港区的建设，近岸区域的海岸形态发生了较大的变化，天津港区不仅向海洋推进了较大的距离，南北方向上还占用了大量的海岸带土地，尤其是在 2006 年至 2010 年之间变化最大，附近海底冲淤变化较大。渤海湾北部曹妃甸附近海域在 2000 年以前受人类活动影响较少，还基本处于自然演化状态，2000 年以来随着曹妃甸浅滩填海工程的实施，附近海域海底的冲淤状况发生变化，曹妃甸南侧海域海底侵蚀量有所增加。

2）模拟结果验证分析

验证海底冲淤数值模拟结果主要从两个方面进行：一是利用多个站位的沉积物测年资料，用测年得到的沉积速率与模拟的年淤积量进行对比；二是通过不同时期地形图对比，得到渤海湾海底地形的变化，再与模拟结果进行对比，以检验模拟结果的可靠性。

用测年资料验证主要是依据前人研究成果。李凤业、高抒等通过对渤海湾泥质沉积区采集的 3 个沉积岩芯进行^{210}Pb 放射性活度测定，获取的渤海湾现代沉积速率为 0.2 ~ 2.0 cm/a，其中渤海湾南部受黄河入海泥沙影响沉积速率较大（图 6.9），模拟结果与渤海湾现代沉积速率在数量级上基本一致。

用海底地形变化验证是利用渤海湾南部黄骅港附近 1984 年和 2001 年水深地形测量资料，可以获得 2001 年相对于 1984 年的水深地形变化情况，然后计算出这期间的年均变化量，绘制出渤海湾南部海域自 1984 年至 2001 年的年水深地形变化图（图 6.10）。

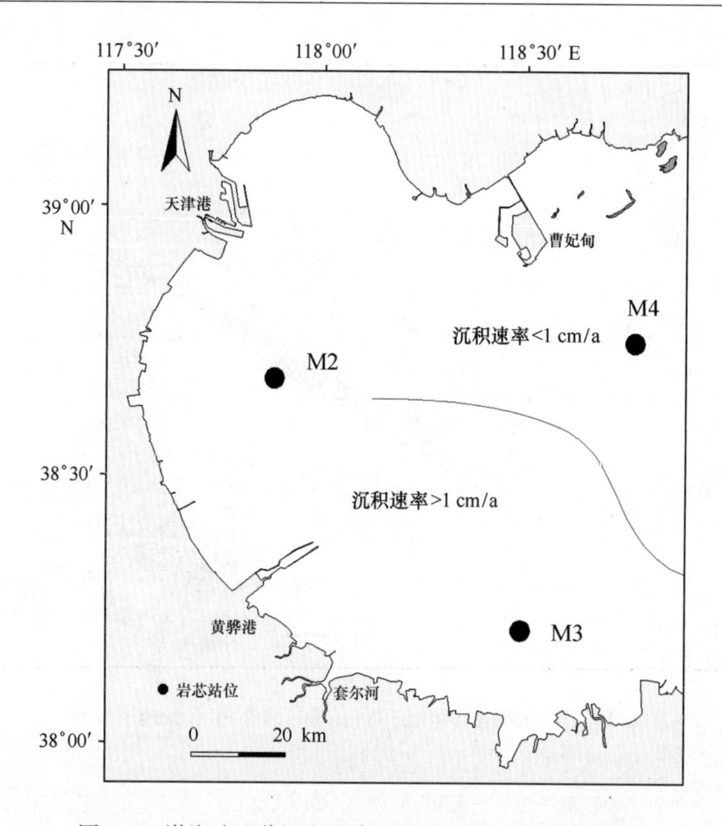

图 6.9　渤海湾现代沉积速率（据李凤业、高抒等修改）

从图中可以看出，渤海湾南部海域受黄骅港航道人工开挖和抛泥区的影响较大，基本呈离岸淤积、近岸部分海域侵蚀的冲淤变化状态，近岸侵蚀和淤积速率一般小于 2 cm/a，黄骅港北侧受抛泥的影响存在一个东西向的高沉积速率区。

通过数值模拟结果与水深地形变化的对比可以看出，虽然模拟结果存在误差，但两者在数量级上比较一致，冲淤分布上也比较吻合，模拟结果能够较好地反映渤海湾的海底冲淤变化状况。

3）误差分析

海底冲淤数值模拟很难顾及全部影响因素，本书并未考虑众多河流入海泥沙的影响。另外，渤海湾内有三个倾倒区，对渤海湾海底冲淤也会产生较大的影响，人类采砂活动对海底环境也会造成人为的改变，这些影响因素在数值模拟中很难全面考虑，故模拟结果与实际情况必然会存在一定的误差。但通过初步的验证，可以认为海底冲淤数值模拟结果基本能反映出渤海湾冲淤变化的状况。

4）渤海湾海底冲淤演变趋势分析与探讨

近几十年来，特别是 20 世纪 80 年代以来，随着沿海港口和养殖业的发展，渤海湾内建设了大量的潮滩围填和港口建设工程，这些围填海工程的建设直接导致海湾面积减小，海湾纳潮量也随之减少，潮流、波浪等水动力发生变化，海底冲淤状况发生了较大的改变。

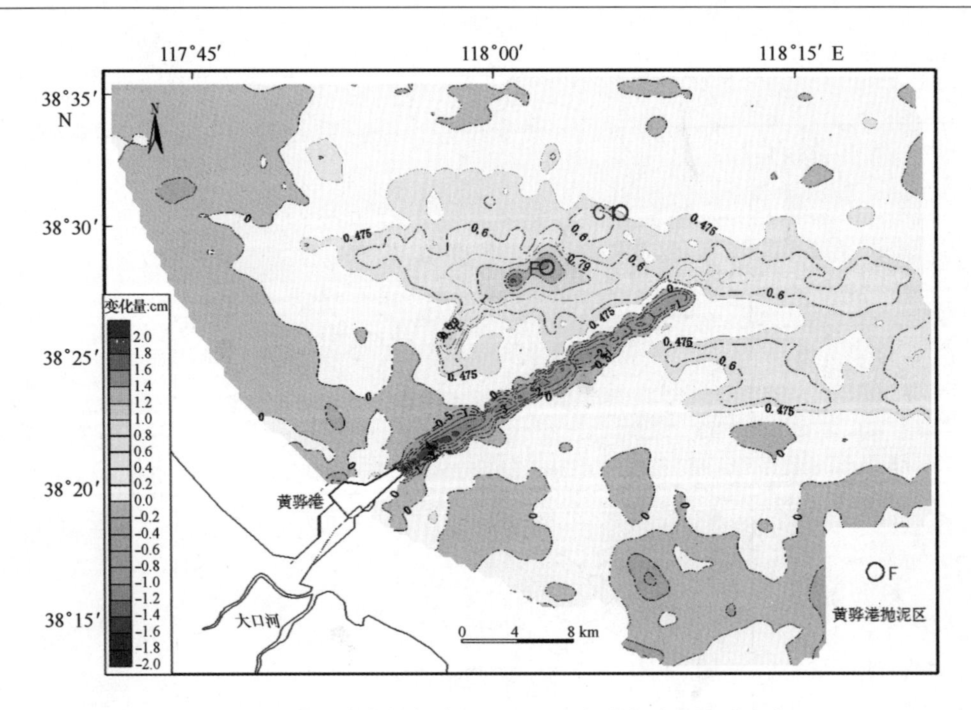

图 6.10 渤海湾南部海域 1984—2001 年的年水深地形变化

渤海湾顶部海洋水动力较弱，大量细颗粒泥沙在此淤积形成了较大范围的淤泥和粉砂质的潮滩，渤海湾沿岸大范围的潮滩分布为围填海工程提供了便利的条件。多年来的大量近岸围填海工程使得渤海湾的自然岸线基本消失，现在的海岸线多为盐田和养殖池的围堤以及港口码头等人工岸线，人工岸线外侧新潮滩在逐渐形成。

1975—1984 年，渤海湾沿岸围填海工程以盐田和养殖围海为主，港口工程尚未大力兴建，仅天津港处于建设过程中，10 年时间里天津港围填海面积也仅为 5.01 km^2，向海洋推进距离也并没有增长。这段时间整个渤海湾海域受人类活动影响比较小，海底基本处于自然冲淤演化状态，渤海湾西部和中部海域以淤积为主，南部和北部海域以侵蚀为主，海底地形地貌基本处于自然演变过程中。

1984—2000 年，渤海湾沿岸围填海工程明显增多，码头和防沙堤均向海洋推进了较大的距离，渤海湾南部黄骅港开始兴建，围填海面积较大，黄骅港防沙堤向海洋最大推进了约 11.3 km；西部天津港区也有了较大的发展，填海面积增加，天津港突堤向海洋最大推进了约 3.2 km。防沙堤和突堤的建设直接改变了附近的水动力条件，从而使得黄骅港防沙堤和天津港突堤的堤头附近海域海底发生明显侵蚀，而防沙堤和突堤近岸附近的海域淤积增加。

2000—2006 年，渤海湾南部黄骅港防沙堤继续向海洋延伸，滨州港也开始兴建，渤海湾南部呈侵蚀状态的海域面积增加；渤海湾北部曹妃甸填海工程开始实施，对附近的海底冲淤状况也产生了一定的影响，造成曹妃甸以南的海域侵蚀量有所增加。

2006 年以后渤海湾南部大面积潮滩完全被围填，天津港、黄骅港、滨州港和曹妃甸港等港口不断扩建，渤海湾内自然岸线基本消失，多被围堤和码头等人工海岸线所替代。渤海湾近岸海岸形态的变化使得近岸冲淤环境发生了较大的变化，渤海湾中部海域也出现了大面积的侵蚀状态。

自1975年至2010年近40年的时间里，渤海湾沿岸围填海工程建设导致海湾面积缩减了约15.73%，纳潮量减少了约13.15%，改变了海湾水动力条件，破坏了湾内的自然冲淤平衡，部分岸段的淤泥质潮滩淤长，部分岸段海底发生侵蚀。近海海洋工程建设明显影响了海底地形地貌的演变，改变了渤海湾自然演变趋势。总而言之，随着渤海湾沿岸工业和渔业等沿海经济的迅速发展，人类活动更加频繁，已经给渤海湾海岸带环境的自然演变带来了巨大的影响。

6.1.2　水文和冲淤环境变化

6.1.2.1　渤海潮汐特征变化分析

图6.11为2000年模拟工况，渤海 M_2、S_2、K_1 和 O_1 分潮同潮图。从图中可以看出

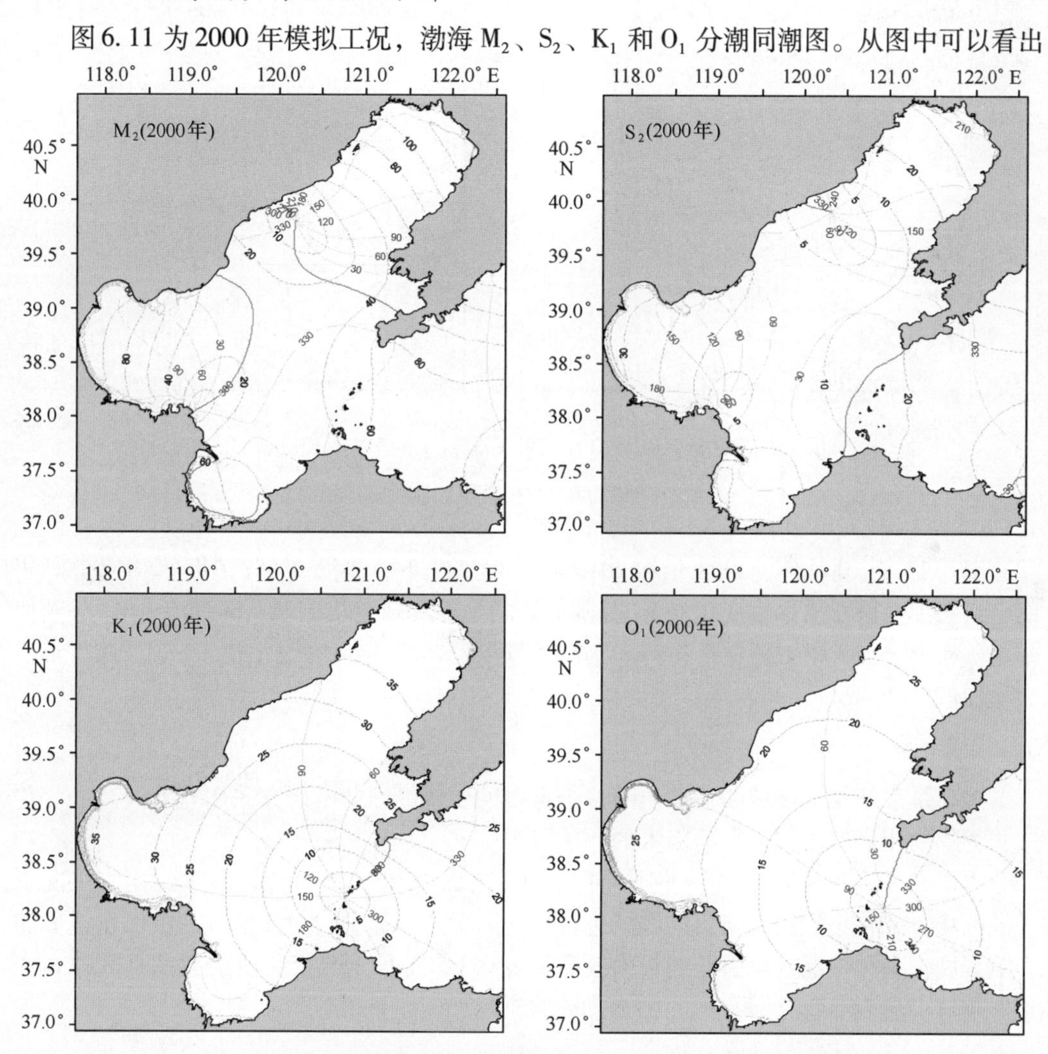

图6.11　2000年模拟工况，渤海 M_2、S_2、K_1 和 O_1 分潮同潮图

振幅单位：cm；迟角单位：°

半日潮的两个无潮点分别位于黄河海港和秦皇岛附近海域，日潮一个无潮点位于蓬莱站附近海域，各分潮的振幅和迟角都与海图图集的结果一致。

图6.12为2000年、2008年和2010年三种工况下，渤海 M_2 分潮振幅和迟角对比图，从图中可以看出岸线变化对 M_2 分潮的影响主要表现在渤海湾和莱州湾，秦皇岛外的无潮点位置和辽东湾的潮波分布基本没有变化。位于黄海海港附近海域的 M_2 无潮点向东南方向偏移数千米，致使渤海湾内 M_2 分潮振幅有所增大，2008年增大约3.5 cm，2010年增大约6 cm；渤海湾内迟角也发生逆时针偏转，2008年约为3°，2010年约为5°。莱州湾内 M_2 分潮振幅有所减小，2008年增大约1 cm，2010年增大约3 cm；莱州湾内迟角也发生顺时针偏转，2008年约为3°，2010年约为5°。

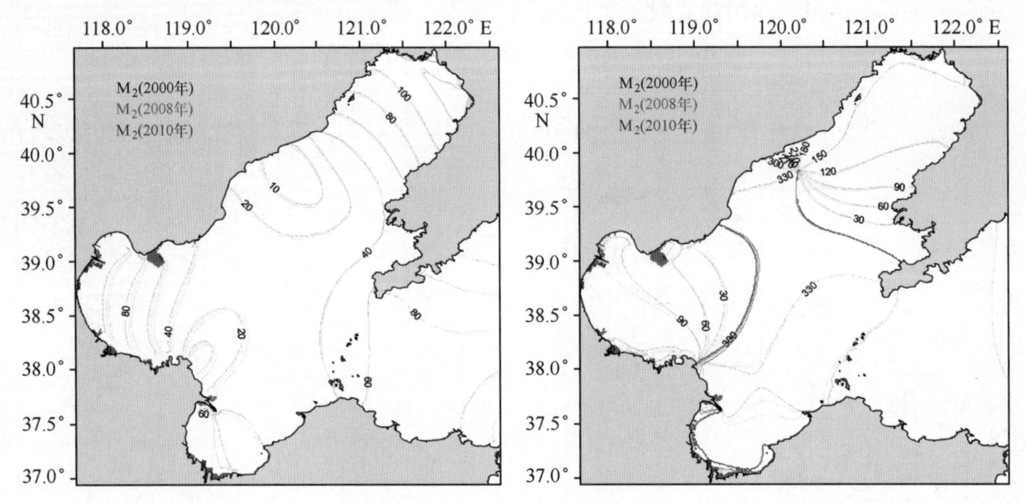

图6.12　2000年、2008年和2010年三种工况下，渤海 M_2 分潮振幅和迟角对比

振幅单位：cm；迟角单位：°

图6.13为2000年、2008年和2010年三种工况下，渤海 K_1 分潮振幅和迟角对比图，从图中可以看出岸线变化对 K_1 分潮的影响主要表现在从无潮点向渤海内 K_1 分潮振幅有所增大，最大增加值在辽东湾和渤海湾顶部，2008年最大增加值1 cm，2010年最大增加值1.2 cm。

6.1.2.2　波浪特征变化分析

波高是表征某个区域波浪性质的一个重要的要素，因此本研究采用有效波高的变化来作为集约用海波浪灾害影响因素的评估因子。

本研究采用两种天气过程分别计算2000年、2008年、2010年三种集约用海工况下的波浪场，并将集约用海前后的波高进行对比，确定用海项目对该区域的波浪场造成的影响程度。各种工况变化引起的最大波高见表6.1，各种工况变化所引起的不同波高变化影响范围见表6.2。

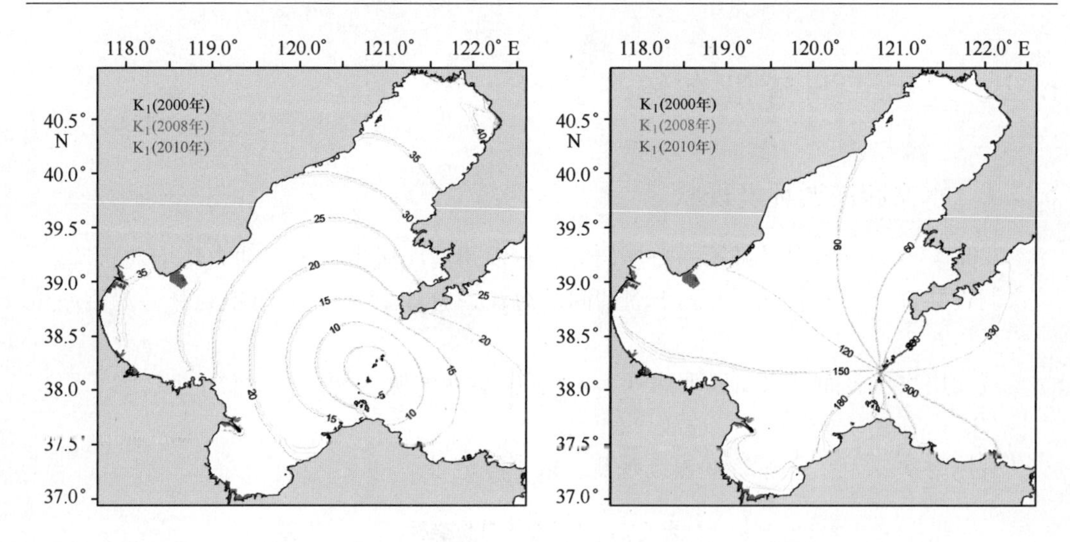

图 6.13 2000 年、2008 年和 2010 年三种工况下，渤海 K_1 分潮振幅和迟角对比

振幅单位：cm；迟角单位：°

表 6.1 渤海湾各种工况变化引起的最大波高变化 单位：m

海区	变化极值时间	2008—2000 年	2010—2000 年	2010—2008 年
渤海湾	台风过程	2.23	2.70	2.30
	冷空气过程	3.60	3.60	2.00
莱州湾	台风过程	1.8	2.2	2.2
	冷空气过程	1.8	2.7	2.3
辽东湾	1987 年气旋过程	1.7	1.9	1.9
	2004 年气旋过程	1.4	1.6	1.6

表 6.2 渤海湾各种工况变化所引起的不同波高变化影响范围 单位：km^2

海区	计算过程	2008—2000 年			2010—2000 年			2010—2008 年		
		Ⅲ级	Ⅱ级	Ⅰ级	Ⅲ级	Ⅱ级	Ⅰ级	Ⅲ级	Ⅱ级	Ⅰ级
		>0.2 m	>0.5 m	>0.8 m	>0.2 m	>0.5 m	>0.8 m	>0.2 m	>0.5 m	>0.8 m
渤海湾	台风过程	1 652	466	95	1 552	453	92	1 045	283.52	53
	冷空气过程	3 301	773	271	4 036	1 001	327	2 503	551.84	127
莱州湾	台风过程	352	248	212	395	298	255	127	61	45
	冷空气过程	854	397	241	884	430	278	364	108	47
辽东湾	1987 年气旋过程	143	69	54	235	138	105	101	62	44
	2004 年气旋过程	98	60	48	154	111	85	116	56	35

6.2 辽西锦州湾沿海经济区

6.2.1 水文和冲淤环境现状

2008 年 9 月国家海洋局第一海洋研究所在锦州湾海域进行了水动力环境现状调查，该次调查共进行了 3 个测站大、小潮期间的海流、悬沙 25 h 连续同步观测，观测站位坐标见表 6.3。

观测层次：表面（水面以下约 0.5 m）、中层（实测水深的 0.6 倍）、底层（距离海底 0.5 m）。

观测时次：大、小潮 25 h 连续观测，取正点记录。

表 6.3 海流观测站位坐标

站号	纬度（N）	经度（E）
C1	40°46′00″	121°01′30″
C2	40°44′50″	121°03′48″
C3	40°47′12″	121°05′33″

1）实测海流分析

（1）垂线平均的涨、落潮流平均流速、流向

各站实测海流均表现为较强的往复性流动，海流主流向为偏 S—N 向，其中偏 S 向为涨潮流向，偏 N 向为落潮流向。

大潮期间，各站涨潮流平均流速的流向为偏 S 向，即 163° ~ 205°之间，流速为 19 ~ 36 cm/s；落潮流平均流速的流向为偏 N 向，在 333° ~ 43°之间，流速为 28 ~ 33 cm/s。小潮期间，各站涨潮流平均流速的流向为偏 S 向，在 156° ~ 207°之间，流速为 20 ~ 30 cm/s；落潮流平均流速的流向为偏 N 向，在 16° ~ 32°之间，流速为 16 ~ 32 cm/s。

大潮期，C1 站、C2 站平均落潮流速大于平均涨潮流速，C3 站则相反，为平均落潮流速小于平均涨潮流速。小潮期，各站涨落潮流平均流速的分布及变化与大潮期相似。

（2）涨、落潮流的最大流速、流向

最大涨、落潮流流向的变化与平均涨、落潮流的流向相似，总的是最大涨潮流的流向为偏 S 向，最大落潮流的流向为偏 N 向。大潮期间，各站各层最大涨潮流向在 152° ~ 218°之间，最大落潮流向在 328° ~ 64°之间。小潮期间，各站各层最大涨、落潮流流向与大潮期相似，最大涨潮流向在 114° ~ 208°之间，最大落潮流向在 332° ~ 46°之间。

大潮期，最大落潮流流速，C1 站出现在表层（52 cm/s），C2 站出现在中层、底层（56 cm/s），C3 站出现在表、底层（56 cm/s）；最大涨潮流流速，C1 站出现在底层

(52 cm/s)，C2 站、C3 站出现在表层（分别为46 cm/s、68 cm/s)。小潮期，最大落潮流流速，C1 站、C2 站出现在中层（分别为48 cm/s、82 cm/s)，C3 站出现在表层（48 cm/s)；最大涨潮流流速，C1 站出现在底层（44 cm/s)，C2 站出现在中层（44 cm/s)，C3 站出现在表层（54 cm/s)。

2）余流

观测海域余流流速不大，大潮期余流流速均小于小潮期。大潮期各站各层余流流速在2.8～4.0 cm/s之间，最大值出现在C1 站中层，流向为112°；小潮期各站各层余流流速在6.6～11.8 cm/s之间，最大值出现在C3 站的表层，流向为33°。大潮期各站的余流流向基本为偏E向，小潮期为偏N向。垂线上，各层流向变化不大。

3）悬沙

观测海域含沙量变化较大。各站含沙量的变化范围为22.0～143.2 mg/L，平均含沙量的变化范围在40.0～53.6 mg/L之间。大潮期，C3 站的平均含沙量最大，达52.4 mg/L，C1 站次之，C2 站最小；小潮期，C1 站的平均含沙量最大，为53.6 mg/L，C2 站次之，C3 站最小。

观测海区各站垂向上的含沙量从表层至底层逐渐增大，C1 站、C2 站各层的平均含沙量均为大潮期小于小潮期，C3 站各层的平均含沙量为大潮期大于小潮期。

本海区涨、落潮流时段的垂线平均含沙量变化不大，大潮期，涨潮流时段的垂线平均含沙量的平均值在20.3～27.3 mg/L之间，各站垂线平均含沙量最大值为66.4～113.4 mg/L；落潮流时段的垂线平均含沙量的平均值在24.3～24.8 mg/L之间，各站垂线平均含沙量最大值为60.1～129.1 mg/L。小潮期，涨潮流时段的垂线平均含沙量的平均值在11.6～26.5 mg/L之间，各站垂线平均含沙量最大值为45.2～74.9 mg/L；落潮流时段的垂线平均含沙量的平均值在19.9～27.9 mg/L之间，各站垂线平均含沙量最大值为60.2～64.3 mg/L。

4）全潮单宽输沙量

观测海区日单宽输沙量较大，全潮日单宽输沙量大潮期为1 502.9～2 327.4 kg/(d·m)，小潮期为484.2～4 229.9 kg/(d·m)。大潮期各站涨、落潮日单宽输沙量均大于小潮期。大潮期涨潮流输沙量大于落潮流输沙量；小潮期，除C2 站涨潮流输沙量大于落潮流输沙量外，C1 站、C3 站落潮流输沙量大于涨潮流输沙量。

净输沙量：大潮期，C3 站最大，C2 站次之，C1 站最小；小潮期，C1 站最大，C2 站次之，C3 站最小。

净输沙向：大潮期，各站净输沙方向基本上是涨潮流向；小潮期，C1 站净输沙方向为涨潮流向，C2 站、C3 站净输沙方向为落潮流向。

6.2.2　水文和冲淤环境变化

为了考察岸线变化对辽宁全省重点区域周边海域的影响，本节采用数值模拟方法，通过模拟2000 年、2005 年和2010 年潮流场，计算海流变化、纳潮量和水交换能力等指标对锦州湾水动力变化进行分析评价。

6.2.2.1 潮流场变化

为进一步了解锦州湾内围填海工程后对附近海域潮流场的影响，本次模拟在锦州湾内部选取8个代表站位点（图6.14），通过2000年、2005年和2010年代表站位的模拟结果对比，说明锦州湾潮流场的变化。表6.4为锦州湾模拟站位计算结果。

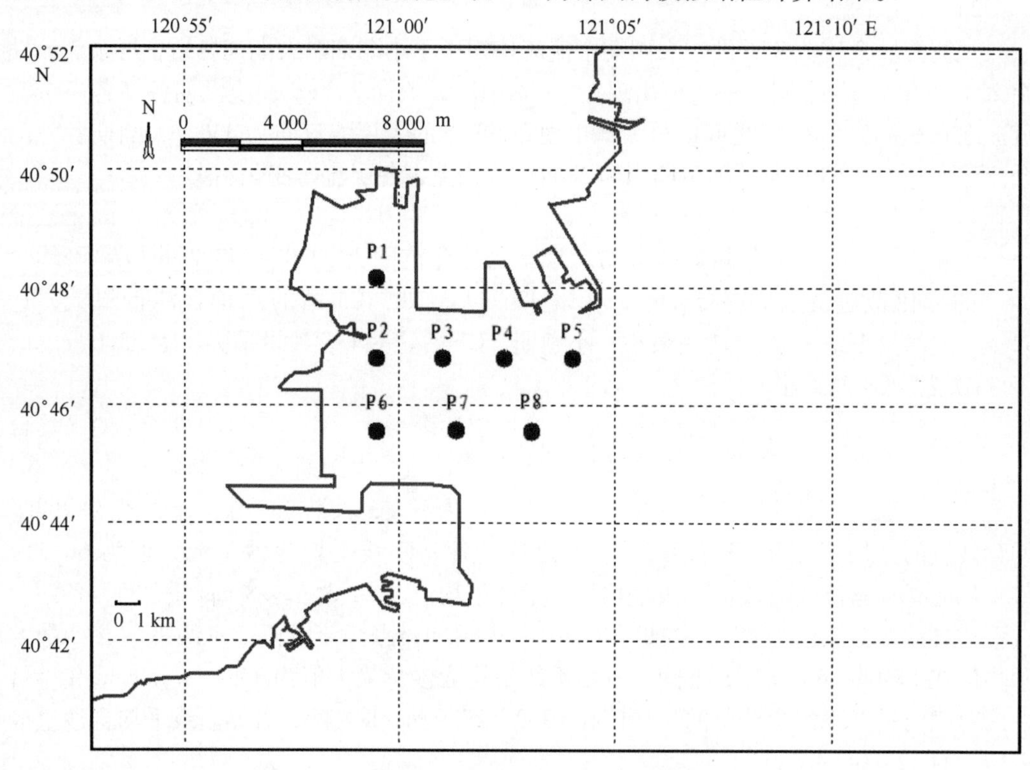

图6.14 锦州湾模拟站位布设

表6.4 锦州湾模拟方案计算结果

潮流时刻	站位	模拟方案对比（2005年）						模拟方案对比（2010年）					
		流速（cm/s）			流向（°）			流速（cm/s）			流向（°）		
		模拟	方案A	变化量	模拟	方案A	变化量	模拟	方案B	变化量	模拟	方案B	变化量
涨急	P1	13.08	18.64	-5.56	130.23	124.61	5.62	23.33	16.89	6.44	153.53	130.56	22.98
	P2	9.76	15.54	-5.78	118.55	104.63	13.92	16.17	12.61	3.56	129.76	117.74	12.02
	P3	19.44	27.99	-8.55	128.85	120.47	8.39	28.39	24.36	4.03	105.07	125.27	-20.20
	P4	20.19	30.81	-10.62	134.72	126.09	8.63	22.70	26.24	-3.54	112.42	124.92	-12.50
	P5	16.15	25.75	-9.60	175.35	140.13	35.22	15.75	17.34	-1.59	148.26	145.86	2.40
	P6	13.37	22.12	-8.75	103.34	93.92	9.42	16.25	16.94	-0.69	93.28	102.04	-8.76
	P7	22.44	31.70	-9.26	127.08	117.18	9.90	30.91	27.27	3.64	104.17	120.07	-15.90
	P8	23.22	31.21	-7.99	155.95	135.51	20.44	24.90	26.11	-1.21	137.55	137.75	-0.19

续表

潮流时刻	站位	模拟方案对比（2005年）						模拟方案对比（2010年）					
		流速（cm/s）			流向（°）			流速（cm/s）			流向（°）		
		模拟	方案A	变化量	模拟	方案A	变化量	模拟	方案B	变化量	模拟	方案B	变化量
落急	P1	9.49	16.78	-7.29	313.58	304.41	9.17	24.74	15.19	9.54	334.97	310.85	24.12
	P2	5.55	13.95	-8.40	315.67	281.11	34.56	16.01	11.92	4.09	308.31	292.53	15.79
	P3	8.72	23.75	-15.03	319.15	295.35	23.80	26.98	22.15	4.84	282.98	300.66	-17.68
	P4	8.54	26.12	-17.58	341.54	305.15	36.39	21.08	24.10	-3.02	294.82	305.03	-10.22
	P5	10.92	22.90	-11.98	24.81	331.40	53.41	16.35	18.51	-2.17	345.75	339.92	5.84
	P6	7.14	18.57	-11.43	294.07	270.72	23.35	15.66	15.36	0.30	271.91	278.10	-6.19
	P7	10.64	26.18	-15.55	323.00	293.65	29.35	27.50	24.37	3.13	283.56	296.19	-12.63
	P8	12.46	27.30	-14.83	2.87	320.73	42.14	23.60	25.15	-1.55	325.18	323.22	1.96

从表6.4可以看出，2005年模拟方案中涨急时刻各站位流速均呈现不同程度的减小，变化量为5.56～10.62 cm/s，变化最小的是P1站位，变化最大的是P4站位；各站位流向均呈现顺时针偏移，偏移角度在5.62°～35.22°之间，变化最小的是P1站位，变化最大的是P5站位。落急时刻各站位流速均呈现不同程度的减小，变化量为7.29～17.58 cm/s，变化最小的是P1站位，变化最大的是P4站位；各站位流向均呈现顺时针偏移，偏移角度在9.17°～53.41°之间，变化最小的是P1站位，变化最大的是P5站位。说明2000—2005年岸线变化造成锦州湾海域水动力流速减小，流向整体向顺时针方向偏转。

2010年模拟方案中涨急时刻P4站位、P5站位、P6站位、P8站位流速减小，变化量为0.69～3.54 cm/s，其他站位流速增大，变化量为3.56～6.44 cm/s；P3站位、P4站位、P6站位、P7站位、P8站位流向呈现逆时针偏转，偏转角度在0.19°～20.2°，其余站位呈现顺时针偏转，偏转角度在2.4°～22.985°；落急时刻P4站位、P5站位、P8站位流速减小，幅度为5.44%～9.43%，其他站位流速增大，幅度为5.21%～61.3%；P3站位、P4站位、P6站位、P7站位流向呈现逆时针偏转，偏转角度在6.19°～17.68°，其余站位呈现顺时针偏转，偏转角度在1.96°～24.12°。说明2005—2010年岸线变化造成锦州湾湾口海域水动力流速减小，湾内流速略有增加，P3站位、P4站位、P6站位、P7站位流向整体向逆时针方向偏转，其余站位向顺时针方向偏转，主要受湾口岬角两端海岸工程的影响。

6.2.2.2 纳潮量变化

一个海湾可以接纳的潮水的体积就是该海湾的纳潮量。纳潮量的改变是海湾潮流特征变化的总体反映，其大小直接影响到海湾与外海的交换强度，从而制约着海湾的自净能力。纳潮量的大小反映了海湾的自净能力，决定海湾与外海的交换强度，对海湾环境、港区航道水深的维持、海洋水产养殖、生态及冲淤等方面意义重大。纳潮量的计算方法：

$$P = h \cdot S \tag{6.1}$$

式（6.1）中，P 为平均潮差条件下的纳潮量，h 为平均潮差，S 为平均水域面积（即平均高潮位与平均低潮位水域面积之均值）。

1）锦州湾纳潮量变化

根据公式可计算得到锦州湾不同年份的纳潮量，结果见表6.5。

表6.5　锦州湾不同年份纳潮量变化统计　　单位：m^3

年份	2000	2005	2010
大潮	2.73×10^8	2.26×10^8	1.49×10^8
小潮	2.23×10^8	1.98×10^8	1.44×10^8

数值计算结果表明，2000 年锦州湾大潮纳潮量为 $2.73 \times 10^8\ m^3$，小潮纳潮量为 $2.23 \times 10^8\ m^3$；2005 年锦州湾大潮纳潮量为 $2.26 \times 10^8\ m^3$，小潮纳潮量为 $1.98 \times 10^8\ m^3$；2010 年锦州湾大潮纳潮量为 $1.49 \times 10^8\ m^3$，小潮纳潮量为 $1.44 \times 10^8\ m^3$。2005 年与 2000 年相比，大潮纳潮量减少了 $0.47 \times 10^8\ m^3$，小潮纳潮量减少了 $0.25 \times 10^8\ m^3$；2010 年与 2005 年相比，大潮纳潮量减少了 $0.77 \times 10^8\ m^3$，小潮纳潮量减少了 $0.54 \times 10^8\ m^3$。

（1）影响预测方案

考虑到潮波系统是由不同分潮叠加作用而成，为了说明岸线变化因素对锦州湾纳潮量的影响，本节设立两种模拟方案如下。

①2005 年岸线变化对纳潮量的影响（方案 A）：假设 2000—2005 年岸线未发生变化，即采用 2000 年岸线，2005 年潮汐海流边界模拟锦州湾纳潮量。

②2010 年岸线变化对纳潮量的影响（方案 B）：假设 2005—2010 年岸线未发生变化，即采用 2005 年岸线，2010 年潮汐海流边界模拟锦州湾纳潮量。

（2）影响模拟结果

模拟结果见表6.6，假设 2000—2005 年岸线未发生变化（方案 A），锦州湾大潮纳潮量为 $2.53 \times 10^8\ m^3$，小潮纳潮量为 $2.28 \times 10^8\ m^3$；假设 2005—2010 年岸线未发生变化（方案 B），锦州湾大潮纳潮量为 $2.12 \times 10^8\ m^3$，小潮纳潮量为 $2.05 \times 10^8\ m^3$。

表6.6　2000—2010 年锦州湾纳潮量变化统计　　单位：m^3

年份	大潮	小潮
2005 年（方案 A）	2.53×10^8	2.28×10^8
2010 年（方案 B）	2.12×10^8	2.05×10^8
2000—2005 年变化量（变化率）	-0.27（10.67%）	-0.30（13.16%）
2005—2010 年变化量（变化率）	-0.63（29.72%）	-0.61（29.76%）

统计结果表明 2000—2005 年岸线的变化导致锦州湾大潮纳潮量减少了 0.27 ×

10^8 m^3，改变了10.67%；小潮纳潮量减少了0.3×10^8 m^3，改变了13.16%。2005—2010年岸线的变化导致锦州湾大潮纳潮量减少了0.63×10^8 m^3，改变了29.72%；小潮纳潮量减少了0.61×10^8 m^3，改变了29.76%。说明2000—2010年岸线变化造成锦州湾纳潮量的逐渐递减。

2）葫芦山湾纳潮量变化

根据公式可计算得到葫芦山湾不同年份的纳潮量，结果见表6.7。

表6.7　葫芦山湾不同年份纳潮量变化统计　　单位：m^3

年份	2005	2010
大潮	1.45×10^8	1.35×10^8
小潮	1.44×10^8	1.34×10^8

数值计算结果表明，2005年葫芦山湾大潮纳潮量为1.45×10^8 m^3，小潮纳潮量为1.44×10^8 m^3；2010年葫芦山湾大潮纳潮量为1.35×10^8 m^3，小潮纳潮量为1.34×10^8 m^3。2010年与2005年相比，大潮纳潮量减少了0.1×10^8 m^3，小潮纳潮量减少了0.1×10^8 m^3。

（1）影响预测方案

考虑到潮波系统是由不同分潮叠加作用而成，为了说明岸线变化因素对锦州湾纳潮量的影响，本节设立两种模拟方案如下。

①2005年岸线变化对纳潮量的影响（方案A）：假设2000—2005年岸线未发生变化，即采用2000年岸线，2005年潮汐海流边界模拟葫芦山湾纳潮量。

②2010年岸线变化对纳潮量的影响（方案B）：假设2005—2010年岸线未发生变化，即采用2005年岸线，2010年潮汐海流边界模拟葫芦山湾纳潮量。

（2）影响模拟结果

模拟结果见表6.8，假设2000—2005年岸线未发生变化（方案A），葫芦山湾大潮纳潮量为1.68×10^8 m^3，小潮纳潮量为1.65×10^8 m^3；假设2005—2010年岸线未发生变化（方案B），葫芦山湾大潮纳潮量为1.46×10^8 m^3，小潮纳潮量为1.45×10^8 m^3。

表6.8　2000—2010年葫芦山湾纳潮量变化统计　　单位：m^3

年份	大潮	小潮
2005年（方案A）	1.68×10^8	1.46×10^8
2010年（方案B）	1.65×10^8	1.45×10^8
2000—2005年变化量（变化率）	-0.23（13.7%）	-0.11（7.5%）
2005—2010年变化量（变化率）	-0.21（12.7%）	-0.11（7.3%）

统计结果表明，2000—2005年岸线的变化导致葫芦山湾大潮纳潮量减少了0.23×10^8 m^3，改变了13.7%；小潮纳潮量减少了0.11×10^8 m^3，改变了7.5%。2005—2010年岸线的变化导致葫芦山湾大潮纳潮量减少了0.21×10^8 m^3，改变了12.7%；小潮纳潮

量减少了 $0.11\times10^{8}\ m^{3}$，改变了7.3%。说明2000—2010年岸线变化造成葫芦山湾纳潮量的逐渐递减。

6.2.2.3 海水交换能力变化

海水交换是衡量某一海域自净能力的一个主要指标，海水交换能力的强弱，直接决定水体的环境容量的大小。因此，研究海水的净交换问题，对于海洋环境保护具有重要意义。

1）水动力交换的计算方法

（1）计算方法

研究水交换的方法主要有观测方法和数值计算方法。通过对标示水质点在一个完整分潮周期内的拉格朗日运动的跟踪发现，潮流的振幅和迟角的空间分布的不均匀性是导致相邻水体之间进行水交换的主要原因。此外，潮余环流在水交换中也起着重要作用。本节采用数值模拟方法，通过计算海水标示质点的拉格朗日运动来揭示各水体之间的交换过程。

通过数值求解二维浅水潮波方程来求得海域内的欧拉意义上的潮流场，根据欧拉流场来计算各个标示质点的拉格朗日运动。假设一个标示质点在时刻 t_0 的初始位置 $\vec{R}_0$，于时刻 t 运动到新的位置 $\vec{R}=\vec{R}_0+\Delta R$，那么在质点运动的轨迹上，它的拉格朗日速度 $\vec{U}_l(\vec{R}(\vec{R}_0,t),t)$ 与欧拉速度 $\vec{U}(\vec{R},t)$ 等同：

$$\vec{U}_l(\vec{R}(\vec{R}_0,t),t)=\vec{U}(\vec{R},t) \tag{6.2}$$

$$\vec{R}(\vec{R}_0,t)=R_0+\int_{t_0}^{t}\vec{u}(\vec{R}_0,t)\mathrm{d}t \tag{6.3}$$

标示质点的新速度取决于速度场的空间梯度 $\nabla_H\vec{U}$。若 $\Delta\vec{R}$ 很小，可以用式（6.4）来逼近，然后给出标示质点的新位置：

$$\Delta\vec{R}=\int_{t_0}^{t}(\vec{R}_0,t')\mathrm{d}t' \tag{6.4}$$

$$\vec{R}(\vec{R}_0,t)=R_0+\int_{t_0}^{t}\vec{u}(\vec{R}_0,t')\mathrm{d}t' \tag{6.5}$$

故而可以依据欧拉流场来计算各个标示质点的运动轨迹。由方程式表明，标识质点的拉格朗日运动具有如下特点：①质点的运动与质点投放的初始时刻有关；②质点的运动与质点投放的初始位置有关。因此，在进行拉格朗日质点跟踪计算过程中必须充分考虑这些特征。

（2）水交换率的计算

为了定量地讨论海湾水体的水交换能力，本节引进水交换率的概念。根据流出湾外水质点的个数近似地求出流出湾外的水体积。因此定义潮周期内某一水体与其相邻水体的净交换率为：

$$R=\frac{V_{出}}{V_{总}}\times100\% \tag{6.6}$$

其中，R 代表交换率（%），$V_{总}$ 表示所划定的水域的总体积，$V_{出}$ 表示在一个周期内流出水域之外的净体积。

前面的分析已表明，水质点的拉格朗日运动是投放初始时刻的函数，因此，不同的投放时刻会导致不同的计算结果。这时我们进一步定义，在一个潮周期内，以不同特征时刻作为初始时刻所得到的相应计算结果的平均值作为一个潮周期内的平均交换率，它反映了水体与外界交换的平均状态。

2）锦州湾水动力变化影响

根据公式可计算得到锦州湾不同年份的水交换，结果见表6.9。

表6.9 2000—2010年锦州湾湾内水交换率（%）

年份（现状岸线）	大潮	小潮
2000	9.2	6.9
2005	8.91	6.13
2010	8.19	6.1

数值计算结果表明，2000年锦州湾大潮水交换率为9.2%，小潮水交换率为6.9%；2005年锦州湾大潮水交换率为8.91%，小潮水交换率为6.13%；2010年锦州湾大潮水交换率为8.19%，小潮水交换率为6.1%。2005年与2000年相比，大潮水交换率减少了0.29%，小潮水交换率减少了0.67%；2010年与2005年相比，大潮水交换率减少了0.72%，小潮水交换率减少了0.03%。

（1）影响预测方案

考虑到潮波系统是由不同分潮叠加作用而成，为了说明岸线变化因素对锦州湾纳潮量的影响，本节设立两种模拟方案如下。

①2005年岸线变化对水交换率的影响（方案A）：假设2000—2005年岸线未发生变化，即采用2000年岸线，2005年潮汐海流边界模拟锦州湾水交换率。

②2010年岸线变化对水交换率的影响（方案B）：假设2005—2010年岸线未发生变化，即采用2005年岸线，2010年潮汐海流边界模拟锦州湾水交换率。

（2）影响模拟结果

模拟结果见表6.10，假设2000—2005年岸线未发生变化（方案A），锦州湾大潮水交换率为11.7%，小潮水交换率为6.9%；假设2005—2010年岸线未发生变化（方案B），锦州湾大潮水交换率为9.2%，小潮水交换率为6.6%。

表6.10 2000—2010年锦州湾湾内水交换率（%）

年份	大潮	小潮
2005年（方案A）	11.7	6.9
2010年（方案B）	9.2	6.6
2000—2005年变化量	-2.79	-0.77
2005—2010年变化量	-1.01	-0.5

统计结果表明，2000—2005 年岸线的变化导致锦州湾大潮水交换率减少了 2.79%；小潮水交换率减少了 0.77%。2005—2010 年岸线的变化导致锦州湾大潮水交换率减少了 1.01%；小潮水交换率减少了 0.5%。说明 2000—2010 年岸线变化造成锦州湾水交换能力逐年递减。

6.2.2.4 水动力变化分析

1）辽东湾潮汐变化特征分析

图 6.15 和图 6.16 为 2000 年、2008 年和 2010 年三种工况下，辽东湾 M_2 和 K_1 分潮振幅和迟角对比图。从图中可以看出，4 个主要分潮的振幅都有所增加，增加幅度从湾

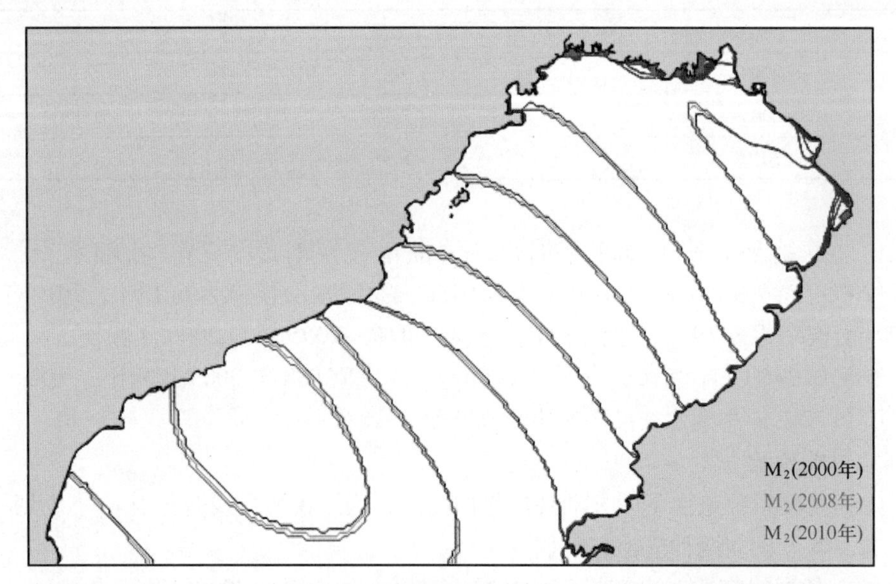

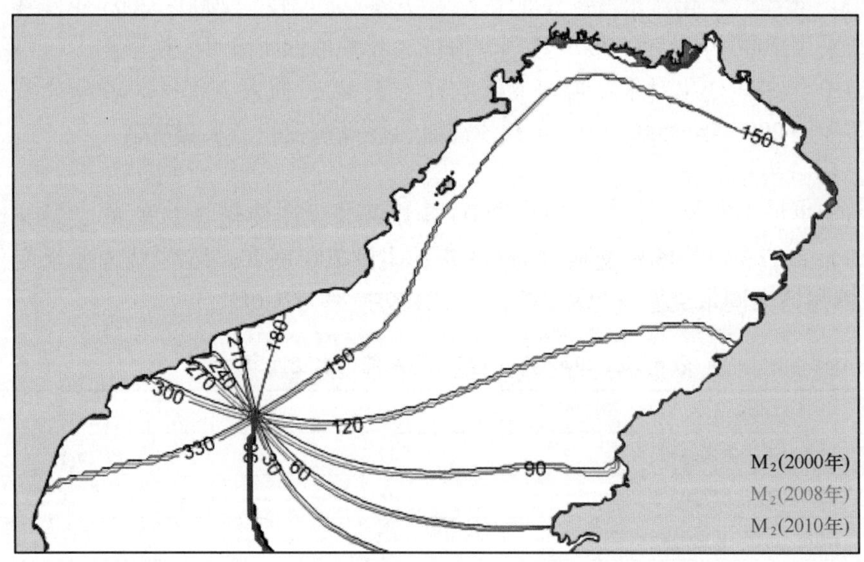

图 6.15 2000 年、2008 年和 2010 年三种工况下，辽东湾 M_2 分潮振幅和迟角对比

振幅单位：cm；迟角单位：°

口向湾顶减小。其中2008年M_2分潮振幅增加值约为0.5 cm，K_1分潮振幅增加值均小于0.5 cm，2010年M_2分潮振幅增加值约为1 cm，K_1分潮振幅增加值均小于0.5 cm。4个主要分潮的迟角均发生顺时针偏转，其中M_2和S_2分潮偏转角度2008年和2010年工况约为1°，K_1和O_1分潮偏转角度2008年和2010年工况约为0.5°。

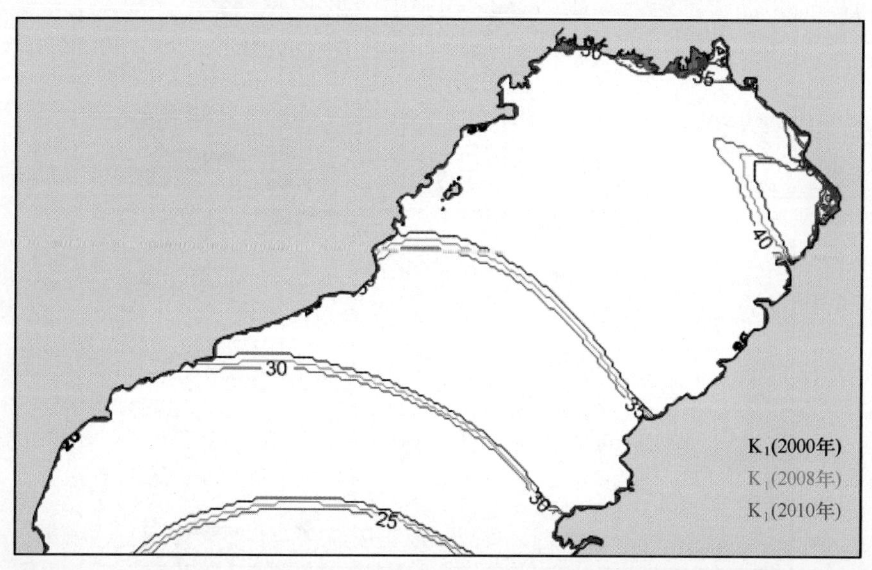

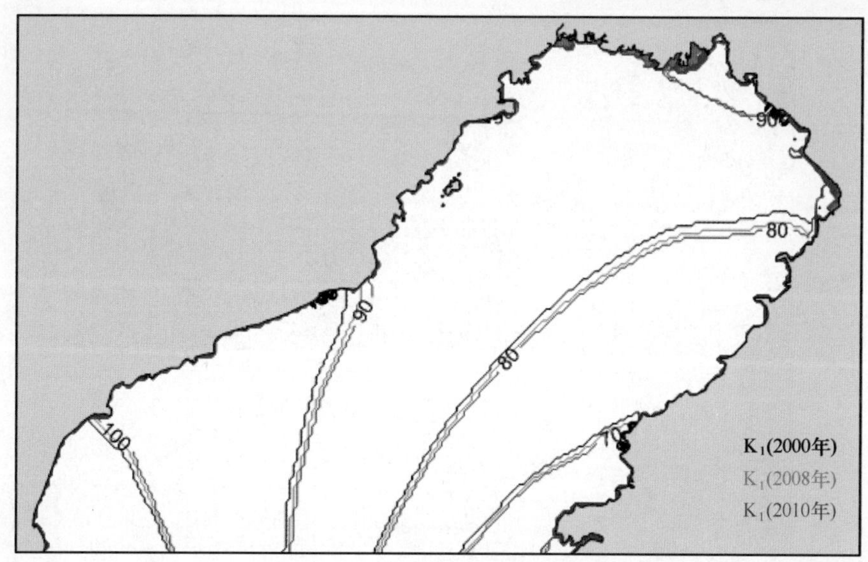

图6.16 2000年、2008年和2010年三种工况下，辽东湾K_1分潮振幅和迟角对比

振幅单位：cm；迟角单位：°

2）辽东湾海流变化结果分析

辽东湾海流模拟采用的数值模式与辽东湾的潮汐模式相同。图6.17至图6.19分别

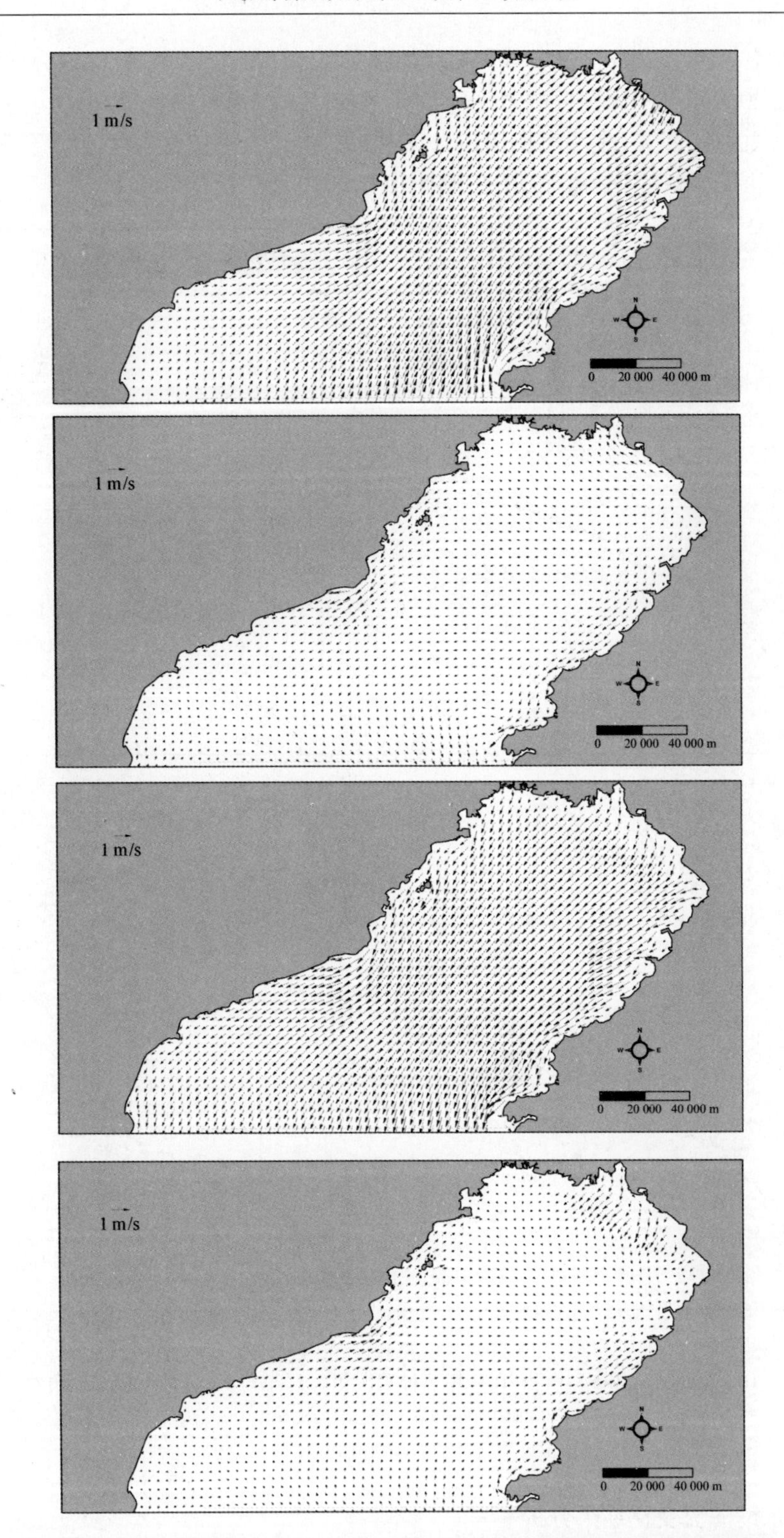

图 6.17 2000 年辽东湾工况，转落、落急、转涨和涨急 4 个特征时刻潮流

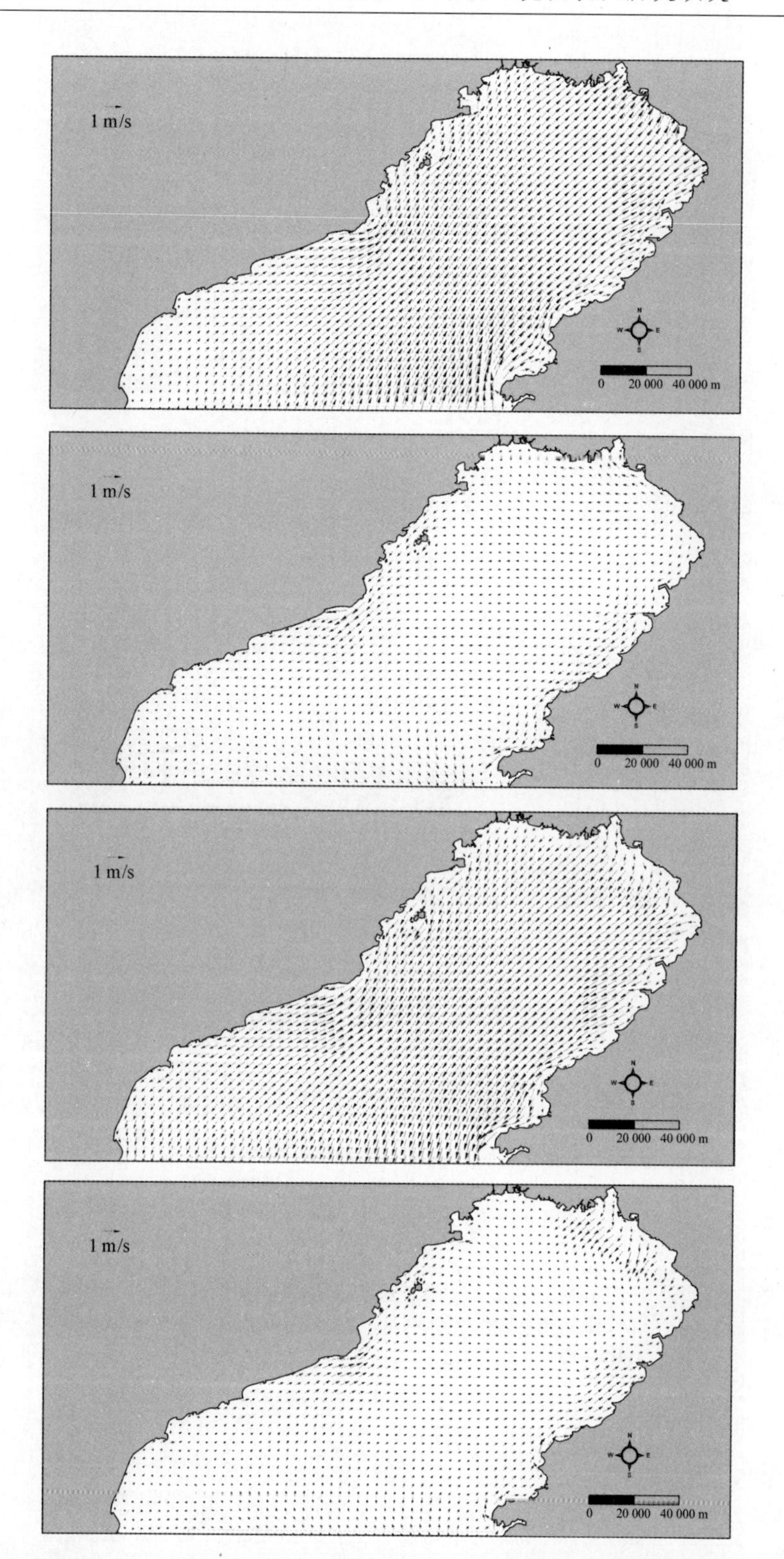

图 6.18 2008 年辽东湾工况，转落、落急、转涨和涨急 4 个特征时刻潮流

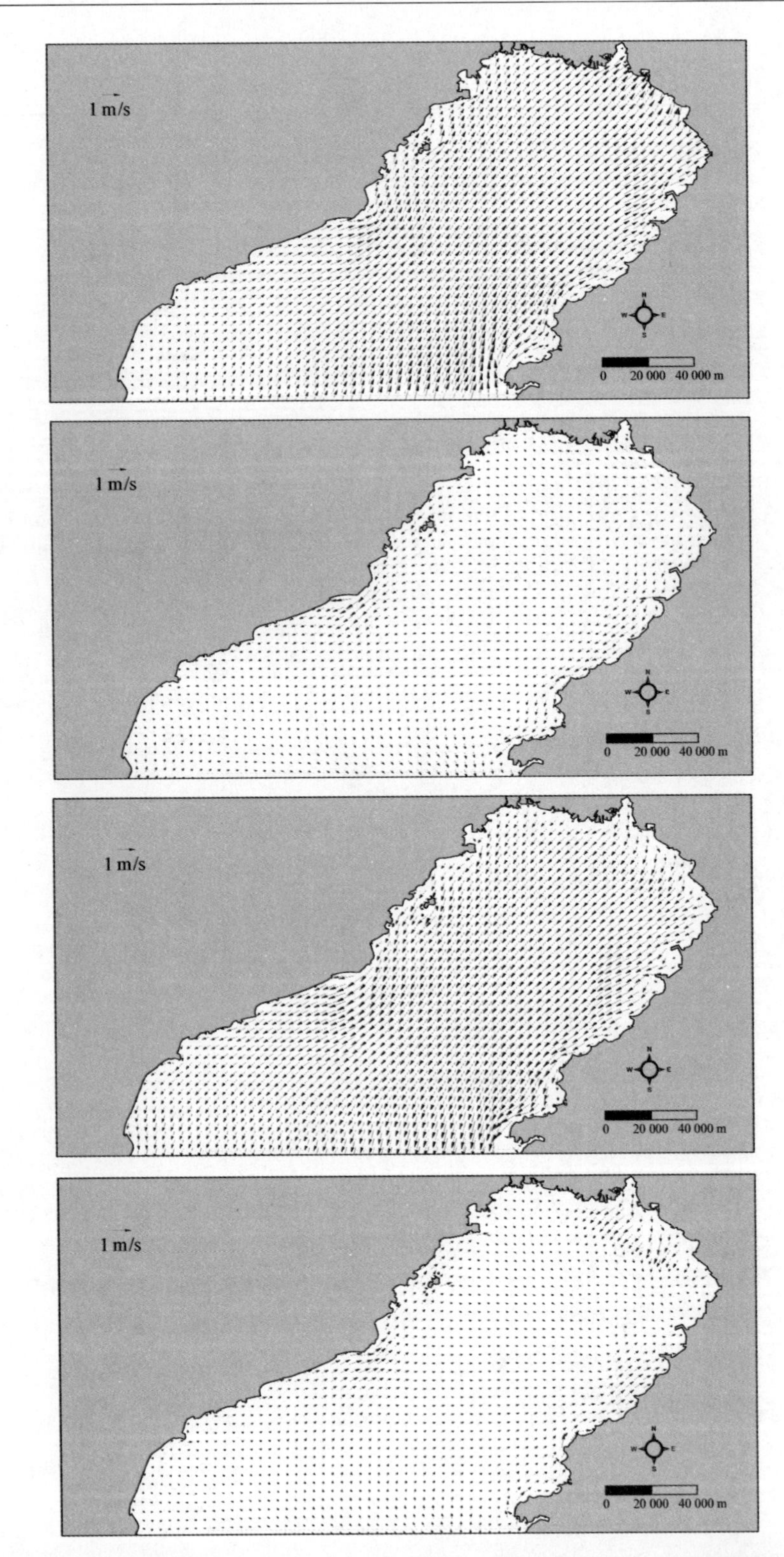

图 6.19 2010 年辽东湾工况，转落、落急、转涨和涨急 4 个特征时刻潮流

为辽东湾2000年、2008年和2010年三种工况，转落、落急、转涨和涨急4个特征时刻潮流图。从图中可以看出三种工况下的潮流过程和流场分布特征基本一致，明显的变化主要表现在工程海域，工程使附近海域的流速和流向发生变化。

图6.20至图6.24分别为辽东湾2008年与2000年、2010年与2000年和2010年与2008年，大潮期涨落急时刻流速增加和减小值分布图。从图中可以看出流速变化较大的区域均集中在用海工程周边海域，主要为锦州东侧和营口东侧。工程的建设造成辽东湾潮波系统的变化对潮流影响较小。流速增大值强度小于减小值，一般小于5 cm/s，在紧邻工程的局部海域有10 cm/s左右的流速增大值。流速减小值的范围和强度都大于流速增大区域。最大流速减小值同样出现在紧邻工程的局部海域，约30 cm/s。从三种工况的比较来看，工程对辽东湾中部和湾口海域流速的影响有明显的累加效应。

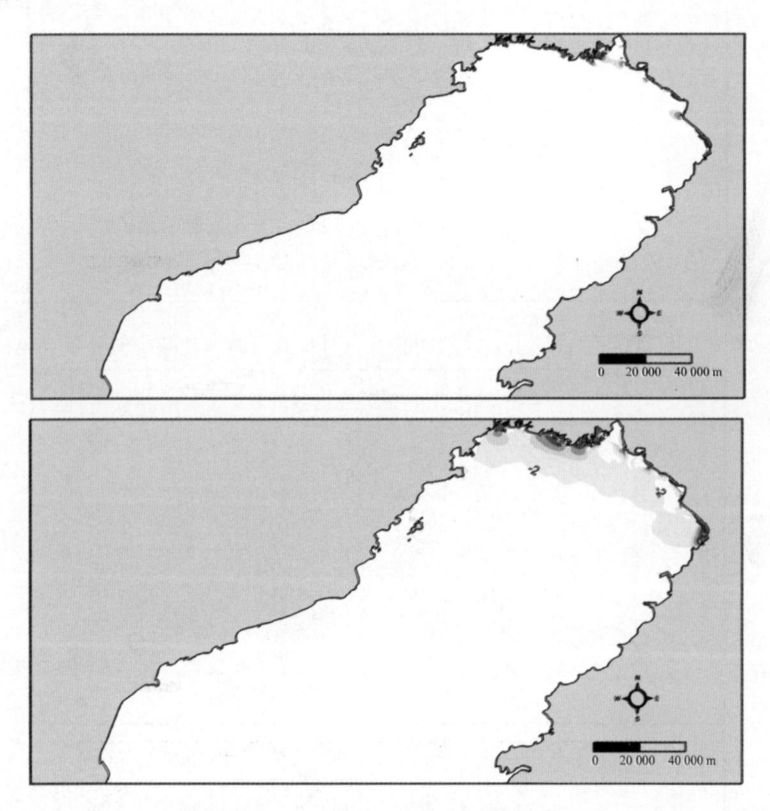

图6.20　2008年与2000年，辽东湾大潮期涨落急时刻流速增加和减小值分布（单位：cm/s）

3）辽东湾波浪变化结果分析

辽东湾海域从2000年至2008年以及到2010年，三种不同地形岸线变化主要体现在辽东湾的湾底，并且变化范围较小，相对于渤海湾和莱州湾近10年的地形变化来说，辽东湾是地形岸线变化最小的一个海湾。图6.25至图6.27为1987年12月温

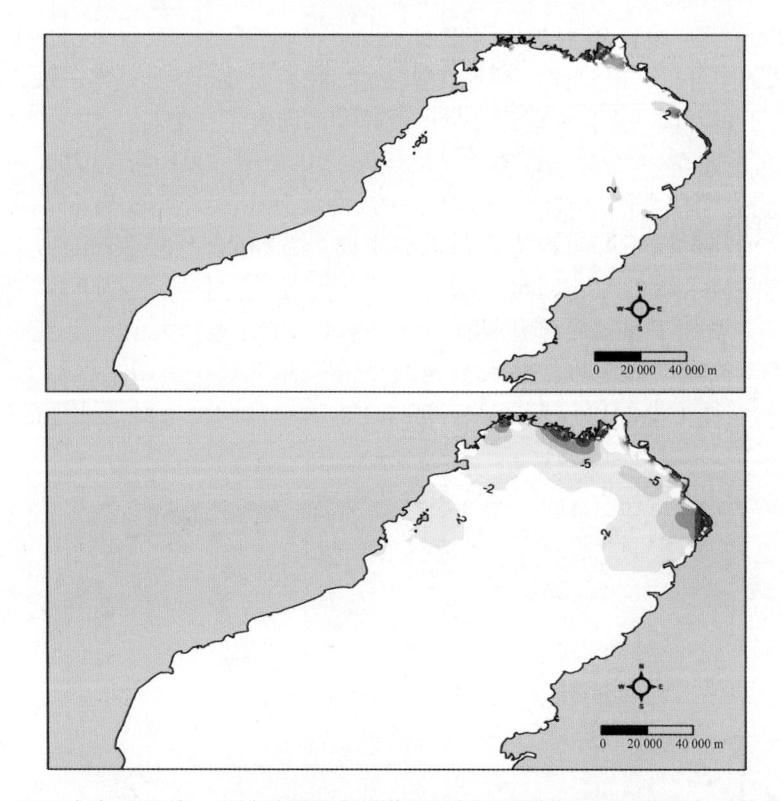

图 6.21　2010 年与 2000 年，辽东湾大潮期涨落急时刻流速增加和减小值分布（单位：cm/s）

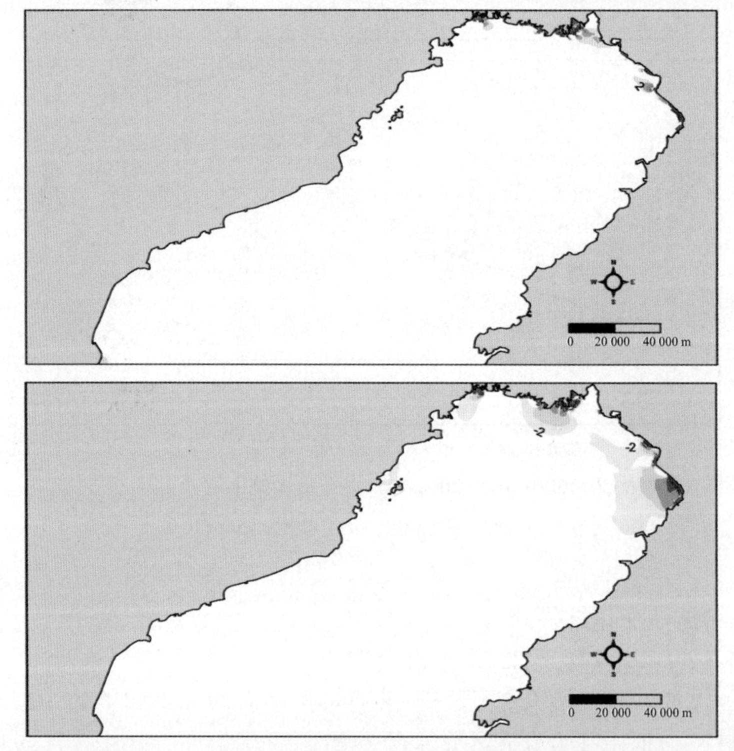

图 6.22　2010 年与 2008 年，辽东湾大潮期涨落急时刻流速增加和减小值分布（单位：cm/s）

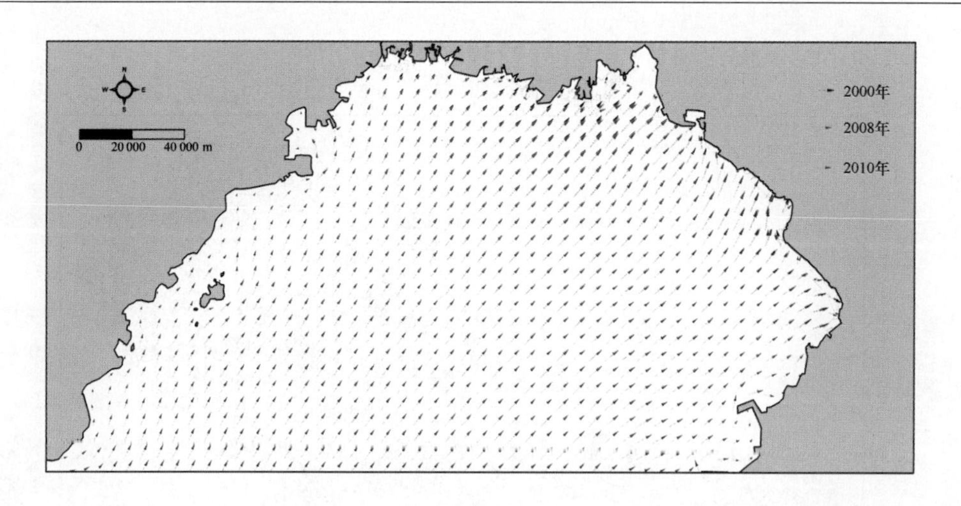

图 6.23　2000 年、2008 年和 2010 年，辽东湾大潮期落急时刻流矢量对比

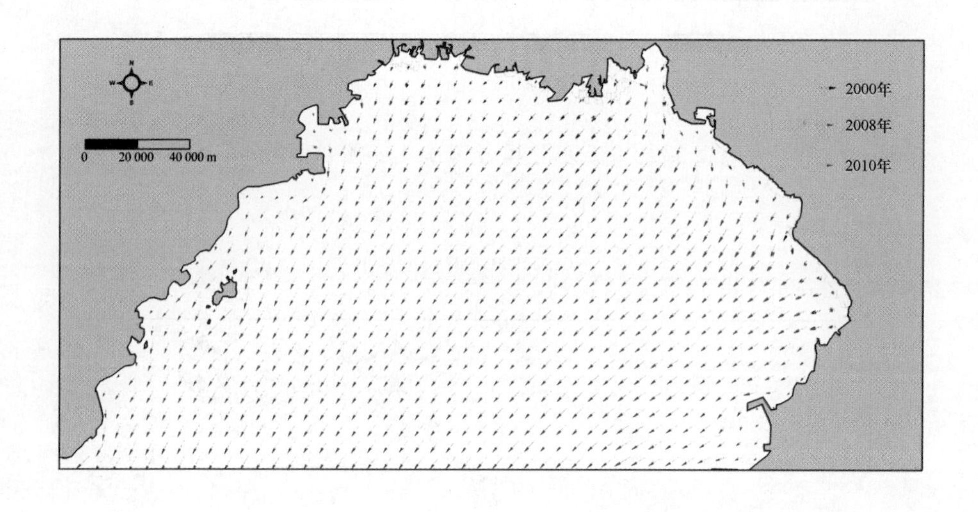

图 6.24　2000 年、2008 年和 2010 年，辽东湾大潮期涨急时刻流矢量对比

带气旋过程，图 6.28 至图 6.30 为 2004 年 9 月台风减弱后的温带气旋过程对辽东湾海域波浪变化影响。结合三种岸线地形变化发现，近 10 年来辽东湾集约用海对海浪的影响变化主要是由 2000 年到 2008 年期间的岸线变化引起的，变化范围均较小，并且 2004 年 9 月温带气旋过程波高的变化均小于 1987 年 12 月温带气旋过程。波高最大增大值 0.9 m，出现在盘锦近岸海域，波高最大减小值 1.7 m，出现在锦州近岸海域。

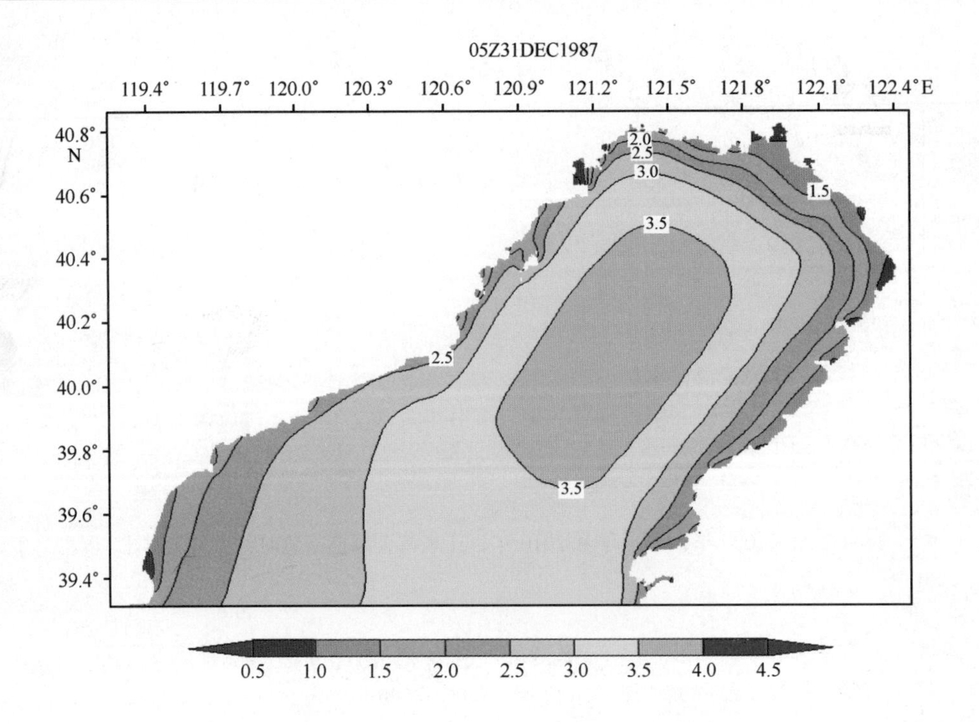

图 6.25　1987 年气旋过程中，辽东湾 12 月 31 日 13：00 波浪场分布（2000 年地形）

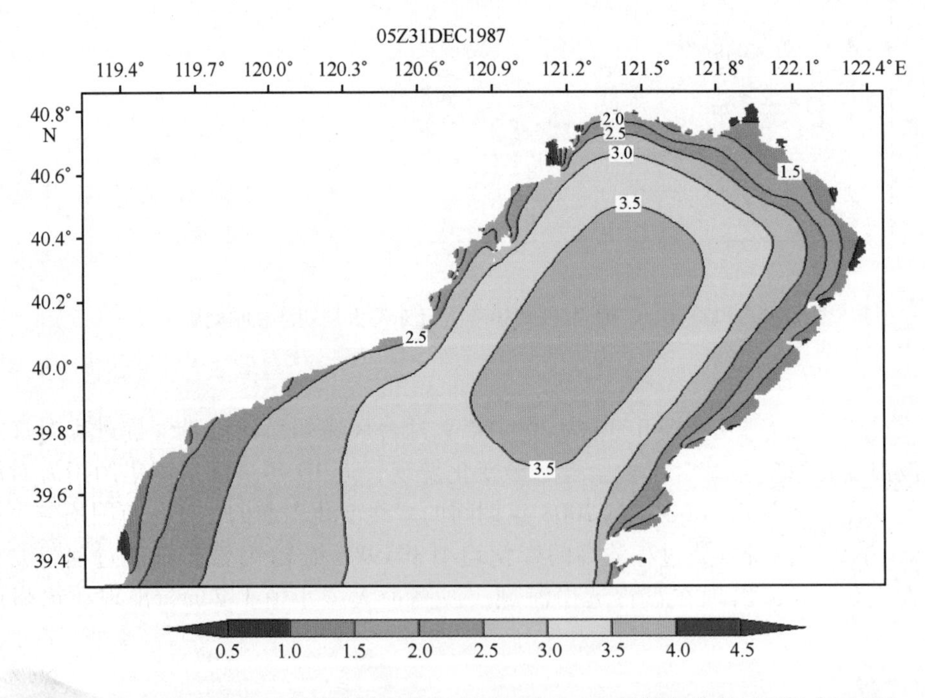

图 6.26　1987 年气旋过程中，辽东湾 12 月 31 日 13：00 波浪场分布（2008 年地形）

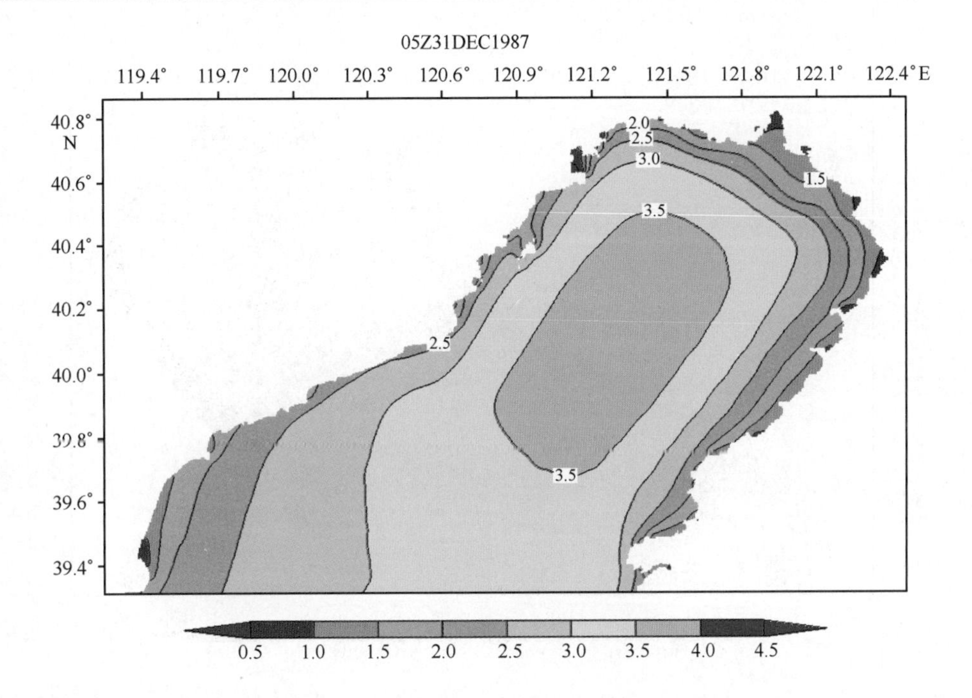

图 6.27　1987 年气旋过程中，辽东湾 12 月 31 日 13：00 波浪场分布（2010 年地形）

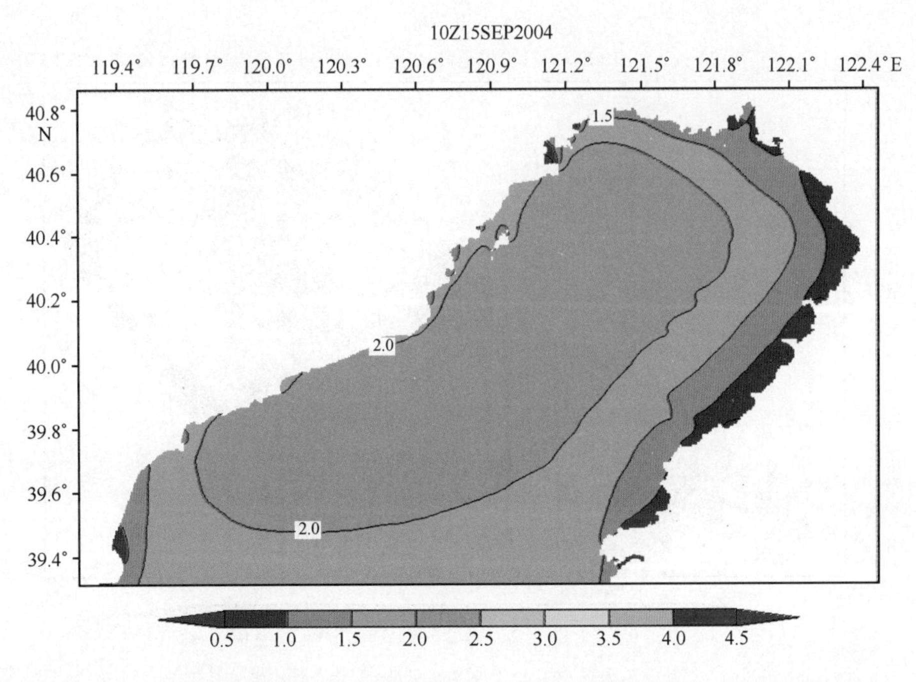

图 6.28　2004 年气旋过程中，辽东湾 9 月 15 日 18：00 波浪场分布（2000 年地形）

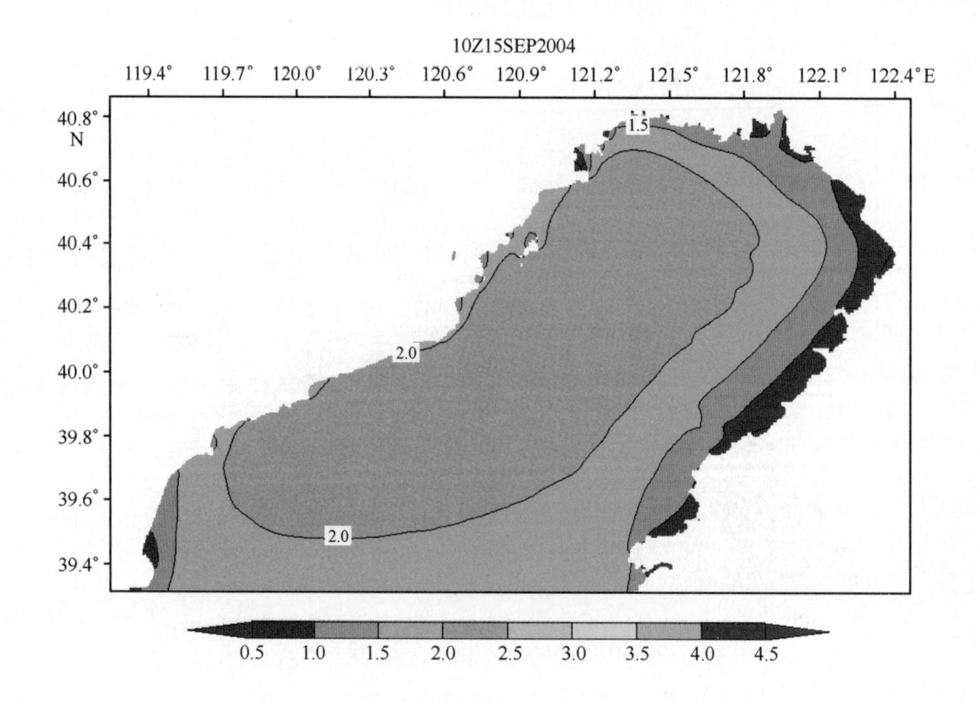

图6.29　2004年气旋过程中，辽东湾9月15日18：00波浪场分布（2008年地形）

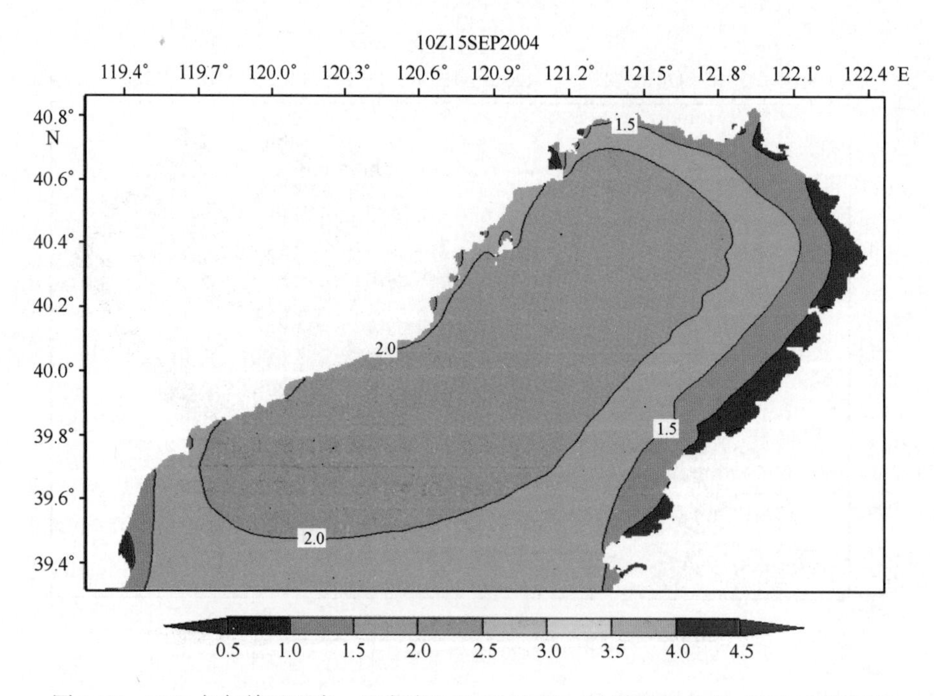

图6.30　2004年气旋过程中，辽东湾9月15日18：00波浪场分布（2010年地形）

6.3 曹妃甸循环经济区

6.3.1 水文和冲淤环境现状

6.3.1.1 水文环境现状

1）潮汐

曹妃甸海域位于渤海湾湾口北侧，主要受渤海潮波系统控制。该海域的潮汐性质属于不规则半日潮，即一天发生两次高潮和两次低潮，相邻两潮潮高不等，特别是小潮潮位过程比较复杂，接近全日潮，存在明显潮差不等现象。

据青岛环海海洋工程勘察研究院实测资料统计，曹妃甸甸头海域的潮位特征值（1985 国家高程基准）如下：最高潮位为 2.19 m，最低潮位为 -2.10 m；平均高潮位为 0.81 m，平均低潮位为 -0.73 m；甸头平均潮差为 1.54 m，本海域平均潮差由东向西逐渐增大。高程基准与各潮汐特征面的高程关系如图 6.31 所示。

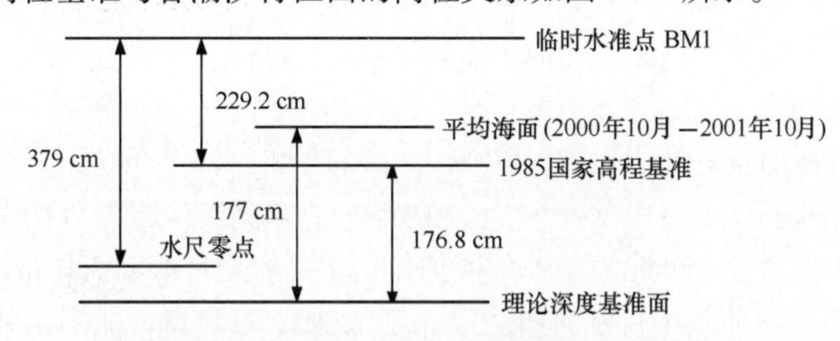

图 6.31　曹妃甸临时验潮站各基面关系示意图

2）海流

根据杨华、赵洪波等对曹妃甸海域水文泥沙环境及冲淤演变的研究结合工程区多次同步水沙全潮观测资料分析，曹妃甸附近海域海流具有以下特点。

（1）曹妃甸海域潮波呈驻波特点，即中潮位时流速最大，高、低潮位时转流。

（2）曹妃甸海域潮流呈往复流形式，涨潮西流，落潮东流。由于曹妃甸以矶头（岬角）形式向南伸入渤海湾，受地形影响，各测站主流向也不相同，但规律性明显：在曹妃甸头和距离浅滩较远海域，潮流基本呈东西向的往复流运动；在近岸浅滩海区，由于受地形变化影响和滩面的阻水作用，主流流向有顺岸或沿等深线方向流动的趋势。所以曹妃甸海域潮流基本属往复流，但在甸头东侧与老龙沟潮滩也明显存在逆时针旋转流特性（图 6.32）。

（3）曹妃甸海域涨潮流速大于落潮流速。据实测资料可知，该海域大潮涨潮平均流速为 0.40 ~ 0.60 m/s，落潮为 0.35 ~ 0.50 m/s；小潮涨潮平均流速为 0.25 ~ 0.40 m/s，落潮为 0.25 ~ 035 m/s。

（4）在平面分布上，流速具有甸头附近、岬角深槽和潮沟处流速较大，岸滩附近与外海流速稍弱的分布规律。由于甸头的岬角效应，甸头深槽为水流最强地区，这也是

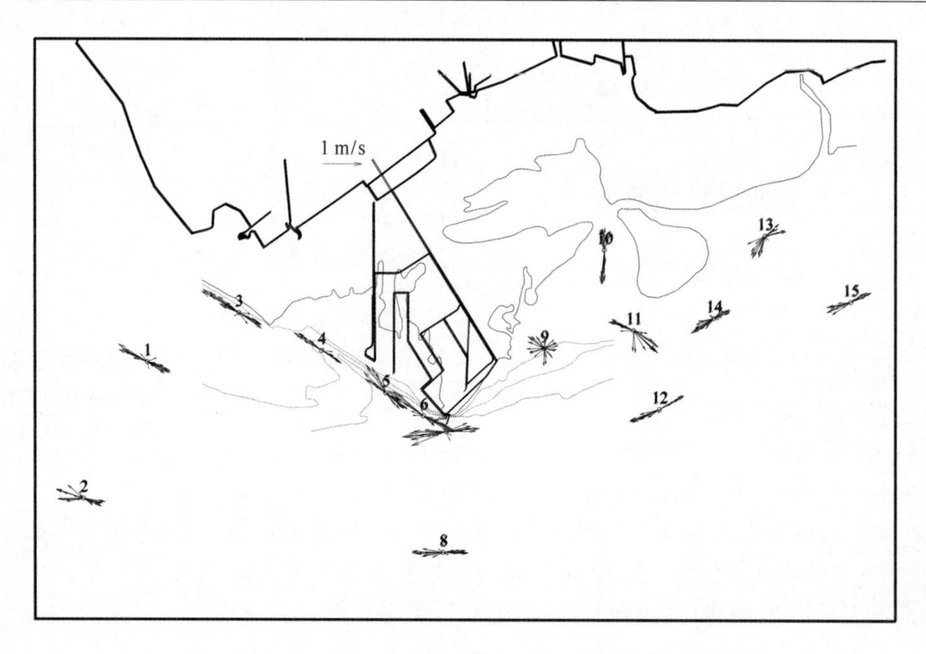

图6.32　2006年3月曹妃甸海域各水文测站流速矢量（大潮）

深槽水深能够维持的主要动力因素。2006年3月大潮（潮差1.7 m）实测涨潮最大流速1.24 m/s，落潮最大0.94 m/s。此外，在曹妃甸东侧潮沟汇流处的落潮归槽水流也较强。在甸头东侧附近，可能由于岬角掩护作用，是曹妃甸海域流速最小的区域。

（5）涨潮时，水体基本自东向西运动，随着潮位的升高，涨潮水体首先充填曹妃甸浅滩东侧的众多潮沟，随后连岛大堤北侧浅滩部分淹没，与此同时潮流绕过甸头进入西侧潮沟（连岛大堤建成之前，东、西两侧潮沟内的涨潮流在大堤附近汇合）。落潮时，水体基本自西向东运动，随着潮位的降低，浅滩高处露出，接岸大堤两侧滩面上的水体逐渐汇入深槽水域，其中甸头西侧的归槽水流与外海深槽的落潮水流汇合，并绕过甸头与东侧潮沟落潮水流相汇合。大潮时曹妃甸头附近深槽和老龙沟汇流处流速明显较强，小潮时平面流速差异变化不太明显。

（6）由多次大范围全潮测验资料可以看出，虽然潮流流速变化总体上呈现潮差大流速大，潮差小流速小，但两者相关关系不密切，说明曹妃甸地区惯性流动力作用不容忽略。

（7）由涨、落潮流历时统计结果，大潮期间，甸头以西海域平均落潮流历时大于涨潮流历时，甸头以东海域则平均涨潮流历时大于落潮流历时；小潮期间，本海区平均落潮流历时普遍大于涨潮流历时。据各站位单宽潮量的计算结果分析，大潮期间，除甸头东侧潮沟内落潮量大于涨潮量之外，其他各站均为涨潮量大于落潮量；小潮期间，整个海域普遍表现为落潮量略大于涨潮量。

3）波浪

曹妃甸工程水域常浪向为S向，出现频率为10.87%，次常浪向为SW向，出现频率为7.48%。强浪向为ENE向，$H_{4\%}\geq 1.3$ m出现频率为2.28%，次强浪向为E向，

$H_{4\%}$ ≥1.3 m 出现频率占 1.34%。整个观测期间波浪 $H_{4\%}$ ≥1.3 m 出现频率占 11.11%，$H_{4\%}$ 波高 0.1～1.2 m 出现频率为 88.90%。波浪平均周期小于 7.0 s。本海区波浪以不小于风浪为主，由于风场的季节性变化导致波向的季节性变化：春季强浪向主要来自 E 向和 ENE 向，常浪向为 ESE—E 向；夏季强浪向主要来自 NNE—E 向，常浪向为 ESE—SSE 向；秋季强浪向主要来自 NW 向，其次是 ENE 向，常浪向为 NW 向和 S 向；冬季波浪最大，而且强浪向与常浪向一致，均为 NNW 向和 NW 向（图 6.33，图 6.34）。

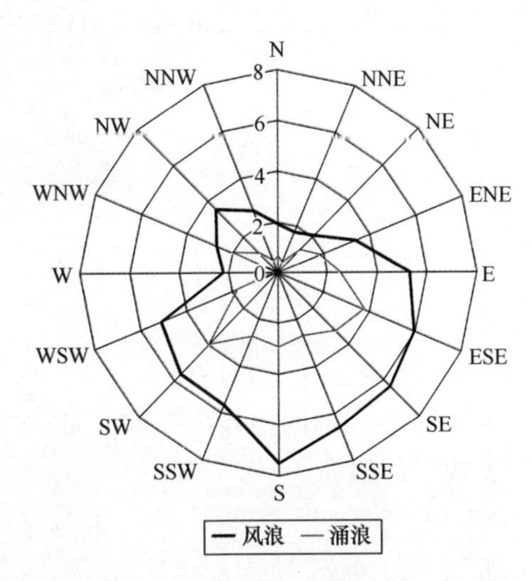

图 6.33 曹妃甸风浪、涌浪频率玫瑰图

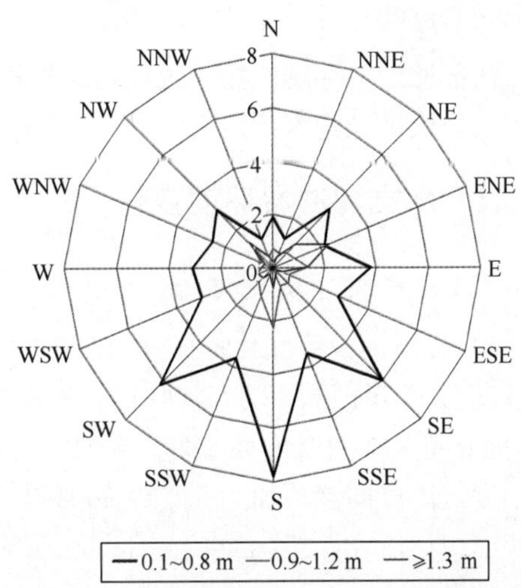

图 6.34 曹妃甸各向波高分布玫瑰图

6.3.1.2 冲淤环境现状

曹妃甸海域含沙量分布具有如下特征：从平面分布上看，整体上近岸水域的水体含沙量普遍大于外海水域，且发生高含沙的水域主要位于近岸边滩和浅滩滩面。以甸头为界，西部水域含沙量略大于东部。从全潮平均含沙量的变化看，无论涨潮、落潮，整个海域普遍表现为大潮含沙量大于小潮含沙量。

工程区前沿的甸头深槽水域，水深较大，处于整个海域含沙量相对较低的状态，一般小于 0.26 kg/m³，其大潮全潮平均含沙量为 0.23 kg/m³、0.26 kg/m³ 和 0.15 kg/m³。甸头前深槽水域的含沙量范围为 0.24～0.28 kg/m³；而对于工程区域附近海域，因临近浅滩，故含沙量相对较大，一般在 0.3 kg/m³ 以上。

曹妃甸海域悬沙平均含沙量很低，均小于 0.12 kg/m³。从横向上看，整个海域悬沙浓度大小又可分为近岸和外海两部分，近岸边滩和浅滩水域含沙量大于外海深槽，近岸边滩底部悬沙浓度大于 150 mg/L，外海深槽含沙量小于 10 mg/L。从纵向上看，以曹妃甸甸头及通海公路为界，整个海域可分为东、西两部分海区，除近岸边滩外基本呈现为西部海区含沙量大于东部海区的特点，西部海区含沙量为 51～100 mg/L，东部海区含沙量小于 50 mg/L。潮流和波浪是造成近岸边滩和浅滩水域泥沙悬扬运动的主要动力，此处悬沙主要以自岸向海的横向运动为主。而在外海和潮沟内悬沙运动则以潮流动力为主，悬沙主要以平行于岸线的纵向运动为主。因此，该区海域悬沙浓度有逐年降低的趋势，主要是由于河流的供沙量逐年减少的原因造成的。

在现有工程情况下，曹妃甸区域海床基本稳定，局部出现了比较大的冲淤状态，曹妃甸甸头前0～3 km范围内冲刷了0.10～0.54 m，直至5 km外也有0.015 m的冲刷；甸头西侧有0.14～0.78 m的冲刷；曹妃甸工程西部前缘区0～3 km范围内有0.10～0.26 m程度不等的淤积，而5～6 km外转为轻微的冲刷，局部冲刷相对较大，达0.35 m；在一港池口门附近最大淤积为0.30 m，而在二港池口门附近有最大达0.73 m的淤积；受波浪的作用，曹妃甸西部滩地和东部沙陀分别出现大于1.2 m和1.4 m的冲刷；西部滩地的冲刷直接导致前端的深槽出现0.11～0.42 m的淤积，而东部沙陀的冲刷直接导致老龙沟深槽出现0.12～0.53 m的淤积。

6.3.2 水文和冲淤环境变化

6.3.2.1 水文环境变化

1）渤海湾潮汐变化特征分析

图6.35至图6.38为2000年、2008年和2010年三种工况下，渤海湾 M_2、S_2、K_1 和 O_1 分潮振幅和迟角对比图。从图中可以看出，4个主要分潮的振幅都有所增加，增加幅度从湾口向湾顶加大。其中2008年 M_2 分潮振幅增加值在3～3.5 cm之间，S_2 分潮振幅增加值在0.5 cm左右，K_1 和 O_1 分潮振幅增加值均小于0.5 cm；2010年 M_2 分潮振幅增加值在5～5.5 cm之间，S_2 分潮振幅增加值在1 cm左右，K_1 和 O_1 分潮振幅增加值均小于0.5 cm。4个主要分潮的迟角均发生逆时针偏转，其中 M_2 和 S_2 分潮偏转角度2008年工况约为2°，K_1 和 O_1 分潮偏转角度2008年工况约为1°；M_2 和 S_2 分潮偏转角度2010年工况约为5°，K_1 和 O_1 分潮偏转角度2010年工况约为2°。

图6.39为2000年、2008年和2010年三种工况下，渤海湾理论高潮面对比。从图中可以看出，渤海湾理论高潮面整体有所上升，上升幅度从湾口向湾顶加大。其中2008年上升幅度为3～5 cm，2010年上升幅度为5.5～7 cm。

理论高潮面的变化，反映了岸线变化对高潮面的影响不是反映在涨落潮过程中潮高的最大变化值。因此，我们在渤海湾中选择了13个特征点（图6.40）输出其大潮期的潮高过程曲线进行比较。由于篇幅所限文中给出了T1、T5、T9和T12四个点的潮高过程曲线图和2008年与2010年潮高变化过程曲线图。由图6.41至图6.44可以看出，由地形变化引起的潮高变化最大时段，一般发生在高低潮前1～2 h，特征点T12的最大过程变化值可达20 cm左右，其他点的最大变化值也在6 cm以上。

2）渤海湾海流结果分析

渤海湾海流模拟采用的数值模式与渤海湾的潮汐模式相同。图6.45至图6.47分别为渤海湾2000年、2008年和2010年三种工况，转落、落急、转涨和涨急4个特征时刻潮流图。从图中可以看出三种工况下的潮流过程和流场分布特征基本一致，明显的变化主要表现在工程海域，工程使附近海域的流速和流向发生变化。

图6.48至图6.52分别为渤海湾2008年与2000年、2010年与2000年和2010年与

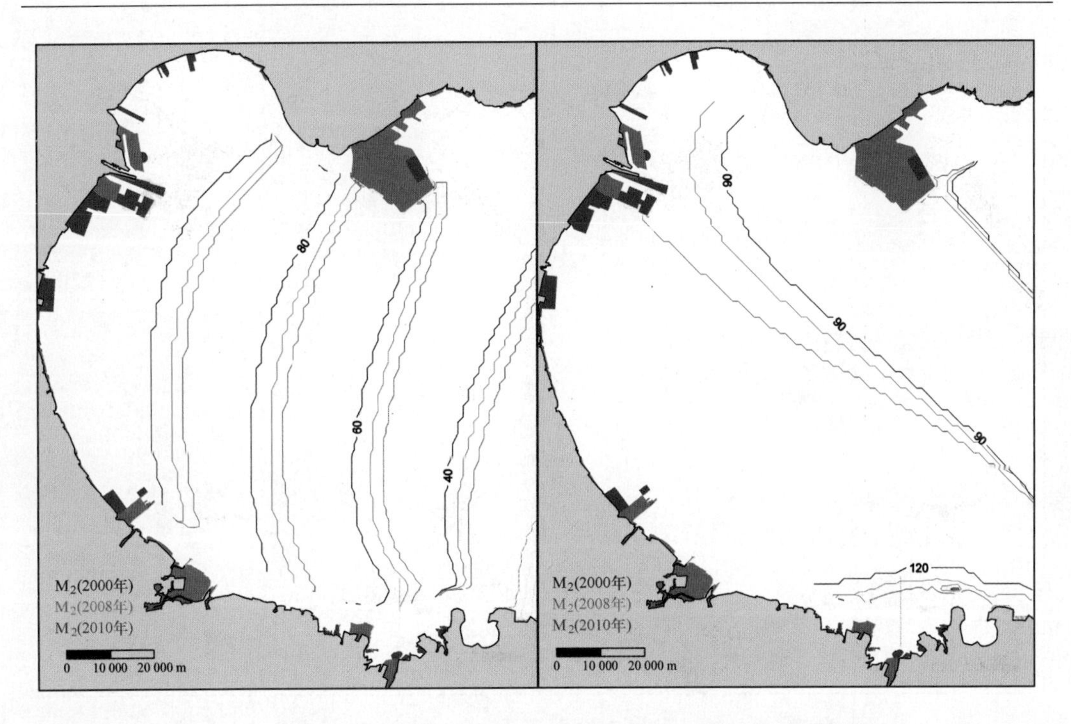

图 6.35 2000 年、2008 年和 2010 年三种工况下，渤海湾 M_2 分潮振幅和迟角对比（振幅单位：cm；迟角单位:°）

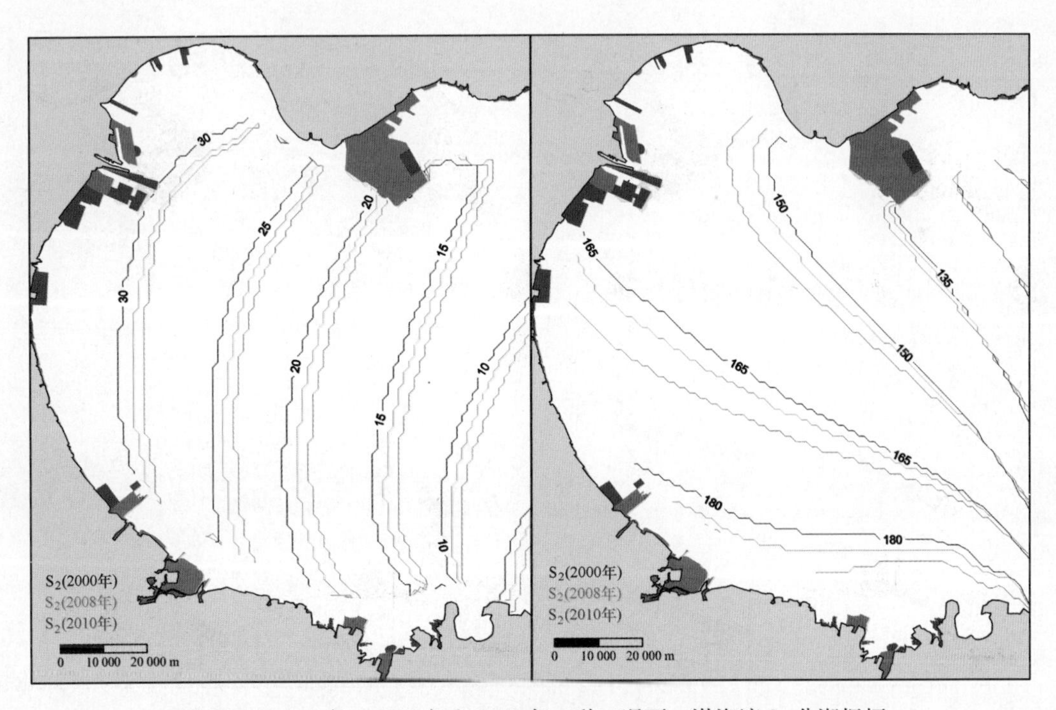

图 6.36 2000 年、2008 年和 2010 年三种工况下，渤海湾 S_2 分潮振幅和迟角对比（振幅单位：cm；迟角单位:°）

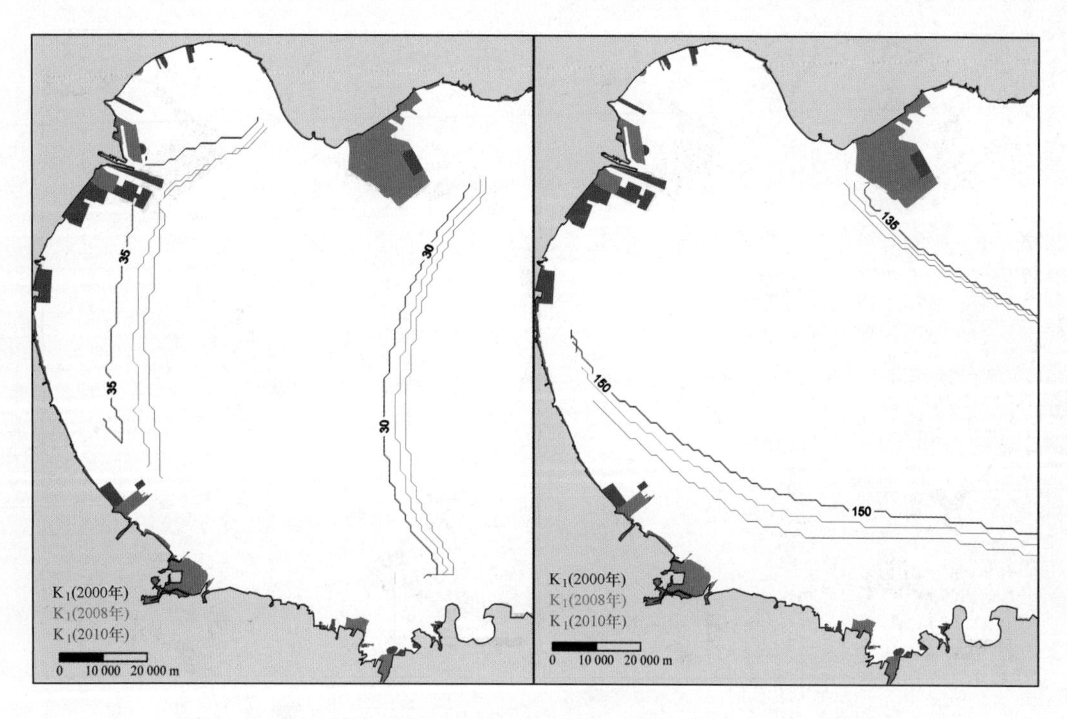

图 6.37　2000 年、2008 年和 2010 年三种工况下，渤海湾 K_1 分潮振幅和迟角对比（振幅单位：cm；迟角单位:°）

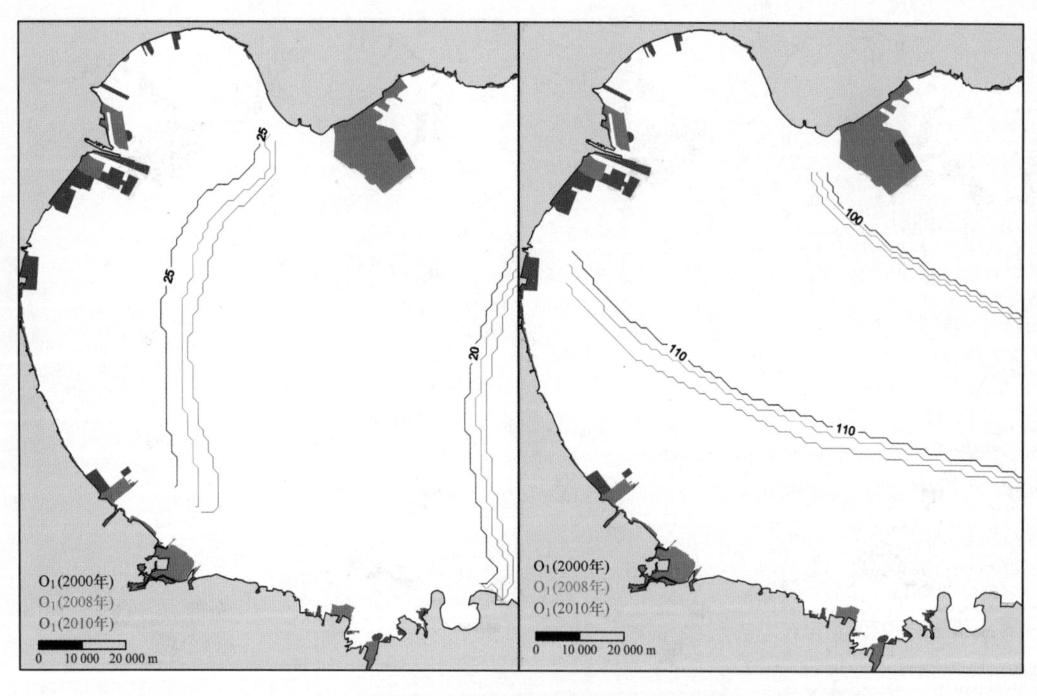

图 6.38　2000 年、2008 年和 2010 年三种工况下，渤海湾 O_1 分潮振幅和迟角对比（振幅单位：cm；迟角单位:°）

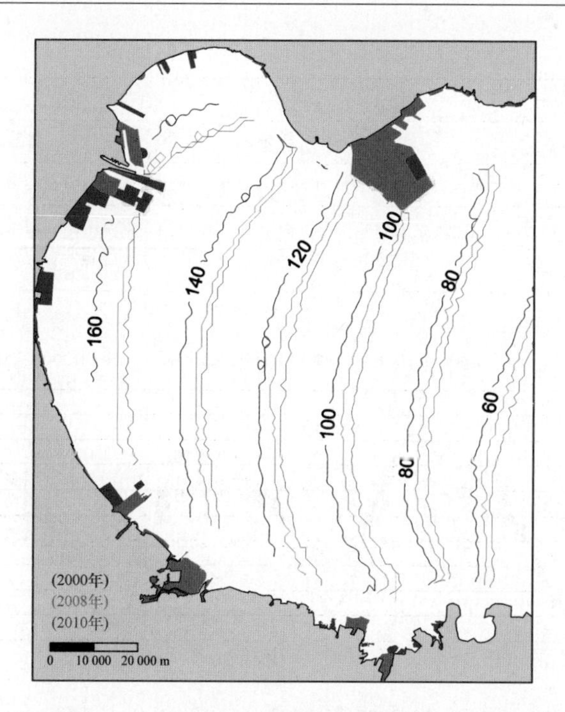

图 6.39　2000 年、2008 年和 2010 年三种工况下，渤海湾理论高潮面对比（单位：cm）

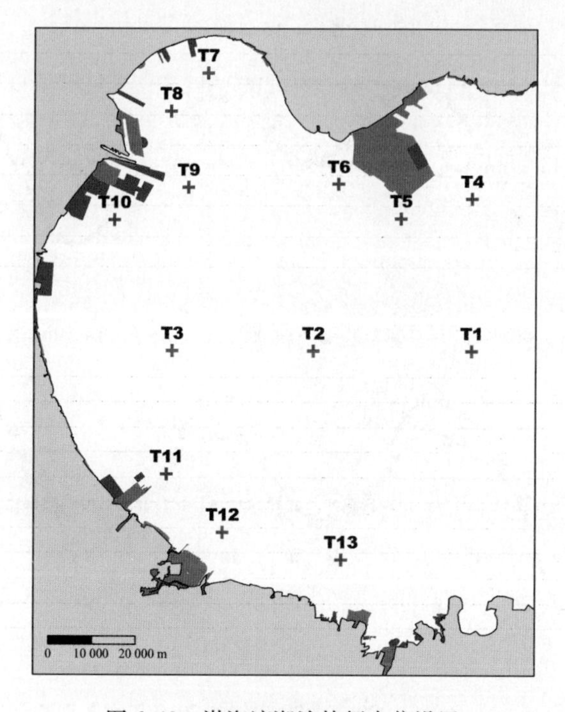

图 6.40　渤海湾潮汐特征点位设置

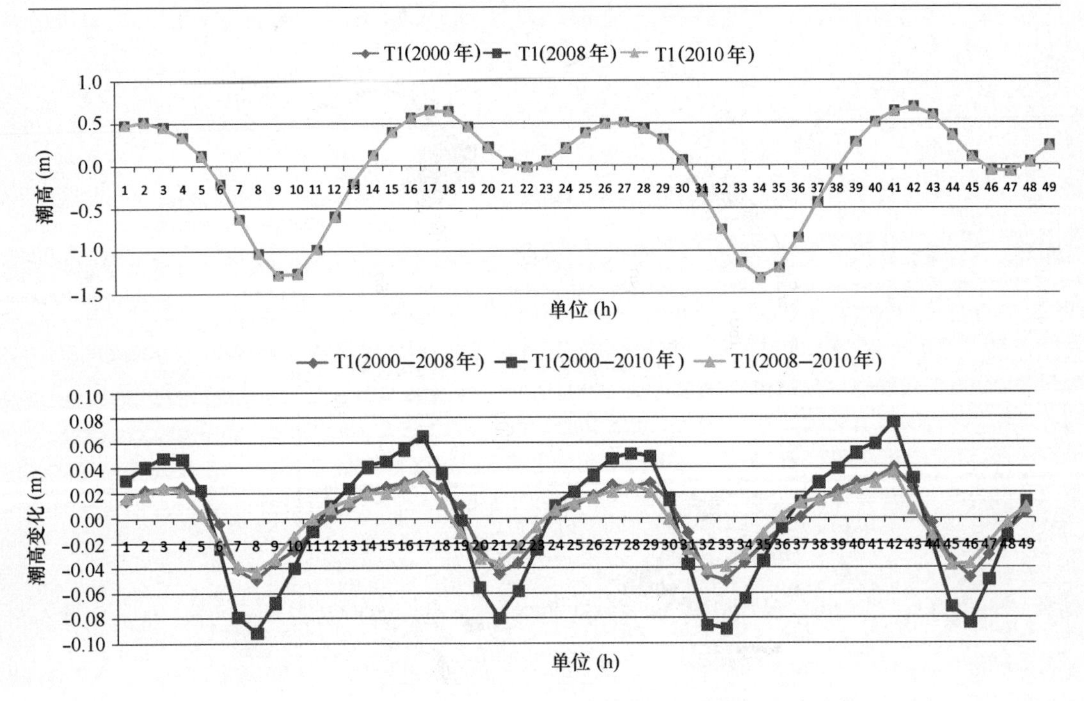

图 6.41　特征点 T1 2000 年、2008 年和 2010 年大潮期潮高过程曲线及 2008 年、2010 年潮高变化曲线

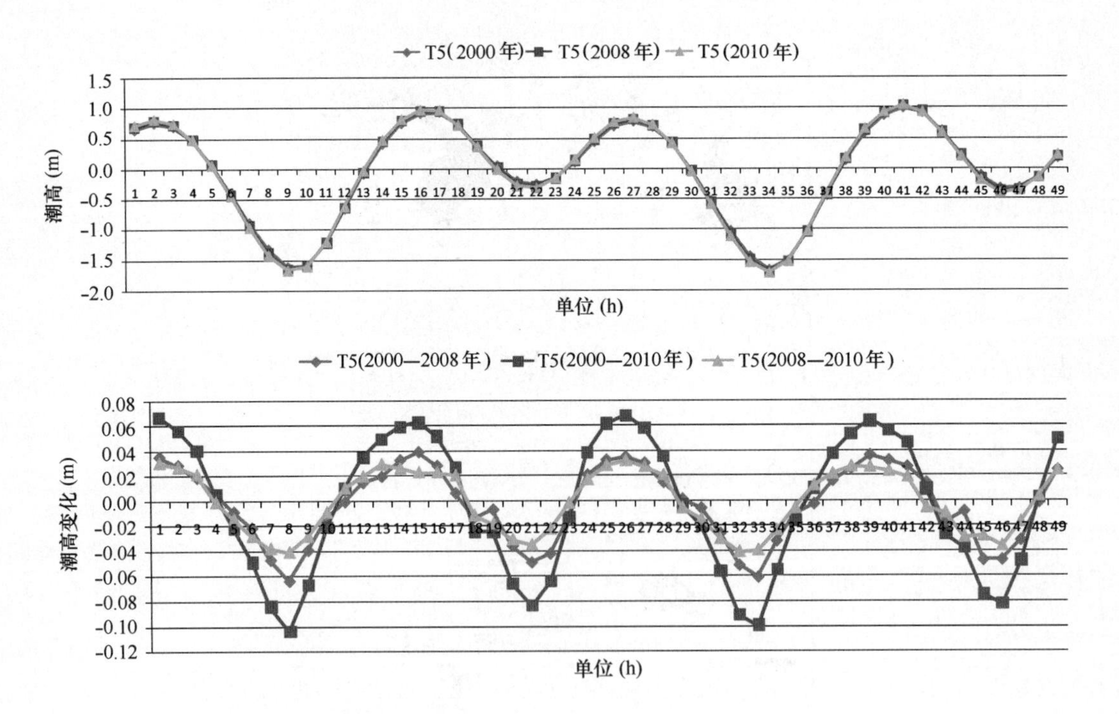

图 6.42　特征点 T5 2000 年、2008 年和 2010 年大潮期潮高过程曲线及 2008 年、2010 年潮高变化曲线

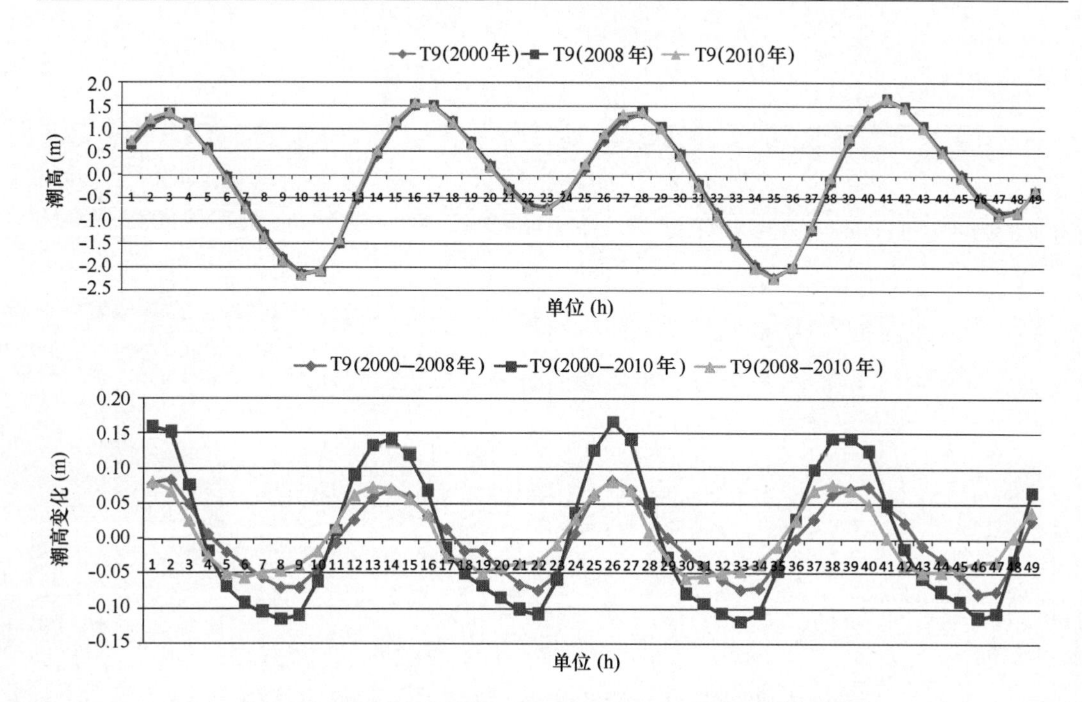

图 6.43 特征点 T9 2000 年、2008 年和 2010 年大潮期潮高过程曲线及 2008 年、2010 年潮高变化曲线

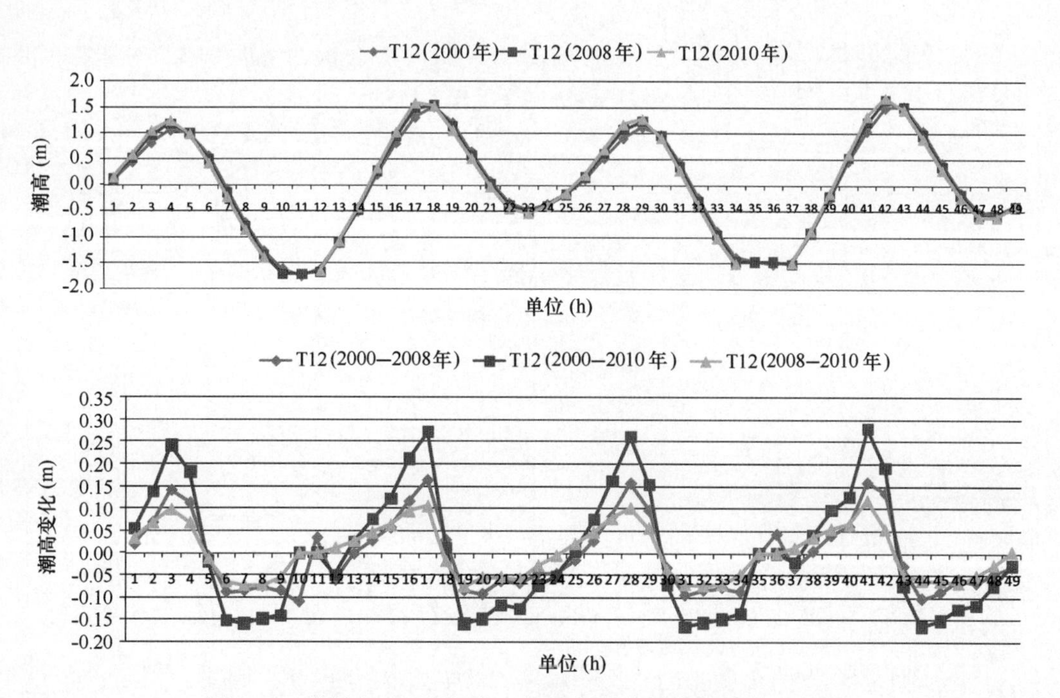

图 6.44 特征点 T12 2000 年、2008 年和 2010 年大潮期潮高过程曲线及 2008 年、2010 年潮高变化曲线

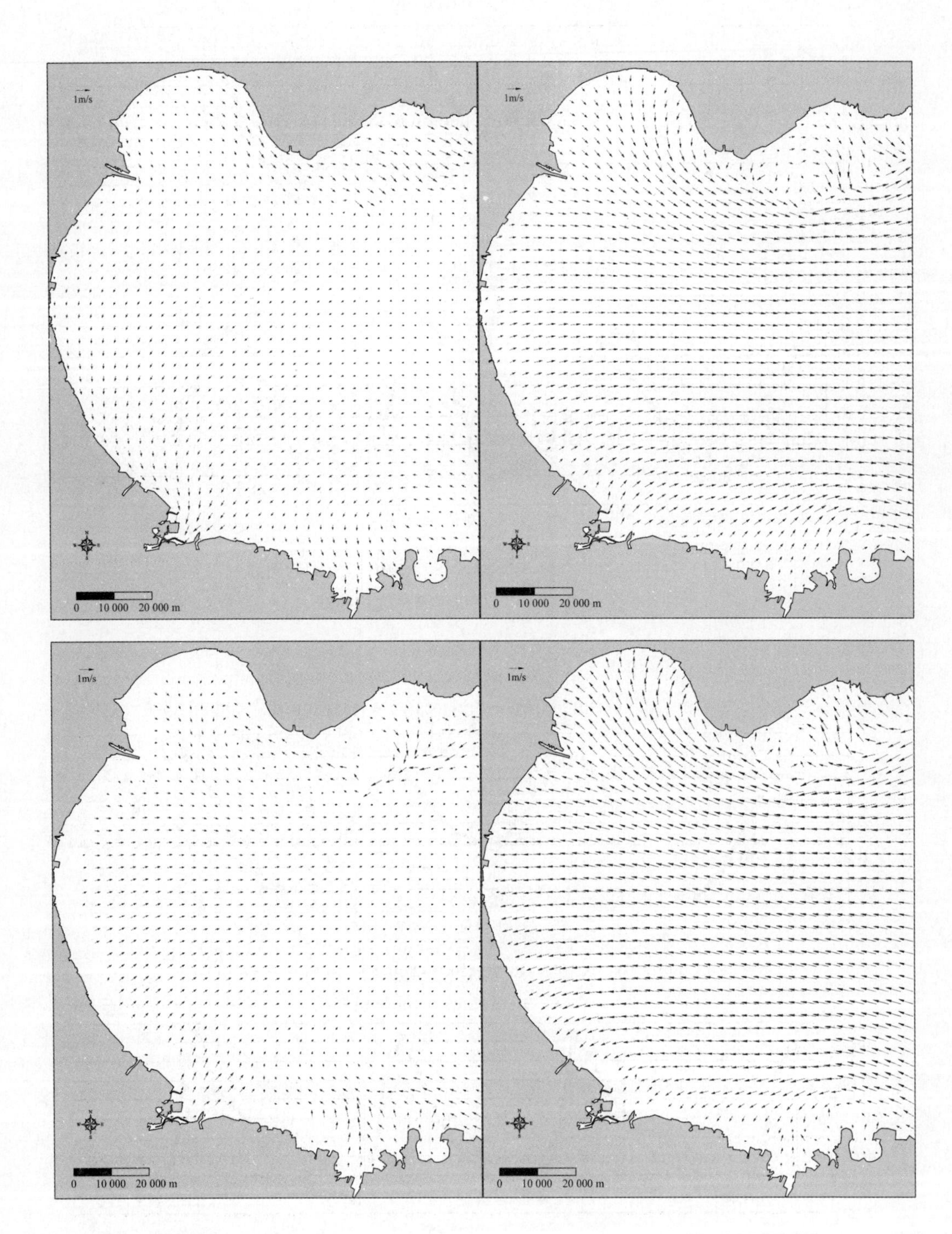

图 6.45 2000 年渤海湾工况，转落、落急、转涨和涨急 4 个特征时刻潮流

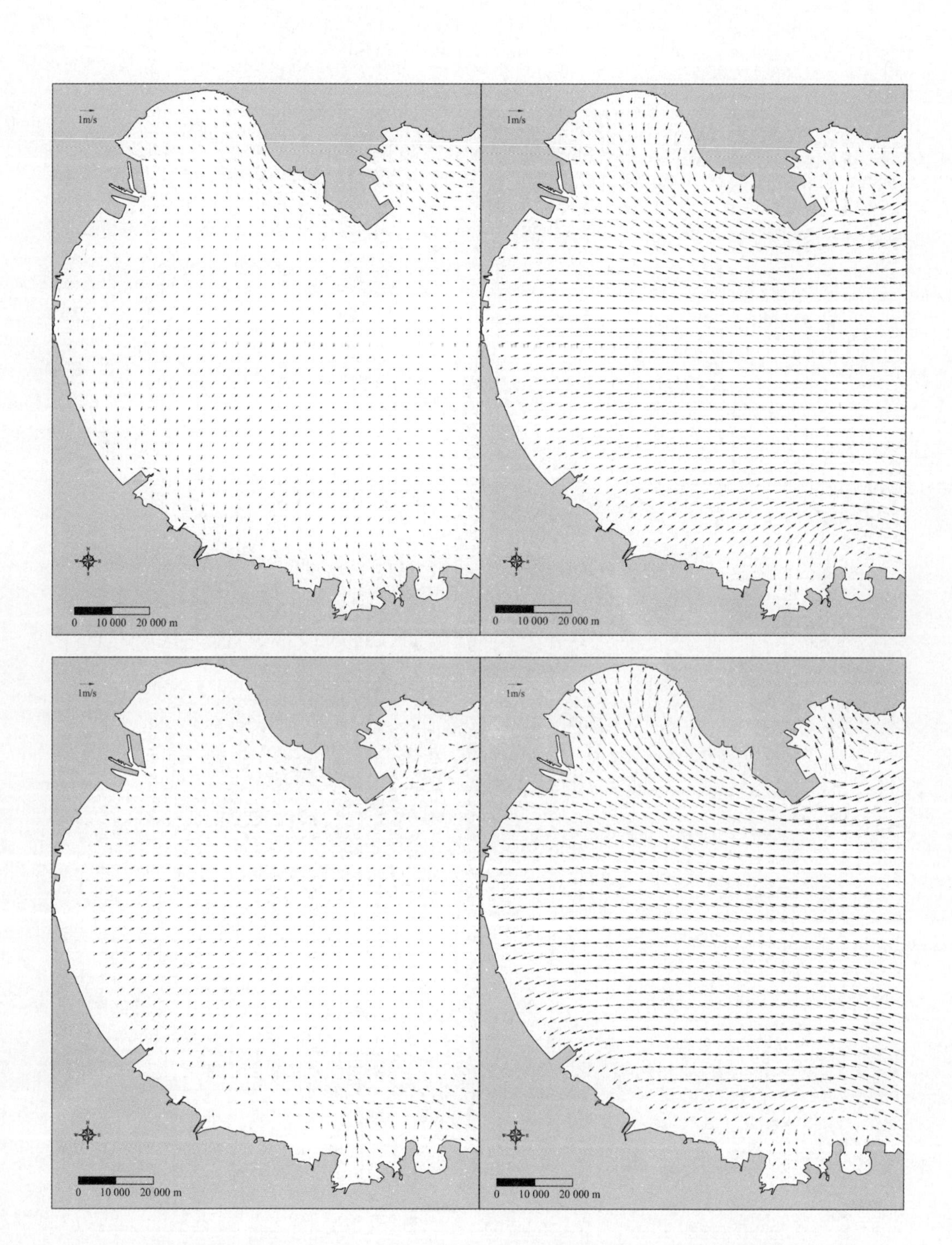

图 6.46 2008 年渤海湾工况，转落、落急、转涨和涨急 4 个特征时刻潮流

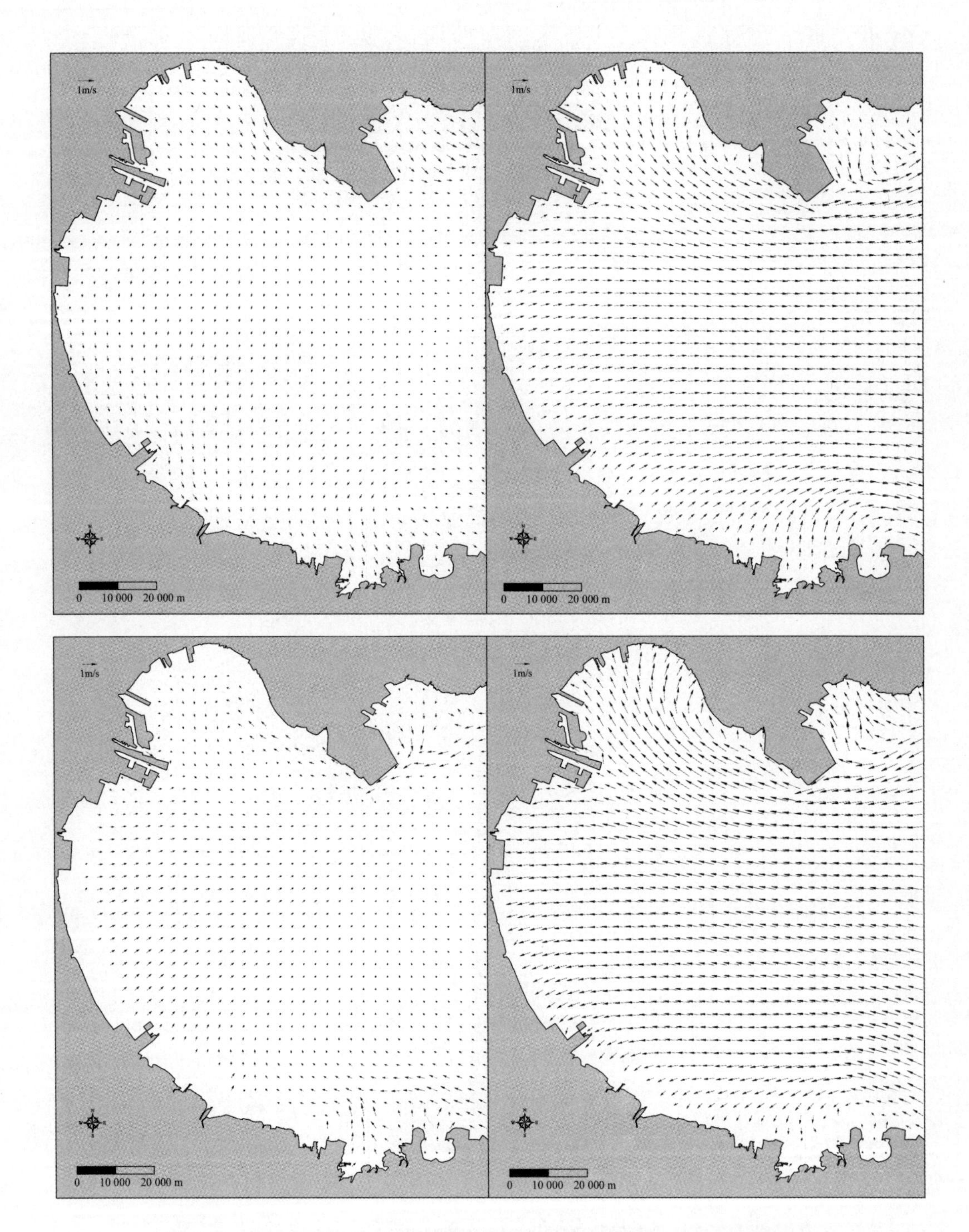

图 6.47 2010 年渤海湾工况，转落、落急、转涨和涨急 4 个特征时刻潮流

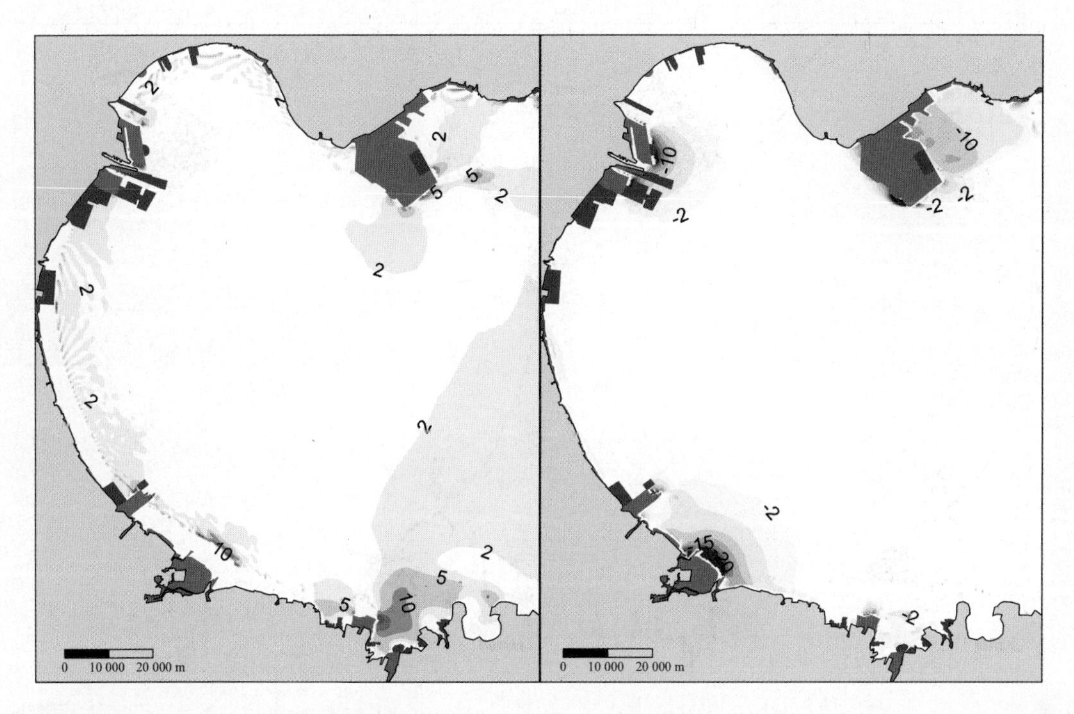

图 6.48 2000 年与 2008 年渤海湾大潮期涨落急时刻流速增加和减小值分布（单位：cm/s）

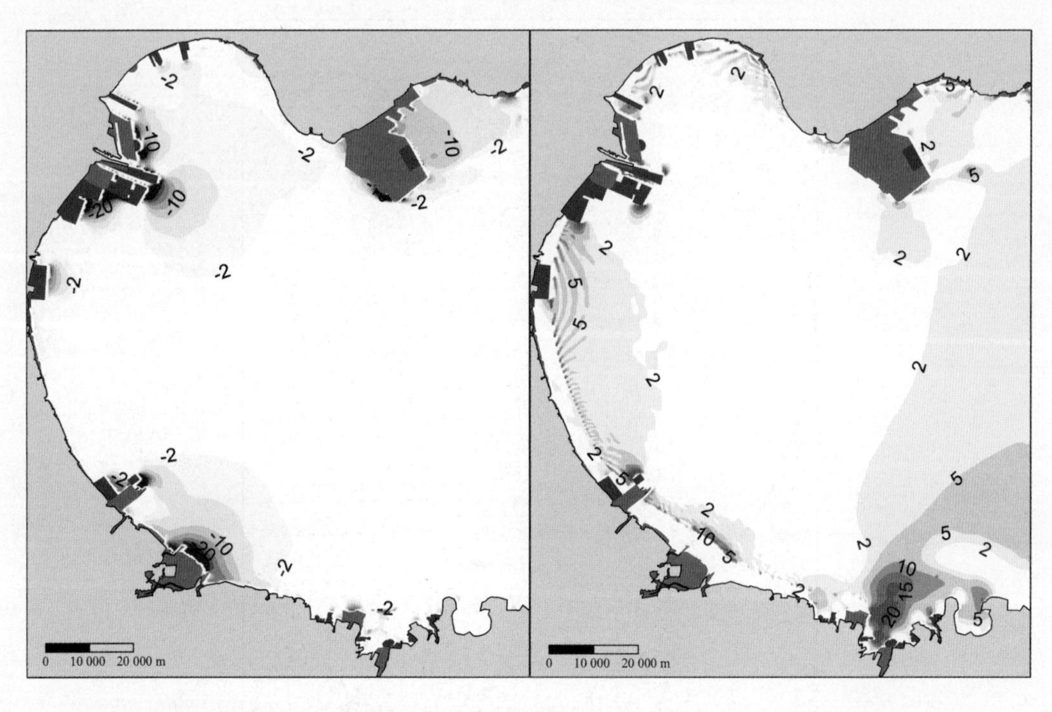

图 6.49 2000 年与 2010 年渤海湾大潮期涨落急时刻流速增加和减小值分布（单位：cm/s）

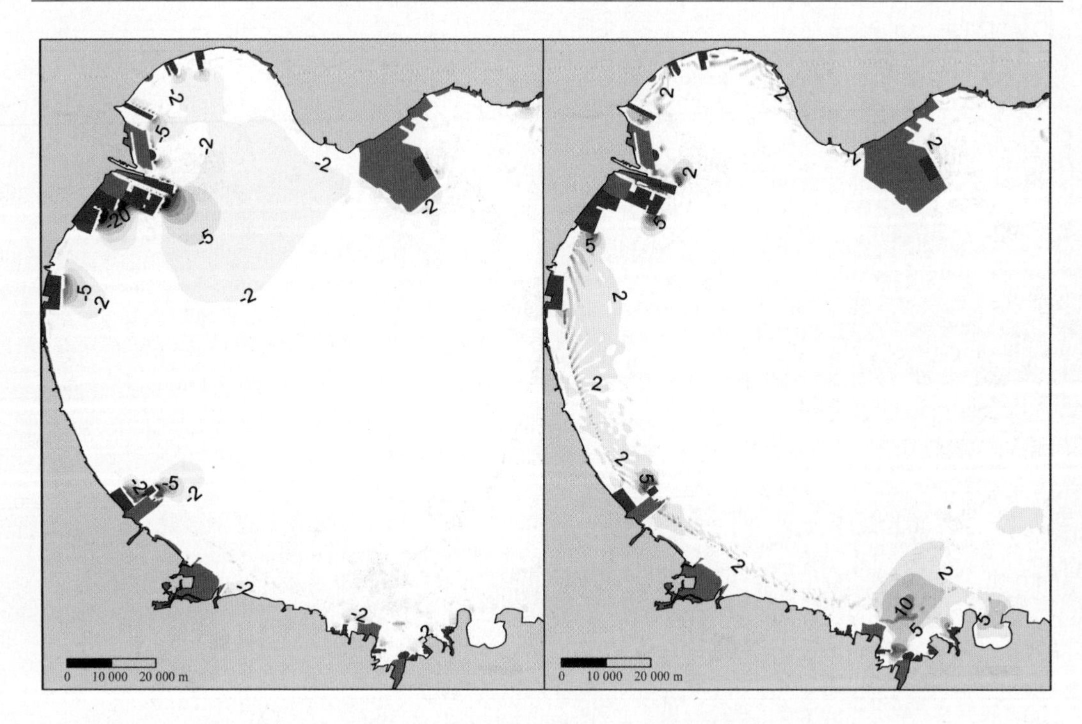

图 6.50 2008 年与 2010 年渤海湾大潮期涨落急时刻流速增加和减小值分布（单位：cm/s）

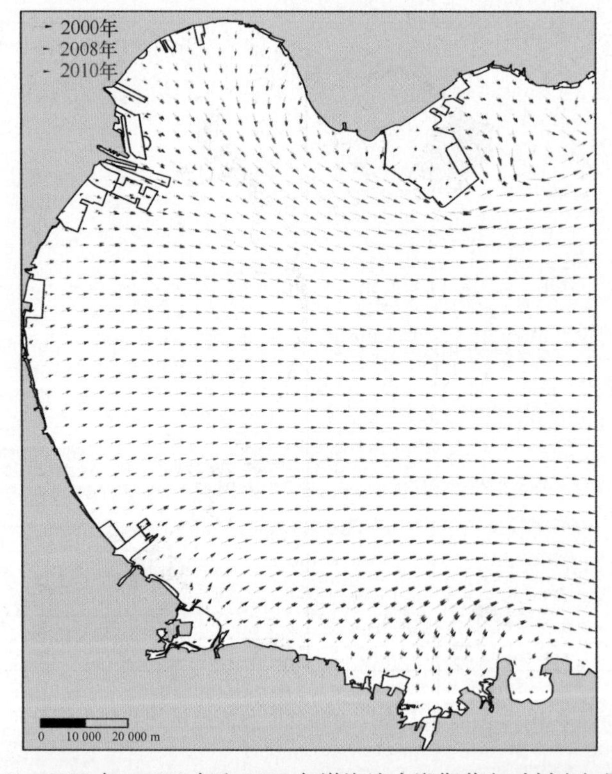

图 6.51 2000 年、2008 年和 2010 年渤海湾大潮期落急时刻流矢量对比

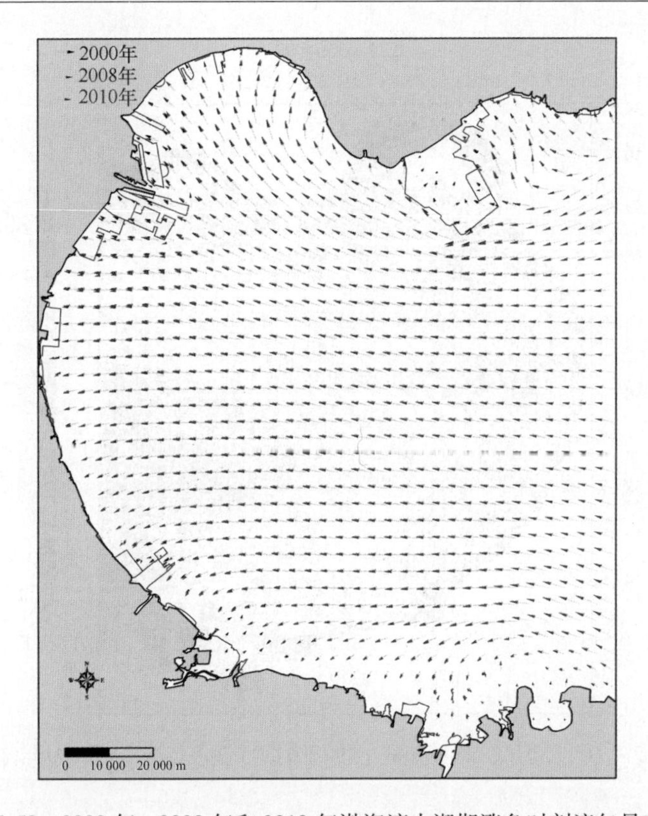

图 6.52　2000 年、2008 年和 2010 年渤海湾大潮期涨急时刻流矢量对比

2008 年，大潮期涨落急时刻流速增加和减小值分布图。从图中可以看出流速变化较大的区域均集中在用海工程周边海域，主要为曹妃甸、天津港、潍坊和东营海域。但由于工程的建设造成渤海湾潮波系统的变化，致使在渤海湾口海域有流速的增加。流速增大值强度小于减小值，一般小于 5 cm/s，在紧邻工程的局部海域有 20 cm/s 左右的流速增大值。流速减小值的范围和强度都大于流速增大区域。最大流速减小值同样出现在紧邻工程的局部海域，约 40 cm/s。从三种工况的比较来看，工程对渤海湾中部和湾口海域流速的影响有明显的累加效应。

3）渤海湾波浪结果分析

（1）9711 台风过程：2000—2008 年地形岸线变化主要集中在滨州至黄骅岸段、塘沽岸段、曹妃甸近岸海域，受其新增工程影响，波浪均发生不同程度的衍射、绕射等物理过程，变化区域同样主要集中在滨州、塘沽和曹妃甸及其附近，波高增大的最大值为 2.20 m，波高减小的最大值为 2.23 m；当岸线演化到 2010 年时，因曹妃甸海域和天津滨海新区围海造田工程的实施，对该区域波高影响主要体现在曹妃甸两侧和天津港两侧海域，增大和减小范围及变化幅度略有下降。结合三种岸线地形变化发现，近 10 年来渤海湾集约用海对海浪的影响变化主要是由 2000 年到 2008 年期间的岸线变化引起的（见图 6.53 至图 6.55）。

（2）2003 年强冷空气过程：与 9711 台风过程相比，因过程影响海域的时间及路径

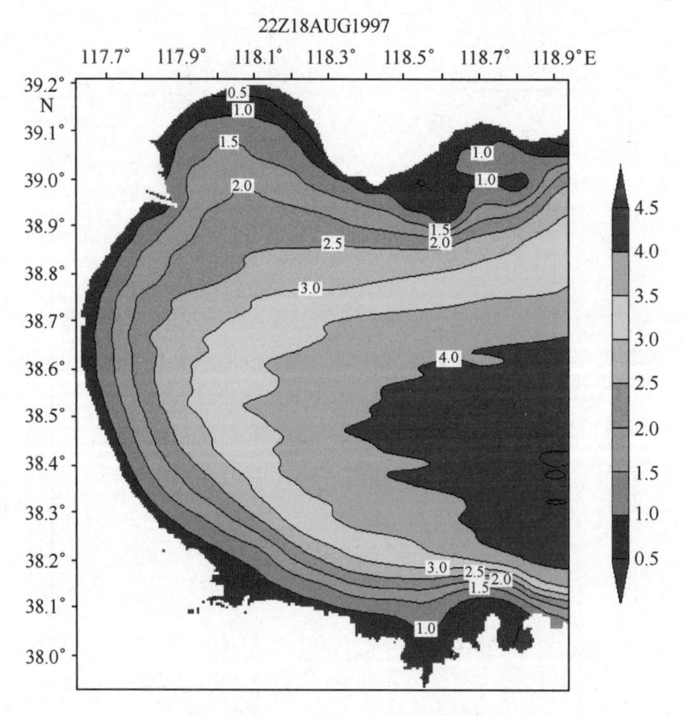

图 6.53　9711 台风，渤海湾 8 月 19 日 6：00 波浪场分布（2000 年地形）

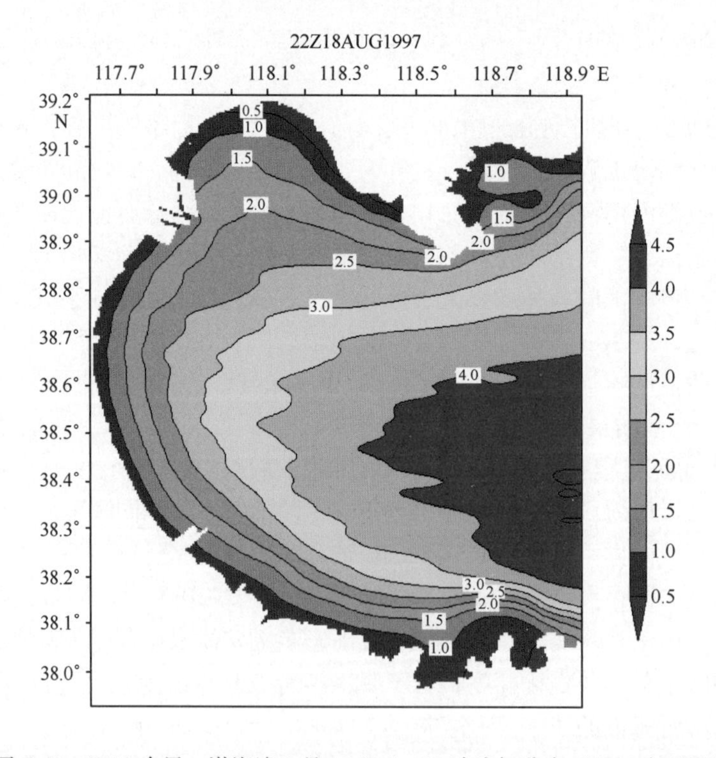

图 6.54　9711 台风，渤海湾 8 月 19 日 6：00 波浪场分布（2008 年地形）

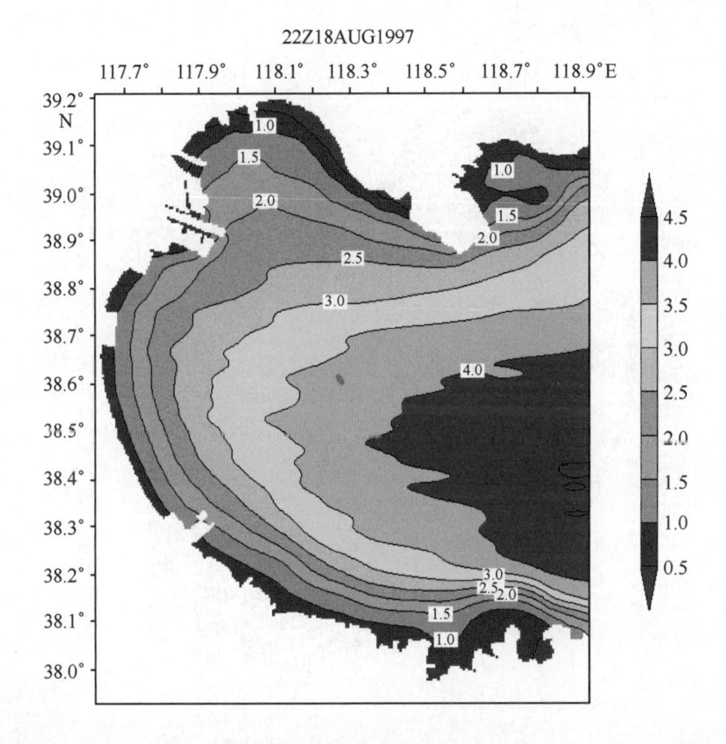

图 6.55　9711 台风，渤海湾 8 月 19 日 6：00 波浪场分布（2010 年地形）

不同，从而对波浪的影响范围、强度及影响的区域略有不同。岸线演化到 2008 年时期，此过程渤海湾大部分海域波高呈增大趋势，最大增大区在曹妃甸以东海域，最大增大 3.6 m，而波高减小区主要集中在天津至曹妃甸岸段，波高最大减小 1.5 m。当岸线地形演化到 2010 年时，由于曹妃甸海域和天津滨海新区工程影响，对该工程海域的波高影响有所显著，增大和减小范围及变化幅度略有上升。结合三种岸线地形变化发现，此过程近 10 年来渤海湾集约用海对海浪的影响变化主要是由 2000 年到 2008 年期间的岸线变化引起的（见图 6.56 至图 6.58）。

6.3.2.2　冲淤环境变化

1）海岸线位置变化

图 6.59 是经过 1976—2009 年 10 个时相的遥感图像解译出的海岸线对比图，说明曹妃甸地区的岸线变化经历了几个阶段。

1976—1979 年：海岸线向陆后退（侵蚀）。1976 年 3 月 23 日与 1979 年 3 月 26 日的图像时相一致但潮位不同，1979 年的潮位更高一些，从几个沙坨的出露情况看都不在低潮位。海岸线基本稳定，局部地区表现出侵蚀特征，最宽达到 1.3 km。1979 年 3 月 27 日至 1981 年 4 月 20 日：海岸线表现为向海淤进的特征，主要是沿岸的盐田向海扩建，最宽处向海推进 3.3 km。平均淤进速率为 1 650 m/a。1981—1987 年：由于盐田的扩建及海水养殖的发展，盐田向海一侧出现了养虾池，使得岸线继续向海推进，推进宽度为 0.5 ~ 2 km，平均淤进速率 80 ~ 300 m。1987—1997 年：是海水养殖业快速发展

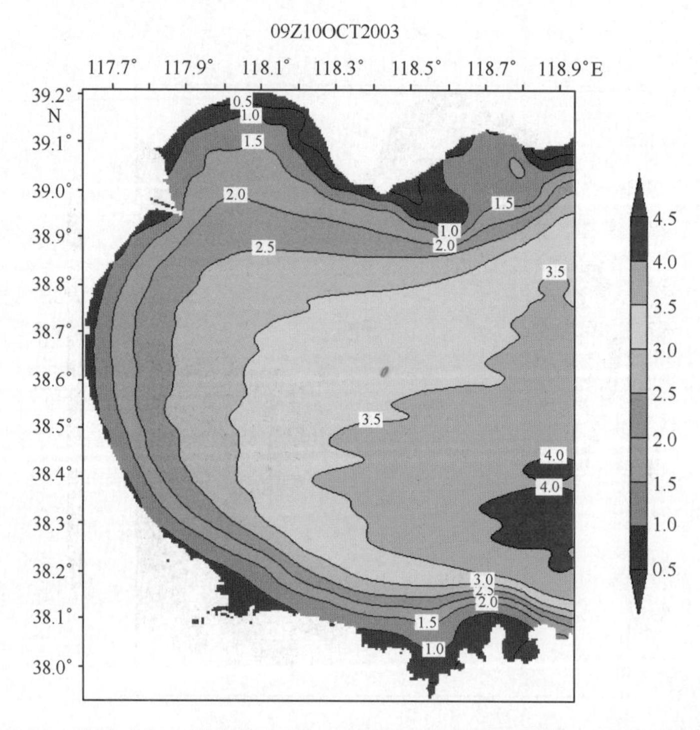

图 6.56 强冷空气，渤海湾 10 月 10 日 17：00 波浪场分布（2000 年地形）

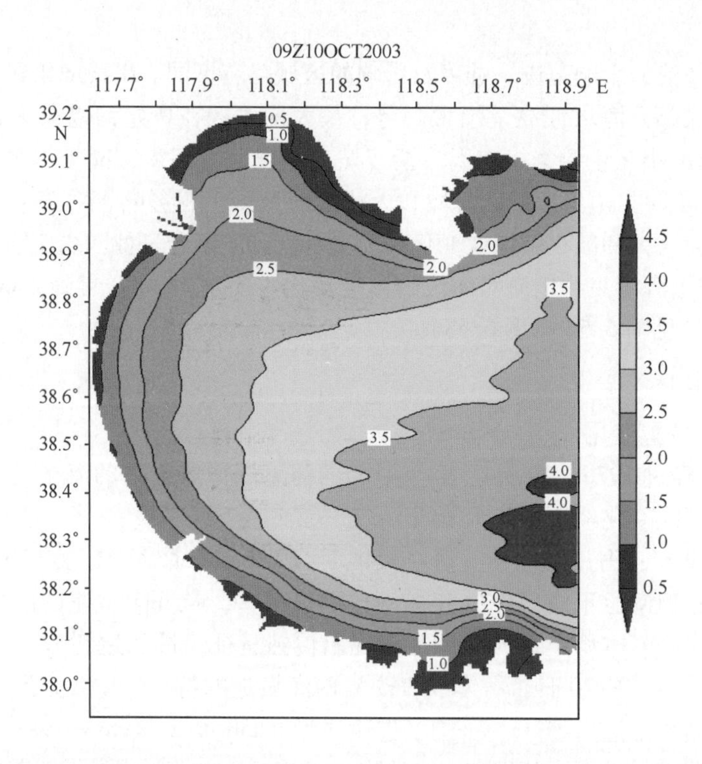

图 6.57 强冷空气，渤海湾 10 月 10 日 17：00 波浪场分布（2008 年地形）

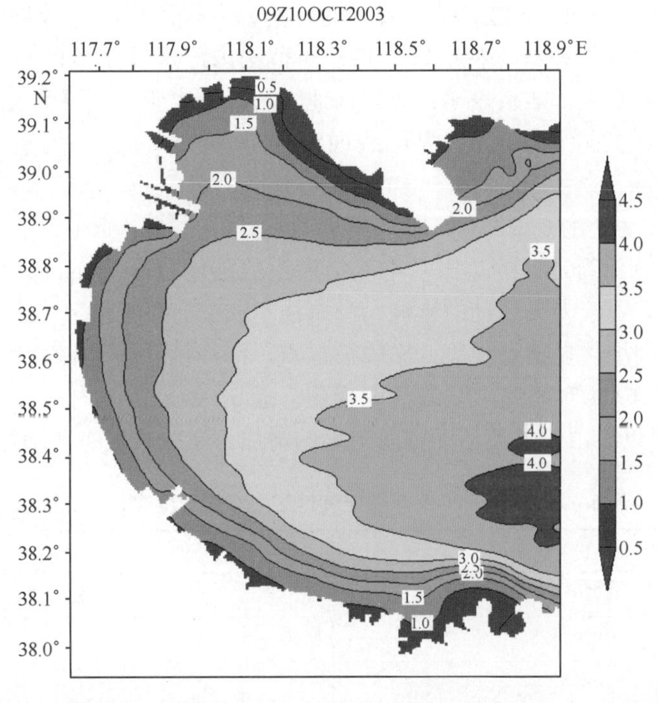

图 6.58 强冷空气，渤海湾 10 月 10 日 17：00 波浪场分布（2010 年地形）

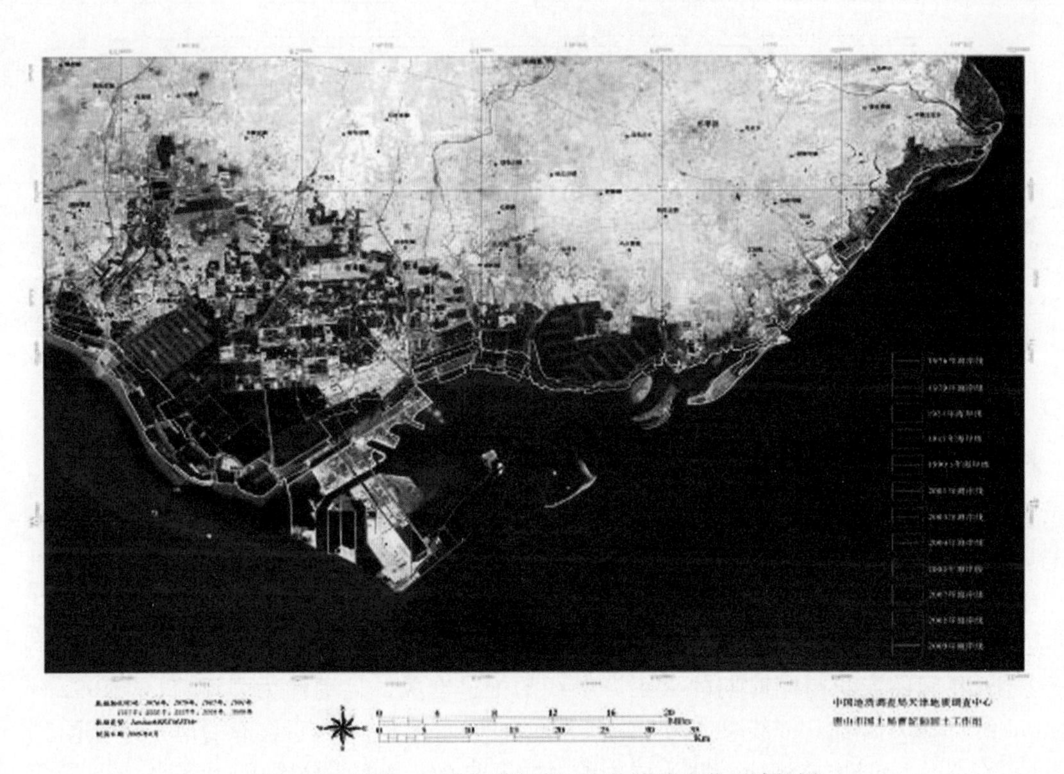

图 6.59 1976—2009 年曹妃甸地区海岸线变化遥感解译

的阶段，向海一侧的盐田外侧扩建了大量的虾池，使得海岸线全线向海推进了1.5～2 km。1997—2009年：岸线保持稳定，除极小范围内出现养殖池的小规模扩建，海岸线整体不再有大的变化。结果表明，曹妃甸地区的海岸线变化主要受人类生产活动的控制，1979—2009年的近30年间，海岸线向海推进3～5 km，平均速率达每年100～180 m。

2）海岸线长度变化

1976年曹妃甸沿海地区的盐田基本是沿海岸线陆域边界分布，其余海岸线基本保留着自然状态，后由于人类活动的影响，海岸线不断被向海推进，由人工设施控制了岸线，如坚固的防潮坝、盐田石坝等，岸线被拉直。海岸线长度也随之变化。表6.11是自1976—2007年10个时间海岸线的长度变化。近30年来，区内岸线的长度总体在缩短。但在2007年以后由于人类活动围海造地的增加，岸线长度有所增加。

表6.11　1976—2009年曹妃甸地区海岸线长度变化一览表

年份	长度（km）
1976	98.7
1979	89.1
1981	91.6
1987	87.5
1997	96.2
2001	96.1
2003	95.6
2004	94.0
2005	95.3
2007	98.0
2008	104.3
2009	108.6

3）地形与水深变化分析

1992年海岸线已在现在海岸线向陆侧2～3 km处，即自1992年以来海岸线累计已向海推进2～3 km。根据遥感监测，该海岸线为逐年推进。海岸线的推进为人工因素所造成。潮沟的总体走向与1992年相同，平面位置有所移动，以嘴东为界，向西潮沟北侧沟壁普遍向西南方向移动，在615线附近北侧潮沟壁向西南最大移动约800 m，潮沟宽度普遍变窄，局部潮沟底部变深，潮沟北侧沟坡变陡，南侧潮沟壁变化不明显。推测这十几年间的淤积与同时期的人工海岸线的推进有关，且潮沟为强潮流区。1992年0 m线与2005年的0 m线总体为交织状，即有的地方为向海推进，有的地方为后退。

在NP1－A进海路附近，0 m线表现为微小的推进，说明该区域冲淤变化较小，海底较为稳定。在NP1－B进海路和NP1－B进海路中间615线近岸浅滩处，最大处推进近1 km，该处2005年的0 m线已在1992年的5 m线外，说明局部淤积已超过5 m。浪潮泥沙模拟结果也显示该处目前正处于冲刷时期，且冲刷速度较快，说明该处处于冲淤变化十分强烈的区域，且处于强潮流区。推测这十几年间的淤积与同时期的人工海岸线的推进有关，而目前的冲刷则可能与青林路海堤的建造有关。NP2 - A进海路的西侧则表现为后退，显示该区在1992—2005年间处于总体的冲刷区域，其东侧为前期推进，目前表现为冲刷。该区水深较浅，总的冲淤量相对较小。潮沟的变化也与海岸线的推进有关，潮沟变化大的位置对应于此处的海岸线推进较多，且凸向海的地形位置处。该处位于强潮流区，潮道变窄，相应潮流流速增大，向下切割潮沟底部，造成局部潮沟底部加深。前人根据多光谱卫星遥感资料和雷达卫星遥感资料的各自优势，结合一定的实测资料，综合反演全区的水深信息。如利用2005年TM数据结合2003年ETM数据进行了水深反演。根据数学模型进行了水深数据反演，获得2005年南堡滩海遥感水深图像。

曹妃甸岛自清朝中期开始逐渐缩小，证实海洋动力侵蚀作用的加剧。对比1860年与1936年海图（图6.60），曹妃甸及附近海域在沿岸流作用下，废弃沙坝内侧海域逐渐淤浅，陆域逐渐扩大，在70年前即基本形成与现代滦南县南堡嘴相近的陆地和村落。

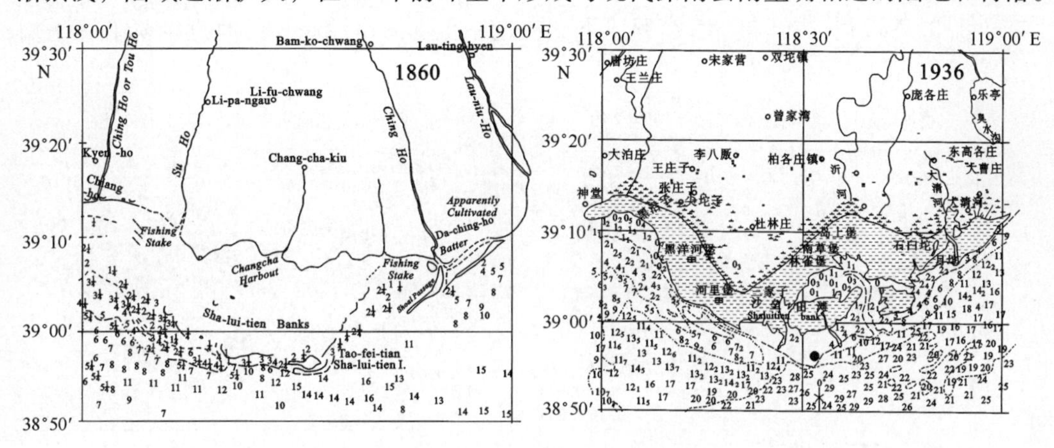

图6.60　1860年与1936年曹妃甸地区海区地形地貌

曹妃甸海域长期以来海床基本稳定，水深地形多年来呈现基本平衡、略有冲刷的状况。自20世纪20年代至80年代之间，曹妃甸海域 - 20 m等深线深槽范围普遍扩大，- 30 m等深线深槽范围有所扩大，甸头附近深槽由东向西有所移动，但甸头附近水深基本保持不变。从曹妃甸浅滩范围看，东侧三角形潮沟有向浅滩岸滩0 m等深线侵蚀、挤压的趋势，西侧三角形潮沟下端部水深增大。而东、西潮沟末端的滩脊有所增高，使东西潮沟隔断。这种变化与潮沟波浪掀沙向浅滩堆积的状况是分不开的。但由于滩面涨落潮时还需过流，从而又限制了其滩面高度发展，因此曹妃甸浅滩滩面长期处于相对较低和稳定的状态，其滩面一般在 - 0.2 ~ - 0.5 m间变化。根据2006年、2007年和2008年连续三年的海上测深航线，对比分析重合剖面的水深状况，从而获知不同海域海底地形变化状况，即泥沙的冲淤变化特征。

曹妃甸港址是一个沙基海岛，一般高潮时仅中央沙堤南端可露出海面0.5 ~ 1 m，沙岛受波浪作用有强烈变化，呈下冲下淤、外冲内淤和北冲南淤的变化，岸线稳定性较差。因此，曹妃甸港建设和运行，改变了区内的海洋沿岸水动力条件，这将会对该区的“古溺谷”地貌形态和沙基海岛产生影响。根据2003—2005年遥感影像对比，在曹妃甸港西南部有淤积加重的显示。因此，必须加强海岸、港口的侵蚀、淤积变化监测与研究，为工程防治提供依据。

4）潮间带冲淤变化对比

总体上讲，潮间带岩性自西向东岩性颗粒由细变粗，由粉砂质黏土－黏质粉砂逐步过渡到含黏土粉砂、粉细砂。对比1996年、2003年两年的曹妃甸地区海岸剖面显示，6条剖面的浅滩全部发生堆积，且堆积速率比前13年明显增大，7年间浅滩的平均堆积速率为7.62 cm/a。有5条剖面的水下斜坡遭受侵蚀，年均侵蚀速率同样较前13年增大。通过2008年与2009年潮间带滩面高程实测数据的对比，在离岸500 m左右以内，滩面高程无明显变化，离岸500 m左右以外，两年的差异较大，2009年比2008年滩面高程要低，由于监测剖面位于一号岛附近，挖砂量较大，因此有可能是该原因造成的(图6.61)。2010年又对南堡、北堡及大清河盐场进行了最新一期的RTK高程测量，大部分近岸岸滩高程都在国家85高程以下。从近岸至远海岸滩高程都是逐渐降低，平均坡度在5°左右。

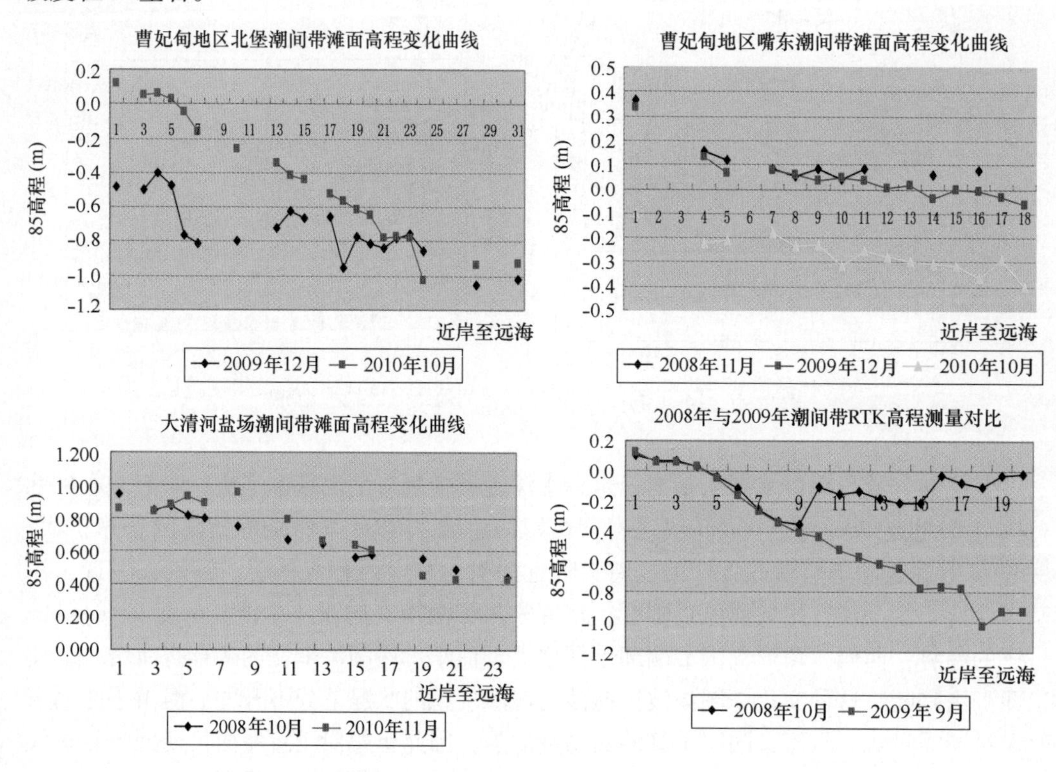

图6.61　潮间带剖面（北堡—大清河盐场）RTK测量高程对比

5）海底冲淤趋势变化

利用数值模式，对曹妃甸海底冲淤趋势进行了常年和不利风向的数值模拟，由于2000—2010年工程主要分布在渤海湾南北两岸，因此为了更好地说明不利风向情况下工程建设前后的影响变化，我们分别选择了南向大风和北向大风两种方案。

（1）常年工程前后冲淤趋势变化

从图6.62至图6.64可以看出，常年情况下2010年与2000年岸线变化引起的海底冲淤趋势变化差值幅度与2008年与2000年岸线变化引起的海底冲淤趋势变化差值幅度较大，引起的淤积变化最大值达到130 cm左右，引起的冲刷变化最大值达到100 cm左右。

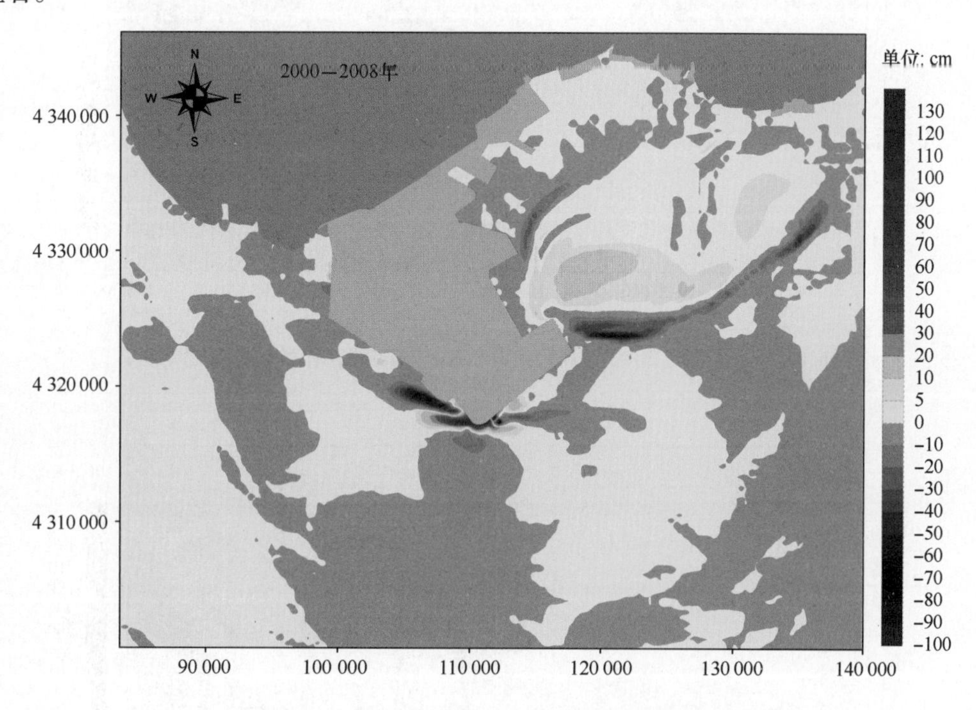

图6.62　2000年与2008年曹妃甸海域相比较的海底冲淤趋势变化差值

（2）南向大风工程前后冲淤趋势变化

南向大风情况下2010年与2000年岸线变化引起的海底冲淤趋势变化差值幅度与2008年与2000年岸线变化引起的海底冲淤趋势变化差值幅度较大，引起的淤积变化最大值达到70 cm左右，引起的冲刷变化最大值达到140 cm左右。

（3）北向大风工程前后冲淤趋势变化

北向大风情况下2010年与2000年岸线变化引起的海底冲淤趋势变化差值幅度与2008年与2000年岸线变化引起的海底冲淤趋势变化差值幅度较大，引起的淤积变化最大值达到60 cm左右，引起的冲刷变化最大值达到110 cm左右。

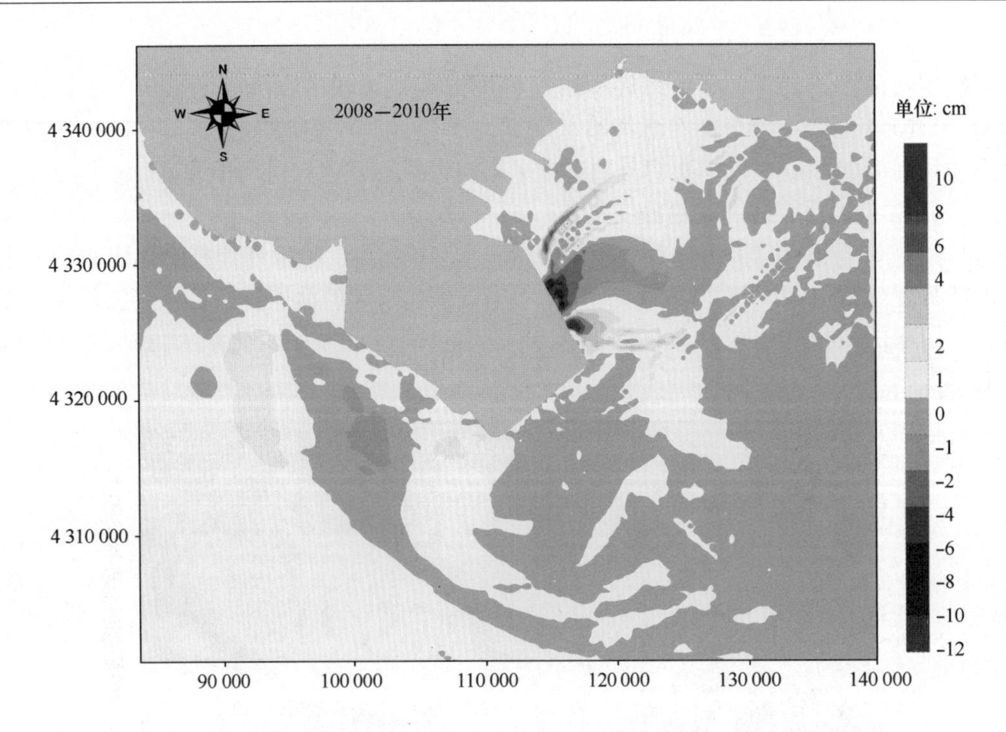

图 6.63　2008 年与 2010 年曹妃甸海域相比较的海底冲淤趋势变化差值

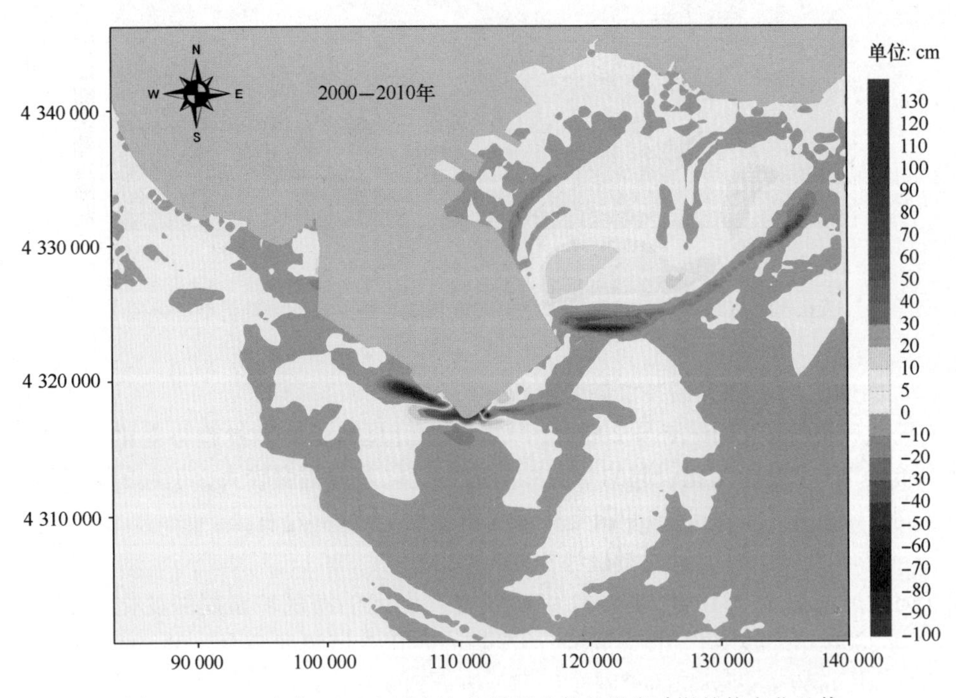

图 6.64　2000 年与 2010 年曹妃甸海域相比较的海底冲淤趋势变化差值

6.4　天津滨海新区

6.4.1　水文和冲淤环境现状

6.4.1.1　泥沙运动

天津港自1952年建港以来，港口的泥沙回淤一直深受世人瞩目。通过几十年的研究工作并采取了相应的工程措施（主要有海河修建挡潮闸、修整南北防波堤、堵塞北堤缺口、修建吹填围埝等)，取得了良好的减淤效果。天津港年挖泥量与年吞吐量的比值（m^3/吞吐吨)，20世纪50年代平均为3.58；60年代平均为1.67；70年代平均为0.89；80年代平均为0.55；进入90年代则下降至0.08~0.09。最新的研究成果表明，天津港已属轻淤港，泥沙回淤已经不再是港口发展的制约因素。相反每年数百万立方米的回淤土方已成为港内造陆的重要资源。天津港的泥沙来源主要包括河向来沙和浅滩泥沙。

1）河向来沙

对天津港泥沙淤积直接有关的主要是海河及蓟运河。海河1917—1958年期间，年入海平均径流量为99×10^8 m^3，年平均输沙量800×10^4 t，因此在海河建闸前入海沙量对天津港淤积影响很大。河口建闸后，海河成为河道型水库，水、沙基本上蓄积在河道内，据1958—1980年资料统计，其间年平均入海水量和沙量分别减至32×10^8 m^3和20×10^4 t左右。20世纪90年代以后，由于流域水量锐减加之上游蓄水能力的增强，正常年份入海水量及沙量已远小于1958—1980年的相应值。蓟运河的流域面积仅为海河流域面积的1/24，与海河相比，入海的水量、沙量均较轻微。新中国成立后，蓟运河进行了大量的水利工程建设，所有河道都建了闸，入海水量、沙量大幅度减少，从目前的情况看，来沙量几乎为零。综上所述，无论从现状和今后的情况来看，海河及蓟运河的入海沙量都十分有限，并继续呈下降的趋势，因此，上述两河泥沙对天津港的影响程度将进一步减弱。

2）浅滩泥沙

天津港位于海河口北侧，由于河口外余流及涨潮流的作用，1958年以前，海河下泄泥沙由涨潮流挟运，直接入港内，是第一个重要来源。浅滩上的泥沙经波浪掀扬，潮流输移进港是第二个重要来源。1958年建闸后，第一个来源已消失。第二个来源虽然依旧存在，但随着港口外部环境的改善和多年的维护，广大浅滩物质粗化，波浪的掀沙作用减弱，水体中的含沙浓度降低，使进港沙量逐年减少。

6.4.1.2　岸滩演变趋势

1）1958—1983年岸滩演变情况

海岸滩涂是海岸带水动力、现代冲淤变化最为活跃的地带。区内海岸人工防波堤的普遍修建，使现代海岸线处于相对稳定状态。但是，由于地形、水动力差异以及来沙量的多寡，不同岸段的滩涂滩面冲淤变化有明显的差异。根据1958年与1983年出版的海图对比，按其0 m等深线变化幅度，该岸段可划分为三种岸滩动态类型，即蚀退型岸滩、相对稳定型岸滩、淤涨型岸滩。不同岸滩段其特征详见表6.12。

表6.12　海河口—独流减河河口岸滩动态类型特征

<table>
<tr><th rowspan="2">动态类型</th><th rowspan="2">分布范围</th><th colspan="3">滩面宽度（m）</th><th rowspan="2">坡降（‰）</th><th rowspan="2">岸滩现代动态（1958—1983年）</th></tr>
<tr><th>内淤带</th><th>冲刷带</th><th>外淤带</th></tr>
<tr><td rowspan="2">蚀退型岸滩</td><td rowspan="2">道沟子—驴驹河</td><td>0～450</td><td>40～500</td><td>2 600～2 700</td><td rowspan="2">1.20～1.25</td><td rowspan="2">0 m等深线蚀退200～800 m，蚀退速率8～32 m/a，局部冲刷带直抵岸堤</td></tr>
<tr><td colspan="3">3 000～3 600</td></tr>
<tr><td rowspan="2">相对稳定型岩滩</td><td rowspan="2">驴驹河—高沙岭</td><td>400～850</td><td>300～500</td><td>2 600～2 700</td><td rowspan="2">1.10～1.20</td><td rowspan="2">0 m等深线变化不大</td></tr>
<tr><td colspan="3">3 500～3 600</td></tr>
<tr><td rowspan="4">淤涨型岸滩</td><td rowspan="2">海河口—道沟子</td><td>200～1 200</td><td>120～850</td><td>2 700～3 500</td><td rowspan="4">0.50～0.90</td><td rowspan="4">高沙岭—独流减河河口0 m等深线海进200～600 m，海进速率8～24 m/a，两河口龟裂发育</td></tr>
<tr><td></td><td></td><td></td></tr>
<tr><td rowspan="2">高沙岭—独流减河</td><td></td><td></td><td></td></tr>
<tr><td>700～1 000</td><td>40～800</td><td>2 600～3000</td></tr>
</table>

本工程区段海区是以堆积地貌为基本特征，物质成分以黏土质粉砂、粉砂质黏土等细颗粒物质为主。地貌形成年代新，主要地貌类型具有明显的弧形带分布的特点。岸滩坡度平缓（1∶1/1 000～1/2 000），潮间带宽。1958年以前，海河口未修建挡潮闸，该区为河口滨海区，河流动力与海洋动力同时起作用。1958年建闸后，本区实质上已变成为海岸区，海洋动力起主导作用，波浪掀沙、潮流输沙是塑造水下地形的主要动力因素。

根据近10年来年天津港南部海域水深比较，在天津港南防波堤以南海区，即本工程区段海区的岸滩在近10年内发生了明显的地形变化。主要体现如下。

（1）从±0 m、-2 m及-5 m等深线的变化来看，三条等深线均有不同程度的冲刷，等深线向岸推移，平均每年约90 m。这说明外来泥沙不足，波浪冲刷岸滩作用明显，致使等深线后退。

（2）在海河口外的等深线也有较大幅度的后退。按一般河口状况而言，由于径流下泄带来大量的泥沙，使河口水深变浅，等深浅外推。而海河口恰恰相反，这说明海河这几年基本没有泥沙下泄，加之在河口内每年又不断疏浚，致使波浪掀起的泥沙涨潮输移到河道内而被疏浚吹走，落潮泥沙随潮流带向外海。在没有外来泥沙补充的条件下，造成等深线后退。

2）1983—1995年岸滩演变情况

对1983年与1995年两次水深测图进行比较，对比结果显示在南防波堤以南0 m、-1 m、-2 m、-3 m四条等深线均有不同程度的冲刷，等深线向岸推进的幅度以0 m线最大，而后为-1 m、-2 m、-3 m等深线（但堤根附近，各等深线均处于不冲不淤的稳定状态）。岸滩产生冲刷的结果与前述沉积物分析当地泥沙粗化的特征十分吻合。

究其原因，由于海河入海泥沙因建闸而锐减，而海域潮流及波浪动力都基本维持不变，所以海河建闸后必将在一定范围，特别是破波带（-2 ~ -3 m）以里出现滩面的冲刷现象，其冲刷物（以细颗粒为主）一方面随涨潮流入港，另一方面随落潮流带至水深较大的外海沉积，这样的过程数年往复，不仅形成了港南滩面物质内粗外细的分布规律，并已经产生了一定范围的冲刷现象。

3）岸滩地貌与冲淤动态

由国土资源部天津地质矿产研究所2005—2008年组织实施并完成的区域岸滩地貌与冲淤动态调查结果如下。

（1）岸滩地貌类型划分

- 垂直岸线划分

沿垂直岸线方向，可划分为潮间浅滩和河口沙坝两个地貌类型。

潮间浅滩：潮间浅滩是潮间带的主体部分，高潮时被水淹没，低潮时出露成为滩地，是海岸带中水动力作用导致的冲淤变化最活跃的地带。天津市潮间浅滩是典型的粉砂淤泥质浅滩，其地貌形态与物质组成具有明显的分带性，自岸向海可划分为高潮滩面平整带、中潮滩面冲刷带和低潮滩面宽平带等次一级地貌类型。

高潮滩面平整带是位于特大高潮线与低高潮线之间的近岸地带，宽度0 ~2 000 m不等，平均坡降约为0.78‰，沉积物以砂质或黏土质粉砂为主，滩面上龟裂发育，其外缘有200 ~300 m的过渡带。中潮滩面冲刷带位于高低潮滩面之间，区内普遍发育，青坨子以东至大神堂，冲刷带直抵海防堤，宽度40 ~800 m不等，平均坡降约为0.94‰，沉积物以黏土质粉砂为主，滩面上冲蚀洼坑与小沙波发育。低潮滩面宽平带位于中潮滩面冲刷带与低潮线之间，在潮间浅滩中广泛发育，宽度2 600 ~4 000 m不等，平均坡降约为1.05‰，沉积物以黏土质粉砂、细砂、砂质粉砂和粉砂为主，海河口以南至独流减河为极细砂（0.125 ~0.063 mm）带，滩面宽广平缓，沙坡发育，局部地区亦有潮沟和小沙波。

河口沙坝：一二十年前，海河、北塘水道河口外侧，曾发育河口沙坝。沙坝顶面比正常滩面高0.2 ~1.2 m，现因人为破坏，已基本消失。

- 平行岸线划分

沿平行岸线方向，可划分为南、北两个部分。

南部潮间带：南起歧口，北至海河口，南北向长约60 km，滩面平整，为典型的粉砂—淤泥质潮间带。自1958年海河修建防潮后，海河输沙量锐减，海河口—独流减河岸段为处于稳定状态的极细砂—粉砂潮间带。独流减河—歧口岸段则为淤积型泥质潮间带。

海河口—独流减河岸段，高潮水可直达岸边，水动力活跃，滩面主要由粉细砂组成，沙波发育。但据2005年以来在驴驹河潮间带的调查，在靠近平均大潮高潮线处（海防大堤）的高潮滩面上，已经开始有更细的泥质沉积物落淤。

沿天然平均大潮高潮线，断续残留着第一道贝壳堤，道沟子、白水头、高沙岭和驴驹河等渔村，即建在这些堤上。20世纪80年代以来，在原潮间带近岸处开挖养殖池、修建旅游休闲场所（海滨浴场）、修筑海挡和公路，已将现在的人为岸线从第一道贝壳堤所代表的近数百年来的天然岸线处向海推进了数百米甚至1 ~2 km。

独流减河至歧口岸段，处于渤海湾湾顶处，是细粒物质沉积区，滩面宽度大，坡度缓，黏土质粉砂形成的富含水的“浮泥带”十分发育（参见第3章有关叙述）。

北部潮间带：分布于海河口以北至涧河口，潮滩面宽度 3 400 ~ 3 500 m，坡降 1.13‰ ~ 1.41‰，冲刷带直抵岸堤。目前，已沿海岸线修筑人工岸堤。0 m 等深线自 1958 年至 1983 年蚀退 400 ~ 1 400 m，蚀退速率 12 ~ 56 m/a。自修筑海防大堤后，虽不再蚀退，但海堤基足处仍有淘蚀现象。滩面表层以砂质为主，但有黏土质粉砂微弱淤积形成的盖层。

天津北部岸段，原有贝壳堤断续分布。因冲蚀及人为破坏，仅在青坨子—蛏头沽之间尚有残存。此带自 300 年前就有海蚀现象，海堤底部有淘蚀，1983—1984 年蛏头沽至蔡家堡滩面测量结果，冲淤变化不大，0 m 等深线后退幅度不强，海堤多有冲刷现象，但滩面仍处于相对稳定状态，并有少量淤积。

通过不同年代的海图对比，清楚地反映了天津北部海区的冲淤状况。

北堡—大神堂：0 ~ 2 m 等深线 1936—1958 年淤积较快，而 1958—1983 年缓慢淤积，5 ~ 10 m 等深线地区普遍冲刷，这是该区海洋动力作用增强、沙源相对减少的结果。

大神堂—蛏头沽：0 m 等深线以上普遍冲刷，但速度缓慢，2 m 等深线在 1936—1958 年期间淤积较快，1958—1983 年期间则处于冲刷状态，5 m 等深线以外则缓慢淤积。

北塘水道以南河口地区：0 m 等深线冲刷后退，而 2 ~ 10 m 等深线普遍淤积，是天津新港建设以来吹淤的结果。据天津新港港务局统计，1939 年至 1953 年期间在外航道北侧 3 ~ 8 m 等深线抛泥达 $2\ 000 \times 10^4\ m^3$，自 1954 年到目前仍在 7 ~ 8 m 等深线附近抛泥，此次调查，发现了靠近天津港航道处水下地形的微起伏，可能为抛淤所致。

（2）潮间带垂直加积速率研究

本次调查现代沉积速率结果显示，马棚口至大沽排污河岸段的潮间带上部地区，现代沉积速率呈现变小的趋势，但其沉积速率均大于 1.19 cm/a；海河北侧蛏头沽至大神堂的开放潮坪上部地区，沉积速率呈现变小趋势，沉积速率均小于 0.88 cm/a；蓟运河口处沉积速率最大，超过 3.58 cm/a。

（3）潮间带冲淤动态变化与评价

项目组在天津市潮间带上布设了 8 条垂直于海岸线的岸滩冲淤动态变化监测剖面，利用全站仪系统对这 8 条监测剖面进行了高程水准测量，将测量结果纳入国家黄海 85 高程系，计算出潮间带的黄海高程数值，并对马棚口湾剖面和蛏头沽剖面等典型剖面进行了多年重复观测。

多年水准测量表明，马棚口湾潮间带自 2003 年以来一直被淤高。尤其是“2003 年 10 月 11—12 日风暴潮”造成该区潮间带上部发生强烈淤积，滩面被淤高 30 ~ 50 cm。2004—2007 年的潮滩重复水准测量数据对比显示，该地潮间带继续淤积，在津歧公路以东 2 km 处淤积量最大，达到了 20 cm 以上。判断该地潮间带为淤积型，在短时期内还将继续发生淤积。蛏头沽潮间带地区相对稳定，通过多年潮间带水准测量发现，2004—2005 年间，该区潮间带基本上未发生明显变化。但是，2005—2006 年潮坪上开始出现浮泥。2007 年数据显示，2006—2007 年未发生明显的变化，潮滩基本稳定。

综上所述，海河口南侧的马棚口湾潮间带为淤积型潮间带，淤积速率较高。海河口北侧的永定新河河口潮间带沉积速率较高，潮间带较宽。驴驹河与蛏头沽潮间带均为基本稳定的潮间带。

6.4.2 水文和冲淤环境变化

6.4.2.1 沿岸工程对冲淤环境的影响分析

通过大量的勘测研究，本海区的水体含沙基本不受外来泥沙的影响，主要是近岸浅滩掀沙，本港区附近存在大片的浅滩，向岸大风浪是造成近岸泥沙悬移运动的主要因素。在小风或无风天水体含沙量很低，小于 0.1 kg/m^3；而随着风级的增大，其含沙量逐渐增高，近岸最高可测到 2 ~ 4 kg/m^3。

由于外来泥沙甚微，在浅滩沉积的细颗粒泥沙经过近半个世纪的冲蚀运移作用下，也逐年减少，呈现滩面粗化、等深线后退的趋势。因此，使本港海区水体含沙量逐年降低，加之近几年来的围海造陆工程起到了护滩的作用，更进一步改善了本海区的环境。

天津港水域的泥沙普遍有所淤积，淤积的分布呈现自岸向海逐渐减小的趋势。根据泥沙运动规律分析，泥沙淤积较重的原因主要在于位置距河口较近，处在落潮流下泄泥沙的影响范围。此外，建筑物的口门相对较宽的工程，有利于水体交换，加之内部流速较弱，使泥沙易于淤积。较大淤积区主要位于凹向陆地的水域和北防波堤与港岛南端的交角水域，其最大淤积强度均在 0.8 m 左右；东海岸一期工程内部平均年淤积强度为 0.3 m，最大为 0.5 m；本航道工程内部平均淤积强度为 0.3 m，最大为 0.7 m。

根据天津水运工程科学研究所编制的《天津港航道拓宽工程泥沙淤积研究》，天津港实施防波堤延伸工程后，口门位置位于 -5 m 等深线，至此含沙量比较低，口门处年均含沙量约 0.1 kg/m^3。航道拓宽工程实施后对水文动力环境影响甚微，对大沽沙航道及海洋特别保护区均无影响，主要对航道本身、疏浚区的地形和冲淤环境产生一定的影响。据水文动力预测结果可知工程实施后，航道处水下地形加宽、加深外，其回淤程度按航道里程可分为：13 +0 ~19 +0 回淤区、19 +0 ~19 +0 轻淤区、28 +0 ~29 +0 微淤区，29 +0 以外或不淤区。

6.4.2.2 塘沽围海造陆工程环境影响状况

天津市塘沽区为充分利用海岸线资源，为天津工业战略东移积极创造条件，拟在海河口南段海岸进行围海造陆工程。本次规划重点是海河口至独流减河口，岸线长约 25 km，宽度是从海防路向海 2.5 ~3.5 km，总规划面积约 80 km^2。首期围填规模约为 6.5 km^2。孙连成利用以往及近期现场实测水文、泥沙等有关资料，并利用数学模型计算及试验分析等多种手段对塘沽围海造陆工程及周边泥沙的环境影响状况进行了分析，结果如下。

1）二维潮流数学模型计算及分析

采用拟合坐标系下平面二维数学模型，通过计算，首期工程引起的流场变化主要特征是海河口口门外延、工程北侧流速明显加大，及落潮流与海河口北治导线夹角减小。海河口口门外延减少涨潮来沙量，尤其切断南侧滩地的高含沙量水体的进入，对海河口闸下的减淤将有明显的效果；工程北侧流速的增大，也会进一步减少该处的泥沙淤积；落潮流顺应南防波堤南侧深槽，可加大泄流能力，可见首期工程对海河口减淤和增加泄流都有积极的影响。远期规划工程对海河口的影响与首期工程一致。

工程方案对海河口闸下行洪是否产生影响，主要根据闸下高潮位的变化，如有所抬高，则会减少行洪量。工程前1999年7月2—3日闸下最高潮位计算值为4.43 m，首期工程和远期规划闸下最高潮位计算值仍为4.43 m，可见在规划整治线以外造陆不会对海河口行洪产生不利的影响。

本项造陆工程位于海河口南治导线以南，在-2.0 m等深线上天津港口门与此工程部位相距有2.5 km，从定性上来说，该工程的实施不会对天津港口门来水来沙产生不利影响，从泥沙来源角度考虑，对天津港的减淤还是有利的。为仔细检查工程后对周边的影响，选取若干个计算点进行工程前后的数值对比，即工程前后的涨落潮流速没有变化，说明了该工程对周边的水文泥沙没有不利影响。

2）水文条件分析

塘沽围海造陆工程区域内的潮流动力较弱，平均流速约为0.16 m/s，根据水力特性试验，本区的底沙起动流速为：临界起动流速为0.2 m/s；d_{50}起动流速为0.4 m/s；全级起动流速为0.56 m/s。因此可见，本区的潮流无论是大、小潮型的平均流速均小于临界起动流速。也就是说本区段的岸滩泥沙仅靠潮流的单一动力作用是冲刷不起来的，所以水体含沙量很小，平均约为0.06 kg/m^3，潮流只能起到输沙的作用。

从本区实测潮流场来看，在海河口处，涨潮流指向河道内，即随潮流运移的泥沙可直接进入海河闸下的水道而产生淤积；落潮流挟带的泥沙漂向外海。在驴驹河附近的涨潮流向偏南，即涨潮段挟带的泥沙主要是向南侧运移，而在落潮段则向北侧运移。这说明随潮流运动的泥沙对海河口是有一定影响的。

从上述分析表明本区的潮流不能掀沙，但从岸滩的变化来看，-5 m等深线以内直至岸边的地形均发生冲刷现象，从1992年至2000年8年间年均蚀退约90 m。这主要归属于波浪的作用，从波浪分析结果可见，本区的波浪大于等于1.0 m以上的大波约占全年的12.4%，大波的来向主要是NE—E向，主要集中在春秋季节，从波浪来向看多为向岸浪。向岸向的强波浪在从深水向岸边传播过程中衰减较小，因此对岸滩的冲刷作用较强。在大波浪的冲刷下掀起岸滩泥沙，由于颗粒较细，易于浮于水中随涨落潮流运动。因此，大风浪是造成岸滩冲刷的主要动力因素，也是造成海河口及天津港淤积的主要原因。

综上所述，对塘沽围海造陆工程实施后的影响得出如下初步结论。

（1）本海区潮流作用较弱，单一潮流作用不会掀起岸滩泥沙运动，但起到输沙的作用。

（2）波浪是冲刷岸滩的主要动力因素，NE—E向为不利浪向，对岸滩的作用最强。

波浪掀沙、潮汐输沙是本区泥沙运动的主要特征。

（3）本工程岸滩冲刷现象明显从 -5 m 线至 0 m 线普遍后退，1992—2000 年间年均后退 90 m。发生这种现象一是说明本区外来泥沙不足；二是说明本区海域水体含沙量主要来源于浅滩。

（4）围海工程后，河道流速增大明显，对提高水流的挟沙力减轻河道淤积有利。

（5）工程实施后，起到护滩作用，对减少本区海域水体含沙量是有益的，每年可减少 $50\times10^4\sim200\times10^4$ m^3。

（6）工程对海河口闸下河道和天津港航道的淤积没有负面影响，反而对减少闸下河道的淤积和天津港的淤积有利。

6.4.2.3 天津港建设工程环境影响状况

自 2000 年以来，天津港逐步完成了北港池集装箱码头的扩建工程、南疆炼油深水泊位的改造工程及深水航道扩建工程（从 10 万吨级提升到 25 万吨级）；以及北大围埝的建成等一系列重大项目，并进行了延伸南北防波堤，建设 30 万吨级原油码头、海河口的综合开发及东疆港区外滩的建设等重大工程的规划、设计；各学者在该阶段规划建设期开展了相关工程对周边水文和冲淤环境的影响，结果如下。

1）北大围埝工程试验研究

结合北大围埝工程的建设，采用潮流物理模型和数学模型对各围埝方案的水流变化、泥沙运移等进行了试验研究，得出主要结论为：

①北大围埝的建设，起到护滩、减少近岸风浪掀沙的作用，对减少港区的泥沙来源、降低水体含沙量，改善水质环境、减少港口航道的淤积是十分有利的，有着重大的社会效益和经济价值。

②北大围埝建成后北大港池开通具有以下特点：一是港池内的流速基本相同；二是东突堤东、北侧港区，横堤外北大围埝导流区航道内涨落潮水流平顺，流速均有所增加，对该区域港池和航道水深的维护有利；三是对现有港区、南防波堤以南和海河口地区的潮流基本没有影响。

2）港内维护观测研究

为清楚了解和掌握天津港在发展建设中的维护疏浚状况，以确保港口正常运转。近几年来连续开展了现场测量工作，对港内淤泥容重、悬沙场分布及有关淤泥特性等资料进行了计算分析。

①经过多年来的取样分析，天津港内淤积泥沙的容重，在 $1.35\sim1.43$ t/m^3 之间，平均值为 1.39 t/m^3，均在疏浚土一类土容重指标 $1.3\sim1.5$ t/m^3 范围内，即天津港区的维护疏浚土为一类土。

②港区淤泥厚度分布及容重变化主要与港池、泊位泥沙回淤强度和淤积时间等因素有关。港池、泊位的回淤强度取决于区域的位置，离口门或滩面较近淤强较大，淤泥容重除自身特性和区域水动力条件外，淤积时间愈长容重值愈大。

③为掌握港内年度维护疏浚工程量，保证港口正常作业，采用下方量法计算（即维护疏浚工程量等于疏浚下方量与施工期回淤量之和），得出近 6 年来的港池泊位（不

含主航道）年维护工程方量如下。

2000 年疏浚维护工程量为 $339\times10^4\ m^3$；2001 年疏浚维护工程量为 $372\times10^4\ m^3$；2002 年疏浚维护工程量为 $421\times10^4\ m^3$；2003 年疏浚维护工程量为 $179\times10^4\ m^3$；2004 年疏浚维护工程量为 $203\times10^4\ m^3$；2005 年疏浚维护工程量为 $513\times10^4\ m^3$。

年疏浚维护量的多少与维护面积有关，重淤积区 1 年内可疏浚 1 ~2 次，而较淤积区可 1 ~2 年疏浚 1 次即可达到通行水深要求。

④根据港内泥沙淤积分布规律，提出了“定吸清淤工程方案”，即在东突堤头处挖一蓄泥坑，使进港泥沙沉积于坑内，减少港内其他区域的淤积，降低挖泥成本，提高码头的运行效率。

3）深水航道工程研究

为适应天津港发展的要求，近几年来航道的等级连续提升，从 10 万吨级到 25 万吨级约经历了短短的 5 年时间，在深水航道不断扩建工程中相继开展了以下研究工作。

①为航道设计需要，在港区水域从 2002 年至 2005 年进行了大面积、多垂线、各季节的现场水文、含沙量及底质泥沙取样等一系列测验工作，得出近年围海工程前、后的最新天津港海域水体含沙量的分布规律。围海工程前、后近岸水体含沙量的变化较大，对减少港口及航道的淤积十分有利，同时对改善该海区水质环境起到积极的作用。

②为节省工程投资，提高疏浚效率，减少施工期，对天津港深水航道的边坡进行了调查分析及实验研究。根据天津港海区底质泥沙的组成性质及多年来航道边坡的使用及变化情况，提出了航道边坡多种确定的方法。即在内航道坡度可采用 1∶3，近岸段坡度可采用 1∶5，外海可适当放宽。其成果对航道的设计具有一定的指导意见。

③为充分利用天津港海区的泥沙特性，减少港口投资，有效保证深水港池、泊位的正常使用，开展了“适航水深”技术的研究，该项技术就是将淤泥质港口与航道的现行水深图图载以下的适航浮泥层计入航深（浮泥层容重定为 $1.25\ kg/m^3$）；该项成果的应用，既有利于减少维护疏浚量、延长维护周期、降低维护费用和缩短大型船舶的停潮时间，同时也节约了维护挖泥方量和资金，进一步挖掘了港口的潜在功能。

4）南疆规划建设研究

天津港总体规划布局为南散北集，即煤炭、矿石、原油等码头主要集中在南疆港区。由于实际的建设空间不足，而直接影响了天津港的发展，其主要影响因素是海河口的治导线问题。根据具体情况提出了在确保满足海河口泄洪流量要求的前提下，尽量兼顾河口两侧天津港南疆用地和临港工业区发展港口的需要，综合开发利用海河口闸下滩涂资源的指导思想。采用潮流、泥沙物理模型和波浪、潮流、泥沙数学模型，对海河口治导线问题进行了试验研究。试验认为：两治导线间宽度由 1 900 m 缩小为 1 200 m，河道泄洪更顺畅，而且在外海不利潮型的作用下也能满足 $800\ m^3/s$ 泄洪流量的要求。

5）延堤工程的研究

为适应船舶大型化、泊位深水化的要求，进一步加快港口的发展，天津港正将南北防波堤向外海延伸，使口门至口门外 16 m 处（ -4.8 m），总平面布置的基本原则：①满足天津港总体布局规划要求；②充分考虑与南疆港区其他规划项目的相互关系，协调发展；③增加项目实施的灵活性和可操作性；④充分考虑远近结合、尽量减少工程量、降低工程造价；⑤进一步降低港口淤积量，起到防淤、减淤、防浪的作用。基于上述基本要求开展了以下研究。

①延堤减淤效益分析。在北大港池建成的条件下，对口门为现状与口门延伸至口门外16 m处的全港泥沙淤积情况进行了综合计算分析，结果表明（延堤后）减淤效果明显，减淤率约近60%。

②建立潮流物理模型，对延堤工程方案，口门内外的流场变化进行了试验研究。试验结果表明：当南北导堤延伸到16 +0，口门宽度为900 m，涨潮段在口门内形成一个4 ~5 km范围的环流，流速0.2 ~0.3 m/s，口门外的最大流速约为0.7 m/s，由于流速较弱对船舶的进出港不会产生影响；导堤两侧的流速，基本处于海域自然流速范围，不存在较强的沿堤流现象；在开通北大港池后，口门内的水流更为平顺，其环流形态变小，流速降低。而由于纳潮量的增加使口门处的流速增大了0.10 m/s左右；临港工业区航道的开挖及围海工程的建设对天津港基本没有影响。

③建立了风浪潮流泥沙数学模型，对延堤工程方案的含沙场的分布及泥沙淤积情况进行了计算。计算结果得出：南北导堤延伸至口门外16 m后，由于远离岸边进入深水区，口门进港含沙量约小于0.1 kg/m^3，各方案的年淤积量在360 ×10^4 m^3 左右。淤积部位基本位于口门外9 m至口门区段内。由于港内水域较长，水体交换较弱，在口门外9 m以内淤积甚微。当北大港池开通后，港内的淤积量约增加100 ×10^4 m^3。

综上可知，天津港自开港以来，不断进行治理及建设，使天津港从一个重淤积港成为今天的轻淤积深水大港：主要采取了以下措施。

（1）初期采取修复南、北导堤，堵填北堤缺口，阻止及减轻了进港沙量。

（2）逐渐清除了港内的浅滩，使港内达到深水化，清除了港内周转的泥沙来源。

（3）选择了合理、安全、经济可行的疏浚泥土海上倾倒区，解决了所抛泥土进入港口航道的回淤问题。

（4）北大围埝的建设及临港工业区围海造陆工程的建设起到了护滩的作用，大大减少了大风浪对岸滩的冲刷，对改善该海区水质起到了积极的作用。从2006年起，天津港将南北导堤进一步向外海延伸，使口门至口门外16 m处，该项工程即掩护了近岸高含沙区域，又使外航道推向深水区和低含沙海域。在港口吞吐量大幅度提升、航道深水化等级进一步提高的情况下，其全港的淤积还将进一步减少。

6.4.2.4　水文和冲淤环境变化

1）天津港口水文和冲淤环境变化

天津港区海域的环境泥沙自海河建闸以来逐年得到改善，港区的泥沙来源由过去的河流来沙，变为风浪掀沙，潮流输沙。由于多年来的冲刷作用，港口附近的浅滩粗化，等深线向岸边推移，水体含沙量逐年下降，年平均进港含沙量由20世纪50年代的0.75 kg/m^3 降至90年代的0.2 kg/m^3。今后除特殊原因外，陆域来沙将越来越少，浪流掀沙作用逐渐减弱，进港水体含沙量将进一步减少，这对于减少港口的淤积是十分有利的。

港口的回淤问题经多年来的整治研究，已由过去的“重淤港”变成为如今的“轻淤港”，主要表现为以下几个方面。

（1）港池的淤积从20世纪50年代的年平均高达6 m以上，随着港口的不断发展，近几年来港池平均淤积降至0.7 m左右。

（2）天津港所具有的浮泥现象，在20世纪50年代是很严重的，而随着时间的推移，港内的浮泥层厚度逐渐衰减，在20世纪80年代各港池平均厚度降至0.2 m，20世纪90年代末期，浮泥已十分微弱或几乎消失。

（3）港口的年淤积量随着港口规模的扩大、泊位的增多也发生了较大的变化，每个泊位所的港池淤积量，由20世纪50年代的62×10^4 m^3逐渐降至现在的5×10^4 m^3。

（4）现状下的港内淤积特征是，外重内轻，即口门附近较重（如东突堤东侧及南疆石化码头附近），向内逐渐减少，至一、二码头几乎不淤。全港年淤积量约为500×10^4 ~ 600×10^4 m^3，航道约占45%；港池约占55%。

2）北疆反“F”型港池兴建后水文和冲淤环境变化

当北疆反“F”型港池兴建后，显然增大了纳潮量，但港内浅滩面积进一步缩小，使港内基本为深水化，港内的水流情况如下。

（1）现状港口条件下的东突堤东侧环流现象，当反“F”型港池兴建后，同样存在，只是位置由东突堤的东侧移至东南侧，但范围小，强度弱，环流持续时间也只有1 h，发生在涨平前1 h。并在横堤口门外侧涨潮时形成一个弱环流区。

（2）调整后的反“F”型港区的水流，涨、落潮顺畅，表明了反“F”型港池的尺度及走向是合理的，对现有港区的潮位和流速过程的影响很小。

（3）双堤延伸后，口门采用“半钳”状工程效果明显，涨落潮水流集中于航道，对改善口门区水流条件，增加堤内航道流速十分有效，更有利于减少堤间航道的淤积。

当北疆反“F”型港池兴建后，全港的淤积情况如下。

（1）在反“F”型港池兴建后，港内的淤积分布特征与现有港池的分布特征基本一样，重淤积区还是集中在口门附近，而在五至六港内，基本处于不淤状态。

（2）当“F”型港池建成后（航道终结规模底宽为310 m，水深-14.0 m），在现状导堤下全港的淤积总量约为$1\,140 \times 10^4$ m^3；当导堤延伸至12+5处，全港的淤积总量约降至为730×10^4 m^3，减淤率为36%；当导堤延伸至13+65处，全港的淤积总量约降至为490×10^4 m^3，其减淤率为57%。减淤效果是明显的，延堤是十分必要的。

（3）当航道拓宽为400 m后即北堤北移170 m、导堤延伸至12+5的情况下，全港淤积总量约为770×10^4 m^3。

3）数值模拟计算结果

利用数值模式，对天津港海底冲淤趋势进行了常年和不利风向的数值模拟见图6.65至图6.67。

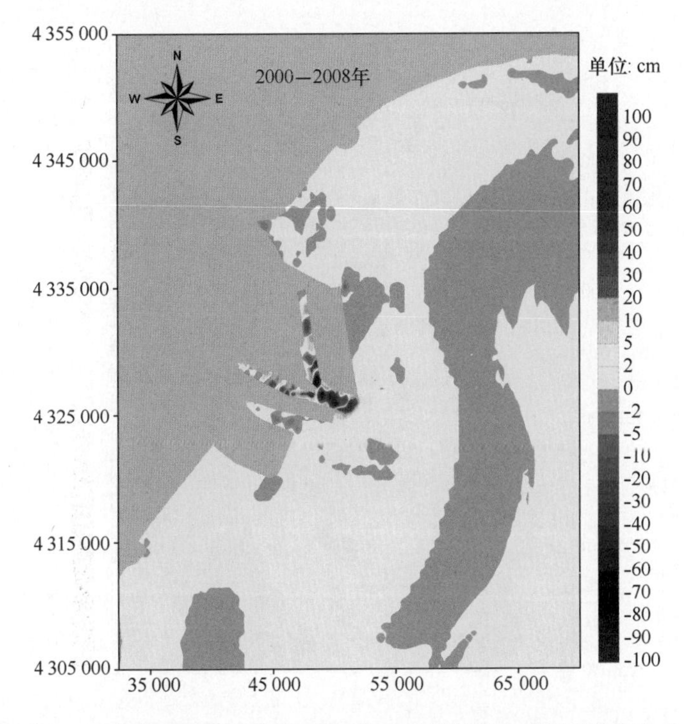

图 6.65 天津港海域 2000 年与 2008 年相比较的海底冲淤趋势变化差值

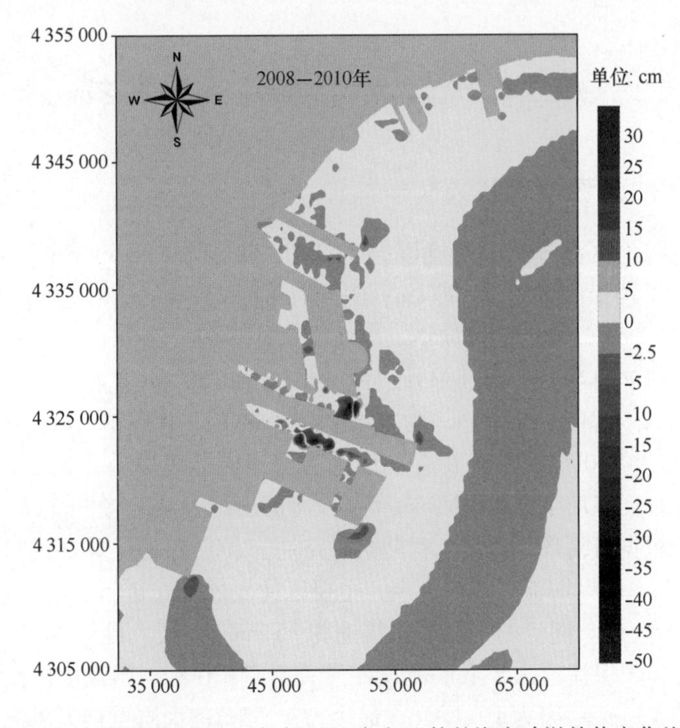

图 6.66 天津港海域 2008 年与 2010 年相比较的海底冲淤趋势变化差值

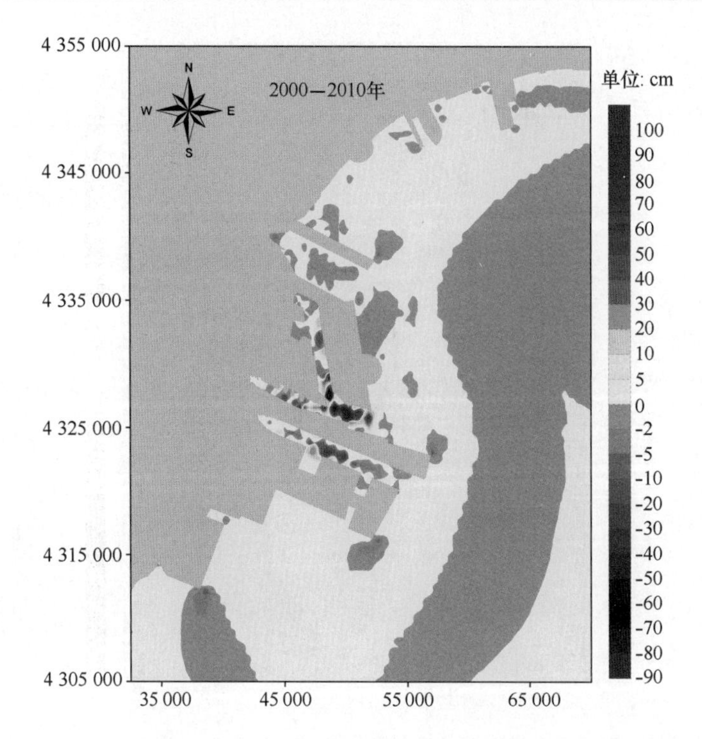

图 6.67　天津港海域 2000 年与 2010 年相比较的海底冲淤趋势变化差值

6.5　山东半岛蓝色经济区——潍坊滨海新城

6.5.1　水文和冲淤环境现状

（1）潮汐。该海区潮汐为非规则混合半日潮，涨潮流向 SW，落潮流向 NE。平均潮差为 150 cm，平均最大潮差为 190 cm；平均海平面为 146 cm，理论最高潮位 149 cm；风暴潮特征值为 12 cm，增水主风向 N。潍坊沿海地区各处潮差自东向西渐次加大，东部的下营和西部的羊角沟处平均潮差分别为 130 cm 和 150 cm 左右。

（2）波浪。该区常波向为 N，次常波向为 NNE，出现频率分别为 21.22% 和 16.14%。强波向为 NNE。秋末至初春，该区为盛行偏北风季节，当北方冷空气南下，特别是寒潮过境时，将产生 NW—NE 向大风，海面出现大浪。

（3）海流。根据青岛环海海洋工程勘察研究院于 2007 年的 9 月 26—27 日期间进行的测流调查资料可知，本区海流以潮流为主，主要以往复的形式进行。涨、落潮的主流向：大致为 ENE—WSW 向。潮流的平均最大流速为 35 cm/s，最大可能流速为 86 cm/s。从垂直分布情况看：表层流速大于底层流速。最大流速都在涨、落潮流主流方向。大潮期水质点的平均最大运移距离为 10.1 km，最小为 4.7 km；水质点最大可能运移距离最大为 19.9 km，最小为 5.8 km。从垂直分布情况看，表层均大于底层。从运移方向看与各站主流方向一致。该海区的余流，主要是风海流。余流流速随水深的增加而增大。最大余流流速为 8.61 cm/s。

6.5.2　水文和冲淤环境变化

6.5.2.1　水文环境变化

1）莱州湾潮汐变化特征分析

图6.68 至图6.69 为2000 年、2008 年和2010 年三种工况下，莱州湾 M_2 和 K_1 分潮振幅和迟角对比图。从图中可以看出，主要 M_2 和 S_2 分潮的振幅都有所减小，而 K_1 和 O_1 分潮的振幅都有所增加，变化幅度均为从湾口向湾顶加大。其中2008 年 M_2 分潮振幅减小值在 0 ~ 1 cm 之间，K_1 分潮振幅增加值约 0.5 cm，2010 年 M_2 分潮振幅减小值

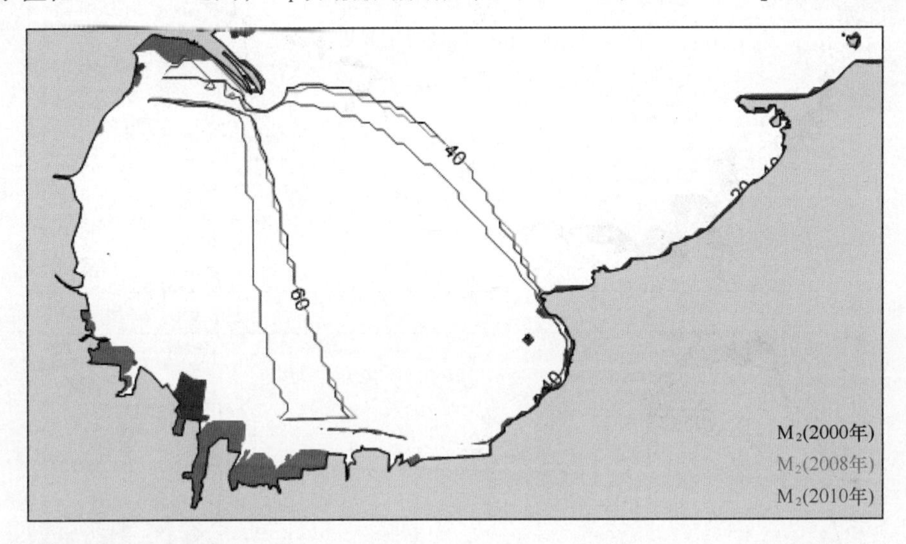

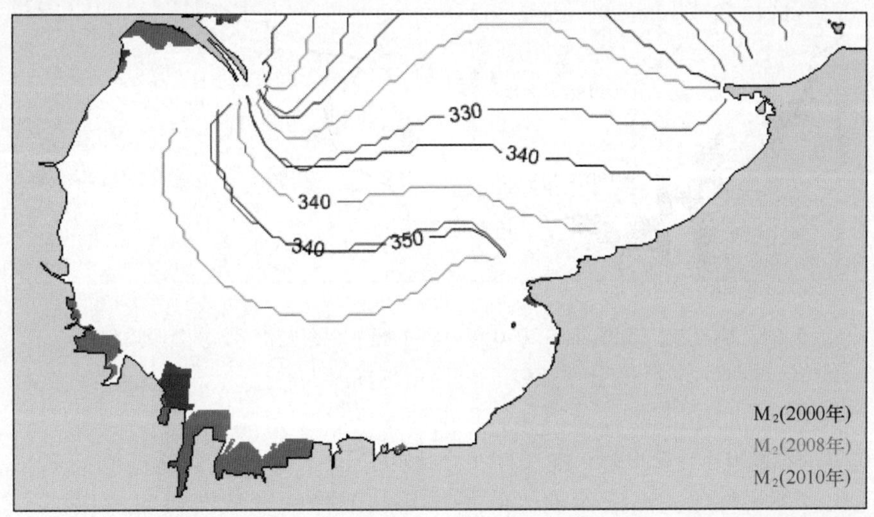

图6.68　2000 年、2008 年和2010 年三种工况下，莱州湾 M_2 分潮振幅和迟角对比（振幅单位：cm；迟角单位:°）

在3～4 cm之间，K_1分潮振幅增加值约0.5 cm。四个主要分潮的迟角均发生逆时针偏转，其中M_2和S_2分潮偏转角度2008年工况约为5°，K_1和O_1分潮偏转角度2008年工况约为1°，M_2和S_2分潮偏转角度2010年工况约为8°，K_1和O_1分潮偏转角度2010年工况约为2°。

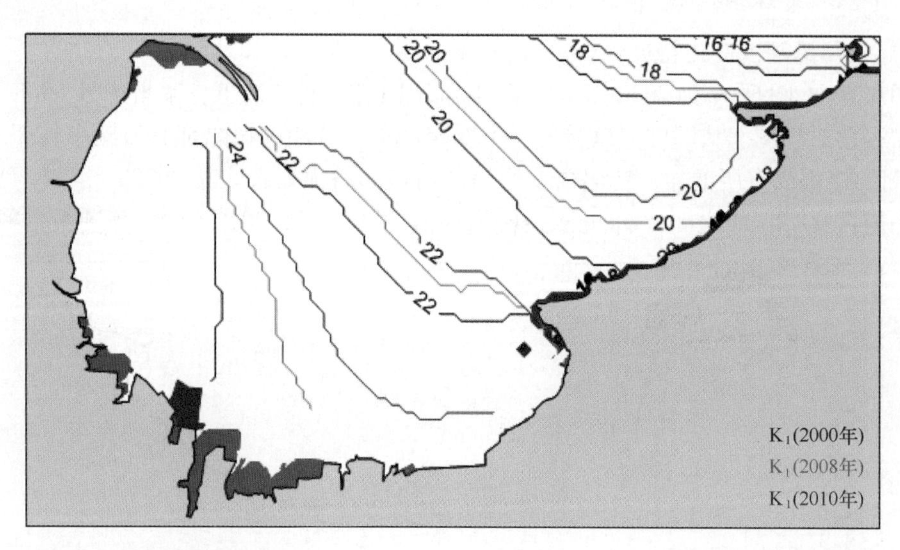

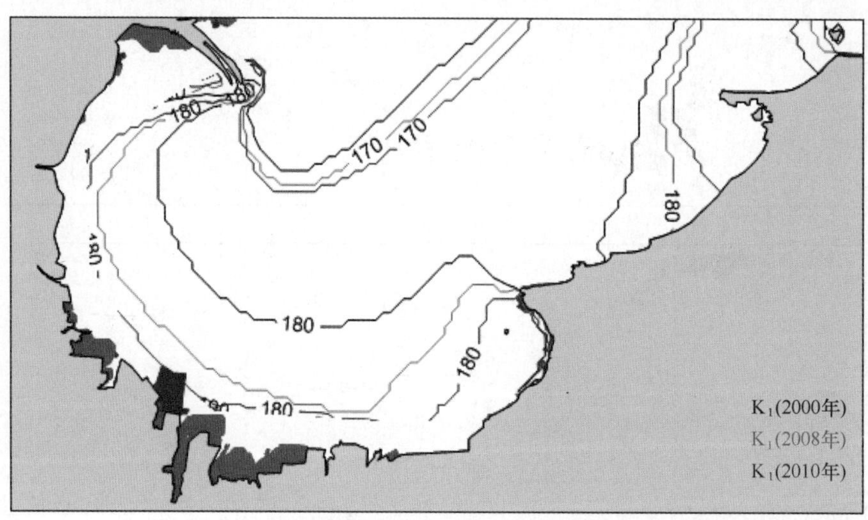

图6.69　2000年、2008年和2010年三种工况下，莱州湾K_1分潮振幅和迟角对比（振幅单位：cm；迟角单位：°）

图6.70为2000年、2008年和2010年三种工况下，莱州湾理论高潮面对比。从图中可以看出，莱州湾理论高潮面整体有所减小，下降幅度从湾口向湾顶加大。其中2008年下降幅度为0.5～1 cm，2010年下降幅度为3～4 cm。

2）莱州湾海流结果变化分析

莱州湾海流模拟采用的数值模式与莱州湾的潮汐模式相同。图6.71至图6.73分别

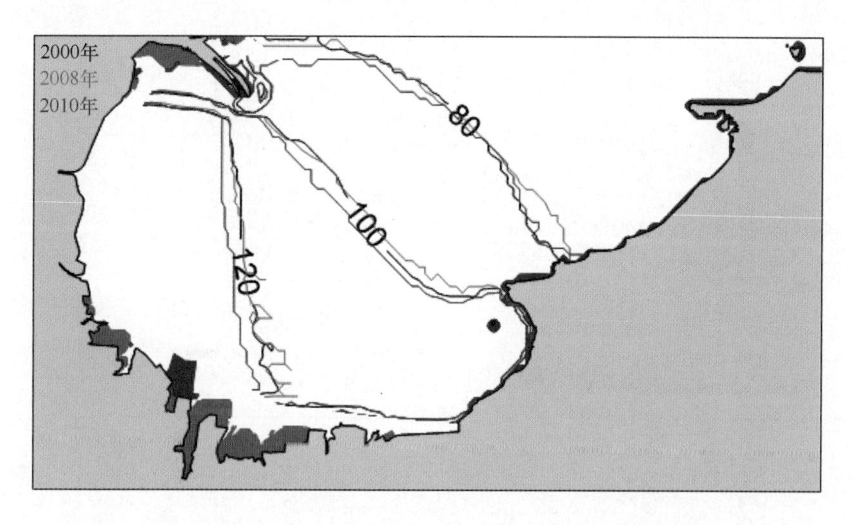

图 6.70 2000 年、2008 年和 2010 年三种工况下，莱州湾理论高潮面对比（单位：cm）

为莱州湾2000 年、2008 年和2010 年三种工况，转落、落急、转涨和涨急4 个特征时刻潮流图。从图中可以看出三种工况下的潮流过程和流场分布特征基本一致，明显的变化主要表现在工程海域，工程使附近海域的流速和流向发生变化。

图6.74 至图6.76 分别为莱州湾2008 年与2000 年、2010 年与2000 年和2010 年与2008 年，大潮期涨落急时刻流速增加和减小值分布图。从图中可以看出流速变化较大的区域均集中在用海工程周边海域，主要为潍坊和东营南侧海域。但由于工程的建设造成莱州湾潮波系统的变化，致使在莱州湾口海域有流速的减少。流速增大值强度小于减小值，一般小于5 cm/s，在紧邻工程的局部海域有20 cm/s 左右的流速增大值。流速减小值的范围和强度都大于流速增大区域。最大流速减小值同样出现在紧邻工程的局部海域，约40 cm/s。从三种工况的比较来看，工程对莱州湾中部和湾口海域流速的影响有明显的累加效应。

模拟海域工程后潮流场在4 个特征时刻高潮、落急、低潮、涨急时潮流场分布状况发现，工程后本海域潮流特征与工程前基本一致，只是工程附近海域的潮流流速流向有所改变，其他海域基本无变化（图6.77、图6.78）。

图6.79 和图6.80 是模拟海域工程建成前与建成后潮流矢量分别在涨急、落流时的对比图，红的是工程前，蓝的是工程后；图6.81 和图6.82 是涨急时、落急时流速的变化值。由图6.81 中可以清楚地看出潮流的变化情况，向海一侧越靠近工程潮流偏转越明显，向岸一侧，潮流偏转方向不一致，有左有右，越靠近工程偏转角度越大；附近海域流速明显增大，越靠近闸口流速增加越大。落急流时，潮流流向变化与涨急流是基本一致，工程向海一侧基本为逆时针偏转，以南海域潮流基本为顺时针偏转，越靠近工程偏转越明显，向岸一侧，潮流偏转方向不一致，有左有右，越靠近工程偏转角度越大。

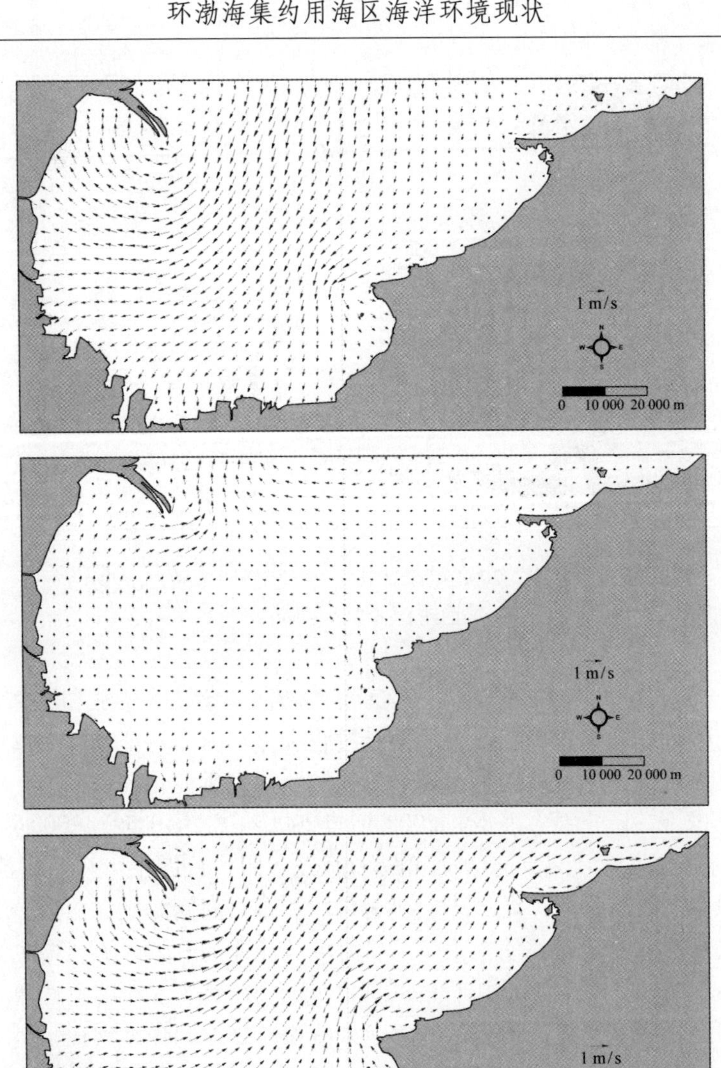

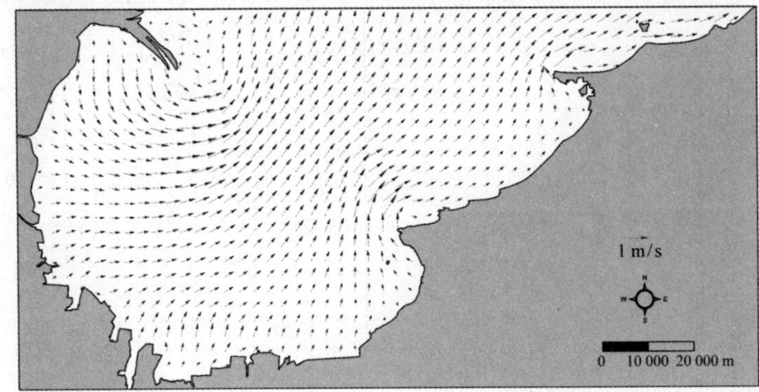

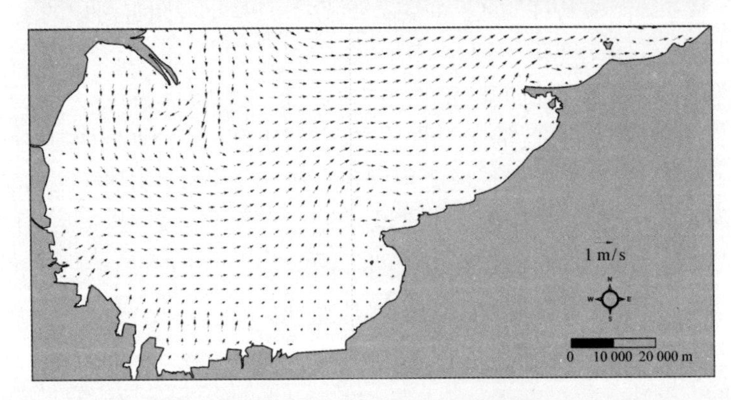

图 6.71　2000 年莱州湾工况，转落、落急、转涨和涨急 4 个特征时刻潮流

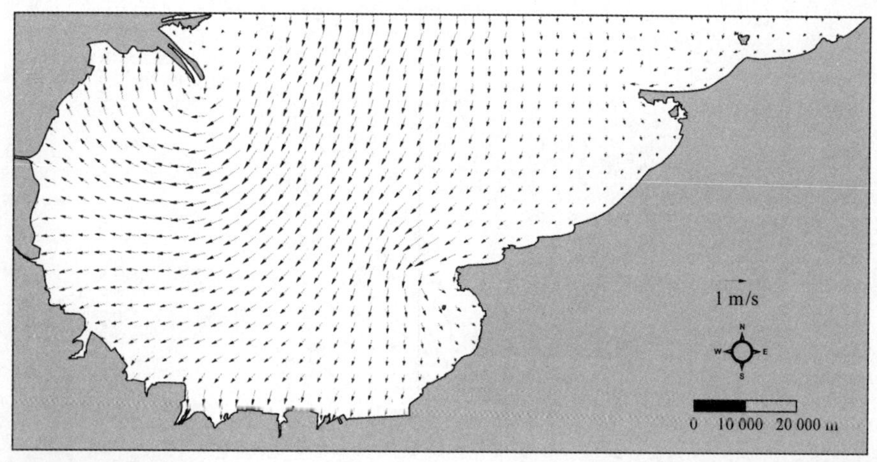

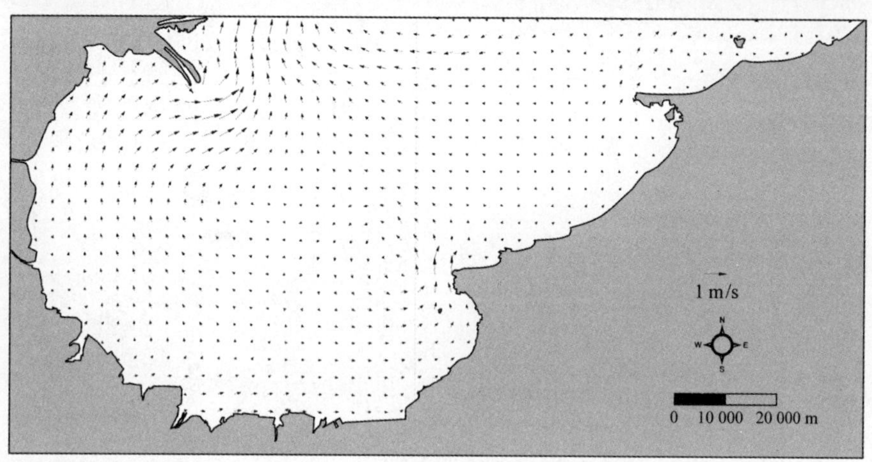

图 6.72　2008 年莱州湾工况，转落、落急、转涨和涨急 4 个特征时刻潮流

3）莱州湾海域波浪结果分析

（1）9711 台风过程：2000—2008 年地形岸线变化主要集中在黄河口、莱州湾西岸、潍坊近岸海域以及刁龙嘴、龙口港附近，受其新增工程影响，波浪均发生不同程度的衍射、绕射等物理过程，变化区域同样主要集中在岸线变化附近，波高增大的最大值为 1.0 m，波高减小的最大值为 1.8 m；当岸线演化到 2010 年时，因潍坊港的扩建、刁龙嘴南侧岸线变化以及黄河口岸线的变化，该区域波高分布变化主要体现在潍坊港两侧、刁龙嘴南侧海域，变化幅度有所减小。结合三种岸线地形变化发现，近 10 年来莱州湾集约用海对海浪的影响变化主要是由 2000 年到 2008 年期间的岸线变化引起的（图 6.83 至图 6.85）。

（2）2003 年强冷空气过程：与 9711 台风过程相比，因该过程影响本海域的时间及路径不同，从而对波浪的影响范围、强度及影响的区域略有不同，本次冷空气对莱州湾波浪影响略强于 9711 台风，但总体变化趋势与 9711 台风基本一致。当岸线演化到 2008 年时，此过程莱州湾海域波高最大增大区在黄河口海域，最大增大 1.8 m，波高减小区

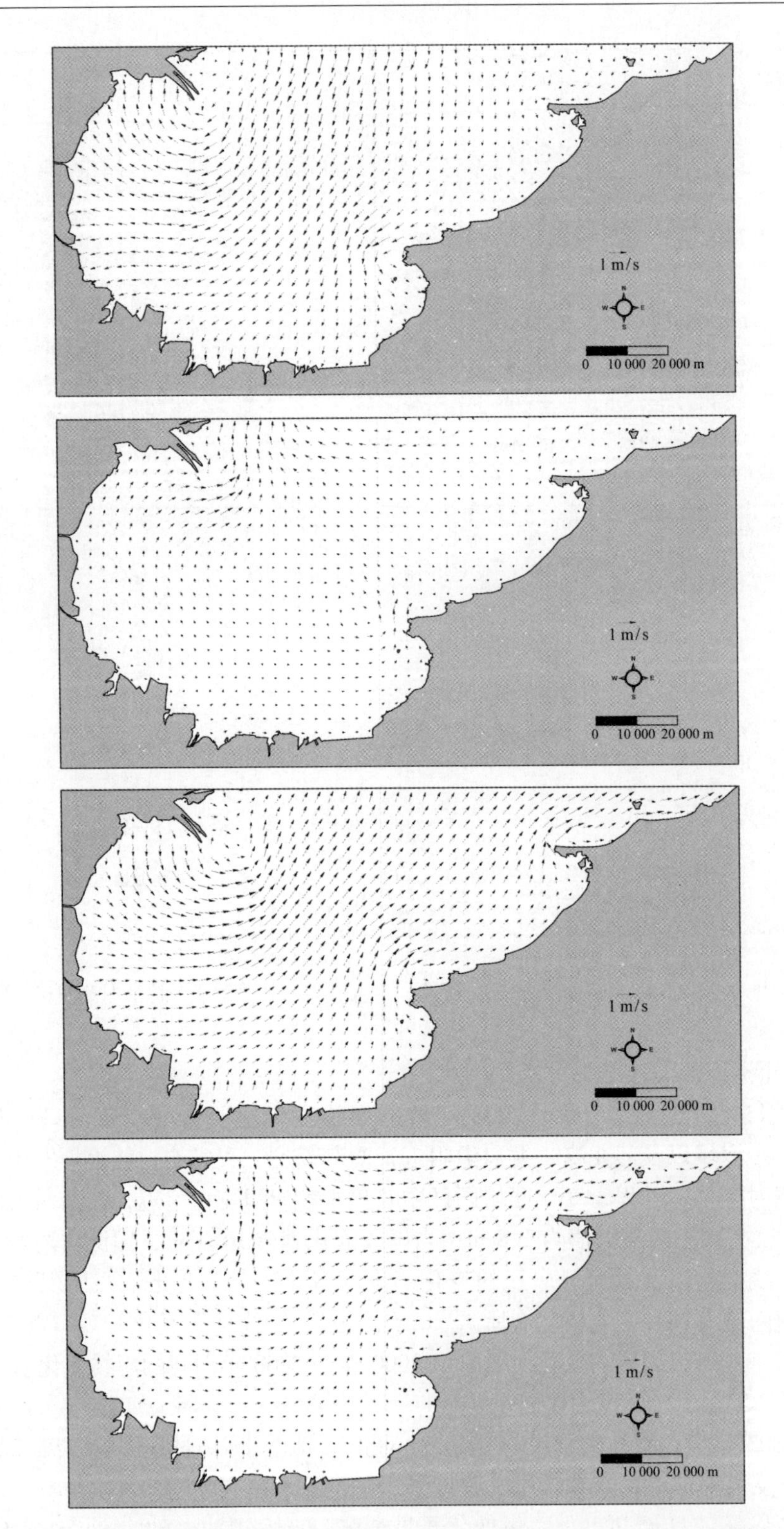

图 6.73 2010 年莱州湾工况，转落、落急、转涨和涨急 4 个特征时刻潮流

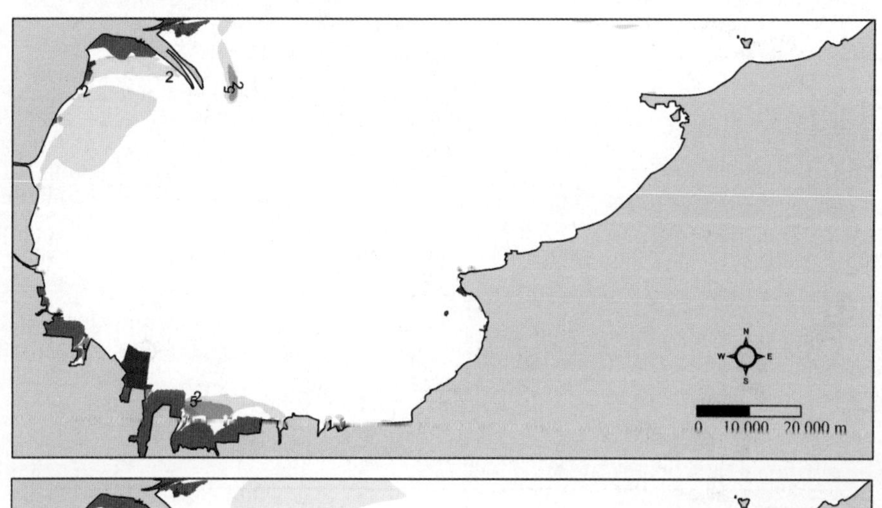

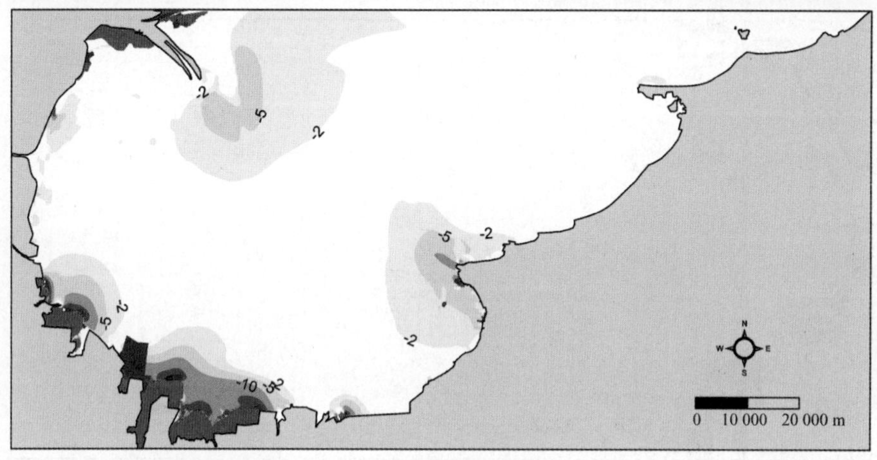

图 6.74　2008 年与 2000 年，莱州湾大潮期涨落急时刻流速增加和减小值分布
（单位：cm/s）

主要集中黄河口以南，波高最大减小 1.2 m。当岸线地形演化到 2010 年时，由于仅在潍坊港附近地形有明显变化，其他岸段地形基本无变化，为此该时段波高增大和减小范围及变化幅度略有下降。结合三种岸线地形变化发现，此过程近 10 年来莱州湾集约用海对海浪的影响变化主要是由 2000 年到 2008 年期间的岸线变化引起的（图 6.86 至图 6.88）。

6.5.2.2　冲淤环境变化

波浪、水流是海滩上泥沙运动的主要动力因素。考虑到拟建工程附近的地理特征和水文状况，模拟了东北东向 8 级大风情况下的一次过程引起的海底地形变化，并对比工程建成前后对冲淤的影响。

1）工程前

图 6.89 是工程建成前模拟海域一次 EEN 向大风后的海底冲淤预测图，从图中可以看出，由于浪、流的共同作用，在潍坊沿海防护堤的两个闸口处有明显冲刷现

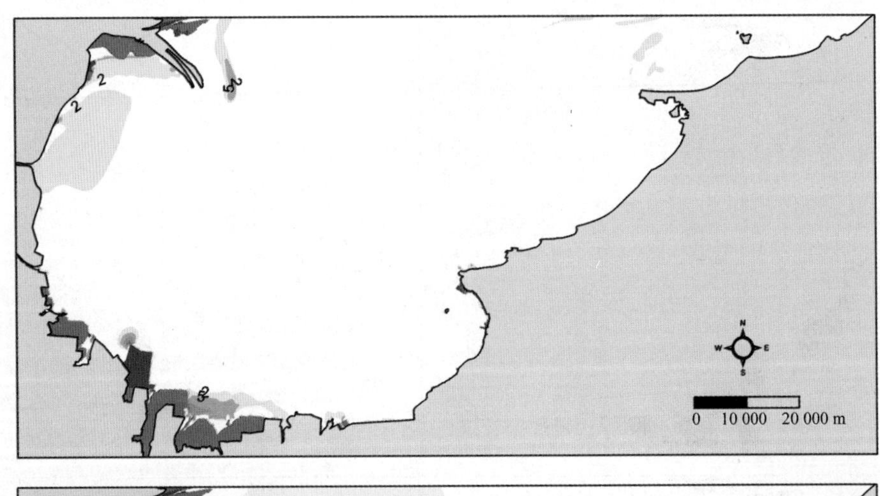

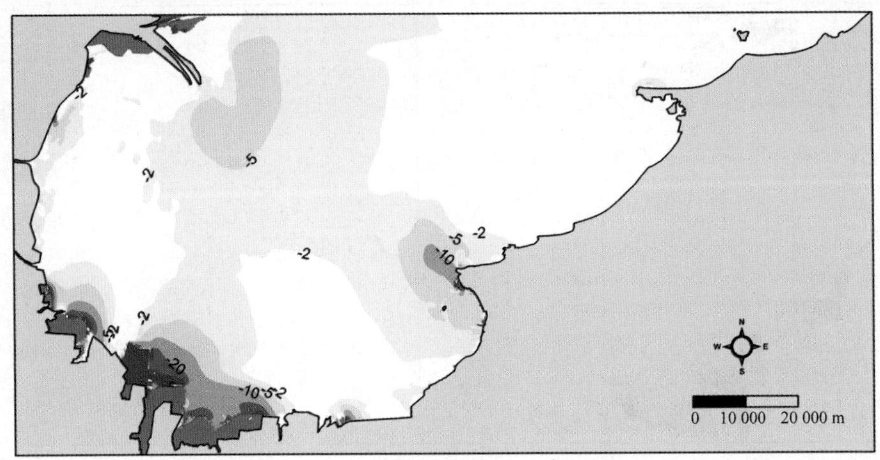

图 6.75　2010 年与 2000 年莱州湾大潮期涨落急时刻流速增加和减小值分布
（单位：cm/s）

象，冲刷强度分别为 8 cm 和 4 cm，由于泥沙搬运，防护堤内外、冲刷区周围出现淤积，最大淤积厚度 1.5 cm，出现在东侧闸口向岸一侧。潍坊港顶端出现冲刷，冲刷强度 2 cm，顶端东侧部分区域略淤，淤积厚度 0.5～1 cm。其他海域基本为冲淤平衡区。

2）工程后

图 6.90 是模拟工程建成后模拟海域一次 EEN 向大风后的海底冲淤预测图，从图中可以看出，在工程防波堤闸口处均出现冲刷，3 个闸口最大冲刷厚度均在 2～4 cm，3 号闸口冲刷面积明显小于其他两个闸口。1 号和 2 号闸口冲刷区南侧和 3 号闸口冲刷区的东、西两侧有小面积淤积，淤积厚度 0.5～1 cm。潍坊港和工程周围其他海域冲淤趋势没有明显改变。

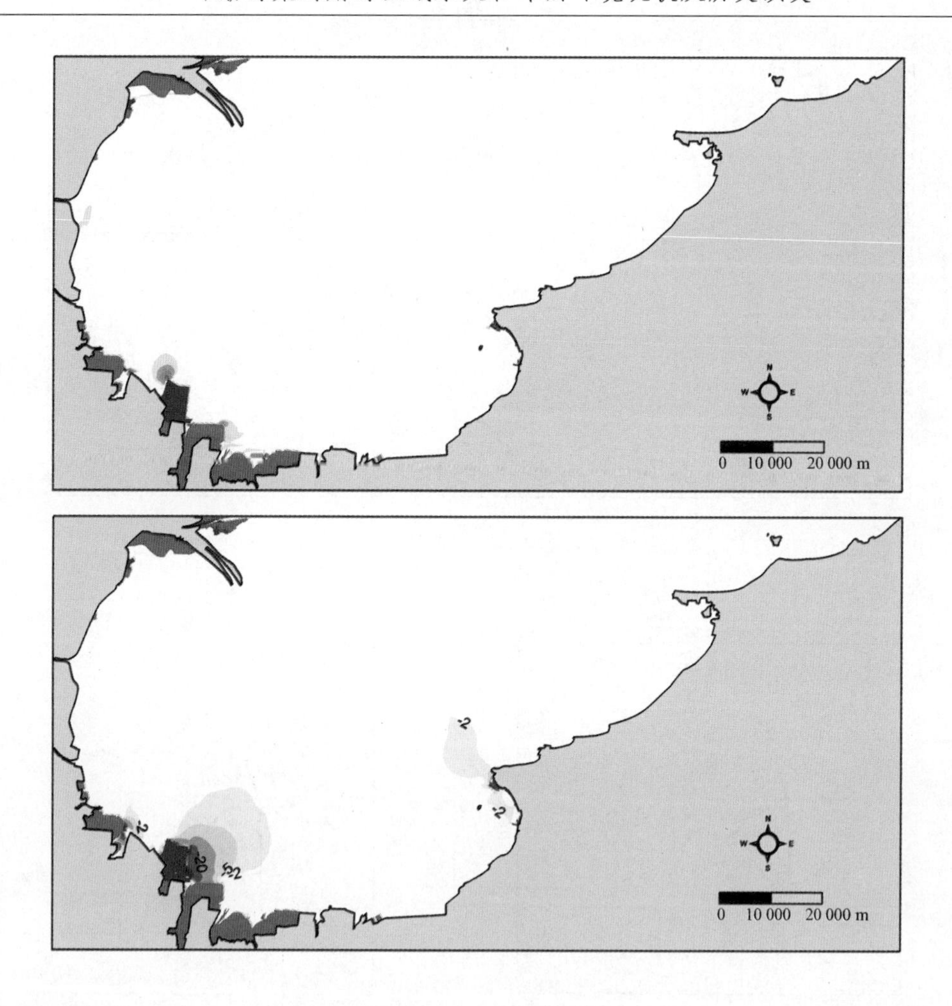

图 6.76 2010 年与 2008 年莱州湾大潮期涨落急时刻流速增加和减小值分布（单位：cm/s）

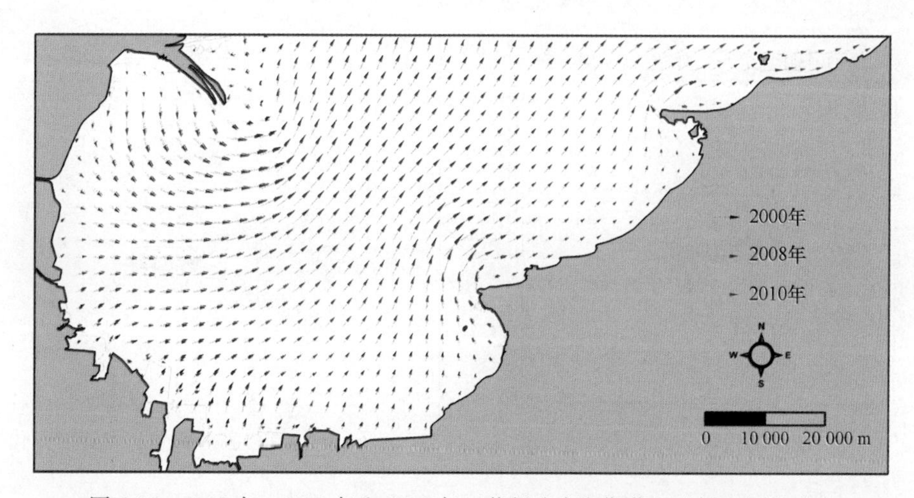

图 6.77 2000 年、2008 年和 2010 年，莱州湾大潮期落急时刻流矢量对比

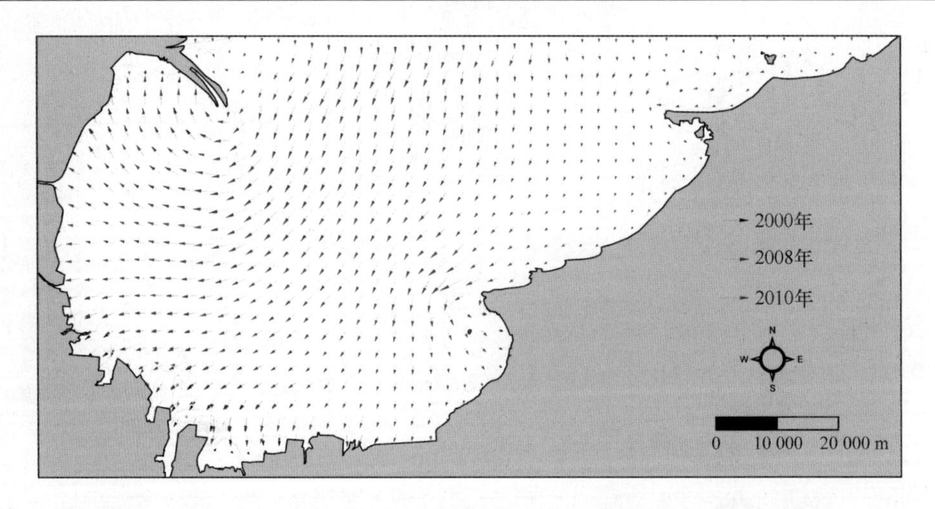

图 6.78 2000 年、2008 年和 2010 年，莱州湾大潮期涨急时刻流矢量对比

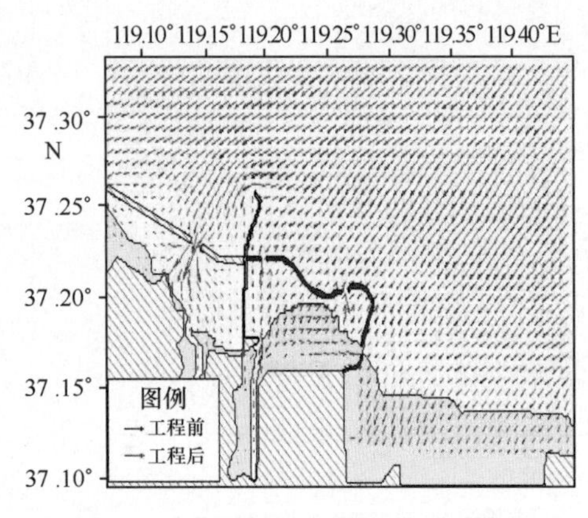

图 6.79 建设前后落急流时流速变化

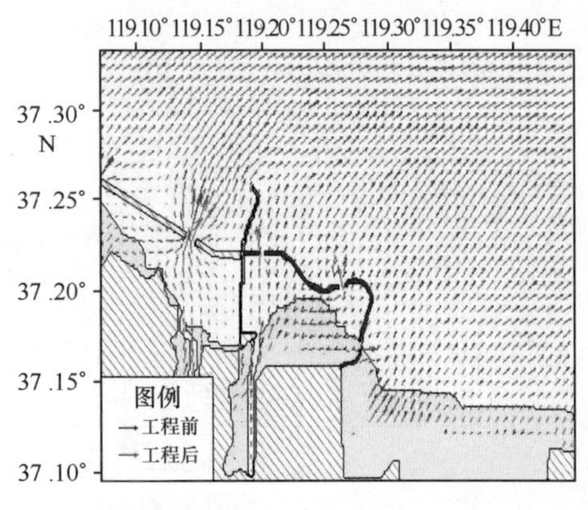

图 6.80 建设前后涨急流时流速变化

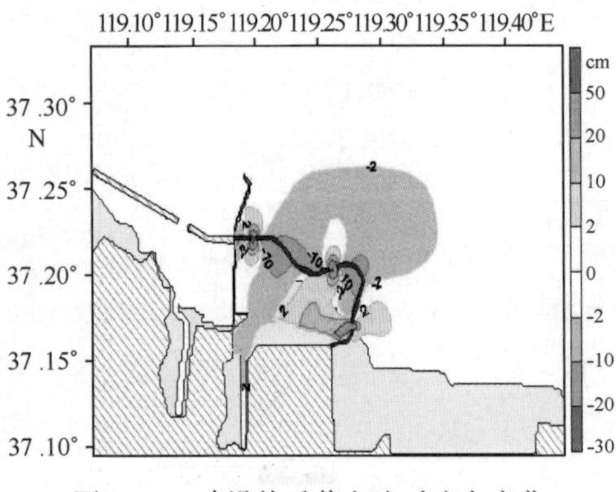

图 6.81 建设前后落急流时流向变化

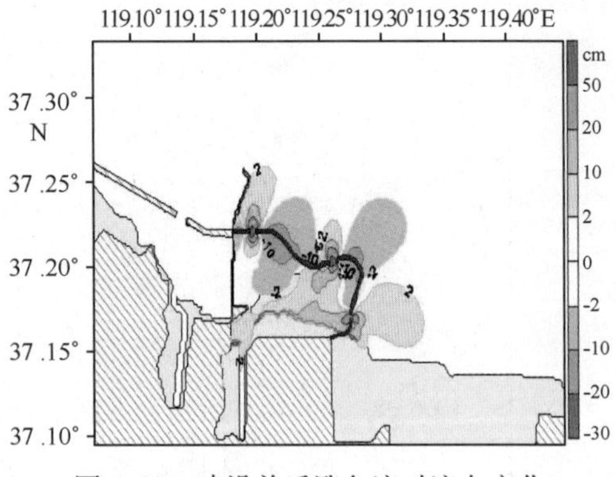

图 6.82 建设前后涨急流时流向变化

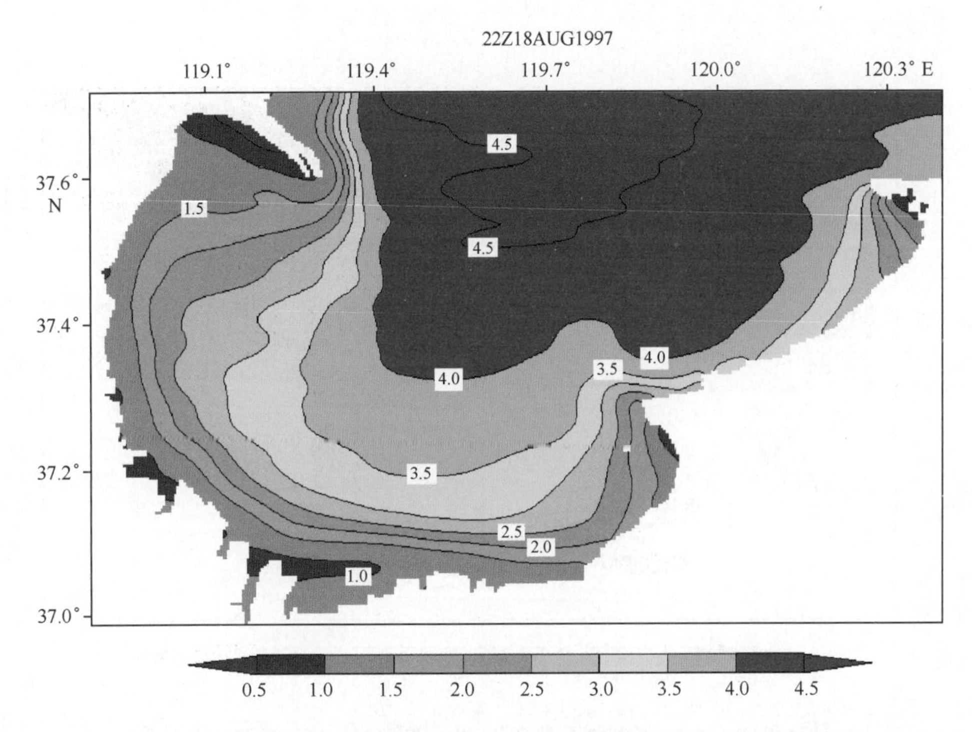

图 6.83　9711 台风，莱州湾 8 月 19 日 06：00 波浪场分布（2000 年地形）

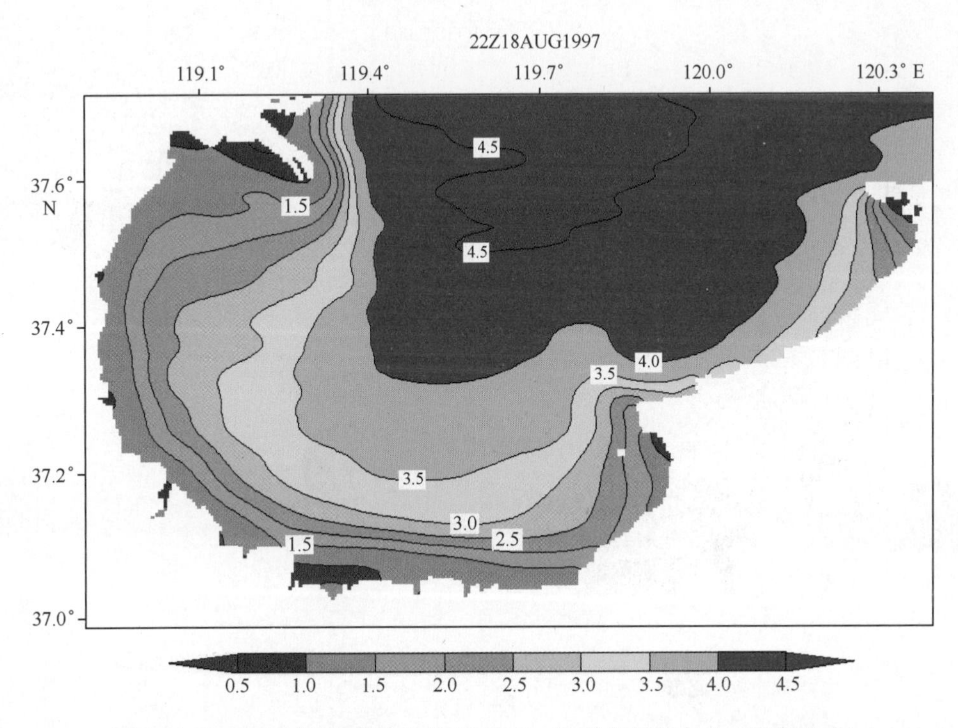

图 6.84　9711 台风，莱州湾 8 月 19 日 06：00 波浪场分布（2008 年地形）

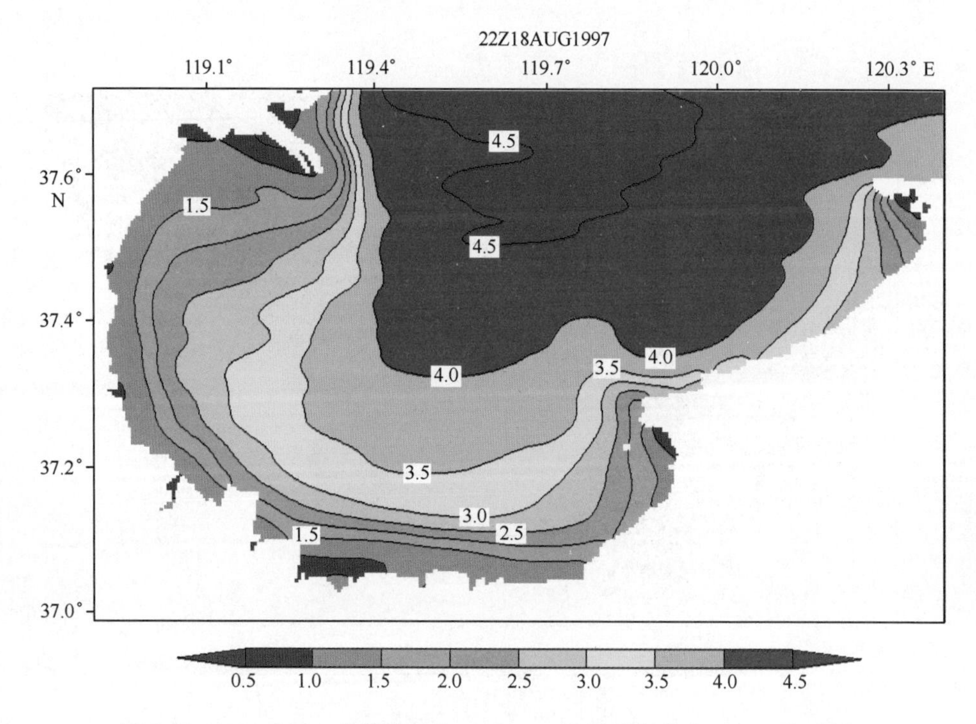

图 6.85　9711 台风，莱州湾 8 月 19 日 06：00 波浪场分布（2010 年地形）

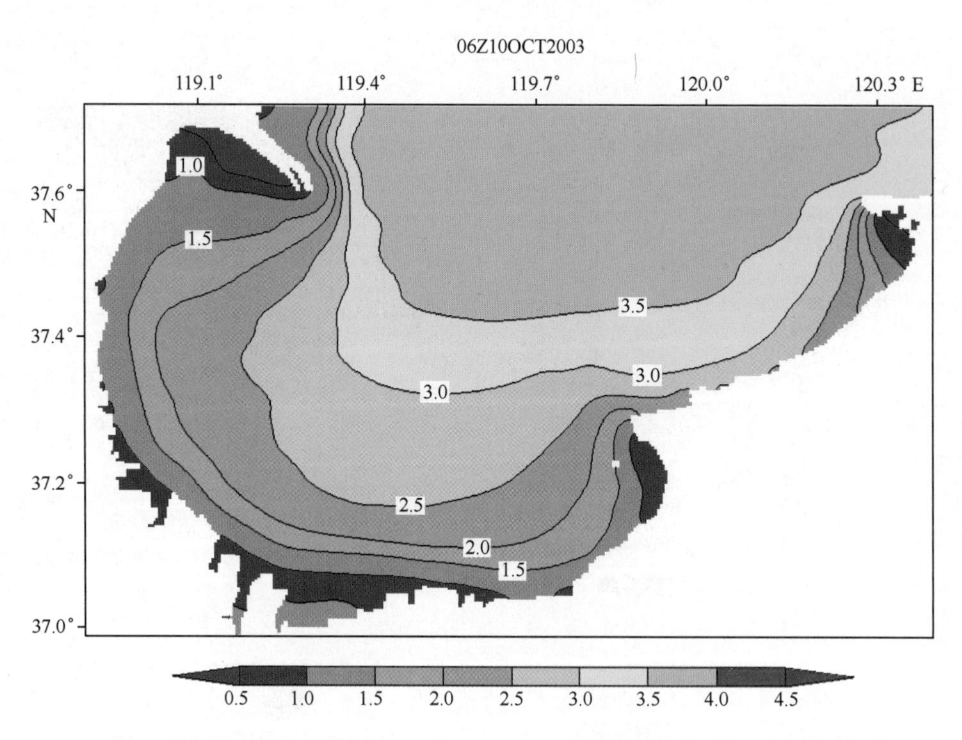

图 6.86　强冷空气，莱州湾 10 月 10 日 14：00 波浪场分布（2000 年地形）

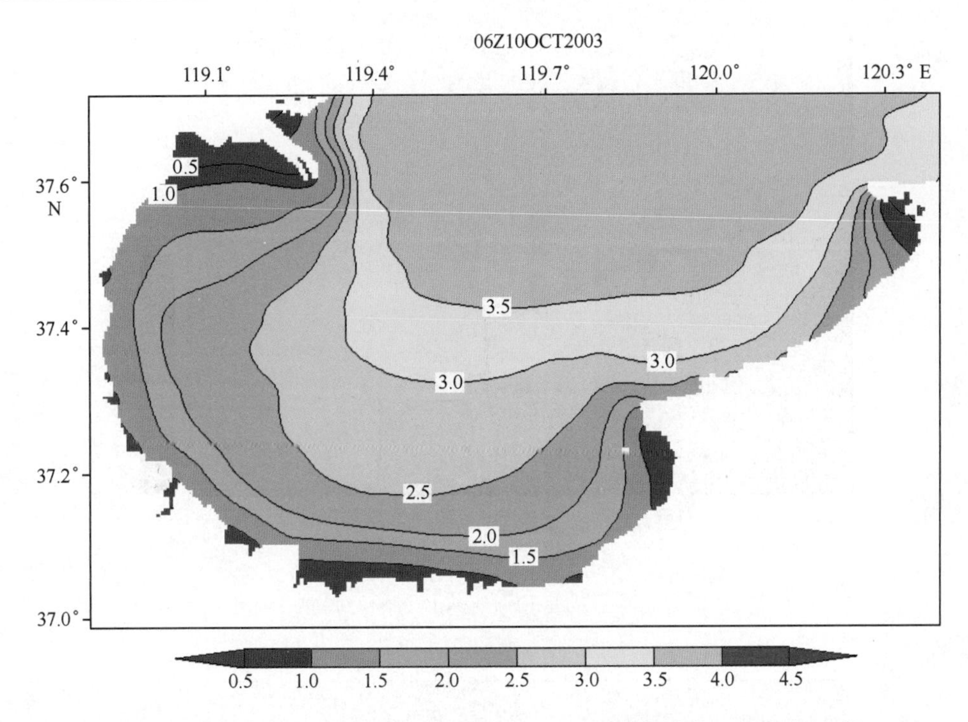

图 6.87 强冷空气，莱州湾 10 月 10 日 14：00 波浪场分布（2008 年地形）

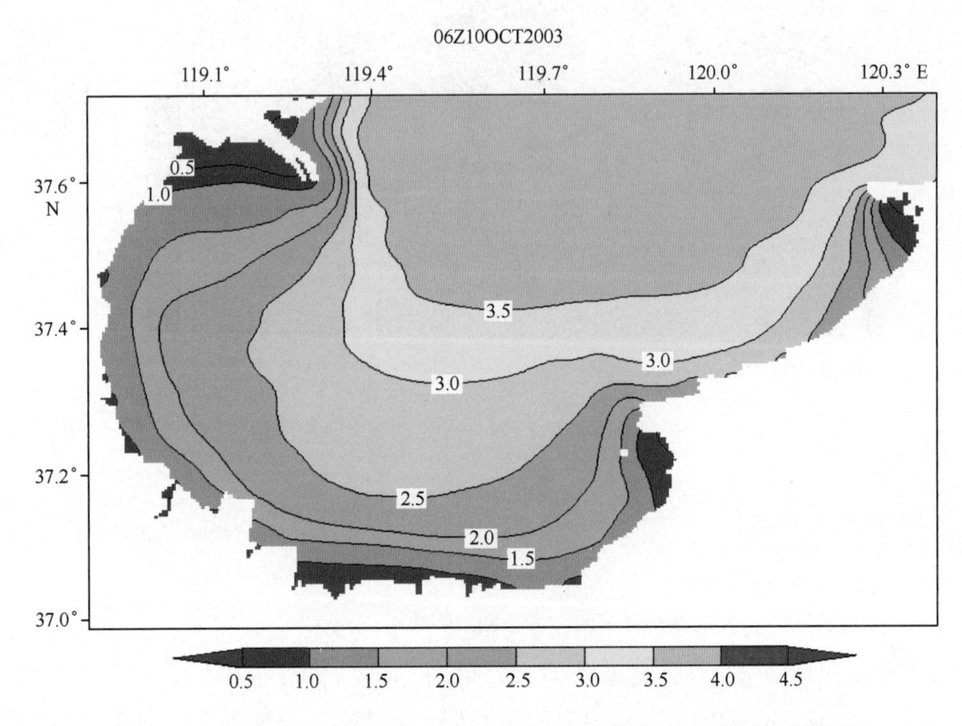

图 6.88 强冷空气，莱州湾 10 月 10 日 14：00 波浪场分布（2010 年地形）

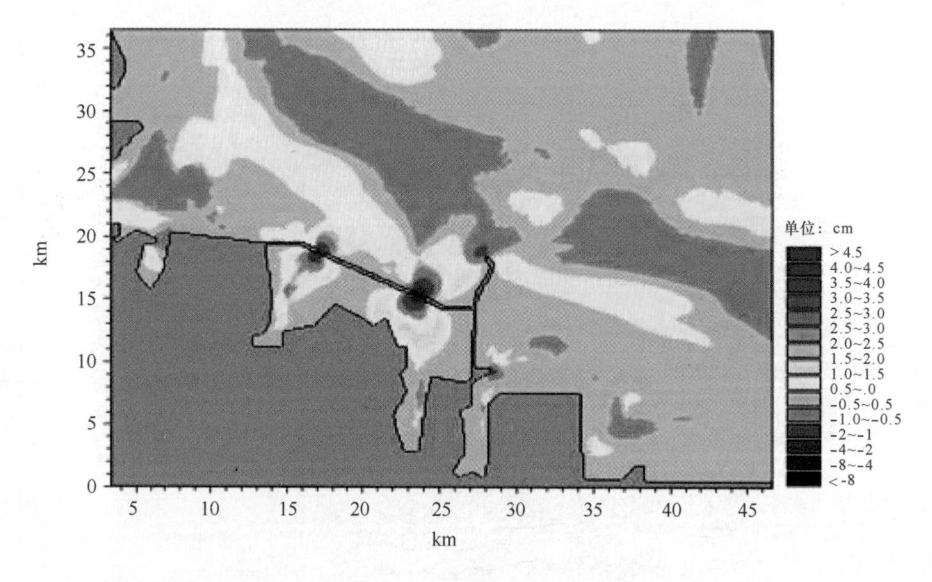

图 6.89　工程建成前 EEN 向大风过程海底冲淤预测

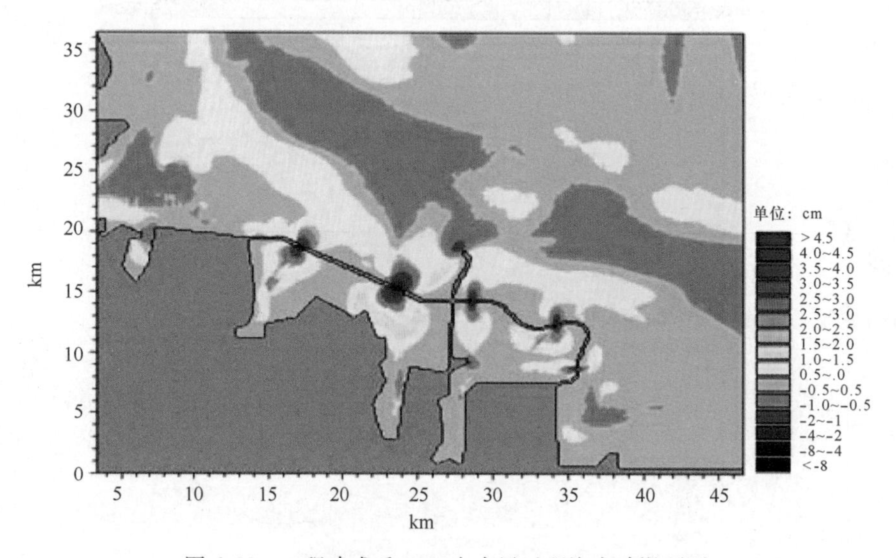

图 6.90　工程建成后 EEN 向大风过程海底冲淤预测

6.6　结论

（1）2000 年、2008 年和 2010 年三种工况下，岸线变化对 M_2 分潮的影响主要表现在渤海湾和莱州湾，秦皇岛外的无潮点位置和辽东湾的潮波分布基本没有变化。位于黄海海港附近海域的 M_2 无潮点向东南方向略有偏移数千米，致使渤海湾内 M_2 分潮振幅有所增大，2008 年增大约 3.5 cm，2010 年增大约 6 cm；渤海湾内迟角也发生逆时针偏转，2008 年约为 3°，2010 年约为 5°。莱州湾内 M_2 分潮振幅有所减小，2008 年增大约

1 cm，2010 年增大约 3 cm；莱州湾内迟角也发生顺时针偏转，2008 年约为 3°，2010 年约为 5°。渤海 K_1 分潮振幅和迟角对比图，从图中可以看出岸线变化对 K_1 分潮的影响主要表现在从无潮点向渤海内 K_1 分潮振幅有所增大，最大增加值在辽东湾和渤海湾顶部，2008 年最大增加值 1 cm，2010 年最大增加值 1.2 cm。

（2）2000 年、2008 年和 2010 年三种工况下，受渤海各分潮无潮点和各分潮振幅、迟角的变化以及集约用海工程局地的影响。三大湾的理论高潮面均有所变化，其中渤海湾理论高潮面整体有所上升，上升幅度从湾口向湾顶加大。其中 2008 年上升幅度为 3 ~5 cm，2010 年上升幅度为 5.5 ~7 cm。莱州湾理论高潮面整体有所减小，下降幅度从湾口向湾顶加大。其中 2008 年下降幅度为 0.5 ~1 cm，2010 年下降幅度为 3 ~4 cm。辽东湾理论高潮面整体有所上升，上升幅度从湾口向湾顶减小。其中 2008 年和 2010 年上升幅度均小于 1 cm。

（3）2000 年、2008 年和 2010 年三种工况下，渤海湾流速变化较大的区域均集中在用海工程周边海域，主要为曹妃甸、天津港、潍坊和东营海域。但由于工程的建设造成渤海湾潮波系统的变化，致使在渤海湾口海域有流速的增加。流速增大值一般小于 5 cm/s，在紧邻工程的局部海域有 20 cm/s 左右的流速增大值。流速减小值的范围和强度都大于流速增大区域。最大流速减小值同样出现在紧邻工程的局部海域，约 40 cm/s。莱州湾流速变化较大的区域主要为潍坊和东营南侧海域。但由于工程的建设造成莱州湾潮波系统的变化，致使在莱州湾口海域有流速的减少。流速增大值一般小于 5 cm/s，在紧邻工程的局部海域有 20 cm/s 左右的流速增大值。流速减小值的范围和强度都大于流速增大区域。最大流速减小值同样出现在紧邻工程的局部海域，约 40 cm/s。辽东湾流速变化较大的区域主要为锦州东侧和营口东侧。工程的建设造成辽东湾潮波系统的变化对潮流影响较小。流速增大值一般小于 5 cm/s，在紧邻工程的局部海域有 10 cm/s 左右的流速增大值。流速减小值的范围和强度都大于流速增大区域。最大流速减小值同样出现在紧邻工程的局部海域，约 30 cm/s。

（4）从三种工况的比较来看，工程对三大湾中部和湾口海域流速的影响有明显的累加效应。

（5）常年情况下 2010 年与 2000 年岸线变化引起的海底冲淤趋势变化差值幅度和 2008 年与 2000 年岸线变化引起的海底冲淤趋势变化差值幅度较大，变化差值最大区域在曹妃甸海域，引起的淤积变化最大值达到 130 cm 左右，引起的冲刷变化最大值达到 100 cm 左右。南向大风情况下 2010 年与 2000 年岸线变化引起的海底冲淤趋势变化差值幅度和 2008 年与 2000 年岸线变化引起的海底冲淤趋势变化差值幅度较大，变化差值最大区域在曹妃甸海域，引起的淤积变化最大值达到 70 cm 左右，引起的冲刷变化最大值达到 140 cm 左右。北向大风情况下 2010 年与 2000 年岸线变化引起的海底冲淤趋势变化差值幅度和 2008 年与 2000 年岸线变化引起的海底冲淤趋势变化差值幅度较大，变化差值最大区域在曹妃甸海域，引起的淤积变化最大值达到 60 cm 左右，引起的冲刷变化最大值达到 110 cm 左右。但综合考虑到渤海三大湾的冲淤环境特征、泥沙输入变化以及数值模式本身的缺陷，不适合在整个渤海建立统一的影响评价标准。

（6）通过对 9711 台风过程、2003 年强冷空过程、1987 年和 2004 年温带气旋过程的模拟分析相比，三大湾内的波浪波高受到工程建设的影响均发生了一定程度的变化。渤海湾大部分海域波高呈增大趋势，最大增大区在曹妃甸以东海域，而波高减小区主要集中在天津至曹妃甸岸段；莱州湾变化主要集中在潍坊港和东营岸段；辽东湾整体变化不大。

（7）通过对9711台风过程、2003年强冷空气过程、1987年和2004年温带气旋过程的模拟分析相比，因曹妃甸海域和天津滨海新区围海造田工程的实施，该区域对渤海湾的风暴潮增水造成的显著的影响，主要表现为在曹妃甸海域的增水略有升高，而渤海湾顶及南岸的风暴增水都呈减弱趋势，因渤海湾内的水循环受到影响，莱州湾西部海域的风暴潮增水也略有上升趋势。在台风风暴潮情况下，风暴潮增水发生变化的区域主要集中在渤海湾内塘沽北部海域和黄骅海域附近海域以及黄河三角洲等，但影响面积不大。辽东湾风暴增减水变化较小。

（8）通过对潮汐、潮流、冲淤、波浪、风暴潮5个要素表征量的筛选，确定以理论高潮面变化值、大潮期最大流速变化值、冲淤厚度变化值、最大波高变化值和风暴最大增水变化值等参量作为表征量，建立综合评价体系，其中冲淤厚度变化值仅作为备选方案，将每个表征量受工程建设影响的变化程度分为轻、中、重三级。并利用大量的数值试验和经验确定了每个影响程度量化范围，通过对渤海湾的试验应用，该方法能较好地反映出用海项目对周围环境的影响，方法可行、结论可信。

（9）在指标评价方法中，分别采用特征点法和面积统计法两种方法建立了评价方法。两种方法各有优劣，特征点法评价过程简洁、容易操作，但特征点选取难以明显规范，选取过程人为性过大，将影响最终的评价结论。特别是在海湾面积较大的情况下（例如，渤海三大湾）特征点的选取更难统一。面积统计法避免了特征点选取过程中的人为因素，采用影响变化面积作为主要的评价因素，评价结果更为客观。但该评价方法的过程较为复杂，在表征量的工程影响程度评价时，需要确定三个等级的指标范围，需要大量的数值试验和实际情况进一步的完善和优化。

7　环渤海集约用海区域敏感区分布

7.1　敏感区定义及其类型

7.1.1　环境敏感区定义

国土资源部（国土资厅发〔2009〕79号）《市级土地利用总体规划环境影响评价技术规范（试行）》规定的环境敏感区泛指对人类具有特殊价值或具有潜在的自然灾害的地区，这些地区极易因人类的不当开发活动而导致负面环境效应。

《建设项目环境影响评价分类管理名录》（国家环保总局，2008年10月）第三条规定本名录所称环境敏感区，是指依法设立的各级各类自然、文化保护地，以及对建设项目的某类污染因子或者生态影响因子特别敏感的区域，主要包括：

（1）自然保护区、风景名胜区、世界文化和自然遗产地、饮用水水源保护区。

（2）基本农田保护区、基本草原、森林公园、地质公园、重要湿地、天然林、珍稀濒危野生动植物天然集中分布区、重要水生生物的自然产卵场及索饵场、越冬场和洄游通道、天然渔场、资源型缺水地区、水土流失重点防治区、沙化土地封禁保护区、封闭及半封闭海域、富营养化水域。

（3）以居住、医疗卫生、文化教育、科研、行政办公等为主要功能的区域，文物保护单位，具有特殊历史、文化、科学、民族意义的保护地。

因此，提出"环渤海集约用海区域环境敏感区"的概念，即一切重要的、值得保护或需要保护的目标，其中最主要的是法律法规已明确其保护地位的目标。

7.1.2　环境敏感区的筛选

重点收集的环境敏感区资料类别为自然保护区、海洋特别保护区、水产种质资源保护区、交通密集区（包括主要港口、定线制航路等）等，并以政府部门正式公布的国家级敏感目标资料为主。同时尽可能收集现有著名风景旅游区、具有特殊社会影响区域、产卵场和洄游通道等其他敏感区域资料。

渤海是我国唯一的内海，三面环陆，水体自净能力弱，不同区域的集约用海开发时间长短、开发程度高低不同，海域的开发利用并不仅仅对其区域内的环境敏感区有直接影响，对其周围海域的环境敏感区也可能产生间接影响，因此环境敏感区资料范围包括整个环渤海地区。

7.2 自然保护区

《中华人民共和国自然保护区条例》(1994 年) 中规定的自然保护区是指对有代表性的自然生态系统、珍稀濒危野生动植物物种的天然集中分布区、有特殊意义的自然遗迹等保护对象所在的陆地、陆地水体或者海域，依法划出一定面积予以特殊保护和管理的区域。

在自然保护区的核心区和缓冲区内，不得建设任何生产设施。在自然保护区的实验区内，不得建设污染环境、破坏资源或者景观的生产设施；建设其他项目，其污染物排放不得超过国家和地方规定的污染物排放标准。在自然保护区的实验区内已经建成的设施，其污染物排放超过国家和地方规定的排放标准的，应当限期治理；造成损害的，必须采取补救措施。在自然保护区的外围保护地带建设的项目，不得损害自然保护区内的环境质量；已造成损害的，应当限期治理。

海洋自然保护区是以海洋自然环境和资源保护为目的，依法把包括保护对象在内的一定面积的海岸、河口、岛屿、湿地或海域划分出来，进行特殊保护和管理的区域。

渤海海洋自然保护区的建设覆盖多家部门，自 1990 年国务院首次批准建立包括昌黎黄金海岸国家级自然保护区等国家级海洋类型自然保护区。至今，渤海已建设国家级海洋类自然保护区 8 处，在渤海中的分布见图 7.1，这些保护区分属海洋、林业、环保、农业等部门管理。

渤海中自然保护区保护了许多珍稀濒危海洋生物物种，对海洋生物多样性和生态系统的保护发挥了重要作用，其中国家级自然保护区辽宁省 3 处，河北省 1 处，天津市 1 处，山东省 3 处，总面积 1 119 278 hm^2，占渤海面积的 14.5%。在建设数量上辽宁省和山东省一样，但辽宁省自然保护区的建设面积远远超出山东省的面积，其中辽宁省建设面积占 73%，山东省占 21%，河北省和天津市分别占 3%，见图 7.2。

渤海海洋自然保护区的划定和实施保护了许多濒临灭绝的珍稀物种，如大连斑海豹国家级自然保护区等，是实现生物多样性保护的有效措施；海洋自然保护区为众多生态系统提供了保护伞，如黄河三角洲国家级自然保护区；在实行保护区的海洋区域，严格执行国家和地方自然保护区、海洋保护区有关法律法规，禁止损害保护对象、改变海域自然属性、影响海域生态环境的用海活动，维持、恢复、改善海洋生态环境和生物多样性，保护自然景观，通过加强管理措施，提高管理等级，有效地防止陆源污染等污染途径。

7.2.1 蛇岛老铁山国家级自然保护区

1980 年 8 月经国务院批准蛇岛老铁山国家级自然保护区。蛇岛老铁山国家级自然保护区位于辽东半岛南端，大连市旅顺口区西部，是环保系统建立的第一个国家级自然保护区。保护区由蛇岛和老铁山地区两部分组成，总面积 14 595 hm^2，其中蛇岛面积 155 hm^2 (包括蛇岛周围 200 m 海域)。主要保护对象是蛇岛蝮蛇和候鸟及其生态环境。1981 年成立了保护区管理处，现已更名为辽宁蛇岛老铁山国家级自然保护区管理局。

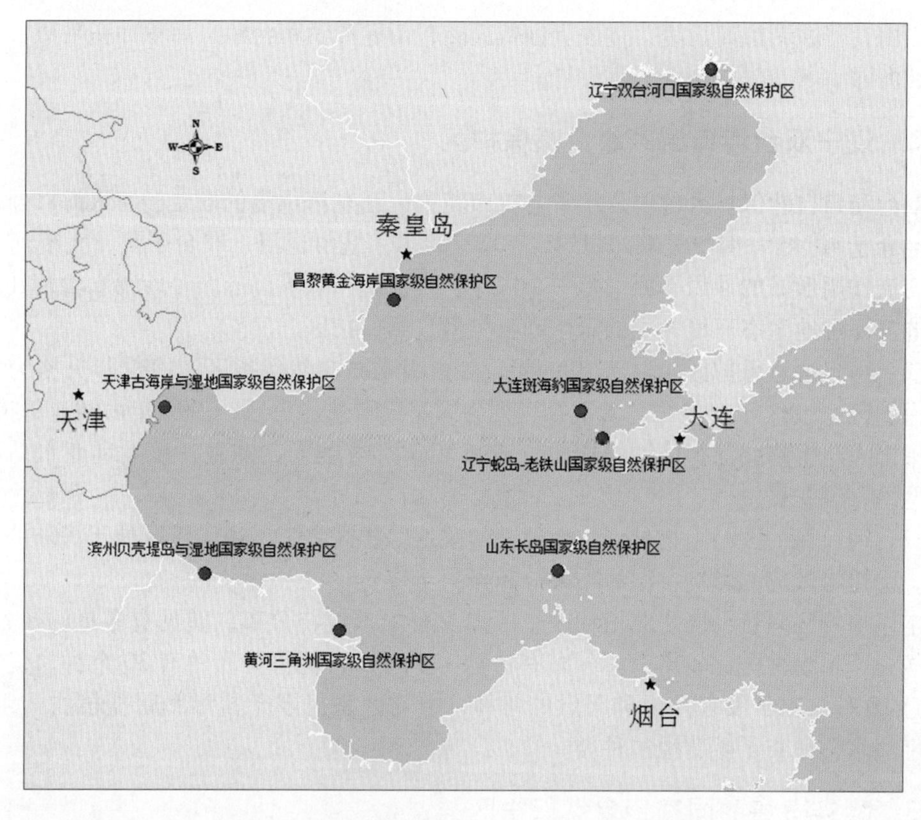

图 7.1 渤海国家级海洋类自然保护区分布示意图

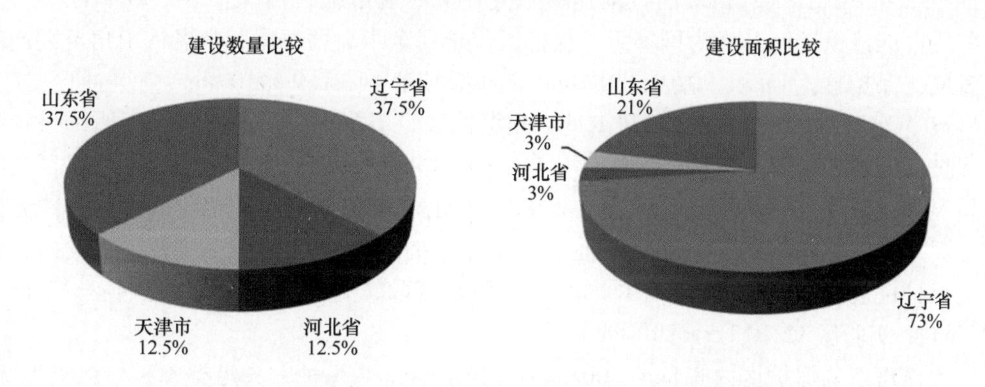

图 7.2 环渤海省市国家级海洋自然保护区建设现状比较

下属单位有蛇岛老铁山自然博物馆、大连蛇岛医院和大连蛇类蛇毒研究所。1993 年首批被纳入“中国生物圈保护区网络”单位。

蛇岛老铁山保护区分为两个部分：一是四周环海的蛇岛及其周围 200 m 海域，面积 155 hm^2（以下简称蛇岛地区）；二是以老铁山为代表的陆地部分，面积为 14 440 hm^2，包括老铁山、老虎尾、九头山及其周边地区（以下简称老铁山地区）。

老铁山地区在地貌分区上属侵蚀剥蚀低山丘陵区。陆地地貌类型主要有侵蚀剥蚀小起伏低山，侵蚀剥蚀高丘陵，侵蚀剥蚀低丘陵，山麓冲洪积台地，海积冲积平原，海蚀台地和海滩。

7.2.2 辽宁双台河口国家级自然保护区

双台河口自然保护区位于辽宁省盘锦市境内，辽东湾顶端的双台子河入海口处，地理坐标介于40°45′—41°10′N，121°45′—122°00′E，是由辽河、双台子河、大凌河等一系列河流作用形成的冲积平原，是一个以保护丹顶鹤、黑嘴鸥等多种珍稀水禽及其赖以生存的滨海湿地生态环境为主的野生动物类型自然保护区。

双台河口自然保护区始建于1985年，为市级水禽自然保护区；1987年升格为省级自然保护区；1988年，经国务院批准，列为国家级自然保护区；1993年由林业部批准，成为中国人与生物圈保护区网络成员；1996年4月被纳入“东亚—澳大利亚水鸟迁徙航道网络”保护区。

双台河口保护区是为物种保护而建立的湿地保护区之一，由于该区位于海陆的交错地带，受边缘效应的影响，湿地物种分布极为丰富。

本区植物区系特征属华北植物区，区内少有木本植物分布，偶见有零星的杨、柳、榆单株树，植物种类比较单一。分布有植物178种，呈优势分布的有30余种，建群植物不过10种。由于没有高地和天然的树林，植物区系仅限于盐沼和耐盐植物的组合，再加上淡水沼泽和干旷草地的种类。

7.2.3 大连斑海豹国家级自然保护区

1992年9月，大连市政府批准建立了大连斑海豹市级自然保护区，1997年12月，国务院批准该保护区升格为国家级。保护区位于辽东半岛西海岸，从老铁山角至大连毗邻海域，保护区总面积 90.9×10^4 hm^2，包括核心区 27.9×10^4 hm^2，缓冲区 32×10^4 hm^2，实验区 31×10^4 hm^2。斑海豹自然保护区经历了十多年的实践，证明了该物种及保护区的特殊性以及保护的科学性与有效性。根据大连斑海豹国家级自然保护区的实际情况和发展要求，保护区管理处于2005年提出了保护区范围和功能调整的具体方案和发展规划，并报国家有关部门审批。2007年5月，国务院批准了该调整方案，调整后的保护区总面积 $67.227\,5\times10^4$ hm^2，包括核心区 27.849×10^4 hm^2，缓冲区 27.16×10^4 hm^2，实验区 $12.218\,5\times10^4$ hm^2。

大连斑海豹保护区内有鱼类100余种，经济甲壳类5种，头足类3种，贝类10余种。另外，还有虎头海雕、白尾海雕、白肩雕、黑尾鸥等珍稀鸟类以及维管束植物426种。植被包括沿海岸滩涂植物、浅海植物及北温带海岛植物。尤其有斑海豹、小鲸、虎鲸、伪虎鲸、宽吻海豚、真海豚、江豚7种海兽。

斑海豹保护区沿岸海底地势陡峻，坡度较大，均为基岩岸段。水深多在5～40 m，有70多个岛礁，岛岸线147.5 km。保护区的底质均为陆源碎屑物质。

7.2.4 昌黎黄金海岸国家级自然保护区

1990年9月30日国务院批准建立的国家级自然保护区。

昌黎黄金海岸国家级自然保护区位于河北省东北部秦皇岛市昌黎县沿海，总面积 3×10^4 hm^2。区内海滨因受潮汐、风、海流及河流的作用，形成宽约4 km、长约30 km的沙带和沿海数道沙堤及潟湖等沿海沉积地貌。区内海滨沙细、滩缓，沿岸水清，潮差小，是难得的旅游资源。后滨有宽800 m左右的人工林带和一些成片的野生植被，林间有高达20～40 m的金黄色沙丘，对研究海陆变迁、海洋动力作用有着重要的意义。

在黄金海岸入海的河流，南有滦河；中有稻子沟、刘台沟、刘坨沟、泥井沟和赵家港（潮河）等，经七里海潟湖汇入渤海；北部饮马河水系的大蒲河、饮马河、东沙河，由大蒲河口入海。除滦河是渤海湾北部最大河流以外，其他各河均属季节性的小河沟。

7.2.5 天津古海岸与湿地国家级自然保护区

天津古海岸与湿地国家级自然保护区位于天津市滨海地区，1984年经天津市人民政府批准建立，1992年晋升为国家级，主要保护对象为贝壳堤、牡蛎滩古海岸遗迹和滨海湿地。

本区临渤海湾西岸，地处海河等河流的入海口，地势低洼，贝壳堤、牡蛎滩规模大、出露好、连续性强、序列清晰，在我国沿海最为典型，在西太平洋各边缘濒海平原也属罕见，并且两类截然不同的生物堆积体在如此近的距离内共存也为世界罕见。区内的七里海湿地还栖息和生长着多种珍稀野生动植物。该保护区的建立对研究海陆变迁和滨海湿地生态系统均具有重要意义。

2009年调整后的天津古海岸与湿地国家级自然保护区总面积35 913 hm^2。其中，核心区面积4 515 hm^2，缓冲区面积4 334 hm^2，实验区面积27 064 hm^2。保护区范围在38°33′40″—39°32′02″N，117°14′35″—117°46′34″E之间。由牡蛎礁、七里海湿地区域，贝壳堤青坨子区域，老马棚口区域，邓岑子区域，板桥农场区域，上古林区域，新桥区域，巨葛庄区域，中塘区域，大苏庄区域，沙井子区域和翟庄子区域12块区域组成。

7.2.6 滨州贝壳堤岛与湿地系统国家级自然保护区

2002年，被山东省人民政府列为省级贝壳堤岛与湿地系统自然保护区，2006年成为国家级自然保护区。保护区总面积80 480 hm^2，其中核心区面积28 527 hm^2，缓冲区面积26 780 hm^2，实验区面积25 173 hm^2。

贝壳堤是由海生贝壳及其碎片和细砂、粉砂、泥炭、淤泥质黏土薄层组成的，与海岸大致平行或交角很小的堤状地貌堆积体，形成于高潮线附近，为古海岸在地貌上的可靠标志。粉砂淤泥质海岸带是在波浪的作用下，将淘洗后的生物介壳冲向岸边形成的堆积体。波浪的冲刷，使海滩坡度增大，底质粗化，底部的贝壳类介壳被海水冲到岸边，堆积在高潮线附近，经长期作用便形成贝壳堤。当海岸带泥沙来源充分，海滩泥沙堆积作用旺盛时，贝壳堤停止发育。多次的冲淤变化便留下多条贝壳堤，可以作为古海岸线迁移的标志。

保护区内发现的野生珍稀动物达459种，是一个典型的“天然生物博物馆”。保护区内有文蛤、四角蛤、扁玉螺等贝类和鱼、虾、蟹、海豹等海洋生物50余种；有落叶盐生灌丛、盐生草甸、浅水沼泽湿地植被等各种植物共350种，其中仅酸枣、麻黄、黄芪、五加皮等特产中药材就有40多种；湿地里有豹猫、狐狸等6种野生动物，有东方铃蛙、黑眉锦蛇等两栖爬行动物8种，有包括国家一级保护动物大鸨、白头鹤，国家二级保护动物大天鹅等在内的鸟类45种。

7.2.7 长岛国家级自然保护区

长岛国家级自然保护区位于山东省烟台市长岛县境内，地处胶东、辽东半岛之间，黄海、渤海交汇处，由长山列岛的大小32个岛屿组成，为候鸟迁徙的重要通道和停歇地。保护区1982年经山东省人民政府批准建立，1988年晋升为国家级。保护区总面积5 015.2 hm^2，其中陆地面积3 910.0 hm^2，湿地海域1 105.2 hm^2。

保护区属暖温带季风区大陆性气候，植物区系属暖温带落叶阔叶林区域，区内陆地植物有139科591种，浅海海洋植物3门79种。保护区森林类型以人工林为主，有黑松林、赤松林、刺槐林、麻栎林等，森林覆盖率达56%。

保护区在动物分布上，属古北界华北黄淮亚区，野生动植物资源极为丰富，是我国东部候鸟迁徙必经之地，有鸟类19目58科326种，其中被列为国家重点保护的有丹顶鹤、白鹳、大天鹅、白肩雕、金雕、秃鹫等60种；在中日候鸟保护协定所列的227种鸟类中，长岛就有196种，占86%；被列入中澳候鸟保护协定的有47种；世界“濒危动植物红皮书”所列的国际重点保护鸟类有11种。其中属国家一级保护的有金雕、白肩雕等9种，属国家二级保护的有42种，是我国开展鸟类繁殖的主要基地。国家一级、二级保护动物中，尤以猛禽为多，达39种。区内陆生动物除鸟类外，还有两栖类、爬行类、哺乳类以及浅海动物等。

7.2.8 黄河三角洲国家级自然保护区

山东黄河三角洲国家级自然保护区是1992年建立。保护区地处东营市垦利县、利津县、河口区。2001年调整后总面积15.3×10^4 hm^2，核心区面积5.8×10^4 hm^2，缓冲区1.3×10^4 hm^2，实验区面积8.2×10^4 hm^2，以保护新生湿地生态系统和珍稀濒危鸟类为主的湿地类型自然保护区。

黄河是我国第二大河，以含沙量高而著称于世，因处于黄河流入渤海的交汇处，水文条件独特，海淡水交汇，离子作用促进泥沙的絮凝沉降，形成了宽阔的泥滩（即湿地），土壤含氮量高，有机质含量丰富，浮游生物繁盛，极适宜鸟类聚集。以此为基础，吸引了大量过境和栖息繁殖的鸟类，同时，也提供了大片植物生长的土地，这片湿地保护区，其主要价值正在于此。

保护区是东北亚内陆和环西太平洋鸟类迁徙重要的“中转站”、越冬地和繁殖地，鸟类资源丰富，珍稀濒危鸟类众多。自然保护区内共有鸟类265种，其中属国家一级重点保护鸟类有：白鹳、中华秋沙鸭、白尾海雕、金雕、丹顶鹤、白头鹤、大鸨7种，属国家二级重点保护的鸟类有海鸬鹚、大天鹅、灰鹤、白尾鹞等33种；在《濒危野生动植物种国际贸易公约》中，属附录Ⅰ的种类有白鹳、丹顶鹤等7种，属附录Ⅱ的种类有花脸鸭、鹊鹞等26种，属附录Ⅲ的种类有大白鹭、针尾鸭等7种；在《中澳保护候鸟及其栖息环境的协定》中，保护鸟类81种，自然保护区内有51种；在《中日保护候鸟及其栖息环境的协定》中，保护鸟类227种，自然保护区内有152种。

自然保护区其他动物资源有：陆生脊椎动物35种，陆生无脊椎动物583种，水生动物641种，其中国家一级重点保护动物有白鲟、达氏鲟2种，属国家二级重点保护动物有江豚、宽吻海豚、松江鲈鱼等7种。在《濒危野生动植物种国际贸易公约》中，属附录Ⅰ的动物有棱皮龟、江豚2种，属附录Ⅱ的种类有豹猫、小须鲸等4种，属于附录Ⅲ的种类有黄鼬1种。

7.3 海洋特别保护区

国家海洋局《海洋特别保护区管理办法》（2010年）规定海洋特别保护区是指具有特殊地理条件、生态系统、生物与非生物资源及海洋开发利用特殊要求，需要采取有效的保护措施和科学的开发方式进行特殊管理的区域。任何单位和个人不得擅自改变海洋特别保护区内海岸、海底地形地貌及其他自然生态环境条件；严格限制在海洋特别保护区内实施采石、挖砂、围垦滩涂、围海、填海等严重影响海洋生态的利用活动。

近几年环渤海三省一市大力开展海洋生态保护与建设，积极推进海洋特别保护区的建设工作，将具有重要保护价值和生态价值的区域选划为海洋特别保护区，规范海洋特别保护区规范化建设和管理，海洋特别保护区的生态环境呈现恢复、发展趋势，重点保护对象得到较好的保护，管护工作也逐步趋向规范。逐步建立起类型多样、布局合理、功能完善的海洋保护区网络体系，促进海洋生态保护与周边海域开发利用的协调发展。

截至2013年1月，渤海内已建设国家级海洋特别保护区12处，其中辽宁省1处，天津市1处，山东省10处（包括海洋公园），总面积191 319 hm^2，占渤海面积的2.5%，其中海洋生态类海洋特别保护区最多，共10处，占总数的83%（图7.3）。

海洋特别保护区建设无论面积还是数量（包括海洋公园）山东省都是最多的，建设数量比例占渤海中的比例达83.3%，河北省目前暂时没有国家级海洋特别保护区。面积山东省占96%，辽宁省和天津市各占2%，见图7.4。

海洋公园是海洋特别保护区的重要组成部分，侧重建立海洋生态保护与海洋旅游开发相协调的管理方式，2012年获批的长岛国家级海洋公园是渤海唯一的海洋公园，总规划面积1 126.47 hm^2，重点保护原始的自然岸线、独特地质地貌、珍稀海洋生物。海洋公园对长岛及附近海域的不可再生海洋资源进行保护，减少或消除人类对海洋资源与环境的不利影响，保护和恢复生物多样性。长岛国家级海洋公园成为渤海现有海洋保护区网络的重要补充，有助于保护脆弱的海洋原生态环境和生物多样性，在生态保护的基础上，合理发挥长岛及附近海域的生态旅游功能。

7.3.1 辽宁锦州大笔架山国家级海洋特别保护区

锦州大笔架山国家级海洋特别保护区位于辽宁省锦州市开发区锦州港北侧，包括笔架山及连岛沙坝等重要地质遗迹。

笔架山是国内罕见的典型的道、儒、佛的三教合一的寺庙分布区，拥有全国亭阁规模最大的石结构建筑，是重要的历史战争遗迹区，民间广泛流传着古老而美丽的传说。

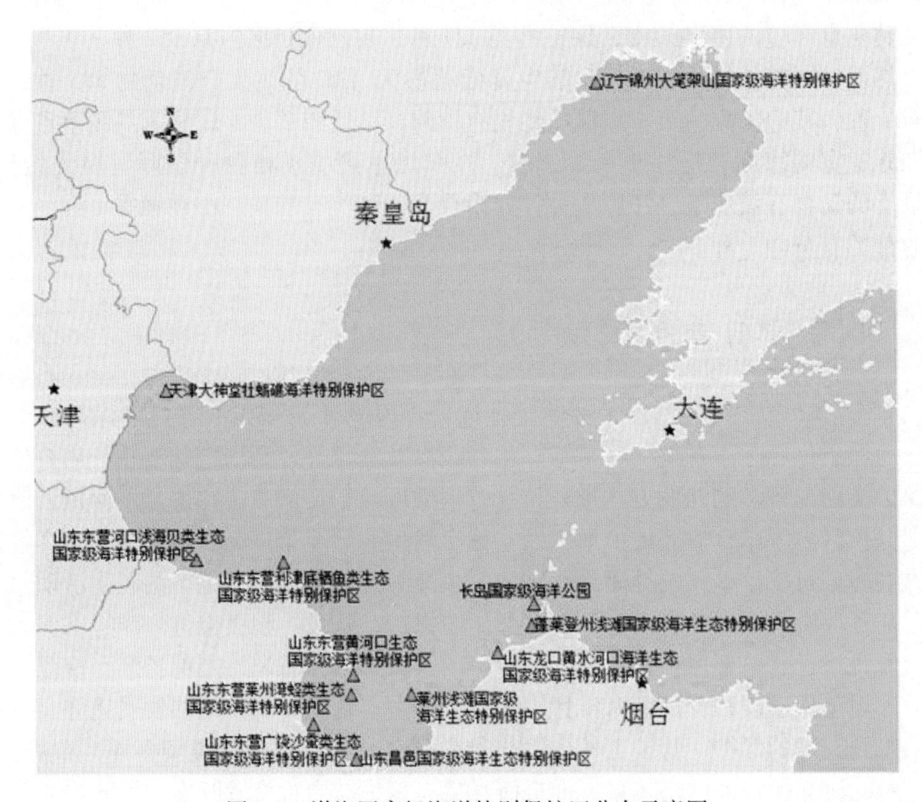

图 7.3　渤海国家级海洋特别保护区分布示意图

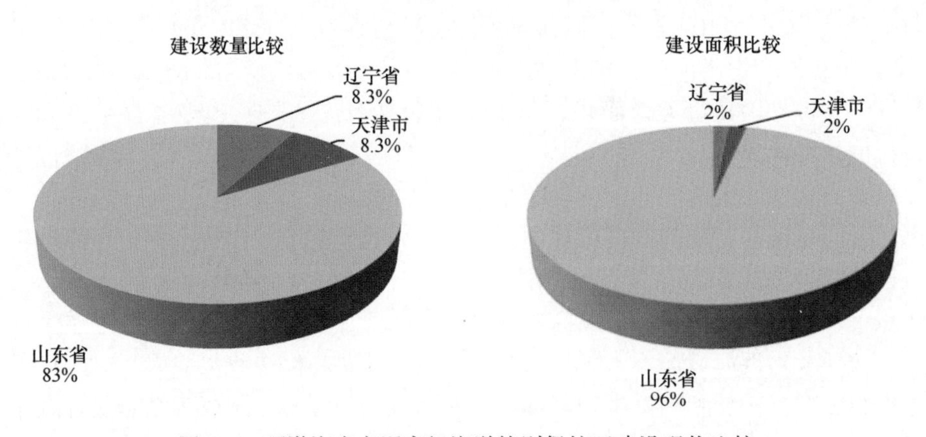

图 7.4　环渤海省市国家级海洋特别保护区建设现状比较

笔架山已被国家旅游局列为 AAAA 级风景名胜区。

笔架山北侧发育一条连接海岛与大陆的连岛坝，俗称“天桥”，长约 1 650 m，由大小不等的砾石、粗砂组成，涨潮时淹没，退潮时则露出滩面，其形成主要由于笔架山岛前方迎浪区受到侵蚀，碎屑物质被海流挟带至岛屿北侧波影区堆积而形成如今的砾石堤。因此，“天桥”系自然营力塑造所成而非人为建造，具有极其重要的资源价值。

笔架山是世界上最完整地保留了原生态地貌特征、最典型的陆连岛，其连岛坝具造型最优美、天然完整、观赏和研究价值极高等特点，使它在世界同类地貌景观中具有无可比拟的地位，已经接近或者达到世界遗产的水平。经国家海洋局批准，正式建立锦州大笔架山海洋特别保护区，这是辽宁省第一家国家级海洋特别保护区。

锦州大笔架山海洋特别保护区内可分为核心区、保护区、开发利用区、功能待定区。

7.3.2　天津大神堂牡蛎礁海洋特别保护区

2012年批准建立的天津大神堂牡蛎礁海洋特别保护区是天津市首个国家级海洋特别保护区，位于天津市滨海新区汉沽大神堂村南部海域，特别保护区的面积共约34 km^2。由于其特殊的地形地貌环境，是几千年形成的渤海湾海域极其独特的生态系统。该区分布着迄今发现的我国北方纬度最高的现代活牡蛎礁，也是天津市沿海平原唯一的现生活牡蛎礁体。该活牡蛎礁位于大神堂外海，活牡蛎礁区范围在大神堂以南海域的大、小沙岗及其边缘的海域形成的矩形区域。从景观生态角度讲，是不可多得的海底自然资源；同时该海域贝类、鱼类、虾蟹类资源丰富，牡蛎、扇贝、毛蚶和海螺蕴藏量较大，具有优越的浅海生态环境，历史上是重要保护物种牡蛎和扇贝等海洋生物的栖息场所，是底栖生物的良好增殖地和浅海生态生物多样性的基因库，对维护周围海域生态功能具有重要作用。

7.3.3　山东东营河口浅海贝类生态国家级海洋特别保护区

2008年12月经国家海洋局批准，东营河口浅海贝类国家级生态海洋特别保护区建立。

该保护区位于东营市河口区北部沿海，东起沾利河，西至潮河，南起海岸线，北至 -5 m 等深线，面积 396.23 km^2，共分 4 个功能区。分别为生态保护区，面积 51.64 km^2，占保护区总面积的 13.0%；资源恢复区，面积 83.35 km^2，占保护区总面积的 21.0%；开发利用区，面积 49.03 km^2，占保护区总面积的 12.4%；环境整治区，面积 212.21 km^2，占保护区总面积的 53.6%（图 7.5）。

东营河口浅海贝类国家级生态海洋特别保护区以黄河口文蛤、浅海贝类及其物种多样性为主要保护对象。黄河口文蛤是我国的重要经济贝类，具有很高的经济和食疗药用价值。但近年来随着海洋开发的加快及近海捕捞强度的增大，黄河口文蛤资源日渐减少，捕捞产量递减。该保护区建立后，通过一系列保护和管理措施，对文蛤实行繁殖季节保护，严格限制采捕规格，消除和减少该区域点面源污染和干扰，加强环境质量监测，严格查处违法违规排污、倾倒废弃物等行为，使贝类的栖息环境得到恢复和改善。

7.3.4　山东东营利津底栖鱼类生态国家级海洋特别保护区

2008年12月批准建立的山东东营利津国家级底栖鱼类生态海洋特别保护区位于东营市垦利县北部海区，挑河与四河之间，面积为 94.04 km^2，共分为 4 个功能区。分别为生态保护区，面积 18.95 km^2，占保护区总面积的 20.15%；资源恢复区，面积 28.29 km^2，占保护区总面积的 30.08%；开发利用区，面积 14.12 km^2，占保护区总面

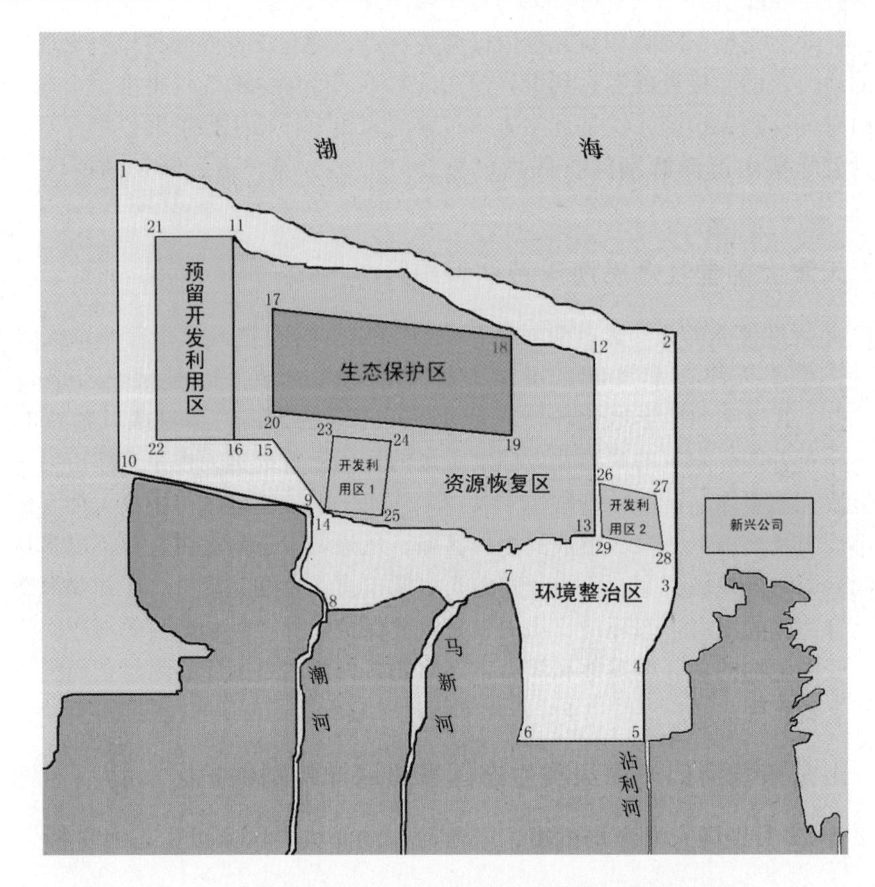

图7.5　东营河口浅海贝类生态国家级海洋特别保护区分布

积的15.02%；环境整治区，面积32.68 km^2，占保护区总面积的34.75%（图7.6）。

主要保护对象为半滑舌鳎为主的经济鱼类及其赖以生存的海洋生态环境。该区域距离黄河入海口80 km，有多条河流的径流入海，是半滑舌鳎等底栖鱼类的良好繁殖场所。

7.3.5　山东东营广饶沙蚕类生态国家级海洋特别保护区

2009年国家海洋局批准建立东营广饶沙蚕类生态国家级海洋特别保护区。

该保护区位于广饶县支脉河与小清河之间的滩涂及－5 m浅海海域，面积64.6 km^2，共分为4个功能区。分别为生态保护区，面积14.78 km^2，占保护区面积的22.87%；资源恢复区，面积26.03 km^2，占保护区面积的40.29%；开发利用区，面积为15.34 km^2，占海洋特别保护区面积的23.74%；环境整治区，面积8.46 km^2，占保护区面积的13.10%。

主要保护对象为以双齿围沙蚕为主的多种底栖经济物种及其赖以生存的海洋生态环境。

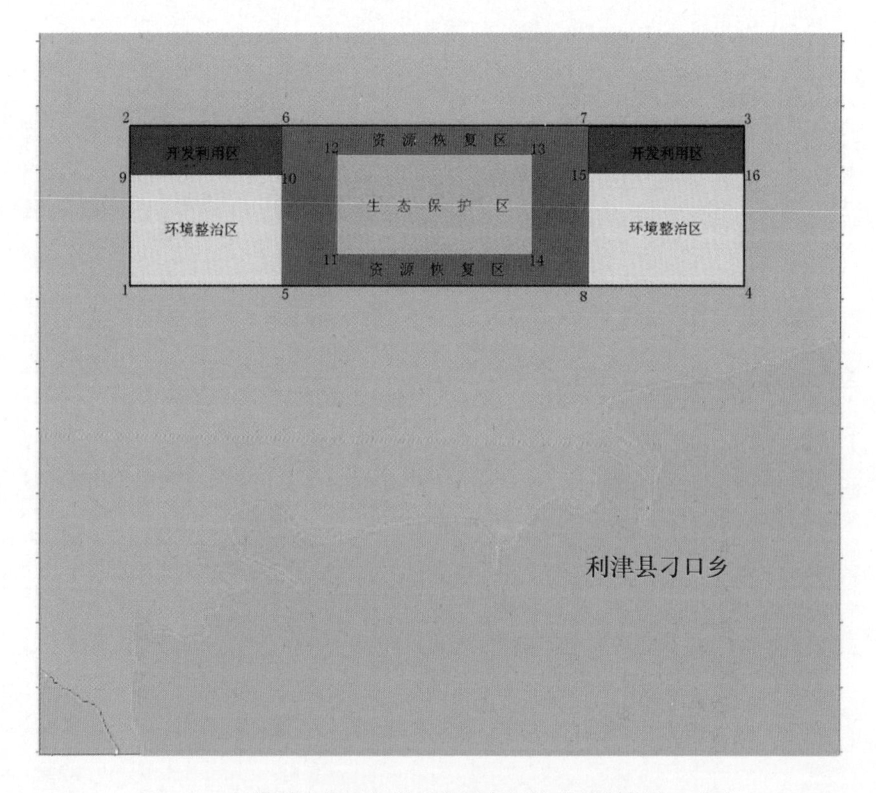

图 7.6 东营利津底栖鱼类生态国家级海洋特别保护区分布

7.3.6 山东东营黄河口生态国家级海洋特别保护区

保护区位于黄河三角洲国家级自然保护区的黄河入海口 -3 m 等深线以东 12 海里附近海域，面积 926 km²，于 2008 年年底由国家海洋局批准建立。分为生态保护区、资源恢复区、环境整治区和预留开发区 4 部分，重点监控黄河口水域生态环境和河口海区海洋生物资源。

生态保护区分为两部分，面积分别为 48.21 km² 和 49.57 km²，占保护区总面积的 10.56%；资源恢复区，分为两部分，面积为 69.77 km² 和 121.33 km²，占保护区总面积的 20.64%；开发利用区，面积 139.92 km²，占保护区总面积的 15.11%；环境整治区，面积 497.20 km²，占保护区总面积的 53.69%（图 7.7）。

山东东营黄河口国家级生态海洋特别保护区以黄河口生态系统及生物物种多样性为主要保护对象。该区具有丰富的石油、天然气、地热和卤虫等资源。近年来，由于黄河径流减少、河水污染物侵入，使该海区日益失去鱼虾繁殖、栖息的条件，生物资源衰退，生物多样性受到严重威胁。该保护区建立以后，通过一系列保护和管理措施，开展海洋生物资源的可持续开发利用，使生态保护区的生物资源密度和生物量得到增长并保持相对稳定，海洋生物的栖息环境得到恢复和改善。

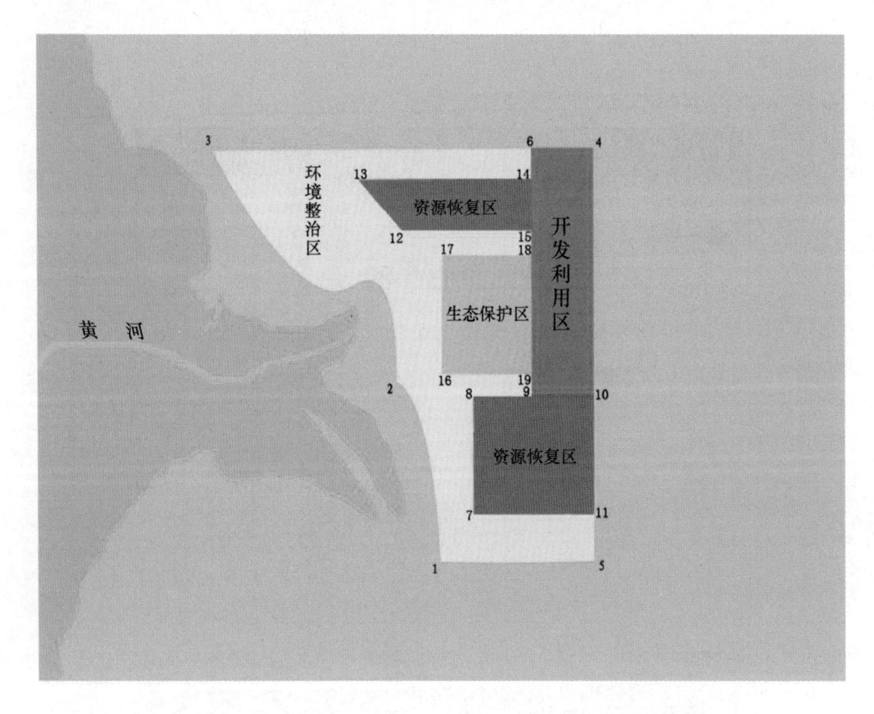

图 7.7 东营黄河口生态国家级海洋特别保护区分布

7.3.7 山东东营莱州湾蛏类生态国家级海洋特别保护区

2009 年国家海洋局批准东营莱州湾蛏类生态国家级海洋特别保护区建立。特别保护区位于东营区莱州湾西岸广利河以北、青坨沟以南海域，从潮间带低潮区到 -10 m 的水域，面积 210.24 km^2。保护区划分为生态保护区、资源恢复区和适度开发利用区 3 个功能区。其中生态保护区面积 35.53 km^2，占保护区面积的 16.9%。资源恢复区面积 65.39 km^2，占保护区面积的 31.1%。适度开发利用区即除去生态保护区和资源恢复区以外的边缘部分面积 109.32 km^2，占保护区总面积的 52%（图 7.8）。

保护区为多种贝类的栖息和繁衍地，其中蛏类资源尤为丰富。随着渔业海岸工程、油田开发、海洋工程建设以及近海捕捞强度增大，蛏类等资源赖以生存的生态环境严重受损，生态失衡，致使该地区传统的小刀蛏、大竹蛏和缢蛏等蛏类资源生物量衰减，分布海区日趋缩小，而且个体呈小型化。特别保护区建设后，区内蛏类等生物资源和生态环境将得到有效保护，减少人类活动的干扰。通过实施育苗和增殖等措施，丰富区内生物资源，增加生物多样性，确保重点保护对象得到有效保护，最终实现自然资源可持续利用。

7.3.8 山东昌邑国家级海洋生态特别保护区

2007 年批准建立的山东昌邑国家级海洋生态特别保护区，地处渤海莱州湾南岸，总面积 2 929 hm^2，是全国唯一的以柽柳林生态系统为主要保护和管理对象的国家级海

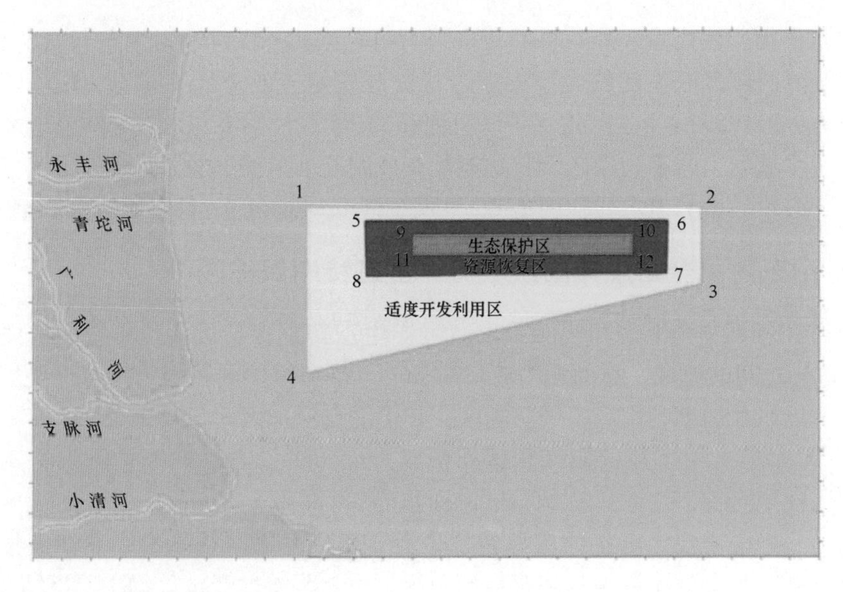

图 7.8　东营莱州湾蛏类生态国家级海洋特别保护区分布

洋特别保护区。在中国 18 000 多千米的海岸线上，南有东寨港红树林（海南琼山），北有昌邑柽柳林。柽柳也称红荆条、三春柳、红柳等，为落叶灌木或小乔木，耐盐碱，耐干旱，耐贫瘠，具有防风固沙改善沿海生态环境等作用。

昌邑海洋生态特别保护区的设立，对维护海洋及海岸生态系统，保护海洋生物多样性，净化空气、防风固沙、保护防潮大堤安全、防止海岸侵蚀，改善脆弱的莱州湾生态系统，促进昌邑市海洋经济和谐发展乃至"海上潍坊""海上山东"建设，都有着极其重要的意义。

7.3.9　山东龙口黄水河口海洋生态国家级海洋特别保护区

龙口黄水河口海洋生态国家级海洋特别保护区 2009 年获国家海洋局批准成立。

黄水河是流经龙口市境内最大的河流，总流域面积 1 034.57 km^2，黄水河流域是龙口市重要的商品粮基地，是工农业和城镇居民用水的主要水源地。黄水河入海口处，浅滩及附近海岸拥有近 4×10^8 m^3 的优质石英砂资源，是缢蛏、玉螺、文蛤、沙肠、海肠、毛蚶等重要底栖生物的栖息地，具有重要的海洋资源和海洋生态环境价值。

7.3.10　山东莱州浅滩国家级海洋生态特别保护区

2012 年批准建立莱州浅滩国家级海洋生态特别保护区，位于莱州湾东岸水深在 0 ~ -6 m 之间的湿地区域，总面积为 6 780.098 2 hm^2，不占用岸线。特别保护区区划为重点保护区、适度利用区以及生态与资源恢复区 3 个功能区。将莱州浅滩 -2 m 等深线以内的水域划为保护区核心区。该区为三疣梭子蟹、真鲷、鲈鱼等春、秋季产卵的集结水域和主要产卵场，群体密集，是渔业的中心渔场。重点保护区面积为 2 395.239 2 hm^2，占保护区总面积的 35.32%。为了更好地保护重点保护区种质资源和生物，避免外界人为的影响和干扰，在核心区外 -2 ~ -5 m 等深线之间水域划定为生态与资源恢复区，由于莱州浅滩西侧海底坡度较大，将生态与资源恢复区的边界外扩至 -6 m 等深线位置。面积为 1 911.899 4 hm^2，占保护区总面积的 28.20%。在核心区、生态与资源恢复区外的近岸水域划为适度利用区，其功能是有计划开展科研、教学、参观、考察、兼容渔业捕捞、海珍品增养殖。面积为 2 472.959 6 hm^2，占保护区总面积的 36.48%。

7.3.11 山东蓬莱登州浅滩国家级海洋生态特别保护区

2012 年批准建立蓬莱登州浅滩国家级海洋生态特别保护区，位于登州浅滩水深在 -3 ~ -10 m 之间的海域，总面积 1 871.42 hm^2。特别保护区区划为重点保护区、生态与资源恢复区以及适度利用区 3 个功能区，其中重点保护区面积 659.63 hm^2，占保护区总面积的 35.25%；生态和资源恢复区面积 577.65 hm^2，占保护区总面积的 30.87%；适度利用区面积 634.14 hm^2，占保护区总面积的 33.88%。

该区是多种海洋性经济生物资源包括鱼类、底栖生物（褐牙鲆、菲律宾蛤仔、褶牡蛎、黄盖鲽、刺参、贻贝等）生存与繁殖区，也是洄游性经济生物主要集结场所。

7.3.12 山东长岛国家级海洋公园

2012 年长岛国家级海洋公园获得国家海洋局批准建立，该海洋公园位于山东省烟台市长岛县北长山乡，海岸线长约 15 km。总规划面积 1 126.47 hm^2，分成 3 个功能区，其中重点保护区 270.44 hm^2，生态与资源恢复区 168.51 hm^2，适度利用区 687.52 hm^2。陆地面积 243.88 hm^2，占海洋公园总面积的 21.65%；海域面积 882.59 hm^2，占海洋公园总面积的 78.35%。重点保护区面积占海洋公园总面积的 24.01%。生态与资源恢复区面积占海洋公园总面积的 14.96%。适度利用区面积占海洋公园总面积的 61.03%。重点保护九丈崖自然的海蚀地貌、月牙湾的自然球石海滩及国家二级保护动物——斑海豹栖息地。

8　环渤海集约用海区域海洋灾害①

8.1　海洋灾害概述

渤海沿海地区海洋灾害分为海洋地质灾害（海岸侵蚀、海水入侵等）、海洋气象灾害（风暴潮、海冰、海浪等）、海洋生物灾害（赤潮、外来物种入侵等）和海洋溢油四大类型，环渤海区各类型灾害发生主要区域见图 8.1。

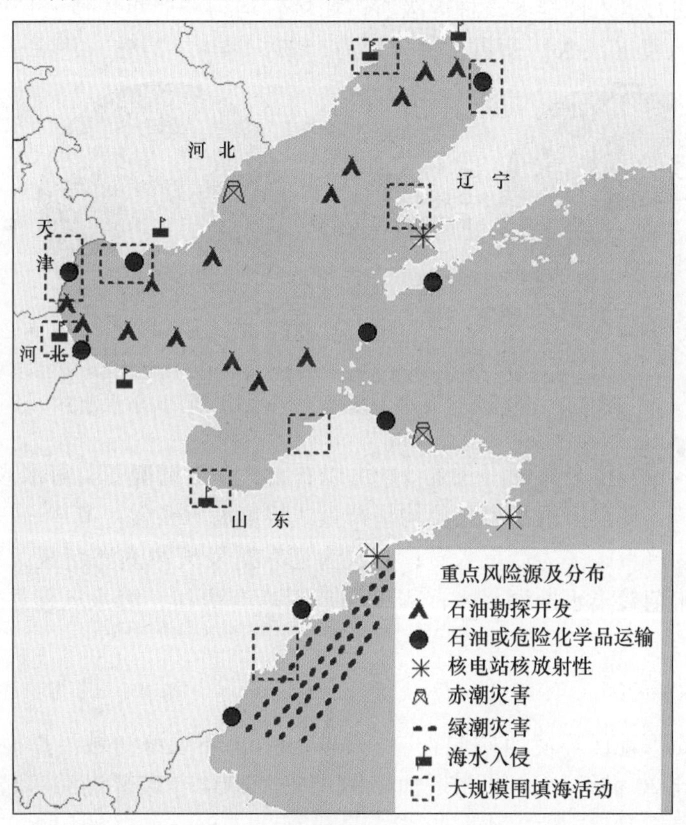

图 8.1　环渤海区灾害发生主要区域

① 第 8 章数据主要来源于 2000—2011 年海洋灾害公报及 2009—2012 年北海区公报。

8.2 海洋地质灾害

8.2.1 海水入侵

8.2.1.1 海水入侵现状

2012年北海监测中心对环渤海区海水入侵状况进行监测，监测区域包括辽宁省大连市、营口市、盘锦市、锦州市、葫芦岛市；河北省秦皇岛市、唐山市、沧州市；山东省滨州市、潍坊市、烟台市等，监测分别在枯水期和丰水期进行。

根据监测结果，渤海沿岸监测区域枯水期海水入侵程度以轻度入侵（微咸水）为主，占40%；其次为严重入侵（咸水），占37.1%；无入侵（淡水）所占比例为22.9%。丰水期海水入侵程度三种等级所占比例较均匀，严重入侵（咸水）、轻度入侵（微咸水）、无入侵（淡水）所占比例分别为35%、34%、31%（图8.2）。

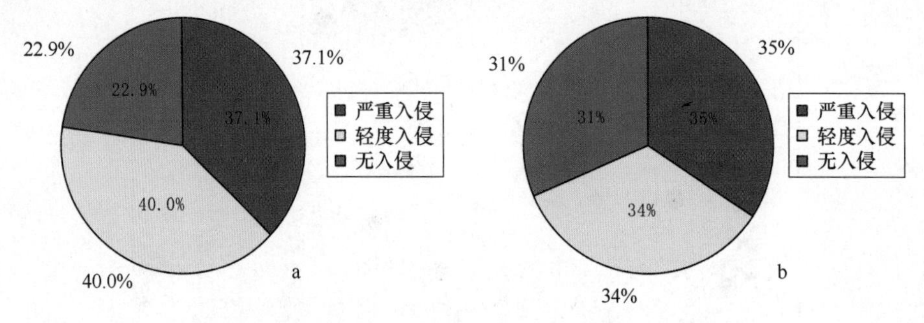

图8.2 环渤海区海水入侵程度（a枯水期，b丰水期）

根据海水入侵程度分布图（图8.3）可以看出，一般情况下，海水入侵程度由海向陆侧呈减弱趋势，环渤海区沿海站位均呈严重或轻度海水入侵。其中，以山东莱州湾地区海水入侵最为严重，多为严重入侵；其次为辽东湾及天津滨海新区，多为轻度入侵。相比之下，枯水期较丰水期海水入侵程度和范围略有增加，海水入侵最大距离为10～30 km。

8.2.1.2 2000—2011年海水入侵状况

根据“环渤海地区环境地质调查”（2004年），环渤海海域沿岸海水入侵面积约2 333.4 km^2，比20世纪90年代初增加了46.5%。2004年以环渤海区域海水入侵在山东莱州湾区域最为严重，地下水氯离子含量最高为3.86 g/L（饮用水标准国际建议值为小于0.2 g/L），矿化度达7.85 g/L（饮用水标准建议值为小于1 g/L），部分地区已出现盐渍化。

根据《2008年海洋灾害公报》，环渤海沿岸地区海水入侵程度及范围增加，入侵现象主要发生在辽宁营口市、盘锦市、锦州市和葫芦岛市，河北省秦皇岛市、唐山市、黄骅市，山东省滨州市、莱州湾沿岸，海水入侵区一般距岸20～30 km。另外，与2011年相比，2012年海水入侵程度局部呈增加趋势，辽宁盘锦和葫芦岛、河北秦皇岛和唐

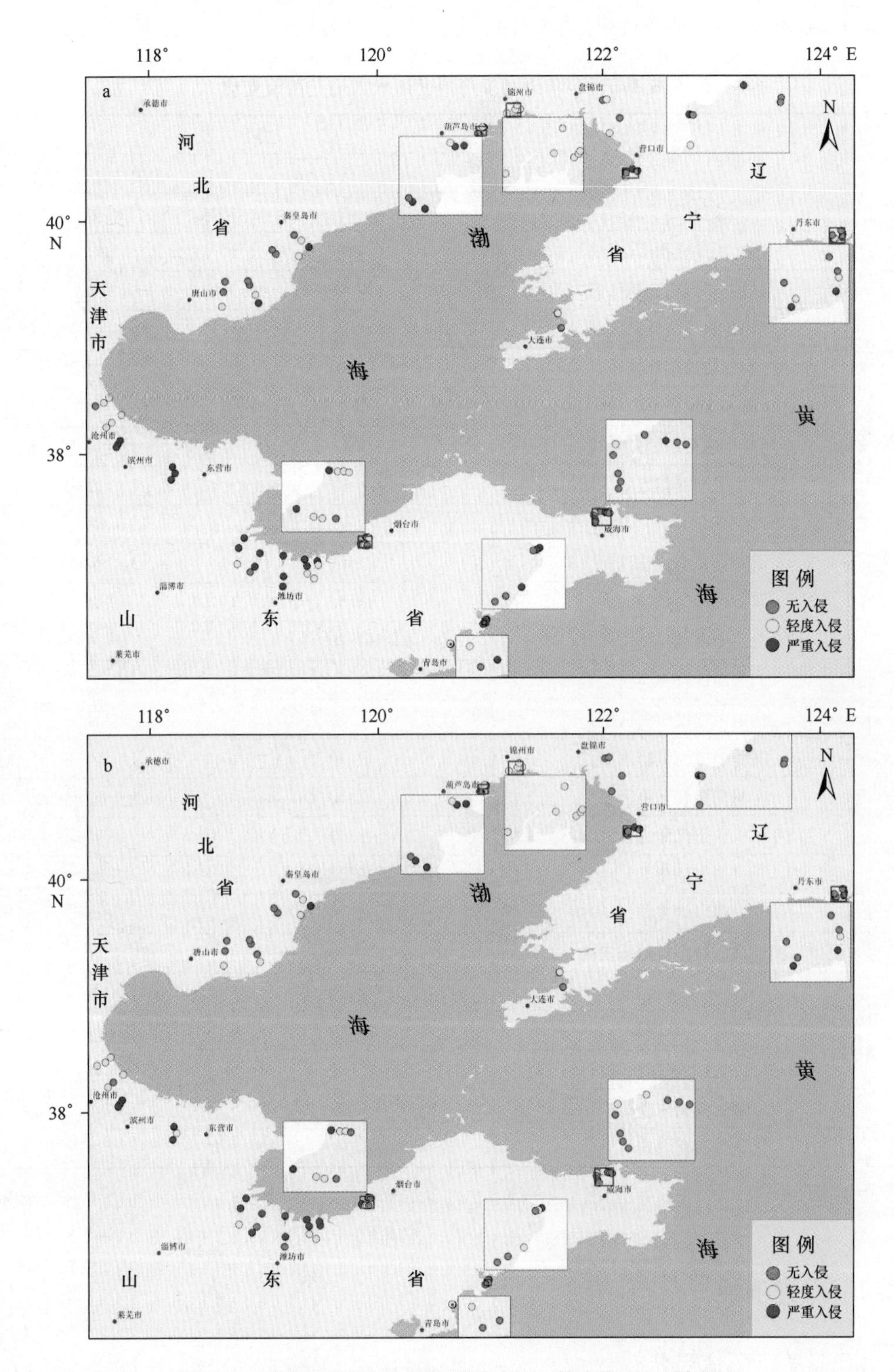

图 8.3 环渤海区海水入侵程度分布（a 枯水期, b 丰水期）

山、山东潍坊和烟台等监测区域海水入侵范围仍有所增加（表8.1）。

表8.1 近两年渤海滨海地区海水入侵范围及变化

省市	监测断面位置	海水入侵	
		入侵距离（km）	与2011年同期相比
辽宁省	大连甘井子区	—	⇔
	大连金州区	0.53	⇔
	营口盖州团山乡西河口	4.44	⇔
	营口盖州团山乡西崴子	0.73	⇔
	盘锦荣兴现代社区	17.02	↗
	盘锦清水乡永红村	18.13	↗
	锦州小凌河东侧何屯村	3.65	⇔
	锦州小凌河西侧娘娘宫镇	2.58	↘
	葫芦岛龙港区北港镇	1.43	↗
	葫芦岛龙港区连湾镇	2.49	⇔
河北省	秦皇岛抚宁	14.30	↗
	秦皇岛昌黎	13.70	↗
	唐山市梨树园村	24.9	↗
	唐山市南堡镇马庄子	16.10	↘
	黄骅南排河镇赵家堡	14.30	/
	沧州渤海新区冯家堡	18.10	/
山东省	滨州无棣县	13.40	⇔
	滨州沾化县	29.32	⇔
	潍坊寿光市	32.10	⇔
	潍坊滨海经济技术开发区	27.36	⇔
	潍坊寒亭区央子镇	30.10	↗
	潍坊昌邑柳疃	17.87	⇔
	潍坊昌邑卜庄镇西峰村	23.87	↗
	烟台莱州朱旺村	3.68	⇔
	烟台莱州海庙村	5.21	↗

图例说明：↗升高，↘降低，⇔基本稳定，—未发生，/无监测项目。

8.2.2 岸线侵蚀

8.2.2.1 岸线侵蚀现状

利用航空遥感和现场监测手段对滦河口至戴河口岸段、黄河口岸段（黄河海港以南，小清河口以北区域）、绥中岸段和莱州湾东岸进行了岸线侵蚀监测（北海区海洋环境公报，2009，2010，2011，2012），监测结果见表8.2。监测结果表明，北海区砂质海岸和淤泥质海岸侵蚀严重，侵蚀范围扩大，局部地区侵蚀速度呈加大趋势。

滦河口至戴河口岸段：监测海岸长度105.4 km，遭受侵蚀的岸线长度约5.1 km，其中人为因素引起的岸线侵蚀约3.3 km，自然蚀退的岸线约1.8 km；海岸侵蚀总面积1.14 km^2，其中人为因素引起的侵蚀面积约1.02 km^2，自然因素引起侵蚀0.12 km^2；2010—2012年，最大侵蚀速度70 m/a。

营口盖州—鲅鱼圈岸段：监测海岸长度103.1 km，约有20.8 km岸线遭受侵蚀后退。其中，自然侵蚀岸线约15.9 km，占侵蚀岸线的76%；由人为因素引起的侵蚀岸线约4.9 km，占24%。受侵蚀岸线的平均侵蚀速度为7 m/a，最大侵蚀速度为9 m/a，最大连续侵蚀面积约为1.54 hm^2。

黄河口岸段：2011年监测淤泥质海岸年全长226.7 km，遭受侵蚀的岸线约20.0 km，占总长的8.8%。其中，由人为因素引起的侵蚀岸线约1.5 km，占总长的0.7%；自然蚀退的岸线约18.5 km，占总长的8.1%；向海推进的岸线约50.2 km，占总长的22.1%，其中人为扩建岸线约22.6 km，自然淤积岸线约27.6 km。海岸侵蚀总面积733.7×10^4 m^2，淤积总面积约$1\,560.2\times10^4$ m^2。最大自然侵蚀宽度1 431 m，平均侵蚀宽度366 m。

绥中岸段：2011年监测砂质海岸长度为112.0 km，遭受侵蚀的岸线约60.0 km，占总长的53.6%。最大侵蚀速度为5.8 m/a，平均侵蚀速率为2.5 m/a。

莱州湾东岸：2011年监测砂质海岸长度为12.7 km，遭受侵蚀的岸线约6.7 km，占总长的52.3%。最大侵蚀速度为5.3 m/a，平均侵蚀速率为1.9 m/a。

表8.2 近5年环渤海区重点岸段侵蚀平均速率及侵蚀状况

岸段	平均侵蚀速率	岸线长度（km）	侵蚀长度（km）	侵蚀率（%）
滦河口至戴河口岸段	11 m/a	105.4	5.1	4.84
营口盖州—鲅鱼圈	0.5 m/a	103.1	20.8	20.17
山东省龙口至烟台岸段	4.6 m/a	—	49.7	—
绥中岸段	2.5	112.0	60	53.6
黄河口	122	226.7	20	8.82
莱州湾东岸段	3.6	12.7	6.7	52.75

8.2.2.2 2003—2009年岸线侵蚀状况

2003—2009年，国家海洋局北海监测中心采用航空遥感监测手段，对盖州—鲅鱼圈、龙口—蓬莱、黄河口等重点岸段进行海岸侵蚀监测9段次，获取原始本地数据3段次，累计监测岸线月977.8 km。其中位于山东环渤海区域的龙口—烟台岸段总长约79.7 km，约有28.8 km的岸线受侵蚀，平均侵蚀速率4.37 m/a，最大侵蚀速率为19.0 m/a。2006—2009年期间受侵蚀的岸线的平均侵蚀速度为4.6 m/a，最大侵蚀宽度约37 m，最大侵蚀速率为25.0 m/a（表8.3）。经分析，2003年以来，辽宁营口盖州—鲅鱼圈岸段、辽宁葫芦岛市绥中岸段侵蚀速率及侵蚀长度呈下降趋势，而山东省龙口至烟台岸段岸线侵蚀速率呈上升趋势。

表8.3 2003—2009年重点岸段海岸侵蚀状况及变化趋势

监测岸段	海岸类型	监测内容	2003—2006年	2006—2009年	变化趋势
辽宁营口盖州—鲅鱼圈岸段	砂质	侵蚀岸线长度（km）	15.0	13.5	↘
		最大侵蚀速度（m/a）	2.0	1.5	↘
		平均侵蚀速度（m/a）	0.7	0.5	↘
辽宁葫芦岛市绥中岸段	砂质	侵蚀岸线长度（km）	40.8	30	↘
		最大侵蚀速度（m/a）	4.1	5.0	↗
		平均侵蚀速度（m/a）	3.0	2.5	↘
山东省龙口—烟台岸段	砂质	侵蚀岸线长度（km）	28.8	49.7	↗
		最大侵蚀速度（m/a）	19.0	25.0	↗
		平均侵蚀速度（m/a）	4.37	4.6	↗

图例说明 ↗ 升高 ↘ 降低

8.3 海洋气象灾害

8.3.1 海冰

8.3.1.1 海冰现状

2011年渤海区冰情为常年（3.0级），其中，辽东湾最大浮冰范围为85海里，一般冰厚15～25 cm；渤海湾最大浮冰范围为25海里，一般冰厚5～15 cm；莱州湾最大浮冰范围为39海里，一般冰厚10～20 cm。相比之下，辽东湾海冰灾情最为严重，其次为莱州湾，渤海湾海冰灾情最轻。

2011年渤海区海冰造成水产养殖受损面积54.42×10^3 hm^2，水产品损失8.18×10^4 t，因灾直接经济损失8.81亿元，灾害主要发生在山东省和辽宁省。其中，山东省海冰灾害损失主要为水产养殖受损，辽宁省海冰灾害损失主要为渔船和水产养殖受损，详见表8.4。

表8.4 2010—2011年海冰灾害损失统计（海洋灾害公报，2011年）

省（直辖市）	受灾人口		水产养殖损失		损毁船只（艘）	直接经济损失（亿元）
	受灾人口（万人）	死亡（含失踪）人数（万人）	受灾面积（$\times10^3$ hm^2）	数量（$\times10^4$ t）		
辽宁省	0	0	8.37	3.82	8	2.13
山东省	0	0	46.05	4.36	3	6.68
合　计	0	0	54.42	8.18	11	8.81

8.3.1.2 2000—2011年海冰状况

据不完全统计（表8.5），2000—2011年，根据海冰灾情渤海区出现2个重灾年，2

个常年，5个轻灾年。其中，2000年和2010年为海冰重灾年，2001—2004年连续4年为轻灾年，2005年和2011年为常年。相比之下，辽东湾冰情最为严重，浮冰离岸最大距离介于48~115海里之间，平均79.75海里，最大冰厚42.5 cm；其次为渤海湾，浮冰离岸最大距离介于8~30海里之间，平均21海里，最大冰厚27.5 cm；莱州湾冰情最轻，2001年、2002年和2004年未出现灾情（图8.4）。

表8.5　2000—2011年海冰灾害损失统计（海洋灾害公报，2000—2011年）

年份	辽东湾			渤海湾			莱州湾			受灾程度
	浮冰离岸最大距离（n mile）	一般冰厚（cm）	最大冰厚（cm）	浮冰离岸最大距离（n mile）	一般冰厚（cm）	最大冰厚（cm）	浮冰离岸最大距离（n mile）	一般冰厚（cm）	最大冰厚（cm）	
2000	78	10~20	45	—	—	—	—	—	—	重
2001	115	15~25	60	30	10~20	35	无			轻
2002	48	5~15	30	8	<10		无			轻
2003	58	10~20	45	18	5~10	25	18	5~10	15	轻
2004	63	10~15	40	17	5~10	20	无			轻
2005	76	15~25	45	14	5~10	25	8	5~10	15	常
2008	60	5~15	30	10	5~10	20	6	5~10	15	轻
2010	108	20~30	55	30	10~20	30	46	10~20	30	重
2011	85	15~25	40	25	5~15	25	39	10~20	30	常
平均值	79.75		42.5	21		27.5	42.5		25	

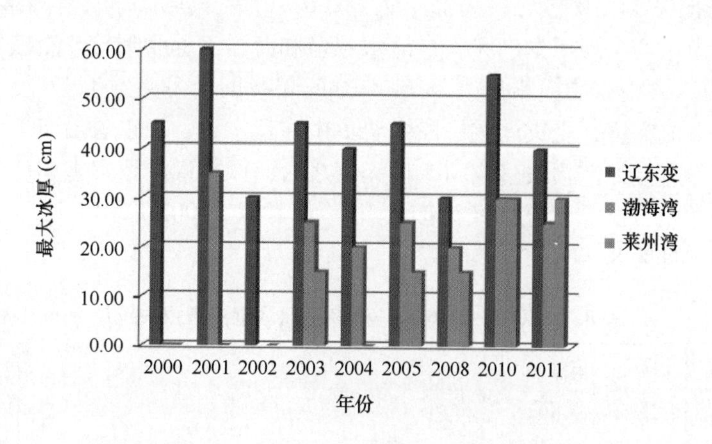

图8.4　2000—2011年环渤海区最大冰厚对比

8.3.2　风暴潮

8.3.2.1　风暴潮现状

影响本区的风暴潮大致可分为北上穿过山东半岛进入渤海的台风风暴潮灾和温带气

旋引起的温带风暴潮灾。其中，温带风暴潮是本区发生的频率较高、分布范围较广、灾害损失严重的一种海洋灾害。

2011 年渤海区风暴潮受灾次数较多，“米雷”、“梅花”台风风暴潮和“09·01”温带风暴潮分别造成渤黄海部分区域 3 次受灾，其中“米雷”台风风暴潮为近 20 年来最早（6 月 26 日）影响渤黄海的台风风暴潮过程。2011 年环渤海区风暴潮导致直接经济损失 7.12 亿元，主要受灾类型为水产养殖、海岸工程和船只。相比之下，天津市主要受灾类型为海岸工程，河北省主要受灾类型是水产养殖，而山东省水产养殖、海岸工程和船只受灾均较严重（表 8.6）。

表 8.6　2011 年风暴潮（含近岸浪）灾害损失统计（海洋灾害公报，2011 年）

省（自治区、直辖市）	受灾人口		农业、养殖受灾			设施损毁			直接经济损失（亿元）
	受灾人口（万人）	死亡（含失踪）人数	农作物（$\times 10^3$ hm^2）	水产养殖（$\times 10^3$ hm^2）	水产养殖损失（t）	房屋（万间）	海岸工程（km）	船只（艘）	
天津市	0	0	0	0	0	0	3.00	0	0.10
河北省	—	0	0	2.13	—	—	0.20	0	1.58
山东省	—	0	—	4.63	2 727	—	2.53	321	5.44
合计	0	0	0	6.76	2 727	0	5.73	321	7.12

8.3.2.2　2000—2010 年风暴潮状况

2003 年 10 月 11—12 日渤海湾、莱州湾沿岸发生特大温带风暴潮灾，河北、山东、天津直接经济损失 13.10 亿元，失踪 1 人。2005 年为我国沿海风暴潮重灾年，辽宁、河北、天津和山东均出现风暴潮灾害，海水养殖和海洋工程受到较严重破坏，天津受灾人口达 32.2 万人，山东受损船只达 28 艘。2007 年我国沿海共发生 17 次温带风暴潮过程，其中 2 次造成灾害，受灾严重岸段主要集中在辽宁省、山东省沿海，导致大量海洋工程遭到破坏，直接经济损失达 40.65 亿元。之后，风暴潮导致灾害程度略有减少，海洋工程破坏仍占相当比重，直接经济损失几亿元不等。2005—2010 年环渤海区风暴潮灾害损失统计详见表 8.7。

表 8.7　2005—2010 年环渤海区风暴潮灾害损失统计

年份	影响范围	受灾人口（万人）	农作物受灾（$\times 10^4$ hm^2）	海洋水产养殖受灾（$\times 10^3$ hm^2）	房屋损毁（万间）	损毁、决口海塘堤防及其他海洋工程（处、km、座）	损毁船只（艘）	死亡失踪人数（人）	直接经济损失（亿元）
2005	辽宁	300	0	0.31	0	堤防损毁 4 处；海洋工程 5 座	6	0	0.70
	河北	0.64	0.42	1.13	0.040	堤防损毁 0.15 km；海洋工程 466 座	4	0	0.92
	天津	32.20	6.67	0	0.20	0	0	0	2.20
	山东	3.40		6.70	0.019	堤防损毁 5 处，28.3 km	28	15	2.42

续表

年份	影响范围	受灾人口（万人）	农作物受灾（$\times 10^4$ hm^2）	海洋水产养殖受灾（$\times 10^3$ hm^2）	房屋损毁（万间）	损毁、决口海塘堤防及其他海洋工程（处、km、座）	损毁船只（艘）	死亡失踪人数（人）	直接经济损失（亿元）
2007	辽宁	↑	↑	0.22	↑	3.7 km	3 128	2	18.60
	河北	↑	↑	0.50	↑	30 km	↑	↑	1.05
	山东	↑	↑	8.67	↑	10 km	1 900	7	21.0
2009	辽宁	0	0	0.2	0	2.8	0	0	0.74
	河北	5	0	7	0	23.5	20	0	0.70
	天津	—	0	0	0	16.4	2	9	2.49
	山东	6.5	0	2.27	0.006 5	5.4	24	0	3.01
2010	山东	0.11	—	3.40	0.003	2.03	14	0	0.53

注：“－”表示未统计。

8.3.3 海浪

8.3.3.1 海浪灾害现状

海浪灾害主要是台风、冷空气、气旋等导致4 m以上巨浪，对沿岸构筑物、水产养殖及人身安全造成影响，渤海海域是我国海浪灾害最轻区域。2011 年我国近海海域共发生灾害性海浪过程 37 次，其中台风浪 14 次，冷空气浪和气旋浪 23 次。因灾直接经济损失约4.42 亿元，死亡（含失踪）68 人。环渤海区海浪灾害主要出现在河北省和山东省，导致经济损失 607 万元，因灾死亡 7 人，一艘船舶沉损（表 8.8）。

表 8.8　2011 年海浪灾害损失统计（海洋灾害公报，2011 年）

省（直辖市）	死亡（含失踪）人数（人）	海水养殖受损面积（$\times 10^3$ hm^2）	海岸受损长度（km）	船只沉损（艘）	直接经济损失（万元）
河北省	7	0.001	0	1	246
山东省	0	0	0.01	0	361
合　计	7	0.001	0.01	1	607

8.3.3.2 2000—2011 年海浪状况

渤海区灾害性海浪发生频率虽然不高，但一旦发生，就会造成巨大损失。2000 年中国海区因巨浪沉损大小船只 18 艘，死亡、失踪 63 人，直接经济损失约 1.7 亿元，渤海 4 m 以上巨浪累计天数达 11 天。2001 年渤海 4 m 以上巨浪累计天数较 2000 年增加 2 天，导致山东省沉没货轮 2 艘，翻沉、损坏渔船 250 艘，死亡、失踪 4 人，总计经济损失约 1.2 亿元。2002 年山东省死亡 22 人，经济损失 1 200 万元；河北省死亡 2 人，经济损失60万元。2003年渤海海域巨浪导致5次船只损坏事件，死亡53人，直接经济损失达6 080万元。2009年巨浪灾害导致辽宁省 1.2×10^3 hm^2 水产养殖面积和10.45 km海洋工程遭到破坏，直接经济损失达1.80亿元。其他年份（2002年、2006年、2008年、2010年、2011年）因灾导致经济损失略小，低于0.26亿元（图8.5），但是2008年巨浪导致辽宁一艘船只沉没，死亡人数达27人。

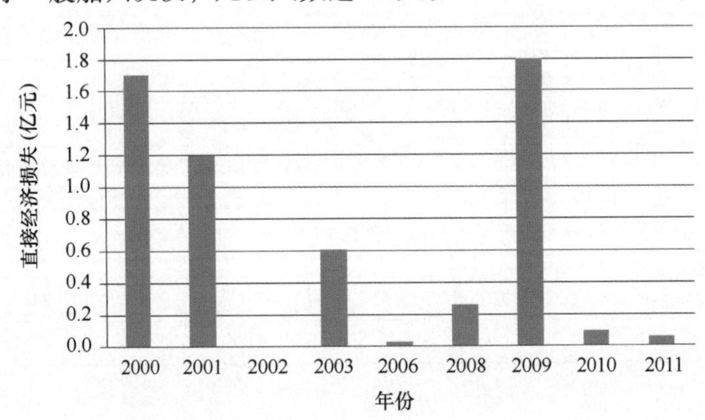

图8.5　2000—2011年环渤海区因海浪灾害导致直接经济损失变化

8.4　海洋生物灾害

8.4.1　赤潮

8.4.1.1　赤潮现状

2011年，渤海共发现13次赤潮，赤潮发生区总面积达217 km^2，约占渤海总面积的0.3%，赤潮发生次数较2010年增加6次，但总面积累计减小3 343 km^2。2011年发生频率最高的是夜光藻赤潮，共发生7次，占渤海赤潮发生次数的53.8%；发生面积最大的是由微微型浮游生物在河北秦皇岛附近海域引发的赤潮，面积达180 km^2，占渤海赤潮发生面积的83.1%，详见表8.9。

表8.9　2011年渤海赤潮发生情况统计

序号	发生时间	发生海域	面积（km^2）	颜色	赤潮生物
1	5月30日	河北昌黎新开口附近海域	20	红褐色	柔弱根管藻
2	6月17—21日	河北秦皇岛附近海域	0.02	红色	夜光藻
3	6月17日	河北秦皇岛附近海域	180	黄绿色	微微型鞭毛藻
4	7月5—7日	山东蓬莱19－3油田C平台附近海域	1.8	粉红色	夜光藻
5	7月9日	山东蓬莱19－3油田C平台附近海域	0.016	粉红色	夜光藻
6	7月9日	山东蓬莱19－3油田C平台附近海域	0.1	粉红色	夜光藻
7	7月15日	山东蓬莱19－3油田C平台附近海域	0.6	粉红色	夜光藻
8	7月15日	山东蓬莱19－3油田C平台附近海域	0.04	粉红色	夜光藻

续表

序号	发生时间	发生海域	面积（km^2）	颜色	赤潮生物
9	8月1—4日	北戴河附近海域	2.4	红色	夜光藻
10	8月2—3日	北戴河附近海域	4	黄绿色	古老卡盾藻
11	8月4—5日	北戴河附近海域	3	黄绿色	异弯藻
12	8月4—5日	北戴河附近海域	3	黄绿色	螺旋环沟藻
13	8月4—5日	北戴河附近海域	1.7	黄绿色	螺旋环沟藻

8.4.1.1　2000—2011年赤潮状况

近10年来，环渤海区赤潮发生频率变化较大（图8.6），年均频率范围介于2～20次之间，年均达10次。其中，2001年最高，达20次；2008年最低，仅2次，赤潮发生频率自2001—2008年间基本呈降低趋势，之后至2011年呈增加趋势。但是赤潮发生频率与赤潮累计面积并不一致。2006—2011年环渤海区赤潮累计平均面积达2 123 km^2，其中，2008年最低，仅30 km^2；2009年最高，达5 279 km^2。尽管2009年之后赤潮发生次数增加，但赤潮累计面积呈减少趋势。由图8.7可以看出，2009年和2010年赤潮发生面积较之前年份增加明显，2011年赤潮发生状况略有缓解。

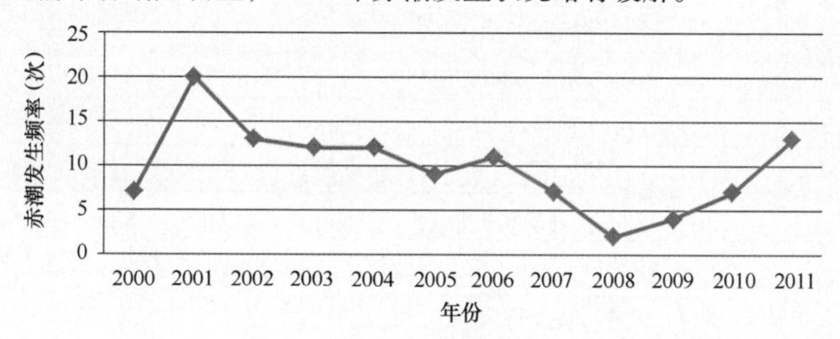

图8.6　2000—2011年环渤海区赤潮发生频率变化

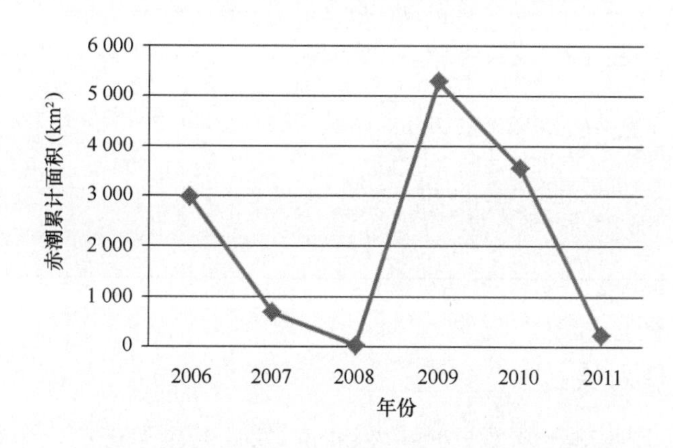

图8.7　2006—2011年环渤海区赤潮累计面积变化

环渤海区赤潮高发区主要分布于辽宁省东港、营口、大连、丹东，天津市，河北省渤海湾、秦皇岛、黄骅，山东东营等附近海域。2000—2011年间大型赤潮灾害主要有：2004年天津市附近海域及山东省黄河口附近海域，赤潮面积分别达3 200 km^2 及1 850 km^2；2005年辽宁营口鲅鱼圈及渤海湾附近海域，赤潮面积分别达2 000 km^2 及3 000 km^2；2006年河北省黄骅附近海域，赤潮面积达1 600 km^2；2009年渤海湾附近海域，赤潮面积达4 460 km^2；秦皇岛昌黎沿海海域，赤潮面积达3 350 km^2。综上所述，渤海湾、辽东湾及黄河口为赤潮受灾严重海域。由表8.10可以看出，渤海区引发藻类主要是棕囊藻、裸甲藻、夜光藻、赤潮异弯藻和微微型浮游生物等，部分赤潮由两种或两种以上藻类引发。

表8.10　2000—2011年渤海区赤潮频率及灾害统计

年份	频率（年）	灾害严重区域及规模		
		重点灾害区域	面积（km^2）	优势种
2000	7	辽宁省东港、庄河附近海域	800	—
2004	12	山东省黄河口附近海域	1 850	球形棕囊藻
		天津市附近海域	3 200	米氏凯伦藻
2005	9	渤海湾	3 000	裸甲藻和棕囊藻
		辽宁营口鲅鱼圈	2 000	夜光藻
		山东东营	40	棕囊藻
		山东东营106海区	140	棕囊藻
2006	11	天津近岸海域	210	形棕囊藻
		河北省黄骅附近海域	1 600	球形棕囊藻
2007	7	辽东湾芷锚湾近岸	400	链状裸甲藻、柔弱菱形藻
		天津北塘、汉沽附近海域	80	浮动弯角藻
2008	2	辽宁省大连附近海域	108	诺氏海链藻、中肋骨条藻
		辽宁省丹东附近海域	500	夜光藻
2009	4	渤海湾附近海域	4 460	赤潮异弯藻
2010	7	秦皇岛北戴河—抚宁附近海域	20	红色中缢虫
		秦皇岛昌黎沿海海域	3 350	微微型浮游生物
2011	13	河北省秦皇岛北戴河鸽子窝至抚宁与昌黎分界线附近海域	180	微微型鞭毛藻

8.4.2　外来物种入侵

我国海洋和海岸、滩涂有141种外来物种，这些种隶属于原核生物界、原生生物界、植物界和动物界4个界12个门。有些外来物种在我国养殖业中已产生巨大效益，如海带、海湾扇贝、凡纳滨对虾和罗非鱼等。有些外来物种的利弊还有待于评估，而有些外来物种是有害的外来入侵物种。目前在山东已产生有害影响的外来入侵物种主要有大米草和泥螺。

1993 年，黄河三角洲地区开始引进大米草和互花米草两种大米草，主要分布于东部沿海潮间带，用于解决黄河三角洲地区海岸蚀退问题，引进时仅 30 m^2。2003 年，大米草主要集中在东营市河口区仙河镇神仙沟入海口南岸的贝类养殖区，小清河河口和无棣岔尖的潮间带，以每年 6 倍的速度疯长蔓延，对沿海滩涂多种海洋生物构成严重威胁。之后，大米草肆虐东营沿海滩涂，覆盖面积越来越大，成灾面积多达 866.6 km^2，零星可见成草面积达 3 333 ~ 4 000 km^2 以上，草籽漂流面积在 6 666 km^2 以上。此外，滨州市、潍坊市、烟台市、荣成市、青岛市也发现小片、零星的大米草。

据《2007 年中国海洋环境质量公报》，2001 年泥螺成为莱州湾入侵种，分布范围逐年扩大，目前超过 80% 的潮间带滩涂均有泥螺分布。在局部区域，泥螺已替代土著种类托氏昌螺成为优势种，最高栖息密度达 160 个/m^2 以上。2008 年外来物种泥螺数量持续增加。2009 年调查数据显示，泥螺分布范围扩大至养殖区以外，已经产生自繁群体并成为滩涂优势种，挤占了托氏琩螺等土著种类的分布区域，成为事实上的入侵种。

8.5 海洋溢油

8.5.1 海洋溢油现状

2011 年，除蓬莱 19 – 3 油田重大溢油事故外，监测到渤海小型溢油事故 56 起，其中 12 起为原油，4 起为同时包含原油和燃料油，40 起为燃料油溢油事故。溢油点源分布见图 8.8。其中，蓬莱 19 – 3 油田相继发生两起溢油事故，导致大量原油和油基泥浆入海，对渤海海洋生态环境造成严重污染损害。

蓬莱 19 – 3 油田溢油事故属于海底溢油，溢油持续时间长，大量石油类污染物进入水体和沉积物，使蓬莱 19 – 3 油田周边及其西北部海域海水环境和沉积物受到污染（图 8.9）。溢油事故造成蓬莱 19 – 3 油田周边及其西北部面积约 6 200 km^2 的海域海水污染（超一类海水水质标准），其中 870 km^2 海水受到严重污染（超四类海水水质标准）。2011 年 6 月下旬至 7 月底，沉积物污染面积为 1 600 km^2（超一类海洋沉积物质量标准），其中严重污染面积为 20 km^2（超三类海洋沉积物质量标准）；至 8 月底仍有 1 200 km^2 沉积物受到污染（超一类海洋沉积物质量标准），其中 11 km^2 受到严重污染（超三类海洋沉积物质量标准）。

2012 年 7 月河北（秦皇岛、唐山）和辽宁（绥中）的部分岸滩发现来自蓬莱 19 – 3 油田呈不均匀带状分布的油污，带长最高达 4 km。溢油导致污染海域的浮游生物种类和多样性降低，对海洋生物幼虫幼体、鱼卵和仔（稚）鱼造成损害，使底栖生物体内石油烃含量明显升高，海洋生物栖息环境遭到破坏。此次溢油造成污染海域鱼卵和仔（稚）鱼的种类及密度均较背景值大幅度下降，2011 年 6 月、7 月鱼卵平均密度较背景值分别下降了 83%、45%，7 月鱼卵畸形率达到 92%；6 月、7 月仔（稚）鱼平均密度较背景值分别减少 84%、90%。

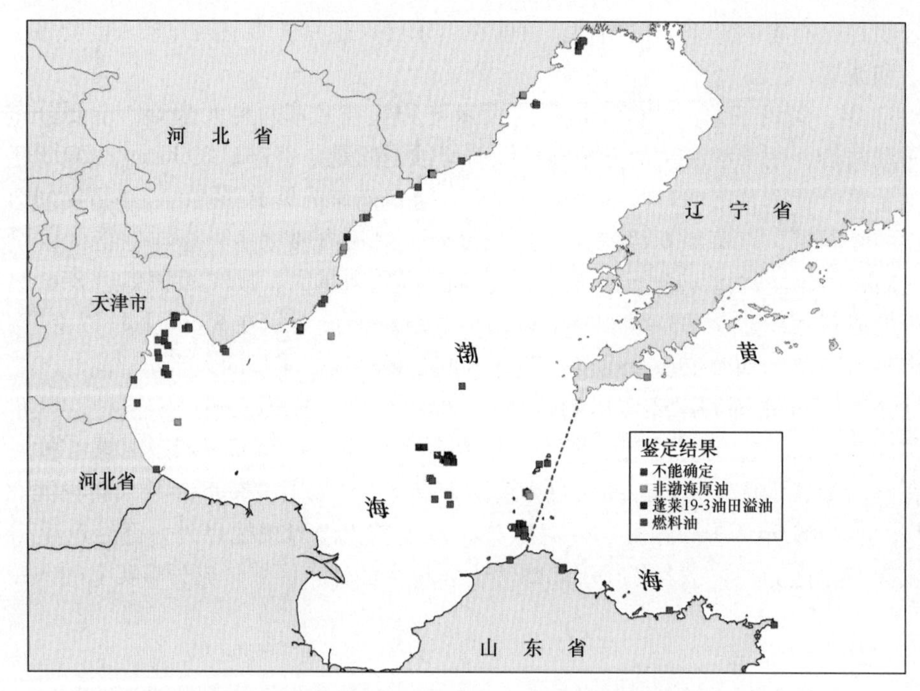

图 8.8 2011 年环渤海海洋溢油分布（北海区海洋环境公报，2011 年）

8.5.2 2000—2011 年海洋溢油状况

在石油探勘开发活动中和海洋运输活动中，溢油事故频发，对海水、海滩、海底环境都造成了难以恢复的损害，对涉海各产业活动和人类健康安全带来了严重危害。在我国，随着海洋经济的迅猛发展，沿海石油船舶运输、海上石油勘探开发、大型石油储备基地及石化项目的建设等方兴未艾，加剧了我国海洋溢油的风险。以渤海区域为例，1998 年过往渤海海峡长山水道商船船舶年流量只有 6 454 艘次，2006 年达到 33 433 艘次，年增长率 28.25%。船舶数量的迅猛增加，导致船舶溢油污染，特别是重特大船舶溢油污染事件增多。目前仅在渤海就有海洋油气田 23 个，海底输油管道 1 000 余千米，经过 30 多年的开发运行，众多海洋石油勘探开发设施存在着溢油风险隐患，尤其是海底石油输运管线的溢油事故增多。

从 2006 年至 2011 年，渤海共发现海上溢油事件 60 起，其中油气开发溢油 18 起，船舶溢油 8 起，无主漂油 34 起；2006 年长岛海域油污染事件和 2011 年蓬莱 19－3 油田溢油事故均引起党中央、国务院的高度重视，其中，蓬莱 19－3 油田溢油对岸滩和海域造成较大影响，导致海洋生物赖以生存的栖息环境海水环境和沉积物环境受到破坏，海洋生物资源受到损失，生物多样性减少，海洋生态系统服务功能下降，海洋生态受到严重损害。

据不完全统计（表 8.11），大连湾、长岛海域和秦皇岛—唐山沿岸是渤海溢油事故高发区，而溢油多数来自于船舶燃料油泄漏，原油溢油事故中，部分来自于渤海海上石油平台，部分来自于渤海以外地区。

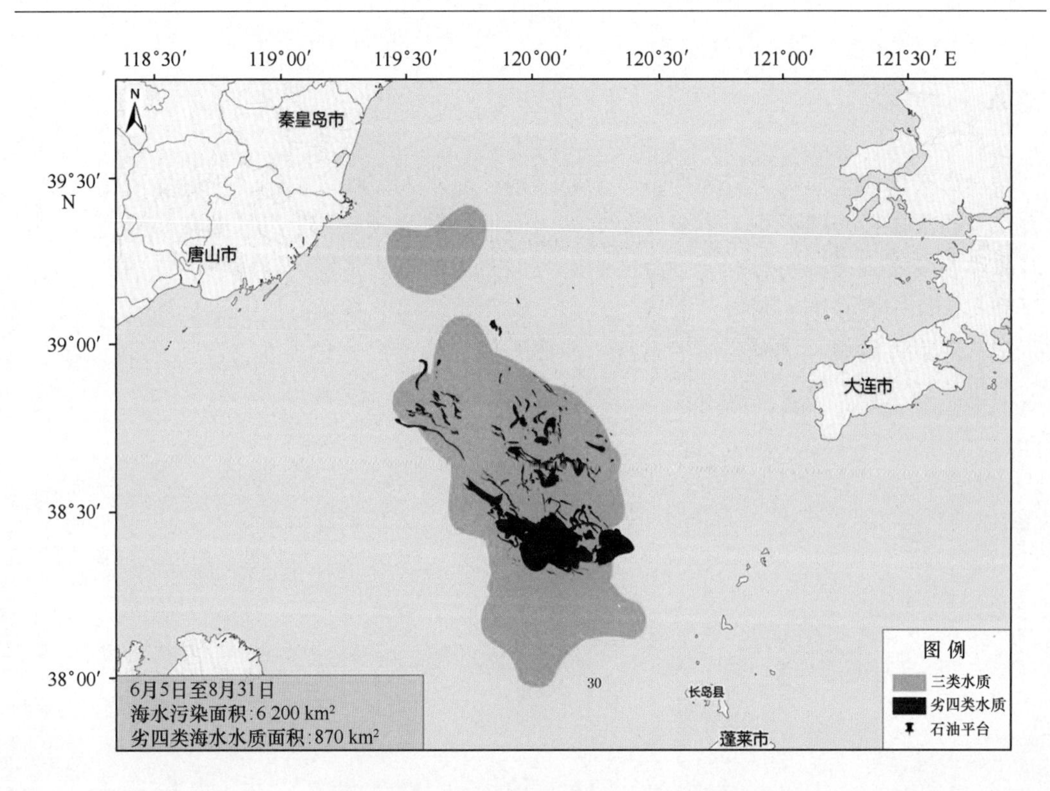

图 8.9　蓬莱 19－3 油田溢油事故海水污染范围（北海区海洋环境公报，2011 年）

表 8.11　环渤海区溢油事故不完全统计（海洋灾害公报，2000—2010 年）

年份	灾害区域	油源	溢油量
2000	山东东营港南	“乐安 16”号油轮	—
2001	河北黄骅局部海岸		长 6～7 km，宽 1～2 m
	大连石化码头海面	“大庆 232”	
	天津大沽口东部海域	油轮碰撞	长 4.6 km、宽 2.6 km
	渤海绥中 36－1 油田中心平台	—	2.6 t
2003	山东省东营市附近海域	—	15 t，面积 80 hm^2
	辽宁省绥中县王堡乡至塔山沿海 58 km 沿岸	—	3～4 m
	河北省北戴河浴场	—	长 10 km，宽 0.5 km
	山东省东营市胜利油田	—	150 t，面积 146.7 hm^2
2004	无		
2005	山东省荣成市马山港海域	“公边 37303”船	溢油约 1 t，面积 20 hm^2
2010	大连湾、大窑湾和小窑湾局部海域及岸线	“大连 716”油管爆炸	183 km^2

8.6 结论

渤海区海洋地质灾害较为严重，主要表现在海水入侵程度加剧，土壤盐渍化面积扩大以及局部岸段侵蚀严重。主要气象灾害为海冰，局部区域发生风暴潮和海浪灾害。随着海洋开发及人类排污影响，渤海区赤潮频发，溢油事故多发。环渤海区赤潮高发区主要分布于辽宁省东港、营口、大连、丹东，天津市，河北省渤海湾、秦皇岛、黄骅，山东东营等附近海域。渤海区储油丰富，油田开发、油产品运输及加工产业占较大比重，溢油事故频发。

9　环渤海集约用海区域渔业资源现状

9.1　莱州湾渔业资源现状

9.1.1　渔业资源调查概况

1）资料来源

渔业资源调查数据主要来源于中国水产科学研究院黄海水产研究所对莱州湾海域的有关调查资料和相关科学研究成果（2011 年 10 月）。

2）调查范围和时间

渔业资源调查范围为渤海南部海域，地理位置坐标范围为 37°30′—38°20′N，118°45′—120°15′E。渔业资源调查时间分别为 2011 年 5 月春季，2010 年 8 月夏季，2010 年 10 月秋季和 2010 年 12 月冬季 4 次。

其中，春季调查共设 16 个调查站位，调查时间为 2011 年 5 月 16—20 日，调查站位地理位置坐标分别见图 9.1 和表 9.1；夏季、秋季和冬季调查分别设 16 个站位，调查时间分别为 2010 年 7 月 29 日至 8 月 8 日（夏季）、2010 年 10 月 9 日至 10 月 29 日（秋季）和 2010 年 12 月 4—12 日（冬季），调查站位地理位置坐标分别见图 9.2 和表 9.2。

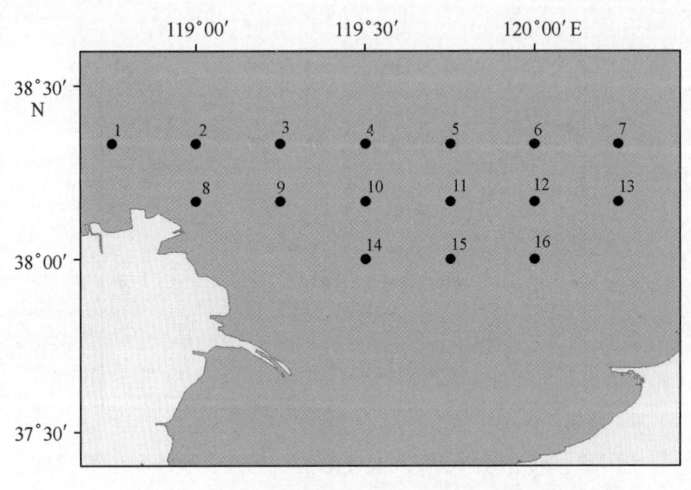

图 9.1　莱州湾渔业资源调查站位（春季）

表 9.1　渔业资源调查站位坐标（春季）

站位号	北纬（N）	东经（E）	调查项目
1	38°20′	118°45′	游泳生物、鱼卵仔稚鱼
2	38°20′	119°00′	游泳生物、鱼卵仔稚鱼
3	38°20′	119°15′	游泳生物、鱼卵仔稚鱼
4	38°20′	119°30′	游泳生物、鱼卵仔稚鱼
5	38°20′	119°45′	游泳生物、鱼卵仔稚鱼
6	38°20′	120°00′	游泳生物、鱼卵仔稚鱼
7	38°20′	120°15′	游泳生物、鱼卵仔稚鱼
8	38°10′	119°00′	游泳生物、鱼卵仔稚鱼
9	38°10′	119°15′	游泳生物、鱼卵仔稚鱼
10	38°10′	119°30′	游泳生物、鱼卵仔稚鱼
11	38°10′	119°45′	游泳生物、鱼卵仔稚鱼
12	38°10′	120°00′	游泳生物、鱼卵仔稚鱼
13	38°10′	120°15′	游泳生物、鱼卵仔稚鱼
14	38°00′	119°30′	游泳生物、鱼卵仔稚鱼
15	38°00′	119°45′	游泳生物、鱼卵仔稚鱼
16	38°00′	120°00′	游泳生物、鱼卵仔稚鱼

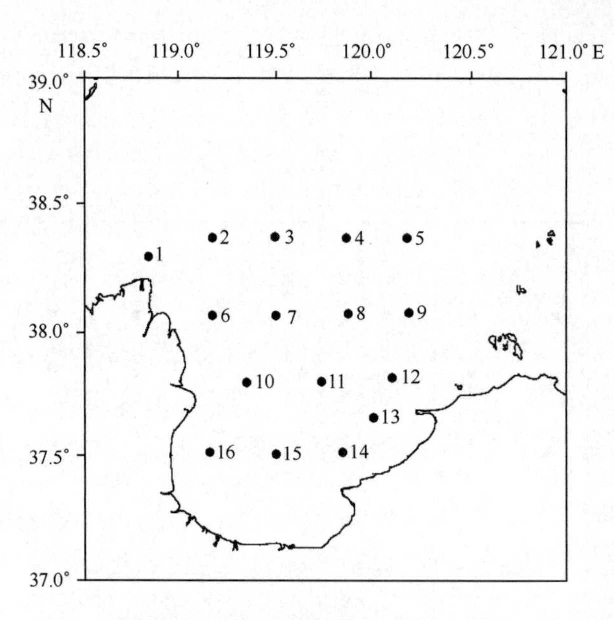

图 9.2　莱州湾渔业资源调查站位（夏季、秋季和冬季）

表 9.2 渔业资源调查站位坐标（夏、秋和冬季）

站号	北纬（N）	东经（E）	调查项目
1	38°18′	118°55′	游泳生物、鱼卵仔稚鱼
2	38°25′	119°10′	游泳生物、鱼卵仔稚鱼
3	38°25′	119°30′	游泳生物、鱼卵仔稚鱼
4	38°25′	119°50′	游泳生物、鱼卵仔稚鱼
5	38°25′	120°10′	游泳生物、鱼卵仔稚鱼
6	38°05′	119°10′	游泳生物、鱼卵仔稚鱼
7	38°05′	119°30′	游泳生物、鱼卵仔稚鱼
8	35°05′	119°50′	游泳生物、鱼卵仔稚鱼
9	38°05′	120°10′	游泳生物、鱼卵仔稚鱼
10	37°50′	119°20′	游泳生物、鱼卵仔稚鱼
11	37°50′	119°45′	游泳生物、鱼卵仔稚鱼
12	37°05′	120°05′	游泳生物、鱼卵仔稚鱼
13	37°40′	120°00′	游泳生物、鱼卵仔稚鱼
14	37°30′	119°50′	游泳生物、鱼卵仔稚鱼
15	37°30′	119°30′	游泳生物、鱼卵仔稚鱼
16	37°30′	119°10′	游泳生物、鱼卵仔稚鱼

9.1.2 鱼类资源状况

1）种类组成

春季调查共捕获鱼类 31 种。春季鱼类按经济价值高低区分，其中，经济价值较高的种类有 7 种，占鱼类种类数的 22.58%，包括银鲳、许氏平鲉、小黄鱼、皮氏叫姑鱼和刀鲚等，经济价值较高种类占总重量的 17.43%，占总数量的 8.03%；经济价值一般种类 4 种，占 12.90%，包括大泷六线鱼、短吻红舌鳎、黄鮟鱇和鲬，经济价值一般种类占总重量的 11.71%，占总数量的 7.25%；经济价值较低种类 20 种，占 64.52%，包括短鳍䲗、方氏云鳚、矛尾鰕虎鱼、尖海龙、中华栉孔鰕虎鱼、赤鼻棱鳀、髭缟鰕虎鱼、斑尾刺鰕虎鱼和鳀等，经济价值较低种类占总重量的 70.86%，占总数量的 84.72%。

夏季调查共捕获鱼类 31 种，隶属于 6 目 20 科 31 属。夏季鱼类按经济价值高低区分，其中，经济价值较高的种类有 15 种，主要为鲻、许氏平鲉、鲬、皮氏叫姑鱼、银姑鱼、小黄鱼、真鲷、黑棘鲷、带鱼、蓝点马鲛、银鲳、矛尾鰕虎鱼、褐牙鲆、圆斑星鲽和假睛东方鲀，占鱼类种类数的 48.39%，经济价值较高种类占总重量的 41.91%，占总数量的 48.08%；经济价值一般种类 5 种，占 16.13%，包括班鰶、大泷六线鱼、多鳞鱚、斑尾刺鰕虎鱼和石鲽，经济价值一般种类占总重量的 43.95%，占总数量的 38.18%；经济价值较低种类 11 种，占 35.48%，包括青鳞小沙丁鱼、黄鲫、赤鼻棱鳀、细条天竺鲷、方氏锦鳚、绯鲔、小带鱼、纹缟虾虎鱼、拉氏狼牙虾虎鱼、中华栉孔虾虎鱼和短吻红舌鳎，经济价值较低种类占总重量的14.13%，占总数量的13.73%。

秋季调查共获鱼类30种，隶属于8目23科29属。秋季鱼类按经济价值高低区分，其中，经济价值较高的种类有13种，占鱼类种类数的48.39%，包括鲮、许氏平鲉、鲬、花鲈、皮氏叫姑鱼、银姑鱼、黑棘鲷、蓝点马鲛、银鲳、矛尾虾虎鱼、褐牙鲆、半滑舌鳎和假睛东方鲀，经济价值较高种类占总重量的53.40%，占总数量的59.67%；经济价值一般种类6种，占16.13%，包括班鰶、长蛇鲻、多鳞鱚、斑尾刺虾虎鱼、石鲽和绿鳍马面鲀，经济价值一般种类占总重量的36.55%，占总数量的24.64%；经济价值较低种类11种，占35.48%，包括青鳞小沙丁鱼、黄鲫、赤鼻棱鳀、冠海马、小杜父鱼、方氏云鳚、绯鲔、小带鱼、拉氏狼牙虾虎鱼、中华栉孔虾虎鱼和短吻红舌鳎，经济价值较低种类占总重量的10.06%，占总数量的15.69%。

冬季调查共获鱼类21种，隶属于6目13科19属。冬季鱼类按经济价值高低区分，其中，经济价值较高的种类有6种，占鱼类种类数的28.6%，包括矛尾虾虎鱼、鲮、许氏平鲉、半滑舌鳎、褐牙鲆和黑棘鲷，经济价值较高种类占总重量的29.36%，占总数量的37.24%；经济价值一般种类5种，占23.8%，包括斑尾刺虾虎鱼、石鲽、大银鱼、有明银鱼和长蛇鲻，经济价值一般种类占总重量的66.28%，占总数量的51.77%；经济价值较低种类10种，占47.6%，包括短吻红舌鳎、纹缟虾虎鱼、小杜父鱼、隧鳚、绯鲔、中华栉孔虾虎鱼、拉氏狼牙虾虎鱼、长丝虾虎鱼、方氏云鳚和髭缟虾虎鱼，经济价值较低种类占总重量的4.35%，占总数量的10.99%。

2）渔获物组成

春季

渔获重量百分比前10位的鱼类依次是方氏云鳚29.15%、赤鼻棱鳀17.07%、小黄鱼9.44%、矛尾虾虎鱼9.09%、短吻红舌鳎5.67%、绯鲔3.92%、鲬3.60%、短鳍鲔3.06%、许氏平鲉2.90%和石鲽2.62%，以上10种鱼类重量占总重量的86.56%，其余21种鱼类重量仅占全部渔获量的13.44%。

渔获数量百分比前10位的鱼类依次是赤鼻棱鳀32.36%、方氏云鳚12.56%、矛尾虾虎鱼10.39%、中华栉孔虾虎鱼8.91%、绯鲔8.08%、短鳍鲔6.97%、短吻红舌鳎6.19%、小黄鱼3.51%、银鲳2.59%和皮氏叫姑鱼1.52%，以上10种鱼类数量占总数量的93.07%，其余21种鱼类仅占6.93%。

夏季

渔获重量组成比例超过1%的种类有9种，分别为斑鰶31.8%、矛尾虾虎鱼22.6%、斑尾刺虾虎鱼11.0%、蓝点马鲛10.2%、短吻红舌鳎8.9%、鲬3.5%、赤鼻棱鳀2.9%、银姑鱼1.8%和假睛东方鲀1.8%。按经济价值区分，经济价值较高种类重量比例为41.4%，经济价值一般种类重量比例为43.4%，经济价值较低种类重量比例为15.2%。

渔获数量组成比例超过1%的种类有11种，分别为矛尾虾虎鱼36.5%、斑鰶29.6%、斑尾刺虾虎鱼7.9%、短吻红舌鳎6.4%、银姑鱼5.0%、赤鼻棱鳀2.7%、鲬2.1%、青鳞小沙丁鱼1.7%、蓝点马鲛1.4%、绯鲔1.3%和假睛东方鲀1.1%。按经济价值区分，经济价值较高种类数量比例为47.7%，经济价值一般种类数量比例为37.8%，经济价值较低种类数量比例为14.5%。

秋季

渔获重量组成比例超过1%的种类有9种，分别为斑尾刺鰕虎鱼30.1%、鲅23.7%、矛尾鰕虎鱼22.3%、短吻红舌鳎6.1%、鲬4.2%、长蛇鲻2.9%、石鲽2.7%、青鳞小沙丁鱼2.1%和假睛东方鲀1.1%。按经济价值区分，经济价值较高种类重量比例为53.4%，经济价值一般种类重量比例为36.5%，经济价值较低种类重量比例为10.1%。

渔获数量组成比例超过1%的种类有9种，分别为矛尾鰕虎鱼35.2%、鲅22.8%、斑尾刺鰕虎鱼20.1%、短吻红舌鳎5.7%、青鳞小沙丁鱼4.7%、石鲽2.6%、绯䲗2.2%、长蛇鲻1.1%和赤鼻棱鳀1.0%。按经济价值区分，经济价值较高种类数量比例为59.7%，经济价值一般种类数量比例为24.6%，经济价值较低种类数量比例为15.7%。

冬季

渔获重量组成比例超过1%的种类有7种，分别为斑尾刺鰕虎鱼62.4%、矛尾鰕虎鱼25.4%、石鲽3.8%、鲅3.7%、绯䲗1.6%、小杜父鱼1.3%和短吻红舌鳎1.3%。按经济价值区分，经济价值较高种类重量比例为29.4%，经济价值一般种类重量比例为66.3%，经济价值较低种类重量比例为4.4%。

渔获数量组成比例超过1%的种类有7种，分别为斑尾刺鰕虎鱼49.4%、矛尾鰕虎鱼29.7%、鲅7.3%、绯䲗5.8%、短吻红舌鳎2.6%、石鲽2.0%和小杜父鱼1.7%。按经济价值区分，经济价值较高种类数量比例为37.2%，经济价值一般种类数量比例为51.8%，经济价值较低种类数量比例为11.0%。

3）渔获量分布

春季调查海域渔获鱼类相对资源量指数变化范围为3.3~38.3 kg/h；夏季调查海域渔获鱼类相对资源量指数变化范围为19.4~76.1 kg/h；秋季调查海域渔获鱼类相对资源量指数变化范围为12.3~47.5 kg/h；冬季调查海域渔获鱼类相对资源量指数变化范围为2.4~39.2 kg/h。4次调查各站鱼类相对资源量指数见表9.3。

表9.3　调查海域各站鱼类相对资源量指数

站位	相对资源量指数（kg/h）			
	春季	夏季	秋季	冬季
1	25.9	75.9	18.1	4.1
2	18.5	28.5	26.3	14.5
3	12.5	32.5	19.6	8.2
4	14.5	22.1	15.9	3.5
5	4.4	19.4	14.7	5.4
6	20.8	20.8	29.8	5.0

续表

站位	相对资源量指数（kg/h）			
	春季	夏季	秋季	冬季
7	33.3	43.3	13.5	10.5
8	3.3	24.8	27.2	13.2
9	26.1	76.1	21.8	6.2
10	14.8	24.8	13.3	39.2
11	9.4	39.4	12.3	11.9
12	28.2	28.8	18.3	2.4
13	38.3	62.2	13.9	28.5
14	20.1	21.0	27.6	4.4
15	12.2	52.2	19.1	17.3
16	13.2	23.4	47.5	37.2
最大值	38.3	76.1	47.5	39.2
最小值	3.3	19.4	12.3	2.4

4）资源量密度

调查海域鱼类资源密度最高的季节为夏季，其次为秋季，最低为冬季，其中，春季鱼类平均资源密度为651.5 kg/km^2；夏季鱼类平均资源密度为1 312.9 kg/km^2；秋季鱼类平均资源密度为747.5 kg/km^2；冬季鱼类平均资源密度为466.2 kg/km^2。调查海域春、夏、秋、冬4次调查鱼类平均资源密度为794.5 kg/km^2。

9.1.3 头足类资源状况

1）种类组成

春季调查共获头足类4种，按经济价值区分，共出现经济价值较高的头足类2种，为长蛸和短蛸，占头足类总重量和总数量的29.41%和2.43%；经济价值一般的头足类仅为枪乌贼1种，占头足类总重量和总数量的65.18%和75.51%；经济价值较低的头足类仅为双喙耳乌贼1种，占头足类总重量和总数量的5.41%和22.06%。

夏季调查共渔获头足类3种，隶属于2目2科2属，其中，经济价值较高的种类有1种，为短鞘，分别占头足类种类总数量和总重量的33.33%和0.14%；经济价值一般种类2种，为日本枪乌贼和枪乌贼，分别占头足类种类总数量和总重量的66.67%和99.86%。

秋季调查共渔获头足类3种，隶属于2目2科1属，其中，经济价值较高的种类有2种，为短蛸和长蛸，分别占头足类总数量和总重量的0.61%和10.36%；经济价值一般种类1种，为枪乌贼，分别占总重量和总数量的89.64%和99.39%。

冬季调查共渔获头足类2种，隶属于2目2科1属，其中，经济价值较高的种类有1种，为长蛸，分别占头足类总重量和占总数量的62.30%和9.47%；经济价值一般的种类1种，为枪乌贼，分别占总重量和数量的37.70%和90.53%。

2）渔获物组成

春季

渔获重量组成排序依次为枪乌贼65.18%、短蛸19.56%、长蛸9.86%和双喙耳乌贼5.41%。以数量组成排序，由高到低依次为枪乌贼75.51%、双喙耳乌贼22.06%、短蛸1.62%和长蛸0.81%。

夏季

渔获重量组成比例超过1%的种类有2种，分别为枪乌贼89.6%和短蛸10.3%。数量组成比例超过1%的种类有2种，分别为日本枪乌贼63.4%和枪乌贼36.3%。

秋季

渔获重量组成比例超过1%的种类有2种，分别为枪乌贼89.6%和短蛸10.3%。数量组成比例超过1%的种类有1种，为枪乌贼99.4%。

冬季

渔获重量组成比例超过1%的种类有2种，分别为枪乌贼37.7%和长蛸62.3%。数量组成比例超过1%的种类有2种，分别为枪乌贼90.5%和长蛸9.5%。

3）渔获量分布

春季、夏季、秋季和冬季4次调查各站头足类相对资源量指数见表9.4。

表9.4 调查海域各站位头足类相对资源量指数

站位	相对资源量指数（kg/h）			
	春季	夏季	秋季	冬季
1	1.2	3.6	1.8	0
2	2.2	8.2	3.8	1.8
3	1.4	5.4	3.6	0
4	3.7	4.7	1.9	0.9
5	1.7	4.7	2.2	0.4
6	10.4	9.8	5.7	0.4
7	16.6	6.6	3.4	0.5
8	0	13.8	6.8	0
9	0.8	5.6	3.0	1.2
10	1.8	8.8	4.2	3.5
11	2.1	3.1	2.5	0.3
12	1.7	4.7	5.2	0
13	2.3	5.3	4.7	1.5
14	0.5	10.2	2.8	0.6
15	2.2	13.9	17.6	0.3
16	1.6	2.6	3.0	0

春季调查海域渔获头足类相对资源量指数变化范围为0～16.6 g/h；夏季调查海域头足类相对资源量指数变化范围为2.6～13.9 kg/h；秋季调查海域头足类相对资源量指数变化范围为1.8～17.6 kg/h；冬季调查海域头足类相对资源量指数变化范围为0～3.5 kg/h。

4）资源量密度

调查海域头足类资源密度最高的季节为夏季，其次为秋季，最低为冬季，其中，春季头足类平均资源密度为110.8 kg/km^2；夏季头足类平均资源密度为243.5 kg/km^2；秋季头足类平均资源密度为159.2 kg/km^2；冬季头足类平均资源密度为25.1 kg/km^2。调查海域春、夏、秋、冬4次调查头足类平均资源密度为134.7 kg/km^2。

9.1.4 甲壳类资源状况

1）种类组成

春季调查共渔获甲壳类22种，其中虾类10种，蟹类12种。按经济价值区分，经济价值较高的主要为蟹类，主要有日本蟳和三疣梭子蟹2种；经济价值一般主要为虾类，共4种，包括口虾蛄、葛氏长臂虾、日本鼓虾和鲜明鼓虾，经济价值较低的有16种，包括细螯虾、日本褐虾、大蝼蛄虾、红条鞭腕虾、细螯虾、疣背深额虾等。

夏季调查共渔获甲壳类18种，隶属于2目15科16属。按经济价值高低区分，其中，经济价值较高的种类有7种，占甲壳类种类数的38.89%，包括口虾蛄、中国明对虾、鹰爪虾、脊尾白虾、隆线强蟹、三疣梭子蟹和日本蟳，经济价值较高种类占总重量的80.53%，占总数量的59.98%；经济价值一般种类4种，占甲壳类种类数的22.22%，包括中国毛虾、日本鼓虾、葛氏长臂虾和红线黎明蟹，经济价值一般种类占总重量的2.41%，占总数量的13.43%；经济价值较低种类7种，占甲壳类种类数的38.89%，包括疣背深额虾、日本褐虾、细螯虾、绒毛细足蟹、关公蟹、绒螯近方蟹和豆蟹科，经济价值较低种类占总重量的17.05%，占总数量的26.59%。

秋季调查共渔获甲壳类19种，隶属于2目15科18属。按经济价值高低区分，其中，经济价值较高的种类有8种，占甲壳类种类数的42.1%，包括大蝼蛄虾、脊尾白虾、口虾蛄、日本蟳、三疣梭子蟹、隆线强蟹、鹰爪虾和中国明对虾，经济价值较高种类占总重量的95.43%，占总数量的66.19%；经济价值一般种类4种，占甲壳类种类数的21.1%，包括葛氏长臂虾、红线黎明蟹、日本鼓虾和中华虎头蟹，经济价值一般种类占总重量的3.04%，占总数量的27.33%；经济价值较低种类7种，占甲壳类种类数的36.8%，包括绒螯近方蟹、中国拟关公蟹、日本拟平家蟹、绒毛细足蟹、细螯虾、豆蟹科和红条鞭腕虾，经济价值较低种类占总重量的1.52%，占总数量的6.48%。

冬季调查共渔获甲壳类25种，隶属于2目21科24属。按经济价值高低区分，其中，经济价值较高的种类有6种，占甲壳类种类数的24.0%，包括脊尾白虾、口虾蛄、大蝼蛄虾、日本蟳、隆线强蟹和三疣梭子蟹，经济价值较高种类占总重量的81.77%，占总数量的28.41%；经济价值一般种类7种，占甲壳类种类数的28.0%，包括葛氏长臂虾、关公蟹、日本鼓虾、中国毛虾、鲜明鼓虾、哈氏和美虾和中华管鞭虾，经济价值一般种类占总重量的5.29%，占总数量的7.55%；经济价值较低种类12种，占甲壳类种类数的48.0%，包括日本褐虾、绒螯近方蟹、中华安乐虾、拳蟹、绒毛细足蟹、细螯虾、疣背深额虾、红条鞭腕虾、霍氏三强蟹、十一刺栗壳蟹、毛刺蟹属和枯瘦突眼蟹，经济价值较低种类占总重量的12.96%，占总数量的64.04%。

2）渔获物组成

春季

春季调查渔获虾类按重量组成比例超过1%的种类有：口虾蛄（56.85%）、日本褐虾（21.18%）、葛氏长臂虾（17.71%）和日本鼓虾（1.91%）。按数量组成比例超过1%的种类有：日本褐虾（55.97%）、葛氏长臂虾（21.07%）、口虾蛄（11.44%）、细螯虾（6.29%）、日本鼓虾（2.29%）和疣背深额虾（1.78%）。

渔获蟹类按重量组成比例超过1%的种类有：日本蟳（48.25%）、隆线强蟹（22.66%）、豆形拳蟹（11.65%）、三疣梭子蟹（6.81%）、绒螯近方蟹（4.89%）、泥脚隆背蟹（3.46%）和日本关公蟹（1.26%）等。蟹类按数量组成比例超过1%的种类有：豆形拳蟹（88%）、绒螯近方蟹（2.49%）、日本蟳（2.43%）、磁蟹（1.97%）、隆线强蟹（1.45%）、泥脚隆背蟹（1.97%）和日本关公蟹（1.03%）等。

夏季

夏季调查渔获按重量组成比例超过1%的种类有7种，分别为日本蟳（30.5%）、口虾蛄（29.7%）、关公蟹（16.6%）、隆线强蟹（9.8%）、中国明对虾（7.6%）、三疣梭子蟹（2.9%）和日本鼓虾（1.1%）。

渔获按数量组成比例超过1%的种类有8种，分别为口虾蛄（38.6%）、关公蟹（23.6%）、日本蟳（10.3%）、葛氏长臂虾（7.9%）、隆线强蟹（6.1%）、日本鼓虾（4.9%）、中国明对虾（4.4%）和豆蟹科（1.8%）。

秋季

秋季渔获调查按重量组成比例超过1%的种类有7种，分别为口虾蛄（51.4%）、日本蟳（18.8%）、三疣梭子蟹（17.8%）、脊尾白虾（6.1%）、葛氏长臂虾（2.4%）、日本拟平家蟹（1.1%）和隆线强蟹（1.0%）。

渔获按数量组成比例超过1%的种类有7种，分别为口虾蛄（29.1%）、葛氏长臂虾（26.6%）、脊尾白虾（22.6%）、三疣梭子蟹（7.0%）、日本蟳（6.5%）、隆线强蟹（3.4%）和日本拟平家蟹（1.3%）。

冬季

冬季调查渔获按重量组成比例超过1%的种类有9种，分别为口虾蛄（54.9%）、脊尾白虾（22.2%）、拳蟹（6.1%）、绒螯近方蟹（3.4%）、日本蟳（3.3%）、日本褐虾（3.1%）、葛氏长臂虾（2.7%）、日本鼓虾（2.2%）和隆线强蟹（1.0%）。

渔获按数量组成比例超过1%的种类有8种，分别为拳蟹（43.0%）、脊尾白虾（22.1%）、日本褐虾（12.5%）、口虾蛄（5.5%）、绒螯近方蟹（5.2%）、葛氏长臂虾（4.4%）、日本鼓虾（2.8%）和隆线强蟹（2.3%）。

3）渔获量分布

春季调查海域渔获甲壳类相对资源量指数变化范围为7.9～18.1 kg/h，平均为12.48 kg/h（虾类平均为11.12 kg/h，蟹类平均为1.36 kg/h）；夏季调查海域甲壳类相对资源量指数变化范围为11.9～38.1 kg/h，平均为25 kg/h；秋季调查海域甲壳类相对资源量指数变化范围为7.4～29.9 kg/h，平均为18.01 kg/h；冬季调查海域甲壳类相对资源量指数变化范围为1.3～5.9 kg/h，平均为3.6 kg/h。4次调查各站甲壳类相对资源量指数如表9.5所示。

4）资源量密度

调查海域甲壳类资源密度最高的季节为夏季，其次为秋季，最低为冬季，其中，夏季甲壳类平均资源密度为882.3 kg/km^2；秋季甲壳类平均资源密度为635.6 kg/km^2；春季甲壳类平均资源密度为440.4 kg/km^2；冬季甲壳类平均资源密度为127.1 kg/km^2。调查海域春、夏、秋、冬4次调查甲壳类平均资源密度为521.3 kg/km^2。

表9.5　调查海域各站位甲壳类相对资源量指数

站位	相对资源量指数（kg/h）			
	春季	夏季	秋季	冬季
1	16.5	26.6	7.4	3.8
2	13.2	33.3	17.1	5.8
3	18.1	38.1	10.9	4.4
4	9.5	19.5	12.8	2.6
5	17.6	18.8	18.6	2.1
6	10.3	20.3	29.9	4.2
7	13.9	36.9	13.5	3.7
8	12.2	24.4	8.1	5.9
9	10.3	20.2	12.5	3.6
10	8.9	25.4	11.3	5.1
11	10.2	22.0	17.7	3.9
12	11.3	35.3	7.5	2.3
13	7.9	21.0	16.2	4.5
14	10.3	11.9	13.1	1.6
15	16.1	25.9	16.4	2.8
16	13.3	19.7	15.2	1.3

9.1.5　鱼卵仔稚鱼资源状况

1）种类组成

春季调查所获鱼卵隶属于5目8科10种，所获仔稚鱼隶属于2目3科3种；夏季调查共获得鱼卵5种，隶属于3目4科5属，共获得仔稚鱼3种，隶属于2目2科3属；秋季调查各站位无鱼卵出现，调查期间共获得仔稚鱼4种，隶属于3目4科4属；冬季调查海域产卵种类较少，产卵的少数种类亦以黏卵和沉性卵为主，使用大型浮游生物网较难获得，调查未采集到鱼卵和仔稚鱼。

2）资源量密度

春季调查共采获鱼卵 5 504 粒，平均为 344 粒/网，平均密度为 2.15 粒/m^3；调查的 16 个站位中有 13 个站出现仔稚鱼，出现频率 81.2%。春季调查共获得仔稚鱼 2 193 尾，平均为 137.1 尾/网，平均密度为 0.86 尾/m^3。

夏季调查共采获鱼卵 887 粒，平均为 55.43 粒/网，平均密度为 0.34 粒/m^3；调查的 16 个站位中有 8 个站出现仔稚鱼，出现频率 50%。共获得仔稚鱼 232 尾，平均为 14.5 尾/网，平均密度为 0.09 尾/m^3。

秋季调查未采到鱼卵；调查 16 个站位中，4 个站位有仔稚鱼出现，仔稚鱼出现频率为 25%。共获得仔稚鱼 18 尾，平均为 1.13 尾/网，平均密度为 0.006 尾/m^3。

冬季调查均未采集到鱼卵和仔稚鱼。

调查海域鱼类主要产卵季节春季和夏季，鱼卵和仔稚鱼的平均密度分别为 1.25 粒/m^3 和 0.48 尾/m^3。

9.2 渤海湾渔业资源现状

9.2.1 渔业资源调查概况

1）调查范围与资料来源

渔业资源现状调查春、夏、秋、冬季 4 次的渔业资源资料及鱼卵和仔稚鱼的现状资料主要根据中国水产科学研究院黄海水产研究所在工程海域附近进行的调查结果。本次现场调查、资料收集范围为渤海湾海域；调查区位于调查范围以渤西油气处理厂新建管道为中心约 30 km^2 内进行。渔业资源调查站位见图 9.3 和表 9.6。

表 9.6 渔业资源调查站位地理位置

站位	北纬（N）	东经（E）	站位	北纬（N）	东经（E）
1	38°55′	117°55′	7	38°40′	117°55′
2	38°55′	118°02′	8	38°40′	118°02′
3	38°46′	117°43′	9	38°43′	118°09′
4	38°46′	117°55′	10	38°32′	117°43′
5	38°46′	118°02′	11	38°32′	117°55′
6	38°43′	117°43′	12	38°32′	118°02′

2）调查时间

（1）渔业资源

渔业资源春季资料为现场调查资料，调查时间为 2011 年 5 月 13—16 日；夏、秋、冬季 3 次为 2009—2010 年的现场调查资料。夏季调查时间为 2010 年 8 月 27—30 日；秋季调查时间为 2010 年 10 月 23—27 日；冬季调查时间为 2009 年 12 月 27—30 日。

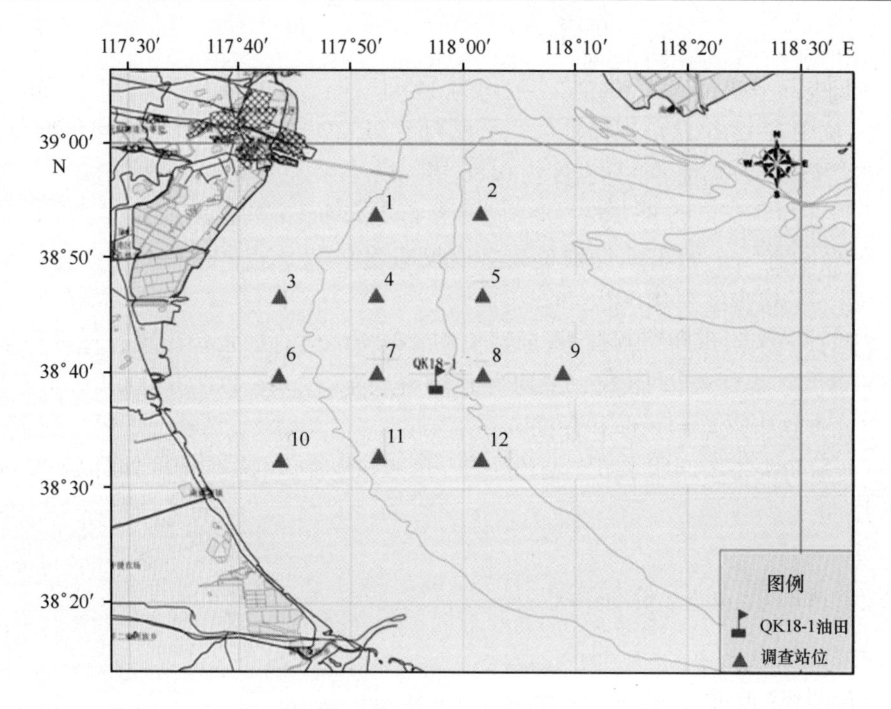

图 9.3 渤海湾渔业资源调查站位

（2）鱼卵和仔稚鱼

由于渤海主要鱼类的产卵期集中在 5 月和 6 月，因此，鱼卵和仔稚鱼所引用资料为 2011 年 5 月和 2010 年 6 月 2 个调查航次的现场调查资料。

9.2.2 鱼类资源状况

1）种类组成

2010—2011 年 4 个季节调查共捕获鱼类 31 种，隶属 13 目，21 科，28 属。其中春季调查捕获鱼类 20 种，夏季调查捕获鱼类 21 种，秋季调查捕获鱼类 19 种，冬季调查捕获鱼类 12 种。

春、夏、秋、冬 4 个季节所捕获的 31 种鱼类中，按适温性分，暖水性鱼类有 12 种，占该海区鱼类种数的 38.71%；暖温性鱼类有 18 种，占 58.06%；冷温性鱼类有 1 种，占 3.23%。按栖息水层分，底层鱼类有 24 种，占鱼类种数的 77.42%；中上层鱼类有 7 种，占 22.58%。按越冬场分，渤海地方性鱼类有 19 种，占鱼类种数的 61.29%；长距离洄游性鱼类有 12 种，占 38.71%。按经济价值分，经济价值较高的有 10 种，占鱼类种数的 32.26%；经济价值一般的有 11 种，占 35.48%；经济价值较低有 10 种，占 32.26%。

2）洄游性鱼类

评价区内主要洄游性鱼类为黄渤海种群的暖温性鱼类，越冬场位于黄海中南部至东海北部的连青石、大沙、沙外及江外渔场。春、夏季鱼群大致分三路北上产卵洄游，各路的洄游模式特征是：一路向西偏北经长江口、吕四外海进入山东南部日照近海产卵场产卵。秋季在海州湾、连青渔场索饵，入冬后返回越冬场；另一路向西北到达山东半岛以南近海产卵，产卵后即分布在附近海区索饵，直到进行越冬洄游；第三路鱼群的洄游路线比较长，由越冬场直接北上到达成山头外海，然后分成2支：一支继续向北到鸭绿江口进行产卵；另一支则折向西，经烟威外海进入渤海，分别游向莱州湾、渤海湾及辽东湾等产卵场，入秋后又分别从各湾游出渤海，返回原越冬场。属于这一类群的鱼类主要是底层鱼类，有小黄鱼、带鱼、黄姑鱼、蓝点马鲛、黄鲫、青鳞、斑鰶、鳀鱼等。本次工程范围处于这一类群的产卵场范围内（图9.4）。

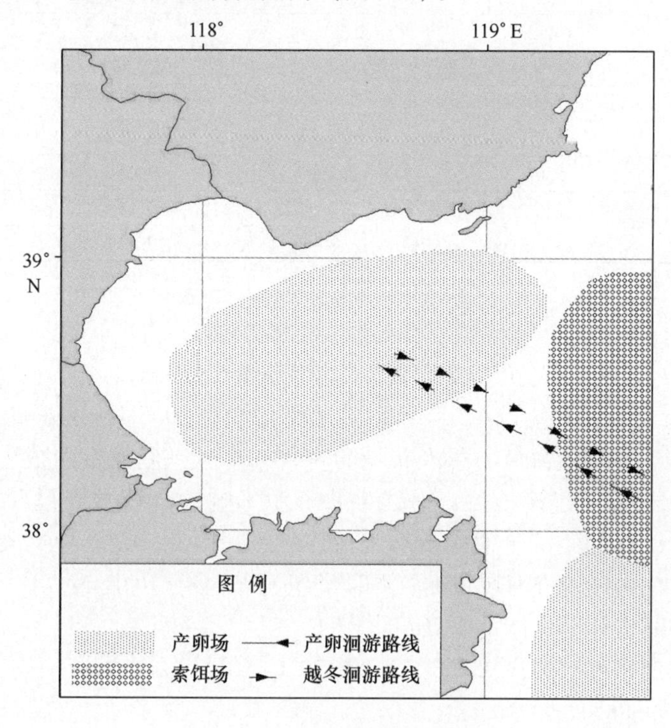

图9.4　洄游性鱼类洄游路线

3）渔获组成及渔获量季节变化

（1）春季

春季调查12个站共捕获鱼类20种，平均渔获量567.2尾/h，7.85 kg/h。其渔获密度（尾/h）组成为：白姑（25.56%）、凹鳍孔鰕虎鱼（21.34%）、焦氏舌鳎（15.02%）、黄鲫（8.11%）和尖尾鰕虎鱼（11.22%），以上5种鱼占鱼类总渔获量的81.25%。

春季鱼类资源密度范围在42.64～236.4 kg/km^2，调查海域平均资源密度125.6 kg/km^2，详见表9.7。

表9.7 春季拖网捕获的鱼类

站位	种类	生物密度（尾/h）	百分数（%）	生物量（kg/h）	百分数（%）
1	7	533	7.8	7.93	8.4
2	9	475	7.0	6.87	7.3
3	6	253	3.7	3.26	3.5
4	8	620	9.1	8.08	8.6
5	8	456	6.7	6.48	6.9
6	7	552	8.1	7.41	7.9
7	11	1 452	21.3	19.47	20.7
8	8	856	12.6	12.53	13.3
9	6	290	4.3	4.96	5.3
10	6	387	5.7	5.12	5.4
11	9	556	8.2	7.25	7.7
12	11	376	5.5	4.89	5.2
平均	—	567.2	—	7.85	—

（2）夏季

夏季调查12个站共捕获鱼类21种，平均渔获量5 910.3尾/h，36.7 kg/h。其渔获密度（尾/h）组成为：青鳞（42.1%）、尖尾鰕虎鱼（30.5%）、斑鰶（6.8%）和黄鲫（7.2%），以上4种鱼占鱼类总渔获量的86.6%。渔获物尾数组成中幼鱼约占总尾数的40%左右。根据《建设项目对海洋生物资源影响评价技术规程》（SC/T 9110—2007）中规定，幼体的经济价值应折算为成体计算。因此，夏季鱼类资源幼鱼的资源量应折算为成体。由于调查海域鱼类资源种类组成以青鳞、尖尾鰕虎鱼、斑鰶和黄鲫等小型鱼类为主，其成体平均体重按20g计算。

夏季鱼类资源密度范围在98.68～2 786.79 kg/km^2；调查海域平均资源密度587.2 kg/km^2，详见表9.8。

表9.8 夏季拖网捕获的鱼类

站位	种类	生物密度（尾/h）	百分数（%）	生物量（kg/h）	百分数（%）
1	12	3 581	5.0	11.33	2.6
2	14	3 337	4.7	25.14	5.7
3	10	1 653	2.3	19.05	4.3
4	15	3 858	5.4	13.21	3.0
5	9	2 872	4.0	21.25	4.8
6	9	2 458	3.5	15.23	3.5
7	9	2 415	3.4	14.72	3.3
8	12	9 423	13.3	110.2	25.0
9	11	29 043	40.9	147.7	33.5
10	7	2 015	2.8	10.23	2.3
11	11	5 599	7.9	22.87	5.2
12	6	4 670	6.6	29.5	6.7
平均	—	5 910.3	—	36.70	—

（3）秋季

秋季调查12个站共捕获鱼类3种，平均渔获量为2 728.7尾/h，49.1 kg/h。其渔获密度（尾/h）组成为：凹鳍孔鰕虎鱼（35.67%）、斑鰶（34.91%）和赤鼻棱鳀（10.88%），以上3种鱼占鱼类总渔获量的81.46%。渔获物尾数组成中幼鱼约占总尾数的30%左右。根据《建设项目对海洋生物资源影响评价技术规程》（SC/T 9110—2007）7.1.2中的规定，幼体的经济价值应折算为成体计算。因此，秋季鱼类资源的资源量应折算为成体。由于调查海域鱼类资源种类组成以凹鳍孔鰕虎鱼、斑鰶和赤鼻棱鳀等小型鱼类为主，其成体平均体重按20 g计算。

秋季鱼类资源密度范围为20.81～1 218.87 kg/km²；调查海域平均资源密度590.4 kg/km²，详见表9.9。

表9.9 秋季拖网捕获的鱼类

站位	种类	生物密度（尾/h）	百分数（%）	生物量（kg/h）	百分数（%）
1	8	763	2.3	18.2	3.1
2	11	810	2.5	21.6	3.7
3	3	281	0.9	10.5	1.8
4	9	842	2.6	22.2	3.8
5	11	596	1.8	18.1	3.1
6	5	469	1.4	16.3	2.8
7	4	3 350	10.2	46.4	7.9
8	12	4 587	14.0	76.2	12.9
9	12	9 320	28.5	146.6	24.9
10	7	227	0.7	9.89	1.7
11	12	11 107	33.9	185.5	31.6
12	6	392	1.2	17.10	2.9
平均	—	2 728.7	—	49.05	—

（4）冬季

冬季调查12个站共捕获鱼类12种，平均渔获量350尾/h，7.65 kg/h。其渔获密度（尾/h）组成为：焦氏舌鳎（42.5%）、尖尾鰕虎鱼（30.2%）、矛尾刺鰕虎（17.3%），以上3种鱼占鱼类总渔获量的90.0%。

冬季鱼类资源密度范围在35.85～250.81 kg/km²；调查海域平均资源密度94.3 kg/km²，详见表9.10。

根据鱼类资源调查结果，鱼类资源密度秋季最高，平均785.6 kg/km²；夏季次之，平均587.2 kg/km²；春季鱼类平均资源密度125.6 kg/km²；冬季最低，平均122.4 kg/km²。鱼类全年平均资源密度为405.2 kg/km²。

表 9.10　冬季拖网捕获的鱼类

站位	种类	生物密度（尾/h）	百分数（%）	生物量（kg/h）	百分数（%）
1	6	175	4.16	4.92	2.73
2	5	195	4.63	5.10	7.19
3	3	54	1.28	2.14	3.08
4	6	215	5.11	8.27	3.26
5	3	139	3.30	4.58	5.75
6	5	882	20.95	12.25	4.67
7	6	404	9.60	9.36	6.27
8	5	872	20.95	13.81	18.42
9	6	68	1.62	3.98	4.17
10	4	280	6.65	9.75	5.39
11	4	325	7.72	4.31	6.20
12	6	591	14.04	13.29	19.12
平均	—	350	—	7.65	—

9.2.3　头足类资源状况

1）种类组成及优势种

调查海域的头足类主要有两种类型：一种类型是沿岸性种类，多栖息在近岸浅海水域，个体较小，游泳速度较慢，仅做短距离移动。属于这种类型的有双喙耳乌贼、短蛸和长蛸。另一种类型是近海性种类，多栖息于沿岸水和外海水交汇区的近海水域，个体较大，游泳速度较快，洄游距离较长，对环境具有较好的适应能力，空间分布范围较广，属于这种类型的有日本枪乌贼。

根据2010年春季、2010年夏、秋季和2009年冬季调查结果，调查海域共捕获头足类4种。在本区的渔获物中，头足类主要有4种，见表9.11，优势种为短蛸和长蛸。

表 9.11　头足类种名录

序号	中文名	拉丁文名	所属科
1	日本枪乌贼	*Loligo japonica*	枪乌贼科
2	双喙耳乌贼	*Sepiola birostrata*	耳乌贼科
3	短蛸	*Octopus ocellatus*	蛸科
4	长蛸	*Octopus variabilis*	蛸科

2）渔获量及季节变化

（1）春季

春季共捕获头足类3种，为日本枪乌贼、双喙耳乌贼和短蛸，以日本枪乌贼和双喙耳乌贼为主。头足类平均渔获量8尾/h，0.10 kg/h，见表9.12。站位出现频率为83.3%。

表9.12　春季调查头足类渔获情况

站位	种类数	数量（尾/h）	百分数（%）	生物量（kg/h）	百分数（%）
1	1	3	3.13	0.022	1.78
2	1	5	5.21	0.25	20.19
3	1	2	2.08	0.018	1.45
4	1	4	4.17	0.12	9.69
5	1	2	2.08	0.11	8.89
6	1	3	3.13	0.08	6.46
7	0	0	0.00	0	0.00
8	1	4	4.17	0.04	3.23
9	2	8	8.33	0.008	0.65
10	2	25	26.04	0.28	22.62
11	2	40	41.67	0.31	25.04
12	0	0	0.00	0	0.00
平均	—	8	—	0.10	—

（2）夏季

夏季共捕获头足类3种，为日本枪乌贼、长蛸和短蛸，以日本枪乌贼和长蛸为主。头足类平均渔获量为359尾/h，2.23 kg/h，见表9.13。站位出现频率为100%。

表9.13　夏季调查头足类渔获情况

站位	种类数	数量（尾/h）	百分数（%）	生物量（kg/h）	百分数（%）
1	2	89	2.07	2.12	7.92
2	3	332	7.71	3.19	11.92
3	1	45	1.04	0.43	1.61
4	1	147	3.41	1.29	4.82
5	2	276	6.41	2.24	8.37
6	1	69	1.60	0.85	3.18
7	1	147	3.41	1.29	4.82
8	2	374	8.68	2.512	9.38
9	2	2 272	52.74	9.44	35.26
10	2	134	3.11	1.12	4.18
11	2	333	7.73	2.11	7.88
12	1	90	2.09	0.18	0.67
平均	—	359	—	2.23	—

(3) 秋季

秋季共捕获头足类3种，为日本枪乌贼、长蛸和短蛸，以日本枪乌贼和长蛸为主。头足类平均渔获量为206尾/h，1.64 kg/h，见表9.14。所调查站位均有头足类出现，站位出现频率为100%。说明调查海域秋季头足类分布广泛。

表9.14　秋季调查头足类渔获情况

站位	种类数	数量（尾/h）	百分数（%）	生物量（kg/h）	百分数（%）
1	2	109	4.40	0.85	4.33
2	3	201	8.12	3.02	15.37
3	2	83	3.35	0.52	2.65
4	2	218	8.81	1.18	6.01
5	3	177	7.15	1.02	5.19
6	2	2	0.08	0.03	0.15
7	2	2	0.08	0.05	0.25
8	1	190	7.68	1.61	8.19
9	2	718	29.01	1.68	8.55
10	2	134	5.41	2.22	11.30
11	2	235	9.49	3.41	17.35
12	2	406	16.40	4.064	20.68
平均	—	206	—	1.64	—

(4) 冬季

冬季共捕获头足类3种，为日本枪乌贼、长蛸和短蛸，以短蛸和日本枪乌贼为主。头足类平均渔获量为20尾/h，0.44 kg/h，见表9.15。站位出现频率为83.3%。

表9.15　冬季调查头足类渔获情况

站位	种类数	数量（尾/h）	百分数（%）	生物量（kg/h）	百分数（%）
1	0	0	0	0	0
2	2	22	9.28	0.33	6.31
3	1	9	3.80	0.06	1.15
4	0	0	0.00	0	0.00
5	1	8	3.38	0.03	0.57
6	1	5	2.11	0.02	0.38
7	1	8	3.38	0.03	0.57
8	1	15	6.33	1.3	24.86
9	1	7	2.95	0.72	13.77
10	2	35	14.77	1.42	27.16
11	2	16	6.75	0.943	18.03
12	1	112	47.26	0.376	7.19
平均	—	20	—	0.44	—

根据头足类资源调查结果，夏季的渔获量最高，平均渔获量359尾/h，2.23 kg/h；秋季次之，平均渔获量206尾/h，1.64 kg/h；冬季平均渔获量20尾/h，0.44 kg/h；春季最低，平均渔获量8尾/h，0.1 kg/h。头足类全年平均值为1.13 kg/h。

3）头足类资源量评估

春季12个调查站位的资源密度范围为0～5.85 kg/km^2，调查海域平均资源密度1.95 kg/km^2。

夏季12个调查站位的资源密度范围为3.4～178.0 kg/km^2，调查海域平均资源密度42.09 kg/km^2。

秋季12个调查站位的资源密度范围为0.57～76.68 kg/km^2，调查海域平均资源密度30.9 kg/km^2。

冬季12个调查站位的资源密度范围为0～26.79 kg/km^2，调查海域平均资源密度8.22 kg/km^2。

头足类资源密度全年平均值为20.79 kg/km^2。

9.2.4 甲壳类资源状况

1）种类组成及优势种

甲壳类在渔业资源中是经济价值较高的种类，在海洋渔业中甲壳类占有重要地位。三疣梭子蟹、口虾蛄、中国对虾是海洋渔业生产中捕捞的主要品种。

本次调查共捕获甲壳类12种，隶属3目，10科，详见表9.16。其中春季调查捕获甲壳类6种，夏季调查捕获甲壳类8种，秋季9种，冬季11种。

表9.16 甲壳类种名录

中文名	拉丁文名	所属科
中国对虾	*Penaeus orientalis*	对虾科
中国毛虾	*Acetes chinensis*	樱虾科
鲜明鼓虾	*Alpheus heterocarpus*	鼓虾科
日本鼓虾	*Alpheus japonicus*	鼓虾科
葛氏长臂虾	*Palaemon* (*Palaemon*) *gravieri*	长臂虾科
褐虾	*Crangon crangon*	褐虾科
日本关公蟹	*Dorippe japonica*	关公蟹科
隆线强蟹	*Eucrate crenata*	长脚蟹科
绒毛近方蟹	*Hemigrapsus penicillatus*	方蟹科
三疣梭子蟹	*Portunus trituberculatus*	梭子蟹科
日本蟳	*Charybdis* (*charybdis*) *japonica*	梭子蟹科
口虾蛄	*Oratosguilla oratoria*	虾蛄科

季节不同，捕获甲壳类的优势种不同，调查海域春季的优势种为口虾蛄、中国对虾、葛氏长臂虾、日本蟳、日本鼓虾；夏季的优势种为口虾蛄、毛虾、葛氏长臂虾、日

本鼓虾、三疣梭子蟹和褐虾；秋季优势种为口虾蛄、日本鼓虾、日本蟳和三疣梭子蟹；冬季优势种为日本鼓虾、口虾蛄和脊尾白虾。

2）渔获量和季节变化

（1）春季

春季共捕获甲壳类6种，平均渔获量为1 244尾/h，8.27 kg/h，见表9.17。甲壳类的渔获组成（尾/h）为：毛虾（45.16%），口虾蛄（21.25%），日本鼓虾（15.37%），以上3种占甲壳类总渔获量的81.78%。

表9.17 春季调查甲壳类渔获情况

站位	种类数	数量（尾/h）	百分数（%）	生物量（kg/h）	百分数（%）
1	5	721	483.18	4.38	4.41
2	5	1 522	1 019.97	18.231	18.37
3	4	481	322.34	2.83	2.85
4	6	966	647.37	5.197	5.24
5	3	1 954	1 309.48	20.188	20.34
6	3	916	613.86	2.54	2.56
7	3	1 670	1 119.15	3.78	3.81
8	3	768	514.68	1.1	1.11
9	4	3 734	2 502.35	31.472	31.71
10	5	878	588.39	4.01	4.04
11	3	1 166	781.40	4.35	4.38
12	1	146	97.84	1.17	1.18
平均	—	1 244	—	8.27	—

（2）夏季

夏季共捕获甲壳类8种，平均渔获量为2 254尾/h，10.13 kg/h，见表9.18。甲壳类的渔获组成（尾/h）为：口虾蛄（52.86%），葛氏长臂虾（24.56%），中国对虾（5.16%），以上3种占甲壳类总渔获量的82.58%。

表9.18 夏季调查甲壳类渔获情况

站位	种类数	数量（尾/h）	百分数（%）	生物量（kg/h）	百分数（%）
1	5	1 825	6.75	7.67	6.31
2	7	6 616	24.47	21.32	17.53
3	4	685	2.53	5.86	4.82
4	6	2 604	9.63	8.157	6.71
5	5	6 368	23.55	19.004	15.63
6	5	436	1.61	4.96	4.08
7	6	561	2.07	5.355	4.40
8	4	244	0.90	7.926	6.52

续表

站位	种类数	数量（尾/h）	百分数（%）	生物量（kg/h）	百分数（%）
9	4	1 520	5.62	17.16	14.11
10	6	526	1.95	3.76	3.09
11	7	725	2.68	4.853	3.99
12	5	4 932	18.24	15.57	12.80
平均	—	2 254	—	10.13	—

（3）秋季

秋季共捕获甲壳类9种，平均渔获量为1 010尾/h，14.29 kg/h，见表9.19。甲壳类的渔获组成（尾/h）为：口虾蛄（81.25%），日本鼓虾（8.16%），葛氏长臂虾（7.25%），以上3种占甲壳类总渔获量的96.66%。

表9.19 秋季调查甲壳类渔获情况

站位	种类数	数量（尾/h）	百分数（%）	生物量（kg/h）	百分数（%）
1	5	107	0.88	2.06	1.20
2	3	556	4.59	6.86	4.00
3	3	56	0.46	0.92	0.54
4	6	144	1.19	2.59	1.51
5	2	371	3.06	6.19	3.61
6	4	236	1.95	4.76	2.78
7	8	295	2.43	6.06	3.53
8	3	1 633	13.47	19.44	11.34
9	2	1 230	10.15	31.48	18.36
10	5	1 677	13.83	19.76	11.52
11	5	5 299	43.71	58.96	34.38
12	3	520	4.29	12.4	7.23
平均	—	1 010	—	14.29	—

（4）冬季

冬季共捕获甲壳类11种，平均渔获量为1 671尾/h，5.58 kg/h，见表9.20。甲壳类的渔获组成（尾/h）为：日本鼓虾（83.2%），口虾蛄（8.6%），以上2种占甲壳类总渔获量的91.8%。

表 9.20 冬季调查甲壳类渔获情况

站位	种类数	数量（尾/h）	百分数（%）	生物量（kg/h）	百分数（%）
1	3	516	1.73	1.11	0.7
2	4	586	1.31	1.76	0.97
3	3	376	1.73	0.67	0.7
4	3	568	1.73	1.08	0.7
5	3	428	1.31	1.5	0.97
6	3	216	0.85	0.37	0.32
7	5	279	0.85	0.5	0.32
8	4	7 521	22.95	23	14.82
9	4	6 200	18.92	25.4	16.37
10	3	856	6.74	3.66	4.62
11	3	2 210	6.74	7.16	4.62
12	6	300	0.92	0.73	0.47
平均	—	1 671	—	5.58	—

根据调查结果，秋季的渔获量最高，平均渔获量 1 010 尾/h，14.29 kg/h；夏季次之，平均渔获量2 254 尾/h，10.13 kg/h；春季平均渔获量 1 244 尾/h，8.27 kg/h；冬季最低，平均渔获量 1 671 尾/h，5.58 kg/h。甲壳类全年平均值为 9.57 kg/h。

3）甲壳类资源量评估

春季 12 个调查站位的资源密度范围在 22.08 ~ 593.81 kg/km^2，调查海域平均资源密度 156.05 kg/km^2。

夏季 12 个调查站位的资源密度范围在 70.94 ~ 402.26 kg/km^2，调查海域平均资源密度 191.19 kg/km^2。

秋季 12 个调查站位的资源密度范围在 17.36 ~ 1 112.45 kg/km^2，调查海域平均资源密度 269.62 kg/km^2。

冬季 12 个调查站位的资源密度范围在 6.98 ~ 479.25 kg/km^2，调查海域平均资源密度 105.25 kg/km^2。

甲壳类资源密度全年平均值为 180.53 kg/km^2。

9.2.5 鱼卵与仔稚鱼资源状况

本次新建管道区位于渤海湾渔场范围内，每年 4 月，洄游性鱼类便开始进入渤海，除少数种类在渤海中部产卵外，多数种类先后进入辽东湾中部、渤海湾、莱州湾的河口近岸海区进行产卵。一般 5—10 月在整个渤海几乎均有鱼卵分布，其中 5—6 月达到产卵高峰。

1）鱼卵和仔稚鱼种类组成

本次调查共采集到鱼卵、仔稚鱼 11 种，其中鱼卵 8 种，仔稚鱼 7 种。8 种鱼卵中，鲱科 2 种，鳀科 3 种，石首科 2 种，其他鲻科、带鱼科、鲬科、舌鳎科各 1 种。7 种仔稚鱼中，鲱科 2 种，鳀科 2 种，其他鲻科、鰕虎鱼、石首鱼科各 1 种。

2）鱼卵和仔稚鱼数量组成

（1）鱼卵

5月捕获的137粒鱼卵中数量最多的是斑鰶鱼卵，共106粒，占捕获总卵数的77.37%，其次为黄鲫鱼卵23粒，占16.79%，第三位是青鳞，7粒，占5.11%，详见表9.21。

6月捕获的89粒鱼卵中数量最多的是叫姑鱼卵，共50粒，占捕获总卵数的56.18%，其次为青鳞20粒，占22.47%，第三位是斑鰶，14粒，占15.73%，详见表9.21。

表9.21　鱼卵数量组成

种名	5月		6月	
	鱼卵数（粒）	百分比（%）	鱼卵数（粒）	百分比（%）
斑鰶	106	77.37	14	15.73
黄鲫	23	16.79	1	1.12
鲬	1	0.73	2	2.25
青鳞	7	5.11	20	22.47
叫姑	—	—	50	56.18
赤鼻棱鳀	—	—	1	1.12
小带鱼	—	—	1	1.12
合计	137	100	89	100

（2）仔稚鱼

春季捕获的79尾仔稚鱼中数量最多的是梭鱼，共63尾，占捕获总尾数的79.75%；其次为鰕虎鱼9尾，占11.39%；第三位是黄鲫，5尾，占6.33%。夏季捕获的75尾仔稚鱼中数量最多的是叫姑鱼，共40尾，占捕获总仔鱼的53.33%；其次为鰕虎鱼20尾，占26.67%；第三位是青鳞，8尾，占10.67%，详见表9.22。

表9.22　仔稚鱼数量组成

种名	春季调查（5月）		夏季调查（6月）	
	仔鱼数（尾）	百分比（%）	仔鱼数（尾）	百分比（%）
斑鰶	2	2.53	5	6.67
黄鲫	5	6.33	—	—
青鳞	—	—	8	10.67
梭鱼	63	79.75	—	—
鰕虎鱼	9	11.39	20	26.67
叫姑	—	—	40	53.33
赤鼻棱鳀	—	—	2	2.67
合计	79		75	100

3）鱼卵和仔稚鱼密度

调查区域鱼卵、仔稚鱼密度分布详见表9.23。

表9.23　鱼卵、仔稚鱼密度分布

种名	春季调查（5月）			夏季调查（6月）		
	鱼卵密度（粒/m^3）	仔稚鱼密度（尾/m^3）	鱼卵、仔稚鱼合计（个/m^3）	鱼卵密度（粒/m^3）	仔稚鱼密度（尾/m^3）	鱼卵、仔稚鱼合计（个/m^3）
1	4.58	1.48	6.06	1.2	2.12	3.32
2	6.10	0.75	6.85	1.0	2.0	3.0
3	10.45	0.64	11.09	0.75	0.51	1.26
4	2.29	0	2.29	0.9	1.06	1.96
5	4.04	0.51	4.55	0.51	2	2.51
6	0.70	1.44	2.14	4.17	1.06	5.23
7	0	0.41	0.41	3.62	0.92	4.54
8	1.39	0.18	1.57	4.43	0.92	9.25
9	0	0.51	0.51	3.92	0.51	4.43
10	0.42	0.32	0.74	1.20	1.33	2.53
11	0	2.88	2.88	0.9	0.98	1.88
12	0.14	0.83	0.97	4.9	1.06	5.96
平均	2.51	0.83	3.34	2.29	1.21	3.82

5月调查鱼卵、仔稚鱼密度之和范围为：0.41～11.09个/m^3，平均密度为3.34个/m^3。其中鱼卵密度范围0～10.46粒/m^3，平均密度为2.51粒/m^3；仔稚鱼密度范围0～2.88尾/m^3，平均密度为0.83尾/m^3。

6月调查鱼卵、仔稚鱼密度之和范围为：1.26～9.25个/m^3，平均密度为3.82个/m^3。其中鱼卵密度范围0.51～4.9粒/m^3，平均密度为2.29粒/m^3；仔稚鱼密度范围0.51～2.12尾/m^3，平均密度为1.21尾/m^3。

根据鱼卵、仔稚鱼的调查结果，调查海区鱼卵平均密度为2.40粒/m^3，仔稚鱼平均密度为1.02尾/m^3。

9.3　辽东湾渔业资源现状

9.3.1　渔业资源调查概况

渔业资源调查范围为渤海辽东湾中南部海域，具体调查范围为39°50′—40°11′N，120°40′—121°50′E，并包括东西两侧渔业生产及环境敏感目标的调查。主要根据2011年5月（春季）和2010年10月（秋季）两次调查资料，在此调查范围内共设8个调查站位，对调查区内游泳生物、鱼卵仔稚鱼数量分布及现状进行评价。调查站位及站位坐标分别见表9.24和图9.5。

表9.24　调查站位坐标

站号	北纬（N）	东经（E）	调查项目
1	39°51′	121°52′	游泳生物、鱼卵仔稚鱼
2	40°00′	120°40′	游泳生物、鱼卵仔稚鱼
3	40°00′	121°00′	游泳生物、鱼卵仔稚鱼
4	40°00′	121°15′	游泳生物、鱼卵仔稚鱼
5	40°07′	121°08′	游泳生物、鱼卵仔稚鱼
6	40°12′	120°53′	游泳生物、鱼卵仔稚鱼
7	40°37′	121°40′	游泳生物、鱼卵仔稚鱼
8	40°15′	120°45′	游泳生物、鱼卵仔稚鱼

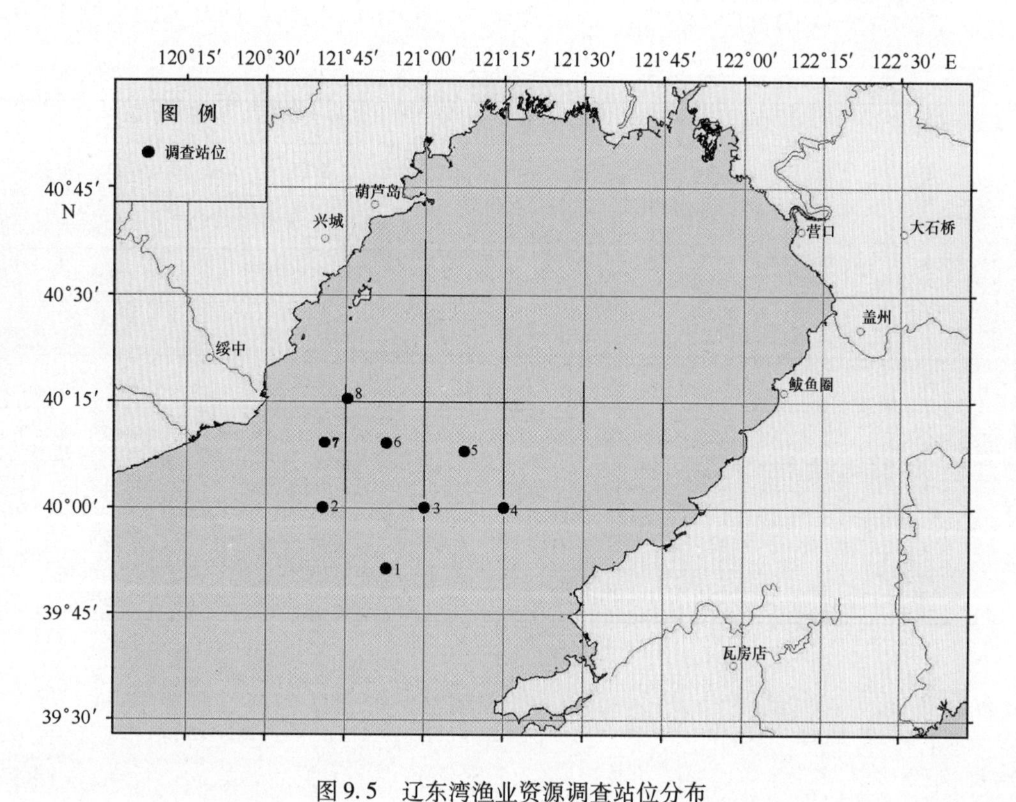

图9.5　辽东湾渔业资源调查站位分布

9.3.2　鱼类资源状况

1）种类组成及优势种

春秋两次调查共捕获鱼类种类46种，隶属于12目32科39属，占渔获种类数68.66%，包括中上层鱼类11种，底层鱼类35种。

依生物量对渔获物总量的百分比贡献判别各次调查的优势种类，春季的优势种为银鲳、方氏云鳚和银鱼；秋季的优势种为小黄鱼、黄鮟鱇、花鲈、银鲳、许氏平鲉、矛尾鰕虎鱼和鲬。

2）渔获物数量组成

春季

春季调查共捕获鱼类19种，725尾，共67.37 kg；平均为90.62尾/h，8.42 kg/h。其数量组成为：矛尾鰕虎鱼（31.61%）、小带鱼（18.68%）、竹荚鱼（16.59%）、日本鳀（10.09%）、黄鲫（6.38%）、七星底灯鱼（5.48%）、黄鳍马面鲀（3.96%）和银鱼（1.94），以上8种鱼类占捕捞总尾数的95.27%。重量组成为：黄鲫（34.53%）、绿鳍鱼（18.26%）、日本鳀（12.92%）、矛尾鰕虎鱼（8.57%）、真鲷（5.81%）、小带鱼（4.84%）、星康吉鳗（2.33%）、细纹狮子鱼（1.95%）、黄鳍马面鲀（1.88%）、七星底灯鱼（1.83%）、黄鮟鱇（1.58%）和长吻红舌鳎（1.19%），以上12种鱼类占捕捞总重量的95.69%。春季调查鱼类各站的捕捞情况见表9.25。

表9.25 春季调查鱼类各站的捕捞情况

站位	数量（尾）	百分数（%）	生物量（kg）	百分数（%）
1	73	10.1	7.15	11.8
2	124	17.1	10.78	16.8
3	52	7.2	4.42	8.5
4	36	5.0	3.14	4.1
5	41	5.7	3.67	5.1
6	159	21.9	15.12	19.4
7	98	13.5	9.84	14.7
8	142	19.6	13.25	19.6
合计	725	100	67.37	100

秋季

秋季调查共捕获鱼类34种，2 055尾，共198.51 kg；平均为256.9尾/h，24.81 kg/h。其数量组成为：小黄鱼（85.36%）、矛尾鰕虎鱼（4.15%）、银鲳（1.84%）、黄鲫（1.15%）、鲬（1.13%）和许氏平鲉（1%），以上6种鱼类占捕捞总尾数的94.63%。重量组成为：小黄鱼（55.26%）、黄鮟鱇（10.46%）、花鲈（5.95%）、银鲳（4.85%）、许氏平鲉（4.71%）、矛尾鰕虎鱼（4.56%）、鲬（4.26%）、黄鲫（1.27%）、长绵鳚（1.14%）和绿鳍鱼（1.05%），以上10种鱼类占捕捞总重量的93.51%。秋季调查鱼类各站的捕捞情况见表9.26。

表 9.26 秋季调查鱼类各站的捕捞情况

站位	数量（尾）	百分数（%）	生物量（kg）	百分数（%）
1	175	8.5	17.12	8.6
2	292	14.2	28.15	14.2
3	198	9.6	20.02	10.1
4	328	16.0	30.15	15.2
5	259	12.6	25.12	12.7
6	187	9.1	18.74	9.4
7	268	13.1	27.10	13.7
8	348	16.9	32.11	16.2
合计	2 055	100	198.51	100

3）资源量密度

根据春秋两次调查结果和资源量计算公式，鱼类资源平均密度为265.8 kg/km^2。其中，春季鱼类资源密度为134.7 kg/km^2，主要为方氏云鳚、黄鲫、绿鳍鱼、日本鳀和矛尾鰕虎鱼等；秋季鱼类资源密度为396.9 kg/km^2，主要为小黄鱼、黄鮟鱇、花鲈和银鲳等。

9.3.3 头足类资源状况

1）种类组成及优势种

春秋两次调查共捕获两种类型的头足类：一种类型是沿岸性种类，多栖息在近岸浅海水域，个体较小，游泳速度较慢，仅做短距离移动的双喙耳乌贼、短蛸和长蛸；另一种类型是近海性种类，多栖息于沿岸水和外海水交汇区的近海水域，个体较大，游泳速度较快，洄游距离较长，对环境具有较好的适应能力，空间分布范围较广的日本枪乌贼。春季调查头足类优势种为双喙耳乌贼，秋季调查的优势种为日本枪乌贼。

2）渔获物数量组成

春季

春季调查共捕获头足类2种，183尾，共3.24 kg。平均渔获量为22.9尾/h，0.45 kg/h。其数量组成为：双喙耳乌贼（82.6%）和日本枪乌贼（17.4%）。重量组成为：双喙耳乌贼（50.7%）和日本枪乌贼（49.3%）。春季调查头足类各站渔获情况见表9.27。

表 9.27 春季调查头足类各站渔获情况

站位	数量（尾）	百分数（%）	生物量（kg）	百分数（%）
1	36	19.7	0.67	18.3
2	25	13.7	0.37	10.1
3	0	0	0	0

续表

站位	数量（尾）	百分数（%）	生物量（kg）	百分数（%）
4	18	9.8	0.45	12.3
5	13	7.1	0.31	8.4
6	29	15.8	0.61	16.6
7	29	15.8	0.54	14.7
8	33	18.0	0.72	19.6
合计	183	100	3.67	100

秋季

秋季调查共捕获头足类 2 种，251 尾，共 21.13 kg。平均渔获量为 31.38 尾/h，2.64 kg/h。其数量组成为：日本枪乌贼（52.2%）和双喙耳乌贼（47.8%）。重量组成为：日本枪乌贼（69.5%）和双喙耳乌贼（30.5%），见表 9.28。

表 9.28　秋季调查头足类各站渔获情况

站位	数量（尾）	百分数（%）	生物量（kg）	百分数（%）
1	59	23.5	4.54	21.5
2	65	25.9	5.06	23.9
3	12	4.8	0.61	2.9
4	31	12.4	5.19	24.6
5	18	7.2	1.24	5.9
6	9	3.6	0.31	1.5
7	36	14.3	2.34	11.1
8	21	8.4	1.84	8.7
合计	251	100	21.13	100

3）资源量密度

根据春秋两次调查结果和资源量计算公式，春季头足类资源密度为 7.20 kg/km^2，主要为日本枪乌贼和双喙耳乌贼；秋季头足类资源密度为 42.24 kg/km^2，主要为日本枪乌贼。调查海域春秋两次调查头足类资源平均密度为 24.72 kg/km^2。

9.3.4　甲壳类资源状况

1）种类组成及优势种

春秋两次调查共捕获到 17 种甲壳类生物。春季调查的优势种为海蜇虾和脊腹褐虾。秋季调查的优势种为口虾蛄、三疣梭子蟹和日本蟳。

2）渔获物数量组成

春季

春季调查共捕获甲壳类 8 种，858 尾，16.18 kg。平均渔获量为 107.3 尾/h 和

2.02 kg/h。其数量组成为：海蜇虾（61.8%）、脊腹褐虾（17.98%）和鲜明鼓虾（16.01%），以上3种甲壳类占捕捞总数量的95.79%。重量组成为：鲜明鼓虾（70.20%）、三疣梭子蟹（20.58%）、海蜇虾（4.12%）和脊腹褐虾（3.52%），以上4种甲壳类占捕捞总重量的98.41%。

表9.29　春季调查甲壳类各站渔获情况

站位	数量（尾）	百分数（%）	生物量（kg）	百分数（%）
1	39	4.5	1.06	6.6
2	58	6.8	1.23	7.6
3	131	15.3	2.35	14.5
4	47	5.5	1.42	8.8
5	68	7.9	1.56	9.6
6	280	32.6	4.62	28.6
7	147	17.1	2.46	15.2
8	88	10.3	1.48	9.1
合计	858	100	16.18	100

秋季

秋季调查共捕获甲壳类12种，2 454尾，共81.55 kg。平均渔获量为306.8尾/h，10.19 kg/h。其数量组成为：口虾蛄（54.72%）、三疣梭子蟹（15.78%）和日本蟳（19.04%），以上3种甲壳类占捕捞总数量的89.54%。重量组成为：口虾蛄（57.05%）、三疣梭子蟹（29.71%）和日本蟳（12.76%），以上3种甲壳类占捕捞总重量的99.52%。

表9.30　秋季调查甲壳类各站渔获情况

站位	数量（尾）	百分数（%）	生物量（kg）	百分数（%）
1	922	35.3	22.10	27.1
2	122	4.7	3.86	4.7
3	273	10.4	7.42	9.1
4	152	5.8	3.84	4.7
5	65	2.5	4.89	6.0
6	85	3.3	6.45	7.9
7	378	14.5	19.42	23.8
8	457	17.5	13.57	16.6
合计	2 454	100	81.55	100

3）资源量密度

根据春秋两次调查结果和资源量计算公式，春季甲壳类资源密度为32.32 kg/km^2；

秋季甲壳类资源密度为163.04 kg/km²。调查海域甲壳类平均资源密度为97.68 kg/km²。

9.3.5 鱼卵和仔稚鱼资源状况

1）种类分布

春季调查共采获鱼卵778粒，仔稚鱼143尾，平均为97.25粒/网和17.88尾/网。鱼卵经鉴定共有5种，其中短吻红舌鳎359粒，占总数量的46.1%；鳀287粒，占总数量的36.9%；小带鱼27粒，占总数量的3.5%；多鳞鱚和油魣同为4粒，各占总数量的0.5%。仔稚鱼经鉴定共有4种，其中沙氏下鱵鱼93尾，占总数量的65.0%；尖头燕鳐27尾，占总数量的18.9%；白氏银汉鱼18尾，占总数量的12.6%；多鳞鱚5尾，占总数量的3.5%。

秋季调查共采获鱼卵69粒，仔稚鱼34尾，平均为8.62粒/网和4.25尾/网。鱼卵经鉴定后全为花鲈。仔稚鱼经鉴定有2种，其中花鲈28尾，占总数量的82.4%；大泷六线鱼6尾，占总数量的17.6%。

春秋两次调查各站出现鱼卵和仔稚鱼数量见表9.31。

表9.31 春秋两次调查各站鱼卵和仔稚鱼调查结果

站位	鱼卵（粒）		仔稚鱼（尾）	
	春季	秋季	春季	秋季
1	41	0	12	0
2	115	6	13	4
3	38	9	14	6
4	114	5	38	5
5	154	20	15	4
6	102	5	6	3
7	87	8	24	7
8	127	16	21	5
合计	778	69	143	34

2）资源量密度

春季调查海域鱼卵平均密度为0.52粒/m³；仔稚鱼平均密度为0.092尾/m³。

秋季调查海域鱼卵平均密度为0.046粒/m³；仔稚鱼平均密度为0.022尾/m³。

由于渤海主要产卵季节为春、夏两季，评价区海域鱼类和仔稚鱼数量春季较大于秋季。

10 环渤海集约用海区主要环境问题

10.1 水环境质量逐年下降

2008 年以前，辽宁环渤海近岸海域海水质量基本符合二类水质标准，2004—2008 年的监测，5 年间辽东湾海域无机氮和活性磷酸盐污染较严重，其污染主要集中在北部的锦州、盘锦和营口海域；2007—2008 年重金属铜和铅的污染较严重，含量远高于 2004—2006 年同期数据，其污染主要集中在锦州和营口海域，分析原因可能为这两个地区工业的大力发展致使辽河、双台河、大小凌河携带的工矿企业排放的废水、废渣等污染物越来越多。

而锦州湾海水环境质量问题尤为突出，锦州湾沿海经济区海水、沉积物环境质量持续较差，陆源排污依然是影响锦州湾沿海经济区环境状况主要因素。从 2005—2008 年锦州湾监测结果可知，锦州湾生态系统始终处于不健康状态。

由于陆地水输入海洋以及曹妃甸新区的不断建设，人类活动越来越频繁，使曹妃甸用海区环境不断恶化，但 2010 年后，随着围填海活动的结束，水环境有转好趋势。其中活性磷酸盐，由 2000 年的接近三类水质（0. 029 mg/L）退化到 2005 年接近四类水质（0. 043 mg/L），到 2010 年其含量恢复到一类海水水质。调查海区无机氮污染问题自 2000 年以来逐步加重。调查海区石油类/活性磷酸盐 2000—2005 年呈明显增加趋势，到 2005 年已经超出二类海水水质标准，但到 2010 年其浓度又降低到 2000 年水平。调查海区海水中铅含量在 2000—2005 年增加明显，都超过一类海水水质标准，到 2010 年其含量已经优于一类海水水质标准。

天津滨海新区从 20 世纪 80 年代的清洁海水逐步恶化到 90 年代的部分污染然后再到 21 世纪的大面积严重污染，渤海湾天津近岸海域水环境呈现一个逐步恶化的态势。污染因子主要为有机污染（无机氮、活性磷酸盐和活性硅酸盐以及石油类、化学需氧量、总氮、总磷），大量有机物入海消耗了大量海水中溶解氧，直接造成了部分区域海水中溶解氧低含量区域时段的出现，并进一步对区域海洋生物环境造成直接影响。

10.2 海洋生物资源持续衰退，渔业资源濒临枯竭，经济贝类质量不容乐观

水环境的恶化直接对海洋生物资源造成明显的累积和传导效益，生物资源也呈现不断恶化态势，浮游植物种类数明显减少，尤其是有害甲藻的数量和种类的持续增加也直接印证了区域水环境的恶化；浮游动物种类数呈现减少趋势，整体呈现进一步种类单一

化态势。

渤海近岸鱼类资源种类数呈明显减少趋势，鱼类优势种中营养级较高的重要经济种类逐渐被低质的底层鱼或者营养级较低的中上层鱼类所取代；鱼类资源数量呈衰退的趋势。水体中鱼卵仔鱼数量也呈现明显减少趋势；近年来渤海近岸海域在鱼类的繁殖季节，所获鱼卵密度较低，甚至未获取到仔鱼。区域传统经济鱼种濒临消失。

由于各种生物对水环境有毒污染物重金属和有机农药的累积传导效应，不同区域不同种类的海洋经济贝类不断出现重金属和有机农药污染现象。

10.3 生境持续退化，海洋生态服务功能下降

围填海、滨海公路及盐田和养殖池塘等开发活动造成大量滨海湿地永久丧失其自然属性，或成为生物群落较为单一、生态功能较为低下的人工湿地，湿地的生态功能得不到正常发挥。天津市湿地面积已由新中国成立初期占全市国土面积的30%降至目前的12.4%，且人工湿地的比例增加，天然湿地比例减少；山东沿海湿地面积每年以近3 000 hm^2 的速度减少；双台子河口湿地逐年退化。此外，沿岸河流入海径流量显著降低，近年来，因沿海地区防潮和流域调蓄淡水的需要，渤海沿岸多数入海河流修建大坝或闸门，使河口邻近海域失去淡水补充，海水盐度持续升高，如黄河口近年来海水盐度持续升高，低盐区面积萎缩，导致发育的经济生物面临灾难性危害。河口区是重要的海洋生物产卵场和育幼场，对渤海生态系统健康具有重要作用，大量的河口建闸和入海径流量锐减，致使河口生态功能退化，环境风险增大。由于各种开发活动的影响，滦河口—北戴河等渤海6处典型海洋生态系统均处于亚健康或不健康状态。

10.4 海洋开发不合理，敏感区遭受破坏

集中集约用海活动对保护区部分自然属性进行了改变，珍稀保护动物栖息生态环境遭受破坏。并且，目前海洋保护区空间分布及发展不均衡，各省市建设与分布明显不均匀。其中，山东省海洋特别保护区的建设数量，明显多于其他省市，并且保护区类型多集中于海洋生态类，其他类型建设较少。

沿海工业污染加剧，沿岸和近海水质不断恶化，进而影响海洋生物资源的生长、发育，造成海洋渔业资源衰退，河北省文昌鱼分布范围和资源量大大减少。人类经济活动建造的拦河大堤或水闸等截流工程，截断溯河产卵和降河产卵生物的生态链，严重影响生物产卵场及洄游通道生物数量。过度捕捞是敏感区生物资源衰退的重要原因之一，大批渔民下海，渔船数量激增，捕捞能力超过海域承受能力，使近海渔业资源过度利用，资源明显衰退。

10.5 海洋灾害频发，环境保护迫在眉睫

据初步统计，近几年渤海共发现海上溢油事件60起；2006年长岛海域油污染事件

和2011年蓬莱19－3油田溢油事故均引起党中央、国务院的高度重视，其中，蓬莱19－3油田溢油对岸滩和海域造成较大影响，导致海洋生物赖以生存的栖息环境海水环境和沉积物环境受到破坏，海洋生物资源受到损失，生物多样性减少，海洋生态系统服务功能下降，海洋生态受到严重损害。渤海赤潮灾害仍然频发，2008—2012年赤潮发生次数/面积呈上升趋势，2012年河北唐山港—秦皇岛至辽宁绥中附近海域发生的抑食金球藻赤潮面积达3 400 km^2。此外，水母爆发、隐藻、外来物种入侵等新型海洋生态灾害逐渐显现，开始引起社会关注。在环渤海地区，80%以上的砂质海岸都处于侵蚀状态，如辽宁熊岳、绥中、秦皇岛和龙口一带的砂质海岸，其侵蚀速率大多大于2.5 m/a；同时，黄河三角洲和莱州湾一带的粉砂淤泥质海岸，侵蚀较为严重，部分区域的海岸侵蚀速率达3 m/a。目前，渤海滨海平原地区海水入侵严重，特别是围填海区域，海水倒灌，饮用水质量低，生态环境差，对滨海地区人类生活及社会经济发展造成不少困扰。另外，严重的海岸侵蚀给环渤海的旅游业、油气业等带来了严重的威胁。

参考文献

中国海洋年鉴编辑部 . 1988. 1986 年中国海洋年鉴 [M] . 北京：海洋出版社 .
天津市统计局 . 1999. 1994—1998 年天津滨海新区统计年鉴 [M] . 北京：中国统计出版社 .
天津市统计局 . 1994. 1994 年天津统计年鉴 [M] . 北京：中国统计出版社 .
天津市统计局 . 1995. 1995 年天津统计年鉴 [M] . 北京：中国统计出版社 .
天津市统计局 . 1996. 1996 年天津统计年鉴 [M] . 北京：中国统计出版社 .
天津市统计局 . 1997. 1997 年天津统计年鉴 [M] . 北京：中国统计出版社 .
天津市统计局 . 1998. 1998 年天津统计年鉴 [M] . 北京：中国统计出版社 .
中国海洋年鉴编辑部 . 2001. 1999—2000 年中国海洋年鉴 [M] . 北京：海洋出版社 .
天津市统计局 . 1999. 1999 年天津统计年鉴 [M] . 北京：中国统计出版社 .
国家海洋局 . 1999. 1999 年中国海洋年鉴 [M] . 北京：海洋出版社 .
天津市统计局 . 2000. 2000 年天津统计年鉴 [M] . 北京：中国统计出版社 .
天津市统计局 . 2001. 2001 年天津统计年鉴 [M] . 北京：中国统计出版社 .
天津市统计局 . 2002. 2002 年天津统计年鉴 [M] . 北京：中国统计出版社 .
天津市统计局 . 2004. 2003 年天津滨海新区统计年鉴 [M] . 北京：中国统计出版社 .
天津市统计局 . 2003. 2003 年天津统计年鉴 [M] . 北京：中国统计出版社 .
天津市统计局 . 2004. 2004 年天津统计年鉴 [M] . 北京：中国统计出版社 .
天津市统计局 . 2005. 2005 年天津统计年鉴 [M] . 北京：中国统计出版社 .
天津市统计局 . 2006. 2006 年天津统计年鉴 [M] . 北京：中国统计出版社 .
天津市统计局 . 2007. 2007 年天津统计年鉴 [M] . 北京：中国统计出版社 .
天津市统计局 . 2008. 2008 年天津统计年鉴 [M] . 北京：中国统计出版社 .
天津市统计局 . 2009. 2009 年天津滨海新区统计年鉴 [M] . 北京：中国统计出版社 .
天津市统计局 . 2009. 2009 年天津统计年鉴 [M] . 北京：中国统计出版社 .
天津市统计局 . 2010. 2010 年天津滨海新区统计年鉴 [M] . 北京：中国统计出版社 .
天津市统计局 . 2010. 2010 年天津统计年鉴 [M] . 北京：中国统计出版社 .
天津市统计局 . 2011. 2011 年天津滨海新区统计年鉴 [M] . 北京：中国统计出版社 .
天津市统计局 . 2011. 2011 年天津统计年鉴 [M] . 北京：中国统计出版社 .
白珊，刘钦政 . 1998. 我国的海冰及冰情预报 [J] . 气象知识，(6)：12 - 13.
白雪娥，庄志猛 . 1991. 渤海浮游动物生物量及其主要种类数量变动的研究 [J]. 海洋水产研究，12：71 - 92.
毕洪生，孙松，高尚武，等 . 2000. 渤海浮游动物群落生态特点 [J] . 生态学报，20 (5)：715 - 721.
曹春晖，孙之南，王学魁，等 . 2006. 渤海天津海域的网采浮游植物群落结构与赤潮植物的初步研究 [J] . 天津科技大学学报，21 (3)：34 - 37.
陈满荣，韩晓非，等 . 2000. 上海市围海造地效应分析与海岸带可持续发展 [J] . 中国软科学，12：115 - 120.
陈则实，王文海，吴桑云，等 . 2007. 中国海湾引论 [M] . 北京：海洋出版社 .

成遣，王铁良 .2010. 辽河三角洲湿地环境破碎化与恢复对策研究［J］. 人民黄河，32（3）：11－13.

程济生 .2004. 黄渤海近岸水域生态环境与生物群落［J］. 青岛：中国海洋大学出版社 .

程天文，赵楚年 .1985. 我国主要河流入海径流量、输沙量及对沿岸的影响［J］. 海洋学报，7（4）：460－471.

慈维顺 .2011. 芦苇湿地对生态环境的作用［J］. 天津农林科技，（219）：29－31.

崔正国 .2008. 环渤海13城市主要化学污染物排海总量控制方案研究［D］. 青岛：中国海洋大学 .

邓景耀，金显仕 .2000. 莱州湾及黄河口水域渔业生物多样性及其保护研究［J］. 动物学研究，21（1）：76－82.

邓景耀，庄志猛，朱金声 .1999. 渤海湾对虾发生量与补充量动态特征的研究［J］. 动物学研究，20（1）：46－49.

杜瑞雪，范仲学，魏爱丽，等 .2009. 山东沿岸经济贝类体内重金属含量分析［J］. 山东农业科学，8：58－63.

方国洪，王凯，郭丰义，等 .2002. 近30年渤海水文和气象状况的长期变化及其相互关系［J］. 海洋与湖沼，33（5）：515－523.

费尊乐，毛兴华，朱明远，等 .1991. 渤海生产力研究——叶绿素a、初级生产力与渔业资源开发潜力［J］. 海洋水产研究，12：55－69.

龚旭东 .2007. 辽东湾葵花岛构造区海洋工程地质环境特征及其质量评价［D］. 青岛：国家海洋局第一海洋研究所 .

郭良波，江文胜，李凤岐，等 .2007. 渤海COD与石油烃环境容量计算［J］. 中国海洋大学学报，37（2）：310－316.

郭良波 . 2005. 渤海环境动力学数值模拟及环境容量研究［D］. 青岛：中国海洋大学 .

郭伟，朱大奎 .2005. 深圳围海造地对海洋环境影响的分析［J］. 南京大学学报：自然科学版，41（03）：286－296.

国家海洋局 .1976. 海洋污染概况［M］. 北京：石油化学工业出版社 .

韩洁，张志南，于子山 .2001. 渤海大型底栖动物丰度和生物量的研究［J］. 青岛海洋大学学报，31（6）：889－896.

何云雅 .2005. 天津市水资源合理配置研究［D］. 天津：天津大学 .

河北省国土资源厅 .2007. 河北省海洋资源调查与评价综合报告［M］. 北京：海洋出版社 .

河北省海岸带资源编辑委员会 .1989. 河北省海岸带资源（上卷）［M］. 石家庄：河北科学技术出版社 .

贺广凯 .1996. 黄渤海沿岸经济贝类体中重金属残留量水平［J］. 中国环境科学，16（2）：96－100.

黄桂林，张建军，等 .2000. 3S技术在辽河三角洲湿地监测中的应用［J］. 林业资源管理，（5）：51－56.

黄桂林，张建军，等 .2000. 辽河三角洲湿地分类及现状分析——辽河三角洲湿地资源及其生物多样性的遥感监测［J］. 林业资源管理，4：51－56.

季小梅 . 张永战，等 .2006. 乐清湾近期海岸演变研究［J］. 海洋通报，25（1）：44－53.

蒋卫国，李京，等 .2005. 辽河三角洲湿地生态系统健康评价［J］. 生态学报，25（3）：408－414.

金显仕，邓景耀 .2000. 莱州湾渔业资源群落结构和生物多样性的变化［J］. 生物多样性，8（1）：65－72.

金显仕，唐启生 .1998. 渤海渔业资源结构、数量分布及其变化［J］. 中国水产科学，5（3）：18－24.

金显仕. 2001. 渤海主要渔业生物资源变动的研究［J］. 中国水产科学，7（4）：22－26.
李凤林. 1994. 渤海沿岸现代海蚀机制及危害与对策［J］. 中国地质，1.
李国宏，秦幸福. 2005. 黄河三角洲造地呈现负增长［N］. 中国环境报，02.
李洪志. 2002. 渤海近岸叶绿素和初级生产力的研究［J］. 海洋水产研究，23（1）：23－28.
李建军. 冯慕华，等. 2001. 辽东湾浅水区水环境质量现状评价［J］. 海洋环境科学，20（3）：42－45.
李晓文，肖笃宁，等. 2001. 辽河三角洲滨海湿地景观规划各预案对指示物种生态承载力的影响［J］. 生态学报，21（5）：709－715.
李晓文，肖笃宁，等. 2002. 辽东湾滨海湿地景观规划预案分析与评价［J］. 生态学报，22（2）：224－232.
李新正，刘录三，李宝泉. 2010. 中国海洋大型底栖生物［M］. 北京：海洋出版社.
梁博，王晓燕. 2005. 我国水环境污染物总量控制研究的现状与展望［J］. 首都师范大学学报：自然科学版，26（1）：93－98.
梁余. 1991. 稀有珍禽黑嘴鸥繁殖情况的初步观察［J］. 野生动物，6：增刊：99－101.
林桂兰，左玉辉. 2006. 海湾资源开发的累积生态效应研究［J］. 自然资源学报，21（03）：432－440.
刘成，王兆印，何耘，等. 2003. 环渤海湾诸河口水质现状的分析［J］. 环境污染与防治，25（4）：222－225.
刘春蓁，刘志雨，谢正辉. 2004. 近50年海河流域径流的变化趋势研究［J］. 应用气象学报，15（4）：385－393.
刘国华，傅伯杰，杨平. 2001. 海河水环境质量及污染物入海通量［J］. 环境科学，22（4）：46－50.
刘红玉，昌宪国，刘振乾. 2001. 环渤海三角洲湿地资源研究［J］. 自然资源学报，16（2）：101－106.
刘述锡，刘红，孙育红，等. 2007. 2004年春夏季河北海域叶绿素a分布和初级生产力估算［J］. 海洋环境科学，26（1）：67－70.
刘素娟，李清雪，陶建华. 2007. 渤海湾浮游植物的生态研究［J］. 环境科学与技术，30（11）：4－9.
刘伟，刘百桥. 2008. 我国围填海现状、问题及调控对策［J］. 广州环境科学，23（2）：26－30.
陆钦年. 1993. 我国渤海海域的海冰灾害及其防御对策［J］. 自然灾害学报，2（4）：53－59.
陆永军，左利钦，季荣耀. 2007. 渤海湾曹妃甸港区开发对水动力泥沙环境的影响［J］. 水科学进展，（6）：793－800.
吕瑞华，朱明远. 1992. 山东近岸水域的初级生产力［J］. 黄渤海海洋，10（1）：42－47.
马德毅. 2004. 第二次全国海洋污染基线调查报告［R］. 大连：国家海洋局海洋环境监测中心.
孟凡，丘建文，吴宝玲，等. 1993. 黄海大海洋生态系统的浮游动物［J］. 黄渤海海洋，11（3）：30－37.
孟伟，刘征涛，范薇. 2004. 渤海主要河口污染特征研究［J］. 环境科学研究，17（6）：66－69.
孟伟庆，李洪远，郝翠，等. 2010. 近30年天津滨海新区湿地景观格局遥感监测分析［J］. 地球信息科学学报，12（3）：436－443.
苗丽娟. 2007. 围填海造成的生态环境损失评估方法初探［J］. 环境与可持续发展，03：47－49.
宁修仁，刘子琳，蔡昱明，等. 2002. 渤海晚春浮游植物粒度分级生物量与初级生产力［J］. 海洋科学集刊，44：22－33.

牛振国，宫鹏，程晓，等.2009. 中国湿地初步遥感制图及相关地理特征分析［J］. 中国科学：D 辑：地球科学，3.

彭建，王仰麟.2000. 我国沿海滩涂景观生态初步研究［J］. 地理研究，19（3）：249－256.

乔彦肖. 2007. 基于遥感图像特征的曹妃甸港区泥沙淤积变化分析［J］. 河北遥感，（3）.

秦延文. 郑丙辉，等.2010. 2004—2008 年辽东湾水质污染特征分析［J］. 环境科学研究，23（8）：987－992.

曲格平.1991. 全国工业污染源调查评价与研究［M］. 北京：中国环境科学出版社.

曲格平.2002. 从斯德哥尔摩到约翰内斯堡的道路——人类环境保护史上的三个路标［J］. 环境保护，6：11－15.

国家环保局，1990. 渤海黄海海域污染防治科研协作组. 渤海黄海海域污染防治研究［M］. 北京：科学出版社.

侯英民.2010. 山东海情［M］. 北京：海洋出版社.

石雅君，崔晓建，陈斐.2004. 2003 年上半年渤海湾海水质量初步分析［J］. 海洋环境保护，1：19－23.

宋国君.2000. 论中国污染物排放总量控制和浓度控制［J］. 环境保护，（6）：11－13.

孙才志，孙明昱.2010. 2010. 辽宁省海岸线时空变化及驱动因素分析［J］. 地理与地理信息科学，5（26）：63－67.

孙道元，刘银城.1991. 渤海底栖动物种类组成和数量分布［J］. 黄渤海海洋，9（1）：42－50.

孙军，刘东艳，柴心玉，等.2002. 莱州湾及潍河口夏季浮游植物生物量和初级生产力的分布［J］. 海洋学报，24（5）：81－90.

孙连成.2003. 塘沽围海造陆工程对周边泥沙环境影响的研究［J］. 水运工程，350（3）：1－4.

孙连成.2003. 天津港水文泥沙问题研究综述［J］. 海洋工程，21（1）：78－86.

孙亚梅.2005. 面向农业污水灌溉的水污染物总量控制研究［D］. 保定：河北农业大学.

孙玉兰，李潋宜，杨洁.1995. 海河流域供水水源地水资源质量评价及趋势分析［J］. 水资源保护，4：68－72.

天津市海岸带和海涂资源综合调查领导小组办公室.1987. 天津市海岸带和海涂资源综合调查组. 天津市海岸带和海涂资源综合调查报告［M］. 北京：海洋出版社.

天津市统计局.2008. 天津市统计年鉴 2008［M］. 北京：中国统计出版社.

童钧按，陈懋，王吉信，等.1993. 莱州湾开发整治研究［M］. 北京：海洋出版社.

万峻，李子成，雷坤.2009. 1954—2000 年渤海湾典型海岸带（天津段）景观空间格局动态变化分析［J］. 环境科学研究，22（1）：77－82.

王俊，康元德.1998. 渤海浮游植物种群动态的研究［J］. 海洋水产研究，19（1）：43－52.

王克，张武昌，王荣，等.2002. 渤海中南部春秋季浮游动物群落结构［J］. 海洋科学集刊，44：34－42.

王平，焦燕，任一平，等.1999. 莱州湾、黄河口水域春季近岸渔获生物多样性特征的调查研究［J］. 海洋湖沼通报，1.

王修林，邓宁宁，李克强，等. 2004. 渤海夏季石油烃污染现状及其环境容量估算［J］. 海洋环境科学，23（4）：14－18.

王修林，李克强.2006. 渤海主要化学污染物海洋环境容量［M］. 北京：科学出版社.

王艳，柯贤坤，等.1999. 渤海湾曹妃甸 80 年代以来海岸剖面变化研究［J］. 海洋通报，1：44－51.

王月霄，刘国宝.1995. 河北省曹妃甸岛群现代沉积特征及开发利用［J］. 河北省科学院学报，2.

王志勇.1997. 渤海湾海河口水质污染状况的生物多样性指数评价法［J］. 交通环保，17：14－17.

王志远，蒋铁民．2005. 渤海环境经济研究［M］．北京：海洋出版社．
王志远，蒋铁民．2003. 渤黄海区域海洋管理［M］．北京：海洋出版社．
温庆可，张增祥，徐进勇，等．2011. 环渤海滨海湿地时空格局变化遥感监测与分析［J］．遥感学报，15（1）：188－203.
夏斌，张晓理，崔毅，等．2009. 夏季莱州湾及附近水域理化环境及营养现状评价［J］．渔业科学进展，30（3）：103－111.
夏东兴，武桂秋，杨鸣．1999. 山东省海洋灾害研究［M］．北京：海洋出版社．
熊代群．2005. 海河干流与邻近海域典型污染物的分布及其生态环境行为［D］．儋州：华南热带农业大学．
熊雁晖．2004. 海河流域水资源承载能力及水生态系统服务功能的研究［D］．北京：清华大学．
徐绍斌，等．1989. 河北省海岸带资源［M］．石家庄：河北科学技术出版社．
许士国，李林林．2006. 填海造陆区环境改善及雨水利用研究［J］．东北水利水电，4：22－25.
杨华，赵洪波，吴以喜．2005. 曹妃甸海域水文泥沙环境及冲淤演变分析［J］．水道港口，9.
杨军．2004. 海河水环境保护管理研究［D］．天津：天津大学．
杨世伦，陈启明，等．2003. 半封闭海湾潮间带部分围垦后纳潮量计算的商榷——以胶州湾为例［J］．海洋科学，27（8）：43－47.
杨世民，董树刚，李锋，等．2007. 渤海湾海域生态环境的研究Ⅰ．浮游植物种类组成和数量变化［J］．海洋环境科学，26（5）：442－445.
叶海桃．王义刚，等．2007. 三沙湾纳潮量及湾内外的水交换［J］．河海大学学报，35（1）：96－98.
衣丽霞，曹春晖．2006. 渤海湾天津附近海域的浮游动物研究［J］．盐业与化工，36（3）：39－41.
岳力．2004. 辽河三角洲湿地环境动态变化调查及生态影响分析［J］．辽宁城乡环境科技，24（4）：51－52.
张培玉．2005. 渤海湾近岸海域底栖动物生态学与环境质量评价研究［D］．青岛：中国海洋大学．
张武昌，王克，高尚武，等．2002. 渤海春季和秋季的浮游动物［J］．海洋与湖沼，33（6）：630－639.
张相峰，魏玉琴．1995. 海河口演变特性分析［J］．海洋通报，14（1）：37－45.
张晓龙，李培英，刘乐军，等．2010. 中国滨海湿地退化［M］．北京：海洋出版社．
张晓龙，李培英．2008. 现代黄河三角洲的海岸侵蚀及其环境影响［J］．海洋环境科学，27（5）：475－479.
张晓龙．2005. 现代黄河三角洲滨海湿地演变及退化研究［D］．青岛：中国海洋大学．
张绪良，陈东景，谷东起．2009. 近20年来莱州湾南岸滨海湿地退化及其原因分析［J］．科技导报，27（4）．
张绪良，谷东起，陈东景．2009. 2005—2006年度莱州湾东部的海冰灾害及其影响［J］．海洋与湖沼通报，（2）：131－136.
张振克．1996. 黄渤海沿岸海岸带灾害、环境变化趋势及其持续发展对策的研究［J］．海洋通报，15（5）：91－96.
张志强．2006. 天津市水污染物容量总量控制方法研究［D］．天津：河北工业大学．
赵骞，田纪伟，赵仕兰，等．2004. 渤海冬夏季营养盐和叶绿素a的分布特征［J］．海洋科学，28（4）：34－39.
赵希梅．2000. 天津市工业污染源结构分析与产业政策建议［J］．城市环境与生态，13（5）：33－35.
郑雯，韩志梅，赵藏闪．2001. 天津市区海河漂浮物现状调查与治理对策研究［J］．环境卫生工程，

9（3）：123－126.

中国国家标准汇编252：GB 17365—17385（1998年制定）［S］. 北京：中国标准出版社，1999.

钟贻城，李玉和，张銮光. 1984. 北塘河口浮游动物生态的初步研究［J］. 生态学报，4（4）：393－400.

朱来东. 1983. 海河口水污染遥感分析［J］. 海洋环境科学，3：98－104.

朱龙海. 吴建政，等. 2007. 双台子河口潮流沉积体系研究［J］. 海洋地质与第四纪地质，27（2）：17－23.

朱明远，毛兴华，吕瑞华. 1993. 黄海海区的叶绿素a和初级生产力［J］. 黄渤海海洋，11（3）：38－51.

邹景忠，董丽萍，秦保平. 1983. 渤海湾富营养化和赤潮问题的初步探讨［J］. 海洋环境科学，2（2）：41－54.

李凤业，高抒，等. 2002. 黄、渤海泥质沉积区现代沉积速率［J］. 海洋与湖沼，（4）.